U0283469

中国古建筑瓦石营法

（第二版）

刘大可 著

中国建筑工业出版社

图书在版编目（CIP）数据

中国古建筑瓦石营法/刘大可著. —2版. —北京：
中国建筑工业出版社，2014.5（2024.6重印）
ISBN 978-7-112-16327-4

Ⅰ. ①中… Ⅱ. ①刘… Ⅲ. ①古建筑－砖石结
构－砌筑－中国 Ⅳ. ①TU754

中国版本图书馆 CIP 数据核字（2014）第 012953 号

本书是以明、清官式建筑的作法为主线，主要介绍古建筑土作、瓦作和石作的传统营造方法和法式，包括地基、台基、墙体、屋面及地面等部位的式样变化、构造关系、比例尺度、规矩作法以及建筑材料等方面的内容。本书可供从事古建筑设计、施工、监理等工作的工程技术人员和文物保护工作者、建筑院校的师生参考。

责任编辑：胡永旭　封　毅
责任校对：陈晶晶　赵　颖

中国古建筑瓦石营法
（第二版）
刘大可　著
＊
中国建筑工业出版社出版、发行（北京海淀三里河路9号）
各地新华书店、建筑书店经销
北京红光制版公司制版
北京富诚彩色印刷有限公司印刷
＊
开本：787×1092 毫米　1/16　印张：32¼　字数：800 千字
2015 年 5 月第二版　　2024 年 6 月第三十次印刷
定价：**118.00** 元
ISBN 978-7-112-16327-4
　　　（25043）

一代瓦石宗师

读刘大可 同志瓦石专著书后 　罗哲文题

这是著名古建筑专家、国家文物局古建专家组组长、中国文物学会名誉会长罗哲文先生于 2011 年对本书和作者的评价题词。

作者简介

刘大可，全国著名古建专家，享受国务院特殊津贴。古建瓦石专业辟为独立分支学科的创始人和奠基人，被古建界领军人物罗哲文先生评价为"一代瓦石宗师"，被业内誉为古建瓦石泰斗。从业近 50 年，从事过古建筑、新建筑新建及修缮的设计、施工、管理、教学、科研等工程技术方面的所有工作。出版学术著作 18 种，发表论文 50 余篇。编订国家规范、定额等各种技术标准 10 种（全部为填补空白项目）。完成多项科研项目并获省部级以上奖项 16 项、获国家专利 2 项。培养园林古建各类人才上万人。主持过多项全国重点文物保护工程及现代建筑的施工。参加过多项知名古建筑及现代建筑的建筑设计。其代表作《中国古建筑瓦石营法》是文物保护和古建筑设计、施工、监理等人员的案头必备工具书。

第 二 版 前 言

本书首次发行是 1993 年，20 年来虽然有过修订的想法，但终因琐事繁多未能动笔。在此期间出版界从铅字版时代进入到了电子版时代，大部分的老版书籍早已不再印刷，而本书蒙读者厚爱，一直还在不断加印，为此给出版社增加了不小的麻烦。

此次修订曾有建议将构造与施工分成上下篇或分章讲解，这样更方便不同的人员学习。但尝试后发现，由于构造与施工的核心内容都是"作法"，实际上是无法截然分开的。还有建议认为当前许多地方的石料加工和砖加工的机械化程度已很高，建议取消手工加工的内容。考虑到传统加工方式属于非物质文化遗产，应该保留和保护。现代化程度越高，历史和传统就越容易消失。编写本书的主要目的是传承传统技术和记录历史，因此仍将描述的对象维持在传统加工方式上。此次增加了与营造历史和建筑文化有关的内容。在工程作法方面，增加的部分以规矩作法和理论性的内容为主，因篇幅所限，未过多增加操作细节方面的内容，读者如欲深入了解，可参阅本人关于古建施工工艺的专著。

本书涉及了不少"作法规矩"。规矩是古人对建筑的权衡尺度、细部比例、形状造型方面的法则性的总结，是历代哲匠对建筑形式美认知的结晶。那些不伦不类的中式建筑都是不讲规矩的结果。但另一方面，在强调规矩的同时，还应该有这样的认识：(1) 古建瓦石不是什么都有规矩，在许多情况下都是没有一定之规而只有处理方法的好与坏；(2) 规矩往往只能作为考虑问题的出发点而不能作为落脚点，对于古建瓦石知识而言，学会了用规矩没学会破规矩只是学成了一半；(3) 许多规矩是清代中、晚期才形成的，有些甚至是在民国时期形成的，切忌用后来的规矩对照要求之前的建筑；(4) 文物建筑的原状即使"不规矩"，也不应轻易改变；(5) 应注意典型作法与非典型作法的区别，官式作法与地方作法的区别，不要随意"改正"非典型作法，不要让官式作法扼杀了地方作法。

本书对讲究与不讲究的作法都有所涉及，其中讲究的作法往往更容易引起读者的兴趣和重视。但对于古建筑的讲究与不讲究，应该有这样的认识：首先，土坯房、茅草房等简单的作法有无价值？古建筑之"古"既指风格也指时间，简单的作法存在的时间大多更久远，因此历史价值更高。这些作法同样代表了一个时期的工艺水平，丢掉了这些简单的作法，也就割断了某个时期的建筑技术史。其次，究竟是讲究的作法还是不讲究的作法是古建筑的代表？磨砖对缝、琉璃瓦等讲究的作法称得上是技术上的代表，但如果从数量的角度看，则不具有代表性。历史上真实的情况是，大多数的老房子其实并不是那么讲究，反映古代社会贫富差距的诗句"朱门酒肉臭，路有冻死骨"恰恰说明了那时的房子绝大部分都不是朱门之屋。古建筑的传承应该完整，不应以讲究与不讲究作为取舍的标准。认为简陋的房屋没有更新的必要，用讲究的作法"保护"下来的建筑和历史街区，不是历史真实风貌的再现。

对于同一个构件或同一个部位，本书往往介绍了不只一种式样，对于式样的选择，应该注意以下问题：(1) 式样有常见（主流）与不常见（非主流）之分，应优先选择常见的式样；（2）应注意地区性，每一个地区都有其特殊性，同样是中国的式样，不等于是同一个民族的式样，也不等于是同一个地区的式样。错误地选择了式样，就等于涂改了一个构件乃至一个民族或一个地区的建筑史，在资料丰富的今天更应慎重。尤其是在面对文物建筑和历史文化街区的时候，更不能以是否"好看"作为选择式样的主要标准。

古建筑学科与许多自然科学一样，存在着两种知识结构，一种知识结构主要存在于院校系统和知识分子之中，另一种知识结构主要存在于施工现场和工匠之中。了解一种知识结构的人很容易难倒只了解另一种知识结构的人，一些人也因此而看不起对方。应该提倡的是，相互学习、相互尊重，全面掌握古建知识。

此次将原来的手绘千余张插图改用计算机重新进行了描绘，这是肖帅先生和他的团队用了近一年的时间无偿帮我完成的。当我拿到这摞新图时，我看到的更是一份沉甸甸的情谊。我想对所有关心过、帮助过我的人说，我始终记得你们，我永远祝福你们！

盛世文物热，盛世建筑兴，有志者赶上了好时代。在这一代，所有的古建筑都将得到修葺，民族形式新建筑会被越来越多的人所喜爱。历史在把机会给了这一代的时候，也赋予了这样一份责任：中国的建筑遗产在我们的手中应该完整真实地传给后世；对于传统建筑艺术和技术，既要全面继承又要创新发展。为此我愿与所有热爱中国建筑的人共勉：

无愧祖先，无愧子孙！

不负时代，不负今生！

第 一 版 前 言

20世纪20年代，以梁思成、刘敦桢为代表的老一代专家学者开始用现代科学的方法研究中国古代建筑。60多年来，经过三代人的持续努力，研究的范围不断扩大，专题的探讨不断深化。例如，从建筑通史发展为断代史的研究；从官式建筑扩展到地方与民族建筑的研究；从构造比例的一般了解锲入到工艺技术的研究……凡此种种，无不喻示着我国古建筑研究的多元化、专业化的时代已经到来。奉献在读者面前的这本书，就是古建筑行业中关于瓦作、石作及土作营造方法与法式的一本专集。

我生长在"书香门第"，自幼幻想颇多，然而人生的变化常常是身不由己。或许是"若有所失，必有所得"，虽然失去了继续升学的可能，却使我有了这样一个机会：得与老工匠们朝夕相处，得以从劳作者的角度体味中国建筑的一砖一瓦。从一招一式的操作到匠师们的秘传点授，使我逐渐走进了一个古老的艺术殿堂。而后我惊奇地发现，中国建筑的结构与艺术体系虽然早已成熟，但古来却很少见于经传。而著录者又多为"不曾执斧刃"的文人而非匠人。所以数千年来，中国建筑营造学这一知识宝库，一直蕴藏在建筑实物和工匠的心间。这激发我萌发了要把工匠中世代相传的瓦石营造法整理成文的愿望。

即使是把营造学限定在瓦作、石作与土作的专业范围内，它依然是那样的博大精深。在一本书中如何取舍才能抓住它的脉络？几经琢磨和探索，我最后确定了以下几个编写目标：

(1) 偏重介绍明、清官式建筑的作法，适当介绍地方手法和近代技术。明、清官式作法是明、清两代在营建都城和宫殿的数百年的建筑活动中，在继承了唐、宋以来的建筑技术并融汇各地区的优秀作法之后形成的一套最成熟、最具代表性的作法，是历代和各地建筑技术的集大成者。了解了官式作法，也就领悟了中国建筑的真谛。

(2) 官式作法所沿习成俗的建筑风格和比例概念，部分被记录在清代的《工程做法则例》、清代一些具体工程的"做法"或"则例"，以及一些民间秘本中。但主要还是靠京城地区的匠师们来把握，尤其是操作工艺，更是仅在工匠们中以口传心授的方式流传和演进，绝少见于文字。所以在编写过程中，我特别注意将多年来记录的工匠心藏口述的尺度概念和习惯作法介绍出来。从建筑史应该包括建筑技术史这一观点看，传统操作技术的失传也就是一种传统文化的失传，因此我尽可能全面、忠实地记述传统的操作方法，对于名词术语，则尽量沿用工匠习称，不妄加"订正"和杜撰。

(3) 通观历史上遗存的有关资料可以看出，古人编书的目的往往在于估算、核销工料，故所载尺寸与其说是设计上的规定值，不如说是定额需要的取定值。因此与实物常不能对应，使人对此迷惑不解。有些书中的尺寸干脆就是工程实例的具体尺寸，形式稍有变化，就感到难于套用。本书力求突破这一局限，希望能够反映出更适用、更具普遍意义的尺寸规律。至于流传在工匠中的尺寸说法，常常是所谓"一个师傅一个传授"，其说不一。对此我一般要在反复比较并经实物印证后，将几种过于绝对的说法变为一个相对的尺寸范围。差异较大的，则指出哪些尺寸是针对哪种情况而言的。由于文化上的局限，多数工匠对大量的细部尺寸并不深究，全凭感觉控制，这使得初学者很难把握其中的要领，对此我尽量给出理论上的最佳值，至少要做到凡尺寸皆有原则可循。

（4）在内容的安排上，我的愿望是能为各种人员服务。我搞过施工、研究和设计工作，也参加过教学，编订国家预算定额和国家质量标准等工作。所以我对各种人员的现状和要求都有深切的了解。满足多方面的需求，使本书有更宽的适应面，也就成了我编书的方向。

二十多年来，我不断得益于众多的著名匠师，如邓久安、朴学林、胡安礼、关双来、王友兰、田文达、李文生、赵奎元等师傅。没有他们的指教，我也许至今还是个门外汉。后来又受知于单士元先生和庞树义先生，我的处境才有了明显的改善。没有先生的提掖，也就没有后来的工作环境。八年来，我的研究工作受到了我所在的单位北京市古建设计研究所的几任领导以及同事们的帮助和支持。在编书过程中，还得到了北京市房地产职工大学、北京市琉璃制品厂等单位的支持。我也永远不会忘记那些热情帮我绘制插图的朋友们，他们是：王占峰、刘辕、倪原、袁媛、苏英、方长有、佟宝芬、卢祖清、姜家慎、鲍登魁等先生。可以说，这本书包含了前辈们的心血，也凝聚着同行们的智慧，它实际上是三代人集体努力的结果。

中国的建筑文化有着数千年的积累，瓦、石、土作的全部内容绝非一本书所能容纳。书中涉及的专题有些尚未充分展开，我期待着同行们的研究成果不断问世。我坚信，通过我们这一代人的共同努力，必将会把我国古建研究工作推进到一个新阶段。

我自知功力犹浅，勉强成书而已，书中谬误一定不少。如蒙各界人士不吝赐教，我将感激之至。

目　　录

表　目　录

图 目 录

第一章 基础与台基

第一节 通 述

一、中国建筑台基的总体特征

中国建筑的基座称为台基，宋《营造法式》称阶基，在江南建筑中又称阶台。中国建筑的台基在建筑的形象方面起着至关重要的作用，不像西方建筑那样是可有可无的部分。对于这样的建筑意匠，宋代人喻皓将其总结为"三分说"，即："自梁以上（指屋顶）为上分，地以上（指屋身）为中分，阶（指台基）为下分"（《木经》）。近代建筑宗师梁思成先生更指出中国建筑具有"三段式"的特征。台基作为三段中的一段，对建筑形象的影响必然是举足轻重的，而这一特征的形成与中国的传统礼数有关。历代对建筑的等级划分都是"以多为贵、以高为贵、以大为贵"，三个标准中有两个都与台基有关。《周礼·考工记》记述夏、商、周时期，宫殿台基的尺度已有规定；《礼记》记述春秋时期"天子之堂（台基）九尺，诸侯七尺，大夫五尺，士三尺"，《清会典·宗人府制》对清代王府建筑的台基高也作了具体的规定。正因为中国人对台基比西方人更重视，因此台基的文化积淀也就更多。"登基"、"位列三台"、"上台"等与台基有关的说法不胜枚举。台基讲究多，连带的台阶讲究也多，"阶级"、"阶下囚"、"东道主"等词语皆由此而来。民间也因此演化出了对台阶级数的讲究。

台基在古建筑形象方面的作用主要表现在造型和尺度两个方面：

台基造型的基本类型有两种，一种是直方形（或方整形），一种是须弥座形式。须弥：山名，佛教认为世界由九山八海组成，须弥山为中心之山，须弥座即为须弥山上佛的莲花座。后来这种造型（或其变化形式）也被用作建筑物、建筑装饰物或陈设的基座。作为建筑台基的须弥座，其造型有两类，一类具有明显的莲花外轮廓特征，一类则与莲花相去甚远。据考证，后一类须弥座的造型是由古罗马经古希腊、古印度传至中国的。普通的直方形台基和须弥座台基这两种基本类型还可以演变出它们的叠加形式或组合形式，再加上附设的栏杆和台阶的变化，就使得古建筑的台基式样变得十分丰富（图1-8）。早期的须弥座造型较为简洁，中间部分所占比例较大，至明清时期，线脚变得更加丰富，中间部分的比例缩小，但江南地区的一些须弥座仍保持着唐宋遗风。

关于古建筑台基尺度，梁思成先生曾与某国建筑做过比较："在这点上徒知摹仿中国建筑的上部，而不采用底下舒展的基座，致其建筑物常呈上重下轻之势。"中国建筑的台基在尺度上的确表现为既高又宽，这种特征在早期的建筑中表现得尤为突出。明清时期，台基尺度已有所缩小，由"大壮"转向了"适型"。尤其是江南建筑，不但"适型"而且更加"便生"。这个时期的大式建筑台基高度一般保持在檐柱高的1/4～1/5，小式建筑的台基高度一般保持在檐柱高的1/5～1/7。江南园林多与住宅融为一体，为便于生活，台基的高度有所减少，一般不超过檐柱高的1/10。中国建筑的台基宽度（指与屋檐伸出同方向的尺度）既与柱子的尺度有关，也与屋檐伸出的尺度有关。清官式建筑的台基宽度与屋檐的比例一般为：如将屋檐的伸出长度（自柱中算起）分为3份，台基的伸出长度不少于2份。江南园林建筑的台基由于高度偏小，宽度也有所减少，一般不超过屋檐长度的一半。

台基上分地上和地下两部分，普通台基地上露明的部分叫作"台明"，须弥座形式的可直接叫作须弥座。无论普通台基还是须弥座，地面以下的部分都叫作"埋身"或"埋头"。近年修建的古建筑一般只在台明和须弥座部分保持传统做法，而埋身部分大多已改为现代地基基础做法。

中国建筑具有"木为瓦骨，石为木根"的构造特征，稍讲究一点的中式建筑，其基座必大部或全部使用石活，尤其是须弥座，多为通体石活。石料具有晶润硬朗的特质，在建筑台基部位的集中使用，使造型更显俊朗清晰，尺度更显舒展大气，而石料的色泽与其他部位的明显不同更使得台基形象在"三段式"中赫然独立，很好地渲染了中国建筑"三段式"的特点。古代诗文中所说的"红墙碧瓦，玉石栏杆"，就是对中国建筑这一典型特性的准确写照。

二、古代地基基础概述

（一）夯土与灰土

对夯土的一般理解是素土（黄土）夯实技术，但广义上也包括灰土技术以及木桩和掺合料的使用。素土夯实技术的起源早于灰土技术，至少在夏商以前就已经成熟。

灰土的本质，是黄土与白灰拌合后加以夯实，从而获得一定的强度和抗冻等性能。在古代，灰土技术曾是一种应用广泛的建筑技术，例如用于建筑的地基基础以及筑墙、砖石地面垫层、地面和屋面等。黄土与石灰的拌合物可以用作建筑材料很早就被古人发现了，考古证据显示，周代建筑遗址的墙面装修就使用了掺有白灰的砂泥土；西夏都城统万城城墙的砌筑使用了黄土与白灰的拌合物。灰土用在地面的最早实例见于陕西岐山县凤雏村的西周建筑遗址。

虽然灰土技术发明得很早，但用于建筑的地基基础却很晚。实物和文献均表明，灰土没有出现在元代及元代以前的建筑基础中。至今没有充分证据说明明代初期及至中期时，灰土已用于建筑的基础。从迄今为止官式建筑所显示的情况看，灰土用于古建筑基础的时间不会早于明朝后期，有可能是在明末清初这一阶段。

（二）古代夯土基础的基本方法

（这里所说的夯"土"技术，是指除灰土以外所有的地基基础处理技术）

在灰土用于基础以前，古代建筑的地基基础处理一般采用如下技术措施：

（1）素土夯实。基础挖至一定深度后，将基底土夯实平整。简单者使用稍差的原土，讲究者改用好土。开挖的深度简单的几十厘米即可，需要时可深达数米，夯筑的步数简单的筑打一步即可，需要时多至数十。这种最简单的作法也是古时建房筑基最为普遍的作法，甚至在许多重要的建筑中，也常采用素土夯实的作法。也有在素土初步夯实后浇以白灰浆或添加了其他材料的白灰浆（如糯米汁等黏性物质），然后再进一步夯筑的作法。

（2）铺垫卵石（碎石）、碎砖或碎瓦，然后夯实。

（3）卵石（碎石）、碎砖或碎瓦与其他材料的混合使用。如在卵石、碎砖、碎瓦层上浇白灰浆、白灰黏土浆或砂子白灰黏土浆，或将卵石、碎砖、碎瓦等与掺灰泥拌合后夯实。

（4）碎砖层（或碎瓦、碎石层）与夯土层的交互使用。

（5）较重要的建筑或在地基条件不好的地段，往往采用地钉（木桩）或地钉上加纵横排木的方法。

（6）多层夯筑的方法。包括同一材料作法（如黏性土）的多层夯筑，两种材料作法（如碎砖与夯土）的多层夯筑，两种以上材料作法（如碎砖、夯土、碎石、地钉和排木）的多层夯筑等。

（7）深挖的方法。重要、高大的建筑，基础多采用深挖的方法。普通建筑则往往在柱基部位深挖。

（8）全部开挖的方法。重要、高大的建筑，基础往往全部开挖即采用"满堂红"基础。

（9）重要、高大的建筑往往采用换土的方法。或局部换土，或全部换土。一般是换成黏性土。

（10）重要、高大的建筑，地基基础往往做得很宽，即往往采用扩大的人工地基的作法。即使已采用了满堂红基础，往往也要扩得很宽。

（三）古代夯土基础的作用原理

（1）古时候的地基情况不像今天这么复杂，在大多数情况下，原土或黏性土经过夯实后大多可以满足一般建筑的受力要求。尤其是木结构建筑的受力部位主要集中在柱子上，有着"墙倒屋不塌"的特点，因此只要着重对柱础部位进行处理，其他部位有所简化也是可以满足要求的。

（2）把不太好的原土挖出后用黏性土分层夯筑实际上是换了好土。经过换土后，新的地基土的成分必然更加一致，因此地基土的内应力也就更加均匀，产生局部破坏的可能性也就小得多。由于换土后要经过分层夯实，因此新的地基土的强度要比原土的强度高，也就提高了地基的承载力。

（3）使用碎砖、碎瓦或碎石的好处是，这些材料要比土壤坚硬得多，把部分土壤改换成更坚硬的砖石材料有利于提高地基的承载力，这与现代使用级配砂石处理软弱地基的道理是相同的。此外在夯击的过程中，这些坚硬的材料会被部分地挤入土中，这就等于从内部挤密了土层，使得与之相接的上、下土层的密实度也都增强了。

（4）地钉（木桩）一方面可以挤密土层使之密实度增强，另一方面由于桩的强度大于土层的强度，这二者的联手工作更可以提高地基的承载力。木桩上横放的排木可以使多个木桩连成整体，受力会因此更加均匀，排木上下两排的纵横交错摆放，更是强化了这种效果。木材本身的抗压强度尤其是抗弯强度要比土壤高得多，这无疑将有利于地基受力状况的改善。

（5）深挖和换土措施可以避免或减少因软弱下卧层引起的地基沉降。

（6）深挖后建筑的埋深会随之更深些，而埋深越深，地震作用对建筑的影响也就越小。

（7）建筑的埋深深一些还可以提高地基基础的深度修正系数，从而提高承载力。

（8）"满堂红"作法可以让地基土和砖基础都能整体工作，从而可以减少不均匀沉降的发生。

（9）原有的建筑面积经过受力角传至地下后会变得很大，而扩大的人工地基作法，可以使扩大了的受力面积全都落在人工地基范围之内。受力面积变大了，建筑对持力层的压强自然会变小，而扩大了的人工地基又是经过了处理的，因此可以满足古时候的建筑受力要求。

第二节 灰土与素土的传统作法

一、灰土分类及一般概念

（一）灰土的步数、厚度及配合比

古建灰土与现代灰土垫层相同，均应分层夯筑。每一层叫做"一步"，有几层就叫几步，最后一步又叫"顶步"。小式建筑的灰土步数为1～2步。一般大式建筑的灰土步数为2～3步。清代陵寝建筑的灰土多为十几步作法。紫禁城内的一些宫殿地面垫层的灰土步数甚至多达几十层。这与现代设计规范相差较大。古人对土作工程在建筑工程中的地位比现代工程技术人员要看得重一些。古人对极重要的宫殿，不是当作百年大计，而是当作万年大计来考虑，例如陵寝就被称做为"万年吉地"。从长远的经济观点看，增加灰土步数可以延长修缮周期，从而降低了工程的总成本。此外，加大灰土步数是古人出于对防潮的考虑，即为了创造一个较为干燥的小环境。这种小环境可以隔绝"地气"潮湿上蒸，保护砖墙不使酥碱。这对建筑本身是十分有益的。

普通民房基础灰土厚度一般为虚铺21～25厘米，夯实15厘米。按照清工部《工程作法则例》及其他有关文献的规定：每步厚度为虚铺22.4厘米（7寸），夯实厚为16厘米（5寸）；每步素土的虚铺厚度为32厘米（1尺），夯实厚为22.4厘米（7寸）。

一般普通房屋的基础灰土配合比多为3:7（体积比，下同），散水或回填用灰土也可采用2:8或1:9的灰土配合比。大式房屋的灰土配合比以4:6居多。

有些重要建筑的灰土配合比甚至超过4:6。泼灰与黄土拌合后经筑打可用作基础虽然至少在清代初期已被发现，但对灰土的最佳配合比似乎一直在不断摸索。至清代后期，虽然人们已认识到2:8或1:9灰土也可满足一般要求，但还是认为灰的比例大一些比较好，这是因为古代工匠不仅考虑了灰土的强度，还有防潮方面的考虑。施工中，往往以"手攥成团，落地开花"为标准，甚至以灰土的颜色来决定配合比。严格地讲，这些标准必然会受到含水率、土的黏度、土的颜色等因素的影响。因此，拌合灰土时，还是应该严格把关，按规定配合比拌合。

根据清工部《工程作法则例》的规定，基础槽宽应为墙宽的2倍。如墙宽2尺，槽宽为4尺。墙宽超过2尺（64厘米）者，均只另加宽2.4尺（76.8厘米）。槽宽与墙宽之差，叫做"压槽"。"一块玉儿"满堂红灰土的压槽宽度一般为1.28～1.6米（4～5尺）。压槽的加放说明了古人对力学的认识，"一块玉儿"作法说明古人已懂得加大灰土面积可以减少对地下的压强。《普祥裕万年吉地工程备要》中有这样一段奏折："宝城大槽正北并东西槽帮均有酥碱脱落，拟将宝城、方城大槽内四面槽帮再去土三、四尺，筑打灰土比原

估较宽，倍加稳固。"通过这段记载可以看出，古人不仅把灰土压槽作为基础放脚，还作为砌体防潮的措施。古代重要宫殿常采用的满堂红灰土和压槽尺寸比较大的作法。虽与现代设计规范不尽相同，但事实证明，这种先期补足的方法远比后期墙体修缮的方法要高明得多，也经济得多。

（二）灰土的分类

古建筑基础的开挖形式主要有两种，一种是挖成沟槽形式，一种是"满堂红"大开挖，叫做"一块玉儿"。如果灰土的步数较少（如1~2步），或基础"埋深"较浅时，柱顶部位的灰土也可做独立基础。小式建筑及一般大式建筑多采用沟槽形式。沟槽的深浅可以相同，也可以不同，即根据需要有所简化（参见本章第四节的相关内容）。重要的宫殿建筑常采用"满堂红"形式。这种作法既可以更好地防止基础不均匀沉降，又能将建筑与自然土壤有效地隔开，因此对建筑防潮十分有利。但"一块玉儿"作法的造价较高，所以一般只用于重要的宫殿和地下建筑。坡道、坡顶下的灰土需做成台阶形式的，叫做"蹿蹬灰土"或"举溜蹿蹬灰土"。

根据夯底直径不同，夯筑方法可分为小夯灰土（又叫小夯碱灰土）和大夯灰土（又叫大夯碱灰土）。小夯夯底宽9.6厘米（3寸），大夯夯底宽12.8厘米（4寸）。小夯灰土多用于重要的宫殿基础，大夯灰土又分大式大夯灰土及小式大夯灰土，多用于一般大式建筑及各种小式建筑。夯筑时，夯的数目（称为"一槽"）一般应在4把以上。小夯灰土每槽所用夯数更多，一般可分为二十四把小夯灰土、二十把小夯灰土和十六把小夯灰土。

古建灰土有"三合土"之说。"三合"中除白灰以外，关于"二合"一般有几种解释：一是黄土与黑土；二是生土（黏性较大的土）与熟土（砂性土和渣土）；三是主土（挖槽土）与客土（外运土）；四是土与细砂（用作灰土地面时，砂用粗砂）。三合土的提法说明古人对土质与灰土质量的关系已有认识，但尚缺乏深化研究。施工中，只要能保证不用砂性土或无法过筛的黏土，是可以直接使用挖槽余土的（原因详见后文）。

二、土作常用工具

（1）夯　夯是土作夯筑的主要工具。根据夯的形状和夯底宽度，可分为大夯、小夯和雁别翅三种（图1-1）。制作夯的木材一般应为榆木。可由一或二人执夯操作。

（2）碱　也作"碨"，是土作夯筑的主要工具之一。碱为熟铁制品，也可用石制品。按重量可分为8人碱（42千克）、16人碱（75千克）和24人碱（137千克），24人大碱俗称"座山雕"。

（3）拐子　用于打拐眼。

（4）铁拍子　用于掖边或散水灰土垫层施工中代替铁碱操作。

（5）搂耙　又叫灰耙。用于虚铺灰土时的找平或落水时将水推散。

（6）其他工具　如铁锹（平、尖两种）、镐、筛子等。

三、灰土作法

（一）小夯灰土作法

夯底直径为三寸（9.6厘米）的木夯叫做小夯，夯底直径为四寸（12.8厘米）的木夯

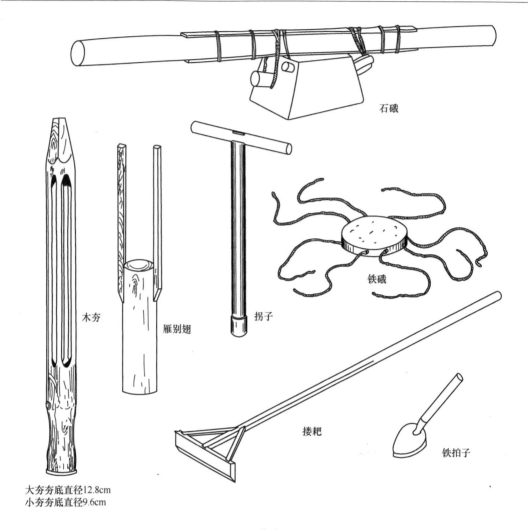

石硪

木夯

雁别翅

拐子

铁硪

搂耙

铁拍子

大夯夯底直径12.8cm
小夯夯底直径9.6cm

图 1-1　土作常用工具

叫做大夯。使用小夯夯筑的灰土叫做小夯灰土，小夯灰土用于重要的宫殿建筑。小夯灰土分为二十四把小夯、二十把小夯和十六把小夯灰土。各种小夯灰土中以二十四把小夯灰土作法最为复杂，现将二十四把小夯灰土作法介绍如下：

（1）用大硪拍底 1～3 遍。

（2）将生石灰经水泼成泼灰后过筛（筛孔宽为 0.5 厘米）。黄土过筛（筛孔宽不超过 2 厘米）。将泼灰与黄土拌合均匀，在拌合过程中要随时将滚黏成较大的土块拍碎。灰与土的配合比为 4：6。

（3）将拌匀的灰土铺在槽内，并用灰耙搂平。虚铺的厚度每步为 22.4 厘米（7 寸），夯实厚度至少应夯至 14.4 厘米（4.5 寸）以下，以不超过 12.8 厘米（4 寸）为宜。用双脚在灰土上踩 1～2 遍，叫"纳虚"或"纳虚盘踩"。灰土也可分两次下槽，每次虚铺厚度为 11.2 厘米（3.5 寸），纳虚也应分两次进行。讲究的作法还可在每半步虚土纳虚后打拐眼一次。前半步打"流星拐眼"（不成行成排），后半步虚土上每隔 38.4 厘米（1.2 尺）打拐眼一道，以此"分活"，作为夯窝分位的标准。

（4）行头夯，叫"冲海窝"。每个夯窝（海窝）之间的距离为9.6厘米（3寸），每个位次夯打24下。

（5）行二夯，叫"筑银锭"。是在海窝之间形似银锭的◇形位置上夯筑，每个位次也是筑打24下。冲海窝和筑银锭时，夯可由两人对站同执，两人为一班，两班轮换操作，人歇夯不歇。

（6）行余夯，叫"充沟"或"跟溜打平"，又叫"剁梗"。是在海窝、银锭之间挤出的土埂上夯筑。每个位次也需夯打24次（图1-2）。

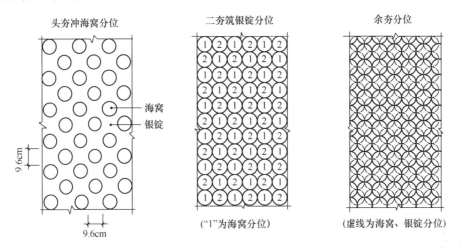

头夯冲海窝分位　　　　　二夯筑银锭分位　　　　　余夯分位

海窝
银锭

9.6cm

9.6cm

（"1"为海窝分位）　　　　　（虚线为海窝、银锭分位）

图 1-2　小夯灰土夯筑分位

打夯时可由一人喊数，众人听数夯打，民间常以唱夯歌的形式代替记数，夯歌是劳动号子的一种形式。讲究的作法要由专人敲板唱号记数，古时甚至要由官员手执竹竿监察，每个位次夯打够数后才准挪位。

（7）用平锹将灰土找平。

以上为"旱活"工序，可重复进行1～3次。如重复3次，每次分别叫做"加活"、"冲活"和"跺活"。

（8）落水。落水又叫"漫水活"或"漫汤"，就是用水泼在旱活上，将灰土洇湿。由于落水一般都安排在晚上，所以也叫"落夜水"。落水安排在晚上不仅是出于施工组织的需要，还可以使未熟化的生石灰颗粒在最后的夯打以前充分熟化，从而可以避免在灰土打完后因石灰继续熟化膨胀造成结构的松散。落水时，既要"落到家"，也应注意水量不易过大。水量以能使最底层灰土洇湿为度。检查水是否落到家了，除可挖开检查外，也可根据"冬见霜，夏见帮"的经验进行评定。其标准是，冬季以灰土表面结霜为宜，夏季以槽帮洇湿的高度为灰土厚的2～3倍为宜。落水时不可操之过急，应先"洒水花"，后"落水片"，并要用灰把随落随搂，令水散开，避免局部积水。

（9）撒渣子。也叫压渣子。漫过水活之后，虽经晾槽，夯筑时仍可能出现灰土粘夯的现象，所以需要在灰土上撒一些碾细的砖面。

（10）起平夯一遍。平夯即打夯时手举至胸部。

（11）行高夯一遍。高夯即手举过顶。此次可与打旱活时不同，即夯窝可无严格的分位，此种打法叫"乱夯"。

（12）用铁锹将灰土找平。有些讲究的作法还要加打一次"登皮夯"，即夯举起后倾斜下落，将灰土表皮蹬开。

（13）打旋夯1～3次。每次都要"一夯三旋"，即打夯时，人要跳跃而起，旋转落下。一般只打一次旋夯，但也有打3次的，叫做"三回九转"。如打3次旋夯，每次之前都应再打拐眼、落水和打平夯。

（14）打拐眼。即用拐子用力旋转下压，使灰土上出现圆坑（叫做拐眼）。上述打拐眼是先打夯后打拐眼的方法，这种方法又叫做"使簧"。也有先打拐眼后打夯的作法，如为这种作法，应将灰土夯至与拐眼深度一致。

打拐眼的作法可以追溯到商代。虽然到了清代，基础已大量使用灰土，但拐眼技术一直历代相传。拐子实际上是一种更小的夯，通过打拐眼可使灰土更加密实。"使簧"作法可以在上下层之间形成榫卯结构，这种榫卯结构用于堤坝和高台建筑时，具有一定的抗水平推力的能力。用于基础时，榫卯之间的摩擦力可以增强灰土的承载能力。

（15）打高硪两遍。要用16人大硪或24人大硪（"座山雕"）进行操作。头遍硪要"一硪挨一硪"，二遍硪要"一硪压一硪"（图1-3）。操作时，听领硪者喊号指挥，众人同时牵动绳子，高抛过顶，在硪下落时，领硪者（16人硪由2人领硪，24人硪由3人领硪）迅速抓住硪或手扶硪的上端用力向下砸去。高抛大硪时，众人要协调配合，不可使硪面倾斜，大硪抛起后不要用绳子往下牵动，要让大硪成自由落体落下。

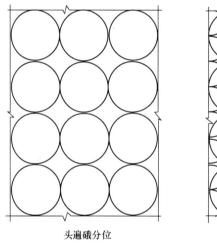

头遍硪分位　　　　　　　　　　二遍硪分位

图1-3　打硪分位

（16）对槎子的处理。夯筑灰土如不能在一天内完成时，应分段进行。"一块玉儿"作法的，每10.24平方米（见方丈）为"一槽"，分槽筑打。灰土接槎处叫"扡口"或"碴口"，扡口处要留踏步槎，叫"蹭蹬"。接槎时应将扡口处已打好的灰土重新翻起，与下一槽灰土一起夯打。扡口处要特别注意夯筑坚固。如打拐眼应"密打扡口"，以防止扡口处断裂。槽底边角处等铁硪未拍到的部位，要用铁拍子拍实，叫做"掭活"。

以上为一步灰土的全部工序，以后每一步都应如此进行。至顶步灰土时，最后要行"串硪"（又叫"揣硪"）一遍。行串硪时，应将硪斜向拉起距地约50厘米左右，然后随其自由落下，让硪在地下"颠"着走。铁硪串行，意在将灰土蹭光，以便放线。

二十把小夯灰土与十六把小夯灰土的操作工序与二十四把小夯灰土工序相同，只是每个位次夯打的数目由 24 次改为 20 次和 16 次。

（二）大夯灰土作法

1. 大式大夯灰土作法

大式大夯灰土每槽用夯 5 把，夯底直径 12.8 厘米（4 寸）。其作法如下：

（1）大碴拍底 1～2 遍。

（2）白灰、黄土过筛后，拌匀下槽并纳虚盘踩。灰土配合比为 3∶7，虚铺厚 22.4 厘米（夯实 16 厘米）。

（3）冲海窝。每个海窝之间的距离为 19.2 厘米（6 寸），每个位次夯打 8 次（图 1-4）。

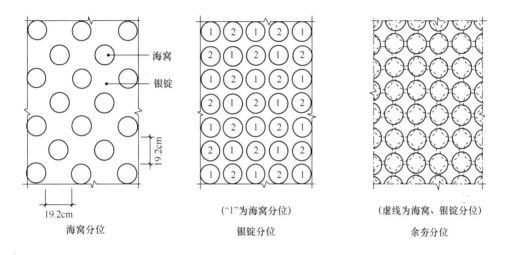

海窝分位　　（"1"为海窝分位）银锭分位　　（虚线为海窝、银锭分位）余夯分位

图 1-4　大式大夯灰土夯筑分位

（4）筑银锭，每个位次也是筑打 8 夯头。

（5）余夯充沟剁梗，每个位次仍然筑打 8 夯头。

（6）掖边。

（7）如此反复操作 3 遍，后两遍每个位次筑打 6 夯头。

（8）3 遍夯后，将灰土找平、落水、撒渣子。

（9）用雁别翅或大夯"乱打"，每个位次筑打 4 夯头。

（10）打高碴两遍，顶部应串碴一遍。

2. 小式大夯灰土作法

小式大夯灰土每槽用 4 把，夯底宽 12.8 厘米。小式大夯灰土是比较通用的作法，是小式建筑和大式建筑中的普通房屋的常用作法。

（1）用碴或夯将槽底原土拍实。

（2）白灰、黄土过筛，拌匀，下槽，并用灰耙搂平。灰土配合比为 3∶7。灰土虚铺厚度：第一步 25 厘米，第二步 22 厘米，第三步 21 厘米。夯实厚均为 15 厘米。

（3）用双脚在虚土上依次踩纳。

（4）打头夯。每个夯窝之间的距离为 38.4 厘米（三个夯位）。夯筑分位常用"大活"和"小活"的分位方法（图 1-5）。每个夯位至少筑打 3 次（叫做"劈夯"），其中至少应有

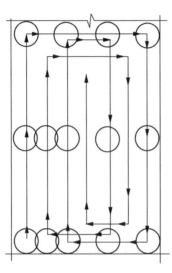

头夯分位及行夯路线

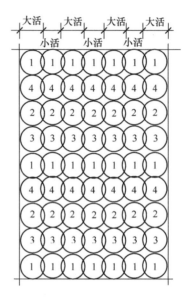
2、3、4夯分位及不能均分时的处理

图 1-5　小式大夯灰土夯流分位

一次手举过头，即应打高夯一次。

（5）打二夯。打法同头夯，但位置不同（图 1-5）。

（6）打三、四夯。打法同头夯，但位置不同。

（7）剁梗。将夯窝之间挤出的土梗用夯打平。剁梗时，每个夯位可打 1 次（叫做"啃夯"）。

（8）掖边。高夯斜下，冲打沟槽边角处。

（9）找平。用平锹将局部高出的灰土铲平，将铲下的多余灰土垫在低洼处并用锹背拍平拍实。

以上工序反复 2～3 次。

（10）落水。水应落到家。

（11）当槽内灰土不再粘鞋时，即可再行夯筑。为防止湿土粘连夯底，应在灰土表面撒上干土或砖面。此次夯筑，打法仍同前，但一般只打一遍。

（12）打高硪两遍。两遍硪的分位同小夯灰土（图 1-3），但应使用 8 人硪（1 人领夯）。最后一步灰土可加一次"颠硪"，即串硪。

小式大夯灰土有"三夯两硪一颠"之说。实际上这只是一种规律性的总结。实际操作时要看灰土的实际厚度是否已达到了要求。如未达到，应不断夯筑，直至达到要求为止。小式大夯灰土一般应打两步，如情况特殊，也可打三步灰土。槛墙、廊子、散水等可只打一步灰土。

（三）土作中的几种特殊手法

（1）童子夯。童子夯是以众多的童工纳虚盘踩。由于孩童脚小，所以童子夯可说是纳虚工序中的"小夯"作法。为吸引童子们不断前进，常由一人脸涂粉脂，身穿戏装，辫子上系一铜铃，扮相可笑。此人在槽内嬉唱而行，吸引众童子在后面追逐，以完成童子夯之功。童子夯的作用在于可使灰土被踩纳得更均匀密实。

（2）灌江米汁。又叫灌江米浆或糯米浆。是将煮好的江（糯）米汁加水稀释并掺入白矾以后泼洒在打好的灰土上。泼洒时应先泼一层清水，再泼江米浆，最后再泼少量的清水，以催江米浆下行。江米浆可以在灰土颗粒之间起到润滑作用，再通过夯筑就可进一步强化灰土的密实度。此外，在潮湿的条件下，掺有江米浆的灰土比不掺江米浆的灰土后期生成来得快，45 天后的强度，前者比后者高约 2 倍。灌江米的作法是在灰土中加进有机材料的成功一例。

（3）油杂杂。油杂杂作法用于重要宫殿的基础，或者用来作为灌注桩。为保证有充分的活性氧化钙参加化学反应，制作油杂杂时必须用生石灰块，加水后制成石灰浆，再加白胶泥（好黏土），生石灰块与黄土的配合比约为 2.5 : 7（体积比）。加入黄土后不断搅拌至稠浆状。然后将渣子滤出。再掺入占总体积 40%～50% 的碎砖，碎砖长度不超过 3 厘米。最后掺入生桐油。生桐油与生石灰块的重量比约为 5 : 100。油杂杂制成后即应倒入槽内，厚度不小于 20 厘米，经过晾槽后用大碢打实打平。油杂杂的拍实厚度应为 12.8 厘米（4 寸）。桐油是憎水性材料，因此油杂杂还能防潮，使用时应与灰土层交替使用。油杂杂以及江米浆的应用，说明古代已懂得使用有机材料和无机材料的复合材料来提高灰土的防水性和强度。

（4）泥杂杂。泥杂杂有两种作法。第一种作法是将泼灰（经消解的石灰）与黄土按 3 : 7 的比例拌合成泥状，然后掺入 40%～50% 的碎砖，碎砖长度不超过 10 厘米。铺入槽内，经过适当晾槽后用夯碢拍实。第二种方法往往是作为应急措施。即当大雨过后，灰土含水量过大，几乎成为泥状，正常的夯碢操作已无法进行时，可掺入适量的碎砖（应尽量选用干砖）。然后用夯碢拍实。泥杂杂作法说明古人已懂得在灰土中掺入骨料可以提高强度的道理。这种作法还具有适于雨期施工和可以利用旧砖料等优点。

（5）柏木桩。柏木桩又叫"地钉"。地钉作法由来已久，最迟在宋代建筑中就已经出现。柏木桩的使用表明古人早已懂得利用摩擦力来防止建筑的沉降。地钉作法一般用于土质松软的基础、人工土山上的建筑基础、临水建筑或临水假山基础等。清代陵寝工程中除极少数次要建筑外，几乎均要下地钉。桩子下端应砍成锥状，为防止打桩时损坏桩子，桩尖上要套铁桩帽，桩顶要用铁桩箍加固。桩子的长度：传统的地钉长度至少应在 1.28 米（四尺）以上，长者可达 4.8 米（一丈五尺）。桩子的长度要看建筑的重要程度和土质情况决定，但在同一建筑的基础中，柱顶部位的桩子应比其余部位的桩子长约 1 倍。桩子上端径 22.4～19.2 厘米（7～6 寸），下端径 16～12.8 厘米（5～4 寸）。地钉的排列方法如（图 1-6）所示。其中梅花桩和莲三桩多用于柱顶下的基础，马牙桩和排桩多用于墙基，棋盘桩多用于"一块玉儿"灰土。地钉可用铁碢直接砸入地下，也可以搭打桩架子，叫"碢盘架子"，用桩锤打桩（图 1-7）。桩锤中心有一孔洞，中穿铁芯，铁芯下端立在桩顶上，这样可以防止桩锤偏歪。夯入后桩子可露出地面 16 厘米（5 寸）。如露出地面，露出的部分应以碎石填平，叫做"山石掐当"。也可在填充碎石后再做灌浆处理。在古建筑修缮时，如需使用地钉，应根据现代设计规范决定是否使用地钉，以及数量、长度和排列方式等。尤其是桩子的长度，并非越长越好。当桩尖穿透较好的土层而支承在软弱土层上时，桩子的承载力往往会降低。因此，一定要看地层土质情况作具体细致地分析后确定桩子的长度，切不可使桩子支承在松软土层上。

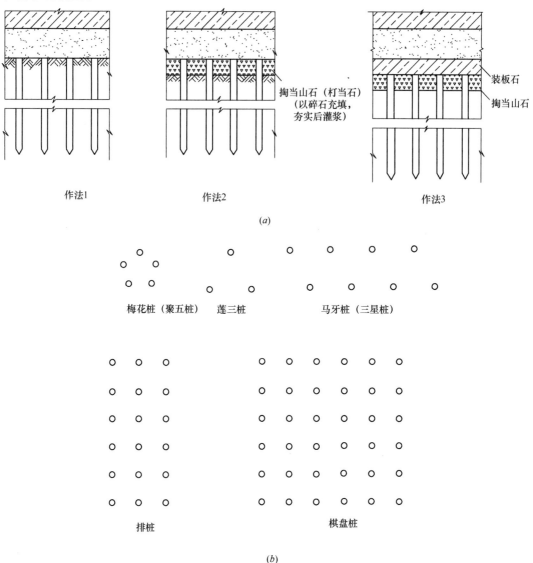

图 1-6 地钉分位及作法
（a）地钉作法；（b）地钉分位

四、与灰土强度有关的技术问题

灰土是建筑的"根脚"，其质量与建筑物的安全息息相关，灰土一旦出现质量事故，不但会使建筑物遭到破坏，而且补救将十分困难。灰土质量的优劣主要由其强度决定，所以灰土的强度是至关重要的。

（一）材料的选用

灰土所用材料仅为白灰和黄土，配合比也很简单，但不同的白灰和黄土，打出的灰土强度却相差甚殊。

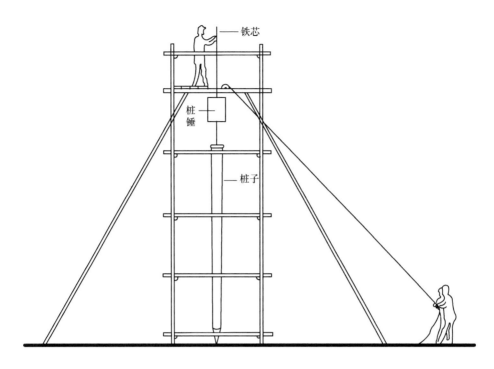

图 1-7　碱盘架子

（1）白灰的选用，白灰中的活性氧化钙是激发土壤中活性氧化物，生成水硬性物质-水化硅酸钙的必要成分。因此，白灰中活性氧化钙的含量与灰土的强度有着十分密切的关系。根据实验可以得知，相同的配合比，但用活性氧化钙的含量分别为 69.5％和 82％的白灰制成的两种灰土试样，测得的抗压强度，前者仅为后者的 60％。另据实验，当石灰消解熟化暴露于大气中一个星期时，活性氧化钙的含量已降至 70％左右，28 天后，即降至 50％左右。12 个月后，则仅为 0.74％。为能保证灰土的强度，应注意下列几点：

① 生石灰块的块末比应在 5:5 以上，即应保证至少有一半以上的块状生石灰。

② 泼灰宜在 1～2 天内使用，最迟不超过 3～4 天。消解熟化的时间超过一个星期的白灰应改作他用。

③ 泼灰时，不宜泼得太"涝"，尤其是不能使用被大雨冲刷过的泼灰。此外，灰泼好后应过筛，筛孔径不超过 0.5 厘米。如果灰的颗粒过大，会因为施工后白灰的继续消解，而造成结构层的松散和破坏。

（2）黄土的选用：黄土以选用黏性土较好。黏土是一种天然硅酸盐，二氧化硅是其主要化学成分之一。当白灰和土拌合后，二氧化硅和氧化钙即发生物理化学反应，逐渐生成一种新物质——水化硅酸钙。土的黏性越大，颗粒就越细，物理化学反应效果也就越好。这种硅酸钙新物质具有一定的水稳定性，对浸水和冻融也有一定的抵抗力。它的早期性能接近柔性垫层，而后期性能则接近于刚性垫层。而砂土由于颗粒较粗，又比较坚硬，因此与石灰混合后的反应效果较差。土壤中含砂量越多，与白灰的胶结作用也越差，强度也就越低。通过用亚砂土和黏土做同样的 3:7 灰土试验，结果表明，

28天的抗压强度和形变模量，后者比前者分别高5倍和3倍。当然，当土壤过黏时，难于破碎，施工中如处理不当，反而会影响灰土的质量。因此，选用亚黏土（塑性指数小于20）拌合灰土是比较适当的。或者说，只要能进行破碎，黏的总比不黏的好。亚砂土和砂土应禁止使用。

（3）材料配比：根据清工部《工程做法则例》记载所作的分析结果表明，二十四把小夯灰土、二十把小夯灰土、十六把小夯灰土及小式大夯灰土中，如果把小式大夯灰土的白灰用量定为单位1的话，则上述各种灰土的用灰量比例为7∶6∶4∶2∶1。通过分析可以看出，随着作法的讲究程度不同，加大白灰量的倾向是十分明显的。这种倾向固然有出于防潮的考虑，但也说明了古人对灰土配合比的模糊认识。虽然当白灰含量过少时，白灰与黏土不能充分相互作用。但如果含量过大，由于白灰生成的碳酸钙的强度不如硅酸钙那样高，因此相互作用后多余的白灰就形成了灰土中的薄弱结构。经测试，多种灰土配合比中，以3∶7灰土性能最好。取样试验所得的数据或许只是理论上的最佳，但至少证明了在多种配合比中，不是白灰越多，强度越高。问题的另一方面是，虽然从理论上讲，硅酸钙的合成所需要的氧化钙和二氧化硅是有固定配合比的，但由于活性氧化钙的含量又会受到多种因素（如灰的块末比、消解熟化的时间等）的影响。因此3∶7灰土虽然在理论上是最优的，但在实际施工中，可根据具体情况适当增加白灰含量，尤其是当土壤含砂量较大或白灰质量不好时，但配合比不宜超过4∶6。用于散水地面垫层或房心回填时，还可选用2∶8或1∶9灰土。

（二）操作中的关键

相同的材料质量和配合比，不同的操作方法，灰土的强度会相差很大。为保证灰土能达到最佳强度，除应按操作工序操作外，还应注意下列各点：

（1）槽底处理：灰土是建筑的基础，而槽底原土可看成是基础的基础，它的强度同样影响着建筑的坚固程度。由于槽底原土夯实不像夯筑灰土那样有明确的虚实量差要求，所以很容易被忽视。大碰拍底时不应拘泥次数，务以拍实为准。另外，大碰拍底不应仅作为施工手段，也应作为探查手段。应通过大碰拍底时的声音和跳动的感觉异同判断地下情况，必要时应做相应的处理。

（2）废槽回填：废槽（肥槽）在古建基础中叫"压槽"。废槽回填也应筑打灰土，叫"护牙灰土"，但护牙灰土常不被人重视，实际上废槽回填的好坏与建筑基础的牢固程度有很大关系。如果回填不实，可能会因渗水而造成地基土软化而加大沉降值，引起结构开裂等不利现象，严重的甚至会造成事故。如果回填的质量很好，不但能防止上述现象发生，还可以最大限度地提高基础的摩擦系数，这对建筑物的坚固程度是大有好处的。所以回填时一定要用灰土回填。严禁使用素土和冻块回填，所用灰土也应过筛，并要分步夯筑回填，不能图省事，以水代夯，一冲了事。

（3）夯实的厚度：灰土的密实度是决定灰土强度的重要因素。同样的虚铺厚度，夯实后的厚度越小，密实度就越高。因此，操作时务必要保证将灰土夯至规定的厚度，如未达到标准，应不断夯筑，直至达到标准为止。当然，只要能达到夯实的厚度要求，操作程序可以做适当的简化。

（4）关于漫水活：生活中常会见到这种现象，一段回填的沟槽，大雨过后，未经重物压迫，就自行塌落了，这就是所谓的"水打夯"。这说明水与灰土的密实度有关。灰土中最佳的含水量将得到最佳的密实度。当含水量太小时，颗粒外包的水膜呈固体状态，增加了颗粒之间的阻力，故难于夯实。所以，只打夯，不落水，是无法达到强度要求的。当水量太大时，又使颗粒之间充满了水分，由于水分的隔离，夯击力不能有效地作用于灰土颗粒上，也会影响夯实质量。只有当水量恰当时，水分才能起到润滑作用，减少灰土颗粒之间的阻力。在实际操作中，由于落水要"落夜水"，要经过一段晾槽时间，所以落水一般都要"宁多勿少"。落水除可使灰土更加密实外，还能使部分未熟化的生石灰迅速熟化，加快硅酸钙新物质的生成。

五、基础与地面垫层的素土作法

（一）应用范围

素土夯实作法是清代以前建筑的基础常用作法。至清代晚期，仅遗存于极少数次要建筑、部分民居与临时性的构筑物的基础中。素土夯实用于地面垫层，在清晚期的大式建筑中虽已不多见，但在小式建筑中还是较常采用的。采用素土夯实作法的土质，其要求虽不像灰土那样严格，黏性土或砂性土均可，但应比较纯净，土内不宜掺有落房渣土或煤灰炉渣等。

（二）房屋基础素土作法

（1）铺虚土。虚土每步厚32厘米（1尺），筑实22.4厘米（7寸）。

（2）纳虚盘踩。

（3）用大夯冲海窝，筑银锭，充沟（剁梗）。每个夯位均分别筑打3～4夯头，循环操作1～3遍，找平。

（4）落水。以全部洇湿为度。

（5）撒碴子。用大夯或雁别翅筑打1～2遍，每夯窝筑打3～4夯头。

（6）起高碴1～2遍。

（三）地面垫层素土作法

（1）铺虚土。厚度可根据具体情况定，超过32厘米时应分层（步）夯筑。

（2）用大夯或雁别翅筑打两遍，每窝筑打3～4夯头，找平。

（3）落水。

（4）撒碴子，大夯或雁别翅夯筑一遍，每窝筑打3～4夯头。

（5）打碴一遍，顶步素土可加揣碴一遍。

第三节　台基及基座类砌体的类型

一、台基

（一）台基的式样

台基式样的几种类型是：①普通（直方形）台基。②须弥座形式的台基。③带栏板柱子（勾栏）的台基。④复合型台基（图1-8）。

普通台基的式样为长方（或正方）体，是普通房屋建筑台基的通用形式。须弥座形式的台基是宫殿、坛庙建筑台基的常见形式。其形式有：带雕刻或素面（不带雕刻）的；带角柱或不带角柱；须弥座的常见形式或变体形式。带栏板柱子的台基是普通台基或须弥座式台基与栏板柱子的结合形式，在二者中，以须弥座台基加栏板柱子的形式居多。其栏板柱子部分以石材的形式较多见，但也可用砖墙代替，又尤以花砖墙作法为多。宫殿建筑的花砖墙多用琉璃砖摆成。带栏板柱子的台基多用于宫殿或坛庙建筑。复合型台基是上述三种台基的重叠或对接组合，可用于较重要的宫殿、坛庙建筑。这类台基的组合形式很多，如：双层或三层须弥座；双层普通台基；须弥座台基与普通台基的组合；带栏板柱子的台基与不带栏板柱子的台基的组合等。

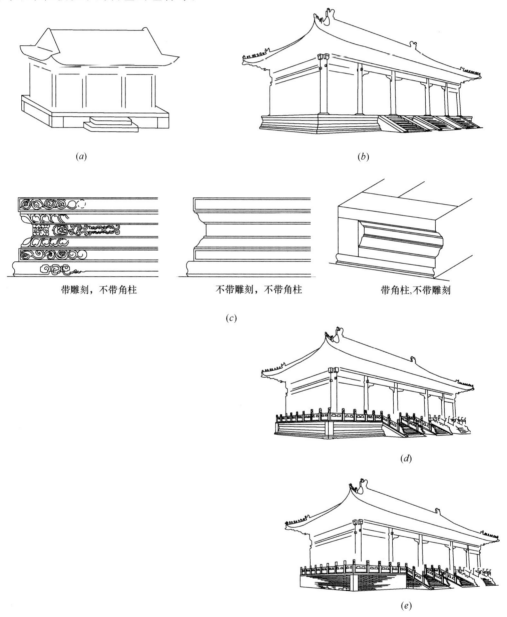

图 1-8　台基的式样（一）

（a）普通台基；（b）须弥座台基；（c）须弥座台基——须弥座的几种形式；

（d）带勾栏的台基——须弥座与石勾栏；（e）带勾栏的台基——普通台基与石勾栏；

图 1-8　台基的式样（二）

（f）带勾栏的台基——普通台基与砖勾栏；（g）带勾栏的台基——须弥座与砖勾栏；

（h）复合型台基——须弥座的重叠；（i）复合型台基——普通型台基的重叠；

（j）复合型台基——须弥座与普通台基的对接；（k）复合型台基——普通台基与须弥座的重叠

（二）台基的砌筑形式

台基的砌筑形式如图1-9所示。

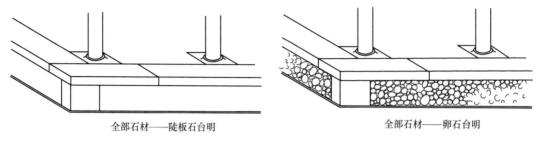

全部石材——陡板石台明　　　　　　　　全部石材——卵石台明

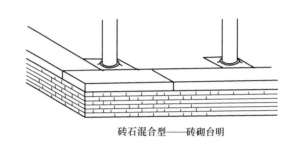

砖石混合型——砖砌台明

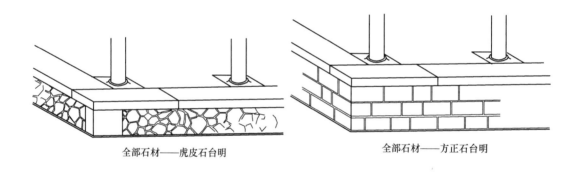

全部石材——虎皮石台明　　　　　　　　全部石材——方正石台明

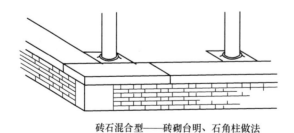

砖石混合型——砖砌台明、石角柱做法

图1-9　台基的砌筑形式

　　（1）全部用砖砌成。砖料可用城砖或条砖。作法可为干摆、糙砖墙等多种类型。砖缝的排列形式多为十字缝或三顺一丁（参见第二章墙体第一节通论）。全部用砖砌成的台基见于民居、地方建筑或室内佛座等基座类砌体。

（2）全部用琉璃砖砌成。这种形式多用于宫殿建筑群中以台基为主的构筑物，如祭坛等。

（3）全部用石材砌成。如陡板石、方正石或条石砌筑，又如用虎皮石、卵石或碎拼石板砌法（参见第三章墙体第一节通论）。无论采用上述何种作法，台基的最上面一层均应安放阶条石，台基的四角一般应放置角柱石。官式建筑的石台基多用陡板石作法。

（4）使用不同的材料。如阶条、角柱和土衬用石料，其余用砖砌成，或阶条、角柱和土衬用石料，其余用琉璃砌成。砖石混合的台基是古建台基中最常见的一种形式。

二、基座类砌体

基座类砌体的造型和砌筑形式都与台基相似，但这类砌体大多不是直接作为房屋的基座。根据不同的功能，常有着不同的名称，较常见的有：月台、高台、祭坛、丹陛桥（宫殿庙宇内高出地坪的甬道）、佛座等。造型为须弥座形式的，常直接称为须弥座。造型以普通形式（直方型）为主，功能又不明确的，大多通称为"台跺"或"台子"，俗称"达度"、"台度"或"达子"。在"台跺"（"台子"）上建筑有宫殿建筑的，也可叫做金刚座或金刚宝座。

附：台阶

绝大多数的台基都有台阶，其造型变化和讲究程度也与台基有直接关系，台阶甚至可以说是台基的一部分。关于台阶的种类、尺度及做法等参见第六章石作的相关内容。

第四节　台基的构造及一般施工方法

台基露出地坪的部分一般称为"台明"，地坪以下的部分称为"埋头"或"埋深"。台明的侧面叫"台帮"，上面叫"台面"。阶条石位于台帮和台面交接处，故可俗称为"台帮石"或"压面石"。台帮用陡板石的，可直接叫做陡板（台明石活参见第六章石作相关内容）；台帮用砖砌筑的，叫"砖砌台帮"或"砖砌台明"。宫殿庙宇中较高大的砖砌台帮往往被俗称为"泊岸"。

一、码磉墩和掐砌拦土

磉墩是支承柱顶石的独立基础砌体，金柱下的叫"金磉墩"，檐柱下的叫"檐磉墩"。如果两个或四个磉墩相邻很近（如金柱和檐柱下的磉墩），常连成一体，叫"连二磉墩"或"连四磉墩"。与连磉墩相区别的是"单磉墩"。磉墩之间砌筑的墙体作为"拦土"，拦土的砌筑叫"掐砌拦土"或"卡拦土"（图1-10）。磉墩和拦土的砌筑顺序是，先码磉墩后掐拦土。磉墩和拦土各为独立的砌体，以通缝相接。

以上介绍的是"埋深"的典型作法，但大量的实际作法包括许多宫殿建筑，并不是那么的典型，一般都有不同程度的简化。常见的情况有：①只做磉墩不做拦土（或只在墙下做拦土）；②拦土的深度浅于磉墩；③采用"跑马柱顶"，即磉墩和拦土连为一体，一次砌成（磉墩和拦土都较浅）；④拦土的深度不同，例如，无墙处浅于有墙处，内墙浅于外墙，矮墙浅于高墙等等。

基础做法的多样化形成了基础开挖形式的多样化，归纳起来有如下几种：①满堂红基础（大开挖）；②墙下挖槽做条形基础，柱子下做更深的独立柱基础；③只做条形基

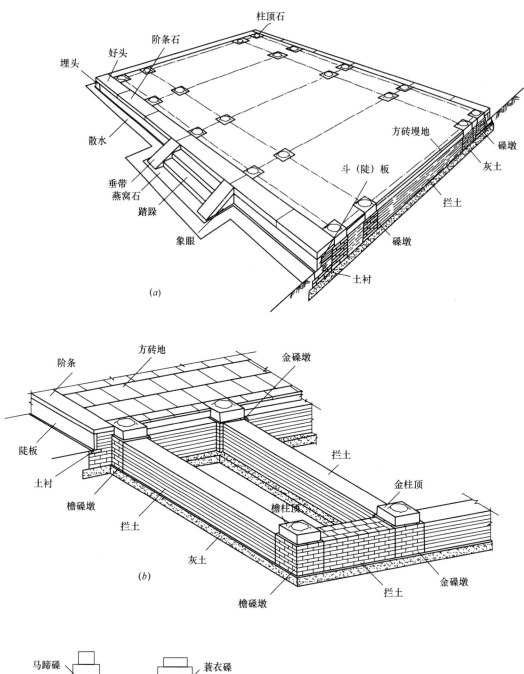

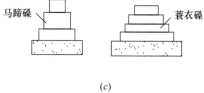

图 1-10 磉墩和拦土（一）

（a）磉墩、拦土与台明的关系示意；（b）磉墩与拦土的关系示意；（c）基础（拦土）的放脚；

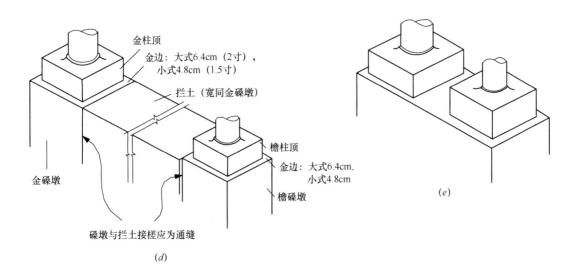

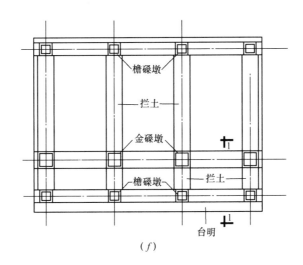

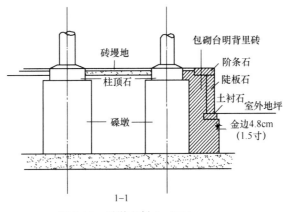

图 1-10 磉墩和拦土（二）

（d）磉墩与拦土的细部；（e）连二磉墩示意；（f）磉墩与拦土的平面

础，不再做独立柱基础；④只做独立柱基础，不做条形基础。从实物情况看，许多作法虽不"典型"，却很普遍，实践证明也能满足使用要求。因此不能简单地认为这些作法不规矩，是粗制滥造。如以数量的多少而论，其实这些"简化"了的作法才是传统作法的代表。

砌磉墩和砌拦土的整个过程叫做"码磉"，码磉的施工要点如下：

①砌体外观不很重要，但强度一定要保证。

②灰浆务求饱满，灰缝宁小勿大。

③标高要准，必要时可以打砖（叫做"剥核子"）或垫瓦片、薄砖等，但绝不允许用增加灰缝厚度的办法进行调整。

二、包砌台明

包砌台明是在前、后檐及两山的拦土和磉墩外侧进行（图 1-10），分露明部分和背里部分。在露明部分中，阶条石使用石活，其他如陡板、埋头等或用石活，或用砖砌。背里部分用糙砖砌筑。有时也将拦土和包砌台明的背里部分连成一体，一次砌成，叫做"码磉"。包砌台明一般应与台基的施工进度相同。但如果阶条之上没有墙体，可局部或全部延至屋顶工程竣工后再包砌台明。这样可以保证台明石活不致因施工而损伤或弄脏。如果包砌台明是随台基同时完成的，其石活（尤其是阶条石）在全部工程即将竣工时，应对表面进行一次加工（如剁斧）处理，以保证台明的整洁。关于台明石活的安装，详见第六章石作。

第五节　与台基有关的几个基本概念

一、台明各部位的平面关系及其尺度

在传统营造行业中，台基尺寸的确定和放线称之为"撺底（地）盘"。不会撺底盘的人可以干好活，但不会搞设计。对于台明各部位的相互关系和尺度以及对相关知识了解的多少，是衡量古建知识水平的重要标准。

1. 台明各部位的平面关系及名称

台明平面上与木构架和墙体有关的各部位有：进深、通进深、面阔、通面阔、廊进深（廊深）、下檐出（下出）、山出、里包金、外包金、金边、墀头咬中、柱门、小台阶等。里、外包金之和为墙宽（厚），外包金与金边之和为山出或封后檐下出尺寸，墀头咬中与山墙外包金之和为墀头宽。台明各部位名称如图 1-11 所示。

2. 台明的尺度权衡

进深、面阔和廊深的确定主要依据木架梁檩的长度，但应注意加放掰升尺寸。即，柱子垂直竖立时，台明与梁架的进深、面阔和廊深尺寸完全相同，但如果柱子有升（侧脚）不是垂直竖立时，台明上的尺寸应大于梁架尺寸。例如，尽间的梁架面阔尺寸是 3000mm，山面的柱子有升（侧脚），尺寸为 30mm，则台明的尽间面阔尺寸应为 3030mm。台明的其他尺度则与柱高、上檐出（上出）或柱径有关。台明各部位的尺度的确定可参考表 1-1 中给出的数据，并应根据具体情况和其他因素综合考虑。

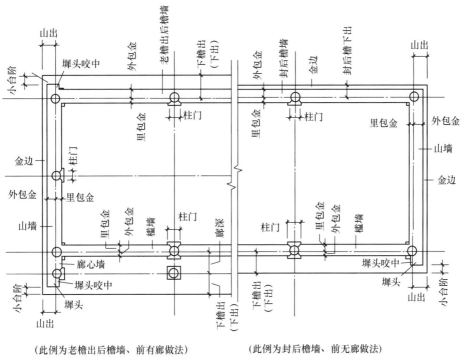

（此例为老檐出后檐墙、前有廊做法）　　（此例为封后檐墙、前无廊做法）

(a)

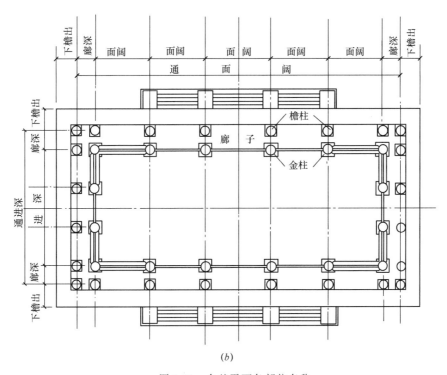

(b)

图 1-11　台基平面各部位名称

（a）以硬山建筑为例；（b）以庑殿、歇山周围廊式建筑为例

台明各部权衡尺寸表 表 1-1

		大 式	小 式	说 明
台明高 （自土衬 上皮算起）	普通台明 须弥座	1/5 檐柱高 1/5～1/4 檐柱高	1/5～1/7 檐柱高	1. 地势特殊或因功能、群体组合需要者，可酌情增减 2. 月台、配房，应比正房矮一阶，又叫一踩，即为一个阶条的厚度 3. 带斗栱者，柱高算至要头
台明总长 台明总宽		通面阔加山出 通进深加下檐出	通面阔加山出 通进深加下檐出	1. 台明土衬总长宽应另加金边（1 或 2 寸） 2. 施工放线时应注意加放掰升尺寸
下檐出（下出）		2/10～3/10 檐柱高	2/10 檐柱高	1. 硬山、悬山以 2/3 上檐出为宜 2. 歇山、庑殿以 3/4 上檐出为宜 3. 如经常作为通道，可等于甚至大于上檐出尺寸 4. 硬山建筑后檐墙为老檐出作法的，后檐下出可适当减少
平台房下出		同上檐出	同上檐出	一般不小于 1.5 尺
硬山建筑封后 檐下出		1/2 柱径加 2/3～3/3 柱径加金边（2 寸）	1/2 柱径加 1/2～2/3 柱径加金边（1 寸）	
山出	硬山	外包金加金边	外包金加金边	柱径不同时按最粗者算，即有山柱（中柱）时按山柱径算，无山柱有金柱时按金柱径算
	悬山	2～2.5 倍柱径	2～2.5 倍柱径	
	歇山、庑殿	同下檐出尺寸		
山墙厚 （下碱尺寸）	里包金	0.5 柱径加 2 寸	1.0.5 柱径加 1.5 寸 2.0.5 柱径加花碱尺寸（内檐不退花碱者不加）	1. 柱径不同时按最粗者算，即有山柱（中柱）的按山柱径算，无山柱有金柱时按金柱径算 2. 上身厚度按下碱厚度减花碱（一侧或两侧）尺寸算
	外包金	1.5～1.8 山柱径	1.5 山柱径	
墀头宽 （下碱尺寸）	咬中	柱子掰升尺寸加花碱（里侧）尺寸，或按 1寸算	柱子掰升尺寸加花碱（里侧）尺寸，或按 1寸算	
	外包金	同山墙外包金	同山墙外包金	同山墙

		大 式	小 式	说 明
墀头小台阶 （小台）		6/10～8/10 檐柱径	3/10～6/10 檐柱径	1. 最佳尺寸可根据墀头稍子天井尺寸折算 2. 作挑檐石者，一般定为 8/10 柱径
后檐墙厚 （下碱尺寸）	里包金	1/2 檐柱径加 2 寸	1/2 檐柱径加 1.5 寸 1/2 檐柱径加花碱尺寸 （内檐不退花碱者不加）	
	外包金	1/2 檐柱径加 2/3～3/3 檐柱径	1/2 檐柱径加 1/2～2/3 檐柱径	
槛墙厚	里包金	1/2 柱径加 1.5 寸	1/2 柱径加 1.5 寸，或按 1/2 柱径	
	外包金	同里包金	同里包金	
金边		1/10～3/10 山柱径，或按 2 寸	1/10 山柱径，或按 1 寸	大式以 1/2 小台阶尺寸为宜

台明各部尺度的传统简明确定法：

旧时的古建行业是以"口传心授"的方式传承营造法的，因此所传授的"规矩"大多经过了简化。这样的表述方式虽有可能"挂一漏万"，但最大的好处是不用笔记，容易记住。以下就是旧时古建行业传承的"撂底盘"的方法：

下出：按"上三下二"，即按 2/10 檐柱高（"上三"指上檐出按 3/10 檐柱高，"下二"指下檐出按 2/10 檐柱高）。

封后檐下出：后檐墙外皮加 1 寸或 2 寸金边。

山出：山墙外皮加 1 寸或 2 寸金边。

金边：小式 1 寸，大式 2 寸。

山墙里皮："穿柱皮"（指墙里皮线与柱里皮线齐）。

山墙外皮：自"柱皮"（指柱外皮）加一个柱径。

墀头宽：外皮随山墙外皮，里皮"咬中"（从檐柱中往里返）1 寸。

小台阶：小式 2 寸，大式 4 寸。

后檐墙里皮："穿柱皮"。

后檐墙外皮：自"柱皮"算起，再加不到一个柱径，一般按 2/3 柱径。

槛墙里、外皮：均"穿柱皮"（即墙厚不小于柱径即可）或稍大。

柱门宽：同柱径。

说明：①除柱门、咬中、金边外，均为最小尺寸，如需加厚，按 1/4 或 1/2 柱径。②有下碱的，里、外皮尺寸指下碱尺寸。

3. 影响台明尺度权衡的其他因素

在确定台明尺寸时，除了要考虑上述规制外，还应综合考虑一些其他因素。"规矩"只是一个基础，在许多情况下，只有破了规矩尺度才更恰当。试举数例如下：

（1）台明高度：可因地势、功能或群体空间组合的需要做较大的调整。例如：在同一个宫殿院落中，有些大殿的台明高可达柱高的 1/3 甚至 1/2，大大超过了"规矩"，而院落正门的台明高则往往只有柱高的 1/7 或更少，旁门的台明高甚至只有柱高的 1/10 或更少，又远远达不到"规矩"的要求。又如：因某种原因，主要建筑的体量不能太大，按规矩台明相应也较矮，当需要更加突出主要建筑时，可以加大台明的高度，或使用双层台明。

（2）下檐出与上檐出的关系：如果上出的尺寸超过了步架，应做适当调整，即应遵守"檐不过步"的原则，又如因木材长度的局限而不能与理论上的上出尺寸相符时，或上出需躲闪其他房屋须向后退时，下出尺寸可随之减少，但也可不作调整。如需进行调整，下出的最小尺寸一般不小于 45 厘米（台明外皮至槛墙外皮不小于 30 厘米）。

（3）如果下出或两山位置的阶条石经常作为交通路线，其宽度可适当加大。如游廊、亭子的下出，又如台明高超过 60 厘米的悬山、歇山、庑殿建筑的两山阶条，其露明宽度（不包括墙厚）小于 50 厘米时，均应适当加大。必要时可加大至与上出相同的尺寸。特殊情况甚至可大于上出尺寸。

（4）复合型的台基（例如坐落于须弥座上的普通台基），台明可较正常高度降低，最低可为一步或两步台阶高。

（5）柱子特别高的建筑，台明高可按正常情况考虑，一般不宜随之增高。

（6）明、清以前的早期建筑或地方建筑有其特殊性。如早期建筑的下檐出往往较大，常与上檐出相近甚至大于上檐出。又如，早期建筑的台明往往较高，与"规矩"相比，墙也大多较厚。

（7）要考虑与周围环境及建筑物的关系，必要时应做适当调整。

（8）有特殊功能要求的，应改变墙厚及与之有关的尺寸。如仓房的墙厚，其底宽为 1/2 檐柱高，上宽按每高 1 尺收分 2 寸计算。库房的墙厚按 2/5 檐柱高（从柱子里皮往里返 3 寸为墙里皮位置）。

（9）相邻的建筑不但要考虑台基之间的关系，还要考虑屋顶之间的关系，必要时应"腾挪躲闪"。例如，确定耳房的台基宽度时，如不事先考虑屋顶的情况，就可能发生耳房与游廊屋顶相互碰撞或遮挡阳光的现象（图 1-12）。

（10）确定里、外包金及山出时，要考虑砖的因素。按照作法规矩确定的同一个尺寸，可能使用的是不同规格的砖（如城砖与停泥砖的不同），同样规格的砖又可能会是不同的组砌方式（包括墀头的组砌方式），此外砖的加工方式（如砍磨与不砍磨）对于砖的净尺寸也会有影响。所以应先初定一个尺寸，然后再结合具体情况核算后确定。即，确定里、外包金（总合为墙厚）和与之相关的山出、下出等尺寸时，可先按表 1-1 中所列数据给出一个预定尺寸。然后根据这个尺寸及建筑的等级选择砖的规格和组砌方式（包括墀头看面的组砌方式）。选择砖的规格和组砌方式时，还要同时考虑到上身与下碱宽度、作法的不同，使最后确定的尺寸既能适合下碱也能适合上身。砖料要求砍磨加工的，还可在砍净尺寸上作调整。仍不能与预定尺寸相符，又不能改变砖的规格与组砌方式时，应改变原预定尺寸，但一般应加大尺寸而不宜减少尺寸。那种认为"规矩"不可变，只能在施工中用打砖或加大灰缝的方法迁就"规矩"的观点是不足取的。上述考虑过程主要是针对砌体里、外皮全部用整砖时的情况，当里皮用碎砖时，只需考虑墀头整砖看面的组砌方式对外包金

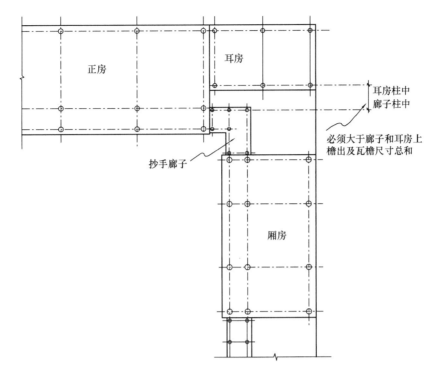

正房

耳房

抄手廊子

厢房

耳房柱中
廊子柱中

必须大于廊子和耳房上
檐出及瓦檐尺寸总和

图 1-12　台基的"腾挪躲闪"一例

尺寸的影响，里包金尺寸则无须调整。

　　具体的尺寸可按下述步骤确定：①按"规矩"（或经调整）得出外包金的初步尺寸；②加金边，得出山出的初步尺寸；③根据外包金的初步尺寸算出墀头宽的初步尺寸；④根据墀头宽的初步尺寸选择并确定砖料和墀头看面分缝形式（组砌方式）；⑤根据确定的墀头看面形式，调整确定墀头宽；⑥根据确定了的墀头外皮尺寸，相应调整确定外包金和山出尺寸；⑦根据确定了的外包金及砖的规格，调整确定里包金（里皮为碎砖作法的不用调整）。以上是以山墙为例的尺寸确定步骤，后檐墙等其他墙体也可参照这个方法进行。

　　总之，在确定台基各部尺寸时，除了要"按规矩做"以外，还应把握以下三条要义：第一，要将构成这些尺寸的因素扩展到空间形态去考虑，正所谓"房子要从上往下盖"。第二，在确定尺寸时要考虑到材料作法。第三，规矩是可变的，不是不可变的。

二、平水、中与升的概念

（一）平水

　　平水是指建筑施工之前，先确定一个高度标准，然后根据这个高度标准决定所有建筑物的标高。这个高度标准，就是古建施工中的"平水"。平水不但决定着整个建筑群的高度，也决定着台基的实际高度，因此平水与台基有十分密切的关系。

　　古建筑群在未破土动工之前，传统的方法是预先在轴线上的适当位置处用砖砌出若干个砖墩，称"线墩子"，外表用灰抹好。中轴线上的线墩子叫"中墩子"，其余的叫"野墩子"。在中墩子的正面弹一道水平的墨线和一道与水平方向垂直的墨线。垂直方向的墨线就是整个建筑群的中轴线，水平方向的墨线就是"平水"。平水线的高度就是建筑群的正房（正殿）的台基高度。那么平水线的高度又是怎样确定的呢？在一般情况下，应先确定建筑群的雨水排水口最低处的高度，这个高度也可称做整个建筑群的平水。排水口的最低处应高于院外自然地坪。有了这个高度就可以确定出该处的庭院地坪高度。从这个高度开始，往院内逐渐增高，增高的幅度以不低于地面泛水为原则。古建筑庭院地面泛水的习惯尺寸是，细墁地面为 5/1000，糙墁地面为 9/1000。即每向院内延伸 1m，地面应抬高 5mm 或 9mm。根据这个增高原则，就可以确定正房的土衬金边上棱的高度，即台明露出地坪处的高度，然后加上正房台基的高度就是台基平水线的高度。同一建筑群中不同院子的正房的台基平水高度，也应根据上述原则，先定土衬金边的高度，再加上台基的高度。在同一个院中，耳房比正房矮一"阶"，一"阶"即为阶条石的厚度。东、西厢房（配殿）和南房比正房也矮一阶。门楼台基的高度应与第一层院子中的北房台基高度一致。

上述这种方法比较复杂，实际操作中常采用"三步一阶"定平法。所谓"三步"，是指自院外到院内为一步，到南房和东、西厢房为第二步，再到北房为第三步，步步增高。所谓"一阶"，是指同院落内的正房与其他房屋台基平水相差的高度以及每进院落相差的高度常以阶条石的厚度为单位。"一阶"，小式为四寸，大式为五寸。"三步一阶"平水定位法如图 1-13 所示。

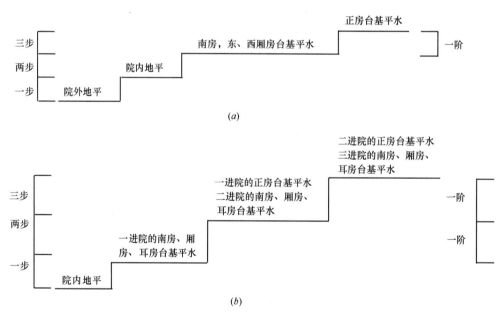

图 1-13 "三步一阶"平水定位法
（a）一进院的正房台基平水定位法示意；（b）各房台基平水及院落之间的关系示意

柱顶石、阶条石、室内地平、泛水及台基平水之间的关系：柱顶石有两个高度，一是鼓镜上皮，二是柱顶石外棱（叫做"柱顶盘"）。安装柱顶石时，柱顶盘的高度应与室内地平的高度一致，鼓镜上皮应高出室内地平。普通小式建筑（主要指不带廊子的建筑），阶条石可不带泛水，因此室内地平与阶条石外棱为同一个高度，在这种情况下，台基的平水就是阶条石上皮、室内地面和柱顶盘的高度，鼓镜上皮则高于平水。但较讲究的建筑，廊子地面和阶条石都有泛水，就是说，室内地平与阶条石外棱的标高不一致，在这种情况下，既可以将阶条石外棱定为台基的平水，也可以将室内地平和柱顶盘的标高定为台基的平水。无论以什么高度作为台基的平水，柱顶鼓镜的高度仍应高于平水。安装柱顶时，柱顶盘必须保持水平，而廊子地面又有泛水，因此柱顶外棱与砖墁地不是平行重合的。它们之间的高低差，应在墁完砖地以后加工找平。

（二）中

如果说"平水"决定了古建筑的标高，"中"则决定着古建筑的方位。古建施工中的许多规矩，都要以"中"为本。比如，刨槽、放线、砌基础墙要先找中，决定门楼位置要先确定全院中轴线到门楼面阔中的距离，屋面排瓦当也要先找中。可以说，只要是想确定水平方向上的位置，往往就要先找到中，这在行内被称为"万法不离中"。

古建施工中所使用的中有：整个建筑群的中轴线，各种面阔中线和进深中线，各种墙体的中线。使用这些中时应注意：①凡是房屋的面阔或进深的尺寸，都是指柱子中到柱子中的距离，即古建施工中常说的"中到中"的尺寸。②中在瓦作中有时含有平分的意思，有时则没有。比如，山墙或后檐墙的"墙中"，就不是平分墙体的中心线，而是柱子的中线。

（三）升

"升"，即倾斜之意，向建筑的轴线方向倾斜为"正升"，正升又称为"收分"。向远离轴线的方向倾斜为"倒升"。例如，同是一堵墙，墙外皮这一面向里皮方向倾斜为正升，向外倾斜为倒升，但如果是墙里皮这一面，向外皮方向倾斜则为正升，向内倾斜则为倒升。除槛墙外，建筑物的墙体外皮一般都要求有正升。宋《营造法式》规定收分为墙高（每侧）的 8.3%，露天的墙为 10%。城墙内外均为 25%。明清以后，城墙、宫墙、府墙等的收分仍然较大，府墙、宫墙至少为 4%，大的可达 6%～11%。城墙至少为 13%，最大的可达 25%。普通墙体的收分已大大减少，一般不超过 0.5% 甚至更小。当柱子的里皮线向室内倾斜时，墙体的里皮应做成倒升，其倒升的程度以能与柱子平行为准。尤其是当室内抹灰不露柱子的情况下更应注意这个问题，否则，柱子的上半部可能会露出墙面。墙外皮要求有正升不只是为增强墙体的稳定性，主要在于可以调整视觉上的错觉。当墙没有升的时候，感觉上往往是向外张出的，所以古建的墙外皮大多都有正升。正升的大小因时代不同差异较大，明、清以前的建筑，正升较大。清代建筑的正升多以适度为准。即只要在视觉上没有倒升的错觉就可以了。具体尺寸多在现场拴线时酌定。当两墙贴近时，如正房与耳房的山墙贴近时，则不必做出正升。否则，两墙之间的缝隙就会出现上宽下窄的现象。

柱子做出倾斜状在清代称为"升"，在宋代称为"侧脚"。柱子要不要升，应视情况而定。一般情况下，檐柱和山柱应有正升。角柱不但要向室内方向倾斜，还应向檐柱方向倾斜。宋、元时期及以前，建筑的金柱与檐柱大多同时做出侧脚，至清代，官式建筑的金柱多已不再做出侧脚。使柱子倾斜的方法是将柱子下的柱顶石向外挪动，即"掰升"，挪动的尺寸应与柱子的"升"（侧脚）相同。

三、古建筑的辨方正位

正南正北方向的连线称为子午线。地球南北两极之间的连线称为地理子午线，现代工程对于方位的测定采用的就是地理子午线测向的方法。对于建筑的中轴线以及城市的中轴线的确定，中国古代曾使用过两种定位方法。一种是利用日影或星辰定向，即天文子午线测向法或测影定向法。一种是用指南针定向，即地磁子午线测向法。由于天轴与地轴是重合的，因而天文子午线测向法与现代所用的地理子午线测向法的原理是相同的，这两种方法测出的结果也必然是相同的。但用指南针测出的方向则与上述两种方法测出的方向则略有偏差（称磁偏角）。与天文子午线或地理子午线相比，地磁子午线的正南略向东偏。在如今的建筑活动中应该这样看待和使用这两种方法：以现代地理学而论，用天文子午线测向法和地理子午线测向法测出的结果更准确。但如果要讲究风水，就应该采用地磁子午线测向法，罗盘指针所指的正南方向就是准确的，不必"纠偏"。从古代官方的工程实践看，两种测向方法的使用情况是：宋代以前大多采用的是测影定向法，南宋以后，用指南针定向的方法渐多使用，但测影定向法仍在使用。明代以后测影定向法已渐少使用，清代则以指南针定向的方法为主。从民间的情况看，自风水术兴起后，一方面罗盘的使用非常普遍，但同时测影定向的方法也一直在使用。

古时盖房定向，东西南北四个方向都取正向的，称为"四正"。古代真正取"四正"的建筑并不多见。即使是寺庙建筑，往往也只是大雄宝殿等主要建筑取正向，次要建筑的方向往往微偏。民间盖房更是有不取正向即"不做绝活"的惯例，无论采用何种定向方法，都是先确定好正向，然后将建筑的南北轴线的南端向东微做调整，作为房屋的轴线方向。使用罗盘定向的，常以午、丙之间的刻画线的方向作为房屋南北轴线的方向。测影定向的，取正后向东略作调整即可。南、北房的中轴线的南端略向东偏转的做法称为"抢阳"。"抢阳"除了有风水上的说法外，科学上也是有道理的，这样可以使室内在上午增加日照时间，下午能减少西晒时间。

历史上传统建筑辨方正位方法的多样化，导致了下述情况的产生：①院落与城市的定向采用的是同一种方法，建筑群的中轴线与城市的中轴线平行。②建筑群的中轴线与城市的中轴线不平行。例如，城市采用的是天文子午线测向方法，但建筑群采用的是地磁子午线测向方法。③建筑群的中轴线与城市的中轴线平行，但南、北房的中轴线与建筑群中轴线不平行。城市与院中的东、西房采用的是天文子午线测向方法，但南、北房的方向与采用地磁子午线测向方法得出的结果相似。

第六节 台基的定位放线

如前所述，台基的尺寸确定和放线统称"摽底（地）盘"。台基的定位放线即是在台明各部关系尺寸推演确定后，将这些关系尺寸以及关键的定位线"摽"在"底（地）盘"上的过程（图1-14）。在放线之前，平水和中（即标高和轴线）应已定位。面阔、进深、下出、山出、檐进、墙宽、柱顶掰升、灰土压槽等尺寸也应已经确定。应注意台基轴线与构架轴线的差异：根据古建传统，檐柱的柱顶石和山柱的柱顶石多做掰升处理，这样，就造成了台基轴线与木构架轴线的差异。这个差异在设计图纸中往往反映不出来，因此应注意在施工放线时加以调整。就是说，台基的实际轴线要按柱顶石掰升后的轴线定位，而不应按木构架的轴线定位。

一、矩形建筑台基放线

（1）根据台基所有尺寸（包括灰土压槽）的总尺寸确定建筑平面的大致位置。在适当的位置设置放线用具，用砖砌筑的称"海墙子"，用木制做的称"龙门板"（包括龙门桩和龙门板）。海墙子或龙门板的上皮应与台基的平水（标高）保持在同一个高度，自身应保证水平。以龙门板为例的建筑定位如图1-14所示。

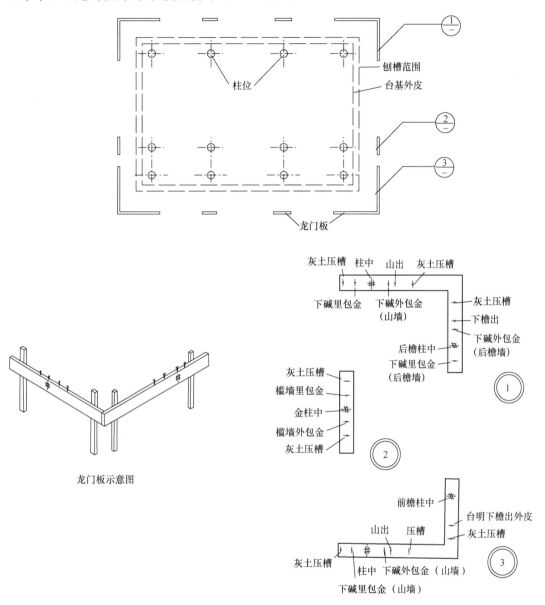

图1-14 矩形台基的定位放线

（2）根据建筑群的"中"确定该建筑的"中"，然后再确定出通面阔和通进深的"中"及各间的面阔、进深"中"，并把这些"中"用小钉钉在龙门板上，并用笔标注清楚。为了确保尺寸的准确性，最好能用统一的丈杆进行度量。凡檐柱、山柱等，应按规矩加放掰升尺寸。应注意的是，制作木架用的丈杆未包括掰升尺寸，如果用的是同一个丈杆放线，应注意加放。

（3）以面阔、进深"中"为依据，找出里包金、外包金、山出、下出以及灰土压槽位置，并将各点用小钉钉在龙门板上。上述工作完成后，应认真进行复核，以免出现错误。

在实际操作中，为了防止在基础刨槽和打灰土过程中龙门板被碰撞位移，应在面阔和进深"中"确定后，先根据墙宽确定压槽宽。待打完灰土后，经过重新校定再确定各点的准确位置。

（4）把需要的点用线坠引至灰土表面，随着基础的砌筑，逐次把所需要的点引至基础墙上，并随之画出标记。根据这些标记码磉、包砌台明和安装柱顶石。每步完成后，均应拉通线与龙门板上的标准点复核。

二、平面为多边形的台基放线（以六边形、八边形、五边形为例）

（一）六边形台基放线

方法1：（1）确定中心点。（2）弹出十字线。（3）以十字线为中心，按1∶1.732的比例关系弹出矩形。矩形的短边应等于面阔尺寸，短边应处于平行建筑正面的位置，如坐北朝南的建筑，短边应为东西走向。（4）以矩形的四角为圆心，以面阔为半径（用丈杆）划圆，找出与十字线的交点（图1-15a）。（5）以下步骤参见矩形建筑的放线步骤。

方法2：见图1-15b。这种方法是流传在工匠间的简易方法。

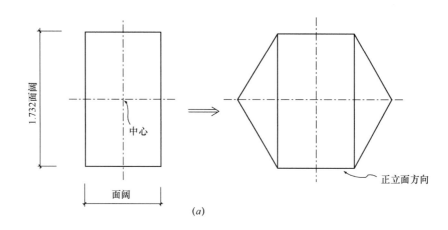

(a)

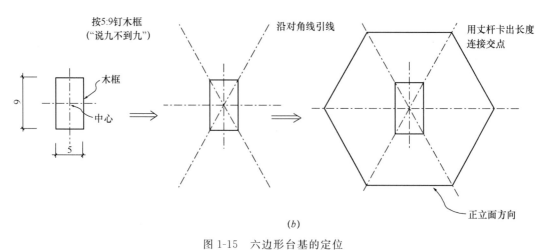

(b)

图1-15　六边形台基的定位

(a) 方法1（已知面阔）；(b) 方法2（简便方法）

（二）八边形台基定位放线

方法 1：（1）确定中心点。（2）弹出十字线。（3）以十字线为中心弹出两个矩形。矩形的短边等于面阔尺寸，长边为 2.45 倍面阔尺寸。（4）将两个矩形连成八边形（图 1-16a）。（5）以下步骤参见矩形建筑的放线步骤。

方法 2：见图 1-16b。这种方法是流传于工匠间的简易方法。

方法 3：（1）确定中心点。（2）弹出十字线。（3）按进深尺寸在十字线上找出四个交

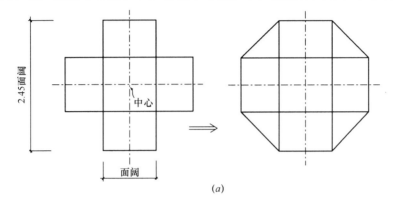

(a)

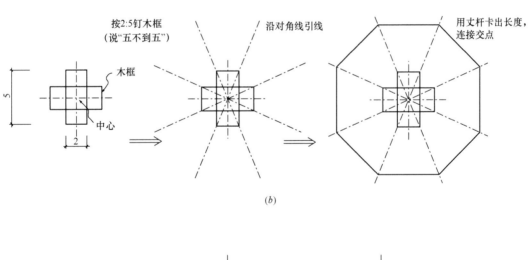

(b)

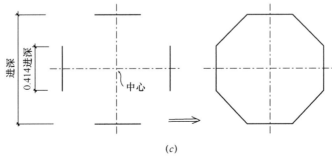

(c)

图 1-16 八边形台基的定位

（a）方法 1（已知面阔）；（b）方法 2（简便方法）；（c）方法 3（已知进深）

点。（4）过四个交点做十字线的垂直平分线，每条线长为进深尺寸的 0.414。（5）连接四条垂直平分线，成八边形（图 1-16c）。（6）以下步骤参见矩形建筑的放线步骤。

（三）五边形台基定位放线

五边形的定位方法有两种，第一种方法的口诀是"一六当中坐，二八两边分"。第二种方法的口诀是"九五顶五九，八五两边分"。这两种方法大同小异，第二种方法比较精确，口诀的译释如图 1-17 所示。

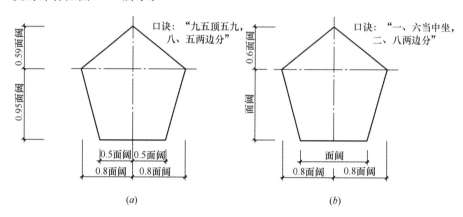

图 1-17 五边形台基的定位
（a）方法 1；（b）方法 2

（四）圆形建筑的台基放线

先确定中心点，根据柱子的数目按多边形建筑的放线方法确定柱顶石的位置，如八柱圆亭可按八边形建筑的放线方法确定柱中位置。以建筑中心点为圆心，中心点至柱中的距离为半径，画出的圆周线即为台基的柱中线。

（五）复合型建筑的台基放线

复合型的建筑应根据上述原理先放出主体建筑的台基线，然后再根据附属建筑的平面形状、尺寸、与主体建筑的位置关系放出附属建筑的台基线。

其他杂式建筑，如双环、扇形、卐字等平面，放线的基本原理与上述原理大同小异，这里就不一一叙述了。

第二章　古建灰浆、砖料、瓦作工具及砖料加工

第一节　古　建　灰　浆

古建工程所用灰浆有"九浆十八灰"之说，可见灰浆的种类之多。仿古建筑工程中，常使用现代建筑材料，如石灰砂浆、混合砂浆、水泥砂浆等。一般说来，只要不破坏古建筑的风格，采用成功的新材料、新作法是必要的，但在选材时应注意古建施工的特点，否则就可能得不偿失。如古建施工中经常使用的水泥，水泥的强度很高，用水泥砂浆代替传统抹灰作法，只要外观效果能接近传统作法，其优越性是不言而喻的。但如以水泥砂浆作为干摆、丝缝墙的灌浆材料，其效果就不如白灰浆等传统材料。传统的石灰浆在凝固过程中，由于浆内石灰粉的膨胀作用，使砌体内的空隙中充满了灰浆。而水泥砂浆在凝固过程中由于干燥收缩，会造成砌体内的空虚。此外，由于砂浆的流动性比白灰浆差，在灌浆过程中会形成砂浆淤堵而使内部空虚，因此会降低干摆墙的强度。再者，水泥砂浆的价格是白灰浆的2～3倍。可见用水泥砂浆代替干摆、丝缝墙的传统灌浆材料是得不偿失的。因此在使用新材料的时候，一定要选择那些确实比传统材料具有优越性的材料。

古建工程常见的各种灰浆及其配合比、制作要点详见表2-1。

古建工程常见的各种灰浆及其配合比、制作要点　　　　　　　　　　表2-1

名　　称		主要用途	配合比及制作要点	说　　明
按灰的制作方法分类	泼灰	制作各种灰浆的原材料	生石灰用水反复均匀地泼洒成为粉状后过筛。现多以成品灰粉代替	宜放置20天（成品灰粉掺水后放置8小时）后使用，以免生灰起拱；存放时间不宜超过3个月。用于灰土，不宜超过3～4天
	泼浆灰	制作各种灰浆的原材料	泼灰过细筛后分层用青浆泼洒，闷至20天以后即可使用。白灰：青灰＝100：13	存放时间不宜超过3个月
	煮浆灰	制作各种灰浆的原材料	生石灰加水搅成浆，过细筛后发胀而成	煮浆灰类似现代方法制成的灰膏，但加水量较少且泡发时间较短，故质量更好。不宜用于室外抹灰或苫背
	老浆灰	丝缝墙、淌白墙勾缝	青浆、生石灰浆过细筛后发胀而成。青灰：生灰块＝7：3或5：5或10：2.5（视颜色需要定）	老浆灰即呈深灰色的煮浆灰，用于丝缝墙应呈灰黑色，用于淌白墙颜色可稍浅

续表

	名 称		主要用途	配合比及制作要点	说 明
按有无麻刀分类		素灰	淌白墙；糙砖墙；琉璃砌筑	泼灰或泼浆灰加水调匀；黄琉璃砌筑用泼灰加红土浆调制，其他颜色琉璃用泼浆灰	素灰主要指灰内没有麻刀，其颜色可为白色、月白色、红色、黄色等
	麻刀灰	大麻刀灰	苫背；小式石活勾缝	泼浆灰加水或青浆调匀后掺麻刀搅匀。灰：麻刀＝100：5	
		中麻刀灰	调脊；宽瓦；墙体砌筑抹线，抹饰墙面；堆抹墙帽	各种灰浆调匀后掺入麻刀搅匀。灰：麻刀＝100：4	用于抹灰面层，灰：麻刀＝100：3
		小麻刀灰（短麻刀灰）	打点勾缝；抹护板灰	调制方法同大麻刀灰。灰：麻刀＝100：3。麻刀经加工后，长度不超过1.5厘米	
按颜色分类		白灰	金砖墁地；砌糙砖墙；室内抹灰；宽瓦	泼灰加水搅匀。如需要可掺麻刀	即泼灰（现多用成品灰粉），室内抹灰可使用灰膏
	月白灰	浅月白灰	调脊；宽瓦；砌糙砖墙、淌白墙；室外抹灰	泼浆灰加水搅匀。如需要可掺麻刀	掺入麻刀即为月白麻刀灰
		深月白灰	调脊；宽瓦；琉璃勾缝（黄琉璃除外）；淌白墙勾缝；室外抹灰	泼浆灰加青浆搅匀。如需要可掺麻刀	
		葡萄灰	抹饰红灰墙面	泼灰加水后加红土粉再加麻刀。白灰：红土粉：麻刀＝100：6：4	如用氧化铁红，白灰：氧化铁红＝100：3 文物建筑不应使用氧化铁红
		黄灰	抹饰黄灰墙面	泼灰加水后加包金土子（黄土子）再加麻刀，白灰：包金土子：麻刀＝100：5：4	如无包金土子，可用深地板黄代替（不能用作刷浆）
按专项用途分类		驮背灰	宽瓦时，放在筒瓦之下，宽瓦灰（泥）之上	常用月白中麻刀灰	
		扎缝灰	宽瓦扎缝	月白大麻刀灰或中麻刀灰	
		抱头灰	调脊抱头	月白大麻刀灰或中麻刀灰	
		节子灰	宽瓦勾抹瓦睑	素灰膏	

名　称		主要用途	配合比及制作要点	说　明
按专项用途分类	熊头灰	宽筒瓦时挂抹熊头	小麻刀灰或素灰。宽黄琉璃瓦掺红土粉，宽其他琉璃瓦及布瓦掺青灰	
	花灰	布瓦屋顶调脊时的衬瓦条、砌胎子砖、堆抹当沟	泼浆灰加少量水或少量青浆，不调匀	不调匀是为提高工效（不会影响质量），调匀后即为月白灰
	爆炒灰（熬炒灰）	苫纯白灰背宫殿墁地	泼灰过筛（网眼宽度大于0.5厘米）。使用前一天调制，灰应较硬，内不掺麻刀	做为苫背用料时主要用于殿式屋顶的找坡和增加垫层厚度
	护板灰	苫背垫层中的第一层	月白麻刀灰，但灰较稀，灰：麻刀＝100：2	
	夹垄灰	筒瓦夹垄；合瓦夹腮	泼浆灰、煮浆灰加适量水或青浆，调匀后掺入麻刀搅匀。泼浆灰：煮浆灰＝3：7或5：5，灰：麻＝100：3	黄琉璃瓦面应将泼浆灰改为泼灰，青浆改为红土浆，白灰：红土粉＝100：6（如用氧化铁红，用量减半），文物建筑不应使用氧化铁红
按专项用途分类	裹垄灰	打底用	筒瓦（布瓦）裹垄	泼浆灰加水或青浆调匀后掺入麻刀。灰：麻刀＝100：3～4	黄琉璃瓦面应将泼浆灰改为泼灰，青浆改为红土浆，白灰：红土粉＝100：6（如用氧化铁红，用量减半）建筑不应使用氧文物化铁红
		抹面用	筒瓦（布瓦）裹垄	煮浆灰掺青灰（或青浆）及麻刀。灰：麻刀＝100：3～4	
添加其他材料的灰浆	江米灰		琉璃花饰砌筑，重要宫殿琉璃瓦夹垄	泼灰用青浆调匀，掺入麻刀，再掺入江米汁和白矾水。灰：麻刀：江米：白矾＝100：4：0.75：0.5	黄琉璃活应将青浆改为红土浆。白灰：红土＝100：6（如用氧化铁红，用量减半）文物建筑不应使用氧化铁红
	油灰	（1）	细墁地面砖棱挂灰	细白灰粉（过箩）、面粉、烟子（用胶水搅成膏状），加桐油搅匀。白灰：面粉：烟子：桐油＝1：2：0.5～1：2～3。灰内可兑入少量白矾水	可用青灰面代替烟子，用量根据颜色定
		（2）	宫殿柱顶等安装铺垫；勾栏等石活勾缝	泼灰加面粉加桐油调匀。白灰：面粉：桐油＝1：1：1	铺垫用应较硬，勾缝用应较稀
		（3）	宫殿防水工程舱缝	油灰加桐油。油灰：桐油＝0.7：1 如需舱麻，麻量为0.13	

续表

名 称	主要用途	配合比及制作要点	说 明
添加其他材料的灰浆 麻刀油灰	叠石勾缝；石活防水勾缝	油灰内掺麻刀，用木棒砸匀。油灰：麻＝100：3～5	
纸筋灰（草纸灰）	室内抹灰的面层；堆塑花活的面层	草纸用水闷成纸浆，放入煮浆灰内搅匀。灰：纸筋＝100：6	厚度不宜超过1～2毫米
浦棒灰	壁面抹灰的面层	煮浆灰内掺入蒲绒，调匀。灰：蒲绒＝100：3	厚度不宜超过1～2毫米
砖面灰（砖药）	干摆或丝缝墙面、细墁地面打点	砖面经研磨，掺入颜色较深的泼浆灰，加水调匀。泼浆灰的掺入量以能近似砖色为准	可酌掺胶粘剂
血料灰	重要的桥梁、驳岸等水工建筑的砌筑	血料稀释后掺入灰浆中。灰：血料＝100：7	
锯末灰	淌白墙打点勾缝；地方作法的墙面抹灰	锯末过筛洗净，掺入泼灰、煮浆灰、泼浆或老浆灰中，加水调匀，锯末：白灰＝1：1.5（体积比），调匀后放置几天，待锯末烧软后即可使用	
砂子灰	墙面抹灰，多用于底层，砂子灰墙面作法也用于面层	砂子过筛，白灰膏用少量水稀释后，与砂拌合，加水调匀。砂：灰＝3：1（体积比）	20世纪30年代以后出现的材料，现多称"白灰砂浆"
焦渣灰	抹焦渣墙面；抹焦渣地面，苫焦渣背	焦渣与泼灰掺和后加水调匀，或用生石灰加水，取浆（过细筛），与焦渣调匀。白灰：焦渣＝1：3（体积比）。用于抹墙或地面的面层，焦渣应较细	用生石灰浆制成的焦渣灰质量更好，但应放置1～2天后使用，以免生灰起拱
煤炉灰	地方作法的墙面抹灰	炉灰过筛，白灰膏用少量水稀释后，与炉灰拌合，加水调匀。白灰膏：细炉灰＝1：3（体积比）	
滑秸灰	地方建筑抹灰作法	泼灰：滑秸＝100：4（重量比）。滑秸长度5～6厘米。加水调匀	放至滑秸烧软后使用效果较好

续表

名 称		主要用途	配合比及制作要点	说 明
添加其他材料的灰浆	三合灰（混蛋灰）	抹灰打底（必要时用）	月白灰加适量水泥。还可掺麻刀	20世纪40年代以后出现的材料，强度好、干得快，但颜色不正
	棉花灰	壁画抹灰的面层；地方手法的抹灰作法	好灰膏掺入精加工的棉花绒，调匀。灰：棉花＝100：3	厚度不宜超过2毫米
	毛灰	地方手法的外檐抹灰	泼灰掺入人或动物的毛发（长度约5厘米）调匀。灰：毛＝100：3	
	掺灰泥（插灰泥）	宪瓦；墁地；砌碎砖墙	泼灰与黄土拌匀后加水。或生石灰加水，取浆与黄土拌合，闷8小时后即可使用。灰：黄土＝3：7或4：6或5：5等（体积比）	土质以亚黏性土较好
	滑秸泥	苫泥背；抹饰墙面	掺灰泥内掺入滑秸（即麦秸，又叫麦余）。滑秸应经石灰水烧软后再与掺灰泥拌匀。掺灰泥：滑秸＝100：20（体积比）	用于抹墙，可将滑秸改为稻草。用于壁画，灰所占比例不宜超过40%，亦可用素泥
	麻刀泥	（1） 宫殿建筑苫泥背	与掺灰泥制作方法相同，但应掺入麻刀。灰：麻刀＝100：6	
		（2） 壁画抹饰的面层	沙黄土：白灰＝6：4白灰：麻刀＝100：6	
	细石掺灰泥	砌筑石活	掺灰泥内掺入适量的细石末	极少用
	棉花泥	壁画抹饰的面层	好黏土过箩，掺入适量细砂。加水调匀后，掺入精加工后的棉花绒。黏土：棉花＝100：3	厚度不宜超过2毫米
白灰浆	生石灰浆	宪沾浆；石活灌浆；砖砌体灌浆；内墙刷浆	生石灰块加水搅成浆状，经细筛过淋后即可使用	用于刷浆应过箩，并应掺胶类物质。用于石活可不过筛
	熟石灰浆	砌筑灌浆；墁地坐浆；干槎瓦坐浆；内墙刷浆	泼灰加水搅成稠浆状	
月白灰	（浅）	墙面刷浆	白灰浆加少量青浆。白灰：青灰＝100：10	用于刷浆应过箩，并应掺胶类物质
	（深）	墙面刷浆；布瓦屋面刷浆	白灰浆加青浆。白灰：青灰＝100：25	

名　　称	主要用途	配合比及制作要点	说　　明
桃花浆	砖、石砌体灌浆	白灰浆加好黏土浆。白灰：黏土＝3：7或4：6（体积比）	
青浆	屋面青灰背、青灰墙面赶轧刷浆；黑活屋面眉子、当沟赶轧时的刷浆	青灰加水搅成浆状后过细筛（网眼宽不超过0.2厘米）	兑水2次以上时，应补充青灰，以保证质量
烟子浆	筒瓦（布瓦）檐头绞脖；黑活屋面眉了、当沟刷浆	黑烟子用胶水搅成膏状，再加水搅成浆状	可掺适量青浆
红土浆（红浆）	抹饰红灰时的赶轧刷浆	红土兑水搅成浆状后兑入江米汁和白矾水。红土：江米：白矾＝100：7.5：5	现常用氧化铁红兑水再加胶类物质（文物建筑不应使用氧化铁红）
包金土浆（黄土浆）	抹饰黄灰时的赶轧刷灰	包金土子（黄土子）兑水搅成浆状后兑入江米汁和白矾水。黄土子：江米：白矾＝100：7.5：5	如无包金土子，可用其他黄色调制而成，例如用深地板黄加适量樟丹和白粉代替，或用二份石黄五份樟丹一份雄黄代替。颜色应呈深米黄色或较漂亮的深土黄色。很重要的宫殿建筑可在土黄浆中掺入雄黄浆，极重要的宫殿建筑可直接刷雄黄浆，颜色呈略偏红的杏黄色
砖面水	旧干摆、丝缝墙面打点刷浆；捉节夹垄作法的筒瓦（布瓦）屋面新做刷浆	细砖面经研磨，加水调成浆状	可加入少量月白浆
江米浆（糯米浆）	（1）重要宫殿小夯灰土落水活	每平方丈（10.24平方米）用江米225克，白矾18.75克	江米浆又叫江米汁子，用江米（糯米）加水将米煮烂后滤去江米而成。浆的稀稠程度根据不同的使用要求而定，在便于施工的前提下宜稠不宜稀用于石砌体灌浆，生石灰浆不过淋
	（2）重要建筑的砖、石砌体灌浆	生石灰浆（细筛过淋）兑入江米浆和白矾水。灰：江米：白矾＝100：0.3：0.33	
	（3）宫殿青灰背提押溜浆（刷浆赶轧）	青浆内掺入江米浆和白矾水青灰：江米：白矾＝10：1：0.25	
	（4）纯白灰背提押溜浆（刷浆赶轧）	泼灰加水搅成浆状后兑入江米浆和白矾水灰：江米：白矾＝100：1.6：1.07	
	（5）屋面苦盘踩	江米浆与白灰掺合使用灰：江米：白矾＝100：3：2	

名　　称		主要用途	配合比及制作要点	说　　明
柒柒浆		小式地面石活铺垫；其他需添加骨料的灌浆	白灰浆或桃花浆中掺入碎砖。碎砖量为总量的40%～50%。碎砖长度不超过2～3厘米	
油浆		宫殿屋面青灰背刷浆；宫殿布瓦屋面刷浆	青浆或月白浆兑入生桐油。青浆（或月白浆）：生桐油＝100：1～3（体积比）	
盐卤浆	（1）	用于宫殿屋面青灰背的赶轧刷浆	盐卤兑水再加青浆和铁面。盐卤：水：铁面＝1：5～6：2，铁面粒径0.15～0.2厘米	宜盛在陶制容器中
	（2）	用于大式石活安装中的铁件固定	盐卤兑水再加铁面。盐卤：水：铁面＝1：5～6：2，铁面粒径0.15～0.2厘米	
白矾水		壁画抹灰面层的刷浆处理；小式石活铁件固定；细墁地挂油灰前的砖棱刷水	白矾适量加水。用于石活铁件固定应较稠	
黑矾水		金砖墁地钻生泼墨	黑烟子用酒或胶水化开后与黑矾混合（黑烟子：黑矾＝10：1）。红木刨花倒入水中煮沸，至水变色后除净刨花，把黑烟子和黑矾的混合液倒入红木水内，煮熬至深黑色。趁热用	现可用不褪色的染料代替。应在地面干透后使用
绿矾水		江南部分庙宇黄色墙面的刷浆	绿矾加水，浓度视刷后的颜色而定	
生桐油		细墁地面钻生；旧地面加固养护	直接使用	

注：1. 由于白灰、青灰的实际质量很不稳定，故表中提供的配合比宜适时调整。

2. 表中所列生石灰、青灰的块末比均以5：5为准。

3. 表中各种灰类除掺灰泥类及砖面灰以外，每立方米所需生石灰均以654千克为准。

4. 表中配合比除注明者外均为重量比。

5. 密度：灰类，每立方米重500千克；泥类，每立方米重1600千克。

第二节　古　建　砖　料

一、古建砖料的名称

古建砖料的名称繁多，不同的规格、不同的工艺、不同的产地、同种产品不同的名称等多种因素交织在一起，派生出许许多多的名称，给使用上带来了不便。以城砖为例：

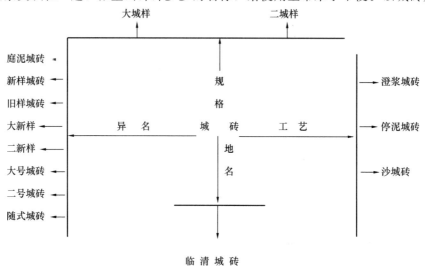

清代官窑生产的砖料见表2-2。

清代官窑的产品名称一览表　　　　表 2-2

名称	其他名称或说明
临清城砖	产于山东临清，一般为澄浆砖或停泥砖
澄浆城砖	泥料先经制浆，沉淀后取上面细泥制成，故质地细致，强度较好
停泥城砖	细泥城砖、庭泥城砖。现直接称作城砖
新样城砖	清代城砖
旧样城砖	明代城砖
尺五加厚砖	属大号城砖类
大新样开条砖	即大城样开条砖。"开条"指砖的中间有一细长浅沟，以便于开做条头（窄条砖）
大新样砖	即大城样、大号城砖
二新样	二城样、二号城砖
停泥砖	庭泥砖、亭泥砖、停泥滚子砖，"停泥"原指质地较细的砖。现代制砖多已取消分泥制砖作法，停泥已改指普通的小型条形砖
斧刃砖	指厚度较小的砖。有停泥斧刃与沙斧刃之分，停泥斧刃质地较细，沙斧刃质地较粗
沙滚子	比停泥滚子砖质地粗或含沙量大的普通条形砖
大沙滚子	尺寸较大的沙滚子砖
大开条	砖的大面中部有一道细长浅沟的砖。大开条是指此类砖中尺寸较大的一种。砖上设置浅沟是为了便于开做"条头"（窄条砖）。现已不生产

名称	其他名称或说明
望板砖	又作望砖。指用于屋面椽子上代替木望板，即采用砖望板时所用的砖，厚度较薄
金墩砖	城砖类。质地较好，适于雕凿加工
花儿子砖	该类砖质地较细，表面有花纹，适宜做地面砖或壁面砖
常行尺二方砖	尺二或尺四等方砖是指营造尺为一尺二寸或一尺四寸等的方砖，清代营造尺1尺等于32厘米
尺二方砖	
足尺二方砖	
常行尺四方砖	常行尺二或常行尺四等又作形尺二或形尺四等，指尺寸小于所说尺寸的方砖，如形尺二方砖的实际尺寸不足一尺二寸（清代营造尺）
尺四方砖	
足尺四方砖	足尺方砖是指尺寸大于所说尺寸的方砖，如足尺四方砖的实际尺寸大于一尺四寸（清代营造尺）
常行尺七方砖	
尺七方砖	
足尺七方砖	尺七或二尺方砖等是指营造尺为一尺七寸或二尺等的方砖，清代营造尺1尺等于32厘米。足尺七方砖是指尺寸大于一尺七（清代营造尺）的方砖
二尺方砖	
二尺二方砖	
二尺四方砖	
细泥方砖	规格多为尺四和尺七。该类砖质地较细，强度较好
澄浆方砖	规格从尺二至尺四。该类砖为澄浆方法制成的方砖，故质地细致，强度好，适于雕凿花活
金砖	规格从尺七至二尺四。产于苏州及上海市松江区一带，该类砖质地极细，强度很好

二、古建砖料的规格

古建砖料的规格一直比较混乱，各地砖窑生产的砖料规格只能做到大致统一，从未达到标准化。清工部《工程作法则例》所列尺寸，只是为了便于算料的一种取定，而不是规定。

兹将整理后的官式建筑及以苏杭地区为代表的江南古建筑砖料规格列表于后（表2-3、表2-4），对于同种产品同种规格但不同名称的砖料或清代后期已不生产的砖料均未列入，另外增补了清末或民国时期出现，现在仍在使用的砖料。

现行官式建筑砖料名称及规格（单位：毫米）　　　　　　　　　表2-3

名 称		主要用途	现行参考尺寸（糙砖规格）	（清代官窑尺寸）	说 明
城砖	澄浆城砖	宫殿墙身干摆、丝缝；宫殿墁地；檐料；杂料	470×240×120	（480×240×112）	如需砍磨加工，砍净尺寸按糙砖尺寸扣减5～15毫米计算。古时有澄浆城砖、停泥城砖和沙滚城砖三种制泥工艺不同的城砖，现行的城砖制泥工艺介于停泥砖与沙滚砖之间
	停泥城砖	大式墙身干摆、丝缝；大式墁地；檐料；杂料	470×240×120	（480×240×128）	
	大城样（大城砖）	小式下碱干摆；大式地面；大式墙面；檐料；杂料	480×240×130	（484×233.6×112）	
	二城样（二城砖）		440×220×110	（416×208×86.4）	
	沙城（随式城砖）	随其他城砖背里用	同其他城砖规格	同其他城砖规格	

名　　称		主要用途	现行参考尺寸 （糙砖规格）	（清代官窑尺寸）	说　　明
停泥砖 （停泥 滚子）	大停泥	大、小式墙面； 大式地面；檐料； 杂料	320×160×80 410×210×80		如需砍磨加工，砍净 尺寸按糙砖尺寸扣减5 ～15毫米计算
	小停泥	大、小式墙面； 小式地面；檐料； 杂料	280×140×70 295×145×70	（288×144×64）	停泥砖又称停泥滚子 砖。沙滚子砖指泥料稍 粗但规格与停泥相同 的砖。现行的停泥砖制
沙滚子	大沙滚	随其他砖背里； 糙砖墙	320×160×80 410×210×80	（281.6×144×64） （304×150.4×64）	泥工艺介于古时的停泥 砖与沙滚砖之间
	小沙滚		280×140×70 295×145×70	（240×120×48）	
开条砖	大开条	各式墙面；墁地； 檐料；杂料	260×130×50 288×144×64	（288×160×83）	开条砖两个大面的中 线位置上各有一道浅 沟，制泥工艺与沙滚砖
	小开条		245×125×40 256×128×51.2		相同。现已停产
斧刃砖	停泥斧刃	清代中期及以前 建筑的墙面、墁地	240×120×40	（320×160×70.4） （240×118.4×41.6） （304×150.4×57.6）	砍净尺寸按糙砖尺寸 扣减10毫米计算 斧刃砖指厚度较薄的 砖。清末后已少使用
	沙斧刃				
四丁砖		民国时期建筑的 淌白、糙砖墙；地 面；檐料；杂料	240×115×53		指与现代标准砖尺寸 相同的灰色黏土砖，有 手工制坯与机制两种， 机制的又称蓝机砖。机 制砖不适于砍磨加工
地趴砖		室外地面；杂料	420×210×85		
方 砖	尺二方砖	小式墁地；博缝； 檐料；杂料	400×400×60 360×360×60	（384×384×64） （常行尺二： 352×352×48）	砍净尺寸按糙砖尺寸 扣减10～20毫米计算 地趴砖出现于近代， 与停泥砖的工艺相同但
	尺四方砖	大、小式墁地； 博缝；檐料；杂料	470×470×60 420×420×60	（448×448×64） （常行尺四： 416×416×57.6）	尺寸更大，因最初多用 于墁地而得名
	足尺七方砖		570×570×60		
	形尺七方砖	大式墁地；博缝； 檐料；杂料	550×550×60 500×500×60	（尺七：544×544×80） （常行尺七： 512×612×80）	
	二尺方砖		640×640×96	（640×640×96）	
	二尺二方砖		704×704×112	（704×704×112）	
	二尺四方砖		768×768×144	（768×768×144）	
金砖（尺七～ 二尺四）		宫殿室内墁地； 宫殿建筑杂料	同尺七～二尺四方 砖规格	（同尺七～二尺四方 砖规格）	

现行江南古建筑砖料名称及规格（单位：毫米）　　　　表 2-4

名　　称	常见尺寸		
	长	宽	厚
城砖	420	200	100
城砖	420	190	65
城砖	400	190	70
墙砖	400	200	40
八五青砖	210	100	40
大金砖	720	720	100
大金砖	660	660	80
小金砖	580	580	80
尺八方砖	576	576	80
尺六方砖	512	512	70
方砖	530	530	70
方砖	500	500	70
方砖	450	450	60
方砖	430	430	50
方砖	380	380	40
方砖	310	310	35
双开砖	240	120	25
条砖	400	200	40
装饰条砖	200	45	15
装饰条砖	240	53	15
砖细单砖	215	100	16
细古望砖	210	120	20
望砖	210	105	14
夹望砖	210	115	30
黄道砖	170	80	35
黄道砖	165	75	30
黄道砖	150	75	25

三、砖的质量鉴别

砖的质量可从以下方面检查鉴别：

（1）规格尺寸是否符合要求，尺寸是否一致。

（2）强度是否能满足要求，除通过试验室出具的试验报告判定外，现场可通过敲击发出的声音来判别，有哑声的砖强度较低。

（3）棱角是否完整直顺，露明面的平整度如何。

（4）颜色差异能否满足工程要求，有无串烟变黑的砖。

（5）有无欠火砖甚至没烧熟的生砖。欠火砖的表面或心部呈暗红色，敲击时有哑声。

（6）有无过火砖，尤其是用于干摆、丝缝墙面或用于砖雕的砖料，如选用的是过火砖，将很难砍磨加工。过火砖的颜色较正常砖的颜色更深，多有弯曲变形，敲击时声音清脆，似金属声。

（7）有无裂纹。在晾坯过程中出现的"风裂"可通过观察发现，烧制造成的砖内的"火裂"可通过敲击声音来辨别。表面或内部有裂纹的砖会使强度降低，且容易造成冻融破坏。

（8）砖的密实度检查。可通过检查泥坯（干坯）的断面和成品砖的断面鉴别，有孔洞、砂眼、水截层、砂截层及含有杂质或生土块等的砖，其密实度都会受到影响。

（9）有无泛霜（起碱）。有泛霜的砖不能用于基础或潮湿部位，严重泛霜的为不合格的砖。

（10）其他检查。如土的含砂量是否过大，是否含有浆石籽粒，是否有石灰籽粒甚至出现石灰爆裂，砖坯是否淋过雨，砖坯是否受过冻或曾含有过冻土块等。这些现象的存在都会造成砖的质量下降，应仔细观察。

（11）检查厂家出具的试验报告。砖料运至现场后，施工单位应独立抽取样本进行复试。复试结果应符合相关标准的要求。

第三节 瓦 作 工 具

古建筑瓦作施工主要包括砖加工、砌墙、抹灰、屋面和墁地。常用的工具有下列数种（图 2-1）：

瓦刀：薄钢板制成，呈刀状，是砌墙的主要工具。也用于宽瓦或修补屋面时的瓦面夹

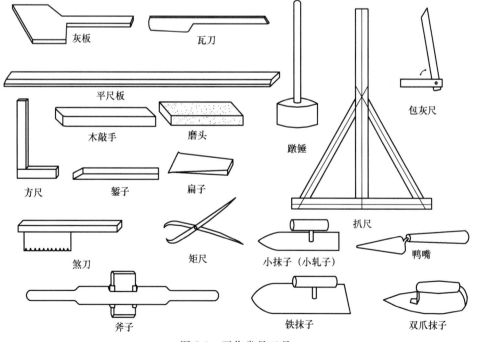

图 2-1 瓦作常见工具

垄和裹垄后的赶轧。

抹子：用于墙面抹灰、屋顶苫背、筒瓦裹垄（但不用于夹垄）。古代的抹子比现代抹灰用的抹子小，前端更加窄尖，由于比现代的抹子多一个连接点，所以又叫"双爪抹子"。民国以后开始使用单爪抹子（铁抹子）和小抹子（轧子或小轧子）。

鸭嘴：俗称鸭嘴儿或小鸭嘴儿，抹灰工具之一，一种小型的尖嘴抹子。多用来勾抹普通抹子不便操作的窄小处，也用于堆抹花饰。

平尺：用薄木板制成，小面要求平直。短平尺用于砍砖的画直线，检查砖棱的平直等。长平尺又叫平尺板，用于砌墙、墁地及屋面铺装时检查平整度，以及抹灰时的找平、抹角。

方尺：木制的直角拐尺，用于砖加工时直角的画线和检查，也用于抹灰及其他需用方尺找方的工作。

活尺：又叫活弯尺。是角度可以任意变化的木制拐尺。可用于"六方"或"八方"角度的画线和施工放线等。

扒尺：木制的丁字尺，丁字尺上附有斜向的"拉杆"，拉杆既可以固定丁字尺的直角，本身又可形成一定的角度。扒尺主要用于小型建筑的施工放线时的角度定位。

灰板：木制的抹灰工具之一。前端用于盛放灰浆，后尾带柄，便于手执，是抹灰操作时的托灰工具。

蹾锤：砖墁地的工具，用于将砖蹾平、蹾实。多用城砖加工成圆形砖块，中间的孔眼穿入一根木棍。使用时以木棍在砖面上的连续戳动将砖找平找实。现代多用皮锤代替。

木宝剑：又叫木剑。短而薄的木板或竹片制成，用于墁地时砖棱的挂灰。一端修成便于手执的剑把状，故称木宝剑。

斧子：砖加工的主要工具。用于砖表面的铲平和砍去侧面多余的部分。斧子由斧棍和刃子组成。斧棍中间开有"关口"，可揳刃子。刃子用铁夹钢锻造而成，呈长方形，两头为刃锋。两旁用铁卡子卡住后放入斧棍的关口内。两边再加垫料（旧时多用布鞋底）塞紧即可使用。

扁子：砖加工工具。用短而宽的扁钢制成，前端磨出锋刃。使用时以木敲手敲击扁子，用来打掉砖上多余的部分。

木敲手：砖加工的工具（图 2-6）。指便于手执的短枋木。作用与锤子相同，但比铁锤轻便，敲击的力度更轻柔。材料多用硬杂木，以枣木的较好，使用时以木敲手敲击扁子，剔凿砖料。

煞刀：砖加工工具。用铁皮做成，铁皮的一侧剪出一排小口，用于切割砖料。

磨头：砖加工的工具之一。用于砍砖或砌干摆墙时的磨砖。糙砖、砂轮或油石都可作为磨头。

包灰尺：砖加工的工具之一。形同方尺，但角度略小于 90°，砍砖时用于检查砖的包灰口是否符合要求。

錾子：砖加工的工具。用薄型扁钢制成，前端磨出锋刃。

矩尺：砖加工的画线工具。把两根前端磨尖的铁条铰接成剪刀叉状。矩尺除可画出圆弧，还可运用两根铁条平行移动形状相同的原理，把需要与某形状吻合的线形（尤其是曲线）画在砖上。

制子：量长短的工具（图 2-6）。用竹片或小木棍制成，无刻度。制子比尺子使用起来更简便，也不容易出错。

刷子：包括水刷子和浆刷子。水刷子即油漆工使用的鬃刷，因主要用于施工中的刷水而得名，必要时也可用于刷浆。浆刷子用扎绑绳绑制，因用于刷浆而得名，必要时也可用于刷水。

第四节　砖的砍磨加工

一、砍砖

（一）与砍砖有关的名称术语

对砖的规格、形状和观感进行的砍磨加工，称为砍砖。

1. 砖料加工的分类

根据使用部位的不同，被加工的砖料可分为墙身砖、地面砖、檐料子、脊料和杂料子。

（1）檐料子：指砖檐用料。如枭、混、直檐砖等。

（2）脊料：指屋脊上的砖料。如硬瓦条、混砖、陡板、规矩盘子、宝顶用料等。

（3）杂料子：指用量小但造型多变的砖料。如影壁、廊心墙、匾圈用料、须弥座用料、梢子、砖挑檐用料、博缝、靴头等，以及某些非标准的砖料，如爬山廊子中的斜槛墙等。杂料子与"直趟活"中的某些异形砖在概念上没有明显的界线，一般说来，用量少的可视为杂料子。

（4）墙身砖和地面砖：墙身砖和地面砖中又分为"直趟活"和异形砖。直趟活指平面夹角为 90°的砖料。用于墙身的"直趟活"包括"长身"、"丁头"、"转头"和"陡板"。"长身"指砌筑时砖的长面朝外，"丁头"指小面朝外。"转头"指用于转角部位，长身面和丁头面全部外露的砖料。"陡板"指立置砌筑，砖的大面朝外。异形砖指平面非矩形的砖料。异形砖的种类很多，其中比较常见的是八字砖、车辋砖和镐楔砖。八字砖指砖的一个角为"六方"或"八方"或其他角度的砖。车辋砖形似扇面，用于圆弧形墙面、圆券贴脸，或圆形地面等。镐楔砖的特点是上宽下窄，多用于砖券。

根据加工工艺的不同，墙身砖可分为五扒皮、膀子面、三缝砖、淌白砖。地面砖可分为盒子面、八成面、干过肋。以上砖料的工艺特点及主要用途详见表 2-5。

2. 砖的各面在加工中的名称

用于砌筑或墁地时，砖的六个面的一般叫法是：最大的两个面叫"大面"，其余四个面中的较长的两个面叫"长身"，较短的两个面叫"丁头"。无论哪个面，凡砌筑或墁地完成后露明的面都叫"看面"。砖的各面在加工中的名称与砌筑或墁地时的名称有所不同，其各面名称如图 2-2 所示。

3. 砖肋的不同处理

除了淌白砖以外，砖的肋都要砍磨，叫做"过肋"或"劈肋"。五扒皮砖和墁地用砖的砖肋均应砍包灰。地面砖的包灰应较小，称为"晃尺包灰"。砖肋上还应留出适当的转头肋（图 2-3），这样才能保证砖的表面在磨掉一些以后，仍然不会使墙面（或地面）砖的缝隙变大。地面砖和准备凿做花活的"坯子"（半成品），转头肋的宽度应适当加大。用于砖檐时，转头肋的宽度应大于出檐尺寸。膀子面是指砖的一个肋上不砍包灰，与看面的夹角成 90°（或稍小于 90°）。膀子面用于丝缝墙的砌筑和直檐砖。用于直檐砖的砌筑时，膀子面应朝下放置。

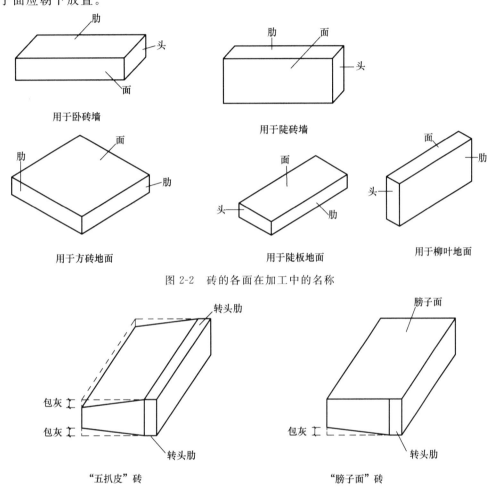

用于卧砖墙

用于陡砖墙

用于方砖地面

用于陡板地面

用于柳叶地面

图 2-2 砖的各面在加工中的名称

转头肋

膀子面

包灰

包灰

转头肋

包灰

转头肋

"五扒皮"砖

"膀子面"砖

图 2-3 砖肋的不同处理

墙身与地面砖的成品类型   表 2-5

名　　　称		工 艺 特 点	主 要 用 途
五扒皮		砖的 6 个面中加工 5 个面	干摆作法的砌体；细墁条砖地面
膀子面		砖的 6 个面中加工 5 个面，其中一个加工成膀子面	丝缝作法的砌体
三缝砖		砖的 6 个面中加工 4 个面，有一道棱不加工	砌体中不需全部加工者，如干摆的第一层、槛墙的最后一层、地面砖靠墙的部位等
淌白	淌白截头（细淌白）	磨一个面，且长度按要求裁截	淌白作法的砌体
	淌白拉面（糙淌白）	磨一个面，但长度不做裁截	

名　称		工　艺　特　点	主　要　用　途
六扒皮		砖的6个面都加工	用于"褡裢转头"（两个头都露明的转头）及其他需要砍磨6个面的砖料
（方砖地面用）	盒子面	五扒皮，四肋应砍转头肋，表面平整度要求较高	细墁方砖地面
	八成面	同盒子面，但表面平整要求一般	质量要求一般的细墁尺二方砖地面
	干过肋	表面不处理，只过四肋	淌白地面（一般为尺四以下方砖）
	金砖	同盒子面，但工艺要求精细，表面平整度要求更高	金砖地面

（二）砍砖的基本方法

在未砍砖之前，应先砍出"官砖"（即样板砖），官砖的尺寸和质量被确认后，每块的砖的砍制都要以官砖为样板。确定官砖的尺寸时宜以墙面能排出好活为准。

1. 墙面砖

（1）五扒皮：

条形砖和方砖都有6个面，所谓五扒皮是指砖的6个面中有5个面都需要加工。

① 用刨子铲面并用磨头磨平。现多用大砂轮直接磨平。

② 用平尺和钉子顺条的方向在面的一侧划出一条直线来，即"打直"，然后用扁子和木敲手将砖棱直线外的部分凿掉，即"打扁"。

③ 在打扁的基础上用斧子进一步劈砍砖肋，即"过肋"，后口要留有"包灰"（图2-3）。城砖包灰不大于5～7毫米，停泥砖不大于3～5毫米。过完肋后用磨头磨肋。磨肋时宜磨出适当宽度的转头肋，这样可以保证在砌筑过程不致因为墁干活而露脏，转头肋宽度不小于0.5厘米。

④ 以砍磨过的肋为准，按"制子"（即长、宽、高的标准，通常用木棍制作）用平尺、钉子在面的另一侧打直。然后打扁、过肋，并在后口留出包灰。

⑤ 顺头的方向在面的一端用方尺和钉子"打直"并用扁子和木敲手"打扁"，然后用斧子劈砍并用磨头磨平，即"截头"。头的后口也要砍留包灰。城砖包灰不超过5毫米，停泥砖不超过3毫米。

⑥ 以截好的这面头为准，用制子和方尺在另一头打直、打扁和截头。后口仍要留包灰。

丁头砖只砍磨一个头，另一头不砍。两肋和两面要砍包灰，但只需砍到砖长的6/10处。长短和薄厚均按制子，以上见图2-4。

转头砖砍磨一个面和一个头，两肋要砍包灰。转头砖一般不截长短，待操作时根据实际情况由打截料者负责截出。上述砍转头的过程称为"倒转头"。如果砖的尺寸较宽，需要裁去一些时，可不必全部裁去，这种作法叫做"倒嘴"或"退嘴"（图2-5）。砌筑后可见一个面和两个头的转头叫"褡裢转头"，褡裢转头应为六扒皮作法，某个角为六方或八方等的转头叫做"八字转头"。

五扒皮必须砍磨准确，否则将摆不出好的干摆墙来。

（2）膀子面：

膀子面与五扒皮的砍磨程序大致相同，不同的是：先铲磨一个肋，这个肋要求与面互

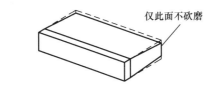

仅此面不砍磨

"五扒皮"示意（以长身砖为例）

包灰

砍去部分

90°　　　90°

长身正面

长身平面

砍去部分　砍去部分

包灰

长身侧面

包灰

丁头平面

砍去部分

包灰

丁头侧面

90°

90°

方砖正面

包灰　　砍去部分　　包灰

方砖立面　　方砖侧面

图 2-4　"五扒皮"砖

成直角或略小于 90°，这个肋就叫膀子面。做完膀子面之后，再铲磨面或头。

（3）淌白砖：

［细淌白］又叫淌白截头。细淌白先铲磨一个面或头，然后按制子截头，但不砍包灰。

［糙淌白］又叫淌白拉面。糙淌白只铲磨一个面或头，不截头。有时也可用两砖相互对磨，同时加工。

淌白砖的特点是只磨面不过肋。细淌白"落宽窄"但不"劈薄厚"，糙淌白既不"落宽窄"也不"劈薄厚"。如有特别需要，也可对砖的"薄厚"略做加工，以使砖的厚度更趋一致，砖棱更趋直顺。这种处理方法称为"顺肋"。

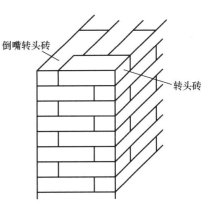

倒嘴转头砖

转头砖

图 2-5　转头砖的"倒嘴"

2. 地面砖

地面用砖除应砍包灰外，也应砍转头肋。地面砖的转头肋宽度不小于 1 厘米。方砖的两个大面中，有一个面的质地相对细致一些，叫做"水面"，另一个粗糙一些，叫做"旱面"。砍磨时应选择"水面"作为砍磨的正面，即墁地时"旱面"应朝下放置。

（1）条砖：

墁地用条砖有大面朝上（即"陡板地"）和小面朝上（即"柳叶地"）两种。陡板地用砖要先铲磨大面，然后砍磨四肋（要求为转头肋），四个肋应互成直角。柳叶地用砖的砍磨方法同五扒皮（要求为转头肋）。地面用条砖的包灰应比墙身用砖小，一般在 1～2 毫米左右，城砖在 2～3 毫米左右。

（2）方砖：

〔盒子面〕参照墙身用五扒皮的方法。先铲磨面，再砍四肋（要求为转头肋）。四个肋要互成直角。包灰1～2毫米。盒子面的表面应能与官砖吻合，即两个面相合时无论怎样调换方向都能相合，任取两块磨平的盒子面也应能相合。

〔八成面〕八成面的砍磨方法与盒子面相同，但八成面的表面平整要求不像盒子面那样严格。贴尺检查时，允许有稍微晃动的现象。

〔干过肋〕干过肋的表面可不做铲磨，但如果砖的表面明显凸凹不平，也可做适当铲磨。铲磨四个肋但不做转头肋，也不砍包灰。四个肋要求互成直角，砖的宽度要求一致。

（3）金砖：

金砖的砍磨方法与盒子面作法基本相同，但工艺更精细，尤其是表面平整度，要求用软平尺检查。软平尺是用不易变形的木料制作的，然后将毡子粘在平尺的小面上。使用时应先将软平尺的小面沾上红土粉，然后在砖的表面刮一下，未沾上红土粉之处即为低洼之处，颜色较重之处即为高出之处。

3. 三缝砖与六扒皮

（1）三缝砖：

三缝砖与五扒皮的砍磨程序大致相同，但有一道肋不过肋。三缝砖用于墙体或地面中的那些不需要过肋的部位或应在施工现场临时决定尺寸的部位，如槛墙的最后一层、地面的靠墙部位等。砍制一定数量的三缝砖可以在不影响施工质量的前提下提高工效。

（2）六扒皮：

六扒皮砖的特点是砖的6个面全都砍磨加工。六扒皮作法的砖用于一个长身面和两个丁头面同时露明的部位（如马莲对作法的墀头），或其他需要进行六面加工的矩形砖料。

4. 异形砖、檐料、脊料和杂料

这几种砖料一般可先进行初步砍磨，然后再根据需要进一步加工。如弧形地面砖，可先铲磨表面，然后再加工成弧形。虽然这几种砖料都呈不规则形状，但加工的方法不外三种：第一种方法是用活弯尺。这种方法可画出任意角度的砖料，如八字砖、合角（割角）砖等。第二种方法是用矩尺。这种方法可以画出相互吻合的曲线，如槛墙靠近柱顶石鼓镜部分，需要与鼓镜吻合，画样时，可将砖贴近柱顶，矩尺的一端顺着鼓镜移动，另一端即在砖上划出了鼓镜的侧面形状。第三种方法是用样板。样板是按照设计意图画出的实样，样板一般用薄木板制作。根据需要，可制作正立面的样板（如弧形地面砖），也可制作侧面的样板（如梢子、砖檐等），需要时应制作正面和侧面两种样板（如宝顶、砖斗栱等）。

（三）砖加工的质量要求

1. 五扒皮、膀子面、细墁地用砖

表面不得留有"花羊皮"。"花羊皮"是指砖的露明面在铲面后，局部仍有糙麻不平之处；砖棱应平直；看面不得缺楞掉角；不得"皮楞"曲翘（不在一个平面上）；砖肋不得有"肉肋"或"棒槌肋"，所谓肉肋或棒槌肋是加工转头肋时的质量通病。正确的转头肋应很平直，如操作不当，转头肋就会被磨成圆弧形，这种情况就叫棒槌肋或肉肋。转头肋磨成了棒槌肋时，用于干摆墙面则会造成砖的对缝不严，效果较差。砖的肋侧除了应留有适当的转头肋以外，还应砍出包灰。包灰不能太大，也不能出现倒包灰。膀子面要能晃尺。砖的规格必须符合官砖尺寸。"直趄活"（常用的墙面用砖）的看面（露明面）的四个边要互成直角。转头砖或八字砖的转角角度应准确。

2. 淌白砖

看面应磨光磨平，不得有"花羊皮"，不得缺棱掉角。淌白截头者，其长度或宽度应符合官砖尺寸。

3. 檐料、杂料等

除应符合上述基本要求外，样板的外形与规格应符合图纸要求。无图者，应符合传统规矩。细砖作法的，规格与形状均应与样板相符。灰砌糙砖的，规格虽不要求，但其形状应与样板符合。多块拼装的，"并缝"（合缝）应能吻合。

二、官式建筑砖雕介绍

砖雕一词既是泛称，也是现代名词。古时对建筑雕刻都通称为"花活"。与瓦作有关的花活，用砖做的称"硬花活"，又称"凿活"。用灰做的称"软花活"或"软活"，根据不同的工艺，"软活"又分为"堆活"和"镂活"。官式建筑砖雕与地方建筑砖雕相比，官式建筑的砖雕既重"技"也重"艺"，更有节制，建筑感更强。小式建筑与大式建筑相比，小式建筑采用砖雕装饰的更多，大式建筑则相对要少，尤其是寺庙、官府衙门和宫殿建筑，对砖雕的使用更是慎之又慎。专门从事砖雕的匠人称"凿花匠"或"花匠"。自 20 世纪 50 年代以后，官式砖雕的传承出现了断代现象，70 年代以后，在世的"花匠"仅存几人，砖雕改由少数对此有兴趣的瓦工制作。20 世纪 90 年代以后又逐渐变为由砖瓦厂烧制。正宗官式砖雕的传承已经断代。

1. 凿活

凿活所使用的工具有：0.3～1.5 厘米宽的各种錾子、木敲手、磨头等（图 2-6）。

凿活可以在一块砖上进行，也可以由若干块组合起来进行。一般都是预先雕好，然后再进行安装。

雕刻的手法有：平雕、浮雕（又分浅浮雕和高浮雕）、透雕。如果雕刻的图案完全在一个平面上，这种手法就叫平雕。平雕是通过图案的线条给人以立体感，而浮雕和透雕则要雕出立体的形象。浮雕的形象只能看见一部分，透雕的形象则大部分甚至全部都能看到。透雕手法甚至可以把图案雕成多层。

砖雕的一般方法：

（1）画　用笔在砖上画出所要雕刻的形象，有些地方若不能一下子全部画出，或是在雕的过程中有可能将线条雕去，则可以随画随雕，边雕边画。一般说来，要先画出图案的轮廓，待镲出形象后再进一步画出细部图样。

（2）耕　用最小的錾子沿画笔的笔迹浅细地"耕"一遍，以防止笔迹在雕刻中被涂抹掉（图 2-7）。

（3）钉窟窿　用小錾子将形象以外的部分钉去，为下一步工序打下基础（图 2-7）。

（4）镲　用錾子将形象以外多余的部分打去，凿打出形象的立体轮廓（图 2-7）。

（5）齐口　用錾子沿花饰图案的侧面进一步细致地剔凿。

（6）捅道　用錾子将图案中的细微处（如花草叶子的脉络）雕刻清楚。

（7）磨　用磨头将图案内外粗糙之处磨平磨细。

（8）净地　将"窟窿"内清理干净，较大的"地"（底）应铲平整。

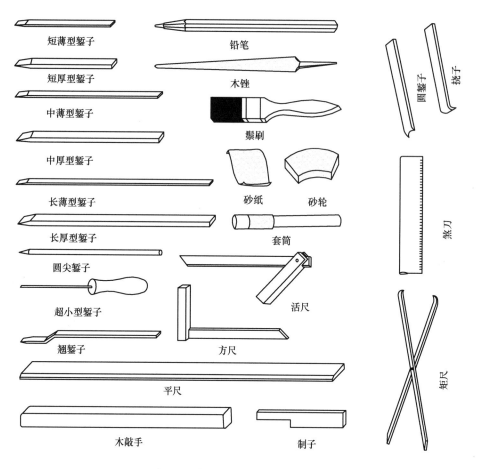

短薄型錾子

短厚型錾子

中薄型錾子

中厚型錾子

长薄型錾子

长厚型錾子

圆尖錾子

超小型錾子

翘錾子

平尺

木敲手

铅笔

木锉

鬃刷

砂纸   砂轮

套筒

活尺

方尺

制子

圆錾子   挠子

錾刀

矩尺

图 2-6 砖雕工具

镶打

耕

钉

铲

图 2-7 砖雕的基本手法示例

（9）上"药"　用药将残缺之处或砂眼找平。药的配制方法是，七成白灰三成砖面，掺入少许青灰后加水调匀。

（10）打点　用砖面水将图案揉擦干净。

透雕的方法与浮雕大致相同，但更细致，难度也更大。许多地方要镂成空的。有些地方如不能用錾子敲打，则必须用錾子轻轻地切削。

在砖雕过程中应小心、细致，尤其是透雕，更要小心。但如果局部有所损坏，也不要轻易抛弃，因为图案本身并无严格的规定，所以除了可以将损坏了的部分重新粘好外，也可以考虑在损坏了的部分结合整体图案重新设计图案和雕刻。雕出的形象应生动、细致、干净。线条要清秀、柔美、清晰。

图 2-8 所示的是一例砖雕制品的工艺过程。

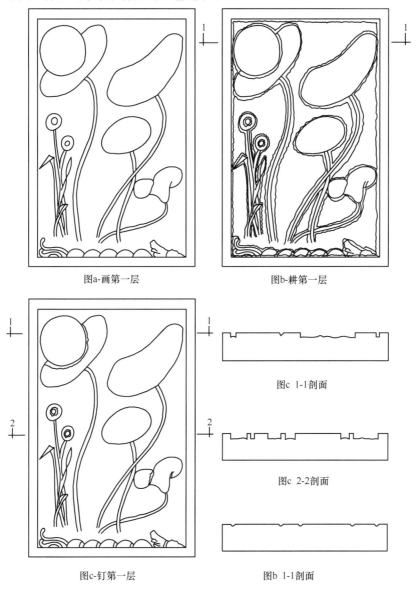

图a-画第一层　　　　　　　　　图b-耕第一层

图c-钉第一层　　　　　　　　　图b 1-1剖面

图c 1-1剖面

图c 2-2剖面

图 2-8　砖雕操作过程示例（一）

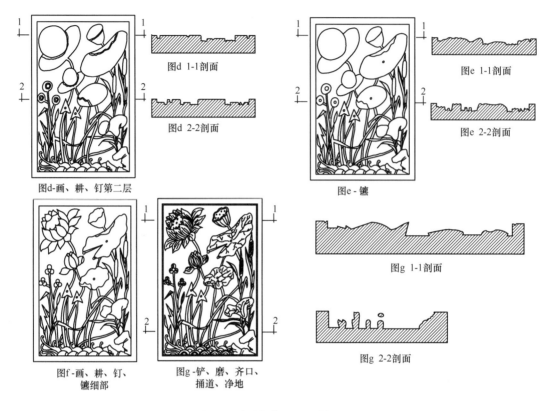

图d 1-1剖面

图d 2-2剖面

图d-画、耕、钉第二层

图e 1-1剖面

图e 2-2剖面

图e-镟

图f-画、耕、钉、
镟细部

图g-铲、磨、齐口、
捅道、净地

图g 1-1剖面

图g 2-2剖面

图 2-8 砖雕操作过程示例（二）

2. 软花活

软花活按制作手法的不同分为"堆活"和"镂活"两种。堆活就是用麻刀灰先堆成图案的初步轮廓，然后用纸筋灰按设计要求进一步堆塑。纸筋灰的制法是用水将草纸泡糟后与白灰膏加水调匀。如在石头上堆塑，应先用砂子灰打底，如成批生产，可制模浇筑。镂活是先用麻刀灰打底，然后薄薄地抹一层素白灰，再在其上刷一层烟子浆，待灰浆干后，用錾子和竹片按设计要求进行镂画。镂过的地方应露出白灰，图案中表现光线较弱的地方可适当轻镂，使白灰似露似不露（即做"阴线"）。因为镂活不易修改，所以应预先将图案镂画熟练了，再实际操作。

3. 官式建筑砖雕的使用规律

砖雕装饰用在什么部位有着一定的规律性（见表2-6），使用时应注意符合这种传统习惯。

砖雕使用情况一览表

表 2-6

项　　目	瓦件或部位				备　　注
	常　用	较常用	不常用	极少用	
砖檐	直檐、圆混	连珠混、半混，椽头，挂落，枭舌子	炉口		如意门和铺面房可多用

续表

项　目	瓦件或部位				备　注
	常　用	较常用	不常用	极少用	
墀　头	梢子中的荷叶墩、头层盘头、二层盘头和戗檐、博缝头、垫花		梢子中的混、炉口和枭，水沟门	字匾 下碱 上身	大式建筑不用垫花、混、炉口、枭和字匾，墀头的下碱上身也不做砖雕。不常用荷叶墩、两层盘头、戗檐和博缝头
须弥座	圭脚、束腰	混砖、枭舌子	上枋、下枋	上枭、下枭	
普通台基		水沟门			
后檐墙	透风、海棠池岔角	封护檐		墙心、墙帽	檐子临街时较常用
山　墙	透风、山坠	水沟门、海棠池岔角、沟嘴子	靴头	墙心、山尖、墙帽	墙帽用于歇山、庑殿等周围出檐的建筑中
槛墙		海棠池岔角	墙心	盖板	
廊心墙	穿插档	廊心、小脊子	立八字	下碱	
廊门筒		穿插档、灯笼框	小脊子、门洞砖圈		
囚门子	同廊心墙				只用于门楼或游廊中，不常用
院　墙		花墩	水沟门、沟嘴子	墙帽、檐子	
护身墙			墙心		
女儿墙			墙心		
城　墙			字匾	垛口	
影儿墙		匾圈、檐子、砖心			
栏板柱子		栏板、柱子（柱基、柱身、柱头）、抱鼓	地栿		
影壁	博缝头、须弥座、脊件、小红山、檐子	影壁心、瓶耳子、三岔头	仿木构件、马蹄磉		仿木构件上可做仿彩画雕刻
看面墙	同影壁	花墩			
卡子墙	同影壁				极少做凿活
清水脊	盘子、鼻子、挎草、平草、落落草		分脊花、皮条草	蝎子尾	

续表

项 目	瓦件或部位				备 注
	常 用	较常用	不常用	极少用	
小式垂脊		盘子、圭角			园林攒尖式垂脊可加用花陡板
大式正脊		兽座、圭角、陡板	宝剑头	天地盘、混砖、脊兽	
大式垂脊或戗脊		圭角、盘子、兽座、陡板			
宝顶		顶座	顶珠		
牌楼		屋脊、柱子	斗栱、仿木构件		
砖斗栱	一斗三升	一斗二升交麻叶	三踩斗栱	五踩斗栱，其他斗栱	
甬路			散水		只在大式园林中用
门窗什样锦		砖圈、字圈			
如意门	檐子、腿子、脊件、栏板柱子	花墩、象鼻枭	囚门子、山花、象眼	墀头上身	墀头上身凿活多为挂圈形式
蛮子门	清水脊、小红山	檐子		墀头	
五脊门		砖圈、脊件、小红山、仿木构件	券脸		
牌楼门		檐子、砖圈、仿木构件、脊件			
广亮门		廊心墙、腿子、脊件	囚门子、象眼、山花		
花门	脊件、檐子、小红山	腿子、砖心	看面墙		
硬山式庙宇或府第门		脊件、腿子			
洋门楼	檐子、门窗券脸、砖圈	影儿墙、腿子	前檐墙		
铺面房	腿子、脊件、檐子		栏板柱子、砖挂檐		
其他			陈设座、灶火门、各种形式的砖结构建筑	踏跺、瓦头、天花	

第三章 墙 体

第一节 通 述

一、中国建筑墙体的总体特征

如前所述,中国建筑有着明显的"三段式"特征。中间的一段由木柱、部分梁架、斗栱、门窗和主体墙(以下称"墙体")组成,如以房屋的整体印象而言,墙体是这一段中最有代表性的。中国建筑的墙体在结构作用方面与西方建筑迥然不同,西方建筑的主体受力体系多以砖石结构为主,而中国建筑的主体受力体系以木结构为主,墙体主要是作为围护结构,中国建筑有着"墙倒屋不塌"的特征和优点。但另一方面,木结构受力体系的过早成熟反过来又压抑了砖石结构的探索和发展,这导致了在中国(乃至影响到日本、朝鲜等东方国家),以砖石结构为受力体系的建筑形式始终没有成为主流,这种结果又导致了砖石工艺技术在很大程度上转向了模仿木构件的发展方向,例如用砖石材料仿制梁枋、斗栱等,甚至用砖石仿木塔、仿木牌楼等。

在现代建筑中,墙体大多是垂直砌筑的,但中国古代的墙体则大多要向中心线方向倾斜砌筑,这种倾斜砌筑的作法称为"收分",清代称为"升"。早期建筑的房屋墙体"收分"很大,一般在墙高的 8% 以上(指每侧墙面),明代以后逐渐变小,至清代晚期,"升"已很小,有时往往小到仅以调整视差为度。"升"的大小还因功能部位的不同而不同,如城墙、府墙较大,房屋墙体较小。有些墙面(如山墙里皮、后檐墙里皮等)由于柱子向内倾斜的缘故,有时还需做出"倒升",即偏离中心线向外倾斜。

虽然制砖工艺在中国早已成熟,且实物证明早期的砖比起明清时期砖的质量毫不逊色,但早期建筑还是习惯大量使用土坯砌墙,直至明代以后这种习惯才有所改变,甚至直到今天,在一些地区仍能见到土墙作法。砖既可以直接砌筑,也可以先经砍磨加工后再砌筑,如官式建筑有经精细加工后砌筑的干摆、丝缝,简单加工后砌筑的淌白,以及不做加工直接砌筑的糙砌等多种做法。江南古建筑也有不做加工的普通砌法和经精细加工后砌筑的"砖细"作法。砖细也叫清水砖或清水砖细。

因为"墙倒屋不塌"的原因,早在只用土坯砌墙的时代,古人就不太在意砖的摆砌样式对墙体受力的影响,更在意的是摆砌样式的本身。因此从一开始就未采用层层卧砌的垒砌方法,而"三平一竖(立砌)"或"一平一竖"等才是常见的垒砌方法,直至近代,受力最合理的"满丁满条"(一层顺砌一层横砌)砌法也未能成为古建筑砌体的排砖方法。直至明清时期,仍然看重的是砖缝的摆砌式样而非受力的合理性,这个时期北方古建筑的砌筑方式是以卧砖形式为主,式样有十字缝、一顺一丁、三顺一丁等,江南古建筑的摆砌式样则有扁砌、实滚(立砌)、斗子以及这三种式样的混砌式样。南、北方相比,江南做法带有更多的早期砌法痕迹。由于采用了不同规格的砖、不同的砌筑方法以及在结构转折处采用了不同的处理形式，因此组合出了多种多样的墙面艺术形式。用石料砌墙也是古建墙体的常见形式，有全部采用石料砌筑者，也有砖石混合砌筑者。石料可加工成规则形状后再砌筑，也可不经加工就砌筑。古建墙面还常采用抹灰作法。有趣的是，墙面抹灰既是普通民居的标示，又是宫殿、坛庙建筑礼制、等级的象征，而造成这两者巨大差别的往往仅在于颜色的区分。显而易见，古代建筑具体的建筑式样和构造方式主要是由当时所能使用的材料和工艺决定的，因此建筑技术是建筑风格的主要影响者。在中国建筑发展史中，由技术决定了的某种建筑风格一旦被确定后，又会作为一种固有模式与技术的继续发展共同影响着后期的建筑风格。而且这种风格上的演进还会因地区的不同或功能的不同而有所不同。例如，早期用土坯砌墙，为避免雨水冲刷，山墙和后檐墙外都需有木椽伸出，因此宋元以前的建筑多为四面出檐的式样。明清以后砖墙大量使用，墙面不再怕雨水冲刷，可以直接用砖"封檐"和"封山"，因此出现了只在房屋的正面一面出檐这样的新式样。但由于这一变化是渐进的，因此虽在明代就已出现了"封山"做法的硬山建筑，但后檐墙大多还是采用"老檐出"做法，直到清代才改为"封后檐"做法，而在江南等许多地区，直到今天，仍能见到许多四面出檐的"硬山"建筑。又如，早期因采用土坯砌墙，因此墙上大多要抹泥灰，无论建筑的等级如何采用的技术都只能如此，而仅在涂饰的颜色上有所区分。明清时期，一方面确已随着材料工艺的改变出现了大量的砖墙形式，但另一方面，在一些重要的礼制建筑、寺庙和宫殿建筑中，仍常采用墙面抹红灰这一古老的做法。

中国古代砌墙大多要分出下碱（下肩）与上身两部分（江南古建筑称勒脚与墙身），上身较下碱（勒脚）要向内稍稍退进一些。下碱（勒脚）至上身（墙身）交接处，往往还要改砌石活，在墙体的转角处或端头处，也常常使用石活。这是因为早期的土坯墙或夯土墙易受潮损坏，拐角处易磕碰，而石料可以有效地防止墙体受潮和磕碰。到了明清时期虽然砖已大量使用，但古建筑在砌体的转折部位使用石活早已定型为一种风格，并一直延续至今。

自古以来中国人就喜欢用青砖盖房，不像西方建筑大多使用红砖。这种审美取向决定了中国建筑的外墙以素雅宁静的灰色调为主。如外墙抹灰，则因地区或用途不同而不同。如北方民居用灰或深灰色，北方庙宇用深灰色或红色，江南民居用白色，江南庙宇及一些公共建筑（祠堂、会馆等）用黄色，宫殿坛庙外侧用红色内侧用黄色等。

古建筑房屋的墙体通常由山墙、槛墙（江南古建筑称半墙）和后檐墙组成（图3-16）。其中山墙在金柱与檐柱之间的一段，其内侧部分称廊心墙。

二、墙体的砌筑类型及其应用

（一）干摆

干摆砖的砌筑方法即"磨砖对缝"作法。这种作法常用于较讲究的墙体下碱或其他较重要的部位，如梢子、博缝、檐子、廊心墙、看面墙、影壁、槛墙等。用于山墙、后檐墙、院墙等体量较大的墙体时，上身部分一般不采用干摆砌法。但在极重要的建筑中，也有同时用于上身和下碱的，叫做"干摆到顶"。干摆砌法多使用城砖或小停泥砖，分别叫做"大干摆"和"小干摆"。大干摆作法适用范围较广，小干摆一般不用于府第、衙署等体量较大的建筑。除了大、小干摆以外，有时也用大停泥干摆、方砖干摆、斧刃砖陡板贴砌干摆、方砖陡砌干摆等。干摆砌法用于出挑部分时，如冰盘檐、梢子等部位时，通常叫做"干推"（加儿音说成"干推儿"）而不称作干摆，如干推的冰盘檐、干推的梢子等。在干摆作法中有"沙干摆"之说，"沙干摆"有两种说法：一种说法是，清代有沙滚砖（俗称沙滚子），干摆墙一般不用质地较粗的沙滚子而要用停泥滚子（今称停泥砖），如用沙滚砖时，称其为"沙干摆"。另一种说法是，干摆所用砖料要求用"五扒皮"砖，如用"膀子面"者，就叫"沙干摆"。这两种说法其实都表明了沙干摆是干摆中的简易作法，故工匠中有"沙干摆，不对缝"的说法。

（二）丝缝

丝缝又作"细缝""撕缝"，俗称"缝子"。丝缝作法与干摆作法同称细砖作法，但丝缝作法不用在墙体的下碱、槛墙（海棠池作法的除外），以及台帮等处，而是作为上身部分与干摆下碱组合。丝缝作法也常用在梢子内侧、山花象眼等处。丝缝砌法大多使用小停泥砖，但也可根据需要使用大砖。丝缝砌法多使用老浆灰，以求得灰砖黑缝的效果。地方建筑中常使用白色灰膏，讲究灰砖白缝的效果。丝缝墙一般用停泥砖摆砌，如用沙滚砖者，叫做"沙子缝"。丝缝墙用砖一般应砍成"膀子面"，如用"三缝砖"（有一侧砖棱不做加工）者，也叫"沙子缝"。还有一种说法是，丝缝墙应使用"五扒皮"，使用"膀子面"的，即为沙子缝作法。与"沙干摆"一样，无论怎样说，沙子缝都是丝缝墙中的简易作法。丝缝墙的灰缝风格古今有所不同，清中期以前的丝缝墙灰缝较宽，不小于4毫米。民国以后灰缝逐渐变细，大多不超过2毫米。丝缝的另一个写法"撕缝"，其实更能说明问题：在古代丝缝砖与干摆砖都叫细砖，砍磨方法相同，都要砍成"五扒皮"，"膀子面"是后来人的简化作法。能干摆而不干摆，有意撕开缝以对应干摆的对缝，这才是古人创造丝缝墙的本义。既然看的是缝，缝就应该宽一点，此外灰缝凹进墙面应该深一点，颜色应该深一点（以黑灰色为宜），以上这"一宽两深"就是丝缝墙应有的风格特点。至20世纪80年代以后，丝缝墙更是呈现出"一窄两浅"的特点，与干摆墙的差异甚小，失去了丝缝墙应有的风格。应注意保持丝缝"一宽两深"的特点，尤其是在修缮文物建筑时，更应注意按原有风格恢复。

（三）淌白

淌白既指一种砖加工的方法，也指一种砌筑方法。古建筑整砖墙的砌筑类型如果以砖料是否经过砍磨加工来分，可归纳为砍磨与不砍磨两大类，淌白墙是砍磨类中的最简单的一种。淌白作法常在下列三种情况下使用：

（1）财力有限，但墙面仍要求有较细致的感觉。

（2）为了造成主次感、变化感。常与干摆、丝缝相结合。如，墙体的下碱为干摆作法，上身的四角为丝缝作法，上身的墙心为淌白作法。

（3）为追求粗犷、简朴的风格。如府第、宫殿建筑中具有田园风格的建筑，郊区的庙宇等。

淌白作法所用的砖料，大式建筑以城砖、大开条、大停泥为主，小式建筑以大开条、四丁砖为主。

淌白墙可分为以下几种作法：第一种是仿丝缝作法，又叫"淌白缝子"。这种淌白作法的特点是灰缝较细，力求做出丝缝墙的效果。淌白缝子所用的砖料应为淌白截头（细淌白）。第二种是普通的淌白墙，这种淌白作法是最常见的作法，所用砖料可以是淌白截头，也可以是淌白拉面（糙淌白）。墙面效果为灰砖灰缝，民国时期以后，也有做成灰砖白缝效果的。第三种是淌白描缝，由于砖缝经烟子浆描黑，所以墙面对比很强烈。描缝作法所用砖料与普通淌白墙相同，砖料截不截头均可。第四种是用五扒皮（或膀子面）砌淌白墙，只见于重要的宫殿建筑中，是淌白作法中的特例。

（四）糙砖墙

凡砌筑未经砍磨加工的整砖墙都属糙砖墙类。如按砌砖的手法可分为带刀缝（又叫带刀灰）和灰砌糙砖两种作法。带刀缝作法是小式建筑中不太讲究的墙体作法中最常见的一种类型。由于这种作法的灰缝较小，故多用于清水墙。带刀灰作法除可施用于整个墙面外，还可用在下碱、墀头、墙体四角、砖檐部分，与碎砖抹灰等作法相组合。带刀灰作法所用的砖料以开条砖为主，有时用四丁砖代替。

灰砌糙砖与带刀灰作法的主要区别是：

（1）带刀灰的铺灰方法是只将灰挂在砖棱上，即"打灰条"，而灰砌糙砖是满铺灰浆。

（2）带刀灰的灰缝较小（5～8毫米），灰砌糙砖的灰缝较大（8～10毫米）。

（3）带刀灰以深月白灰为其材料。灰砌糙砖作法所用灰浆的颜色不限，但多以白灰膏为主。

（4）带刀灰多以开条砖等小砖为主，灰砌糙砖所用砖料规格不限。

（5）灰砌糙砖墙常用于建筑的基础部分、墙体的背里部分、宫殿建筑上身的混水墙（外抹红灰），以及不太讲究的大式院墙。用于大式院墙时，多以城砖为主。

（五）碎砖墙

江南地区称为乱砖墙。碎砖墙所使用的砖料既包括碎砖，也包括规格不一的整砖。碎砖墙一般用掺灰泥，偶尔也有用灰砌的。碎砖作法是古代常见的作法，它的最大好处是可以满足任何墙宽的设计要求，而如果全部使用整砖，合理组砌的宽度往往与设计尺寸不符。因此碎砖墙既是古代小式建筑的常见作法，也是大式建筑包括宫殿建筑的常见作法。当外墙为抹灰作法时，大多全部使用碎砖作法，当外墙为整砖作法时，里皮也多以碎砖背里，称"外整里碎"。碎砖作法一般只用在上身或上身墙心部位，与整砖下碱或上身整砖墙角相组合。小式建筑中作法简陋的墙体，也有在下碱部位使用碎砖作法的。碎砖墙往往被现代工程技术人员认定为不安全的墙体，其实对于木结构的古建筑来说，墙体不是承重墙而是围护墙，是否应该按照承重墙的现代建筑设计规范来衡量值得商榷。而从碎砖墙具有旧料利用、少占耕地的特点而论，则符合"绿色建筑"这一现代理念。无论怎样，碎砖墙都承载着一段历史，尤其是对于文物建筑而言更具有保留价值。因此碎砖墙作为一种古代的建筑技术应该传承下去。

（六）石墙

1. 虎皮石

虎皮石作法即花岗岩毛石墙作法，可用灰或掺灰泥砌筑。这种砌筑类型的应用比较广泛，可分为两大类。一是属于作法简单的一类，例如用于砌筑泊岸、护坡、拦土墙，小式建筑的基础，或用于普通民居、地方建筑、郊野寺庙的台明、墙体等。地方建筑和郊野寺庙的院墙也多用虎皮石砌筑。另一类则是属于刻意追求田园风格的一类，例如用于大、小式园林建筑，以及皇家山地园林建筑。最常见的用法是用在建筑的台明（台帮部位），也用在下碱（墙心部位）乃至上身（墙心部位）。这一类风格的园林，无论园内建筑如何讲究，园林的院墙大多都用虎皮石砌筑。尤其是虎皮石台明几乎成了皇家山地园林建筑的一个标志。

虎皮石的色调为单一的黄褐色。园林建筑中偶见"什色"虎皮石墙,这种虎皮石墙的砌筑方法和花岗岩虎皮石作法完全一样,但墙面的色调追求"五光什色"的效果。"什色"虎皮石的石料可不局限于花岗岩。

虎皮石墙砌完后,要顺石料接缝处做出灰黑色凸起状的灰缝,以便勾勒出虎皮的特征。

2. 虎皮石干背山

这种作法类似砖墙的干摆砌法,是虎皮石墙中最讲究的作法。其特点是石料应经加工,砌筑时不铺灰,因此灰缝较细。干背山作法多用于府第、宫殿中的园林建筑,是地方墙面作法在宫苑中的符号化体现。

3. 方正石和条石

方正石和条石是经加工的规格料石(但长度一般可较灵活),其表面可经粗加工,如蘑菇石或经打道处理等,也可经细加工,如剁斧或磨光等。砌筑时可铺灰,也可采用干背山砌法。方正石和条石砌筑多用于泊岸、拦土墙、地宫、高台建筑、城墙的下碱,重要建筑的下碱(仿干摆作法)等。

4. 贴砌石板

贴砌石板又叫碎拼石板。这种类型是园林建筑中的墙体装饰手法。具体可分为青石板作法和五色石板作法。碎拼青石板是将不规格形状的青石板贴砌在砖墙外。五色石板则是用多种颜色的石板装饰于砖墙外,这种装饰手法只见于极讲究的皇家园林中。

5. 石陡板

石陡板砌法是将较大的石料立置砌筑。这种砌法给人以较大气的感觉,适于宫殿、庙宇建筑。但由于这种砌筑类型不适用于高大的墙体,故一般多用于台基,偶见于石下碱和石槛墙。

6. 卵石砌筑

这种类型的墙体是用较大的卵形石砾砌筑的,多用于园林建筑及地方建筑中的台基、下碱等。具有强烈的民间风格。

(七)土坯墙与板筑土墙

土坯墙和板筑土墙是一种古老的砌筑类型,可以上溯到商代。除了整个墙体全部采用土坯墙或板筑土墙外,还可采用下(碱)砖上(身)坯或外砖里坯作法。至清代,北京城内的官式建筑已较少采用这种作法,但在民居或其他地区的建筑中,这种作法仍有使用。至20世纪末,由于经济的快速发展,各地已很难见到新建的土墙了。其实即使是以现代流行的"绿色建筑"理念衡量,土坯或板筑墙在建材生产、施工耗材以及拆除后对环境的危害等方面,也是最先进的。作为一种古老的墙体砌筑类型,土坯墙或板筑土墙有其历史价值,在土坯墙越拆越少的今天,应该得到应有的重视。尤其是文物建筑,更应有意识地加以保护。

(八)篱笆泥墙

篱笆泥墙(又叫篱笆墙或泥巴墙)可以说是最简单的一种墙体作法了,但同时也是最古老的一种作法形式。瓦匠最初被称为"泥水匠",其工作被称为"做泥水"都与此有关。由于中国建筑的墙体可以只作为围护结构而无须受力,且篱笆泥墙的作法非常简便,因此直到今天,仍能在一些临时性的简易房屋中见到这种作法形式。篱笆泥墙代表了人类物质文明初期阶段的建筑技术，是当时条件下我们祖先聪明才智的体现，值得为后人记住。

（九）琉璃砌体

琉璃用于"大屋顶"是众所周知的，除此之外，琉璃还被用来制作各种琉璃砖，砌筑琉璃砌体。在古代社会中，琉璃只用于宫殿、庙宇建筑中，一般官式建筑和民居是不准使用的。它是传统建筑中各种砌筑类型的最高等级。琉璃砖的使用可分为两种情况：一种是在建筑物的局部使用，与其他砌筑类型相组合，如冰盘檐、须弥座、槛墙、下碱、博缝、梢子、小红山（歇山山尖部分）、仿木构件（如梁、柱、檩、斗栱）等；另一种是以琉璃为主，如花门、影壁、塔、牌楼等，甚至全部以琉璃为露明部分的建筑材料，成为琉璃构筑物。

（十）仿古面砖墙面

仿古面砖墙面是将仿古面砖镶贴在普通砌体的表面做成的。仿古面砖是二十世纪八十年代后期由笔者研制成功的新材料，以黏土为主要材料，经钢模冲压后入窑烧制而成。仿古面砖适用于具有传统作法风格的新建筑，不适用于文物建筑。

三、各种砌筑类型垒砌的一般方法

本段内容介绍的是上述各种墙面的一般垒砌方法。不同部位的墙体，如台明、山墙、廊心墙、影壁等，还应分别按各自的作法要求垒砌（参见本章第二节至第十一节内容）。

（一）干摆

干摆墙须使用"五扒皮"。摆砌过程中宜设专人随时补充砍砖中的未尽事宜（称"打截料"）。

1. 弹线、样活

先将基层清扫干净，然后用墨线弹出墙的厚度、长度及八字的位置、形状等。根据设计要求，按照砖缝的排列形式（如十字缝排法）进行试摆（即"样活"）。为决定"五扒皮"砖的准确规格，真正的样活应在砍砖之前进行，此时的样活只是为了验证和进行适当的调整。

2. 拴线、衬脚

在墙两端拴两道立线，立线也叫"拽线"。拽线之间要拴两道横线，下面的叫"卧线"，上面叫"罩线"（"打站尺"后拿掉）。砌第一层砖之前要先检查基层（如台明、土衬等）是否凹凸不平，如有偏差，应在砖下垫抹月白灰，叫做"衬脚"。衬脚灰的颜色（干后）应与砖色相近，表面应与墙面平齐并应赶光轧平。

3. 摆第一层砖、打站尺

在抹好衬脚的基层（如台明）上进行摆砌，砖的立缝和卧缝都不挂灰，即要"干摆"。遇有柱顶石时，砖要随柱顶鼓镜的形状砍制，具体方法是：把砖放在砌筑的位置上，然后把矩尺张开，一边顺着柱顶滑动，一边在砖上划出痕迹来。然后交由"打截料"的人按划出的痕迹加工砍制。

砖的后口要用石片垫在下面，即"背撒"。背撒时应注意：（1）石片不要长出砖外，即不应有"露头撒"。（2）砖的接缝即"顶头缝"处一定要背好，即一定要有"别头撒"。（3）不能用两块重叠起来背撒，即不能有"落落撒"。

摆完砖后要用平尺板逐块进行"打站尺"。打站尺的方法是，将平尺板的下面与基层上弹出的砖墙外皮墨线贴近，中间与卧线贴近，上面与罩线（又叫站尺线）贴近。然后检查砖的上、下棱是否也贴近了平尺板，如未贴近或顶尺，必须纠正。打站尺可以多打几层，以确保有一个好的开端。与此同时，还要用平尺板横向检查墙的平整程度。

4. 背里、填馅

干摆可在里、外皮同时进行，也可只在外皮进行。如果只在外皮干摆，里皮要用糙砖和灰浆砌筑，叫做"背里"。如里、外皮同时干摆时，中间的空隙要用糙砖填充，即"填馅"。无论是背里还是填馅，均应注意：（1）应尽量与干摆砖的高度保持一致，如因砖的规格和砌筑方法不同而不能做到每一层都保持一致时，也应在3～5层时与外皮砖找平一次。这一点实际上在确定背里材料的规格和确定砍砖尺寸时，就应注意到，免得给施工带来麻烦。（2）背里或填馅砖与干摆砖不宜紧挨，要留有适当的"浆口"，浆口的宽度一般不小于1厘米。

5. 灌浆、抹线

灌浆要用桃花浆或生石灰浆，极讲究的作法用江米浆。浆应分三次灌，第一次和第三次应较稀，第二次应稍稠。灌浆之前可对墙面进行必要的打点，以防浆液外溢，弄脏墙面。第一次灌浆时一般只灌1/3，叫做"半口浆"。第三次叫"点落窝"，即在两次灌浆的基础之上弥补不足的地方。灌浆既应注意不要有空虚之处，又要注意不要过量，否则会把砖撑开。点完落窝后要用刮灰板将浮在砖上的灰浆刮去，然后用麻刀灰将灌过浆的地方抹住，即"抹线"，又叫"锁口"。抹线可以防止上层灌浆往下串而撑开砖，是一道不可省略的工序。

6. 刹趟

在第一次灌浆之后，要用"磨头"将砖的上棱高出的部分磨去，即为刹趟。刹趟是为了摆砌下一层砖时能严丝合缝，故应同时注意不要刹成局部低洼。

7. 逐层摆砌

以后每层除了不打站尺外，砌法都应按上述要求做。此外，还应注意下列几点：

（1）摆砌时应做到"上跟绳，下跟棱"，即砖的上棱以卧线为标准，下棱以底层砖的上棱为标准。

（2）摆砌时，砍磨得比较好的棱应朝下，有缺陷的棱朝上，因为缺陷有可能在刹趟时被磨掉。

（3）最后一层之上如果需退"花碱"（"墙肩"），应使用膀子面砖（膀子面朝上）。

（4）摆砖时如发现明显缺陷，应重新砍磨加工。

（5）露明部分的四个角若不在同一个平面上，可将一个角凸出墙外，即允许"扔活"，但不得凹入墙内，否则将不易磨平。

（6）干摆墙要"一层一灌，三层一抹，五层一蹾"，即每层都要灌浆，但可隔几层抹一次线，摆砌若干层以后，宜适当晾置一段时间（一般要经过半天）再继续摆砌。

8. 打点修理

干摆墙砌完后要进行修理，其中包括墁干活、打点、墁水活和冲水。

（1）墁干活：用磨头将砖与砖接缝处高出的部分磨平。

（2）打点：用砖面灰（砖药）将砖的残缺部分和砖上的砂眼填平，并用磨头磨平。

（3）墁水活：用磨头蘸水再次打磨墁过干活和打点过的墙面，然后蘸水把整个墙面揉磨一遍，以求得色泽和质感的一致。

以上过程可随着摆砌的进程随时进行。

（4）冲水：用清水和软毛刷子将整个墙面清扫、冲洗干净，显露出"真砖实缝"。冲水应安排在墙体全部完成以后，拆脚手架之前进行，以免因施工弄脏墙面。

打点修理时严禁用青浆或深月白浆等涂刷墙面。

（二）丝缝

古建施工中有这样一句话："乱干摆，细缝子。"强调了丝缝的摆砌比干摆还要细致和不容易。丝缝与干摆的砌筑有许多共同之处，此处不再重复。不同之处在于：

（1）丝缝墙的砖与砖之间要铺垫老浆灰。灰缝有两种作法，一种是越细越好，最大不超过2毫米。这种作法风格在清末至民国以后逐渐形成。另一种灰缝较宽，一般为4毫米，为清中期及以前的作法，因此被称为"老缝子"。"老缝子"是丝缝作法的正宗传统。老浆灰的挂灰方法如下：一手拿砖，一手用瓦刀把砖的露明侧的棱上打上灰条，在朝里的棱上，打上两个小灰墩，称为"爪子灰"，这样可以保证在灌浆时，浆汁能够流入。砖的顶头缝的外棱处也应打上灰条。砖的大面的两侧既可以抹灰条，也可打上灰墩（叫做"板凳灰"）。上述这些操作，都应在砖的朝下的一面上进行。为了确保灰缝的严实，还可在已砌好的砖层外棱上也打上灰条，叫"锁口灰"。砖砌好后要用瓦刀把挤出砖外的余灰刮去，但不必划缝。

（2）丝缝墙可以用"五扒皮"砖，也可以用"膀子面"砖。如用膀子面，习惯上应将砖的膀子面朝下放置。

（3）丝缝墙一般不刬趟。

（4）如果说干摆砌法的关键在于砍磨得精确，那么丝缝砌法还要注重灰缝的平直、厚度一致以及砖不得"游丁走缝"。

（5）丝缝墙砌好后要"耕缝"，具体方法见本节四、墙面勾缝。

附：干摆、丝缝墙表面的特殊处理

有些地区对极讲究的墙面往往采用"上亮"作法。方法如下：先刷生桐油一遍，再用麻丝擦一遍灰油（一种古建油漆材料），然后刷一道熟桐油，最后刷一道靛花光油（熟桐油加广靛花）。灰油和光油的熬制方法参见第四章第二节细墁地面中的有关内容。江南地区还有一种"刷色罩亮"的作法，用于讲究的宅院中。其作法是：用近似砖色的纸筋灰将墙面缺损处补平。灰干后刷2～3遍轻煤水（类似青浆），再刷2～3遍淡轻煤水，干后将墙面扫净。待墙面干透后用丝棉沾软白蜡反复擦磨墙面，直至墙面发亮。

（三）淌白

1. 淌白缝子（仿丝缝）

淌白缝子的作法与丝缝作法近似，主要不同之处是：

（1）淌白缝子不墁干活和水活，也不用水冲，但应将墙面清扫干净。

（2）淌白缝子作法所用的砖料应为淌白截头砖，也可在淌白截头的基础上再将砖的薄厚稍做处理，叫做"淌白顺肋"，合称"淌白截头顺肋"。

（3）应注意砖棱的朝向问题。砌"低头活"和"平身活"时，砖的好棱应朝上，当砌筑"抬头活"时，好棱应朝下。

（4）在耕缝之前，应将砖缝过窄处用扁子作"开缝"处理。

还有一种淌白缝子作法，其特点是：砌筑时灰缝可稍宽。耕缝之前先要把砖缝用灰抹平，灰干后的颜色应与砖色相近。然后把整个墙面刷 2～3 遍砖面水。在灰未干之前，用平尺板贴近砖缝位置，并用耕缝的专用工具"溜子"顺着平尺板在灰缝处耕出宽 2～3 毫米的假砖缝。再用毛笔蘸烟子浆沿假砖缝描黑。

淌白缝子是模仿丝缝墙面外观效果的一种作法，也可以理解为介于淌白与丝缝之间的做法。

2. 普通淌白墙

普通淌白墙是最典型最常见的淌白作法。它与淌白缝子的不同之处在于：

（1）淌白墙可以用淌白截头砖也可用淌白拉面砖。

（2）一般用月白灰。

（3）砖缝厚度大于淌白缝子，一般应为 4～6 毫米，城砖 6～8 毫米。

（4）对砖缝一般应做"打点缝子"处理，简单的也可以只做"划缝"处理（见本节"四、墙面勾缝"的相关内容）。

3. 淌白描缝

与普通淌白墙一样，也是先打灰条，然后灌浆，继而打点灰缝。不同之处在于：

（1）要用老浆灰或深月白灰。

（2）要用小号的排刷蘸黑烟子浆沿平尺板描缝（见本节"四、墙面勾缝"的相关内容）。淌白描缝是清代中、早期的作法，且大多用于作法不甚讲究的寺庙建筑，后期已不大使用。

4. 细作淌白

细作淌白要用干摆、丝缝墙的砖料五扒皮（或膀子面），但要按普通淌白墙的灰缝厚度垒砌。灰缝材料应为深月白或老浆灰，勾缝方法应采用打点缝子的方法。

细作淌白作法只偶见于重要的宫殿建筑中，这种砖加工与垒砌工艺讲究程度不对等的作法属淌白作法中的特例。

（四）糙砖墙

1. 带刀缝

带刀缝是指砌筑手法，其实就是糙砌（糙砖墙），只是砌的手法不同。

带刀缝作法与淌白墙作法近似，也是先在砖上用瓦刀抹好灰条，即抹上"带刀灰"，然后灌浆。不同之处是：

（1）带刀缝墙一般用开条砖或四丁砖等小砖，且砖料不砍磨。

（2）带刀缝的灰缝较大，一般为 5～8 毫米。

（3）砌墙用灰为月白灰或白灰膏。

（4）带刀缝砌法一般不灌浆。

（5）砌完墙后不用小麻刀灰打点缝子，而是用瓦刀或溜子划出凹缝。

2. 灰砌糙砖

灰砌糙砖的特点是不打灰条，而是满铺灰浆砌筑。小砖灰缝 5～8 毫米，城砖灰缝 8～10 毫米。砌好后也可再灌浆加固，浆的种类根据不同的用途从白灰浆、桃花浆到江米浆等均可。如为清水墙作法，灰缝大多采用打点缝子作法，作法简单的也有采用划缝作法的。灰缝颜色多为月白色，作法简单的也可为白色。灰砌糙砖除了可用素灰砌筑外，也可以用掺灰泥砌筑，泥缝厚不超过 2.5 厘米。现代也有用砂浆砌筑的，但勾缝作法一般应按传统作法。

（五）碎砖墙

碎砖墙主要以碎砖（包括规格不一的整砖）用掺灰泥（又叫插灰泥）砌筑。碎砖墙由于砖的规格、种类很多，形状差异较大，因此给砌筑带来了不便。有人认为碎砖墙似乎只是"破砖压烂泥，有手的就能砌"，其实要做到速度快、质量好、外观美并非那么容易。要想砌得一手好碎砖，不但要善于在快速的操作中不停地动脑筋，随时根据砖形的主要规律决定砌法，使各种规格的砖都能各得其所，还要练就一双好眼力，瞬间就能从砖堆里选中合适的砖来。砌筑时还应注意以下几点：

（1）碎砖墙与其他类型的墙体相结合时（如四角硬软心作法或下碱整砖墙上身碎砖墙等），碎砖墙应比其他类型的墙体退进少许（退花碱）。如为碎砖抹灰，还要再加灰的厚度。这些尺寸在拴线时就应注意留出。

（2）掺灰泥内石灰粉应经充分熟化，以免墙面起拱。

（3）为了提高碎砖墙的质量，可做灌浆处理，尤其是四角硬作法的，交接部位更应灌浆。

（4）在砌筑过程中，泥或砖极易将立线（拽线）顶出，以致整个墙面随之逐渐歪闪。应随时注意不要使砖挨着立线，并注意将挤出的泥刮掉。以上要点被总结为"亮线活是好活"。

（5）顶头缝处不放泥，就是说，碎砖墙的泥缝只应有卧缝不应有立缝。

（6）里、外皮砖要互相咬拉结实，凡整砖要尽量"丁"着用。

（7）要适当添配整砖"拉丁"，即砌丁砖。具体砌法既可每隔一米左右砌一层丁砖，也可分散使用。

（8）碎砖墙虽可"游丁走缝"，但通缝也不应超过 3 层。

（9）要与四角整砖咬拉结实。

（10）砖可砌成"戗砖"（立砌的丁头砖），但不可砌成陡板。

（11）泥缝厚度不得超过 2.5 厘米。

（12）砌到柁或檩底时应"背楔"砌实。

（13）四角宜放置 2～3 道钢筋勾尺。

（14）填馅：填馅砖应与里、外皮同层砌筑、咬拉结实，不可随意放置。填馅时既不应不放泥，也不应以增加泥厚的方法找平。填馅砖不应稀疏，更不应只用泥填馅。

（15）雨期施工：①应尽量用干一些的砖。②泥缝要小。③填馅时要少放泥。④当墙歪闪时，经用砖撞击直顺后，要及时用小砖碴在泥缝处背好。⑤每天收工之前，要用泥把最后一层抹住，叫做"抹线"。

（16）提高墙体的强度。提高墙体强度的有效办法除了可以在泥内增加白灰的比例以外，还要加强对墙体的养护。而最简便有效的办法就是提高砖的含水率。善于砌碎砖的老艺人们常说："六月砌墙六月倒，六月不倒站到老。"就是说，由于雨季的砖、泥都很湿，墙很不容易砌好。但砌筑时只要不出问题，质量比其他季节砌筑的好得多。这就说明了含水率与墙体的强度有很密切的关系。因此在砌筑时，如遇砖较干时，一定要用水浇湿后再使用。

碎砖墙有清水墙与混水墙（抹灰）之分，如为清水墙（不抹灰）作法，还应注意下面几点：①每层砖的高度应一致，砖的层次应分明。②要抹泥缝。传统碎砖墙的特点之一就是很讲究抹出漂亮的泥缝。这首先要从备料就加以注意。掺灰泥所用的黄土应为亚黏性土，不可用"落房土"（碴土）。如为黏土，可适当掺入落房土或砂性土。泥内要适当多放灰，一般应为3：7或4：6（灰土比）。要使用质量较好的小瓦刀，瓦刀头部宽度仅为2～3厘米，瓦刀表面应很光亮，无锈蚀。泥要闷至8小时以上并以调成硬中见软（含水不多但和易性好，柔韧好用）的成色为好。抹出的泥缝要深浅一致、光亮，无裂缝，泥缝要与砖抹平，不可抹成上口凹进墙里的八字形。最后要用扫帚蹭掉多余的灰泥，并将墙面清扫干净。

（六）石墙

1. 虎皮石墙

虎皮石墙是用花岗岩毛石砌筑的墙体，因石料颜色和灰缝纹理与虎皮相似而得名。虎皮石墙用料一般无须加工，但砌角的石料最好能适当加工。

砌筑方法：

（1）砌第一层时先挑选比较方正的石块放在拐角处，然后在两端角石之间拴卧线，按线放里、外皮石块，并在中间用小石块填馅。第一层石块应平面朝下，一般不铺灰。铺完第一层石块后在较大的石缝处塞进适量灰浆，然后塞入小石块，并敲实。

（2）砌第二层石块时应注意与第一层尽量错缝（不形成通缝）。应尽量挑选能与第一层外形严丝合缝的石块。选好后在第一层上铺灰，灰缝厚度应在2厘米左右，石块间的立缝也应挂灰。石块如有不稳，应在外侧垫小石片，使其稳固。

（3）以后逐层均同第二层砌法，最后一层应找平砌。虎皮石墙不同于砖墙，只要求大体上的跟线，不要求"上跟绳、下跟棱"。砌筑时应注意尽量大头朝下，即所谓的"有样没样尖朝上"。这样砌可使每层的"槎口"增多，而槎口越多，下一层就越好砌。砌筑时还应注意要使石头的大头朝外。以上砌筑特点被工匠总结为"平铺、插卧、倒填，疙瘩碰线"。里、外皮应尽量咬拉结实，不能砌成"两张皮"。每隔几层应砌几块横贯墙身的石块作为里外皮的拉结石。上下层拉结石应互相错开。同层拉结石之间的距离以1米左右为宜。拉结石的长度宜超过墙宽的2/3。这些质量要求可以归纳为"稳、实、严、拉结好"。

（4）最后勾缝。缝子形式多做成凸缝形式（见本节"四、墙面勾缝"的相关内容）。特别简单的作法也可做成平缝形式。

2. 虎皮石干背山

干背山作法的砌筑要点是：石下不铺灰，干砌。石的后口用小石片垫稳，砌好后先打点勾缝，再灌浆（如生石灰浆、桃花浆或江米浆）。其他要求均同普通虎皮石墙。干背山是虎皮石墙中最细致的作法，它所使用的石料虽然也是不规则形状的，但由于缝子应越细越好，因此石料应经过加工。

3. 方正石和条石砌筑

方正石和条石墙体所用石料可为各种石料，如花岗石、青白石、青砂石等。石料应事先加工成规格料（但长度可较灵活）。石料的表面可根据不同的要求加工成多种形式，如毛料（蘑菇石）、砸花锤、打道、剁斧或磨光等。砌筑时可以铺灰，也可以干砌灌浆。石的后口要垫石片或铁片。石料之间可用铁活（如扒锔子、铁"银锭"）进行连接。石墙与其他砌体之间可用铁"拉扯"进行连接。

上述虎皮石、方正石和条石砌体的顶部如没有遮挡，应抹灰压顶，以免砌体内进水。砌筑或灌浆所用材料，如为仿古建筑工程，可改用水泥砂浆或混合砂浆。方正石和条石要打点勾缝，缝子形式多为平缝。

4. 贴砌石板

贴砌石板又叫碎拼石板。这种类型的砌体所选用的石料一般为长度约为 35 厘米的青石板。石板厚度一般不超过 8 厘米，形状可为不规则的，但表面应经细磨光滑。砌筑方法是在石板的背后砌一堵砖墙（金刚墙），随砌随贴。石板与金刚墙应适当加铁活连接。砌好后应灌浆加固。最后将缝勾好（一般为凹缝或平缝）。

五色石板墙的砌筑方法同普通石板墙，但应贴砌得更细致，灰缝应很细，要注意颜色的搭配。

5. 石陡板

石陡板墙体所用石料多为青白石，地方建筑多用花岗石等本地石材。石料应事先加工成规格料，石料表面的加工多为打道形式。石陡板一般仅为一层，石板或横置或竖置，视所需高度而定。陡板石的厚度如小于墙体厚度时，背后应砌金刚墙。摆放石陡板时除应铺灰、垫石片或铁片外，还应做灌浆处理。石料之间除了可凿做石榫互相连接以外，还可使用扒锔子、铁"银锭"等铁活。陡板石与金刚墙之间可用铁"拉扯"进行拉结。

6. 卵石砌筑

卵石的砌筑方法与虎皮石的砌筑方法基本相同，不再重复叙述。

（七）土坯墙和土墙

土坯墙用土坯砌筑而成。用于制坯的黄土应纯净，黏度应较大，不宜使用砂性土。泥的含水量应较少。装坯前，泥应经反复摔打，入坯后要用拐子（图 1-1）将坯内泥土杵实。砌筑时一般用素泥，但泥内也可适当掺入白灰。泥缝一般不超过 2 厘米。土坯的排列方法多为一层立置，一层平砌，如此重复砌筑。

土墙又叫板筑墙、夯土墙、干打垒等。先用木板按要求支好模板，然后分层装入黄土，并用木夯或拐子分层反复筑打夯实。

为了使土坯墙或土墙更加坚固耐久，可采取一些加固措施。归纳起来，大致有下述几种作法：

（1）在土中加入拉结料，如稻草、芦苇、竹子等。

（2）在土中加入骨料，如碎瓦片等。骨料可与黄土拌和使用，也可以分层使用。上述两法多在土墙中使用。

（3）榫卯连接。如在砌块上作出凹凸槽，此法多在大型砌块中使用。

（4）用纴木（木棒），横放或直立于土墙中。

（5）下部做防潮处理。如铺一层石砾或铺数层芦苇等。

（6）顶部和外立面做防水保护。如在房屋檐口做挑出遮挡，在墙面抹灰、抹泥等。

（7）与砖混合使用。

常见的作法有如下几种：下碱用砖，上身用土坯；下碱及上身的墙角部位用砖，墙心用土坯；外皮用砖，里皮用土坯等。

土坯墙或板筑墙做好后，一般应在表面抹泥或抹灰。并可在泥、灰表面刷浆，普通民居刷白浆，古时重要的建筑大多要在抹泥或抹灰的表面刷上红浆或黄浆。

（八）篱笆泥墙

篱笆泥墙是以篱笆为骨架，外抹泥做成的，因此又叫篱笆墙或泥巴墙。篱笆多用竹条或各种树枝编成。树枝比竹条更耐久，各种树枝中又以荆条、藤条等更适宜编织操作。篱笆墙以双层或多层的为好，简单的也可只编成单层。篱笆编好后在上面抹泥。一般应由两人在里、外面同时对抹，要将泥挤入枝条内，里、外的泥要粘在一起。待打底的泥干后，再继续抹泥，直到将篱笆完全盖住。打底的泥和中间层的应选用较黏的土。最外的一层可选用不太黏的土，也可掺入适量砂子。除挤入枝条内的泥外，可在泥内掺入稻草、麦秸等。最早的作法是泥内不掺白灰，后有在泥内掺入白灰的。泥墙抹好后可在表面刷浆。普通民居刷白浆，古时重要的建筑大多要刷红浆或黄浆。

（九）琉璃砌体

琉璃砌体的种类很多，砌筑方法也不尽相同，这里仅就其共性问题概括介绍如下：

（1）与其他砌筑方法（如砌糙砖抹红灰）同在一个墙面时，琉璃部分一般均凸出一些。

（2）琉璃砌体所用灰浆一般为素灰（如月白灰、白灰或红灰），打点缝子所用灰浆为麻刀灰。如为黄琉璃要用红麻刀灰，绿琉璃及其他颜色的琉璃都用深月白麻刀灰，重要的建筑也可用江米灰砌筑或打点缝子。

（3）异形琉璃砖以及一些特殊的构件，如博缝砖、斗栱、梁柱等仿木构件，在砌筑之前应预先组装试摆，叫做"拢活"。通过拢活可指导下一步施工，如通过博缝的拢活可确定出每块博缝砖的准确位置，求得山尖的曲线。再如，琉璃制品常有一定的烧制变形，相同的分件不一定能做到任意组装都能合适，因此需要在拢活时找出能互相适应的分件组装在一起。

（4）琉璃制品常带有"飞翅"、"釉珠"等，需要在砌筑前用瓦刀打掉（称"打琉璃珠"）。琉璃砖的颜色往往不太一致，也需要适当调配。上述这两项工作叫做"剔凿顺色"。

（5）除个别情况外，琉璃砖一般都要与普通砖同时砌筑，即使是露明部分全为琉璃的构筑物，琉璃背后也需砌金刚墙。琉璃构件与普通砖墙或背后的金刚墙的连接一般有三类方法。第一类是将砖后口多出的部分伸进墙内与金刚墙砌在一起，如槛墙的贴落砖，或伸进木构架内，如悬山博缝、琉璃挂檐等。第二类方法是利用榫卯、销子的原理进行连接，如使用木仁（木制的拉结件）与墙相连。重要建筑的"木仁"多以瓦磨成。以瓦代木，寿命更长。第三类方法是使用铁活。铁活的使用常为下面几种情况：①拴细铁丝。②使用扒锔子。③使用"托铁"和"压铁"。托铁用于构件下面，以承托出檐。压铁用于构件的上面，用以压后配重。④使用"墙揽"。墙揽用铁杆制成，里端固定在柱、檩等木构件上，外端焊一个长十几厘米的枣核形铁件，并贴在外墙表面。⑤使用铁"银锭"或铁拉扯（一端做成银锭榫的长铁片）。

（6）琉璃砌筑一般要做灌浆加固。除可使用白灰浆或桃花浆外，重要建筑还可用江米浆。

（十）镶贴仿古面砖

1. 仿古面砖的镶贴方法

（1）基层处理。基底为砖墙面时，抹灰前墙面必须清扫干净，浇水湿润。基底为混凝土墙面时，首先将凸出墙面的混凝土剔平，对于钢模施工的混凝土表面应凿毛，并用钢丝刷满刷一遍，再浇水润湿，如混凝土表面很光滑，应进行"毛化处理"。基底处理完成后，可进行吊垂直、套方、找规矩、贴灰饼、充筋等抹灰准备工作。如墙面面积不大，基底比较平整，也可以在基底处理完成后直接抹灰。

（2）抹砂浆。先浇水湿润墙面，然后刷一道水泥素浆，浆内宜掺兑增强粘结力的外加剂，紧跟着抹底层砂浆，抹后及时用扫帚扫毛。待第一遍干至六七成时可抹第二遍砂浆，随即用木杠刮平，木抹子搓毛，终凝后浇水养护。

（3）排砖、样活。按古建传统排砖组砌方法进行排砖，确定第一层砖的排列形式。仿丝缝墙面效果的，排砖时应考虑灰缝所占的宽度，灰缝宽度可按 3～4mm 确定。

（4）浸砖。仿古面砖镶贴前应先在水中充分浸泡，时间不小于 3min。

（5）镶贴面砖。用水泥砂浆（或混合砂浆）从下至上镶贴仿古面砖，在最下一层砖下皮位置稳好靠尺，以此托住第一皮面砖，在面砖外皮上口拉水平通线，作为镶贴的标准。

（6）勾缝、清理。仿丝缝墙面做法的应在镶贴时留出 3～4mm 的灰缝。贴完面砖以后，灰缝内填入灰黑色灰浆，并用溜子将灰缝勾平，深浅一致。最后将墙面清扫干净。

2. 镶贴仿古面砖的技术要点与质量要求

（1）设计无明确要求时宜采用仿丝缝墙面做法。

（2）尽量将砖一次贴好，一旦贴好就不要再反复敲砸，否则很容易造成砖的空鼓浮摆。

（3）宜将面砖背后用砂轮划毛或将背后凸起的梗条划出几道豁口，这样可以使得砖与砂浆结合得更牢，从而有效地防止面砖空鼓脱落。

（4）宜在砂浆中掺胶类物质。这样既能增强与面砖的粘结力，又能堵塞砖内毛隙孔从而减轻面砖表面的返碱泛白现象。

（5）在砌墙前应提前想到因贴砖使墙变厚可能出现的问题，如贴砖后会使台明的"金边"（退台）减少甚至消失，还会使砖檐、梢子第一层砖的出挑尺寸减少甚至消失等，因此应提前采取相应措施，如加大金边尺寸，加大砖檐、梢子的出挑尺寸等。

（6）镶贴仿干摆作法的面砖时，应将已贴好的面砖上棱的灰浆擦净后再贴下一层砖，否则将会影响砖缝的严密程度

（7）镶贴前必须将砖充分浸泡，含水率宜接近饱和状态。

（8）墙面贴好后必须反复浇水养护，浇水的次数以能使墙面持续保持湿润为准。养护时间应不少于两周以上。

（9）仿干摆作法的墙面，尤其是作为室内高级装修的仿干摆墙面，可用砂纸（布砂纸）将砖的相邻处磨平，最后用细砂纸将墙面通磨一遍。

（10）贴砖至顶部不应出现半层砖，为此应在排砖时提前算好。

（11）无散水的墙面在贴砖时宜在第一层砖以下加贴 1～2 层，以防止地坪降低后"露脏"。

四、墙面勾缝

（一）统一说明

1. 灰缝形式

灰缝有平缝、凸缝和凹缝三种形式。凸缝又叫鼓缝，凹缝又叫洼缝。鼓缝又可分为带子条（平鼓缝）、荞麦棱（剖面呈三角形）、圆线，洼缝又分为平洼、圆洼、嘬口缝（较深

的平洼缝）、风雨缝（八字缝），如图 3-1 所示。

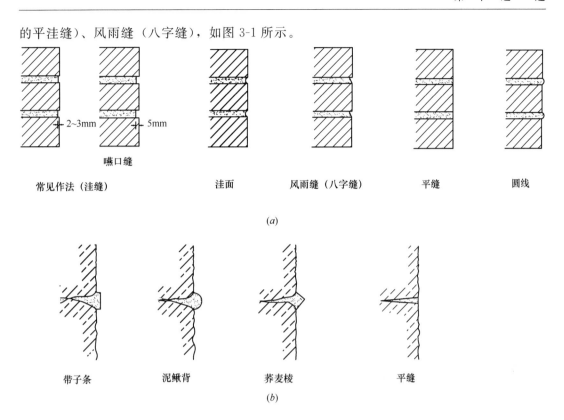

图 3-1　灰缝形式

（a）砖墙的灰缝形式；（b）石活的灰缝形式

2. 灰缝的色调

灰缝色调多与砖墙一致，故多以月白灰、老浆灰等灰色或深灰色调为主，但有时也追求灰墙黑缝或灰墙白缝的对比效果。琉璃砖墙的灰缝应根据琉璃的颜色定，黄琉璃应使用红灰，绿色等其他颜色的琉璃墙用深月白灰或老浆灰。石墙的灰缝有两种处理办法，一种是色调应尽量与石墙相近，另一种是造成对比效果，如虎皮石墙，多用深灰或黑色以便能勾勒出"斑斑虎皮"的特征。

3. 墙面勾缝的统一要求

墙面勾缝作法虽然很多，但在操作要求上有许多共同之处，现统一说明如下：

（1）凡砖缝的立缝过窄或砖棱不方等明显缺陷者，要用扁子"开缝"（修理砖棱）。

（2）对于干燥的墙面，须事先用水将墙面洇湿，以免勾缝灰附着不牢。

（3）灰缝勾完后，要用刷子、扫帚等将墙面清扫干净。正所谓"三分砌七分勾（缝），三分勾七分扫"，扫与不扫，扫得认真与不认真，墙面的外观效果是大不一样的。

（4）灰缝的质量要求：灰缝应横平竖直（虎皮石、碎拼石板等除外）；深浅应一致；灰缝应光顺，接槎自然；无明显裂缝、缺灰、"嘟噜灰"、后口空虚等缺陷；卧缝与立缝接槎无搭痕。

（二）墙面勾缝的常见手法

1. 耕缝

耕缝作法适用于丝缝及淌白缝子等灰缝很细的墙面作法。耕缝所用的工具：将前端削成扁平状的竹片，或用有一定硬度的细金属棍制成"溜子"。灰缝如有空虚不齐之处，应先经打点补齐。耕缝要安排在墁水活、冲水之后进行。耕缝时要用平尺板对齐灰缝贴在墙上，然后用溜子顺着平尺板在灰缝上耕压出缝子来。耕完卧缝以后再把立缝耕出来。

2. 打点缝子

（1）砖墙。一般用于普通淌白墙和琉璃砌体。用于普通淌白墙时，多用深月白灰或老浆灰，其中老浆灰为清代中、早期手法；用于琉璃砌体时，用红灰或深月白灰。打点缝子所用麻刀须为小麻刀灰，所谓"小"者，不但灰内的麻刀含量较少，更主要的是，麻刀应剪短，故又称为"短麻刀灰"。用于重要的宫殿建筑，可用江米灰。用于淌白墙，也可用锯末灰或纸筋灰代替小麻刀灰。

打点缝子的方法：用瓦刀、小木棍或钉子顺着砖缝镂划，然后用抹灰工具"鸭嘴儿"将小麻刀灰或锯末灰等"喂"进砖缝。灰要分两次"喂"，第一遍稍低于墙面，第二遍灰应与砖墙打点平。然后用"鸭嘴儿"赶轧，在赶轧的同时要适时用短毛刷子蘸少量清水（蘸后甩一下）将砖与灰的接缝处刷湿，叫"打水槎子"。这样可以使接缝处更平整，灰附着得更牢，还可以使砖棱保持干净。

（2）石墙。方正石、条石墙、虎皮石干背山的灰缝处理常采用打点缝子的方法，但也可以采用耕缝的方法。宫殿石活或干背山石活常用白色的油灰打点缝子。叠山的石头，多用麻刀油灰打点缝子。

3. 划缝

划缝作法主要用于带刀缝墙面，也用于灰砌糙砖清水墙，有时还用于淌白墙。划缝的特点是利用砖缝内的原有灰浆，因此也称做"原浆勾缝"。划缝前要用较硬的灰将缝里空虚之处塞实，然后用前端稍尖的小木棍儿顺着砖缝划出圆洼缝来。

4. 弥缝

弥缝作法用于墙体的局部，如灰砌墀头中的梢子里侧部分、灰砌砖檐等。弥缝的具体做法是：以小抹子或鸭嘴儿把与砖色相近的灰分两次把砖缝堵平，即"弥"住，然后打水槎子，必要时可用与砖色相似的稀月白浆或砖面水涂刷墙面。弥缝后的效果以看不出砖缝为好。

5. 串缝

串缝多作为修缮抹灰的基层处理措施，用于灰缝较宽且灰缝酥碱严重的墙面。原墙用灰垒砌的，用灰串缝，原墙用泥垒的，也可用泥串缝。串缝时用小抹子或小鸭嘴儿挑灰分两次将砖缝堵严，并串轧平实。

6. 做缝

将缝子刻意做出某种凸起的形式叫做"做缝"，如把灰缝做成"带子条"、"荞麦棱"、"圆线"（"泥鳅背"）等。做缝手法一般都是施用于虎皮石墙，其中"荞麦棱"为常见作法。先将灰缝划深并用水洇湿，再用深月白麻刀灰将灰缝填实，然后用深月白麻刀灰或老浆灰堆抹出雏形，再二次堆抹成形，最后反复刷青浆赶轧光实并进一步修理成形。

清代末年，受西洋建筑的影响，墙面勾缝中出现了做白色圆线缝的作法（详见下文）。由于"做缝"十分强调灰缝的效果，所以做缝所使用的灰的颜色都应与墙面形成较大的反差对比，如虎皮石用深灰或灰黑色，砖墙用白色。

7. 描缝

用于淌白描缝墙面。描缝所用材料为烟子浆，描缝方法如下：先将缝子打点好，然后用自制的小排刷蘸烟子浆沿平尺板将灰缝描黑。为防止在描的过程中，墨色会逐渐变淡，每两笔可以相互反方向描，如第一笔从左往右描，第二笔从右往左描（两笔要适当重叠）。这样可以保证描出的墨色深浅一致，看不出接槎。描缝时应注意修改原有灰缝的不足之处，保证墨线的宽窄一致、横平竖直。

8. 舱缝

舱缝作法用于重要宫殿建筑的防水工程，一般用于石活。石活砌好后，拼接处可剔凿浅沟，浅沟剖面为内宽外窄。舱缝所用材料有油灰、舱麻和生桐油。舱麻是一种质量极好的麻，常用于制作船缆。操作时先用生桐油将缝口刷湿，然后用掺好舱麻的油灰（应稍硬）舱入缝口内。灰要塞实塞严，最后用生桐油反复涂刷缝口，直至饱和为止。

9. 做洋缝子

洋缝子是西洋古典建筑墙面的一种勾缝形式。20 世纪初期以后，随着"西洋楼"、"西洋门"等建筑式样在中国的流行，并逐渐成为民国时期特有的建筑形式以后，洋缝子也固化为"民国建筑"的文化符号。洋缝子的最大特点是色白而鼓（凸）起，与官式建筑的灰缝在风格上形成了巨大的反差。当时还出现了黑色鼓缝形式，这种中西结合的形式由于特点不鲜明而未能成为常见作法。洋缝子（白缝子）的作法要点如下：

砖砌好后，将灰缝砂浆搂去一些，使其凹入砖内。然后用砂浆将砖缝抹平。传统作法是用白灰砂浆，讲究的作法可在灰浆内掺入适量青灰，以便更近似于砖色。砖缝抹平后，用钉子一类的工具顺着砖缝的中部划成浅沟。为保证划出的缝线直顺，要用平尺板比着划。在划出的浅沟上勾洋缝子。作法简单者也采用以下方法：将灰缝砂浆搂去一些，凹入的深浅应一致。在搂好的灰缝上直接做出洋缝子（顺着平尺板勾）。洋缝子所用的材料为白色的纸筋灰（白灰、纸筋用量为 100：2.5），可掺入适量的白水泥，也可掺入适量的胶类物质。洋缝子的形状为半圆形凸起的鼓缝，勾缝要用特殊的工具（"溜子"）。用一段小钢管破开成半圆筒状，或用钢筋加工制成。"溜子"的内径宽度 3~5 毫米，墙面作法讲究的，缝宽约 3 毫米，作法简单的缝宽约 5 毫米。缝子勾好后，应将多余的飞灰剔除干净，然后用刷笔蘸清水将灰缝勒刷干净。刷笔的传统制作方法是用数根炊帚苗扎紧后制成小刷子，并将炊帚苗砸劈。现代可用油画笔或软牙刷代替。

10. 抹灰做缝

（1）抹青灰做假砖缝

简称"做假缝"，用于混水墙抹灰。特点是远观有干摆或丝缝墙的效果。作法要点如下：

先抹出青灰墙面，颜色以近似砖色为好。仿古建筑施工，也可抹水泥砂浆，再刷青浆轧光。抹水泥砂浆的，还可以趁湿刷砖面水或揉入砖面，然后赶光轧平。趁灰未完全干的时候。用竹片或薄金属片（如钢锯条）沿平尺板在灰上依照砖的规格和排列形式划出细缝。

（2）抹白灰刷烟子浆镂缝

简称"镂活"，多用于廊心墙穿插当、山花象眼等处。常见的形式不仅有砖缝，还可镂出图案、花卉等。方法是：先将表面抹好白麻刀灰，然后刷上一层黑烟子浆。等浆干后，用錾子等尖硬物镂出白色线条来。根据图面的虚实关系，还可轻镂出灰色线条。

（3）抹白灰（或月白灰）描黑缝

简称"抹白描黑"，偶见于庙宇中的内檐或无梁殿的券底抹灰。作法是：先用白麻刀灰或浅月白麻刀灰抹好墙面，按砖的排列形式分出砖格，用小排刷沾烟子浆或青浆顺平尺板描出假砖缝。

五、各种砌筑类型的组合方式、等级与主次概念

（一）各种砌筑类型的组合方式

1. 单一型

```
        ┌ "干摆到顶"（全用干摆）┐              ┌ 同一墙内可使用
        │ "落地缝" ┌ "落地缝子"（全用丝缝）├ 又称"出土儿细" ┤
        │        └ 淌白"落地缝"（全用淌白）┘              └ 不同规格的砖料
  单一型 ┤ 琉璃 ┐
        │ 石活 ┴ 一般只用于建筑小品及小型构筑物
        │ 糙砖墙 ┌ 带刀缝
        │       └ 灰砌糙砖
        └ 碎砖墙
```

2. 组合型

组合原则："主细次糙"，即较细致的砌筑类型用于主要部位。主要部位指：下碱、墀头、台明、梢子、冰盘檐、墙的四角、槛墙、廊心墙等。

```
                ┌ 干摆—丝缝
                │ 干摆—淌白
                │ 丝缝—淌白
                │ 干摆—糙砖抹灰
                │ 琉璃—糙砖抹灰
                │ 石活—糙砖抹灰
                │ 石活—干摆 ┐
  两种类型的组合 ┤ 石活—琉璃 ├ 石活主要用须弥座、仿砖木结构及用于局部构件
                │ 石活—淌白 │
                │ 石活—丝缝 ┘
                │ 淌白—碎砖抹灰
                │ 淌白—带刀缝
                │ 淌白—灰砌糙砖
                │ 带刀缝—碎砖
                └ 灰砌糙砖—碎砖

                ┌ 石活—玻璃—干摆
                │ 石活—干摆—糙砖抹灰
                │ 石活—玻璃—糙砖抹灰
                │ 琉璃—下摆—糙砖抹灰
  多种类型的组合 ┤ 干摆—丝缝—淌白
                │ 干摆—丝缝—糙砖
                │ 干摆—淌白—糙砖
                │ 虎皮石—淌白—碎砖
                └ 虎皮石—带刀缝—碎砖
```

(二) 等级与主次关系

1. 同一墙体内各部分的主次关系

（1）主：下碱或须弥座、梢子、砖檐、槛墙、砖砌台帮、廊心墙、上身中的方砖心。上述各部分如果同在一个墙体或建筑物中，一般应使用同一种砌筑类型，例如都使用干摆作法（局部改作石活的除外）。

（2）次：墀头上身、墙体四角、整砖"过河山尖"、倒花碱。上述各部分一般应采用同种砌筑类型，例如都使用丝缝作法。也可以与主要部分采用同种砌筑类型，例如也使用干摆作法。

（3）再次：上身中间部位，例如使用淌白作法。但也可与墙体上身及四角作法相同，例如也使用丝缝作法。甚至可与下碱作法相同，例如也使用干摆作法。

2. 砖的品种、规格的主次与等级

（1）重要宫殿：金砖、琉璃砖、城砖等。

（2）宫殿及大式建筑：城砖、方砖、停泥砖。

（3）讲究的小式建筑：城砖（限于下碱及透风等）、小停泥、方砖。以上均应经砍磨。

（4）一般建筑：开条砖（现为小停泥）、方砖、四丁砖、碎砖。

除了用不同的品种相区别以外，同一品种中还可用不同规格和加工的糙细程度相区别。

3. 同一建筑中作法讲究程度的不同

当同一建筑的各个墙体由于条件所限，讲究程度必须有所区别时，应优先考虑的部位是：

（1）以山墙为主，山墙中又以墀头为主。台帮砌砖应与墀头下碱的细致程度相同（下碱为石活但山墙下碱为干摆的按山墙下碱作法），砖的规格也应相同，如墀头下碱用城砖干摆，台帮砌砖也要用城砖干摆。槛墙应与台明砌砖的细致程度相同，但砖的规格可有区别，如台帮用城砖干摆，槛墙也要用干摆，但可以不用城砖。

（2）以视觉上更明显的部位为主。例如一般情况下前檐与后檐相比，应优先考虑前檐，但当后檐墙临街时，同样也要优先考虑，此时其讲究程度甚至可能超过前檐。

4. 建筑群体中的主次关系

主要院落为主；中轴线上的建筑为主；正房为主；门楼为主，有所谓"门为主，房为客"之说；影壁、看面墙等装饰性、标志性较强的建筑小品和构筑物为主；前檐作法为主。

5. 各种砌筑类型及其组合之间的主次与等级顺序

墙面不同作法的主次与等级顺序的规律见表 3-1。

各种砌筑类型及其组合之间的主次与等级顺序 表 3-1

砌筑类型或组合方式	主要用途	说　　明
琉璃—干摆—糙砖抹红灰	重要宫殿的主体建筑	
石活—琉璃—糙砖抹红灰	重要宫殿的主体建筑	
石活—干摆—糙砖抹红灰	宫殿、庙宇	
干摆—糙砖抹红灰	宫殿、庙宇	
干摆墙刷红浆	宫殿、庙宇	很少用
石活—糙砖抹红灰	宫殿建筑群中的影壁、门楼等构筑物	

砌筑类型或组合方式	主要用途	说 明
干摆—糙砖抹黄灰	部分庙宇	北方用于内檐，南方用于外檐
干摆到顶	宫殿、王府中的讲究作法、小式建筑中极讲究的作法	作法最细，但等级不是最高
干摆—丝缝	大、小式建筑中的很讲究的作法	
丝缝"落地缝"	大、小式建筑中的很讲究的作法	极少采用
干摆—淌白	大、小式建筑中讲究的作法	如果仅在前檐墀头作干摆、丝缝的，俗称"鬼脸作"
丝缝—淌白	大、小式建筑中讲究的作法	
干摆—丝缝—淌白	大、小式建筑中讲究的作法	
干摆—糙砖抹灰	大、小式建筑中比较讲究的作法	此种组合因抹灰位于中间部位，故称之为"金镶玉"
干摆—丝缝—糙砖抹灰	大、小式建筑中比较讲究的作法	
淌白"落地缝"	大式建筑中的次要作法、小式建筑中的较好作法	
淌白—糙砖抹灰	大式建筑中的次要作法、小式建筑中的较好作法	
淌白—碎砖抹灰	小式建筑中的较好作法	
糙砌城砖	大式建筑的次要作法	一般用于庙宇或院墙
带刀缝	小式建筑中的一般作法	
糙砖墙—碎砖抹灰	大、小式建筑中的一般作法	
碎砖墙（不抹灰）	小式建筑中的次要作法	大式建筑中一般不用

注：1. 顺序在前者，等级较高。用途相同者，属同一等级。

2. 石墙没有明显的等级概念，本表未列出。

3. 石活主要指须弥座、栏板望柱、仿砖件、仿木件及墙体局部石活。

4. 凡糙砖抹灰均可改用碎砖抹灰。

六、砖的排列、组砌形式及墙面的艺术处理

（一）砖的排列、组砌

1. 墙面砖缝排列

古建墙体砖的摆置方式有卧砖、陡板、豁砖（豁：zhōu）、空斗和线道砖（又叫线道灰）几种（图3-2）。线道砖（线道灰）又叫"马尾儿"砌法（尾：读作"乙"）。上述各种方式中以卧砖墙最常见，其砖缝形式也最多，有十字缝、三顺一丁（又叫三七缝）、一顺一丁（又叫做丁横拐或梅花丁）、五顺一丁、落落丁（图3-3）。以上为明清官式手法，这些作法中又以十字缝和三顺一丁最常使用。地方建筑中以十字缝、多顺一丁和多层一丁等几种形式最为常见。江南地区主要有扁砌、实滚（立砌）、斗子（空斗）以及这三种式样的混砌式样。应注意的是，现代建筑中常见的"满丁满条"即一层顺砖一层丁砖的墙面作法不是古建墙面的砖缝形式，只适用于仿古建筑，不适用于古建筑。

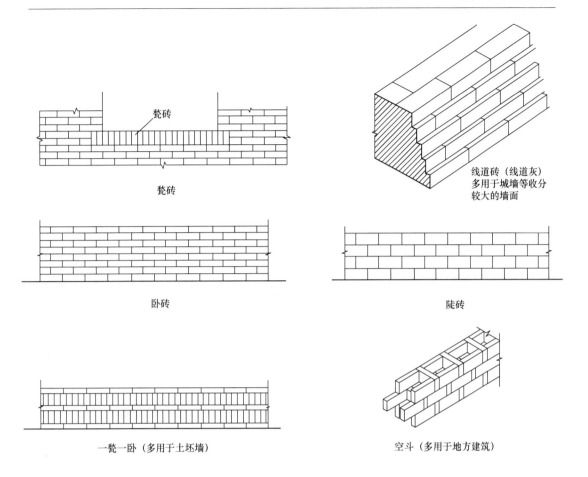

图 3-2 砖的摆置方式

十字缝、三顺一丁等所有的排砖方式，都存在一个起手（开始）的位置问题。一种方式是从中间（硬山墙为脊中位置）起手，向两端赶排，另一种方式是从两端开始，向中间排活。从中间开始的，中间及其两侧可以确保"好活"，但两端有可能出现"破活"，甚至可能出现"找儿"（宽度小于丁砖的砖）。反之，可以确保两端为"好活"，但中间有可能出现"破活"。一般说来，很长的墙（如院墙、后檐墙）多从两端起手，不特别长的墙（如山墙）既可从两端起手也可以从中间起手。在有些情况下，例如两端为五出五进作法且中间与两端砖的规格不同时，如果从两端起手会出现中间和两端都排不出好活的情况，此时应从中间起手向两端赶排。

十字缝是每层砖都砌条砖（顺砖）的排砖方式。这种排砖方式是自古以来就经常采用，且在各地的建筑中使用最为普遍的一种排砖方法。与其他排砖方法相比，十字缝砌体的内外拉结问题需注意解决，否则会形成里外两张皮。即使如此，十字缝还是一直被普遍使用，其原因是：这种砌法全部以长身面露明（转角处除外），因此是最省砖的一种作法；其次，古代自砖出现以后，在很长的时间里，墙体一直是采用里外不同用料的砌筑方式，砖料主要用在更需要防雨的墙外皮。对于内、外采用不同砌筑材料的墙体而言，外墙的丁砖越少就越方便砌筑。再者，对于以木结构为受力体系的中国建筑而言，理论上墙体只是作为围护结构，因此砌体的拉结问题较之承重墙来说是可以简化的。十字缝作法多用于槛

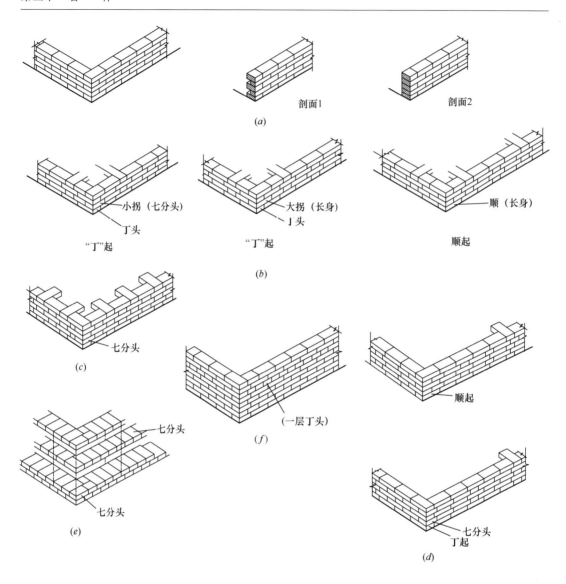

图 3-3　卧砖的砖缝形式

（a）十字缝；（b）三顺一丁；（c）一顺一丁；（d）五顺一丁；（e）落落丁；（f）多层一丁（地方手法）

墙、冰盘檐，也常用于墙体下碱或上身。山花、象眼等用砖量较少的墙体也常用十字缝排砖法。由于十字缝摆法是各种摆法中砖缝数量最少的，而干摆砌法的墙面效果以看不出灰缝为最佳（讲究的要做成"一块玉儿"），砖缝越少干摆就越好做，因此干摆作法多采用十字缝摆法，除非特别讲究时，一般极少采用三顺一丁或一顺一丁摆法。十字缝作法如处理不当，砖的拉结往往存在问题，一般的解决方法是隔层做"抽条"（把砖开成窄条），或在砖内做"暗丁"，如图 3-3（a）、图 3-6 所示。

三顺一丁排砖方法又叫做"三七缝"（图 3-3b）。这种形式的墙体拉结性较好，墙面效果也比较完整，因此三顺一丁的应用也十分普遍。其基本规则如下：

（1）应符合三顺一丁之规律，即每层都是每砌三个顺（条砖），再砌一个丁（丁砖），并如此循环。

（2）上下两层顺砖的相互错缝位置应在砖的十分之三（或说是十分之七）处，即应排成"三七缝"。

（3）丁头砖必须安排在上（下）层"三顺"的中间，即应位于第二块顺砖的正中间，不能"偏中"。

三顺一丁从两端起手向中间排砖时，有三种排活方法，其中一种为"顺起"，另两种为"丁起"，见图3-3（b）。选择哪种排列方法应经"样活"（试摆）决定，以能排出"好活"为准。如赶不上好活时，细砖墙可在砖的长度上相应调整，糙砖墙或淌白不截头作法的墙面可用一个"一顺一丁"调整，但这个"一顺一丁"应安排在墙的中间（图3-4）。在样活试摆时，绝不可用"七分头"进行调整（转角处用小拐作法的除外）。

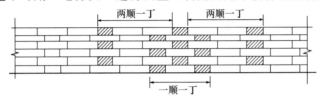

图 3-4　三顺一丁的调整方法之一

一顺一丁又称为"丁横拐"或"梅花丁"（图3-3c）。其排砖方式是每一层都是砌一块顺砖再砌一块丁砖，然后再砌一块顺砖和一块丁砖。显然，这种砌法比三顺一丁对于墙体的拉结更加有利，但也更费砖。至清代，这种排砖方式在一般建筑中多已不用，但砌筑城墙时还会采用这种方式。此外，宫殿、王府院墙（包括院内一些建筑）也常用此种排砖方式。

五顺一丁（图3-3d）实际上是三顺一丁与十字缝的结合形式，兼有二者的特点，但这种排列方式很少使用。

落落丁是各种排列方法中最不常见的一种作法，其排砖特征是每层都用丁（图3-3e）。与其他排砖方式相比，落落丁的用砖量最大，但从古代的安全防卫效果来说，也是各种砌法中最坚固的，因此往往被选做城墙或重要的宫殿院墙、王府院墙的排砖方法。落落丁的另一种用法是常作为门楼内的山花、象眼或廊心墙象眼的排砖方法之一，原因是这种排砖方法的立缝数量多，在较短的长度内能显现出鲜明的砖缝（十字缝）效果。

多顺一丁是每层仍以顺砖为主，每隔若干块（超过5块），砌一块丁砖。多顺一丁作法多见于地方建筑。

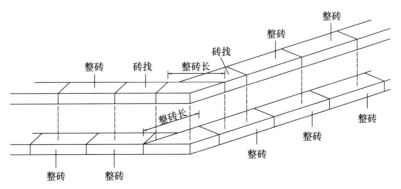

图 3-5　八字转角组砌方法之一

多层一丁是砌几层至十几层顺砖，再砌一层丁砖的作法（图 3-3*f*）。这种作法多见于地方建筑。

2. 墙体的转角与内部的组砌

墙体 90°转角处的排列组砌方法见图 3-3，八字转角的排砖方法如图 3-5 所示。

墙体内部的组砌方式主要是采用里、外皮或外皮砖与背里砖的拉结。此外，使用暗丁也是一种重要的方法（图 3-6）。组砌后的灌浆，也是古建墙体内部处理的重要手段。

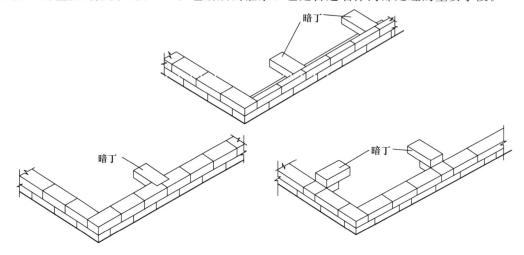

图 3-6　暗丁的使用

（二）墙面的艺术形式

1. 落膛与砖圈

（1）落膛。

基本形式：如图 3-7（*a*）所示。

落膛心作法特征：①多作"硬心"（整砖不抹灰）作法，且多为方砖心作法（分位方法详见影壁心分位方法），偶做十字缝条砖硬心。②软心抹灰作法一般不采用，但在某些部位（如廊心墙）必要时也可采用。③用于廊心墙时，常做砖雕，用于槛墙也偶做砖雕。用于铺面房时，除可做砖雕图案外，还常雕刻文字。④陡砖装饰。详见下文方砖和条砖的陡砖形式（图 3-12）。在各种陡砖装饰中，在明清官式建筑中，大多采用的是陡墁方砖（即方砖心作法，俗称"膏药幌子"），较少采用其他形式。

注意事项：①枋子的外侧有两种处理办法。与木柱、梁等相挨时。枋子的外侧要砍成八字形式，竖向的叫"立八字"，横向的叫"卧八字"；与砖墙相挨时（如廊心墙中与下碱相挨的枋子），外侧不做八字。无论哪种作法的枋子，里侧都须做倒棱处理，且应倒"窝角棱"（图 3-7*a*）。落膛作法的两个下角转角处，应做"拐子"。两个上角，既可做成"拐子"，也可做"搭脑"见图 3-7（*a*）。②线枋子交角处，必须做割角。砖棱应倒"核桃棱"（图 3-7*a*）。

主要用途：廊心墙上身、囚门子（山墙内檐中柱与金柱之间的墙面，参见图 3-19）、廊心墙灯笼框（参见图 3-39*e*）、槛墙（参见图 3-41*b*）、砖圅、影儿墙子（平顶铺面房上的影壁墙）、高大围墙的砖门垛等处。

（2）砖圈

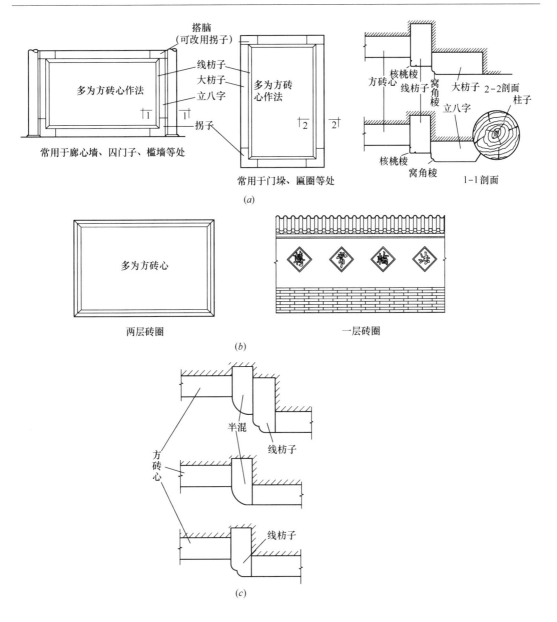

图 3-7 落膛与砖圈的作法

(a) 落膛作法的基本形式；(b) 砖圈的基本形式；(c) 砖圈的三种剖面形式

基本形式；砖圈作法是落膛作法的简化作法，如图 3-7（b）所示。其砖心部分与落膛心作法相同。

砖圈的"圈子"作法一般有三种，其剖面形式如图 3-7（c）所示。

主要用途：多作为砖刻字匾，也用作墙面"池子"的边框处理，例如用作墙面"海棠池"（图 3-11）。

2. 影壁、看面墙的规矩（固定）作法

影壁、看面墙上的固定作法是指下碱以上，大枋子以下，砖柱以内（包括砖柱和大枋子）这一段的习惯性规矩作法。这种墙面形式实际上是取形于木构架特征的艺术提炼，具体作法详见本章第十一节影壁。

3. 五出五进

（1）五出五进的形式特征。

"五出五进"作法形式源自欧式古典建筑的墙面艺术形式，清代中晚期以后融入官式建筑。"五出五进"大多使用糙砖和淌白砖（以糙砖居多），极少使用干摆、丝缝等细砖形式。"五出五进"用于砖墙时的作法特征：多用于作法不甚讲究的山墙、后檐墙和院墙，且大多用在上身部位（图3-8）。"五出五进"用于虎皮石墙时的作法特征：除了用于山墙、后檐墙、院墙外，还用于槛墙；用于山墙、后檐墙或院墙时，除了上身，也用于下碱部位（图3-8）；用于槛墙时，大多采用其变化形式——"三出三进"形式。

（2）五出五进的基本形式及与相邻砌体的组合关系。

"五出五进"是指墙角处的砖以五层为一组，每上下两组的长度不同，相差半块砖长（丁砖宽），如此循环砌筑（图3-9）。除个别情况外，五出五进作法应从下碱以上开始，上端可一直砌到砖檐下皮，也可再砌几层倒花碱或过河山尖（图3-8）。

五出五进的墙心应使用相对较差一些的砌筑形式，例如淌白砖五出五进的墙心用糙砖

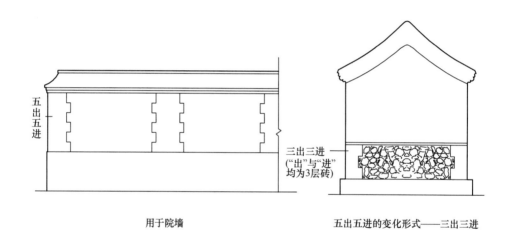

用于院墙　　　　　　　　　　　五出五进的变化形式——三出三进

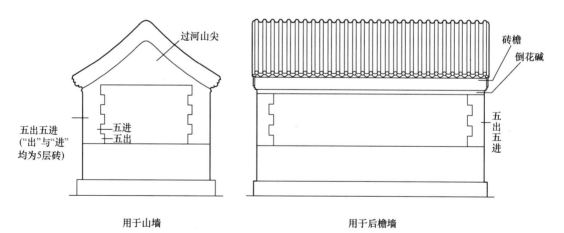

用于山墙　　　　　　　　　　　用于后檐墙

图3-8　五出五进的应用及上端的不同处理

墙心，糙砖五出五进的墙心用抹灰墙心。灰浆与砖料相比，是柔软的材料，因此抹灰墙心就叫做"软心"，而四角的整砖作法称为"四角硬"，这种作法形式合称"五出五进四角硬软心"。墙心偶尔有用虎皮石砌筑的，别有一番情趣，但这种组合形式一般仅用于下碱或园林中的墙体。无论采用哪种墙心作法，用于上身时均应比五出五进部分向里退进一些，即应退"花碱"。花碱尺寸约为0.6~1厘米，如为软心作法，花碱宜另加抹灰厚度，如果抹灰后的实际厚度与五出五进相平或超出，应沿着抹灰与五出五进的相交处将灰向内抹成"八字"，以此显露出花碱。

（3）五出五进的几种摆法及选择依据。

五出五进砌法根据每组"出""进"的长度可分为五种摆法："个半、一个"、"个半、俩"、"俩半、俩"、"俩半、仨"和"仨半、仨"（图3-9）。以"个半、俩"为例，其含义

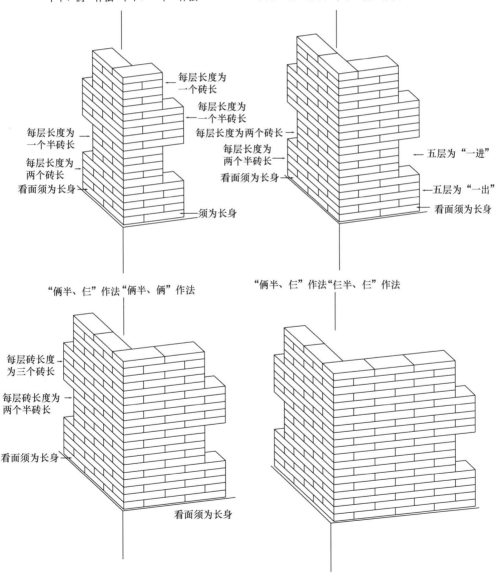

图 3-9 五出五进的几种摆法

为：“五出”组的总长度应为两个长身砖的长度，“五进”组的总长应为一块半长身砖（即一个长身和一个丁头）的长度。

采用何种摆法可根据下列原则进行选择：①权衡与墙长的比例关系。墙长 4.5 米以内，可选择“个半、一个”摆法；墙长 6 米以内，可选择“个半、俩”或“俩半、俩”；墙长 6～7 米，可选择“俩半、俩”；墙长在 7 米以上，应选择“俩半、俩”或“俩半、仨”；墙长在 10 米以上，应选择“俩半、仨”或“仨半、仨”；超过 18 米，宜分成两段（图 3-8）。②当墙角的两面都露明时（如山墙与后檐的转角处），如果墙角的两面都要采用五出五进作法，这两个面的摆法必然会不一样（图 3-9），这时应在较长的一面采用较长的摆法，例如后檐墙一侧用“俩半俩”，山墙的一侧用“个半俩”。③如果墙转角两侧的墙长不同时，应以主要的一面为主决定摆法，例如山墙和后檐，常以山墙面为主，即主要考虑的是山墙与五出五进的比例关系。但当后檐墙临街时，又应主要考虑后檐墙的视觉效果。

（4）五出五进的作法规矩

①第一组必须砌“五出”。②“五出”这一组中，第一层的最后一块砖不能砌丁头，否则会与“五进”形成齐缝（图 3-9）。③“五出五进”不能与下碱的砖缝形成齐缝（通缝）。例如“五出五进”的第一块砖如果是丁砖摆法，则其下的下碱砖应为顺砖摆法，否则上下两块砖将形成齐缝。为此，在砌下碱时就应考虑周到，并且在砌下碱第一层的时候就应将砖摆放正确，否则砌到最后一层时如出现问题就难以改变了。例如，在砌山墙下碱时时未考虑上身五出五进的情况，随意地将第一层第一块砖砌成丁砖，按传统规矩作法，山墙下碱的层数应为单数，因此最后（上）一层的第一块砖也必然会是丁砖。这样一来，为了避免出现齐缝，上身五出五进的第一层第一块砖就不能再砌成丁砖。假如山墙这面选择的五出五进是“俩半、俩”，而“俩半、俩”的第一层第一块必须用丁砖（否则“出”与“进”会形成齐缝）。这就与下碱的丁砖形成了齐缝。此时只有两个办法才能避免齐缝，要么选择另一种五出五进摆法，而新的摆法与墙面的比例关系不会很协调，除此之外就只能拆了重砌了。所以在砌下碱时应事先考虑到上身五出五进的情况，根据五出五进的情况决定下碱砖的摆法。这正是所谓的“房子要从上往下盖”。

4. 撞头

撞头的形式特征如图 3-18（c）、图 3-89 所示。撞头与五出五进作法的不同之处是：

（1）不作出进变化。

（2）五出五进多为糙砌或淌白作法，而撞头可采用包括细砌的各种砌法，例如用于影壁或墙面作海棠池形式时就多采用丝缝作法形式。

5. 圈三套五（图 3-10、图 3-18）

圈三套五作法与五出五进作法的风格特征似有相同之处，但在作法上却有很大差异，其规矩作法也比五出五进复杂得多。圈三套五与五出五进的主要不同之处如下：

（1）如果说五出五进作法是出于装饰和节省造价两个方面的考虑，那么圈三套五则主要出于装饰方面的考虑，因此圈三套五作法更加讲究、细致。五出五进以糙砖或淌白作法为主，而圈三套五应采用细砖（大多为丝缝）作法。

（2）五出五进既与砖墙搭配，也与虎皮石墙搭配。圈三套五则只与砖墙搭配，不与虎皮石墙搭配。

（3）五出五进与砖墙搭配时应从墙面上身做起，而圈三套五作法可从下碱做起。如从下碱做起，下碱与上身的砌筑类型仍可有所区别，但均应采用细砖作法，如下碱用干摆，上身用丝缝（图3-18）。

（4）圈三套五作法多装饰于平台形式的铺面房中临街的一面墙上，如为勾连搭建筑，多装饰在门面一间房的山墙上。

（5）圈三套五的墙心虽然也可以比四角作法稍糙，但一般不采用软心作法，甚至也不采用糙砖作法，其墙心部分最简单的作法是淌白作法。墙心部分不退花碱，而应与圈三套五保持在同一个平面上。

（6）五出五进的"出"与"进"都是五层，但圈三套五的"出"是三层，而"出"与"进"的"圈"的立边均为五层砖的厚度（包括灰缝）。圈三套五比五出五进多了一个砖圈，砖圈内的"出"是三层，如算上砖圈这层则为五层。由于砖圈这一层同时也是"进"中的一层，所以"进"这一组中算上砖圈层是五层，如不算砖圈层也是三层。这就是"圈三"和"套五"的要义所在（图3-10）。

（7）五出五进的"出"与"进"的长度相差半块砖（丁砖），而圈三套五的"出"与"进"相差不止半块砖，即砖圈横边的实际长度是半砖加砖圈立边厚度。砖圈的横边与立边的交角处须以"割角"交圈（图3-10）。

6. 砖池子——海棠池与方池子（图3-11）

在古建筑墙面、地面或石活构件的一个面上，凡是在四周做成一个矩形边框（中间部分一般略凹进一些），这种装饰边框多称为"池子"。"池子"交角为直角的叫做"方池子"，交角为两条弧线相交状的，叫做"海棠池"。之所以叫做海棠，是因为如将图形缩小而将交角弧线放大后，便可看出是一个图案化了的海棠花。墙面上的"池子"的四周边框是这样形成的：两侧以砖腿或砖垛为"边框"，下端以下碱为"边框"，上端以倒花碱或整砖过河山尖为"边框"。大框的内侧，往往要再贴砌一个砖圈。砖圈多为细砖作法，看面宽5.5～6.5厘米。海棠池砖圈交角处的艺术形式有做砖雕与不做砖雕两种。方池子的交角应以割角相交。无论哪种池子作法，砖圈内侧的砖棱应做成核桃棱或窝角棱。作法简单的建筑，也可略去砖圈。在墙面池子作法中，以带砖圈的海棠池作法居多，不带砖圈的方池子次之（但一般不用于槛墙），带砖圈的方池子较少见，不带砖圈的海棠池就更少见了。

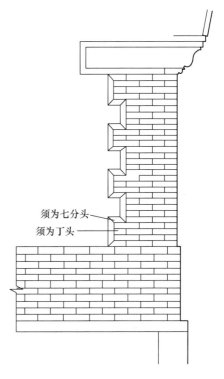

须为七分头
须为丁头

图3-10　圈三套五

池子心用硬心或软心均可。池子心应比池子框退进0.5～1厘米的花碱尺寸（不包括软心的抹灰厚度）。硬心一般为普通的卧砖砌法，极少数讲究的池子心也可用方砖"膏药幌子"作法，但此种作法一般只用于槛墙等小面积的墙面。

池子作法多见于山墙、后檐墙和院墙，偶见于槛墙。用于后檐墙和院墙时，应分成几

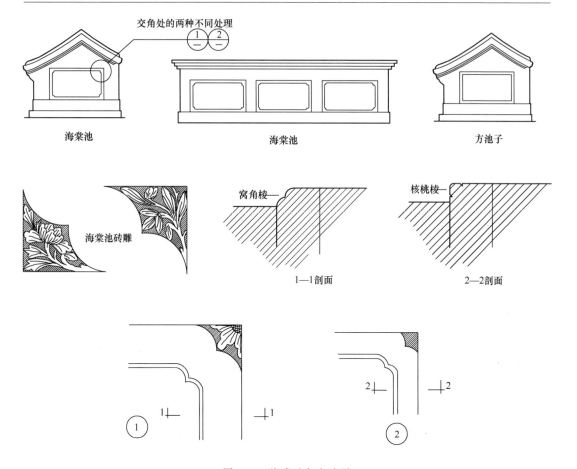

图 3-11　海棠池与方池子

个做，例如后檐应以间为单位做出（图 3-11）。用于槛墙时，应采用海棠池作法，池子心应采用硬心作法，心内可做砖雕装饰。如做砖雕，一般做"中心花"、"岔角花"或"中心四岔"形式（图 3-41、图 3-42），极少做"海墁"式的满雕刻。

7. 方砖和条砖的各种陡砌形式

用方砖或条砖陡砌成各种艺术形式的作法多见于墙心或局部墙体。用于官式建筑时，常用于影壁心、廊心、看面墙心、门垛心等；用于地方建筑时，还用于山花、象眼、斗栱当等。各种陡砌的艺术形式偶尔也用于整个墙体。方砖和条砖的常见陡砌形式有：陡墁方砖（"膏药幌子"）、斜墁条砖、拐子棉、龟背锦、人字纹及其他各种仿花瓦作法等（图3-12）。以上各种形式中，官式建筑大多只用"膏药幌子"一种形式，其余多见于地方建筑中。陡砖装饰常根据所在墙的名称有着各自的名称，如用在廊心墙上的叫廊心，用在影壁上的叫影壁心等。无论什么墙心，凡用方砖作法的可直接叫做方砖心。

8. 花墙子

（1）基本形式、主要功能与使用规律。

花墙子作法是在墙体的局部或大部分使用"花砖"（俗称灯笼砖）或"花瓦"（图3-13）。花瓦和花砖作法是用筒、板瓦或砖（可经加工）摆成各种图案。花瓦的式样如图3-59 所示，花砖的式样如图 3-61 所示。

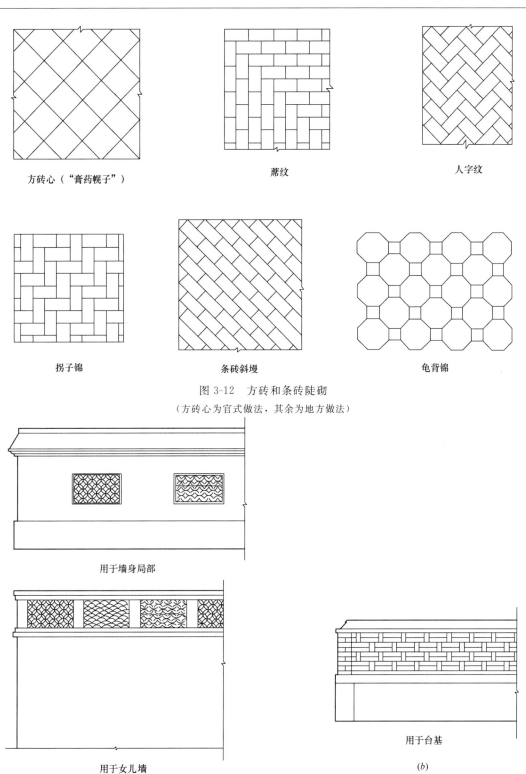

方砖心（"膏药幌子"）　　　　蓆纹　　　　人字纹

拐子锦　　　　条砖斜墁　　　　龟背锦

图 3-12　方砖和条砖陡砌

（方砖心为官式做法，其余为地方做法）

用于墙身局部

用于女儿墙

（a）

用于台基

（b）

图 3-13　花墙子

（a）用瓦摆砌的花墙子；（b）用砖摆砌的花墙子

花墙子的主要特点是，装饰性强，具有空透的特点，如果用得巧还能使原来的墙体变化出新的功能。例如用于园林内墙时，既能起到分隔空间的作用，又能使视线穿越，看到墙外景观。又如，用于围墙上部时，通过增加高度满足了安全防护的要求，但视觉上没有森严之感，反而增添了活泼亲切的气氛。再如，用于平台屋顶的铺面房上，店铺会变得更加高大和引人注目，同时有了花墙子的遮挡，又能在平台屋顶上堆放货物。以上例子说明花墙子在实用和装饰两个方面都能起到很好的作用。

花墙子的主要用途：多用于园林中的内墙，平台铺面房上的女儿墙，院墙的上半部或墙帽，月台周边，以及民居建筑中。偶见于廊心墙。

花墙子的使用规律是：花瓦作法多于花砖作法，小式建筑多于大式建筑，民居多于官式建筑，青砖青瓦作法多丁琉璃砖瓦。

（2）技术要点：

①在花瓦、花砖式样的多样性方面，其风格特点是：官式建筑所用的式样少于地方建筑，在官式建筑中，大式建筑所用的式样更是少之又少。花砖作法在这一点上显得更为明显。

②瓦的大小应根据位置的高低、面积的大小决定，总的来说应宜小不宜大，所以一般不宜使用1号瓦。

③花瓦可一面露明，也可双面露明。双面露明作法的，其厚度多为两进瓦（两块瓦长）。如果比墙宽，多出的部分应预先砍去。一面露明的，背后应砌金刚墙并抹饰白灰。

④花瓦分糙、细两种。迎面和拼缝处磨平者为细摆，不经加工者为糙摆。无论糙摆细摆，事先均应"套瓦"，即应以样板瓦或"制子"逐块套审，选规格形状相同者。摆瓦之前应拴立线和卧线。摆瓦时，瓦的大头应朝前，后口适当垫灰。

⑤花砖作法的砖料也分糙、细两种。作法简单者多用条砖直接摆出图案，作法讲究者可用方砖或城砖凿出透空的图案。花砖墙既可两面露明，也可单面露明。单面露明的，应在背后砌金刚墙表面抹白灰。

⑥琉璃"灯笼砖"（图3-13b）一般以两块砖相叠为一组，每组或用黄琉璃或用绿琉璃，组与组之间应黄绿相错。

⑦图案复杂的花瓦，可辅以其他手段。通常采用的方法是，用麻线将瓦片或薄砖绑扎在一起做出图案线条的初步形状，必要时可使用铁片，然后在表面抹灰成形。

9. 什样锦

（1）基本形式：

什样锦的形式是着意将门、窗洞口（以窗居多）做成各种不同的形状，以此来作为墙面的装饰。由于洞口形状各异，图案性很强，故称为"什样锦"。洞口的形状很多，常见的如六方、八方、圆形、五方、寿桃、扇面、蝠、宝瓶、双环、方乘（菱形，乘读"胜"）、叠落方乘（双菱形）、石榴、海棠花等，如图3-14（a）所示。

（2）作法分类：

1）构造作法：

①"哑吧框"作法：根据设计意图制作样板，然后按样板钉成"盒子"，如图3-14（b）所示。由于盒子不露明，故又称为"哑吧框"或"哑吧口"。砌筑时将"盒子"放在墙上，四周砌墙。"盒子"（哑吧口）的外露面，即露在墙面上的一面和内侧面，要贴饰木板或砖料。

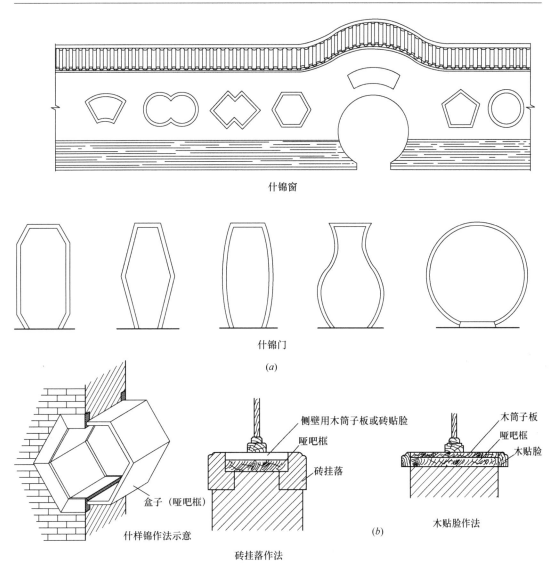

什锦窗

什锦门

(a)

侧壁用木筒子板或砖贴脸

哑吧框

砖挂落

盒子（哑吧框）

什样锦作法示意

砖挂落作法

(b)

木筒子板

哑吧框

木贴脸

木贴脸作法

图 3-14 什样锦

（a）什样锦的几种形式；（b）什样锦的构造作法

②砖框作法：什样锦除可采用"哑吧框"作法外，可采用直接砌砖的方法。砌砖框时也要以样板为标准，砖框的四周仍砌墙，迎面（看面）一般不再做木贴脸，但也可再贴砌砖挂落。侧壁作法随迎面作法。

2）圈口贴脸：

在"盒子"（哑吧口）的外露面用木板或砖料装饰的作法叫圈口贴脸或贴脸。迎面（看面）用木板装饰的叫木贴脸作法，用砖装饰的叫砖挂落作法。砖挂落又可分为素砖与花活（砖雕）两种。木贴脸作法的，在"盒子"的侧壁要钉上薄木板，叫筒子板，看面为砖挂落作法的，"盒子"的侧壁除可钉筒子板外，也可贴砌面砖，叫砖圈口。砖圈口可用银锭榫形式固定在哑吧框上。

3）门窗扇装修：

门扇多做成木板门形式。窗扇可做成固定扇（死扇），也可做成活扇。活扇又常分为推拉扇（拉开时入墙）和转轴开启的两种。窗扇的仔屉上可安装玻璃，也可不安玻璃。每个窗洞可做单层窗扇，也可做成双层。如做成双层，中间可安灯，这种形式的什锦窗叫做"灯窗"。灯窗的玻璃屉上，还可画上彩画。

（3）主要用途：

什样锦墙面活泼美观，因此常用于园林建筑中的内墙、后檐墙、游廊墙上。小式建筑的四合院中也常采用这种形式，其位置多在垂花门两侧或花园中的墙面上。

10. 墙面不同材料的对比变化

古建墙体多以灰色黏土砖为砌筑材料，故在风格上多以典雅宁静的灰调子为主。但有时也突破这种风格，主要手法是利用石活或琉璃砖的色彩。这种风格在宫殿建筑中尤为明显。可以想见，一座影壁，如果须弥座用青白石，上身用琉璃砖配以抹饰红灰的软心，与一个规矩作法相同，但全部使用青砖的影壁相比，必会产生迥然异趣的艺术效果，同时也更适合于宫殿建筑的环境气氛。

石活和琉璃的使用比较广泛，作法种类也很多，本节仅就墙面艺术形式的一般规律，归纳如下：

（1）局部改变材料，强调重点。常见的手法如：在墀头处使用压面石、角柱石、挑檐石，在砖须弥座的最后一层用石盖板，在梢子、博缝处使用琉璃等。

（2）色彩对比。如用石料的青白色或黄褐色与砖的灰色调比。又如用琉璃华丽鲜明的黄或绿色与红墙、灰墙或青、白色的石料对比，这些丰富又对比强烈的色彩恰当地渲染出了雍容华贵、金碧辉煌的总体效果。

（3）质感对比。常见者如石料与砖料的对比。用石料的重量感与砖墙对比，如券门和四角用石活，给人以稳重感。或以石的粗糙表面（通常为"打道"处理），与砖料的磨光表面形成粗细对比。如果用琉璃，其光亮的釉面则将与无光的青砖或抹灰表面形成鲜明的质感对比。

（4）一反常规的材料作法，使人耳目一新。例如，全部或大部分以石材或琉璃代替青砖灰瓦乃至做成石墙面或琉璃墙面。如琉璃花门、琉璃影壁、琉璃花瓦、琉璃槛墙以及心部用砖其余全部用石活的影壁等，都是成功的范例。

11. 墙面的形体变化

一个在形体上有较大变化的墙面，即使作法平平，也常能创造出一种新的艺术形式。如同样是最普通的卧砖作法，作云墙则轻盈飘逸，作叠落墙则参差错落，作罗汉墙则敦庄厚重（图 3-15）。

12. 砖料与灰缝的感观作用

古建墙面十分讲究砖与灰缝的感观作用，即使是最普通的卧砖墙面，往往也要"块块过斧"。砖与灰缝，或浑然一体，或对比鲜明，一砖一缝都见匠心。

国外建筑和现代建筑所用的砖料，经制坯烧成后，一般就不再经二次加工，而中国古建筑所用砖料，往往要经过二次加工。这就使得砖与墙面具有了表面洁净平整、棱角完整、质感细腻、规格一致的特点。"磨砖对缝"、"水磨青砖"的感观，即由此而生。

古代匠师对灰缝的经营调理更是游刃有余，使得本来并不起眼的灰缝，对墙面的感观效应变得举足轻重。综其手法，可归纳如下：

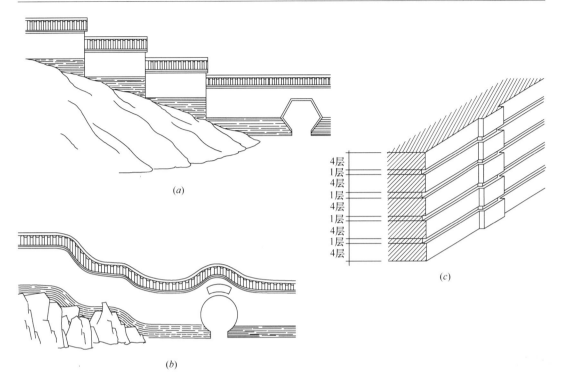

图 3-15　墙面的形体变化

(a) 叠落墙；(b) 云墙；(c) 罗汉墙（民国时期的作法风格）

（1）力求与砖融为一体，使墙面产生"一块玉儿"的感观效果，或将灰缝做得极细，远观"一块玉儿"，近观"缝如丝"。

（2）讲究灰缝本身的形状、凹凸变化，为墙面增添情趣。

（3）缝子排列形式多变，如十字缝、三七缝、丁横拐、落落丁等形式的使用，使灰缝变化入微、耐人寻味。

（4）砖缝做疏密变化。用大砖，缝子疏朗，用小砖则缝子细密。不同的排列形式也有不同的疏密程度，如十字缝最疏，落落丁最密。疏密的变化有致常能打破感观上的沉闷。

（5）砖缝做粗细对比。如下碱无缝，上身有缝；下碱缝细，上身缝粗；四角缝细，墙心缝粗等。以粗缝相对，细缝才更见精致。就整体而言，这种变化还会带来质感上的对比。

（6）灰缝的色调与墙面的关系。大多数情况下，用近似砖色的色调，以求得和谐统一的感观效果。但有时也用对比色，造成缝与砖的强烈反差，如灰墙白缝、白墙黑缝、黑墙白缝等。这种手法可获得引人注目、对比强烈的感观效果。

七、墙体名称释义

古建筑墙体因作法不同，或作法近似而位置不同，作法近似但功能不同等原因而产生了许多不同的名称。现按类别归纳概述如下。

1. 按不同位置定名

（1）山墙：房屋两侧的墙体，处于房屋两侧檩的外端下方位置。由于建筑形式的不

同，山墙的作法会有所变化，因此可细分为硬山山墙（硬山墙）、悬山山墙、歇山山墙等
（图 3-16、图 3-17）。当两个山墙相挨（如正房与耳房的山墙），且内侧连成一体一并砌筑
时，叫做合抱山墙，俗称"荷包山"。

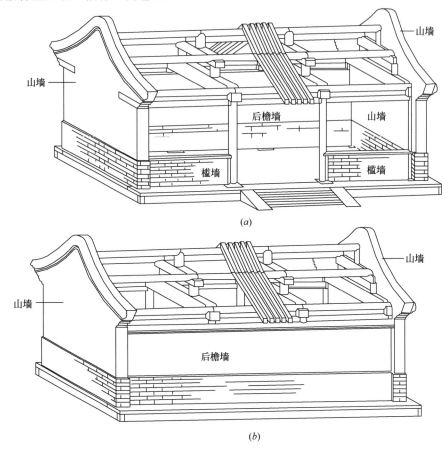

图 3-16　古建筑房屋的墙体组成（以硬山建筑为例）

（*a*）山墙与槛墙（本例为无廊做法）；（*b*）山墙与后檐墙（本例为老檐出后檐墙做法）

（2）檐墙：处于檐檩下的墙体。后檐位置的为后檐墙（图 3-16、图 3-43、图 3-44），
前檐位置的为前檐墙（较少见）。露出椽子的，叫"老檐出"或"露檐出"，不露出椽子
的，叫"封护檐"或"封后檐"。

（3）槛墙：槛窗、支摘窗下的墙体（图 3-16、图 3-41）。

（4）廊墙和廊心墙：廊柱间的墙体，多指内墙一侧。外侧往往另有名称，例如位于房
屋廊子两端时，外侧为山墙，垂花门两侧的廊墙，外侧可能会做成看面墙，两院之间游廊
上的廊墙，外侧可能是后檐墙。廊心墙原指位于山墙内侧金柱与檐柱之间的廊墙（图 3-
39），但其他部位的廊墙也往往被通称为廊心墙。

（5）囚门子：山墙金柱（或檐柱）与排山柱（中柱）之间的室内部分，且上身做成
"落膛"形式者（图 3-19）。

（6）夹山：又叫隔断墙或截断墙。房屋中与山墙平行的墙体。大多位于梁架之下，用
于房间分隔。

（7）扇面墙：又称金内扇面墙，俗称"苫披墙"。泛指金柱与金柱之间的室内墙体，主要指前、后檐方向上的金柱间的墙体。

（8）院墙：院落的界墙。

（9）卡子墙：两个房屋之间距离较近，若有一段墙卡在两房之间，这段墙就叫做卡子墙。卡子墙常作为院墙使用。

2. 按墙体表面艺术形式或平、立面造型特点定名

（1）五花山：悬山山墙形式之一，其特点是露出木构梁架，墙的上端呈品字形阶梯状（图 3-17）。由于建筑的梁架情况不同，如金柱的有与无或五架梁与七架梁的区别等，会造成上端"阶梯"的多或少，其中最少的一种（前后檐各有一步"阶梯"），又可叫做三花山。

（2）看面墙：装饰形式与影壁基本相同（但一般不做须弥座式的下碱）。看面墙与其说是一种墙体，不如说是一种装饰形式，它常用于垂花门两侧的墙体，需要装饰的卡子墙以及门楼两侧的院墙上。

（3）花墙：又叫花墙子，包括花瓦墙和花砖墙，即以瓦或砖摆成图案的墙体（图 3-13、图 3-59）。

（4）叠落墙：分段标高不同，立面水平轮廓线呈阶梯状的墙体（图 3-15）。

（5）云墙：墙顶立面轮廓作曲线变化的墙体（图 3-15）。

（6）罗汉墙：剖面作规律性凹凸变化的墙体（图 3-15）。罗汉墙是民国时期的西洋风格的墙体。

（7）八字墙：平面呈"八字"形的墙体。

（8）罗圈墙：平面呈圆弧形的墙体。

（9）影壁墙：用影壁作为院墙者。

3. 按功能定名

（1）拦土墙：用于地坪以上时又叫挡土墙，指用以挡土护坡的墙体。用于古建筑基础时，指磉墩（柱础）之间的墙体。

（2）迎水墙：用以挡水的墙体。

（3）泊岸：又作驳岸。水池、人工湖泊的护岸。无水地段高低不同的地面临界处的矮拦土墙，也可引申为泊岸。宫殿中高大的台基，台帮用砖砌筑时，往往也被俗称为泊岸。

（4）护身墙：具有护身栏杆功能的矮墙。

（5）夹壁墙：双层墙，中间可作为暗室、暗道等。

（6）城墙：古代城的边界和护卫用墙。由于其形象上最大的特点是墙上设有垛口，因此凡是设有垛口的边界防护墙往往也都被通称为城墙。

（7）宇墙：用于划分界限、区域，视线可以通过的矮墙。宇墙多用于庙宇门前、祭坛四周及陵寝中宝城的区域界定。由于宇墙的作法形式较为固定，因而其他功能类似而形式相同的矮墙也被称作宇墙，例如用于城墙内侧的女儿墙、宫殿庙宇月台周边作法相同的护身墙等，也可叫做宇墙。

（8）女儿墙：原作女墙，加儿音读作女儿墙，后被误读为女儿墙。是砌在平台屋顶上或高台、城墙（内侧）上的用于护栏的墙体。宇墙往往也通称为女墙。

（9）影墙：加儿音读作影儿墙，是平顶式铺面房上的装饰性墙体。其作法类似影壁上

身作法（但不做瓦顶和下碱）。

（10）平水墙：砌有半圆拱券的墙体中，拱券的起始水平线以下的部分。

（11）月墙：带门框的半圆拱券中，是门上枋至券底的半圆空当部分，用砖堵砌者。

（12）余塞墙：又作鱼鳃墙。门框与边柱抱框之间有较大的空当时，用砖堵砌者。多用在民居门楼中。

（13）金刚墙：隐蔽在砌体背后，不与外侧墙面拉结砌筑的独立砌体，或某些位于隐蔽位置的墙体。例如博缝砖的背后砌体；台基陡板石的背里砌体；单面露明的花瓦其背后的砌体；屋顶天沟中用砖砌成的连檐；陵寝建筑中用土掩埋遮挡的墙体等，都可以叫金刚墙。

八、常见墙体的各部位尺度

常见墙体的各部位尺度见表3-2。关于部位名称的含义详见第一章第五节和本章第二节至第六节的有关内容。

常见墙体的各部位尺度　　　　　　　　　　　　　　　　表 3-2

部位名称		参　考　尺　寸	说　　明
山墙	里包金	大式：0.5山柱径加2寸；小式：1.0.5山柱径加1.5寸；2.0.5山柱径加花碱尺寸（无花碱者不加）	1. 系指墙体下碱厚 2. 无山柱按金柱，无金柱按檐柱径 3. 准确尺寸应根据砖的规格，经核算（排出好活）后确定。背里为碎砖的不用核算
山墙	外包金	大式：1.5～1.8山柱径；小式：1.5山柱径	
墀头宽	咬中	柱子掰升尺寸加花碱尺寸；或按1寸算	
墀头宽	外包金	同山墙外包金	
硬山墀头小台阶 （小台）		大式：6/10～8/10檐柱径；小式：3/10～6/10檐柱径	1. 准确尺寸根据天井尺寸核算 2. 带挑檐石的，可定为8/10柱径
山墙的山花、象眼里皮	露明	自柱中，加1寸	
山墙的山花、象眼里皮	不露明	柱中即里皮线	
后檐墙或前檐墙	里包金	大式：0.5檐柱径加2寸；小式：1.0.5檐柱径加1.5寸；2.0.5檐柱径加花碱尺寸（无花碱者不加）	准确尺寸应根据砖的规格，经核算（排出好活）后确定。背里为碎砖的不用核算
后檐墙或前檐墙	外包金	大式：0.5檐柱径加2/3～1份柱径；小式：0.5檐柱径加1/2～2/3柱径	
槛墙	里包金	大式：0.5柱径加1.5寸；小式：0.5柱径加1寸，或按0.5柱径	
槛墙	外包金	同里包金	
廊心墙厚		同山墙里、外包金	
扇面墙、隔断墙厚		等于或大于1.5柱径	
院墙厚		大式：不小于60厘米，小式：不小于24厘米，宜在40厘米左右	

部位名称		参 考 尺 寸	说 明
花碱宽	干摆、丝缝	0.5~0.8厘米	1. 适用于下碱，山墙过河山尖、后檐墙或院墙的倒花碱 2. 墙面如需抹灰，抹灰所占厚度宜另加
	糙砖墙	0.8~1厘米	
	院墙	1~1.5厘米	
五花山墙外边		至柱中线或瓜柱中线	
下碱高	山墙、檐墙	约1/3檐柱高，按砖厚及灰缝厚核层数，应为单数	1. 如有腰线石，下碱砖层数可为双数 2. 下碱层数最多一般不超过十三层
	廊心墙、囚门子	宜与山墙下碱高接近，以方砖心能排出好活为准，可为双数	
	院墙	按1/3墙身高，但不超过1.5米，核层数确定，应为单数	
签尖	签尖高	等于外包金尺寸，也可按大于或等于檩垫板尺寸，以坡度不超过45°为宜	
	签尖拔檐的出檐	等于或稍小于砖本身厚	
硬山墙拔檐砖及博缝砖出檐尺寸	头层檐	1寸	如为琉璃博缝，有两种作法：①博缝砖应与拔檐（半混）平，即，博缝不出檐。②博缝稍出檐（0.6~0.8寸）
	二层檐	0.8寸	
	博缝砖	0.6寸	
	随山半混	1寸	
硬山墙博缝砖高度		1~2份檩径，宜小于墀头宽，另视主次等级定	挑檐石出檐：1.2~1.5本身厚
梢子后续尾或挑檐石长度		里端至金檩中	
天井	荷叶墩	1.5寸	直檐砖形式的可按3~4厘米
	半混	0.8~1.25本身厚	
	炉口	0.5~2厘米，以能使枭混曲线优美为宜	"五盘头"作法的，不用炉口
	枭	1.3~1.5本身厚	
	头层盘头	约1/6本身厚	
	二层盘头	约1/6本身厚	
	戗檐	通过戗檐高（自连檐下口算起）和戗檐扑身（斜率）求出	
戗檐露明高		按博缝高减去博缝在连檐以上的部分	
戗檐扑身		两层盘头出檐最远点所连斜线的斜度即为戗檐扑身的适宜角度	
柱门宽（指八字最宽处）		同柱径	八字角度一般为60°（六方）

第二节　山　墙

一、山墙的类型与各部名称

悬山、庑殿、攒尖、歇山、硬山式建筑的山墙形式及各部名称见图 3-17、图 3-18。庑殿、歇山山墙多见于大式建筑。宋元以前土坯墙居多，为保护墙面免受雨水冲刷，故民居山墙以悬山形式居多。明清以后砖墙面逐渐普遍采用，墙面无须再作遮檐保护。材料的变化带来了风格的变化，小式建筑的山墙逐渐变为以硬山山墙形式为主。

二、悬山、庑殿、歇山及攒尖建筑的山墙作法

悬山、庑殿、歇山及攒尖建筑山墙的外立面，由下碱、上身和签尖三部分组成，各部分的作法各不相同（图 3-17）。下碱、上身的边角与中间部位作法往往也不相同。如悬山山墙不露出梁柱，一直砌至檩底时，不做签尖。庑殿、攒尖及歇山山墙的内立面由下碱和上身两部分组成（图 3-17d）。悬山山墙的内立面由下碱、上身和山花象眼三部分组成，山花象眼部分不砌墙（做山花象眼板），但如果外立面为不露梁柱的作法时，山花象眼的室内部分也要用砖堵砌（图 3-19）。下碱、上身和签尖作法可参见硬山山墙作法。

大式悬山建筑的山墙下碱多带有石活，上身可采用整砖露明作法，也可采用抹灰作法。小式悬山建筑一般应全部为整砖露明作法。悬山山墙的立面造型有三种形式：

第一种形式是墙砌至梁底（用签尖形式收至梁底外皮）。梁以上的山花、象眼处的空当不再砌砖，而用木板封挡。第二种形式叫"五花山墙"（简称"五花山"）。特点是墙体沿着柱、梁、瓜柱砌成阶梯状，五花山的外皮线以柱子和瓜柱的中线为准，外边线（签尖上皮）以梁底为准。第三种形式是墙体一直砌至椽子、望板。这种形式多见于唐宋时期的建筑，明代的官式建筑尚有遗存，至清代，官式建筑中已不多见。这个时期的悬山形式已不是为了墙面防雨的功能需要，而是出于建筑式样变化的需要，悬山山墙作法露出梁架的作法，是为了获得形式新颖的立面效果。在其他地区尤其是江南地区，悬山山墙的作法风格仍然保留有唐宋遗风。

庑殿、歇山山墙的下碱多带有石活，上身可采用整砖露明作法，也可采用抹灰作法。如为抹灰作法，内檐多采用抹黄灰作法，外檐多采用抹青灰或红灰作法。

在一些早期的悬山、庑殿、歇山及攒尖建筑中，山墙和后檐墙的下碱往往会出现半层的情况，如九层半、十一层半等，这是由于台明的下檐出比较大，阶条石不会被压在墙下，因此施工时往往采用先砌墙后包砌台明的做法。如果台基埋深（拦土）最后一层砖的标高低于柱顶石（指柱顶盘），而山墙和后檐墙下碱的第一层砖又不做任何处理的话，也会低于柱顶盘。当墁完地后，下碱第一层砖就必然会被地面砖挡住一些，看上去就像是半层砖。这种半层数的下碱作法至清代后期一般已不允许，即使是后包砌台明，也应露出整层数。在仿古建筑中，山墙和后檐墙的下碱也不应出现半层砖的情况。

悬山、庑殿、歇山及攒尖建筑山墙的两端作法：

庑殿、歇山或悬山的山墙往往只砌至檐柱中（图 3-16、图 3-17）。但在少数情况下也可以砌至檐柱以外（例如槛墙较厚时），砌至檐柱以外的一段是山墙的墀头。攒尖建筑的

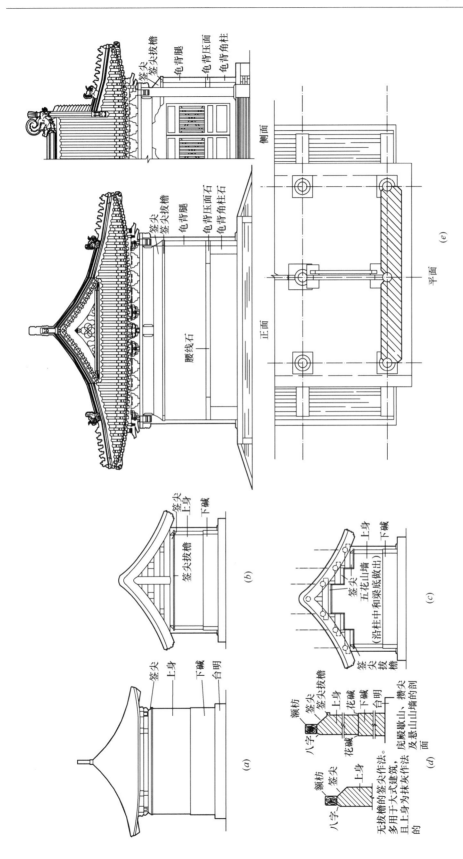

图 3-17　悬山、庑殿及歇山山墙的类型及各部位名称

(a) 庑殿、歇山；(b) 悬山山墙；(c) 悬山五花山墙；

(d) 庑殿、攒尖及悬山山墙的剖面；(e) 大式庑殿、歇山山墙一例

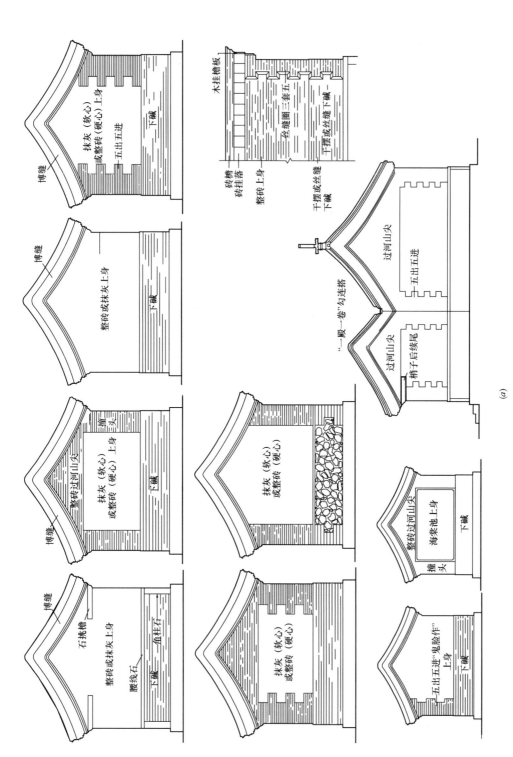

图 3-18 硬山山墙的类型及各部位名称（一）

(a) 硬山墙常见的几种形式

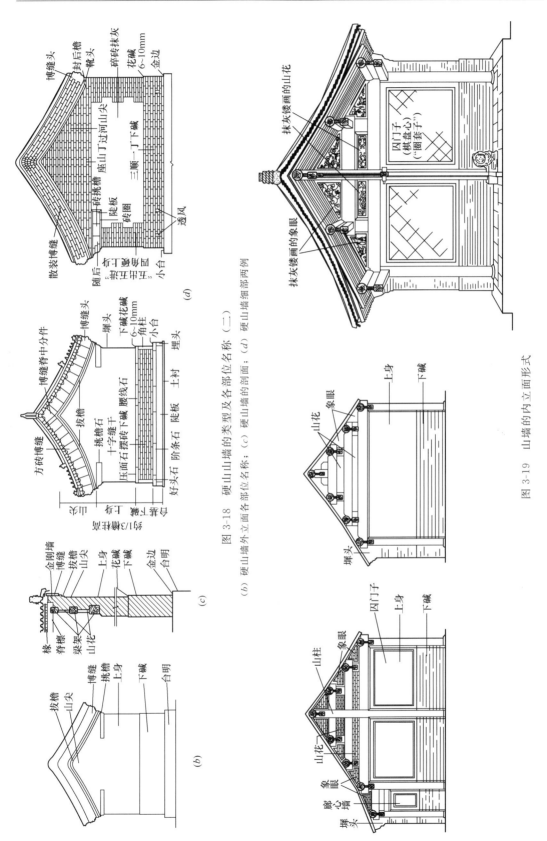

图 3-18　硬山山墙的类型及各部位名称（二）

(b) 硬山墙外立面各部位名称；(c) 硬山墙的剖面；(d) 硬山墙细部两例

图 3-19　山墙的内立面形式

山墙大多不向檐柱以外伸出，因此攒尖建筑的山墙大多无墀头。

悬山、庑殿、攒尖及歇山山墙的上身一般应有正升。抹灰作法的，正升不小于墙高的5～7/1000，整砖露明的，正升不小于3～5/1000。

签尖的作法和形式参见后檐墙签尖作法。

悬山、庑殿、攒尖及歇山山墙的各部尺寸参见表3-2。

歇山山墙小红山的几种处理形式：

(1) 用木山花板、木博缝。是最常见的作法。

(2) 木山花板、木博缝外挂琉璃博缝。是较讲究的作法。

(3) 砖砌山花、砖博缝。是清代中、早期的作法。

(4) 砖砌山花、琉璃博缝。是清代中、早期较讲究的作法。

(5) 琉璃山花、琉璃博缝。用于无梁殿建筑极讲究的作法。

三、硬山式建筑的山墙作法

硬山山墙的外立面，由下碱、上身、山尖、拔檐博缝四部分组成，平台房子的山墙没有山尖和拔檐博缝，上身以上做砖挂檐和砖檐。各部分的作法形式各不相同。下碱、上身的边角与中间部位的作法也常常不同。硬山山墙的外立面形式变化较多，常见的作法形式如图3-18所示。硬山山墙的内立面由下碱、上身、山花象眼三部分组成，常见的作法形式如图3-19所示。

（一）下碱

(1) 下碱又叫下肩或裙肩。其高度可按檐柱高的3/10初步确定，再核下碱砖的层数和砖的规格确定，砖的层数应为单数（有压面、腰线石的除外）。下碱的层数习惯上不超过13层，故讲究者有"十三层下碱"之说。

(2) 里皮靠柱子的砖要砍成"六方"八字形状，两块"八字砖"之间露出柱子的部分叫做"柱门"（图1-11）。柱门最宽处应与柱径同宽。

(3) 下碱的外立面应使用该房屋最好的材料和最细致的作法，并常带有石活。

(4) 有角柱石的，排砖应从中间起手（开始），三顺一丁作法的还应以"座山丁"起手。"座山丁"是指在正对正脊的地方每隔一层放一块丁头。

(5) 下碱外立面在正对柱根的位置，可砌置一块"透风"砖（尺寸及图样见图3-45），檐柱、金柱和山柱（中柱）处都要放置。透风的砖雕图案上留有透孔，可使柱根处通风。下碱用停泥砖等小砖的，透风要放在第二层之上，下碱用城砖的，透风要放在第一层之上。透风外皮与墙外皮砌平，内部与柱子之间不砌严，以保持空气流通。

（二）上身

(1) 上身应比下碱厚度稍薄，退进的部分叫做"花碱"。里、外皮下碱都为整砖露明的，里、外皮上身都应退花碱。里皮下碱如果也是抹灰作法，里皮上身不退花碱。

(2) 上身砌法和用料一般应比下碱稍糙。特别讲究的作法，上身也很讲究，称为"出土儿细"。里皮的用料和砌法可比外皮粗糙。如里皮用碎砖，叫做"外整里碎"。

(3) 小式建筑中，经常采用"五出五进"、"圈三套五"及"池子"作法。

(4) 砖的排列形式为三顺一丁作法的，有三种排活方式：①当下碱用了"座山丁"时，上身也要用"座山丁"，自"座山丁"（脊中）处向两边赶排，两端允许出"破活"

（不完整的活），但不允许出"找儿"（宽度小于丁砖的砖）。②起手与上述排法相同，即在正对脊中的地方先放座山丁，然后向两边赶排，两端既允许出"破活"也允许出"找儿"。这种作法为早期作法。③从两端起手向中间赶排，中间允许出"破活"，但不允许出"找儿"。

（5）山墙里皮如有排山柱，山柱与金柱之间的两段墙面叫做"囚门子"，囚门子的作法可以和普通山墙里皮作法相同，也可以和廊心墙作法相同，即采用落膛作法（图3-19）。囚门子采用落膛作法的，又叫"棋盘心"或"圈套子"。

（6）山墙砌筑用的卧线拴在墀头曳线上。如果后檐没有墀头，应在交角处拴三道立线，即"一角三线"，一道是角线，两道是供拴卧线用的曳线。山墙外皮升的大小参见悬山、庑殿、歇山山墙相关内容。"五出五进"软心的外皮曳线应比四角和下碱退进1~1.6厘米。

（7）传统作法有将内墙墙面做成倒升的习惯。实际上内墙的垂直与否应按柱子决定，即内墙的里皮应与柱子里皮平行，柱子里皮向室内倾斜时，内墙里皮才应做成向内倾斜。

（三）山尖

1. 主要作法

大式山墙的山尖拔檐以下的部分与上身作法相同。小式山墙的上身如果是抹灰墙心，山尖（外皮）也可全部用整砖砌筑，叫做"整砖过河山尖"，简称"过河山尖"。"过河山尖"应从挑檐以上或荷叶墩同层开始（挑檐内容参见下文"墀头"中的相关部分），也可以根据"五出五进"能排上整活为准。过河山尖的缝子形式须同下碱一致。如采用"三顺一丁"摆法，山尖中间正对正脊的地方须隔一层砌一块"座山丁"。此时有可能与下碱排砖正好相反，即无论下碱是否是从中间往两边赶排，过河山尖都应以座山丁为中心往两端赶排三顺一丁，"破活"应赶排到两端，否则中间和两端都会出现破活。

有顶棚的建筑为了防止木架糟朽，在山尖正中，桁与桁之间的位置上，应砌一块（或两块）有透雕花饰的砖，叫做"山坠"，也叫"透风"。带琉璃博缝的山墙若放两块琉璃透风的，叫"满山红"。砖结构的建筑虽然不存在木架糟朽的问题，但也可以做出"山坠"。

山尖的内墙在梁（桁）以上时，瓜柱之间的矩形空当称"山花"，瓜柱与椽子之间的三角部分称"象眼"。山花与象眼部分的砌筑称为"点砌山花、象眼"，通称"点砌山花"。山花和象眼与梁下的内墙不同，它们的里皮线应退进一些。当山花、象眼露明（无顶棚）时，里皮线的位置一般可按柱中线加出1寸算；如山花、象限不露明（有顶棚）时，里皮线可按柱中线定位。山花、象眼如为露明作法，应采用较细致的作法，形式有三种：①丝缝墙面作法，砖缝应为十字缝；②做软活，即抹灰镂出假砖缝，砖缝应为十字缝或"落落丁"形式，四周应做成砖圈（详见廊心墙象眼部分）；③抹灰后刷烟子浆，镂出图案花纹（图3-19）。

山尖的式样叫"山样"，主要有两类，一类是尖山，一类是圆山。官式建筑的圆山山样中又有小圆山（又叫苇笠铲）和天圆地方两种。地方建筑的圆山山样除了小圆山外，还有琵琶山（又叫南琴山）和铙钹山两种（图3-20）。山尖式样除了官式建筑和地方建筑有所不同外，主要应根据屋脊作法决定。尖山用于有正吻的大式建筑和清水脊或皮条脊作法的小式建筑。圆山用于卷棚屋面，即垂脊为罗锅卷棚作法的大、小式建筑。

如果山墙上身有升，山尖也应有升。山尖升的大小随山墙上身升的大小。

2. 操作要点

（1）退山尖：因为山尖呈三角形，所以在砌墙时每一层两端都应比下面的一层退进若干。退成的角度应与屋面坡度相符，并应留够拔檐砖和博缝砖所占的位置。

（2）敲山尖：在退山尖的基础上，进一步把山尖每层两端的砖砍成 ⌂形"砖找儿"，然后砌筑，以求同山尖坡度的吻合，这道工序即为"敲山尖"，也叫"敲楂子"。砌山墙拔檐（称"下檐子"），砌博缝（称"熨博缝"），下披水砖檐或排山勾滴，以及它们位置的合适与否及囊的柔美程度，全凭敲楂子的好坏决定，所以这是一道很重要的工序。敲楂子要拴三道线，一道立线和两道楂子线。这三道线合称"葫芦线"。

（3）拴立线方法：在脊檩或扶脊木上皮正中顺檩钉一根平尺板，将立线拴在平尺板和上身下端之间。从腿子止面看，这道立线应与山墙曳线在同一平面上，从山墙止面看，立线应从脊中位置垂直通过。在实际操作中，可以在未砌上身之前就拴好这道立线，这样可以使上身和山尖的座山丁的位置很容易确定。

（4）拴楂子线方法：先从前后坡脑椽交点上皮往上翻活，算出望板、灰背（或泥背）、脊瓦的总厚度，这样就可以找到前后坡底瓦垄的交点。因为披水砖檐（或排山勾滴的滴子瓦）与屋面底瓦的高度是一致的，所以就知道了前后坡披水砖檐（或滴子瓦）的交点位置，然后再从这个位置往下翻活，除去博缝及拔檐砖的厚度，就是两道楂子线上端的交点。在实际操作中，应在立线上做出标记，然后把楂子线拴在这个地方。楂子线的下端，拴在头层盘头的底棱再减去一个灰缝的位置（干摆墙无灰缝）。

山尖敲至脊尖处时，不同的山样有不同的处理方式。如为尖山式样，应严格按楂子线的形状制作最后一块砖（山样砖）。如为天圆地方式样，山样砖的式样应与天圆地方的形状特点相吻合，山样砖的上皮应与楂子线的交叉点同高。此时，山样砖的两端会长出两侧的楂子线一些。如为小圆山（苇笠铲）式样，山样砖应呈半圆形，山样砖的上皮也应与楂子线的交叉点同高，同理，山样砖的两端也会长出两侧的楂子线一些。天圆地方与小圆山的这一长出楂子线的作法特点，称为"逢圆必增"。砌琵琶山和铙钹山时，应从楂子线和立线交点处往下翻大约两层砖的厚度，然后通过这点引一条卧线拴在两边楂子线上。楂子砖就敲到卧线为止，卧线以上砌放山样砖（图3-21）。可以看出，比起天圆地方和小圆山的"逢圆必增"，琵琶山和铙钹山不但增宽了，也增高了许多。

（5）后檐博缝头、拔檐及靴头位置的确定：

后檐如有墀头，其拔檐位置与前檐拔檐位置相同（见山墙楂子线的确定）。如为封后檐式无墀头，山墙拔檐与后檐砖檐有两种"交待"方法（结合方式）：当博缝高加两层拔檐砖厚恰好等于后檐砖檐总厚度（指斜高）时，山墙的两层拔檐应与后檐砖檐的头、二层檐正好能"交圈"（图3-37），但这种情况不太常见。常见的情况是，拔檐与后檐的砖檐交不上圈，拔檐的下端要以"靴头"形式结束（图3-48）。博缝头的位置确定，应比砖檐高一个瓦口（即博缝头的上皮应与滴子瓦的底棱在同一个水平线上）。从山面看，博缝头应能挡住砖檐，以其上口刚好能挡住封后檐砖檐最后一层（盖板）为宜，此时博缝头下脚常常是没能露出墙外（不出檐）。因为靴头是安放在博缝头下脚处的（图3-48），因此知道了博缝头的位置，也就知道了靴头的位置。封后檐楂子线的位置就拴在靴头的底棱处，当然，如果山墙拔檐恰能与封后檐砖檐"交圈"，楂子线的位置还是要拴在封后檐头层砖檐的底棱处。由于山墙拔檐砖与山尖楂子砖之间还有灰缝，因此楂子线的准确位置是在靴头（或封后檐头层砖檐）的底棱往下再返一个灰缝的地方。

（四）拔檐与博缝

1. 主要作法

山尖之上即为两层拔檐（砖檐）与博缝砖。官式建筑硬山拔檐与博缝的出檐尺寸在清中期以后形成了明确的规矩，其口诀为："六、八、十"，即博缝出檐六分（0.6 寸，约 1.9 厘米），第二层出檐八分（约 2.5 厘米），第一层出檐十分（一寸，不小于 3 厘米）。历史实物与此作法不同的，修缮时宜保持原作法。砖檐的用料、砌法应与山墙下碱相同，例如下碱为细砌时，砖檐也应为细砌。第一层拔檐通常为直棱砖，但第二层拔檐的底棱应倒（做）成小圆棱，倒棱后称为"鹅头混"（图 3-64）。作法很简单的山墙，第二层拔檐也可以用直棱砖。屋面为琉璃瓦时，山墙拔檐砖大多采用"随山半混"，又称"托山混"作法，即只用一层拔檐，且这层拔檐应为半混砖（图 3-63），半混砖的出檐尺寸通常为一寸（3.2 厘米）。如为随山半混（托山混）作法，博缝出檐尺寸通常为 0.6 寸或 0.8 寸，少数也有仿琉璃博缝作法的，即不出檐（与托山混平齐）。

博缝的种类有方砖博缝、三才博缝、陡板博缝和散装博缝。方砖博缝中又分为尺二方砖博缝（简称尺二博缝）、尺四博缝和尺七博缝。三才博缝又分为大三才博缝和小三才博缝。大三才博缝是指与尺四方砖博缝高度相差一半的博缝，用尺四方砖对开制成。小三才博缝是指与尺二方砖博缝高度相差一半的博缝，用尺二方砖对开制成。需要说明的是，清工部《工程做法则例》记载有大三才墀头、中三才墀头和小三才墀头三种作法，与之配套的是大、中、小三才博缝。但在实物中没有这样的作法，墀头的大小也不可能只有三种尺寸。陡板博缝是指用亭泥砖、开条砖、四丁砖或城砖等条砖陡砌而成的博缝。散装博缝较少使用。是用开条砖等小砖多分层卧砌而成的博缝，但博缝头仍用方砖制成（图 3-18d）。散装博缝的砌筑要用糙砌方法，按顺砖十字缝形式排砖。砖的层数按博缝头高度及砖的厚度核定，须为单数。与博缝头不得以通缝形式相交（图 3-18d）。山样（山尖式样）如为圆山形式，脊尖处要用"条头砖"（1/4 砖长），以便砌出"罗锅"（"捲棚"）形式。散装博缝的囊应自然适度，砖与砖之间不应出现死弯。

博缝式样的选择：应结合博缝高度、作法的讲究程度、建筑之间的关系综合考虑。博缝的高度为 1～2 份檩径，另视建筑等级酌定，一般可按稍小于腿子宽。例如正房山墙为细砖作法，檩径为 25 厘米，腿子为 1.6 尺，博缝则可定为尺四方砖博缝，但耳房也可选用三才博缝或陡板博缝。

博缝头的形状如图 3-22 所示。这里介绍的是最基本的作法，在实际操作中，常变更作法，常见的作法有：调整各个半圆之间的比例；将各个半圆的直径连线由直线改为弧线；雕刻花饰，如牡丹、如意等。应该说明的是，博缝头的标准画法，是清代晚期才定型的，清中期及以前的博缝头画法更为自由一些，地方建筑的博缝头画法更是不受此约束。修缮不同时期或地区的建筑，应注意保持原有的风格特点。

博缝的砌筑类型等应与山墙下碱相同，例如：下碱用干摆，博缝（包括砖檐）就用干摆（此时称干推儿）；下碱用糙砌，博缝（包括砖檐）就用糙砌。

在拔檐砖之上，博缝的背后，应砌几层砖以作为博缝背靠的砌体。这几层砖叫做"金刚墙"。

2. 操作要点

山尖与砖檐博缝的施工，统称为"封山、下檐、熨博缝"。

（1）下檐子

砖檐的安砌叫做"下檐子"。古建施工中对于其他部位的出檐砖件和脊件的安砌，往往也称之为"下"，如下盘头（梢子）、下瓦条等。敲完山尖后，先用灰把山尖的囊抹平顺，然后开始下两层拔檐砖。两层拔檐在墀头稍子处与两层盘头交圈。如为尖山式样，前后坡的砖檐在脊中处的相交应符合"前坡压后坡"的规制。如为天圆地方式样，第一层用丁砖平砌，第二层用"砖找儿"砌成半圆形。小圆山式样的第一层至少用3块"条儿砖"、第二层至少用5块"条儿砖"做成半圆（图3-20）。凡是山样为圆山形式的，除了在敲山尖时要"逢圆必增"，下檐子（包括熨博缝）时也应增圆，且宜逐层加大。下完砖檐后要用大麻刀灰将砖檐后口抹严并反复轧实，叫做"苫小背"，砖檐的"小背"要抹成八字形状（见图3-34）。古代工匠之所以把道工序叫"小背"，是因为把它当作屋面苫背处理。由此可见苫小背对于防止因屋面漏雨而造成山墙渗水有多么重要。此外，苫过"小背"的砖檐其整体性和牢固性都会大大增加。由于这是一项被隐蔽的工作，因此应认真做好。

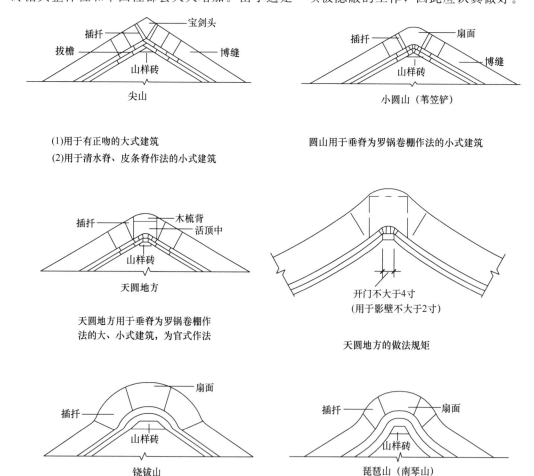

图3-20　山尖的式样、用途及脊中分件的名称

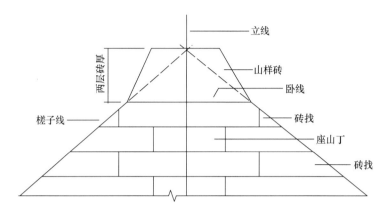

图 3-21　铙钹山山尖槎子线

（2）串金刚墙

博缝背后金刚墙的砌筑叫"串金刚墙"。金刚墙的高、宽定位：总高度应略低于博缝高，其里皮即山尖里皮，外皮定在博缝砖里皮往里返一个浆口（1～2 厘米）的地方。金刚墙串好后（也可在熨完博缝后）要在上面抹一层大麻刀灰（与博缝砖上口抹平），并反复轧实，这一过程也叫"苫小背"。金刚墙的质量直接影响到山墙的坚固程度，因为只要墙顶不进水，墙体一般不容易倒塌，而苫了小背的金刚墙可以有效地增强防水效果，所以应特别重视。

（3）熨博缝

安砌博缝的过程叫做"熨博缝"。博缝的两端是博缝头，山尖处由脊中分件组成。脊中分件中间的一块，其形状是根据"山样"的形式确定的，尖山要用"宝剑头"，圆山要用"活顶中"和"木梳背"（或"扇面"）（图 3-20）。如后檐是封护檐墙，后坡博缝头的斜度应随后檐墙砖檐的出檐斜度，并应砍制靴头一份。博缝头和博缝砖铲一个面，过两个肋，这两个肋应互成直角。一个肋在安装时应朝山尖放置，另一个肋朝下，并应将这个肋的两端稍稍磨去一些，以能与整个砖檐的囊度（曲线）相一致。这个肋与铲磨过的面的夹角应不大于 90°，即应能"晃尺"。博缝砖上棱后口应剔凿"揪子眼"，以便拴细铁丝将博缝与附近的木构件连接起来。

博缝砖的块数（不包括脊中分件）是用比椽子通长稍短的尺寸除以博缝砖宽得到的。余下的尺寸为两边"插扦"（俗称"插旗"）的尺寸。插扦应待熨完博缝后砍制。

散装博缝的博缝头后口应剔凿插口。

前、后坡的博缝形状是相互对称的，因此砍制时应注意不要砍成"一顺边"。

博缝的高度位置应准确，否则会影响到墀头梢子和瓦面的施工。其准确位置如图 3-23 所示。

由于博缝有"囊"（曲线），熨博缝所用的线无法绷紧，因而叫做"浪荡线"。浪荡线只能作为出檐标准而不作为高低标准。熨博缝时先将博缝头和脊中分件（不包括插扦）稳好。博缝头上棱应与檐头连檐上的瓦口碗口最低处同高（图 3-23）。从山墙正面看，连檐和戗檐都应被博缝头挡住，然后熨博缝砖。凡是立置的细砖博缝，如细作方砖博缝、细作三才博缝等，熨博缝要分成"刹（chǎ）博缝"和"稳博缝"两步工序完成。如为立置的糙砖博缝，如糙砖陡板博缝，既可以刹博缝也可以不刹博缝（用灰缝补齐）直接"稳博

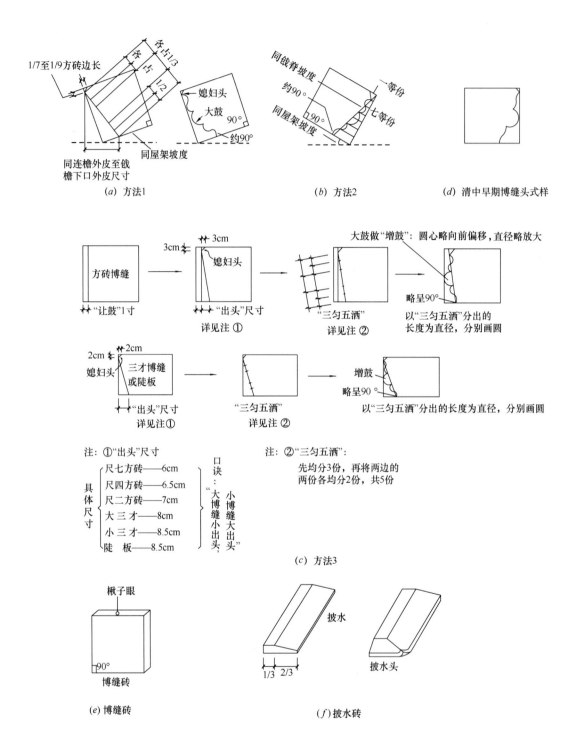

(a) 方法1　　　　　　　　　　(b) 方法2　　　　　　(d) 清中早期博缝头式样

注: ①"出头"尺寸

具体尺寸
尺七方砖——6cm
尺四方砖——6.5cm
尺二方砖——7cm
大三才——8cm
小三才——8.5cm
陡板——8.5cm

口诀："大博缝小出头；小博缝大出头"

注: ②"三勾五洒":
先均分3份, 再将两边的
两份各均分2份, 共5份

(c) 方法3

(e) 博缝砖　　　　　　　　　　　(f) 披水砖

图 3-22　博缝砖及披水砖
(a) 博缝头画法 1; (b) 博缝头画法 2; (c) 博缝头画法 3;
(d) 清中早期博缝头式样; (e) 博缝砖; (f) 披水砖

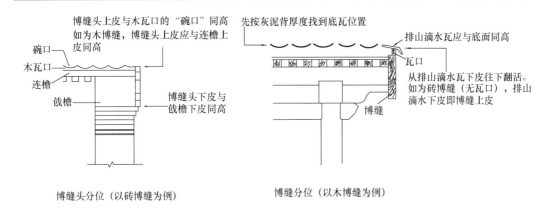

博缝头分位（以砖博缝为例）　　博缝分位（以木博缝为例）

图 3-23　博缝分位

缝"，此时"稳博缝"也就是"熨博缝"。用砌卧砖方式做博缝（散装博缝），直接称为熨博缝。

剎博缝：博缝砖之间（即"碰缝"）应严丝合缝，不可出现"喇叭缝"。糙砖博缝出现的"喇叭缝"可以通过博缝砖之间的灰缝来弥补这个误差，而细砖博缝无灰缝，必须通过砍磨来消除误差，这一过程就叫做"剎博缝"。首先应按实际情况在没加工过的肋侧（即"荒肋"）上画线，然后交由专人（"打截料的"）删砍。在实际操作中，不必举着博缝砖比划，可以用方尺代替下一块博缝砖量出应砍去的尺寸，这种方法叫做"剎活"。剎好活后由"打截料的"在下面按量出的尺寸在下一块博缝砖的荒肋上画线并删砍（荒肋在熨博缝时叫"来缝"，已"过"好的肋叫"去缝"）（图 3-24）。来缝和去缝的碰缝砍磨合适后，还要看一下两块博缝的底棱碰角处是否存在硬棱尖角，如有，应适当磨一磨碰角处，以使底棱囊线更顺，无死弯。对荒肋和底棱交角处做过处理后，就可以"稳博缝"（安装）了。每一块博缝砖都是如此操作，一直"熨"到脊中宝剑头（或扇面、木梳背）两侧。最后量出插旗尺寸交"打截料的"砍制成活后安装。熨博缝除可用方尺"剎活"以外，还可以用活尺或矩尺。用活尺剎活的方法是：将活尺代替下一块博缝砖放在砖檐上，掰动活尺的另一端（尺苗），使其角度能与已熨好的博缝完全贴合，然后用掰好了角度的活尺在下一块博缝砖上画出"来缝"线。用矩尺剎活的方法是：将下一块博缝砖放在已熨好的博缝旁，张开矩尺，用矩尺的一个边顺着已熨好博缝的"去缝"移动，同时用另一边在待安装的博缝砖上画出"来缝"线。用矩尺剎活的优点是误差小，"碰缝"更加严密。

稳博缝：博缝砖砍磨合适后，博缝砖立在拔檐砖上和金刚墙旁，用钉子钉在椽子上，

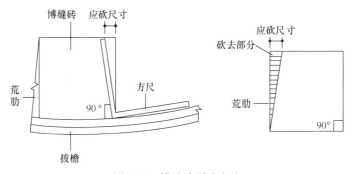

图 3-24　博缝砖删砍方法

再用细铁丝把钉子和博缝砖上的揪子眼连接起来，然后在博缝砖和金刚墙之间（浆口）灌白灰浆或桃花浆。浆要分两次灌，应灌足灌严。灌完浆后要用麻刀灰把上口抹平，也可与金刚墙苫小背一并进行。

打点活：打点博缝包括对砖檐的打点。如为细砖博缝，先用"磨头"将砖的接缝不平处和高低错缝处磨平（墁干活）。用砖面灰（"砖药"）将砖的残缺处和砂眼补齐并磨平。用磨头沾水再通磨一遍（墁水活）。最后用清水和软毛刷子将博缝和砖檐清扫、冲洗干净。如为糙砖博缝，打点用灰的颜色（指干后的颜色）要配制成与砖的颜色相同。打点时应与砖的表面打点平，即应采用弥缝的作法，总的效果以在远处看不出砖缝为好。打点灰缝时还应将砖的缺棱掉角处做适当的补棱处理。最后在博缝和砖檐表面刷砖面水（但不应刷青浆或月白浆等）。

如果垂脊为披水排山作法，应在博缝之上"下"（砌）一层披水砖檐。披水头向前（后）檐方向上的出檐应与屋顶瓦檐出檐一致。披水砖在山墙侧的出檐不应小于披水砖宽的一半。"下"完披水檐后应在披水檐的后口"苫小背"（抹成"八字"），最后进行打点修理。

（五）墀头

墀头俗称"腿子"，它是山墙两端檐柱以外的部分。墀头属于山墙的一部分，当墀头与山墙所用材料相同时，两者之间甚至很难分出界线。但硬山建筑的墀头比山墙的中间部位的作法更复杂。在瓦作行业内向来有一种说法，说是在砌墙的规矩中以硬山山墙的规矩最多，其中又以墀头的规矩最为复杂，不懂墀头规矩的人肯定不是瓦作高手。鉴于硬山墀头的复杂性，特单独介绍如下：

墀头可分成三个部分：下碱、上身和盘头（梢子）（图3-25）。硬山建筑封后檐墙作法的，由于山墙不再向后檐墙墙外伸出，与后檐墙直接以转角形式"交圈"，因此封后檐作法的硬山墙，后檐没有墀头。

1. 下碱

从台明外皮到墀头下碱的距离叫"小台阶"，简称"小台"。小台阶的退入尺寸以能使盘头（梢子）挑出为宜，所以准确尺寸与"天井"有直接关系。盘头（梢子）挑出的尺寸称为"天井"。砖砌盘头（梢子）的"天井"尺寸应由每层的出檐尺寸决定，挑檐石则一般不受限制，所以，带挑檐石的腿子的小台阶应大一些，一般应按4/5柱径定。小台阶的准确尺寸应这样决定：从连檐里皮向台明引垂直线，从垂直线往里减去天井尺寸，就是墀头上身外皮，再加上花碱尺寸，就是墀头下碱外皮，墀头下碱外皮距台明外皮这段距离即为小台阶的最佳尺寸（表3-2）。小台阶也可按传统习惯尺寸确定：小式建筑不小于2寸，大式建筑不小于4寸。当小台阶尺寸小于习惯尺寸时，可适当增加天井的尺寸，必要时还可增加下檐出的尺寸来进行调整。如果需要调整下檐出的尺寸，应在台基的施工放线之前就考虑得当。

墀头的外侧与山墙外皮在同一条直线上，里侧位置是在柱中再往里加上"咬中"尺寸的地方。知道了下碱的宽度，再根据砖的规格，就可以确定墀头下碱的"看面"形式。墀头下碱和上身的看面形式一般分为"马莲对"、"担子勾"、"狗子咬"、"三破中"、"四缝"（又叫"俩半"或"小联山"）、大联山（图3-26）。下碱应采用同一建筑中最好的砌筑方法和材料，如干摆作法。腿子下碱如用石活，角柱石内侧至柱子这一段多用城砖或方砖（立置）砌筑。

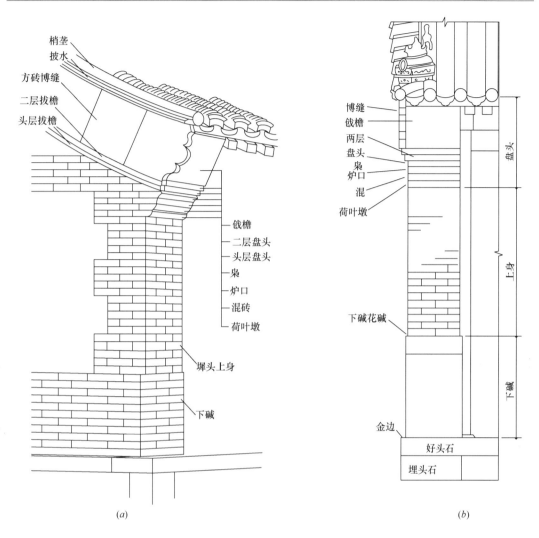

图 3-25　硬山建筑墀头

（a）墀头示意；（b）墀头正立面

2. 上身

腿子上身的外皮在三个方向上（里、外及前方）均应比下碱退进一些，退进的部分叫"花碱"。上身的看面形式的选择方法与下碱相同。由于柱子本身不一定非常直顺，所以腿子与柱子相挨的地方应根据实际用"砖找"找齐。砖找由"打截料的"负责砍制。砖找应与柱子交接严密。砌腿子上身应拴三道立线：两道角线和一道曳线。两道角线是砌腿子里、外棱的标准。这两道线从正面看可分为两种情况，即无升与有升两种作法。大多数情况下尤其是清晚期的习惯均为无升作法，即从正面看应为垂直线。但有些早期作法也可以做成里棱线无升而外棱线有升，即做成腿子的上端比下端窄一些。文物建筑修缮时应注意观察腿子的上下宽度是否相同，如不相同，应保持原来的作法特点。砌腿子的两道角线从山墙面看，应向里倾斜，即应有"仰面升"。仰面升一般为上身高的 3/1000～5/1000，习惯尺寸为一寸。曳线是为砌山墙上身用的，一般应有正升。早期建筑的山墙正升较大，至清晚期以后，正升一般控制在 3/1000 左右，以既看不出向里倾斜又无向外倾斜的错觉为

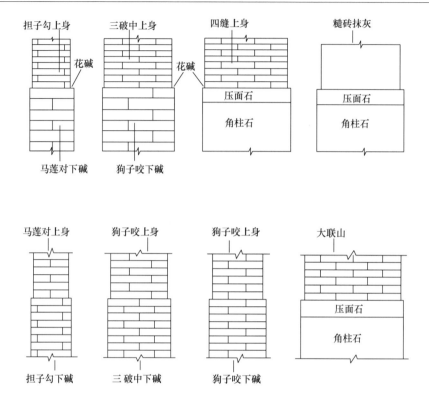

图 3-26 墀头看面形式示例

宜，习惯做法是先吊成垂直线以后再向内稍作调整（如 1 厘米）。因曳线有升而角线没有升而造成的墀头与山墙的偏差，应在砌筑时找顺。当两房相挨时（如正房与耳房或并排的铺面房），曳线不宜拴成升线，否则两个山墙之间的间隙处（称"白子"）将会形成上宽下窄的"喇叭当"。

腿子上端紧挨盘头的地方，可放置一块用方砖凿成的花活，叫做"垫花"（图 2-29），垫花的浮雕部分应略高出墙面，花饰以外的部分应做出假砖缝。应注意的是，凡是用了垫花的，盘头部分也应凿做花活（详见下文）。

3. 盘头

盘头又叫"梢子"（图 3-25、图 3-27），它是腿子出挑至连檐的部分。它的总出挑尺寸称为"天井"。根据盘头的层数，可分为"五盘头"和"六盘头"。五盘头比六盘头少一层炉口。六盘头的逐层是：荷叶墩、半混、炉口、枭、头层盘头、二层盘头和戗檐。这些分件一般用方砖砍制（图 3-28），小型盘头的分件也可用条砖砍制。

戗檐砖的高度约等于博缝砖高尺寸（博缝砖高的规定见山尖部分），宽为腿子上身宽加两层山墙拔檐尺寸并减去博缝砖在拔檐砖上所占尺寸。如果一块方砖不够宽，可以加"条"。两层盘头应比墀头宽，即应向山墙侧出檐，与山墙两层拔檐"交圈"（碰齐）。

盘头各层出檐的分配：

（1）荷叶墩出檐：直檐砖形式一般不小于 1 寸（3.2 厘米），不大于 4 厘米。做砖雕荷叶墩的应为 1.5 寸（4.8 厘米）。

（2）混砖出檐为 0.8～1.25 砖本身厚。

（3）枭砖出檐 1.3～1.5 砖本身厚。

（4）炉口出檐要小，只作为半混和枭砖曲线连线的过渡，一般仅约 0.5～2 厘米，甚至可向内微微收进。总之，炉口的形状以能使半混和枭砖连成优美的曲线为宜。"五盘头"作法的，无炉口这一层。

（5）两层盘头共出檐约 1/3 砖厚，每层约出檐 1/6 砖厚（综合戗檐和其他砖件的出檐确定）。

（6）戗檐的出檐应由戗檐砖自连檐以下的砖长和戗檐的"扑身"（倾斜大小）算出。

戗檐砖自连檐以下的砖长可用博缝砖的高度减去其在连檐以上的部分得出。"扑身"的大小既与两层盘头的出檐有关，也与天井的大小有关。如果把两层盘头出檐的最远点连成一条斜线，戗檐砖的外棱线应与这条斜线重合（图3-27）。根据这个原则可以初步得知戗檐的扑身，但核算出的扑身不见得能使戗檐砖正好搭在连檐上，往往还重新要调整扑身的大小，在调整时要连同两层盘头的出檐一并调整，以能同时满足上述两个原则为准。如因天井尺寸过大或

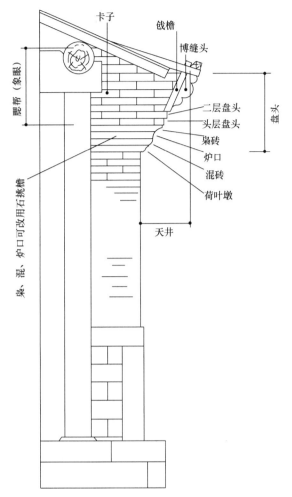

图 3-27　盘头（梢子）内侧

过小造成调整不便，还可以调整混砖、炉口和枭砖的尺寸。知道了戗檐砖在连檐以下的砖长和扑身，就可以算出戗檐砖的水平出檐尺寸了。

墀头梢子用挑檐石的，不做枭、混、炉口这三层砖。挑檐石的出檐尺寸为 1.2～1.5本身厚。

盘头各层构件的出檐总尺寸就是天井的尺寸。天井的大小既与上、下檐出两者之间的大小有关，也与退小台阶的大小有关。传统确定盘头各层出檐的方法有两种，一种是先按各层出檐的理想尺寸排出总尺寸，然后按这个总尺寸从台明外皮向里返活，点画出小台阶的具体位置（下碱位置要向外回返一个花碱尺寸）。另一种方法是按小台阶的习惯尺寸直接点画出小台阶的位置，待砌至上身时再量出天井（连檐里皮至上身）实际形成的尺寸，然后按盘头各层的出檐原则在这个尺寸内进行核算分配。

盘头各层出檐无论采用哪种分配方法，在砌筑过程中，都可能与计算结果有出入，如出现误差，出檐尺寸可在半混、两层盘头上调整。所谓"舍了命的枭"、"死枭活半混"，就是说计算时枭应尽量多出，但在"下盘头"（即砌筑）时，半混的出檐却可以灵活一些。在调整两层盘头的出檐时，要同时对戗檐的扑身进行调整。

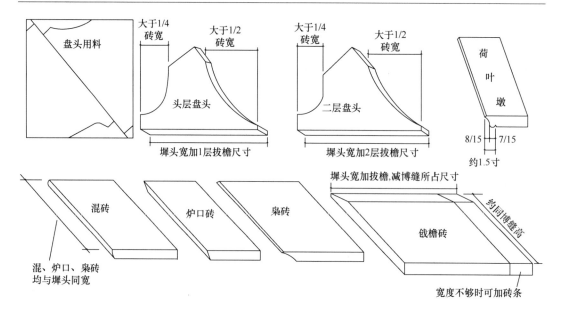

图 3-28　盘头（梢子）分件

盘头层数翻活方法：

由于博缝头比连檐高约半个瓦口，又由于戗檐下棱与博缝头下棱平，因此根据博缝高就可以得出戗檐砖的高度（图 3-27）。应注意，这个尺寸指的是连檐以下的部分，因此还应多出一些（不超过连檐高），以使戗檐砖能够搭在连檐上。从连檐里皮往下减去戗檐砖的垂直高度，再减去 6 层砖的厚度（"五盘头"作法的减 5 层），带挑檐石的，减挑檐石的厚度及三层砖的厚度。如不是干摆砌法，还应减去灰缝厚度。腿子上身砌到这个地方，就该"下盘头"了。操作时应把计算结果标在墀头角线上，再根据这个标高至下碱之间的实际距离核算出上身砖的层数及灰缝的厚度。为确保在最后的结果能符合要求，可采取两种办法：一是按计算出的层数和灰缝厚度制作皮数杆，以皮数杆为标准逐层砌筑。二是砌至还差几层的时候用砖比划一下，看看是否合适（称"样活"），如不合适，可增大或减小灰缝厚度加以调整。

在小式建筑中，有一种"蛤蜊"盘头作法。其特点是两层盘头与普通作法的形状不同，头层盘头为圆混形状，二层盘头为反凹的半圆形状。两层盘头叠在一起呈 S 形。这种手法最初是对天井尺寸较小时的一种变通处理。久之形成了独特的风格。

砖挑檐与石挑檐：

盘头外侧山墙这面，可在混砖、炉口、枭砖这三层之后做"挑檐"（也叫"梢子后续尾"）。挑檐的中间是"随后"和"陡板"，即"梢子后续尾"（图 3-18c、d）。由于梢子后续尾是仿挑檐石的形制作成的，故俗称为"砖挑檐"。砖挑檐的砖圈叫"挑檐圈"。挑檐圈转角处的砖应作"割角"相交，即应以 45°斜角形式相交。砖挑檐的长度应至金檩中。

大式建筑和一些讲究的小式建筑（如四合院中的门楼）常用挑檐石。一般作法的房屋既不用挑檐石也不用梢子后续尾。挑檐石也可不做砖圈。

砖圈位置的确定：

下边从荷叶墩这一层开始，上边从枭砖之上的这一层开始。也就是说，以混砖、炉口、枭砖相接的这三层（无炉口时为两层）是后续尾。三层时用陡板，两层时不用陡板，依然砌卧砖。

盘头内侧规矩作法：

荷叶墩、半混、炉口和枭砖这几层砖的立缝可以"乱缝"。不是"干推儿"作法的盘头（梢子），这层砖的砖缝应作弥缝处理，即应做成看不出砖与砖缝的分别，用以模仿挑檐石。

硬山山墙墀头内侧枭砖以上的部分叫象眼，又称"腮帮"，其砌筑过程叫"点砌腮帮"或"点砌象眼"。如为抹灰做假砖缝的也应按规矩要求耕出砖缝，叫做"混点腮帮"，相对于"混点腮帮"，真砖实缝作法的叫做"清点腮帮"。

腮帮立缝计算方法：腮帮立缝不同于墀头上身立缝，应重新计算。首先应算出柁头下面紧挨柱子那几块砖的长度，并按算出的长度砍制备用。一种砖叫做"破"，其特点是长度等于柁头的净长（柱外皮至柁头外皮）。另一种砖叫做"整"，其特点是长度等于柁头净长再加丁头砖宽（1/2 砖长）。见图 3-27。

腮帮砖缝形式须为十字缝。从柱子一侧向外赶排，至戗檐时允许出"砖找"，砖找斜度应与戗檐扑身同（图 3-27）。

腮帮卧缝计算方法：从柁头下开始翻活，紧挨柁头下皮的砖不能用"破儿"，必须用"整"，否则会与柁头外皮形成"齐缝"（通缝）。为做到这一点，应先计算一下层数，如是单层数，则象眼第一层紧挨柱子的砖要用"整"。如是双数，则要用"破儿"，这就是所谓的"单整双破"法则。如果层数不合适，不能整除也按整除算。最上面的一块差多少就砍去多少，叫"打卡子"（图 3-27）。

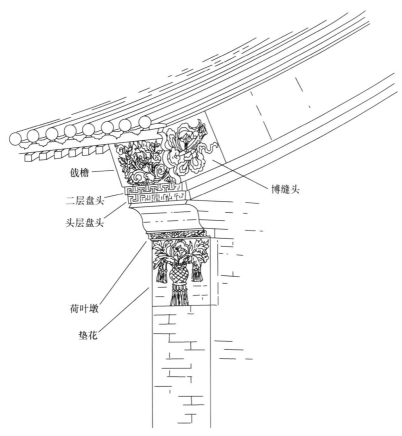

图 3-29　墀头砖雕的常见部位

　　在实际操作中，应先点腮帮后安戗檐，这样做起来比较顺手。为了帮助确定"砖找"的实际形状，可以沿戗檐里皮的位置拴一道线代替戗檐砖的里棱。

　　4. 墀头砖雕

　　墀头如做砖雕，一般集中在梢子附近，其常见部位如图3-29所示。墀头砖雕的使用规律是：最简单的作法是在头层盘头和二层盘头做砖雕（图3-30），或是荷叶墩也做砖雕（图3-31）。再讲究一点的作法是在戗檐和博缝头上也做砖雕（图3-32、图3-33）。更讲究的作法是在上述基础上使用垫花（图3-29、图3-34）。少数特别的讲究的作法，是在上述基础上在枭、混和炉口部位也采用砖雕（图3-35）。在上述各种雕刻图案中，丁字锦、拐

随心草

菊花

松竹梅

荷叶莲花

海棠花

草勾（草弯）

拐子锦　　　　　　　　　　　　　丁字锦

图3-30　梢子中的两层盘头砖雕示例

子锦和草勾（草弯）是盘头上最常使用的图案，荷叶墩以荷叶莲花图案最常见，荷叶墩即因此得名，垫花以花篮作法最为常见。少数铺面房（商业建筑）也有在上身部位甚至连同下碱也都采用砖雕装饰的。大式建筑的墀头砖雕大多做得较简单，一般仅用在荷叶墩和两层盘上，或扩大到戗檐和博缝部位。大式建筑极少使用垫花。

透视图

荷叶莲花

喜上眉梢　　　　　　随心草

宝相花　　　　　　松树

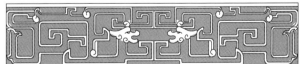

随心草

夔龙

图 3-31　荷叶墩砖雕示例

凤穿牡丹

博古

拶活的平面展开图

松鼠偷葡萄

坐龙

太师少师
（加拶活之后）

荷叶莲花

夔龙捧寿

（未加拶活之前）

鹭鸶莲花

炉瓶三式

麒麟卧松

满堂富贵

鹤鹿同春

炉瓶三式

图 3-32　墀头戗檐砖雕示例

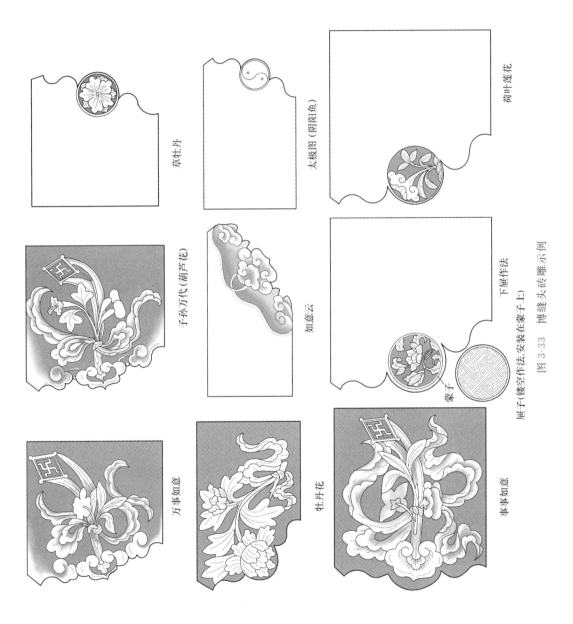

草牡丹

太极图（阴阳鱼）

荷叶莲花

子孙万代（葫芦花）

如意云

下匣作法

屉子（镂空作法,安装在蒙子上）

蒙子

万事如意

牡丹花

事事如意

图3-33　博缝头砖雕示例

掐枝花

花篮

花篮

花篮

花篮

花篮

花篮

图 3-34　墀头垫花砖雕示例（一）

一字

包袱角　　　　　　　　包袱角　　　　　　　　花池

花池　　　　　　　　　花池　　　　　　　　　蝙云

花盆　　　　　　　　　花盆　　　　　　　　　包袱角

图 3-34　墀头垫花砖雕示例（二）

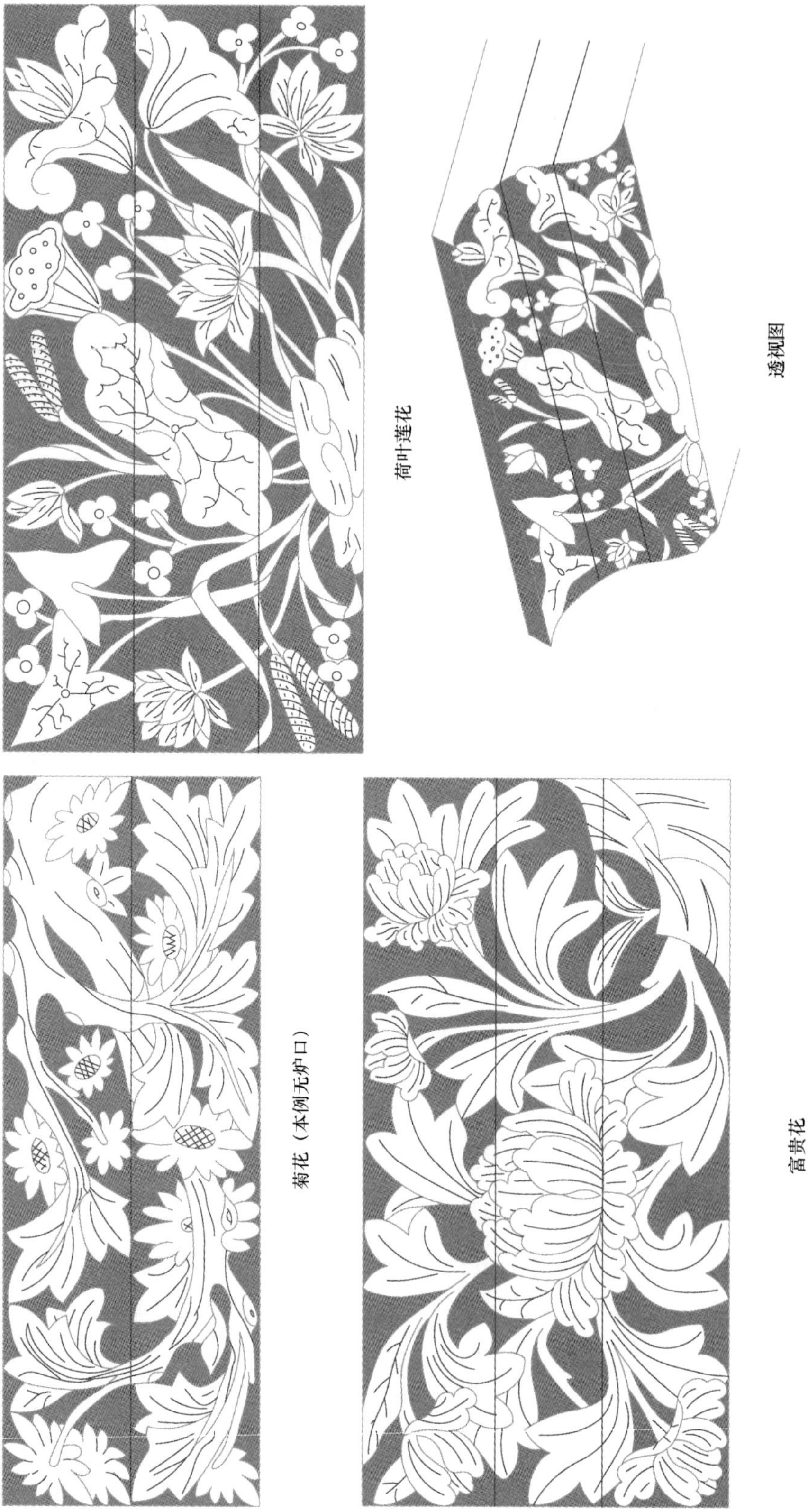
荷叶莲花
透视图
菊花（本例无炉口）
富贵花

图 3-35　墀头枭、混、炉口砖雕示例

四、平台式房屋的山墙

平台式房屋的山墙没有山尖部分，它的下碱和上身部分的作法与起脊式房屋的山墙作法相同。山墙的上端，应以砖挂檐结束。挂檐砖的高随前檐挂檐板之高，并应与挂檐板交圈（图3-36）。砖挂檐之上，多做成冰盘檐，与前檐冰盘檐交圈。山墙墀头的盘头（梢子）与起脊式山墙的梢子作法可以相同，但这种作法实际上并不多见，这是由于平台建筑的上檐出一般都比较小，所以平台房屋山墙墀头的天井尺寸也很小。五盘头或六盘头式的梢子已不能相适应。因此往往只做成一层荷叶墩和一层戗檐的形式（图3-36）。戗檐砖多垂直放置，但或有微小的"扑身"。

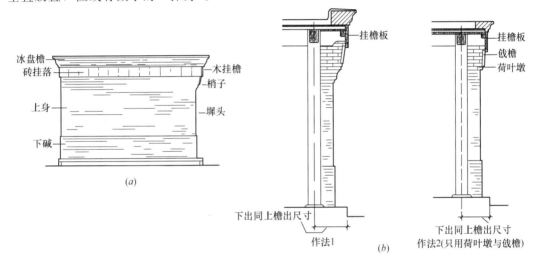

图3-36 平台房的墀头

（a）墀头外侧；（b）墀头内侧

附：墙揽作法

墙揽是清代中、晚出现的一种建筑抗震技术措施。大多用于山墙部位，其他墙体很少使用。其原理是将山墙与木构架用铁件连接在一起，利用木构架拉住山墙，防止山墙外倾。其优点是可以减少山墙歪闪、倒塌的可能，但一旦山墙倒塌，木屋架也有可能随之倒塌。这与中国建筑所具有的"墙倒屋不塌"的特点显然不符，因此使用墙揽未必一定是好事。墙揽用铁杆制成，里端固定在柱、檩等木构件上。外端焊一个枣核形扁铁，长十几厘米、宽约3厘米。枣核铁贴住墙外皮，也可嵌入砖内与墙外皮平，或嵌入砖内后再用与砖同色的灰堵严抹平。

附：砖挂落和贴落

砖挂落和贴落是安在过木、哑吧框或挂檐板外侧的砖。剖面做成拐尺形的叫做"挂落"，安装时挂在过木、木框或挂檐板上。直接用方砖等贴在外侧的叫做"贴落"，贴落多用在挂檐板外侧。贴落的表面要钻1～2个孔，安装时用铆钉把砖挂落钉在挂檐板上，表面用与砖色相同的灰堵严抹平。

作法相同但安在砖石外侧的，也可通称为挂落或贴落。

五、琉璃山墙

琉璃山墙多用于宫殿建筑。全部使用琉璃砖砌筑的山墙比较少见，大多是用于局部。常见的作法有以下几种：

1. 琉璃下碱

琉璃下碱可单独用于室外或室内一侧，也可在两侧同时使用。墙面的艺术形式除卧砖摆砌十字缝以外，还常用"贴落"砖组成各种图案，如龟背锦等。

2. 琉璃小红山

小红山是指歇山建筑两侧的山花部位。琉璃小红山是用琉璃"贴落"拼成图案砌成的，图案式样大多仿照木山花板上的金钱绶带图案。采用琉璃小红山作法时，博缝也应采用琉璃博缝。

3. 琉璃博缝（附：琉璃挂檐）

（1）硬山琉璃博缝（图 3-37）

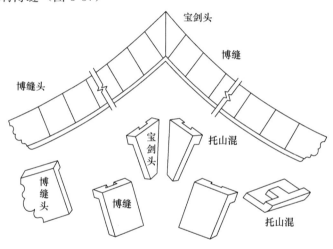

图 3-37 硬山琉璃博缝砖

①作法特点：

硬山琉璃博缝的拔檐有两种作法，第一种作法是第一层拔檐砖为直檐砖，但第二层拔檐砖改用半混砖；第二种作法是只用一层半混砖，叫做随山半混或托山混。随山半混作法是硬山琉璃博缝的典型作法。琉璃博缝本身往往不作出檐，即应与半混砖平齐，但也可稍作出檐，出檐尺寸为 0.6～0.8 寸。博缝不出檐是硬山琉璃博缝的典型作法。

②操作要点：

由于琉璃博缝不能像方砖博缝那样在现场砍制加工，所以必须进行"拢活"（试摆），通过拢活确定槎子线的位置。具体方法是：把博缝头、博缝砖、宝剑头、拔檐砖等在地上按博缝的形状依次码好，拼缝不严的，应刹活（参见硬山式建筑的山墙作法）。从山尖头层拔檐底棱交点往两端博缝头下面的头层拔檐砖底棱处引两条直线并量出它们的长度，然后沿直线每隔一距离（如每隔 1 米）量出至拔檐砖的垂直距离，并记住这些尺寸。

拴槎子线时，按拢活时所得的两条直线的长度及每段至拔檐砖的垂直距离，即可确定槎子线的曲线形状及两条槎子线交点的位置。

琉璃博缝的砌筑方法与方砖博缝大致相同，但打点用灰要用小麻刀灰加颜色（黄琉璃加红土子，其他颜色的琉璃加青灰）。最后用"麻头"（或用拆散了的扎绑绳代替）蘸水擦拭干净。

（2）悬山琉璃博缝（图3-38）

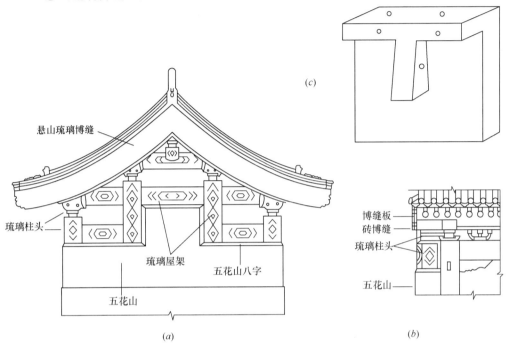

图3-38 琉璃硬山五花山与悬山琉璃博缝砖

（a）正面示意；（b）侧面示意；（c）悬山琉璃博缝砖

琉璃悬山屋面一般只做木博缝板，但讲究的作法也可在木博缝板外贴作琉璃博缝。事先应在木博缝板上面按分好的位置凿出榫眼，安装时把琉璃博缝后口的"胆"装在榫眼里，然后用细铁丝将揪子眼拴牢。

（3）歇山琉璃博缝

琉璃歇山屋面的山花大多做木博缝及木山花板，但讲究的作法也做琉璃博缝。当山花为砌砖形式时，其作法与硬山琉璃博缝相同。如果山花为木板形式时，则与悬山琉璃博缝作法相同。

附：琉璃挂檐

琉璃挂檐多用于楼房或带平座的重檐建筑的挂檐板外面。琉璃挂檐也可叫做琉璃贴落，但因琉璃贴落还有其他用法，如用于槛墙等，因此贴在挂檐板外时仍多称作琉璃挂檐。琉璃挂檐所采用的图案大多为如意云头，故俗称"云板"。如果琉璃砖的底边轮廓为如意头形状者，称做"滴珠板"。安装时，每块云板或滴珠板要用1～2个铆钉与背后的木挂檐板钉在一起。

4. 琉璃盘头（梢子）

琉璃盘头（梢子）是预制品，因此各层出檐应按照成品的形制决定，其中第二层盘头为半混形状，与山墙的随山半混交圈。如山墙拔檐只有一层随山半混，则在枭砖之上也只做成一层盘头（半混形状）。盘头的外侧可做砖挑檐（梢子后续尾），也可省略不做。

5. 琉璃硬山五花山

①作法特点：

琉璃硬山五花山也叫宫殿式琉璃硬山墙，仅见于外立面装饰讲究的少数宫殿建筑。其主要作法特点是：外立面自下碱以上开始，用琉璃砖仿照木构架形式装饰墙面。琉璃砖之间用普通砖砌成"五花山"形式并抹灰刷红土浆（图3-38）。五花山墙外皮应比琉璃柱子宽1/4柱径，与琉璃梁柱相接处要抹成"八字"。琉璃梁架之间的山花象眼也要用普通砖砌筑并在外皮抹灰刷红土浆。山花象眼的外皮应比琉璃梁架退进若干，即应露出琉璃砖侧面的花饰。

山墙转角处应做琉璃"柱头"。琉璃柱头各部在构造上应与山面琉璃梁架各部相对应。

少数琉璃硬山五花山不做墀头。博缝至前、后檐墙时，随山半混与檐墙的签尖拔檐交圈。博缝长出檐墙的部分改作悬山贴琉璃博缝作法。

②操作要点：

砌筑琉璃硬山五花山应先经过计算。先按山尖槎子线的翻活方法找出两坡拔檐砖交点的底棱，然后再除去琉璃砖在墙上所占的高度尺寸，就是五花山墙的八字上皮。在实际操作中，为了便于计算和求得精确的数字，应在地上用墨线弹出实样。先弹出房屋木构架的侧立面实样图，然后在实样图上按上述翻活方法把琉璃博缝及琉璃屋架等按设计要求摆好。琉璃梁架的底棱，就是五花山墙八字上口的准确高度，然后把这些实样图上的高度标注在房屋的木构架上。这些高度标记就是砌五花山墙的控制依据。砌完五花山墙后在上面先砌普通砖背里墙，凡到琉璃柱梁位置时放置琉璃砖，琉璃砖后口要紧贴普通砖墙。上棱多出的部分压在墙上（并被上面的一层砖压住），然后用细铁丝把砖拴在木架上。

博缝金刚墙在砌筑时应预留豁口，熨博缝时将博缝砖胆卡在豁口里，并用细铁丝拴牢，最后打点并擦干净。

第三节　廊　心　墙

一、硬山廊心墙

硬山廊心墙是指硬山山墙在廊内（金柱与檐柱之间）的一段。硬山廊心墙是各部位廊心墙中作法最典型的一种，因此本节将重点进行介绍。

硬山廊心墙从下往上的分段部位是：下碱、上身、穿插当及象眼，其作法如图3-39所示。

（一）下碱

硬山廊心墙下碱的外皮即山墙在廊内部分的里皮，背里部分也即是山墙背里。下碱的用料和砌筑类型应与山墙外立面的下碱一致，例如山墙外立面的下碱用的是城砖干摆作法，廊心墙的下碱就要用城砖干摆作法。

廊心墙下碱的高度与层数的确定：廊心墙的高度和层数问题与三个方面有关，即与墀头下碱高、廊心墙上身的作法以及廊子地面有关。（1）廊心墙的下碱最好能与墀头下碱高度相同，如果受到其他因素制约不能同高时，应尽量接近。（2）当墀头有压面石时，由于压面石大于砖厚，廊心墙下碱与墀头下碱的高度可不相同。（3）当廊心墙上身为抹灰或壁画作法时，廊心墙下碱应与墀头下碱的高度相同（墀头有压面石的除外）。（4）廊心墙上身为方砖心作法的，方砖心须能排出"好活"（指角砖必须为 1/2 砖或 1/4 砖）。两者之间出现矛盾时，应以方砖心能排出"好活"为主，即在这种情况下廊心墙的下碱可以比墀头高出一层或矮一层，此时廊心墙的下碱层数就成了双数（墙体的下碱在一般情况下应为单数）。如果用下碱减少或增加一层砖的办法仍不能使上身方砖心排出好活，例如仍相差半层砖，这种情况也是允许的，但这半层砖应砌在第一层，不能砌在最上面的一层。（5）当廊子地面有泛水（坡度）时，廊心墙下碱第一层砖要随地面泛水砍制成形，即这层砖的上口是平的，下口是斜的。这样一来，靠近金柱一端的砖就有可能成了半层砖。例如，檐柱一端的下碱层数为七层砖，靠近金柱一端的下碱层数就变成了六层半。

下碱的缝子形式须为十字缝，靠近檐柱的砖要用角度为"六方"的"八字砖"，廊心墙下碱与槛墙的相交处一般不必留"八字"，即此处不露柱子，两墙相撞砌严亦可。但也可留出"八字"，即两墙在此形成"柱门"。

（二）上身与穿插当

1. 典型的上身作法

上身的典型作法是采用落膛作法，通常直接称为廊心作法或方砖心作法。这种作法是硬山廊心墙最常见的一种作法，尤其是在小式建筑中。其形式如图 3-39（b）所示。

廊心作法的规矩要点：

（1）用料要求：廊心方砖、穿插当、大叉、蝴蝶叉（虎头找）、立八字、卧八字、搭脑及拐子用方砖砍制；大枋子、线枋子和小脊子用停泥砖砍制。线枋子和立八字的里口要"起线"，线的两端距离约等于花碱尺寸。穿插当按总长分三段砍制，高等于穿插枋至抱头梁之间的距离，穿插当表面应雕刻花饰，典型的作法是采用阴线雕刻形式，常见的图案为"如意三宝珠"（图 3-39 f），偶尔也用其他阴线图案，如"佛八宝"或"富贵花"（特丹花）等。小脊子应砍制成圆混形式，两端要雕"象鼻子"。小脊子高为 1/2 立八字宽，小脊子可用 1 块或两块停泥砖叠在一起砍制。小脊子与卧八字间应砌放一层厚约 2 厘米的"小脊子沟"（图 3-39b）。小脊子沟也可以用灰堆抹即做软活的方法代替。

（2）廊心软活作法：廊心软活是指用仿砖抹灰的方法做出部分廊心构件。①最常见的是将小脊子沟做成软活。②将小脊子做成软活也较常见，但应注意：a. 不应抹成标准的混砖形，而要抹成介于半圆与三角形之间的形状，即"荞麦棱"状。"荞麦棱"的两个面，向上的一面的应较短，向外（前）的一面应较长。b. 两端的"象鼻子"可不抹成圆勾状，只向柱子方向抹成"八字"即可。c. 软小脊子应刷浆，可刷砖面水（仿砖色）、青浆或烟子浆。③将穿插当做成软活的情况不是很多，属简易作法。④方砖心（包括大叉、蝴蝶叉）一般不做软活，除非是在工艺特别需要简化的情况下。⑤立八字、卧八字、大枋子及线枋子不能做成软活。

廊心墙的方砖心分位的计算方法可参见本章第十一节影壁。分位计算时，以横向能排出好活为主，竖向出现的问题主要应通过调整下碱的高度来解决。

（3）砌筑要点：

廊心墙砌墙所用的曳线应拴在檐柱和金柱上，曳线应与金柱外皮平行。典型的廊心（方砖心）作法一般采用干摆砌法，极少数采用丝缝砌法。对于易脱落的砖件如方砖心、

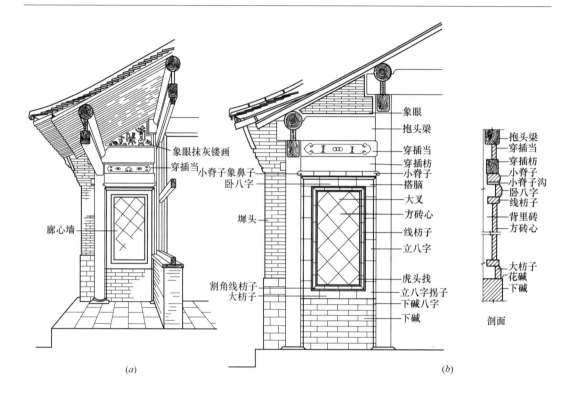

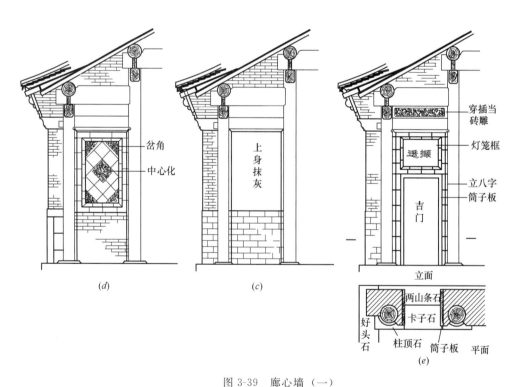

图 3-39　廊心墙（一）

（a）廊心墙示意；（b）方砖心作法的廊心墙；（c）抹灰做法的廊心墙；

（d）中心四岔作法的廊心墙；（e）廊门桶（闷头廊子）作法

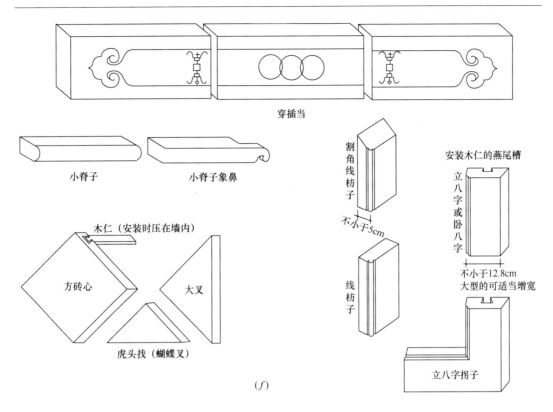

穿插当

小脊子　　　小脊子象鼻

割角线枋子

不小于5cm

安装木仁的燕尾槽

立八字或卧八字

不小于12.8cm
大型的可适当增宽

线枋子

木仁（安装时压在墙内）

方砖心　　　大叉

虎头找（蝴蝶叉）

立八字拐子

(f)

图 3-39　廊心墙（二）

(f) 廊心墙砖件及尺寸

立八字等要用"木仁"加固。具体方法是事先制作出一些木条，并将木条的一端做出"银锭榫"（图 3-39 f），将砖的侧肋后口对应木仁的"银锭榫"凿出缺口。砌筑时将"木仁"卡在砖的缺口上，并随砌筑用砖将"木仁"压住。讲究的作法可用瓦料或铁料代替木料做成"木仁"（叫"瓦木仁"和"铁木仁"）。每层砌完之后都应灌浆，最后修理打点。小脊子可用黑烟子浆刷色。穿插当的外皮不应超过穿插枋，安装时不以是否垂直为准，而应以是否与柱外皮平行为准。穿插当的表面多做雕刻装饰，常见者为简单的阴纹雕刻（图 3-39b、f），讲究者为浮雕花卉（图 3-39e）。如无方砖时可采用抹灰镂缝的方法做成"软活"。廊心墙背后要与山墙一并砌筑严实。

2. 上身抹灰作法

廊心墙上身较简单的作法是糙砌抹灰（图 3-39c）。这种作法虽然简单但等级较高，多用于大式建筑中。抹灰颜色的选择：宫殿一般抹黄灰（杏黄色），寺庙可抹黄灰、红灰或青灰，王府应抹青灰（亲王府可抹红灰）。采用抹灰作法时，小脊子往往略去不做。穿插当一般不采用抹灰形式，其作法与前述典型廊心墙的穿插当作法相同。

3. 上身其他作法

廊心墙的上身除廊心（方砖心）作法和抹灰作法外，还可采用以下作法：

（1）廊心砖雕：

在方砖心作法的基础上增加砖雕花饰，一般是做成"中心花"和"岔角花"，合称"中心四岔"（图 3-39d），也可以只做岔角花不做中心花。讲究的作法还可以在立八字、卧八字及大枋子上凿作"花池子"（图 3-40）。穿插当部位的雕刻除常见的简单阴刻形式外，讲究者还可采用浮雕形式，图案也更加丰富，如"松鼠偷葡萄"、"子孙万代"（葫芦花）等。

图 3-40　廊心墙砖雕一例

（方砖心上作中心四岔，立八字、卧八字及大枋子上作池子花卉）

（2）廊门桶：

如果廊心墙恰处在游廊的通道上，就必须做成可以过人的门洞。门洞连同上部全部作法叫做"廊门桶子"（又作"廊门筒子"）或"闷头廊子"。廊门桶是做法名称，由于旧时门洞宽在尺寸上须符合门尺吉数，因此也叫做"吉门"（图3-39e）。"廊门桶子"不再分下碱和上身两部分，即"吉门"的下碱和上身的做法是相同的。"吉门"要先用厚木板做成一个不外露的口框，叫做"哑吧口"。外侧有两种装饰方法：第一种是用木板做"筒子板"，表面刷油漆。另一种是在哑吧口的外面贴砌"砖贴脸"。吉门上方的作法与廊心墙的廊心作法大致相同，只是不叫廊心而叫"灯笼框"（图3-39e）。"灯笼框"中也可做砖雕，但不做"中心四岔"或"岔角"花，大多采用文字雕刻形式。灯笼框以上的作法与典型的廊心墙作法完全相同。

（3）廊心墙壁画。

廊心墙的上身可以采用壁画形式，做"廊门桶子"的则是在"灯笼框"上画壁画。具体做法有两种：一种是采用抹灰形式，在抹灰墙面上绘制彩画。另一种是在墙上用木板做成板壁，在板壁上绘制彩画。

穿插当的处理有三种方式：①与上身采用相同的方式，也绘制彩画。②陡砌砖件"穿插当"，不绘制彩画。③上身不绘制彩画，仅在穿插当部位绘制彩画。但大多采用水墨黑白效果的绘制方法。

（4）琉璃廊心墙。

少数重要的宫殿建筑，可将廊心墙用琉璃砖装饰。例如，下碱作龟背锦图案或用普通琉璃砖，上身采用锦纹图案或书法等装饰形式。琉璃廊心墙的工艺等级虽非常高，但并不用在有明显政治意义的建筑中，只用在生活性强又特别讲究装饰效果的宫殿建筑中。王府和寺庙等大式建筑也不采用琉璃廊心墙作法。

（三）廊心墙象眼

廊心墙象眼有砖砌象眼、抹灰做假砖缝和抹灰镂画三种形式（图3-39）。其中以砌砖形式最为常见。

（1）砖砌象眼作法要点：

①自柱外皮向内退一寸为砖外皮。

②砖采用卧砌形式，不用陡砌形式。

③砖缝一般应为"落落丁"形式，即采用丁砖十字缝形式。偶尔也采用顺砖（条砖）"十字缝"形式。

④砌筑类型应采用丝缝形式。但不用老浆灰而要用白灰砌筑，即灰缝颜色必须为白色。

⑤象眼的四周，砖可与柱、柁头、椽望等木构件直接相交即可。但也可以做成砖圈形式（图3-39b）。

（2）抹灰做假砖缝作法要点

①自柱外皮向内退一寸为砖外皮，用碎砖或糙砖将象眼砌严实。

②在砖的表面抹灰。先抹用月白麻刀灰抹两层打底灰，再用深月白麻刀灰抹罩面灰。

③在灰的表面刷青浆。青浆的颜色以能近似砖为宜。也可以改刷砖面水。

④趁灰未干透，用铁"溜子"和平尺板按砖砌象眼的形式耕出砖缝（丁砖十字缝）。

四周应做出假砖圈。

（3）抹灰镂画作法要点：

①自柱外皮向内退一寸为砖外皮，用碎砖或糙砖将象眼砌严实。

②在砖的表面抹灰。先抹两层打底灰，再抹一层罩面灰，打底罩面都用白麻刀灰。

③在白灰上作"黑白画"。操作方法有两种：第一种方法是先在白灰的表面刷黑色的烟子浆，然后用尖錾子镂出纹样，形成黑底白线的效果。纹样以锦纹图案为主，如卍字不到头等。第二种方法是以烟子浆为颜料，在白灰上绘制纹样，形成黑白画的效果。纹样以花卉或吉祥画为主。

二、其他部位的廊心墙

以上介绍的是硬山建筑的廊心墙作法。其他部位的廊心墙主要指悬山、庑殿、攒尖及歇山建筑山墙内侧的廊心墙，以及庭院游廊的廊心墙。

1. 悬山建筑的廊心墙

悬山廊心墙的下碱及上身与硬山廊心墙的作法相同。穿插当与象眼的作法与山墙外立面形式有关。有廊心墙的悬山建筑，其山墙外立面有两种形式，一是沿柱中（包括瓜柱）和各层梁底砌成"五花山"，"五花山"以外的梁架全部露出。二是一直砌至椽望，梁架全部封在墙内。

当山墙为"五花山"形式时，如果廊心墙处于室外（门窗装修安在金柱位置），穿插当处应砌砖，作法应与上身作法协调统一，例如上身为抹青灰作法时，穿插当也应抹青灰。象眼部分则不做封挡处理。如果廊心墙处于室内（门窗装修安在檐柱位置）时，穿插当和象眼应与室内其他山花象眼部位的封挡处理方式相同，如都做山花象眼板或都砌砖抹灰。

当山墙至砌椽望时，穿插当和象眼处要砌砖，作法与硬山廊心墙象眼相同。

2. 庑殿、攒尖、歇山建筑的廊心墙

庑殿、攒尖及歇山的廊心墙与硬山廊心墙作法相同，但上身大多采用抹灰作法。上身抹灰的颜色与其处于室外或室内有关。

庑殿、攒尖、歇山廊心墙处于室外（门窗装修安在金柱位置）时，如果山墙外立面抹青灰，廊心墙上身也应抹青灰。如果山墙外立面抹红灰，廊心墙上身应抹红灰或黄灰。如果山墙外立面为整砖露明，廊心墙上身一般应为整砖露明作法（方砖心作法），但也可以采取抹青灰的方式。

庑殿、攒尖、歇山廊心墙处于室内（门窗装修安在檐柱位置）时，廊心墙上身应按室内抹灰处理，并与室内其他墙壁的抹灰作法统一，如都抹黄灰或画壁画等。

庑殿、攒尖、歇山廊心墙上身以上无穿插当和象眼，无须砌砖。

3. 游廊的廊心墙

游廊的廊心墙是指游廊檐柱间的墙体内侧部分，从外面看则为后檐墙（位于垂花门两边时往往做成看面墙形式）。

游廊廊心墙的下碱应采用整砖露明方式，砖缝排列应采用十字缝形式，砌筑类型应采用同院落中最细致的砌法，如干摆砌法。靠近柱子的砖应砍成"八字"（六方），即应留出"柱门"。下碱的高度约为通高的1/3，且一般应将砖的层数核定为单数，但上身为方砖心作法的，则应以方砖心能排出"好活"为准。

游廊廊心墙的上身有如下几种形式：

（1）与硬山廊心墙"廊心"（方砖心）作法相同，即采用"落膛"作法。游廊廊心墙采用"落膛"作法时，也叫做"棋盘心"或"圈套子"。

（2）抹灰。小式建筑及普通大式建筑一般应抹白灰，不抹月白灰、青灰或红灰、黄灰。宫殿的游廊可抹黄灰（刷绿边）。

（3）在每段廊心墙上做一个什锦窗（参见本章第一节五、砖的排列组砌形式及墙面的艺术处理的相关内容）。什锦窗的四周抹饰白灰。

（4）其他装饰方法，例如采用砖雕（内容以字画为主，手法以阴纹或撺阳为主）、镶嵌碑文、采用琉璃、采用花瓦、绘制彩画等。

游廊的廊心墙至檩枋底即结束，其上没有穿插当和象眼，无须再作处理。

第四节 槛 墙

槛墙是砌在槛窗或支摘窗下面的墙体（图 3-41*a*）。

1. 槛墙的尺寸确定

槛墙厚最小不小于柱径尺寸。槛墙高的确定方法：

（1）先确定窗扇尺寸，根据窗扇尺寸确定槛墙高。门窗扇的抹头位置和仔屉棂条式样往往要经过核算才能排出好活，因此应优先确定窗扇高。

（2）如果窗扇的仔屉棂条式样排活比较简单（如步步锦），宜先确定槛墙高，这样槛墙的层数更容易安排一些。一般先按 3/10 檐柱高初步定高，然后结合砖的厚度（包括灰缝）及层数最后确定槛墙的准确高度。

（3）情况特殊的建筑，槛墙的高度应灵活掌握。例如，净房（厕所）的槛墙可加高，书房或花房的槛墙可降低。柱高较高的建筑，槛墙的高度应适当降低。

2. 槛墙的层数

槛墙如能做成单数更好，但因槛窗的原因做成了双数也不算错误。实物中甚至有出现半层砖的情况，如六层半、七层半等。有两种情况会导致槛墙出现半层砖：一是由于先确定的是榻板的高度，槛墙层数无法排出整层数。二是先砌槛墙后包砌台明，槛墙下的基础（拦土）墙的顶面标高又低了半层，台明的地面砖自然会遮挡住槛墙半层砖。带有半层砖的槛墙大多出现在早期建筑中，在清代后期，一般已不这么处理。在仿古建筑中，更应避免发生。

3. 槛墙的墙面处理

（1）无论建筑的等级高低或作法是否讲究，槛墙的外立面都很少采用抹灰作法，大多采用整砖露明作法。内立面有整砖露明和抹灰两种处理方式。寺庙、宫殿等大式建筑大多采用整砖露明做法，民居往往采用抹灰做法。内檐采用整砖露明做法的，一般只采用砌卧砖的形式，很少采用复杂的墙面形式。

（2）槛墙的外立面应采用所在建筑最讲究的作法，即应与山墙下碱的砌筑类型一致，例如都采用干摆砌法。

（3）槛墙的外立面大多采用砌卧砖的方式，讲究者也用落膛形式或海棠池形式（图 3-41*b*）。

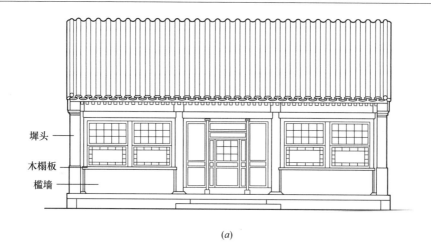

(a)

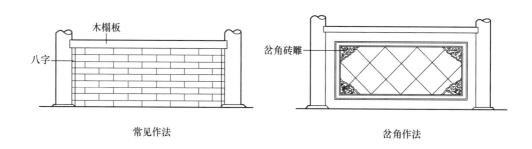

常见作法

岔角作法

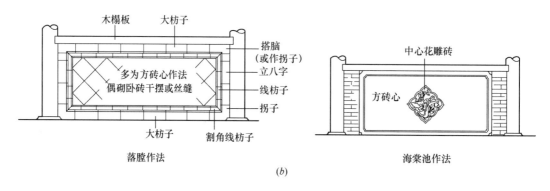

落膛作法

海棠池作法

(b)

图 3-41　槛墙

(a) 槛墙示意；(b) 槛墙的几种作法

（4）如砌卧砖，除非槛墙很长，砖缝的排列形式一般应为十字缝形式，不采用三顺一丁或其他形式。尤其是干摆砌法的，更是极少采用三顺一丁或一顺一丁。

（5）作法讲究的可在槛墙上凿作花活。槛墙上的花活容易损坏，因此大多只作岔角花或中心花（图 3-41b），偶尔也有采用中心四分岔形式的（图 3-42）。

（6）重要的宫殿建筑可用琉璃槛墙。琉璃槛墙有两种做法，一是砌琉璃卧砖。二是用琉璃贴落组成图案。琉璃可在室内或室外一侧使用，也可以在两侧同时使用。

4. 槛墙两端砖的处理

图 3-42 槛墙砖雕一例（本例为中心四岔宝相花）

（1）凡是柱子两侧都砌槛墙的，槛墙与柱子交接处，无论室内外，砖都要砍成八字（六方八字），即应做成八字柱门。

（2）槛墙与门框相交时，一般不用八字砖。

（3）与山墙（里皮）交接处，一般不留柱门，即槛墙与山墙相交，不露出柱子。

（4）与廊心墙下碱交接处可不留柱门，也可留出柱门。

第五节　檐　　墙

檐墙是檐柱之间砌至檐口附近的墙体的统称。在后檐位置的叫后檐墙（图 3-16），在前檐位置的叫前檐墙。由于中国建筑的特点是门窗装修大多设在前檐，后檐墙就成了檐墙的主要形式。前檐墙形式多出现在下述情况中：某些早期建筑、没有木檩的建筑、门楼建筑、某些寺庙建筑等。由于实物中以后檐墙居多，为叙述方便，以下通称为后檐墙。檐墙露出椽子的叫"露檐出"或"老檐出"（图 3-43），不露出椽子的叫"封护檐"或"封后檐"（图 3-44）。清式建筑多做封后檐式。两者在平面上的区别是：老檐出后檐墙与山墙在平面上作丁字形相交（图 3-43e），而封后檐后檐墙与山墙在平面上作 L 形相交（图 3-44c）。老檐出后檐墙与山墙应直缝（通缝）相交，而封后檐墙与山墙应咬合相交。

1. 下碱

下碱用料及砌法一般应与山墙下碱相同，但也可以相对简单一些，例如山墙下碱用干摆，后檐墙下碱用淌白。下碱（主要指外皮）大多采用整砖作法，砖的层数应为单数，但有腰线石时可为双数。特别简单的建筑，下碱也可采用碎砖抹灰（抹青灰）的作法。下碱高度一般应与山墙的下碱高度相同，如果砖的规格或砌筑类型与山墙不同，可有区别，但应低于山墙下碱。后檐墙的里皮也应留柱门，作法同山墙柱门。下碱外皮在正对柱根的位置，可砌置一块"透风"砖（图 3-43，尺寸及图样见图 3-45）。下碱用停泥砖等小砖的，透风要放在第二层之上，下碱用城砖的，透风要放在第一层之上。透风外皮与墙外皮砌平，内部与柱子

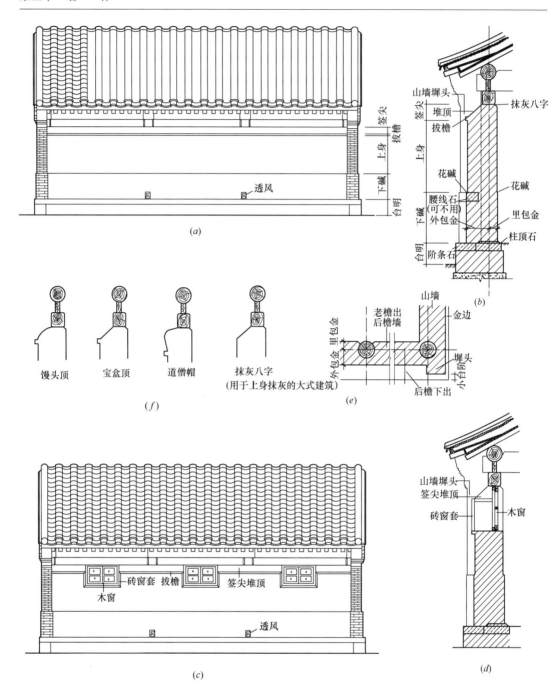

图 3-43 老檐出后檐墙

（a）无窗的老檐出后檐墙；（b）无窗的老檐出后檐墙剖面；（c）有窗的老檐出后檐墙；
（d）有窗的老檐出后檐墙剖面；（e）老檐出后檐墙平面；（f）签尖的几种式样

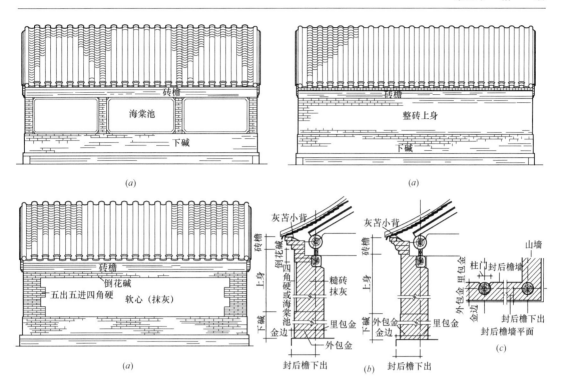

图 3-44 封后檐后檐墙

（a）封后檐墙的几种作法形式；（b）封后檐墙的两种剖面形式；（c）封后檐墙平面

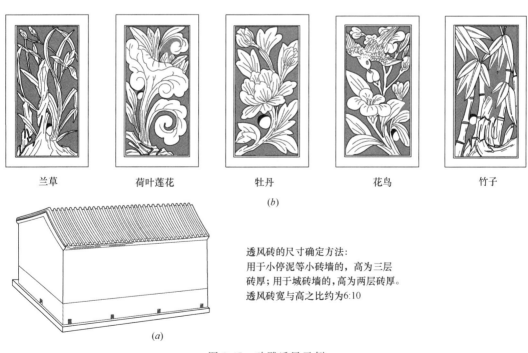

图 3-45 砖雕透风示例

（a）透风位置示意；（b）透风砖雕示例

之间不砌严，以保持空气流通。透风一般只设在下部，但墙较高且作法讲究时，还可在上身外皮再放置一块透风，带双透风的墙体，上、下透风之间的墙内，要砌成"胡同"，以使空气在上、下透风之间形成对流。

2. 上身

上身应退花碱。里皮下碱如为抹灰作法，则上身里皮不退花碱。上身的用料及砌筑类型可与山墙上身作法相同，也可以稍糙。老檐出后檐墙的外皮上身有整砖露明、全部抹灰、"五出五进"或"海棠池"等"软心四角硬"作法。"软心四角硬"作法的，砖檐以下可以砌3~5层整砖，叫做"倒花碱"（图3-44）。倒花碱的外皮应与"四角硬"的外皮在一条直线上，其用料及砌筑类型应同"四角硬"，砖缝形式应同下碱。

后檐墙的窗户：旧时的传统习惯是，后檐墙一般不设窗，临街的后檐墙更是不设窗。20世纪50年代以后，这个习惯逐渐开始改变。但大多做成扁长的高窗。木窗框的上皮应紧挨檩枋下皮，窗口的两侧和下端可用砖檐圈成"窗套"，作法与签尖的拔檐砖相同，窗套上端与签尖拔檐交圈（图3-43）。

3. 老檐出后檐墙的签尖（图3-43）

老檐出后檐墙的上端，要砌一层拔檐砖并堆顶，叫做"签尖"。签尖的高度约等于外包金尺寸，也可按大于或等于檐檩枋的高度定。签尖的最高处不应超过檩枋下棱。签尖的形式有：馒头顶图、道僧帽、蓑衣顶、宝盒顶（图3-43、图3-49、图3-50、图3-51），其中宝盒顶包括方砖宝盒顶和碎砖抹灰形式。讲究的方砖宝盒顶上还可以雕做花饰。

签尖的拔檐：一般仅为一层直檐。大式建筑上身为抹灰作法的，签尖多不做拔檐（图3-43）。

4. 封后檐墙的砖檐

封护檐墙不做签尖而做砖檐（图3-44）。砖檐的常见形式有4种：菱角檐、抽屉檐、鸡嗉檐和冰盘檐（图3-46）。在这4种形式中，菱角檐和抽屉檐是普通房屋最常用的两种，冰盘檐是讲究的作法。在一些作法特别简单的建筑中，封后檐墙也有使用两层直檐（图3-64）或砖瓦檐（图3-70）等简单的砖檐形式的。

由于砖檐的高度往往与山墙的拔檐和博缝高度不相同，因此后檐墙与山墙的转角部位应根据不同的情况分别处理，其手法如图3-47所示。

操作中对于砖檐位置的确定：

封后檐的砖檐是屋面瓦檐相交在一处的，因此在下檐子之前应先确定好砖檐的位置。砖檐的位置应通过翻活决定。先算出砖檐的总出尺寸，按这个尺寸找出砖檐出檐最远点，通过此点做一条假设的垂直线，再从椽子往上找出屋面底瓦垄的底面高度，具体方法是计算出望板、苫背和瓦泥的总厚度。从这个高度顺着木架的曲线向外延长，底瓦底面延长线与砖檐出檐最远点的垂直线的交点就是理论上砖檐最上面一层砖的上棱外口（图3-48）。从此点往下翻活，减去砖檐的总厚度（包括灰缝），这个高度就是头层檐的底棱高度，即后檐墙最后一层砖的上棱位置。如果砖墙最后一层砖的实际高度与理论上的高度不能相符时，可以高于理论上的高度但不能低于理论上的高度。正所谓"俏（巧）做山，冒做檐"，就是山尖要做得优美、合适，而封后檐的砖檐宁可要高一些。因为如果计算有误差，导致砖檐低了，"冒做檐"正好可以弥补。而如果砖檐确实高了，对屋面的影响也不大，只需适当增厚檐口处的灰泥背即可。在实际操作中，可以用方尺和平尺板找出头层砖檐的位置（图3-48）。

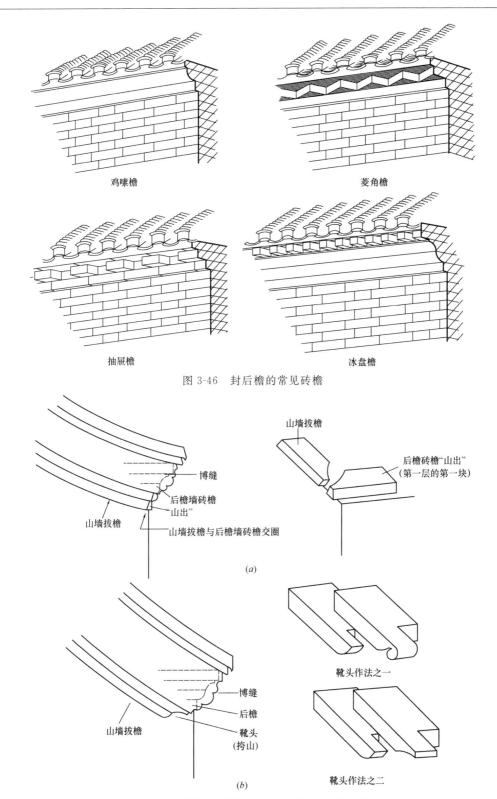

鸡嗉檐

菱角檐

抽屉檐

冰盘檐

图 3-46 封后檐的常见砖檐

山墙拔檐

博缝

后檐墙砖檐

山出"

山墙拔檐

山墙拔檐与后檐墙砖檐交圈

后檐砖檐"山出"
(第一层的第一块)

(a)

博缝

后檐

靴头
(拴山)

山墙拔檐

靴头作法之一

靴头作法之二

(b)

图 3-47 山墙拔檐、博缝在封后檐转角处的不同处理

(a) 拔檐、博缝高与砖檐总高相同时的转角处理；(b) 拔檐、博缝高与砖檐总高不同时的转角处理

139

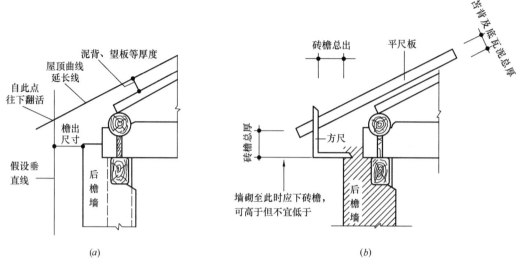

图 3-48　封后檐墙砖檐位置的定位

（a）翻活原理；（b）翻活的具体方法

第六节　院　　墙

院墙是建筑群或宅院的防卫或区域划分用墙。在中国古建筑中，凡有建筑群，大多必有院墙。建筑越重要，院墙越高越厚，墙面作法也越讲究。院墙可以分成四部分：下碱、上身、砖檐和墙帽。中国建筑的院墙除少数情况（如重要的宫殿建筑）外，大多会借助建筑的外墙，即院墙与建筑的外墙共同组成院墙。被建筑的外墙断开且较短的院墙又叫做卡子墙。

院墙的宽与高应根据功能、建筑等级、环境等因素确定。院墙的高：以不能徒手翻越为最低标准，高则有达四五米的。院墙的宽（指上身顶宽，有收分的院墙，底部应再加宽）：最简单的作法也不宜少于 40 厘米，一般应在 50 厘米以上。寺庙、宫殿、王府等院墙的宽度不但要综合墙高和防御因素外，还要考虑墙帽的瓦面坡长是否合适，一般来说，瓦顶的单坡长度（不包括正脊所占宽度），琉璃瓦不少于 3 块七样筒瓦长（包括勾头），黑活瓦顶不少于 4 块三号筒瓦长（包括勾头）。卡子墙（卡在两房之间的院墙）的高、宽应考虑与房屋的关系，例如与墀头相交时，墙宽不宜宽于墀头。遇有屋檐时，墙高应考虑与屋檐或墀头戗檐的关系。院墙的收分：传统作法是里、外皮均应有正升（收分）。小式建筑的院墙的收分可按墙高的 51000～7/1000，大式院墙的收分最小不小于 4%，最大不超过墙高的 11%。

1. 下碱

除少数院墙外，一般应设下碱。院墙下碱砖的层数应为单数，但最多不超过十三层。高度一般按下碱上身总高的 1/3，再按砖厚、层数及作法核定。大式建筑的院墙过高时，下碱最高不超过 1.5 米。院墙下碱在用料及砌法方面一般应较山墙下碱的作法等级低降一些，特别讲究的建筑，也可与山墙相同。如果上身作法特别简单，下碱也往往随之简化，例如上身采用碎砖抹灰作法时，下碱也可以采用碎砖抹灰作法。下碱如抹灰，应抹青灰。

2. 上身

院墙上身里、外皮都应退花碱，花碱尺寸为 0.6～1.5 厘米（不包括抹灰厚度）。上身用料及砌法一般应较下碱粗糙。小式建筑的院墙上身多采用亭泥、开条等小砖糙砌，或碎砖抹灰作法（抹深月白灰或青灰），作法特别简单的也有采用土坯墙（外抹灰）作法。无论整砖或抹灰墙面，对墙角都可以作些特殊处理，如采用"撞头"、"五出五进四角硬"、"池子"（方池子或海棠池）等形式。大式建筑的院墙上身多采用城砖砌筑或糙砌抹灰作法。宫墙及寺庙的院墙上身，多采用抹红灰作法，南方地区的寺庙则习惯采用抹黄灰的作法。园林建筑的院墙还可采用花墙子或云墙等形式。

宫殿建筑的院墙，墙内可采用絍木作法（俗称"哑吧过木"），以增强墙体的整体性。放置絍木应采用横放与顺放相结合（十字卡口相交）的方式，絍木间距约 2 米。

处于全院最低处的院墙，应考虑在下部做排水的"沟眼"。如果大式院墙下面还有高大的台基，沟眼常用石头雕成兽头形状（俗称"喷水兽"），或将石头凿成半个圆筒形的"挑头沟嘴子"伸出台基外，小式院墙的沟眼可砌一块石雕或砖雕的"沟门"，简单的也可只砌成一个方洞（参见第六章第十三节）。

3. 砖檐

院墙砖檐的形式取决于墙帽的形式，二者之间常有较固定的搭配关系，其搭配关系见表 3-3 及图 3-49～图 3-60。各种砖檐的作法详见第七节砖檐。少数极讲究的宫殿建筑的院墙有采用琉璃砖斗栱作法的，这种院墙大多用头层砖檐作为斗栱的平板枋，头层檐以上即为砖斗栱。砖斗栱之上再砌一层盖板，盖板之上就是瓦顶。有些坛庙等礼制建筑的院墙的檐子部分不用砖檐而用木架代替。具体作法是：在头层砖檐的位置上放置"横担木"，横担木的长度约为 2 倍墙宽度，每根横担木之间的距离等于砖宽。横担木的两端要做榫，横担木之下要预先放置"随墙枋子"，枋子应与墙外皮平。横担木的两端安放挂檐板，此种挂檐板的厚度约为普通挂檐板的 3 倍。挂檐板上要凿做榫眼，以便与横担木的榫头结合。横担木之上应铺放望板，望板以上堆砌瓦顶。

4. 墙帽

（1）宝盒顶：如图 3-49 所示，一般为抹灰作法，讲究者可用方砖铺墁，极讲究的可在方砖上凿做花活。宝盒顶多用于小式建筑的院墙。

（2）道僧帽：如图 3-50 所示，为抹灰作法。道僧帽形式极少用于院墙，一般多用于后檐墙。

墙帽与檐子的搭配关系 表 3-3

墙 帽 形 式		檐 子 形 式
宝盒顶		一层直檐，或用两层直檐
道僧帽		一层或两层直檐
馒头顶（泥鳅背）		一层或两层直檐，用于院墙也可用锁链梧
眉子顶（真、假硬顶）		两层直檐，较大的眉子顶可用鸡嗉檐
蓑衣顶		城砖多用菱角檐，小砖可用两层直檐
花瓦顶或花砖顶		两层直檐或一层直檐
鹰不落		砖瓦檐（宜用薄砖和 3 号瓦）
兀脊顶		一层直檐，多用方砖，需要时也可用城砖
瓦顶	黑活瓦顶	不带砖椽的冰盘檐（王府院墙常用大亭泥或城砖冰盘檐）
	绿琉璃瓦顶	绿琉璃冰盘檐（用于较重要的宫殿建筑）或城砖冰盘檐
	黄琉璃瓦顶	绿琉璃冰盘檐，但头层檐用黄琉璃（特殊情况除外）

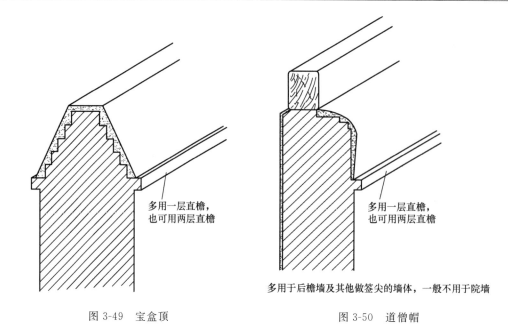

图 3-49 宝盒顶 　　　　　　　　　　　　　　图 3-50 道僧帽

（3）馒头顶：又称"泥鳅背"（图 3-51）。为抹灰作法，馒头顶多用于不太讲究的民居院墙。

（4）眉子顶：又叫硬顶。抹灰作法的叫"假硬顶"（图 3-52），露出真砖实缝的叫"真硬顶"（图 3-53）。真硬顶的砖的排列形式较多，如一顺出、褥子面、拐子锦、套方等（图 3-53）。眉子顶多用于小式建筑的院墙。作法简单的大式院墙也有作眉子顶的，但多采用真硬顶作法。

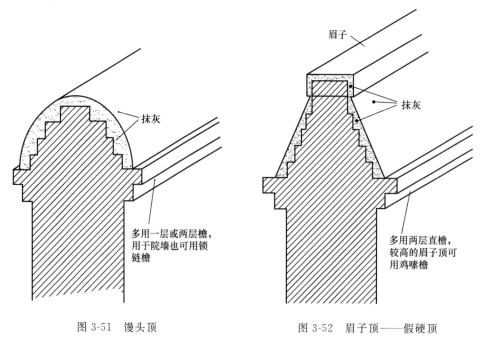

图 3-51 馒头顶 　　　　　　　　　　　　　图 3-52 眉子顶——假硬顶

（5）蓑衣顶：如图 3-54 所示。用于小式建筑院墙时，蓑衣顶须用小砖（如四丁砖）

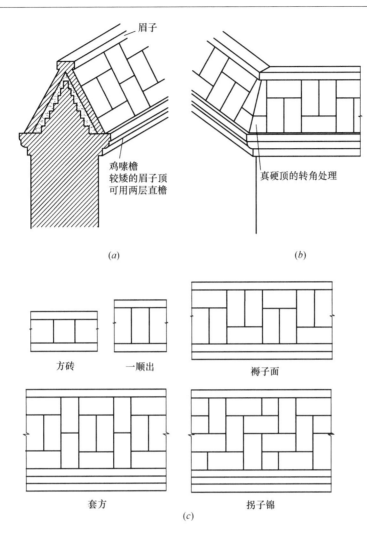

眉子

鸡嗉檐
较矮的眉子顶
可用两层直檐

真硬顶的转角处理

(a)　　　　　　　　　　　　(b)

方砖　　　一顺出　　　　　褥子面

套方　　　　　　　　拐子锦

(c)

图 3-53　眉子顶——真硬顶

(a) 作法形式；(b) 转角处理；(c) 看面形式

摆砌，用于大式建筑院墙时，多用城砖摆砌。

（6）鹰不落：如图 3-55 所示。抹灰作法。鹰不落顶多用于小式建筑和民居院墙。

（7）兀脊顶：如图 3-56 所示。兀脊顶很少用于院墙和后檐墙，多用于大式建筑的女儿墙、护身墙、宇墙、琉璃花墙等处。

（8）瓦顶：如图 3-57 所示。瓦顶的形式与屋顶形式基本相同，但瓦面多采用筒瓦作法，极少采用合瓦作法。正脊除可做过垄脊以外，也可做较复杂的正脊，但应比房屋正脊做简化处理，如为黑活瓦顶多采用皮条脊而不采用带陡板的大脊。琉璃瓦顶的正脊多以三连砖或承奉连砖代替

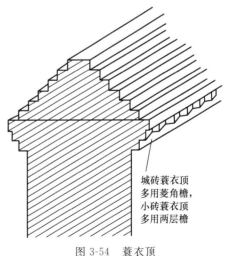

城砖蓑衣顶
多用菱角檐，
小砖蓑衣顶
多用两层檐

图 3-54　蓑衣顶

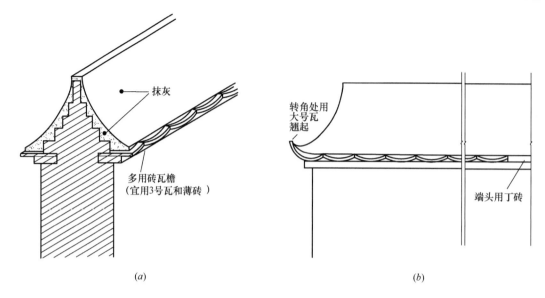

图 3-55　鹰不落

（a）作法形式；（b）转角与端头部位的处理

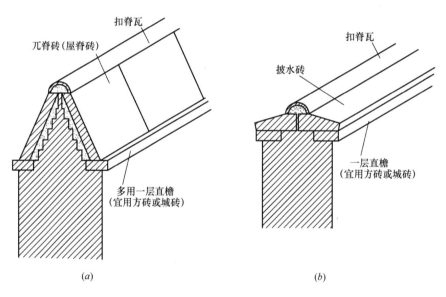

图 3-56　兀脊顶

（a）形式 1；（b）形式 2（多用于城墙宇墙）

脊筒子。垂脊上的小跑一般仅放 1~3 个。瓦顶用于大式建筑的院墙。寺庙、王府等多用筒瓦。皇宫院墙多用黄琉璃瓦顶。皇家园林的院墙，黄、绿两种琉璃瓦顶都有使用。

（9）花瓦顶：花瓦顶就是在墙帽部分采用花瓦作法（图 3-58）。花瓦顶多用于小式建筑或园林建筑的院墙。花瓦一般是在墙帽的里外两侧同时采用，较矮的院墙也可只在外侧采用（图 3-58）。花瓦的图案形式较多，其中常见的官式手法有：轱辘钱（又称古老钱）、沙锅套、十字花、锁链、竹节、长寿字、甲叶子、鱼鳞、银锭、料瓣花等以及它们的变化和组合，如套沙锅套、套轱辘钱、十字花顶轱辘钱、轱辘钱加料瓣花、斜银锭、十字花套

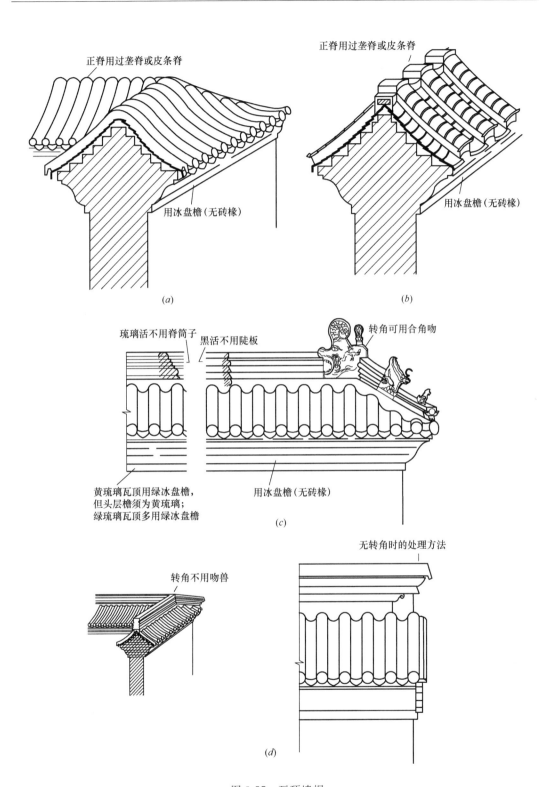

图 3-57　瓦顶墙帽

(a) 筒瓦墙帽；(b) 合瓦墙帽；(c) 带吻兽的墙帽；(d) 用皮条脊的墙帽

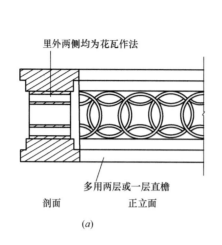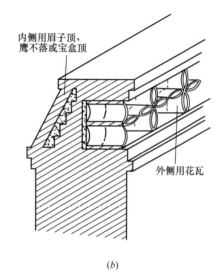

图 3-58　花瓦顶

(a) 两侧作法相同的花瓦顶；(b) 两侧作法不同的花瓦顶

金钱等。此外，还有许多流传于民间的花瓦图案，也很优美，值得借鉴（图 3-59）。

（10）花砖顶：花砖顶是指在墙帽部分采用花砖作法（图 3-60）。花砖顶多用于小式建筑或园林建筑的院墙。花砖（又称"灯笼砖"）的式样很多（图 3-61），但大多见于地方建筑。官式建筑所用不多，样式也很简单，最常见的式样如图 3-13（b）所示。

　院墙的砖檐和墙帽采用什么形式，要根据主体建筑的形式及院墙高度等因素决定。砖檐和墙帽的用料和作法的细致程度不应超过主体建筑。院墙越高，砖檐的层数应越多，墙帽也应越大。反之，就要相应减少，否则就会不协调。如果院墙的某段恰处在屋檐之下，而墙帽作法又为抹灰作法（如假硬顶、宝盒顶）时，则应考虑在墙帽上做"滚水"（图 3-62），以保护墙帽不受屋顶雨水的直接冲击。

　垂花门两侧的看面墙砖檐及墙帽作法：

　垂花门两侧的看面墙大多是借垂花门两侧游廊的后檐墙做成的。墙的里面为游廊的廊心墙，外立面作看面墙式样。作法要点：

　①将游廊后檐墙做成封后檐墙形式，封后檐的砖檐即为看面墙的砖檐。

　②砖檐做成冰盘檐形式，一般是做成带砖檐的冰盘檐，且多带有连珠混或小圆混（图3-68）。

　③墙帽借用游廊的瓦面。但屋脊有两种处理方式：第一种方式是直接借用游廊的屋脊（多为筒瓦过垄脊），这种作法的缺点是坡面比一般的墙帽坡面要长一些。第二种方式是在瓦面合适的位置上做出墙帽的屋脊（多作清水脊），即一个坡面上有上下两段屋脊。由于下面的屋脊挡住了上面的屋面，坡面变短了，就使得看面墙更像是单独的一堵墙，不像是游廊的后檐墙。由于这段屋脊会挡住雨水的下泄，因此当沟要抹成"过水当沟"，即每个底瓦垄处都要抹出排水的小沟眼（琉璃作法的直接使用带沟眼的"过水当沟"）。

　④与垂花门柱子相交处的墙面应做成"八字"。八字墙上方的冰盘檐和瓦面有两种处理方式：一种是随八字墙抹成斜角，另一种是冰盘檐和瓦面结束于八字墙的转角处，八字墙的上方另行处理，如做花瓦顶或砖雕等。

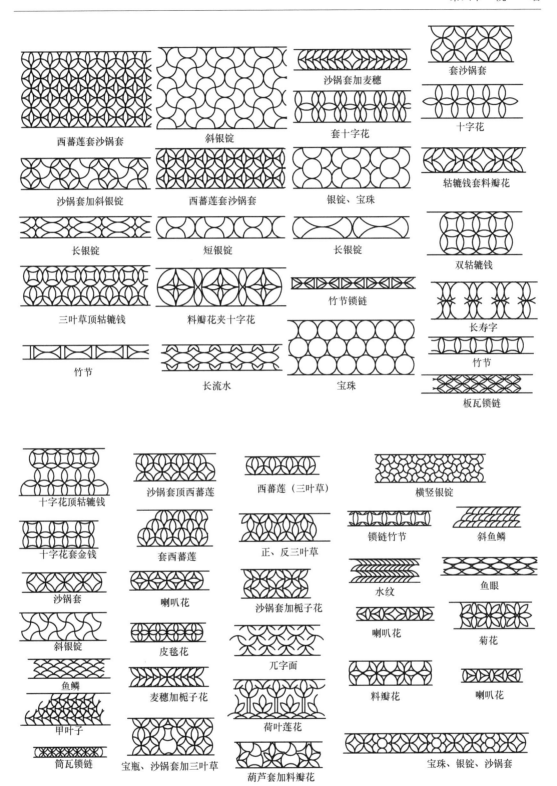

图 3-59 花瓦的式样

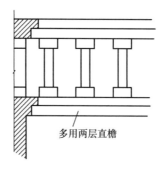

图 3-60 花砖顶

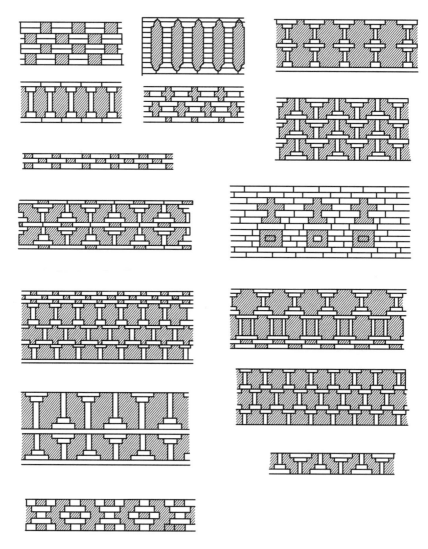

图 3-61 花砖（"灯笼砖"）的式样

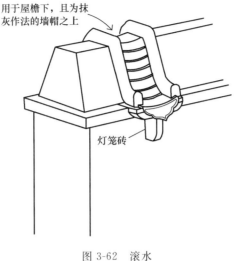

用于屋檐下，且为抹灰作法的墙帽之上

灯笼砖

图 3-62 滚水

第七节 砖 檐

一、砖檐的种类

直檐砖作法砖檐的可称为"拔檐"。砖檐通称"檐子"，砖檐的安砌叫做"下檐子"。

（1）一层檐：一层檐包括一层直檐（俗称"箭杆檐"）、披水檐和随山半混。随山半混又叫做托山混（图 3-63、图 3-64）。箭杆檐多用于老檐出后檐墙、五花山墙签尖及作法简单的院墙等处。披水檐用于山墙博缝之上，与披水梢垄或披水排山脊配套使用。随山半混为早期建筑的山墙拔檐形式之一，清中期以后多见于琉璃山墙。

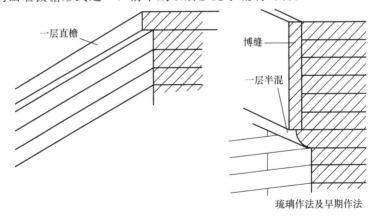

一层直檐

博缝

一层半混

琉璃作法及早期作法

图 3-63 一层檐

（2）两层檐：采用两层普通直檐砖的方式时，多用于院墙，也用于作法很简单的山墙拔檐。用于稍讲究的山墙拔檐时，第二层的下棱应"倒"（做）成小圆棱，叫"鹅头混"（图 3-64）。

（3）菱角檐：如图 3-65 所示，小砖的菱角檐多用于普通小式房屋的封后檐墙和小砖

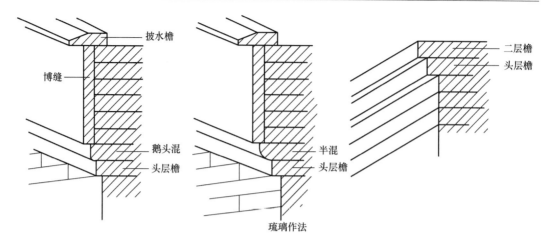

图 3-64　两层拔檐和披水檐

的蓑衣顶院墙，城砖菱角檐用于大式城砖的蓑衣顶院墙或城门和箭楼上。

（4）鸡嗉檐：如图 3-66 所示，砖墙檐用于较讲究的小式建筑院墙。

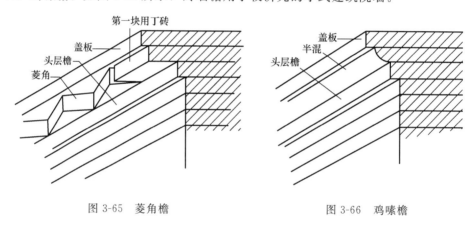

图 3-65　菱角檐　　　　　　　　　　　　图 3-66　鸡嗉檐

（5）抽屉檐：如图 3-67 所示，抽屉檐是清代末年以后出现的作法，多见于普通民房的封后檐墙。

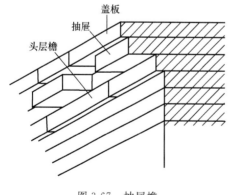

图 3-67　抽屉檐

（6）冰盘檐（图 3-68）：冰盘檐是各种砖檐中最讲究的作法。多用于作法讲究的封后檐墙、平台房、影壁、看面墙、砖门楼及大式院墙等。

按照砖的种类划分，可分为方砖冰盘檐、亭泥或开条砖冰盘檐、城砖冰盘檐和琉璃冰盘檐。

冰盘檐的组成：

直檐、半混、枭和盖板（直檐）即可组成最简单的冰盘檐。只有加入了半混砖和枭砖才能成为冰盘檐，而第一层（头层檐）和最后一层（盖板），无论在哪种砖檐中又都必不可少，所以这四层是冰盘檐的最基本的组成。除此而外，还可在这四层的基础上增加炉口、小圆混、连珠混、（又叫圆珠混）以及砖椽子（包括方椽、

圆椽、飞椽）等。这样就可以组成各种形式的冰盘檐，例如四层冰盘檐、五层冰盘檐、六层
冰盘檐、七层冰盘檐等。以上除四层冰盘檐外，相同的层数又可以有不同的组合，例如五层
和六层冰盘檐又可根据有无砖椽子分为五层带椽子冰盘檐和六层带椽子冰盘檐。

　　小亭泥和方砖五～七层冰盘檐的最常见的作法：五层：比四层多一层炉口，用在混
与枭之间；六层：比五层多一层小圆混或连珠混，用在直檐之上，小圆混和连珠混的厚度
应比其他砖薄，一般可控制在1/2砖厚或略厚；七层：比六层多一层砖椽子，用于枭砖和

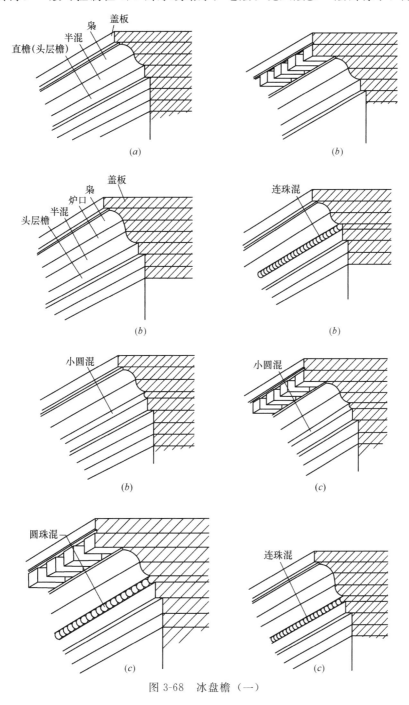

图 3-68　冰盘檐（一）

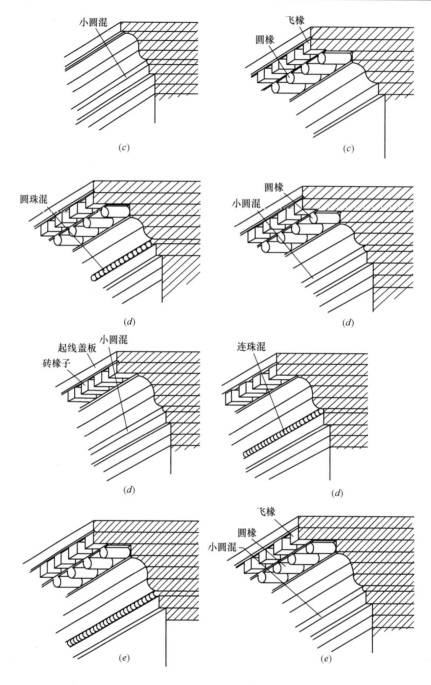

图 3-68　冰盘檐（二）

（a）四层冰盘檐；（b）五层冰盘檐；（c）六层冰盘檐；（d）七层冰盘檐；（e）八层冰盘檐

盖板之间。上述作法为最普通的通用作法。除此而外，还可作其他变化，如五层不用炉口而用砖椽（多用于小型砖门楼、影壁或看面墙）。再如，六层不用炉口，或者不用小圆混（或连珠混），而改用砖椽子。又如，做八层冰盘檐，用两层砖椽子，第一层用圆椽，圆椽之上用方椽。

城砖冰盘檐大多为四层或五层（带炉口）作法。

砖椽子用与不用的选择：冰盘檐用于院墙、老檐出后檐墙以及平台屋面时，不用砖椽子。用于封后檐墙时，可以用砖椽子，也可不用砖椽子。用于小型砖门楼、影壁及看面墙时，必须使用砖椽子（四层冰盘檐除外）。琉璃冰盘檐不用砖椽子。

琉璃冰盘檐的颜色选择：总的原则是，冰盘檐的颜色等级不应超过瓦顶，同时应兼顾美观。具体的作法是，瓦顶为绿琉璃瓦时，冰盘檐也应为绿色。瓦顶为黄琉璃瓦时，第一层檐子应为黄色，其余应为绿色。黄瓦顶在特殊情况下也可全部用绿冰盘檐，例如之字形坡道的宇墙瓦顶，黄瓦顶与绿砖檐在立面上已能形成黄绿交替，第一层檐子再用黄色效果反而不好。

（7）锁链檐：锁链檐又分为一层锁链檐或两层锁链檐（图 3-69），多用于地方建筑和作法简单的民居院墙。

（8）砖瓦檐：如图 3-70 所示，多用于地方建筑和鹰不落墙帽作法的院墙。

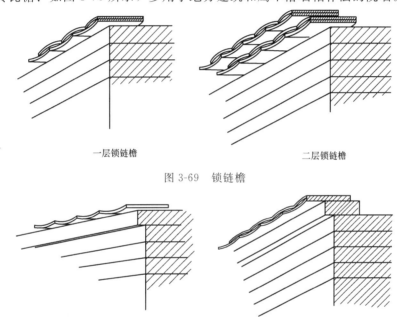

一层锁链檐　　　　　　　　　　　二层锁链檐

图 3-69　锁链檐

图 3-70　砖瓦檐

（9）大檐子：大檐子泛指冰盘檐的变化形式。其作法与冰盘檐相似，也是由枭、混、炉口、小圆混等组成，并常用枭舌子。各个层次之间的组合更加灵活多变（图 3-71）。大檐子多用于讲究的铺面房，如意门以及少数追求新奇装饰效果的砖檐。

（10）其他类型的檐子：例如叠涩（砖檐中有三层以上砖件作法相同的）、灯笼檐等（图 3-72）。有些是在常见砖檐作法的基础上，对个别砖件做变形改变，例如将圆混或半混砖变形为鸡子儿混（鸡子儿：鸡蛋的俗称），连珠混变形为"八不蹭"（图 3-72、参见图 6-43），直檐砖变形为折子檐（图 3-72）等。上述砖檐不是明、清官式建筑的常见作法，多见于地方建筑或砖（石）结构的塔、阁等。砖（石）塔、阁只作砖檐不作砖（石）斗栱时，也常采用叠涩作法。

（11）做花活（雕刻）的砖檐：在砖檐上做花活（雕刻）大多用在做法讲究的冰盘檐（图 3-73）或大檐子上。雕刻的部位一般集中在头层檐、小圆混和砖椽子这三层砖上（图 3-74～图 3-76）。大檐子中较讲究的作法还可在半混砖上凿做花活（图 3-77）。作法极讲究的大檐子可在枭、混这两层砖上同时凿做花活（图 3-77）。

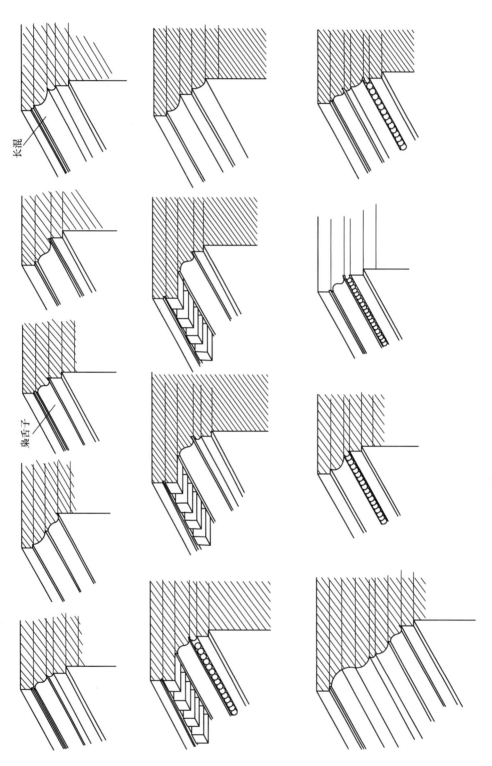

图 3-71 大檐子

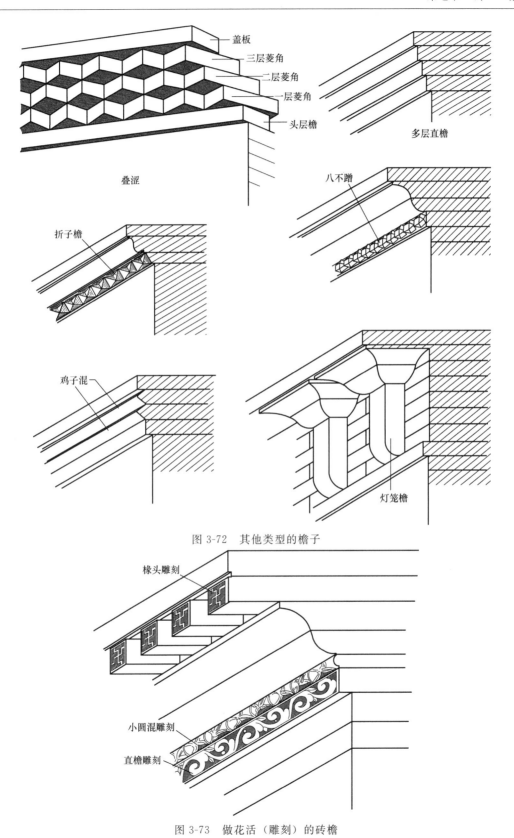

图 3-72 其他类型的檐子

图 3-73 做花活（雕刻）的砖檐

中间部位的一种构图形式

转角部位的两种处理方法

(b)

丁字锦

拐子锦

草弯

草弯

草弯

海棠锦

菊花锦

剖面的两种形式

(a)

图 3-74　直檐砖雕刻示例

(a) 直檐砖的雕刻图案；(b) 中间及转角部位的处理

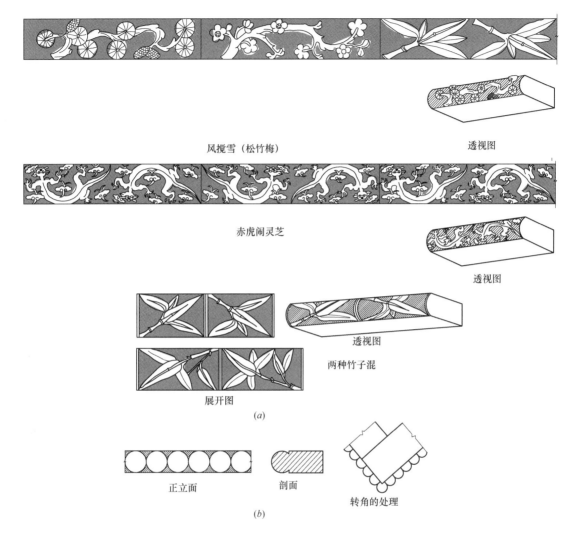

风搅雪（松竹梅）　　　　　透视图

赤虎闹灵芝

透视图

透视图

两种竹子混

展开图

(a)

正立面　　　剖面　　　转角的处理

(b)

图 3-75　小圆混及圆珠混雕刻示例

（a）小圆混雕刻三例；（b）圆（连）珠混

二、檐子的出檐尺寸及适用范围

檐子（砖檐）的出檐尺寸及适用范围如表 3-4 所示。适宜的出檐应掌握如下原则：

（1）檐子的总出檐尺寸应尽量多一些，在相同的出檐尺寸情况下。层数越少、厚度越薄越好。

（2）冰盘檐的出檐以"方出方入"为宜。"方出方入"是指总出檐的尺寸能接近砖的总厚度。带砖椽的冰盘檐的出檐尺寸应尽量做到"方出方入"。

（3）头层檐的出檐应适度，一般以控制在 1/2 砖厚为宜。

（4）炉口是半混与枭砖的过渡，因此炉口的出檐应能使枭与混的曲线优美，富于变化，过渡自然，一气呵成。

（5）枭砖、砖椽及抽屉檐中的抽屉的出檐应明显多于其他层次。

（6）盖板出檐以少出为宜。

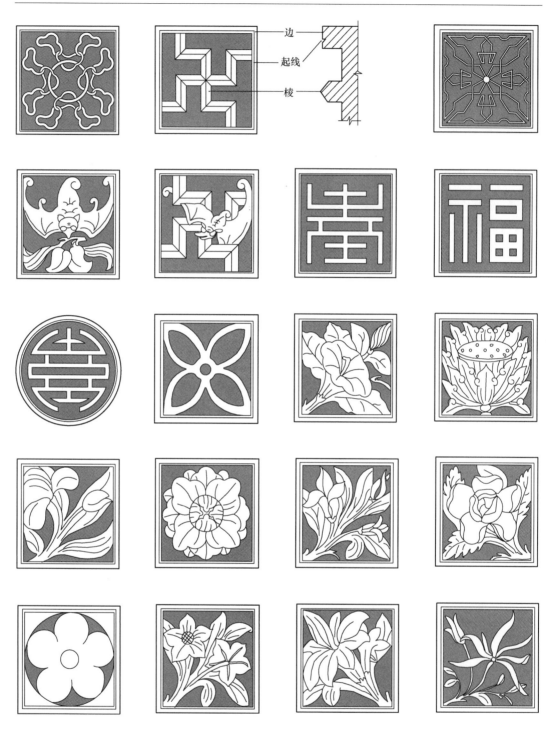

图 3-76 椽头雕刻示例

三、砖檐操作要点

(1) 砖缝排列：①除特殊需要外（如转角处及抽屉檐、菱角檐的第二层等），都要顺砌(条砖)，不能砌丁砖。上下两层顺砖之间的排砖错缝既可作十字缝，也可作三七缝。

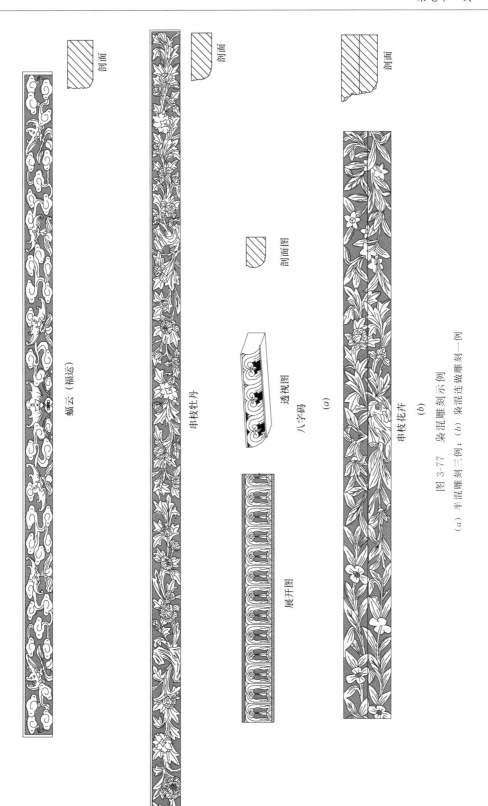

图 3-77 枭混雕刻示意例

(a) 半混雕刻三例;(b) 枭混连做雕刻一例

②抽屉檐的第一层直檐的第一块砖应砌七分头，第二层的第一块要向外出檐（拉抽屉），第三层盖板的每一块应搭在抽屉的正中位置（两端用丁砖破缝）。③菱角檐第二层的第一块不用菱角，要用丁砖。菱角这一层与上下两层直檐（顺砖）之间允许出现通缝（因无法排缝）。④砖椽子与上下两层砖檐之间允许出现通缝。⑤如果上下层所用砖的规格不同，例如下层用方砖，上层用亭泥砖时，无须考虑上下层之间的通缝问题。

（2）后口处理：后口应砌必要的"压后砖"，以保证檐子不出现下垂现象。盖板的后口要"苫小背"（图3-44），即用大麻刀灰在砖后抹出"八字"并反复赶轧，以防止雨水渗漏到墙内。

（3）下檐子（砌筑砖檐）时，卧线应拴在檐子的底棱，即应以底棱直顺为优先。

（4）除头层檐外，下檐子时不宜用瓦刀砸砖，尤其是枭、砖椽、菱角、抽屉之上的盖板，更不能砸。这一点与普通砌砖有所不同，普通砌砖时适当砸砖可以使灰浆更饱满更密实，而砖檐是层层悬挑的，如果砸砖有可能使下面已下好的砖檐下垂。有经验的老工匠常把下檐子形容为"粘檐子"，就是在强调与普通砌砖的不同。

（5）砖檐分有灰缝与无灰缝两种作法，即"干推儿"（或称"细作"）与"架灰儿"。"干推儿"（"细作"）是指砖经过砍磨，下檐子时砖下不垫灰，在后口做灌浆处理，故表面不露灰缝。"架灰儿"作法是指砖未经过砍磨，或只磨过面（包括枭砖、混砖的成形），长短、宽窄的规格尺寸均未作改变。下檐子时砖下要垫灰，因此会露出灰缝。可以看出，"干推儿"相当于砌墙中的干摆作法，而"架灰儿"相当于砌墙中的糙砌或淌白作法。

应注意的是，细作砖檐只有"干摆"一种作法，没有"丝缝"作法。

灰砌砖檐的砖缝不能勾成凹缝，而应做弥缝处理。即应将灰缝与砖勾平，且灰缝的颜色应尽量与砖檐的颜色相同。

（6）"架灰儿"作法的砖檐，下直檐砖时，应使砖的好棱朝下。

（7）灰浆应饱满，尤其是顶头缝（立缝）处的灰浆更应饱满。"架灰儿"作法的，也要在后口灌浆。

砖檐的出檐尺寸及适用范围　　　　　　　　　　　　表 3-4

名　　称		出檐参考尺寸（厘米）	出檐原则	适用范围	说　　明
一层直檐（亭泥、开条或方砖）		3～5（用于院墙）5～6（用于签尖）	3/4～1砖厚	后檐墙或五花山墙签尖；馒头顶、宝盒顶院墙	
披水檐（亭泥、开条砖）		6.5～8	1/2砖宽	披水梢垄或披水排山脊	
随山半混（方砖或琉璃）		3.2	1寸	山墙拔檐，多与琉璃博缝配套使用，方砖较少使用	
两层直檐（亭泥、开条或方砖）	头层檐	山墙拔檐3.2	1寸	宝盒顶、眉子顶、花瓦墙帽作法的院墙；山墙拔檐	用于山墙拔檐时，二层檐应做成"鹅头混"（倒成小圆棱）
		墙帽拔檐4～4.5	3/4砖厚或略大		
	二层檐	山墙拔檐2.6	8分		
		墙帽拔檐3～4	1/2砖厚或略大		

名　称		出檐参考尺寸（厘米）	出檐原则	适用范围	说　明
（四丁或小亭泥）菱角檐	头层檐	3～4	1/2～3/4 砖厚	普通小式封后檐；四丁砖蓑衣顶院墙	
	菱角	8～9	以砖宽尺寸为直角边作一个等腰直角三角形，三角形之高即为出檐尺寸		
	盖板	2	略小于头层檐，盖板出檐与菱角出檐总和不大于盖板砖的宽度		
（城砖）菱角檐	头层檐	4～5	不大于 1/2 砖厚	城砖蓑衣顶院墙；城门、箭楼等	
	菱角	15～17	同四丁砖菱角檐出檐原则		
	盖板	3～4			
（小亭泥）（四丁或鸡嗉檐	头层檐	3～4	1/2～3/4 砖厚	小式院墙	
	半混	4～7	约同砖厚		
	盖板	2～3	略小于头层檐		
（城砖）鸡嗉檐	头层檐	4～5	不大于 1/2 砖厚	大式院墙	
	半混	9～12	约同砖厚		
	盖板	3～4	略小于头层檐		
（四丁或小亭泥）抽屉檐	头层檐	3	1/2 砖厚	普通小式封后檐墙	
	抽屉	8～9	加盖板出檐后的总尺寸不大于盖板砖宽尺寸		
	盖板	2	略小于头层檐		
（城砖）冰盘檐	头层檐	4～6	1/2 砖厚	大式封后檐墙；大式院墙	带括弧者可选用，其余为必用
	半混	9～12	约同砖厚		
	（炉口）	3～4	1/3 砖厚		
	枭	12～15	1.2～1.5 倍砖厚		
	盖板	2～3	1/5～1/4 砖厚		
冰盘檐（小亭泥）	头层檐	3	1/2 砖厚	讲究的小式封后檐墙；平台屋顶；影壁、看面墙、小型门楼	带括弧者可选用，其余为必用；小圆混和连珠混的厚度为 1/2 砖或略厚
	半混	4～6	约同砖厚		
	（小圆混）	2	露出半圆		
	（连珠混）	4	露出圆珠		
	（炉口）	0.5～1	以能使枭混曲线优美为宜		
	枭	7～9	1.3～1.5 倍砖厚		
	（砖椽）	7.5～12	1.2～2 倍椽径		
	盖板（起线）	0	不出檐或稍退		用于带砖椽的冰盘檐
	盖板（不起线）	2	1/4～1/3 砖厚		用于不带砖椽的冰盘檐

名 称		出檐参考尺寸 （厘米）	出檐原则	适用范围	说 明
冰盘檐 （大亭泥）	头层檐	4	1/2 砖厚	大式封后檐墙；大式院墙；大型影壁、门楼	带括弧者可选用，其余为必用
	半混	6.5～8	约等于砖厚		
	（炉口）	2～3	1/3 砖厚		
	枭	10～12	1.2～1.5 倍砖厚		
	盖板	3	1/3 砖厚		
冰盘檐 （方砖）	头层檐	3～4	1/2 砖厚	讲究的小式封后檐墙；平台屋顶；大式院墙；影壁、看面墙、门楼	带括弧者可选用，其余为必用；小圆混和连珠混的厚度为 1/2 砖厚或略厚；枭舌子应使用较厚的砖，如用枭舌子就不用半混、炉口和枭；如用飞椽，砖椽子应改为圆椽作法
	（连珠混）	4～5	露出圆珠		
	（小圆混）	2	露出半圆		
	半混	5～7	约同砖厚		
	炉口	0.5～1.5	以能使枭混连成优美的曲线为宜		
	枭	8～11	1.3～1.5 倍砖厚		
		作法 1 7～9	1.2～1.5 倍砖厚		
	（枭舌子）	作法 2 10～12	1.5～1.7 倍砖厚		
	（砖椽子）	10～15	1.5～2.5 倍椽径		
	（飞椽）	5～7	1/2 砖椽子出檐		
	盖板 （起线）	0	不出檐或稍退入		用于带砖椽的冰盘檐
	盖板 （不起线）	1	1/6 砖厚		用于无砖椽的冰盘檐
一层锁链檐		6～7	1/3～1/2 瓦长	馒头顶院墙；地方建筑	
两层 锁链檐	头层檐	4～5	小于 1/3 瓦长	作法简单的民居院墙；地方建筑	
	二层檐	5～6	大于 1/3 瓦长		
砖瓦檐	头层砖檐	3	1/2 砖厚	鹰不落顶院墙；地方建筑	宜使用薄砖和 2～3 号瓦
	二层瓦檐	6～7	1/3～1/2 瓦长		

第八节 砖 券

一、砖券的种类

砖券（券：读作"炫"，不应读作"劝"或"倦"）又作"砖"碹、"砖碹"。古时对于砖石砌体上较大的洞口，其上方有三种结构处理方式，一是用过木（横在洞口上方的木枋），二是用石梁（又称过梁），第三就是用砖或石块砌成弧形砌体，这个砌体就叫做券。石券大多呈较半圆状，砖券则有半圆券和木梳背券之分（图 3-78）。纵深方向较长的券

（如城门等）叫做车棚券（又叫枕头券或穿堂券）。在前后左右四个方向同时做券并在上方收拢，呈倒扣的锅状的券叫做锅底券或锅顶券（现代称穹顶）。清代末年以后，受西洋建筑的影响，门窗券中出现了平券（又称"平口券"）形式（图3-78）。除此而外还有一些变化形式，例如将券做成整圆（称圆光券，用做门洞称月亮门），或将看面做成圈门牙子形式（图3-78），以及做成门窗什样锦等（图3-14）。

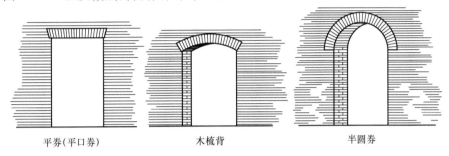

平券(平口券)　　　　　木梳背　　　　　半圆券

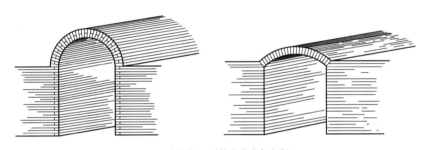

车棚券(又叫枕头券或穿堂券)

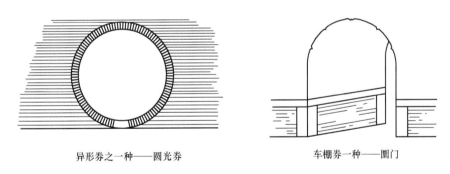

异形券之一种——圆光券　　　　　车棚券一种——圈门

图 3-78　砖券的种类

二、砖券的名词术语与看面形式

砖券的砌筑叫"发券"（发：读"伐"）。砖券中立置者称为"券砖"，卧砌者称为"伏砖"（图3—79）。平券大多只做券砖不做伏砖，木梳背券大多为一券一伏作法，半圆券、车棚券和锅底券大多为两券两伏以上作法。砖券有细作与糙砌之分，细作砖券的砖料应经过放样砍磨，砍磨后不但规整细致，且应砍成上宽下窄的形状叫做"镝楔"（图3-79）。砌筑时大多采用丝缝作法。糙砌的砖券所用的砖料不需砍磨，直接使用。糙砌的平券或木梳背券，底边可占用少许砖墙尺寸，被占用的部分叫做"雀台"（图3-79）。细券不应占用砖墙尺寸（无雀台）。平券和木梳背券两端"张"出的部分叫做"张口"（图 3-79）。位于券正中的砖叫"合龙砖"或"龙口砖"，合龙砖的灰缝叫"合龙缝"。砖券的外立面叫做"券脸"或"看面"。看面形式以组砌方式命名，圆形类的券按券砖与伏砖的组合情况，有一券一伏、两券两伏等看面形式。平券的看面形式有：趄砖（趄：读"皱"）、马莲对、狗子咬和立针券等（图 3-80）。此外，还可以采用在券脸表面贴砌方砖的方法，称作方砖券脸。

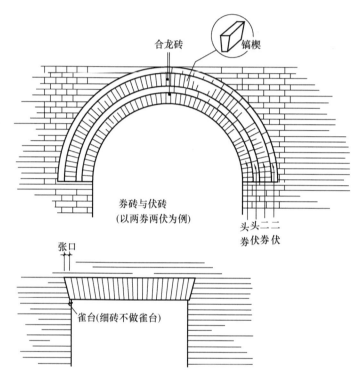

图 3-79　砖券的细部名称

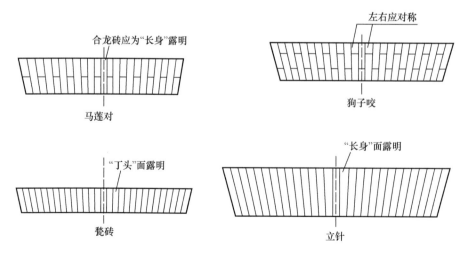

图 3-80　砖券的看面形式

164

三、券的起拱与砍砖放样

券的起拱是指施工（发券）时对券的中间部位在原有基础上适当增高。本为拱形的券，如半圆券、圆光券，在原有基础的起拱称为增拱或升拱。平券起拱的目的是为了抵消沉降，以免中部下凹。如不起拱，即使未形成下凹，在视觉上也往往会产生下凹的感觉。半圆券（包括车棚券、圆光券等）作增拱（升拱）的目的是为了在视觉上更好看。由于木梳背券的弧形在视觉上与增拱关系不大，因此在实际操作中对木梳背券往往不再作增拱处理。细作砖券的券胎应按1:1的比例经弹线放样画出准确图形，并在此基础上画出每块砖的样板。在确定砖的样板时应注意的是，细作砖券的砖缝宽度上下应相同，而砖的宽度上下则不同。砖券的习惯起拱高度是：一般的半圆券增拱尺寸可按跨度的5%，大型的砖券（如城门洞）可再增高，但一般不超过10%；圆光券（整圆券）的增拱尺寸可按跨度的2%，普通月亮门的增拱也可按1寸算。平券起拱不超过跨度的0.5%。木梳背券的弧线高度（券底中心至跨度水平线的距离）可按跨度的1/8左右确定，也可根据需要进行调整。以半圆券为例的券胎及镐锲砖的放样画线方法如图3-81所示，以圆光券为例的砖券胎支搭如图3-82所示。

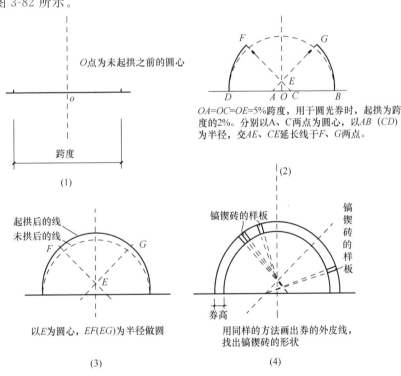

图 3-81 半圆券券胎及镐楔砖的放样方法

四、砖券摆砌规则与操作要点

1. 摆砌规则

（1）券砖应为单数，即券的分中线应对准坐中的"合龙砖"，不应对准砖缝。

（2）平券看面形式为马莲对作法的，合龙砖应为"长身"，不应为两块丁头（图

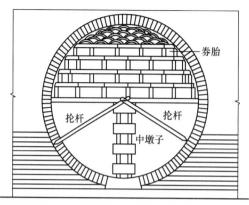

下半部用抢杆，上半部用券胎。券胎增拱为跨度的2%，也可按增拱1寸算

图 3-82 圆光券（月亮门）砖券胎的支搭

3-80)。

（3）如为细作砖券，不应留有"雀台"。

（4）平券的本身高度不应小于跨度的25%，也不大于跨度的40%。

2. 券胎制作

发券应在券胎上进行。券胎可由木工制成木券胎，也可用砖搭成大致形状，然后用灰抹出券的形状和起拱。细作砖券的券胎大多用木材制成。糙砖半圆券的券胎既然可以用木券胎，也可以用砖、灰堆抹而成（图 3-82）。糙砖平券的券胎多以平木板为基础，然后抹灰找平并起拱。糙砖木梳背券既可以采用木券胎，也可以采用在木板上用砖、灰堆抹成形的方法。大型券（如城门洞车棚券）多用杉槁（架木）支搭券胎满堂红架子，然后在架子上铺板支成券胎，再抹灰成形。半圆券、木梳背、车棚券的木券胎应经放大样制成。砖（灰）胎也应先用薄板制作成券底的形状，然后按样板堆抹。异形券应先按形状做成样板，下半部一般可不做券胎，上半部则需按样板制作木胎或支搭砖（灰）胎。下半部为圆形的（如圆光券），可先在圆心部位用砖砌一个砖垛，然后用一根木杆作为半径指针，叫做"抢杆"。用钉子钉入抢杆的一端，并钉在圆心位置上，砌筑时旋转抢杆，根据抢杆确定每块砖的位置（图 3-82）。

3. 操作要点

（1）由于砖券的上下长度不同，而糙砖券又无法在砖的尺寸上调整，因此这个差距只能用灰缝调整，方法是让灰缝上宽下窄。在核算灰缝厚度时，应兼顾上下，一般应适当减少下口的宽度，否则会使上口的灰缝过宽。在将每块砖的位置标画在券胎上时，应注意灰缝厚度要按下口宽度算。

（2）由于发券应从两端开始，最后放合龙砖，为保证看面形式和砖缝排列的正确。应从合龙砖开始往两端排活，经排活确定了两端砖的摆法后再开始发券。比如马莲对形式的平券，龙口砖确定为长身露明，龙口两侧的砖应为丁头露明（图 3-80），所以两端的砖如何摆法应据此推算。

（3）灰砌糙砖者，块数是用跨度除以砖厚（包括灰缝厚）得到的，计算时应注意：合龙砖的灰缝为两份，此处的灰缝厚度应加倍计算。

（4）为避免操作误差，宜将计算后确定的每块砖的准确位置点画在券胎上。

（5）发券时应拴线，以保证券脸的平整。

（6）砖与灰浆的接触面应达到100%。为保证灰浆的密实，可用瓦刀轻轻砸砖。砌完后应在上口用石片"背摇"（摇，读"撒"），即将薄石片塞入灰缝内，然后灌浆。应注意不能采用先打灰条，然后灌浆的方法，这样会降低强度。

（7）抹红灰的墙面或券脸采用方砖作法的，如一些宫门或庙宇的山门等，一般应做成圈门形式（图 3-78）。抹红灰的墙面，圈门牙子可用方砖制成，然后贴砌在券的表面。墙面抹灰与砖找平，表面涂刷红浆。券底要抹深月白灰或黄灰。

（8）十字车棚券或丁字车棚券，交接处的砖应以"割角"方式相交。

第九节　城　　墙

一、城墙的形象特征

（一）城墙的两个显著特征

什么是城墙？如果从字面简单理解，城墙就是城市的墙，其实这并不能准确地描述出城墙的特征。从实例上看，城墙有多种用途，例如用于疆土防卫（长城）、封地建国的界墙、郡县城池、屯兵卫戍的小城堡、宫殿群的围墙、城镇村寨的围墙等。城墙固化为一种建筑形象后，园林中也有作为景观和空间划分而修建的城墙。如果仅从用途的角度进行描述，城墙就是对某一区域进行围合的，具有划分界线和安全防护功能的墙体。但有些墙体如宫墙、府墙甚至普通院墙也属于这一类墙体。城墙与普通院墙容易区分，但与宫墙则容易混淆。其原因是宫墙有时也做成城墙形式。要真正分清城墙与其他墙体的区别，还需要从作法角度描述。城墙在作法上的最大特征是：（1）墙上有很宽的台面（称城台）。（2）墙上做垛口。这两个特征是最具城墙特点的特征，尤其是垛口这一特征，更是具有符号意味的建筑特征。如果具备了这两个特征，无论其具体用途是什么，都可以叫做城墙。例如皇宫的围墙如果具备了这两个特征，既可以叫做宫墙，也可以叫做城墙，但如果不具备这两个特征，就只能叫做宫墙而不能叫做城墙。

（二）城墙的其他建筑特征

上述两个特征是所有能称为城墙的墙体的必要条件。除此而外，城墙在平、立面各部位的处理上与其他墙体还有一些不同，概括起来主要有以下一些特征：

（注：以下特征是基于诸多城墙的总结，不同地区、不同时代、不同用途的城墙，相互之间往往差异较大）

1. 入口处的处理

城墙入口的一段称城门或城关，称城门时只指本体，称城关时既可以指本体也可以指其附近的区域。其含义为附近区域时又可称为关厢。关厢（尤其是城中）内往往会建一些小型的建筑，服务于城门的功能。例如城内设卖陶罐的店铺和卖灰卖砖瓦的店铺，战时这些材料还可以用作攻击敌人的武器。城外还可建用于入关检查和警戒的房屋。

城上建有城楼。有柱廊的城楼又称城门楼。城门楼有两个功能，一是作为城的门面形象，二是用作登高远望，古时用作了望的城楼又被称作谯楼。四周用砖墙围合，墙上设炮窗（也叫箭窗）的城楼又称箭楼。箭楼凸出城墙的部分，与城台分界处常做菱角檐（图3-65）和簑衣顶墙帽（图3-54）。带柱廊的城楼和带箭窗的城楼同时存在于一处城门时，箭楼不再称作城楼。城门的一段可与城墙高度相同，也可高于城墙。平面上往往要加宽。既可以里外都加宽，也可以只向外加宽，具体尺寸根据城楼的体量确定。城门一段的城内城外两面的做法可以有所不同，但大多都比两边的墙面做法讲究。城楼的立面形式有一层单檐、一层重檐、二层重檐、二层（或三层）三重檐（三滴水）、三滴水带平座等几种。三滴水带平座为规制最高的一种形式。

2. 关城与瓮城

（1）关城。

关城意为关口之城或建在城关外的城。是建在长城的一些边境关口的城关外与城墙相连的小城池，主要用于办理出入境事宜，也兼有防御作用。关城在平面上多为正方形或近似正方形（地形特殊的除外），正面及两侧设 2～4 个城门。关城的正面大多设有城门楼。

（2）瓮城

瓮城意为似瓮的城，也有"瓮中捉鳖"的寓意。是围合在城门外的小城池，其作用是使城门又多了一道关卡，有利于防御。如果城门外建有关城，瓮城则建在关的城门外。其平面多作半圆形，也有作方形的。平面为半圆形时又可称为月城。小型城池的瓮城上可不建城楼。较人的瓮城上往往建有城楼，称瓮城楼。瓮城楼大多为箭楼形式。瓮城的箭楼在规制上大多低于谯楼，体量也小于谯楼。箭楼大多为单檐和重檐屋面两种形式，大型的箭楼内往往设多层楼面。

瓮城设门洞，称瓮门。瓮门根据需要可设在正面也可设在侧面。门洞内除装设大门外，大多还要装设千斤闸（又称"千金栈"）。设千斤闸的，城上要建闸楼，以便安装千斤闸的提升装置。千斤闸上有箭楼的，提升装置安在箭楼内。

瓮城内往往建有庙观，一般建关帝庙，但也有建真武庙或观音庙的。

3. 各种台的设置

（1）城台。

如前所述，城墙本身就是一个长条状的台，故称城台。因古时城台上经常走马车，故又被称做马道（注：上城的坡道也叫马道）。城台台面大多做砖地面，简单者做灰土地面，夯土城墙的城台大多以夯土或灰土做台面。

城楼（包括谯楼与箭楼）下的一段城墙，当其宽于两旁的城墙，尤其是高于两旁的城墙时，也称作城台。

上述两者的区别是：一个意在强调城墙的台面（地面），一个意在特指城楼下的一段作法不同的城墙。

（2）将台。

城楼（包括箭楼）下的，在面宽方向上长出城楼很多，且明显高于周围的台明，城楼两旁用以站立众多将士的一段台明叫将台。有时城台就是将台。

（3）敌台。

城墙每间隔一段距离，往往会向外做出突出的一段，在平面上呈凸字形，这突出的平台称敌台。敌台上可建敌楼。敌台有两类，一类是与城台同高，做法相同，只是平面上向外突出而已。另一类敌台（例如长城的敌台）是做成高于城墙的，二层或三层的碉楼形式，在平面上既向城外突出也向城内突出（即骑墙而建）。这种敌台因中部有空间又称为空心敌台。又因其为楼房形式，故既可称为敌台也可直接称为敌楼。敌楼（碉楼）四面设有箭窗。碉楼与其下的实体墙的相交处，一般应砌菱角砖檐并做簑衣顶。碉楼的顶部平台上还可再建敌楼，一般为木结构建筑。

（4）墙台。

墙台又叫墩台，也叫城垛，俗称垛子。从城下看，由于墙台的立面形状为竖长的梯形，因此又被俗称为马面。与一类敌台相同的是，墙台也是城墙每隔一段距离（尤其是在城关的两侧）向城外做出的台子。墙台的三面周边砌垛口。墙台的作用与敌台类似，在建筑特点上与敌台的主要区别是：墙台只向城外凸出，而敌台可向内外两个方向凸出。墙台与城台同高，敌台可高于城台。墙台凸出的尺寸一般较少，敌台凸出的尺寸较大。墙台上较少建有房屋，敌台上往往建有房屋，或本身为碉楼形式。

（5）角台。

城台不太宽的城墙，转角处往往设有向外凸出的台，其做法与墙台（墩台）或敌台相同。因位于转角处，故称角台。角台上可建角楼，角楼可做成谯楼、箭楼或碉楼形式。箭楼形式的又叫角箭楼，碉楼形式的可直接叫做碉楼。城台较宽的城墙大多不再需要加建角台，但大多仍建有角楼。

（6）烽火台。

用于点火燃烟以报警的高台。白天燃烟夜间点火，因古时烟称烽，故称烽火台。选在山岗高处或易于相互了望的地方修筑。各台之间相距约 5 公里。既可建在城外，也可建在城内。既可与城墙连为一体，也可独立修筑，还有以敌台兼作烽火台使用的。独立的烽火台又称为烟墩或墩台。

4. 城上建筑

城墙上大多建有建筑物。除前述的城门楼、箭楼、闸楼、敌楼、角楼以外，往往还要建一些建筑。一类是供官员办公、士兵休息、了望放哨、堆放物资等的功能性用房，这类用房中，有明确用途的有专用名称（如旗炮房等），无明确用途的通称为铺房（铺务房）或堆拨房。另一类城上建筑是庙观，如真武庙、马神庙、火神庙、关帝庙等。城台上的建筑种类和数量的多少，与城墙的重要与否和大小有关，越重要、越长的城墙，城上的建筑就越多。

5. 垛墙与宇墙

城墙分内、外檐两部分。向城外一侧的称外墙（又称外檐墙），向城内一侧的称内墙（又称内檐墙）。

（1）垛墙。

城墙外墙的顶部设垛墙。垛墙又称垛口墙，文献中也写作雉堞。垛口墙简称为垛口，俗称"躲口"。"垛墙"强调的是垛，"垛口"既强调垛，也强调口。"垛"是指在垛墙上半部所砌的砖垛，"口"是指砖垛与砖垛之间留出的空当，垛与口即形成连续的凹凸状墙体。由于"垛"为实体，"口"为留出的空当，在实际工程中，大多数提到的都是"垛"，因此"垛口"就成了"垛"的代名词。以下即采用此说法。

从城上地坪算起，垛墙砌至人体胸腹部高度时，开始砌筑"垛口"。垛口的立面形状大多为扁长的矩形。垛口的宽度最少应能并排遮掩两或三人，一般不超过 1.5m。垛墙通高一般约一人高（从城上地坪算起），大型城墙的垛墙可高达 2m。垛口之间的空当约 50厘米。城门两侧的垛口要对称。拐角处应能赶上"好活"。垛墙上可设了望孔，了望孔为一方形洞口，内口尺寸宜小于 30 厘米，外口尺寸应大于内口尺寸。其位置可设在垛口上或垛口之间的实墙上。垛墙下部可设置枪窦（又称射眼或射孔）。明代某些城墙在一些攻防的重要地段，在垛墙下方还设有礌石孔（滚木礌石孔），礌石孔的内口尺寸约 50 厘米，外口下的墙面做凹槽溜道，凹槽上深下浅，溜道长一般不超过 2m。

垛墙还可作下列变化：①将长方形垛口改为品字形垛口。②垛口上做砖雕（多见于用作景观的城墙）。③做障墙。当坡度较大，难于砌成垛口时，可砌成阶梯状（类似叠落墙式样，参见图 3-15）。因每段叠落墙的交接处至地面的高度较矮，无法对人体进行有效遮掩，因此应在该处加砌一道与"叠落墙"在平面上相互垂直的掩体墙，此即障墙。

（2）宇墙（女儿墙）。

城墙内墙的顶部设宇墙，城墙上的宇墙也叫女儿墙。女儿墙原作女墙，民间加儿音说成女ㄦ墙，后被写作女儿墙。宇墙（女儿墙）的高度（从城上地坪算起）不小于 1m，必要时可超过 1.5m。宇墙大多采用砌实墙的方法，必要时可设置了望孔和枪窦。少数小型的城墙也有采用花墙子作法的（参见图 3-13b）。宇墙（女儿墙）的顶端多做砖檐及墙帽。砖檐多为一层砖檐作法，砖檐之上应采用"兀脊顶"墙帽。城墙宇墙的兀脊顶有两种作法，一种是做成常见形式（图 3-56），但这类作法用于城墙比较少见，大多数都要作如下变化：①用披水砖，披水砖伸出墙外，与其下的直檐砖平齐，做成叠在一起的两层砖檐（图 3-56）。与常见的兀脊顶相比，披水砖的坡度应较小，一般不超过 30°角；②将披水砖伸出墙外，但其下不再做砖檐；③不做砖檐，也不用扣脊筒瓦，直接砌放一块与女儿墙同样宽度的八字砖或内外各用一块披水砖；④城楼屋面全部采用琉璃瓦的，宇墙可作如下变化：直檐砖用青砖，披水砖和扣脊筒瓦都用琉璃，琉璃披水砖仍与直檐砖平齐。

作法讲究的宇墙墙帽可将砖檐连同兀脊顶一并用石料做出，称兀脊石（图 6-114）。

极少数的城台宇墙只做砖檐，不做兀脊顶，砖檐为两层砖檐，第一层为直檐，第二层用半混砖封顶。但这种形式不是常规作法，除文物建筑应按原状修复外，一般不应采用。

做宇墙墙帽应注意的是，不应做成与其作法相似的眉子顶（图 3-53），更不应做成其他式样的墙帽。女儿墙下方须设排水沟眼，为避免雨水排出后冲刷墙面，沟眼下应设置向外伸出的石沟嘴子（图 6-103）。应注意的是，除了少数非防御性的城墙，外檐墙一般不砌沟眼，即使砌沟眼，也不应设置石沟嘴子。

当对城内一侧也作防御考虑时，宇墙可改做垛墙，即内外墙都采用垛墙作法。

如果城门楼（谯楼）下的城台凸出于两侧城墙，在城台的外侧往往也做宇墙，不再做垛墙。

（3）垛墙、宇墙与内、外墙分界处的处理方法：

①垛墙、宇墙下用"压面石"（多用于城门及周边）。②做法讲究的城门，垛墙、宇墙下可用枭石（形状同石须弥座的上枭，见图 6-18），但不再用压面石。③从内（外）墙顶端退进二寸（金边）后再砌筑。④不退金边也不砌砖檐，接内（外）墙连续砌筑。⑤先砌砖檐（多为一或两层直檐），然后再接砌垛墙或宇墙。

6. 水关与排水涵洞

如果城墙内外有河湖需连通时，应在城墙下部砌筑贯通城内外的通道，即"水关"。水关的高度和宽度一般在 2 米以上，水关的底部要用石板铺垫，顶部一般要发券。水关的入水口宜宽于出水口，以减少入口处的阻力和避免形成旋涡。水关的出、入口处均应设置铸铁的栅栏，位于较重要地段时，水关内应再增设一道铁栅。

无须做水关的地段，也可根据需要设置排涝的涵洞。洞口尺寸无特别要求，但体量应小于水关。涵洞也应设置铁栅。

二、墙体做法

1. 城墙的总体尺度

城墙的总体尺度是指高与宽（厚）。由于城墙的"收分"较大，因此城墙的上宽与城墙下宽相差很大。这里所说的城墙上宽是指垛口外皮至女儿墙外皮的宽度，城墙下宽是指城墙下地坪处的外皮宽度。

（1）城墙高：总的效果应给人以高不可攀和望而生畏之感。小型的城墙一般高在五六米以上，少数也有低于五米的。中型的城墙一般不超过十米，大型的城墙可高至十几米。城墙的内、外墙的高度（不包括垛墙和宇墙）既可相同，也可外墙高于内墙。

（2）城墙宽：城墙宽分顶宽和底宽。这里所说的城墙顶宽是指总宽，即净宽（城台地坪宽）再加垛墙、宇墙宽。小型的城墙，城上净宽一般在三四米左右。中型的城墙，净宽不超过九米。大型的城墙，净宽可达十米以上甚至接近二十米。城墙下宽：城墙顶宽再加内、外墙的"收分"尺寸。"收分"（又叫"升"）是指城墙越往上应越往里收进去的作法。退收分的作法不但使城墙的稳定性更强，外观也显得更雄伟。城墙内、外墙的收分一般应相同，必要时外墙也可稍大于内墙。"收分"一般应为城墙高的13％左右，实例最小的为5％，大的可达墙高的25％。无外包砖（石）的土城，收分可达城高的50％。

2. 墙身厚度

（1）垛墙、宇墙的厚度：

垛墙的厚度一般不小于1.5倍砖长度。用虎皮石（毛石）砌筑的，厚度一般不小于60厘米。宇墙的厚度一般都小于垛墙的厚度，但最少不小于一块砖的长度。用虎皮石砌筑的，厚度一般不小于40厘米。

（2）垛墙、宇墙以下的墙身厚度：

城墙的外包墙身有两种作法，两种都是做成下厚上薄。一种是里皮线为垂直线，外皮线为升线（向内倾斜）；第二种是里、外皮线都为升线，里、外皮线的倾斜方向一致，但里皮线的收分小于外皮线。无论哪种作法，顶部墙厚最少应与垛口墙厚相同，厚的可达4块城砖长甚至更多。底部（土衬石处）墙厚为顶部厚度加收分尺寸，实例中有达7块城砖长甚至更多者。不以防御为主要功能的或小型的城墙，墙厚可适当减薄。以条石（块石）为砌筑材料的小型城墙，墙厚不小于一块石料的宽度，其宽度多在50厘米以上。以虎皮石（毛石）为砌筑材料的，墙厚一般不小于80厘米（背里也用毛石的除外）。

3. 材料做法

（1）内、外墙做法：

主要根据使用功能和就地取材的原则确定。砖墙做法最为常见，且以城砖最为常见，少数小型的城墙也有使用小砖砌筑的。一般都采用整砖露明的作法，不采用砖外抹灰的作法。皇宫城墙的重要地段（如宫门两侧）可采用外抹红灰的形式。

除砖墙以外，石墙做法也较常见，例如条石、块石、虎皮石（毛石）或鹅卵石（河光石）墙，石料多选择经济耐用的材质，如花岗石等。重要地段（如城门两侧）也可采用较好的石材，如青白石等。

较重要的城墙往往采用砖石结合的砌法，即采用"下石上砖"作法。

除上述砖、石城墙和上石下砖作法外，还有外皮不包砌砖石，完全采用夯土作法形式的城墙。这种城墙被称为土城，实物多为明代以前的城墙。

砖墙砌筑类型与砖的排列形式：城墙的砌筑类型多以糙砌为主，讲究者可采用细砖（干摆、丝缝）做法。砖的排列形式讲究者用一顺一丁，简单者用三顺一丁砌法，特别简单的也有采用十字缝砌法的。

下碱处理：①用几层条石或方整石做下碱，较重要的城墙一般都采用这种作法。作法简单的城墙，石下碱也可仅用在城门两旁。②作法更简单的城墙也可不设下碱，自土衬石（或砖）往上即是墙身。③宫门的城门或皇宫内的城墙常使用石须弥座。

（2）背里做法：

城墙的背里部分多采用夯土、夯土与夯土瓦砾（碎砖瓦）交替使用、灰土、砖、毛石或卵石几种作法。大多数城墙的背里都采用夯土或夯土与夯土瓦砾交替使用的作法。少数作法讲究者采用灰土作法。其配比除三七灰土外，也有采用二八灰土甚至一九灰土作法的。以上作法也有同时使用的，但讲究的作法要用在上部，例如下部用夯土上部用灰土，下部用灰土上部用砖，下部用夯土上部用砖等。在夯土或灰土层中可以加设紝木，即间隔性地加放一些横木，用以加强夯土或灰土层的整体性。外皮墙用虎皮石（毛石）的，背里大多也用毛石。外皮墙用鹅卵石的，背里大多也用鹅卵石。少数作法极讲的城台，往往用砖背里，即城台内全部用砖填实。无论哪种作法，地基处往往要衬几层条石并灌足灰浆，最上面的一层条石应高于地坪，以此作为防潮措施。

（3）地面作法：

城墙较少有直接以夯土作地面的，夯土之上一般都要做砖地面。做法简单者也有不做砖地面的，但也要做灰土地面（一般不少于两步）。

砖墁地的面层大多用城砖或方砖铺墁。一般采用糙墁作法。特别讲究的也可采用或部分采用细墁作法。砖缝排列采用十字缝形式。面层砖之下一般应墁"背底砖"，背底砖至少应墁 1～2 层，讲究的还可多墁几层。每层背底砖墁完后应灌足白灰浆或桃花浆。灌了浆的地面能很大程度地减少雨水的渗入。作法简单的城台地面，也有在地面砖下不墁"背底砖"，只打 1～2 步灰土的。

城台地面要留有较大的泛水，以利雨水迅速排出。因排水的沟眼大多设在内墙一侧，所以地面应做成外墙一侧高于内侧。

附：城墙地基基础的历史情况

在实际工程中往往会发现所修缮的城墙地基基础作法很简单，因此不少人都会认为自己所碰到的城墙不是常规作法，甚至得出该段城墙粗制滥造的结论。实际上这恰恰是当时的通行作法。城墙的基础大多都较浅。其地基大多采用素土夯实（或夯土层加瓦砾层）的做法，几乎不采用灰土做法。城墙基础很少采用灰土作法的原因是，在大量修建城墙的年代，灰土技术还未应用于建筑的地基基础中。

三、施工要点

1. 砖墙外皮收分的处理

（1）糙砌的，每层砖应比下面的一层退进若干，即采用"线道砖"（线道灰）作法（图3-2），这种作法又叫做蹭蹬作法。每层砖退进的尺寸应根据"收分"和砖的厚度算出。

（2）细砌的，应在砍磨砖时将砖砍出"倒切"，即砖的外棱为梯形坡状。"倒切"的大小按"收分"确定。

2. 里、外皮墙的拉结与背里墙的处理

由于城墙的外包墙与里皮（背里）的材料作法往往差异很大，因此应特别重视墙体的里外拉结问题。砌背里墙时铺灰不应太厚，灰浆应饱满，砖或毛石之间的缝隙不应过大，要用碎砖（石）"填馅"，不要用灰"填馅"。每层砖（石）都要灌浆。

3. 夯土的处理

对于背里部分采用夯土的城墙来说，夯土如果处理得不好，经过一段时间后会造成土体不均匀沉降或雨水的过量渗入，从而使夯土内部形成裂缝或孔洞。裂缝或孔洞又会使局部渗水更加严重，其危害主要表现在两个方面：一是会造成城台地面的下沉。二是土体对外墙侧向压力的增大。如果裂缝或孔洞位于外墙附近，长时间的雨水渗入将会对外墙造成更大的危害，轻者墙面潮湿酥碱，严重的会导致墙体变形甚至坍塌。为避免上述现象的发生，应做到以下几点：

（1）有条件时，土内可适量掺入白灰。或在最上面的 1～2 层采用灰土做法。

（2）夯土应过筛，不应含有石块、树叶、冻土等杂质。如为掺有瓦砾等的夯土，掺合料应分布均匀。

（3）夯土应分层夯打。每层的厚度（夯实后）最大不超过 20 厘米，以不超过 16 厘米为宜，作法极讲究的，夯实厚度可按不超过 6 厘米要求。夯土瓦砾作法的，每层厚度（夯实后）不超过 10 厘米。

（4）夯打应反复进行，直至夯实厚度达到虚铺厚度的 7/10 以下为止。

（5）因城墙是逐层退进砌筑的，每层砖或石块都会有一部分压在夯土上，因此夯土在外墙相接处与每层砌块都应取平，这样夯土才能与墙体更好地连成一体。

（6）分段施工时，接槎处应做成踏步槎，不应做成直槎，也不宜做成坡槎。

（7）边角处的夯打。边角处由于施工不太方便，尤其是使用施工机械夯打的，更容易出现夯筑不严实的情况。因此边角处必须用手工夯具仔细夯实夯严。夯碿等工具不应碰触到外墙，靠近外墙处要用拐子（图 1-1）仔细掜打。

（8）城墙上部的几层夯土夯实后，都应灌一次水，叫"落水活"。落水活不但可以使夯土层更加密实，同时也是做了一次试验，可以避免真正下雨时才发现地面的局部塌陷。但必须是在正常打完夯的基础上进行，绝不能简单地用水打夯的方式取代打夯工序。灌水完成后还要再进行一次夯筑，将土完全夯实后才能铺下一下层土或墁地。

第十节　其他墙体介绍

1. 金内扇面墙和隔断墙

（1）金内扇面墙：扇面墙俗称"苫披墙"，因位于金柱之间，故又称为金内扇面墙。如果说后檐墙（或前檐墙）是位于檐柱之间的墙体，那么扇面墙可说是位于前、后檐方向上的金柱之间的墙体。古人由此引申，只把山面檐柱之间的墙叫做山墙，而把山面金柱之间的墙体也叫做扇面墙或"苫披墙"。

扇面墙的下碱与山墙或后檐墙的下碱作法相同，下碱厚度最小为 1.5 份柱径。其上身里皮往往采用落膛做法，但也可采用其他做法。外皮多采用整砖或抹灰作法。扇面墙的上端外皮，多用签尖、拔檐作法（参见老出后檐墙）。里皮既可与外皮作法相同，也可直接在木枋下抹成八字。

（2）隔断墙：又叫"截断墙"，是平行于山墙的室内墙体。当木架为"硬山搁檩"作法时（没有梁，檩搭于墙上），隔断墙称为"架山"或"夹山"。隔断墙与山墙或后檐墙的里皮作法相同，上端应砌至顶棚内。"硬山搁檩"作法的，上端应按坡度退出山尖。隔断墙的厚度一般不小于柱径。"硬山搁檩"作法的，厚度不小于 1.5 倍柱径。

2. 女儿墙

女儿墙古时写作女墙，口语儿音化后读作"女儿"墙，并由此写成女儿墙，近现代以后在读法上被去掉了儿音，成了"女儿"墙。女儿墙是指较矮的（一般不超过肩部）位于房上、墙上或高台上的墙体。多见于平台房上、城墙的内檐墙上或楼台之上，有拦护和装饰双重功能。古建墙体中采用女儿墙做法最精妙的例子当属在墙上做女儿墙了。当院墙需要加高，但又不希望有壁垒森严的感觉时，采用在墙上加砌女儿墙的方法是最好的解决办法。

墙体既可以砌实墙也可以采用花砖或花瓦作法。采用花砖和花瓦作法时，常直接称为花墙子。在立面形式上女儿墙可做成三部分，即底座、墙身和墙帽，也可以做成两部分，即墙身和墙帽。如做底座，多为几层砖的形式，或为两层退台形式，无论是砖墙形式还是退台形式，都要比墙身稍宽，即墙身的里、外皮都要留出金边。底座的高度一般不超过墙帽。墙身做花瓦、花砖的，两端应砌"撞头"（砖垛）。花瓦、花砖做法的，其墙帽一般采用两层砖檐压顶形式，砌实墙的，既可采用砖檐压顶做法，也可采用兀脊顶做法。琉璃砖瓦的女儿墙为大式作法，其墙帽多用兀脊顶形式（参见图 3-13、图 3-56）。

3. 金刚墙

金刚墙有两大类，一类是指一些隐蔽（或不易看到）的墙体。例如，陵寝建筑中砌在地下的安全围护墙、台明包砌砖（或石）的里皮墙、廊心墙的里皮墙、博缝砖里面的几层砖、瓦垄与天沟交界处代替连檐的两层砖、单面做法的花瓦后背的几层砖等，都可以叫做金刚墙。另一类是指一些敦实有力的底座，这类底座造型大多较为简单，一般用大块石料包砌，偶有用砖包砌的应理解为词义上的引申。这类金刚墙常见者如桥墩、宫殿寺庙建筑（一组建筑）下的高大的墩台等。用于宫殿寺庙建筑且做法讲究者，往往又被称做金刚座或金刚宝座。"金刚墙"是带有形容色彩或文化意义的词语，因此无论哪种金刚墙，大多还另有从功能角度命名的更直接的名称，如台明或博缝砖背后的金刚墙叫做背里砖，天沟金刚墙叫做砖连檐，石桥的金刚墙叫做桥墩或平水墙，宫殿寺庙建筑群下的金刚墙叫做台子或台跺（俗称"台度"、"达度"、或"达子"）等。

金刚墙具体做法因不同用途差异很大，完全取决于它所服务的对象。

4. 扶手墙

扶后墙也叫做护身墙。用于马道、山路、台阶等两侧及其延伸部分（休息平台）的临边处。如果说女儿墙是具有拦护和装饰双重功能的话，扶手墙则更具有阶梯护栏的属性。因此扶手墙往往较女儿墙做法简单，例如，大多只做墙身和墙帽两部分，不再做底座部分，墙身往往做得较简单。总高（包括墙帽）不超过人体胸部。一般应做实墙，但在园林中也可采用花砖形式。墙身的作法风格一般应与所属建筑的院墙的作法风格相同，例如院墙为虎皮石做法，扶手墙也应砌虎皮石，院墙抹红灰，扶手墙也应抹红灰。墙帽多做兀脊顶，简单的可做馒头顶（图 3-51、图 3-56）。

5. 看面墙

一种装饰性的墙面作法。常用于垂花门两侧的墙上、作法讲究的卡子墙上或作法讲究的门楼两侧的院墙上。看面墙的下半部分一般只做普通的卧砖形式的下碱而不做须弥座形式。下碱的砌筑类型多为干摆做法。上身主要采用两种形式：（1）与影壁心作法相同（详见本章第十一节）。（2）与落膛作法相同（参见本章第一节相关内容）。这两种形式中，以影壁心作法更为常见。

第十一节　影　　壁

一、影壁的分类

按照材料的不同，可分为普通青砖影壁和琉璃影壁。石影壁很少见，但影壁中常在局部使用石活。小式建筑的影壁中一般只用压面石和角柱石。大式建筑的影壁除用石须弥座以外，有时甚至将柱子、大枋子、上、下槛等构件也用石料制成。偶见的石影壁，大多是仿照青砖影壁的样式做成的。

在上述同一类影壁中，影壁的名称根据位置和平面形式而定，有座山影壁、一字影壁、八字影壁和撇山影壁之分。座山影壁位于院内与大门相对的山墙上，一半露明，一半坐落在山墙上（图3-83）。

一字影壁大多位于大门外，与大门相对而建（图3-83）。当院内无"山"可坐的时候，也需按一字影壁修建（图3-84）。

八字影壁位于大门外，与大门相对，平面呈八字形（图3-84）。

撇山影壁位于大门外两旁。平面上也呈八字形，因与大门的山墙方向成"撇"向而得名。根据平面形式的不同，又分为普通撇山影壁（图3-85）和"一封书"撇山影壁（图3-86），其中一封书撇山影壁又叫"雁翅影壁"。

二、影壁作法

（一）青砖影壁

1. 下碱

青砖影壁的下碱，多采用干摆作法。作法特别简单的，也可采用糙砌作法。如果院内外地面高度相近，下碱以下只用一层露明的土衬石，土衬金边宽可按土衬露明高的1/3，如果院外地面较低。土衬石以下应再加砌一个基座（墩台，俗称台子或台踪）。影壁土衬上皮应与门楼台基土衬上皮平，但也可以比门楼台基土衬矮"一阶"，即矮一个阶条石的厚度。

大式青砖影壁常以须弥座形式替代下碱部分（图3-87、图3-88）。一般为砖须弥座，讲究者可为石须弥座形式（参见第六章石作第四节相关内容）。须弥座有三个部分：束腰以上、束腰和束腰以下。这三个部分各约占须弥座总高度的1/3，如束腰以上和束腰以下需增加尺寸，可占用一定数量的束腰尺寸，但束腰尺寸最小不可小于两层砖的厚度。须弥座各层出檐尺寸可参照冰盘檐尺寸（表3-4）。束腰除用卧砖砌法外，还可用方砖或城砖陡砌。束腰的中间和两端可以雕凿花饰，两端应雕成"玛瑙柱子"。砖须弥座的做法类型与上身做法有关，例如上身只要有细砖做法，须弥座就应采用干推（干摆）做法，上身全部为糙砌时，须弥座应采用淌白或糙砌做法。细作的砖须弥座，土衬和盖板一般应采用石活。

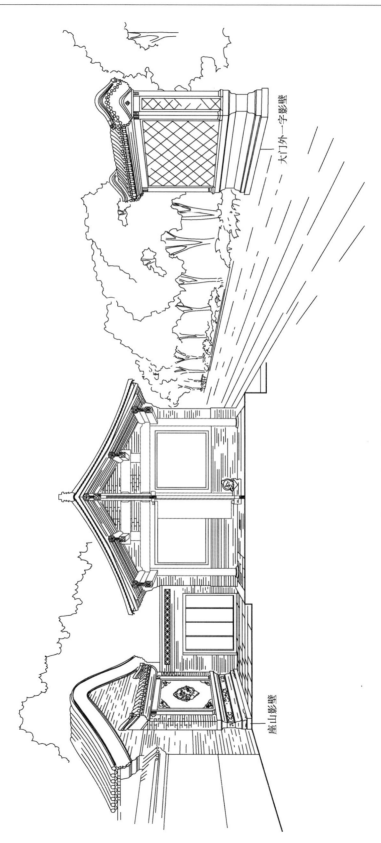

图 3-83　座山影壁与大门外一字影壁

大门外一字影壁

座山影壁

八字影壁

大门

院内一字影壁

图 3-84　八字影壁与院内一字影壁

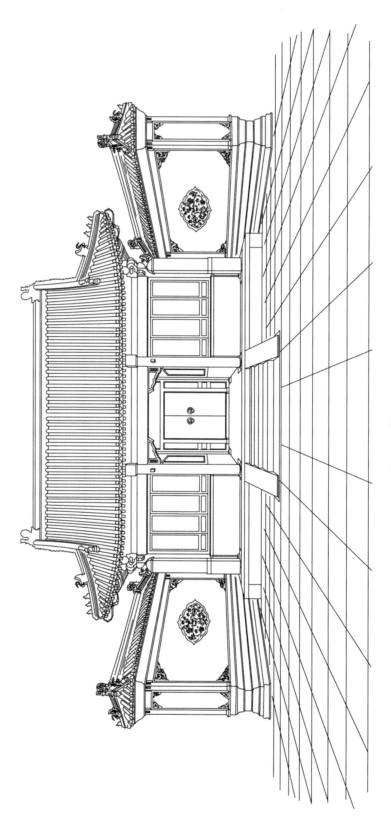

图 3-85 普通撇山影壁

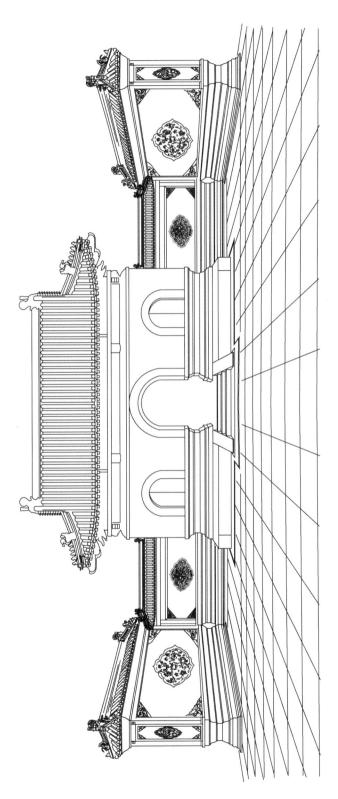

图 3-86 "一封书"撇山影壁

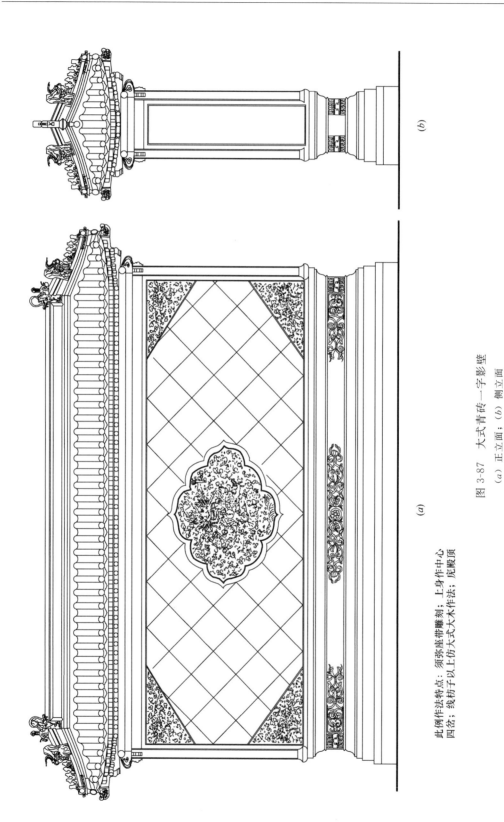

(b)

(a)

图 3·87 大式青砖一字影壁

(a) 正立面；(b) 侧立面

此例作法特点：须弥座带雕刻；上身作中心
四岔；线枋子以上仿大式大木作法；庑殿顶

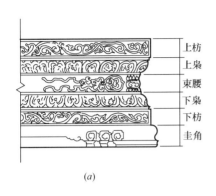

(a)

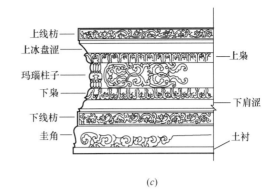

(c)

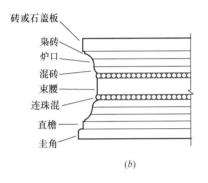

(b)

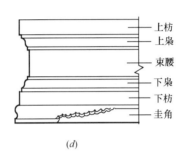

(d)

图 3-88 影壁须弥座的不同作法

（a）带雕刻的砖或石须弥座；（b）砖须弥座；（c）琉璃须弥座；（d）石须弥座

2. 上身

（1）上身的固定作法：

影壁上身的作法有着固定的样式，即"影壁心"作法。影壁心以方砖心作法为主，四周仿照木构件做出边框装饰（图 3-89），边框之外还可以砌一段墙，叫"撞头"（图 3-89）。细作的影壁上身，"影壁心"为干摆形式，"撞头"应为丝缝形式。

影壁心砖件做法：

①用于影壁方砖心四周的砖件为：柱子（砖柱）、马蹄磉、线枋子、大枋子（箍头枋子或虎头枋子）、耳子、三岔头。砖件所处位置如图 3-89 所示，形状尺寸如图 3-90 所示。

②无撞头者，砖柱可做成圆柱形。上端柱子两侧的三岔头，应改做耳子，即应与正面的耳子做法相同。

③有撞头者，柱子表面可为素平或洼圆两种形式，不论取哪种形式，砖棱均应做成"窝角棱"。柱头正面的耳子，可做成花瓶形式，叫做"瓶耳子"。

④下端只有线枋子，没有大枋子，这与落膛作法不同，须特别注意。

墙心多为方砖硬心作法：因方砖立置的方式形似旧时中药铺的幌子，故俗称"膏药幌子"。墙心上也常做砖雕花饰，构图方式多为中心四岔（图 3-86、图 3-87）。

方砖心分位的计算：

①根据建筑的等级、规模及影壁心（方砖心）的面积大小等因素决定方砖的规格。大式建筑多用尺四或尺七方砖，小式建筑多用尺二方砖。

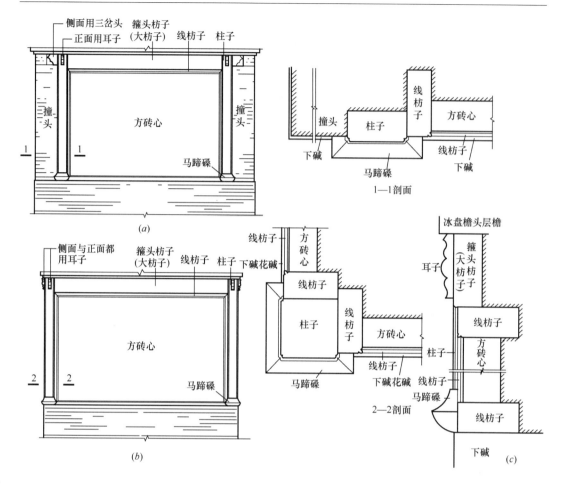

图 3-89 影壁及看面墙的固定作法
（a）有撞头的作法；（b）无撞头的做法；（c）纵剖面

②初步确定方砖心的总高和总宽（不包括线枋子）。总高和总宽尺寸与影壁的尺度有关，具体的确定方法详见表 3-5 的相关内容。

③方砖心的总高或总宽，应以每块方砖的斜长（即对角线的长度）为基本单位算出（图 3-91）。例如总高为 4 个斜长，用尺四方砖，斜长初定为 50 厘米，则总高为 2 米。

④用总高和总宽分别除以方砖的斜长，得数须为整数，如不能整除时，应适当调整砖的长度。必要时，也可适当调整方砖心的总尺寸。

⑤能够用被总尺寸整除的方砖斜长，就是确定了的方砖斜长的砍净尺寸（图 3-91），应以这个尺寸作为砍磨方砖的尺寸要求。

（2）上身砌筑要点：

影壁上身的砌筑方法与廊心墙的砌筑方法大致相同。里皮为糙砖墙体（金刚墙），外皮如为细作形式，影壁心为干摆作法，撞头为丝缝作法。方砖心、箍头枋子、柱子等立置砖件的后口，要用"木仁"（短木棍儿）与金刚墙相连。木仁的一端卡在砖上的缺口上（事先凿好），另一端压在金刚墙内。木仁可用木料、铁料或瓦料制成。方砖心应比线枋子退进若干。退进的尺寸应以能露出线角为宜。大枋子应与柱子砌平。

每层砌完后都应灌浆，最后修理打点。

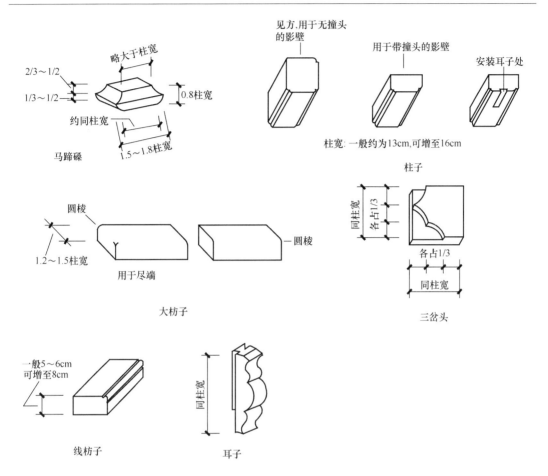

图 3-90　影壁心的砖件及其尺寸

如无撞头，影壁侧面作法同正面作法。

3. 上身至瓦顶之间的作法

（1）硬山影壁：

硬山影壁的上身至瓦顶之间多做冰盘檐，而且是大多为带砖椽的冰盘檐，两山为"小红山"作法（图 3-92）。

（2）悬山影壁：

悬山影壁的上身至瓦顶之间的作法如下：自箍头枋子以上，应按木梁架的形式做出砖垫板、砖檩、砖椽望和砖飞椽等构件。山面还要做出砖三岔头、砖燕尾枋、砖博缝及砖柁头等（图 3-93）。

（3）庑殿、歇山式影壁：

庑殿、歇山式影壁上身至瓦顶之间的作法有 3 种：

①做冰盘檐（不带砖椽），两山也做冰盘檐（图 3-85）。

②自箍头枋以上做成砖垫板、砖檩、砖椽望、砖飞椽等，两山作法与正身作法相同（图 3-87）。翼角部分的椽飞只往上翘起但不必向外冲出，角梁部分可分别做出老角梁和仔角梁，也可以只做仔角梁。仔角梁头可装套兽，也可做三岔头。如只做成仔角梁（单角梁）形式，角梁一般应水平放置。若砖的长度不能满足制作要求，可用石料制成。

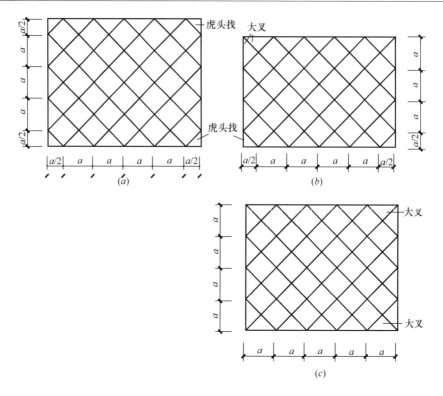

图 3-91 影壁心的方砖分位

(a) 四角均为虎头找；(b) 上部为大叉，下部为虎头找；(c) 四角均为大叉

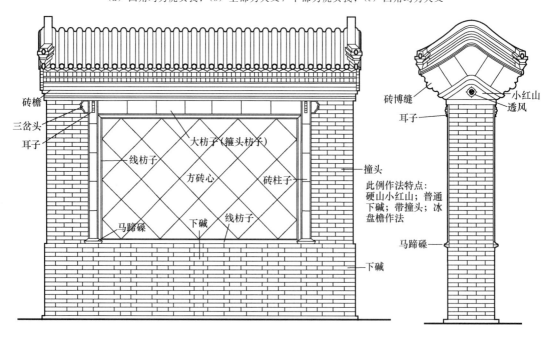

图 3-92 硬山一字影壁

③极讲究的大式影壁，在大枋子以上做砖平板枋、砖斗栱，砖斗栱上做砖檩、砖椽望等构件（参见图 3-95a）。

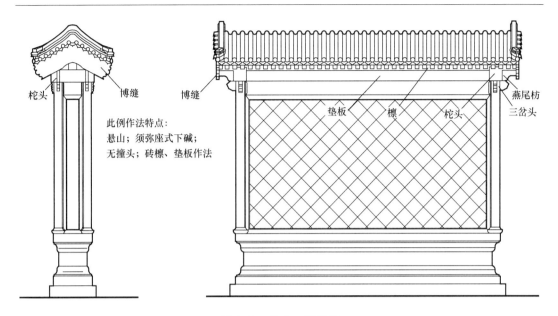

图 3-93　悬山一字影壁

4. 瓦顶

青砖影壁的瓦顶大多为筒瓦作法，具体作法可参见各种瓦顶作法。关于影壁屋脊、吻兽的规矩、尺度的确定参见表 3-5 及表 5-15 的相关内容。

5. 影壁砖雕介绍

影壁砖雕大多装饰在以下部位：博缝头、须弥座、小红山上的山坠（透风）、砖椽子、影壁心、耳子（做成花瓶插花状，称为"瓶耳子"）、三岔头。影壁心多为中心四岔作法（图 3-94），也有在中心部位成字匾的。大式建筑的影壁砖雕大多不像小式建筑的影壁砖雕那么讲究，一般只在影壁心上作中心四岔雕刻。

（二）琉璃影壁

1. 下碱

琉璃影壁的下碱除可采用普通整砖下碱外，更多的情况是采用须弥座形式。琉璃影壁的须弥座多为石须弥座或琉璃须弥座（但土衬、角柱和盖板也常为石活）。琉璃须弥座的分层名称如图 3-88（c）所示。

2. 上身

上身的主要构件是：礤科（即马蹄礤）、柱子、槛砖（即下槛）、替桩（即上槛）、额枋、中心花和岔角、耳子，必要时可用由额垫板、由额（小额枋）、霸王拳。

琉璃影壁上身常采用的有以下几种作法：

（1）糙砖软心（抹灰）刷红土浆。

（2）局部用琉璃饰面砖（如中心四岔作法），花饰以外的空当仍采用软心刷红浆作法。

（3）局部用花饰砖，花饰以外的空当用普通卧砖作法。

（4）全部用卧砖。

（5）用琉璃方砖心。

3. 砖檐或斗栱

琉璃影壁自额枋以上可作琉璃砖檐（图 3-95b），大多为四层或五层冰盘檐。也可改用

图 3-94 影壁心中心四岔砖雕二例（一）

(a)

(a) 小式影壁一例（本例中心花为"凤栖牡丹"，岔角为"梅兰竹菊"）

(b)

图 3-94　影壁心中心四岔砖雕二例（二）

(b) 大式影壁一例（本例为中心四岔西蕃莲）

琉璃斗栱和桁檩椽望（图 3-95a）。斗栱及桁檩椽望的主要构件有：平板枋、平身科斗栱、角科斗栱、垫栱板、机枋（挑檐枋）、黄虚错角（宝瓶）、挑檐桁、起翘（枕头木）、板椽（椽子带望板）、斜椽、盖斗板、角梁。

(a)

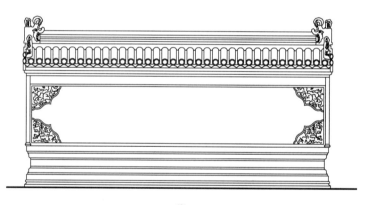

(b)

图 3-95　一字琉璃影壁

（a）带斗栱的琉璃影壁；（b）普通琉璃影壁

4. 瓦顶

琉璃瓦顶大多采用庑殿顶或歇山顶，屋面宽瓦及调脊作法参见第五章屋面的有关内容。关于影壁屋脊、吻兽的规矩、尺度的确定参见表 3-5 及表 5-10 的相关内容。

三、影壁的尺度及各部作法的变化规律

1. 影壁的尺度

影壁各部分的尺度见表 3-5。

影壁各部分的尺度

表3-5

影壁类别		长	厚（上身）	墙身高（土衬上皮至大枋子上皮）	下碱（或称座）高	布瓦顶 瓦号	布瓦顶 脊高、吻高	琉璃瓦顶 瓦样	琉璃瓦顶 脊高、吻高
一字影壁	门内一字影壁	等于或略大于大门罩头间的距离	$1/4～1/5$ 墙身高	以大门檐枋为标准。影壁大枋子应低于檐枋。以影壁冰盘盘檐不超过檐枋为宜	约占 $1/3$ 墙身高。下碱土衬与大门石阶条石同高	一般用10号筒瓦	多为小式作法。正脊一般用垒脊或清水脊	多用八、样瓦	正脊一般用过垄脊
	门外一字影壁	$1.1～2$ 倍门楼通面阔。影壁两端与山墙侧檐柱中点的连线，与山墙中轴线的夹角以 $10°$ 左右为宜	$1/3～1/7$ 影壁墙身高，一般取 $1/4～1/5$	以门楼大额枋（小式壁为墙檐枋）为标准。影壁大枋子最高不超过门楼大额枋。影壁正脊上皮最低不低于门楼大额枋或檐枋					
	独立一字影壁（单影壁）	小型：10米以内；中型：$15～20$ 米；大型：$20～30$ 米；特大型：不超过50米	同上。大型不超过4米；特大型不超过5.5米，一般取2.2米	中、小型不超过4米；大型不超过5.5米；特大型不超过 $6～8$ 米	墙身3.8米以下时，约占墙身高的 $1/3$；3.8米以上时，约占墙身高的 $1/5$；下碱土衬应与大门台基同高或稍矮	按墙身高2.8米以下用10号瓦（大式可用3号瓦）；3.8米以下用3号瓦；3.8米以上用2号瓦	大式：按墙身高。2.8米以下，陡板高 $8～10$ 厘米以下；3.8米高，$10～13$ 厘米；3.8米以上，陡板高 $13～18$ 厘米；正吻全高不超过全高的3倍。小式：正脊多用垒脊	按墙身高。2.8米以下用八样；2.8米以上用九样；3.8米以上用七样	用承奉连砖代替三连砖，或使用小 $1～2$ 样规格的正通脊。不用群色条。正吻为正通脊高。承奉连砖的3倍
八字影壁	全长	同门外一字影壁规定 （图：45°或60°，45°或60°，3/5～4/5全长，全长，a，1/3～1/5a）							
	一字部分		$1/3～1/5$ 影壁墙身高，一般取 $1/5$	一字部分：同门外一字影壁规定	一字部分：同门外一字影壁规定				
	八字部分			八字部分：屋檐不超过一字部分的砖檐上皮；屋脊不超过一字部分的屋脊；正脊不超过一字部分的平板枋	八字部分：①冰盘盘檐作法的；②嘛垫枋作法的；③斗栱作法的				

续表

影壁类别		长	厚（土身）	墙身高（土衬上皮至大枋子上皮）	下碱（或须弥座）高	布瓦顶 瓦号	布瓦顶 脊高、吻高	琉璃顶 瓦样	琉璃顶 脊高、吻高
座山影壁		砖柱子外皮至外皮的距离等于墙心外皮至里皮之间的距离	无疆头作法：方砖心外皮与山墙外皮线在同一皮上，直线作法；有疆头作法：方砖心或疆头外皮比山墙外皮宽出0.5～1.5砖宽	大枋子应低于门楼枋，以冰盘檐为宜。屋脊尽量不超过所在山墙搏缝	约占1/3墙身高。下碱土衬石宜与大门阶除条石同高	一般用10号筒瓦	多为小式作法。正脊一般用清水脊	多用八、九样瓦	正脊一般用过垄脊
封书撒山影壁	普通撒山影壁 全长	1.5～2倍大门通面阔	1/3～1/7影壁墙身高，一般取1/4～1/5	从门楼屋檐往下翻活。影壁正脊（有正吻的指正吻）应低于屋檐	同上	按墙身高：2.8米以下用10号瓦（大式可用3号瓦）；3.8米以下用2～3号瓦；3.8米以上用2号瓦	大式：按墙身高：2.8米以下，陡板高8～10厘米；10～13厘米以上，陡板高13～18厘米；3.8米以上，正吻全高不超过陡板的3倍，即吻全高与本身宽尺寸之比不超过3：1；小式：正脊多用过垄脊	按墙身高：2.8米以下用九样，3.8米以下用八样，3.8米以上用七样	用承奉连或砖正脊三连通脊代替正脊；或使用1～2样规格的正通通脊；不用群色条；正吻全高或承奉连砖为正通通脊的3倍
	一字部分	1.5～3倍大门通面阔		方法1：先定一字部分的正脊高（同普通撒山影壁的规定）。方法2：先定八字部分的高（同大门外一字影壁高的规定），但一字部分的正脊（有正吻的指正吻）应低于门楼屋檐。八字部分宜高于一字部分的正脊屋檐高，但也可与一字部分同高					
	八字部分	a=1-3倍上檐出							

2. 影壁各部分作法的变化规律

影壁各部分作法的变化规律如图 3-96 所示。

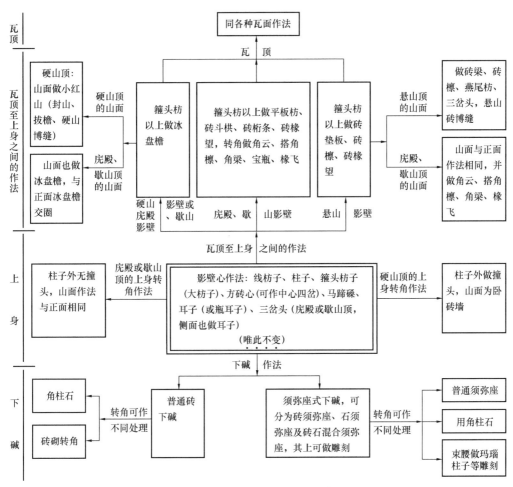

图 3-96 影壁各部分作法规律

第十二节 墙 体 抹 灰

一、古建筑抹灰墙面的颜色特征

传统抹灰墙面的不同颜色有着相对固定的习惯性。这种习惯性在一定程度上决定了一个地区乃至中国建筑的固有色调。在文物建筑修缮或历史文化名城保护工作中，如果选择了错误的颜色，也就改变了传统建筑的历史风貌。古建墙面抹灰的颜色有白、浅灰（月白灰）、深灰（青灰）、黄灰、红灰几种。各种抹灰墙面颜色的主要用法规律如下：

1. 白灰墙面的用法规律

在北方及官式建筑中，有着如下规律：

（1）主要用在室内，主要指民居或大式建筑的居室。内墙抹白灰（包括抹泥墙面的刷白），大多是将墙面从上到下都抹白，叫做"四白落地"。

（2）寺庙、宫殿的室内不做白灰墙面。

（3）室外用在传统四合院游廊的廊内一侧，但房屋的廊心墙不做白灰墙面。

（4）北方仿江南园林风格的墙面常采用抹白灰形式。

（5）白灰不用在外檐墙面（土墙抹灰除外），由白色墙面构成的建筑色调不是北方城市的传统色调。

（6）无梁殿式样的坛庙、祠堂门楼，砖券内侧（包括券顶）不应抹白灰。

（7）寺庙、王府等大式建筑和宫殿建筑，凡是墙的下碱以及槛墙都不应采用抹白灰形式。

（8）在官式建筑和一些地方建筑中，旧时室内墙面的习惯作法是在抹灰墙面（包括木板隔墙）上贴墙纸，而不是显露白灰。稍讲究的房屋更是如此，只有简易的作法才会在抹泥的墙面上刷白灰水。贴墙纸作法的起因是由于早期建筑的墙面大多是抹泥而不是抹灰，泥的表面既粗糙又不牢固，而墙纸则可以装饰和固化墙面。出现抹灰墙面以后，这个传统习惯仍没有改变，一直到20世纪四五十年代以后才开始逐渐改变。

在江南地区，白色是室外墙面的主要色调之一，与官式建筑和古代北方城市以灰色为主的风格形成了鲜明的对照。

2. 月白灰与青灰墙面的用法规律

月白灰墙面为灰色墙面，青灰墙面为深灰色墙面。灰色的抹灰与青砖共同构成了中国北方墙面以灰色为主的特点，而灰色的墙面与灰色的瓦面又共同构成了中国建筑的主色调之一。月白灰与青灰墙面的用法如下：

（1）月白灰墙面应选用深月白灰，不应选用浅月白灰。

（2）月白灰墙面用于北方小式建筑或民居的外墙。

（3）青灰墙面是在抹好月白灰的基础上刷青浆赶轧而成的。青灰墙面既用于小式建筑，也用于大式建筑（主要为寺庙），两者都只用在外墙。

（4）作法简单的大式建筑，廊心墙可抹青灰，但游廊的廊心墙不抹青灰。

（5）大式建筑不做月白灰墙面（不包括券底）。

（6）作法特别简单的宫殿建筑，外墙偶尔也采用青灰墙面。

（7）无梁殿式样的坛庙、祠堂门楼，砖券外侧采用整砖露明作法时，内侧（包括券顶）如抹灰，应抹月白灰或青灰。

（8）上述各种用法都是只用于墙体的上身，不用于下碱和槛墙。

（9）作法简单的民居，下碱和上身都用碎砖时，外檐墙的上身抹月白灰，下碱抹青灰。

3. 红灰墙面的用法规律

（1）是皇家建筑的常用颜色。大多用于宫殿的外墙，偶尔也见于内墙。

（2）用于北方寺庙建筑的外墙，偶尔也见于内墙。

（3）清代亲王王府中重要建筑的外墙也有采用红灰作法的。

（4）只用于墙体上身，不用于下碱和槛墙。

（5）偏红的土红色是中国建筑传统红墙的正宗颜色，不应做成紫红色或粉红色。

4. 黄灰墙面的用法规律

（1）用于宫殿建筑的内墙、廊心墙、游廊的内侧墙面。

（2）用于北方寺庙建筑的内墙、廊心墙、游廊的内侧墙面。

（3）是江南寺庙、祠堂、会馆等公共建筑的常用颜色，既用于外墙也用于内墙。

（4）无梁殿式样的坛庙、祠堂门楼，砖券外侧抹红灰时，内侧（包括券顶）如也抹灰，应抹黄灰。

（5）上述各种作法只用于墙体上身，不用于下碱和槛墙。

（6）深米黄色或明度、彩度较高的深土黄色为黄色墙面尤其是官式建筑黄色墙面的正宗颜色（用于重要的宫殿建筑时也可采用略偏红的杏黄色），不应做成正黄色或金黄色。江南建筑常采用偏红的杏黄色。

二、靠骨灰

靠骨灰又叫刮骨灰或刻骨灰。其特点是，底层和面层都用麻刀灰。不同颜色的靠骨灰有不同的叫法：白色的叫白麻刀灰或白灰，抹白灰叫做抹"白活"，浅灰色或深灰色的叫月白灰，月白灰抹后刷青浆赶轧呈灰黑色的叫青灰，红色的叫红灰，黄色的叫黄灰。

靠骨灰的操作方法：

1. 底层处理

（1）浇水。墙面必须浇湿，这道工序至关重要。故工匠中有"水是瓦匠的胶"之说。靠骨灰的主要材料是熟石灰（氢氧化钙），氢氧化钙和空气中的二氧化碳生成碳酸钙。碳酸钙具有一定的硬度。但这种化合过程需要一定的时间，当灰干燥后，这种化合反应即自行停止。因此，湿润的墙面可为熟石灰的硬化提供充分的条件。干净湿润的墙面还有利于墙面与灰浆的附着结合。

（2）旧墙处理。如果是在旧墙面上抹灰，除应浇水以外，还要进行适当的处理。当墙面灰缝脱落严重时，应以掺灰泥或麻刀灰把缝堵严填平，此手法称为"串缝"。当墙面局部缺砖或酥碱严重时，应在大面积抹灰前预先用麻刀灰分几次将局部抹平。

（3）钉麻和压麻。钉麻或压麻是讲究的作法，普通抹灰墙面无需采用此方法。钉麻、压麻的作用在于防止灰层空鼓脱落，并能加强灰层的整体性。钉麻作法是将麻缠绕在钉子上，然后钉入灰缝内，叫做钉"麻揪"。早期大多使用木钉或竹钉，明、清两代更多使用的是铁制的"镊头钉子"，但也可用竹钉代替。钉子之间相距约50厘米，每行钉子之间的距离也为50厘米，上、下行之间应相错排列。还有一种钉麻方法是先把钉子钉入墙内，然后用麻在钉子间来回缠绕，拉成网状。压麻作法是在砌墙时就把麻横压在墙内，抹灰打底时把麻分散铺开并轧入灰内。钉麻和压麻作法可以同时使用。

2. 打底

用大铁抹子（不可用木抹子）在经过处理的墙面上抹一层麻刀灰。这一层灰应以找平为主，既不应刷浆也不轧光，否则不利于打底灰与罩面灰的结合。如果抹完打底灰后仍不能具备抹罩面灰的条件时，例如存在局部明显凹凸不平、严重开裂、灰缝收缩明显（俗称"抽"）等现象时，应再抹一层打底灰，低洼处可再多抹一次。打底灰应在干至七成左右时再抹罩面灰，否则会影响外观质量。尤其是在只抹两层灰的情况下，更容易出现质量问题，因此应特别注意。

内檐抹灰多用煮浆灰（灰膏），外檐抹灰应使用泼灰或泼浆灰。外檐抹灰如使用灰膏，由于其密实度比泼灰差得多，这样的墙面很容易渗入水汽（吸水率高），因此抗冻能力较低，容易造成灰皮的损坏，因此传统抹灰强调外檐要使用泼灰。

3. 罩面

用大铁抹子或木抹子在打底灰之上再抹一层麻刀灰，这层灰要尽量抹平。有刷浆要求的可在抹完后马上刷一遍浆，然后用木抹子搓平，随后用大铁抹子赶轧。这次赶轧时，应尽量把抹子放平。如果面积较大，不能一次抹完时，可分段随抹随刷随轧。刷浆和轧活的时间要根据灰的软硬程度决定。灰硬应随后就刷浆和轧活；灰软可待其稍干时再刷浆和轧活，否则会造成凹凸不平。分段抹灰时应注意，接槎部分不要刷浆和赶轧，应留"白槎"和"毛槎"。

打底和罩面灰的总厚度一般不超过 1.5 厘米，宫殿建筑（压麻作法）的，抹灰厚度大多在 2 厘米以上。

4. 赶轧、刷浆

待罩面灰全部抹完后，要用小轧子反复赶轧。室内墙面或室外红灰、黄灰墙面应横向赶轧，讲究的青灰墙面可竖向轧出"小抹子花"。抹子花的长度不超过 35 厘米，每行抹子花应直顺整齐。室内抹"白活"的，轧活次数应根据外观效果决定。室外抹灰的，赶轧有"三浆三轧"之说，实际上轧活的次数应不少于三次。次数越多，灰的密实度就越高，使用寿命也就越长。青灰墙面每赶轧一次，事先就应刷一次浆，最后应以赶轧出亮交活。如果最后刷 1～2 次浆但不再赶轧，叫做刷"蒙头浆"。传统习惯是，月白灰和青灰墙面多采用轧光方式交活，红灰和黄灰墙面大多采用蒙头浆作法。

青灰墙面的刷浆材料为青浆，用青灰调制而成。红灰墙面的刷浆材料为红土浆，传统的红土浆用红土粉调制。近年来多用氧化铁红代替，缺点是浆色呈紫红色，与传统红土浆的红色有差别，因此文物建筑修缮时不应使用。黄灰墙面的刷浆材料为包金土浆，用包金土子调制。包金土子是一种质量更好的土黄粉（黄土子）。成色好的土黄是包在石黄外面的一层，石黄又叫黄金石，因此成色好的土黄就叫包金土子或包金土。传统的包金土色的颜色特点是，比偏深的土黄色的明度和彩度更高，呈深米黄色。近年来正宗的包金土子已难买到，工程中大多使用的是其他黄色涂料，因此常常会出现与传统包金土色不一致的情况，常见者如浅黄色或金黄色等。传统建筑尤其是文物建筑，应保持传统的深土黄色。没有正宗的包金土子时，可采用调色的方法调成。例如用两份石黄、五份樟丹、一份雄黄调配而成，又如用深地板黄加适量樟丹再加适量白粉等。采用调色方法时一定要考虑不同的颜色日久变色的程度不同而影响日后的效果，甚至完全改变了颜色。比较保险的办法是就使用普通的深土黄色（黄土粉），虽然颜色不如包金土漂亮，但永远会保持深土黄色。用于很重要的宫殿建筑时，也可在土黄浆中掺入雄黄浆。用于极重要的宫殿建筑时可直接刷雄黄浆，其颜色呈略偏红的杏黄色。南方有些地区的黄色墙面采用下述作法：先刷 2～3遍白灰浆，干后再刷 1～2 遍绿矾水，即会呈现偏红的杏黄色。

三、泥底灰

所谓泥底灰是以泥作为底层，灰作为面层。泥内如不掺入白灰，叫素泥，掺入白灰的叫掺灰泥。为增强拉结力，泥内可掺入麦余等骨料。面层所用的白灰内一般应掺入麻刀，有特殊要求者，也可掺入棉花等其他纤维类材料。

四、滑秸泥

滑秸泥作法俗称"抹大泥"，抹泥是最古老的一种墙面抹饰方法，"烂泥扶不上墙"的形容语即由此而来。在清官式建筑中，砖墙抹泥作法已不多见，但在民居和地方建筑中，直到 21 世纪初期还有使用。泥料既可以是掺灰泥，也可以是素泥。泥中掺入的滑秸又叫麦余，麦余即小麦秆，有时也用麦壳。也可用大麦秆、荞麦秆、莜麦秆或稻草代替。使用前可将麦秆适当剪短并用斧子把麦秆砸劈，并用白灰浆把滑秸"烧"软，最后再掺入泥中。如果麦余中含有麦壳，可将麦壳和麦秆事先分开，打底用的泥内应以麦秆为主，罩面用的泥内应以麦壳为主。

滑秸泥的表面经赶轧出亮后，可根据不同的需要涂刷不同颜色的浆。

五、壁画抹灰

壁画抹灰的底层作法与上述几种作法的底层作法相同，但面层常改用其他作法，例如使用蒲棒灰、棉花灰、麻刀灰、棉花泥等。这几种作法均需赶轧出亮但一般不再刷浆。如为抹泥作法，表面可涂刷白矾水，以防止绘画时色彩的反底变色。

六、其他作法

(1) 纸筋灰。适用于室内抹白灰的面层，厚度一般不越过 2 毫米，底层应平整。

(2) 三合灰。三合灰俗称混蛋灰，由白灰、青灰和水泥混合而成。具有短时间内硬结并达到较高强度的特点。三合灰（混蛋灰）产生于 20 世纪 50 年代，是传统技术与现代技术结合的产物

(3) 毛灰。适用于外檐抹灰的面层，主要特点是在灰中掺入人的毛发或动物的鬃毛。毛灰的整体性较好，不易开裂和脱落。

(4) 焦渣灰。民间作法，利用煤料炉渣加白灰制成，因炉渣又称焦渣而得名。焦渣灰墙面较坚固，但表面较粗糙。多用于普通民房的室外抹灰，也可作为各种麻刀灰墙面的底层灰。

(5) 砂子灰。即现代所称的白灰砂浆，但作法与现代抹灰方法不尽相同。传统抹砂子灰一般不需经找直、冲筋等工序，表面只要求平顺。砂子灰一般分两次抹，破损较多或明显不平的墙面，以及要求轧光交活的墙可抹 3 次。抹前应将墙用水浇湿，破损处应补抹平整。用铁抹子抹底层砂子灰，并可用平尺板将墙面刮一遍。底子灰抹好后马上用木抹子抹一遍罩面灰。如果面层为白灰或月白灰等作法的，要用平尺板把墙面刮平，然后用木抹子将墙面搓平，平尺板未刮到的地方要及时补抹平整。如果表面不再抹白灰或青灰等，应直接将墙面抹平顺，不要再用平尺板刮墙面。以砂子灰作为面层交活的，有麻面砂子灰和光面砂子灰之分。麻面交活的要用木抹子将表面抹平抹顺，无接槎搭痕，无粗糙搓痕，抹痕应有规律，表面细致美观。光面交活的在抹完面层后要适时地将表面用铁抹子揉轧出浆，并将表面轧出亮光。

表面轧光的砂子灰，干透后可在表面涂刷石灰水或其他颜色的浆。

(6) 煤球灰。用于作法简单的民宅，可以理解为砂子灰的替代品。煤球是一种传统燃料，是用煤粉掺入黄土制成的小圆球。煤球灰是用煤球的燃后废料炉灰过筛后，与白灰掺合再加水调匀制成的。煤球灰作法与砂子灰相同。用于室外，表面多轧成光面。

(7) 锯末灰。见于地方建筑。其特点是利用锯末作掺合料，作用与麦余相同。底层一般为砂子灰、焦渣灰。底层灰稍干后即可抹锯末灰，面层厚度一般为 0.3～0.4 厘米。抹

好后可用木抹子把墙面搓平顺，并用铁轧子把墙面赶轧光亮。

（8）擦抹素灰膏。素灰膏指不掺麻刀的纯白灰膏，所谓擦抹是指应将灰抹得薄。这种作法一般在砂子灰表面进行。砂子灰要求抹得很平整、光顺。素灰膏应较稀，必要时可适当掺水稀释。擦抹灰膏必须在砂子灰表面比较湿润的时候就开始进行。用铁抹子或铁轧子将灰膏抹得越薄越好，一般不超过 1 毫米厚。抹完后立即用小轧子反复揉轧，以能把灰膏轧进砂子灰但不完全露出砂子为好。最后轧光交活。

（9）滑秸灰。多见于地方建筑。与靠骨灰或泥底灰抹法相同。

七、抹灰后做缝

抹灰后做缝包括抹青灰做假砖缝、抹白灰刷烟子浆镂缝、抹白灰描黑缝等作法（详见本章第一节"三、墙面勾缝"）。

八、灰浆的配合比及制作要点

各种抹灰用的灰浆配合比及制作要点见表3-6。

表 3-6

抹灰用的灰浆配合比及制作要点

名称	主要用途	配合比及制作要点	说　明
泼灰	制作灰浆的原材料	生石灰用水反复均匀地泼洒成为粉状后过筛	20天后才能使用，半年后不宜用于抹灰
泼浆灰	制作灰浆的原材料	泼灰过细筛后分层用青浆泼洒，闷至20天以后即可使用。白灰：青灰＝100：13	超过半年后不宜使用
煮浆灰（灰膏）	制作灰浆的原材料，室内抹白灰	生石灰加水搅成浆状，过细筛后发胀而成	超过5天后才能使用
麻刀灰	抹靠骨灰及泥底灰的面层	各种灰浆调匀后掺入麻刀搅匀。用于靠骨灰时，灰：麻刀＝100：4，用于面层时，灰：麻刀＝100：3	是各种掺麻刀灰浆的统称
月白灰	室外抹青灰或月白灰	泼浆灰加水或青浆调匀，根据需要，掺入适量麻刀	月白灰分浅月白灰和深月白灰
葡萄灰	抹饰红灰	泼灰加水后加红土粉再加麻刀。白灰：红土粉：麻刀＝100：6：4	现代多将红土粉改为氧化铁红。白灰：氧化铁红＝100：3 文物修缮不应使用氧化铁红
黄灰	抹饰黄灰	室外用泼灰，室内用灰膏，加水后加包金土子（黄土子）再加麻刀。白灰：包金土子：麻刀＝100：5：4	如无包金土子，可用深地板黄代替（不能用作刷浆）
纸筋灰	室内抹灰的面层	草纸用水闷成纸浆，放入灰膏中搅匀。灰：纸筋＝100：6	厚度不宜超过2毫米
蒲棒灰	壁画抹灰的面层	灰膏内掺入蒲绒，调匀。灰：蒲绒＝100：3	厚度不宜超过2毫米
三合灰	抹灰打底	月白灰加适量水泥，根据需要可掺麻刀	
棉花灰	壁画抹灰的面层；地方手法的抹灰作法	好灰膏掺入精加工的棉花绒，调匀。灰：棉花＝100：3	厚度不宜超过2毫米
锯末灰	地方作法的墙面抹灰	泼灰或煮浆灰加水调匀，锯末过筛洗净，锯末：白灰＝1：1.5（体积比），掺入灰内调匀后放置几天，等锯末烧软即可使用	室外宜用泼灰，室内宜用煮浆灰
砂子灰	地方作法的墙面抹灰，多用于底层，也用于面层	砂子过筛，白灰膏用少量水稀释后，加砂加水调匀，砂：灰＝3：1（体积比）	20世纪30年代以后出现的材料。现多称"白灰砂浆"

续表

名称	主要用途	配合比及制作要点	说　明
焦渣灰	地方作法的墙面抹灰	焦渣过筛，取细灰，与泼灰拌合后加水调匀，或用生石灰加水，取浆，与焦渣调匀。白灰：焦渣＝1：3（体积比）	应放置1～2天后使用，以免生灰起拱
煤球灰	地方作法的墙面抹灰	浇透的炉灰粉碎过筛，白灰膏或泼灰加水稀释，与炉灰拌合，加水调匀。白灰：炉灰＝1：3	煤球为一种燃料，煤粉加黄土制成小圆球。炉灰为煤球的燃尽物
滑秸灰	地方建筑抹灰作法	泼灰：滑秸＝100：4，滑秸长度5～6厘米，加水调匀。放置几天，等滑秸烧软后才能使用	
毛灰	地方手法的外墙抹灰	泼灰掺入动物鬃毛或人的头发（长度约5厘米），灰：毛＝100：3	
掺灰泥（插灰泥）	泥底灰打底	泼灰与黄土调匀后加水，或生石灰加水，取浆与黄土拌合，闷8小时后即可使用。灰：黄土＝3：7或4：6或5：5（体积比）	以亚黏性土较好
滑秸泥	抹饰墙面泥灰打底	与掺灰泥制作方法相同，但应掺入滑秸，滑秸应经石灰水烧软后再与泥拌匀。滑秸使用前宜剪短砸劈。灰：滑秸＝100：20（体积比）	
麻刀泥	壁画抹灰的面层	沙黄土过细筛，加水调匀后加入麻刀。沙黄土：白灰＝6：4，白灰：麻刀＝100：6～5	
棉花泥	壁画抹饰的面层	好黏土过筚，掺入适量细砂，加水调匀后，掺入精加工后的棉花绒。土：棉花＝100：3	厚度不宜超过2毫米
生石灰浆	内墙白灰墙面刷浆	生石灰块加水搅成稠浆状，经细筚过淋后掺入胶类物质	
熟石灰浆	内墙白灰墙面刷浆	泼灰加水搅成稠浆状，经细筚过淋后掺入胶类物质	
青浆	青灰墙面刷浆	青灰加水搅成浆状后过细筛（网眼宽不超过0.2厘米）	使用中，补充水两次以上时，应补充青灰
红土浆（红浆）	抹饰红灰时的赶轧刷浆	红土兑水搅成浆状后，兑入江米汁和白矾水，过筚后使用，红土：江米：白矾＝100：7：5.5	现常用氧化铁红兑水再加胶类物质。文物修缮不应使用氧化铁红
包金土浆（土黄浆）	抹饰黄灰时的赶轧刷浆	包金土子（黄土子）兑水搅成浆状后，兑入江米汁和白矾水，过筚后使用，包金土子：江米：白矾＝100：7：5.5	如无包金土子，可用其他黄色调制而成，例如用深地板黄加适量樟丹和白粉代替，或用二份石黄、五份樟丹、一份雄黄代替。颜色应呈深米黄色或较漂亮的深土黄色 很重要的宫殿建筑可在土黄浆中掺入雄黄浆，极重要的宫殿建筑可直接刷雄黄浆

名称	主要用途	配合比及制作要点	说 明
烟子浆	抹灰镂缝或描缝作法时刷浆	黑烟子用胶水搅成膏状，再加水搅成浆状	可掺适量青浆
绿矾水	江南部分庙宇黄色墙面刷浆	绿矾加水，浓度视刷后的颜色而定	

注：1. 配合比中的白灰，除注明者外均指生石灰。

2. 配合比中除注明者外，均为重量比。

3. 注明体积比的，白灰均指熟石灰。

第四章 地　　面

第一节　中国建筑地面通述

用砖、石所做的地面，或用砖、石做地面这一过程，在清官式作法中都称做"墁地"，在江南古建筑中则称"铺地"。古建筑地面的种类主要有：①砖地面。包括方砖和条砖地面，条砖包括城砖和小砖。经特殊工艺制作，质量极好的方砖或城砖称做"金砖"。②石地面。包括毛石、块石、条形石、卵石地面等。③焦渣地面。焦渣与白灰拌合后铺筑的地面。④土地面。即以原生土夯实的地面。这是历史上最早的地面作法，直到近代仍有使用。⑤灰土地面。即用黄土与白灰拌合后铺筑的地面。⑥三合土地面。即用黄土、砂子、白灰拌合后铺筑的地面。

现在不少人都以为古代的房子都是用砖铺地，其实在古代用砖铺地是很讲究的做法，对于普通百姓的房子来说，一般都是用土或灰土做地面。虽然至迟在秦汉时期就已经出现了砖做的地面，但直至近现代，用土或灰土做室内地面的做法仍很常见。皇帝出行时的"黄土铺地净水泼街"和京城"无风三尺土，下雨满街泥"的情景，才是旧时地面作法的真实写照。与现代建筑技术不同的是，在古代建筑中最原始的建筑技术可以一直延续，最讲究的做法和最简单的做法可以并行几千年。这一现象同样也反映在墙体和屋面等部位，例如最原始的夯土（或土坯）墙和毛石墙，最原始的茅草房和窑洞到现在还能见到。这是因为最原始的方法肯定都是就地取材，而就地取材盖房是最容易也最省钱的建房方法。步入现代社会后，随着经济水平和人们要求的提高，房子越盖越好，因而一些较原始的技术在逐渐消亡，这无论从建筑史的角度还是从传统工艺技术的角度来说都是一种失传。因此更加全面正确的观点是，不仅仅青砖铺地、干摆砖细和瓦房才是古建筑，黄土铺地、土坯墙和茅草房也是古建筑，而且更远古。各种地面作法无论其讲究程度如何，都带有那个时期的历史信息，都具有文物价值。

中国建筑的庭院铺地由甬路、散水和海墁组成。散水铺在房子的前后或四周。甬路是院中的道路，在宫殿中称御路。海墁铺在甬路以外。与现代园林地面不同的是，中国式庭院的铺地习惯是，不铺则已，铺则一铺到底。目前经常见到的在甬路之外铺设草坪的"公园式"的做法不是正宗的中国庭院地面形式。至于一些重要的建筑，例如皇宫或王府的前朝建筑、衙署大堂、庙宇的大殿等所在的院内，则应全部铺墁，不种花草树木。

古建地面尤其是砖墁地面是很讲究拼缝形式的，例如同样是方砖地面，在清官式作法中，趟与趟之间必须错半砖（称十字缝），而在江南古建筑中，多做成横竖缝均相通的"井字格"形式。

古建地面的基层(垫层)传统做法通常有 4 种：①将原土找平夯实后作为基层。②用灰土作为基层。③用三合土(白灰、黄土、砂子)作为基层。④叠铺多层砖作为基层。地面与基层之间的结合层的传统做法通常有 3 种：①用掺灰泥铺墁。②用白灰铺墁。③用干砂铺墁。

第二节　地面的分类与形式

一、材料分类

砖墁地包括方砖类和条砖类两种。方砖类包括尺二方砖、尺四方砖、尺七方砖以及金砖等。清末和民国年间，受西式建筑风格的影响，室内地面曾流行过一种"花砖地"。花砖又叫缸砖，是一种厚约2cm的带有彩色釉面图案的陶瓷小方砖或彩色水泥水方砖。条砖包括城砖、地趴砖、停泥砖、四丁砖等。城砖和地趴砖可统称为"大地砖"，停泥和四丁砖可统称为"小地砖"。

石活地面在古代主要见于南方地区和园林的道路，北方城市只见于少数作法讲究的宅院前。石活包括条石地面、毛石地面、碎拼石板（冰裂纹）地面和卵石地面（石子地）等（参见第六章第九节）。特别讲究的宫殿建筑偶尔采用仿方砖形式的方石板地面。

北方部分地区流行焦渣地面作法。焦渣是煤的烧结构。焦渣地面是古代利用废料作为建筑材料的范例。

夯土地面是历史上最早的地面作法，最初以黄土为材料，后来发展成灰土地面和三合土（土、细砂、白灰）地面。随着砖的大量生产，砖地面逐渐普及，但在作法简单的建筑中仍在继续沿用。至今日，夯土地面和灰土、三合土地面已很少见了。

二、砖墁地的作法分类

砖墁地面按工艺作法的不同可分为以下几种：

1. 细墁地面

细墁地面的作法特点是，砖料应经过砍磨加工，砖料一般应达到"盒子面"的要求，不太讲究者可使用"八成面"（详见第二章第四节有关砍砖的内容）。加工后的砖规格统一准确、棱角完整挺直、表面平整光洁。细墁地面的灰缝很细，地面平整、细致、洁净、美观，表面经桐油浸泡，坚固耐用。

细墁地面多用于作法讲究的大式或小式建筑的室内，作法较讲究的宅院或宫殿建筑的室外地面也可用细墁作法，但一般限于甬路、散水等主要部位，讲究的作法才全部采用细墁作法。

室内细墁地面一般都使用方砖。按照规格的不同，有"尺二细地"、"尺四细地"等不同作法。小式建筑的室外细墁地面多使用方砖，大式建筑的室外细墁地面除方砖外，还常使用城砖。

2. 淌白地

可视为细墁作法中的简易作法。淌白地的主要特点是，墁地所用的砖料仅要求达到"干过肋"，不磨面（详见第二章第四节有关砍砖的内容）。还有一种作法是，砖料只磨面但不过肋。总之，淌白地面的砖料的砍磨程度不如细墁地用料那么精细，墁地的操作方法一般应与细墁地作法相同，但也可稍作简化（例如不揭趄）。墁好后的外观效果与细墁地面相似。

3. 金砖墁地

金砖地面可视为细墁作法中的高级作法。除砖料全部使用金砖外，作法也更加讲究，多用于重要宫殿建筑的室内。

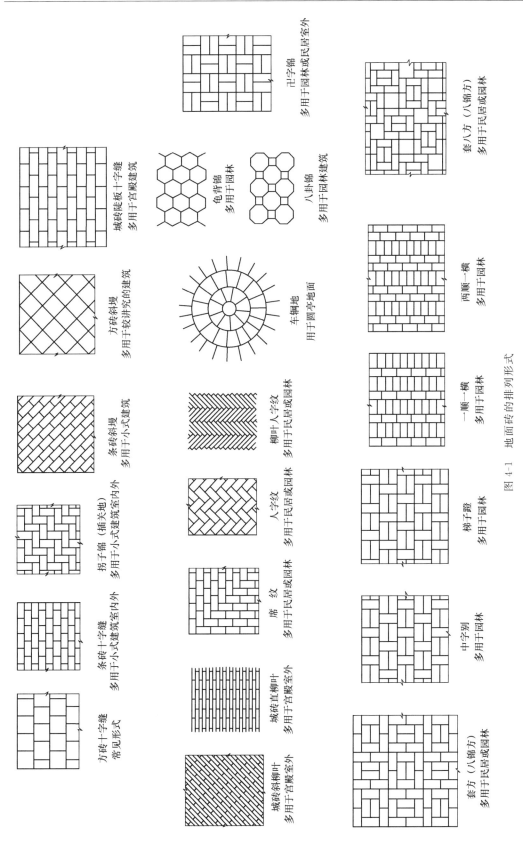

图 4-1　地面砖的排列形式

4. 糙墁地面

糙墁地面的作法特点是，砖料不需砍磨加工，砖缝较宽，砖与砖相邻处的高低差和地面的平整度都不如细墁地面那样讲究，相比之下，显得粗糙一些。

大式建筑中，多用城砖或方砖糙墁，小式建筑多用方砖糙墁。普通民宅多用亭泥砖、开条砖等小砖糙墁。

对于作法讲究的建筑而言，糙墁地面只用于室外。对于一般建筑而言，也用于室内。

三、地面的部位名称

地面可分为室内地面和室外地面。室外地面根据所处的不同位置又有相应的名称，如甬路、散水、海墁等。甬路是庭院的道路，重要宫殿前的主要甬路用大块石料铺墁的叫"御路"。散水用于房屋台明周围及甬路两旁。海墁是指室外除了甬路和散水之外的所有空地全部用砖铺墁的作法。四合院中，被十字甬路分开的四块海墁地面俗称"天井"。

四、砖缝排列形式

地面砖的排列形式较多，常见的形式、名称及用途如图 4-1 所示。

第三节　墁地的操作要点及作法规矩

一、砖墁地的操作要点

1. 细墁地面

（1）垫层处理。普通砖墁地可用素土或灰土夯实作为垫层。大式建筑的垫层比较讲究，往往要用几步灰土作为垫层。重要的宫殿建筑往往要在灰土垫层上再以墁砖的方式作为垫层。层数少则两层以上，多则可达十几层，垫层砖立置与平置交替铺墁。其间不铺灰泥，每铺一层砖，灌一次生石灰浆，称为"铺浆作法"。

（2）按设计标高抄平。室内地面可按平线在四面墙上弹出墨线，其标高应以柱顶盘为准（参见第六章第四节柱顶石安装的有关内容）。在室内正中拴两道互相垂直的十字线（冲趟后撤去）。如有要求，廊内地面要向外做出"泛水"。

（3）冲趟。在两端拴好曳线并各墁一趟砖，即为"冲趟"。室内方砖地面，应在室内正中再冲一趟砖。

（4）样趟。在两道曳线间拴一道卧线，以卧线为标准铺泥墁砖。注意泥不要抹得太平太足，即应打成"鸡窝泥"。砖应平顺，砖缝应严密。

（5）揭趟、浇浆。将墁好的砖揭下来，必要时可逐一打号，以便对号入座。泥的低洼之处可作必要的补垫，然后在泥上泼洒白灰浆。浇浆时要从每块砖的右手位置沿对角线向左上方浇。

（6）上缝。用"木剑"在砖的里口砖棱处抹上油灰（即"挂油灰"）。为确保灰能粘住（不"断条"），砖的两肋要预先用麻刷沾水刷湿，讲究的可用矾水刷棱。但应注意刷水的位置要稍靠下，不要刷到棱上。挂完油灰后把砖重新墁好，然后手执蹾锤，木棍朝下，以木棍在砖上连续的蹾动前进，使砖跟线将灰缝挤严，同时将砖"叫"平"叫"实。用蹾锤

"叫活"是传统方法，现代施工大多已改用皮锤将砖捶平的方法。

（7）铲齿缝。又叫墁干活。用竹片将表面多余的油灰铲掉，即"起油灰"，然后用磨头将砖与砖之间凸起的部分（相邻砖高低差）磨平。如果相邻砖相差较大，可用砍砖工具斧子铲平。

（8）刹趟。以卧线为标准，检查砖棱，如有多出，要用磨头磨平。

以后每一行都如此操作，全部墁好后，还要做以下工作：

（9）打点。砖面上如有残缺或砂眼，要用砖药打点齐整。

（10）墁水活并擦净。将地面重新检查一下，如有凹凸不平，要用磨头沾水磨平。磨平之后应将地面全部沾水揉磨一遍，最后擦拭干净。

（11）灌浆。灌浆又叫串浆。墁砖时在适当的位置间隔空出一些砖来不墁，作为浆口。在浆口处徐徐灌入生石灰浆。需要说明的是，灌浆是一种为了确保砖稳固的经验手法，不是必做的工序。用干砂墁地的，也不用这道工序。

（12）钻生。钻生即钻生桐油，作法如下：①钻生。在地面完全干透后，在地面上倒桐油，油的厚度可为 3 厘米左右。钻生时要用灰耙来回推搂。钻生的时间可根据讲究程度灵活掌握，重要的建筑应钻到喝不进去的程度为止，次要建筑可酌情减少浸泡时间。②起油。多余的桐油要用厚牛皮等物刮去。③呛生。呛生又叫"守生"。在生石灰面中掺入青灰面，拌和后的颜色以近似砖色为宜，然后把灰撒在地面上，厚约 3 厘米左右，2～3 天后，即可刮去。④擦净。将地面扫净后，用软布反复擦揉地面。

近代有所谓"刷生"作法，即用麻刷沾油将地面刷抹一面。刷生虽然能节省桐油，但对增强砖表面强度的作用远不如传统的钻生作法，不值得提倡。

宫殿建筑可采用"钻生泼墨"作法，具体做法详见金砖墁地。

江南部分地区有一种"使灰钻油"作法，用于极讲究的细墁地面。经过"使灰钻油"的地面，表面更亮，颜色更深。具体做法如下：在干透了的地面上刷生桐油 1～2 遍，再用麻丝搓 1～2 遍灰油，最后刷 1～2 遍光油。

"使灰钻油"所用的灰油熬制方法：将土籽灰与樟丹混合后放入锅内加火翻炒，至水分消净后倒入生桐油，加火熬煎，熬油时要不断搅拌，以防樟丹和土籽灰沉在锅底。至油开锅时用油勺轻轻扬油放烟，以既能将烟放净又避免热油起火为好，故一般应将油温控制在 180℃ 以下。当油表面呈黑褐色时即可试油是否成熟。试油方法是将油滴于冷水中，如油入水不散，凝结成珠即为熬成。灰油出锅放凉即可使用。灰油中桐油、土籽灰和樟丹的重量比为 100：7：4，夏季调整为 100：6：5，冬季调整为 100：8：3。

"使灰钻油"所用的光油熬制方法：用三成苏子油八成生桐油放入锅内熬炼（名为二八油），熬至八成开时，将整齐而干透的土籽放入勺内，浸入油中颠翻浸炸。100 千克桐油放入土籽 3 千克左右，冬季可增至 5 千克。土籽炸透后，倒入锅内，油开锅即将土籽捞出。再以微火炼之，同时用油勺扬油放烟（油温不超过 180℃）。在适当时候要试其火候，方法如下：将油舀出一些，用一块铁板沾油，然后将铁板投入冷水中，凉后取出。震掉水珠，以手指将油搜集到一起，再以手指尖粘油，看丝长短，长者油稠，短者油稀。用于涂刷砖表面的光油以稀一些较好。油的火候合适后即可出锅，继续扬油放烟，油温降低后（稍有温度），加入黄丹粉，盖好存放备用。油与黄丹的重量比为 100：2.5。

2. 金砖墁地

金砖墁地的操作方法与细墁地面大致相同。不同的是：

（1）金砖墁地一般不用泥，而用干砂或纯白灰。如砂子或白灰过多时，可用铁丝将砂或灰轻轻勾出。

（2）如果用干砂铺墁，不浇浆，改为"打揪子"。在每块砖下的四角各挖成一个小坑，在小坑内装入白灰。以此作为稳固措施。

（3）用干砂铺墁的，每行刹趟后还要用灰"抹线"，即用灰把砂层封住，不使外流。

（4）将钻生改为"钻生泼墨"作法。在钻生之前要用黑矾水涂抹地面。黑矾水的制作方法是：把 10 份黑烟子用酒或胶水化开后与 1 份黑矾混合，将红木刨花与水一起煮熬，待水变色后将刨花除净，然后把黑烟子和黑矾倒入红木水中一起煮熬直至变为深黑色为止。趁热把制成的黑矾水泼洒在地面上（分两次泼），待地面十透后再钻生。钻生后还可以再烫蜡，即将四川白蜡熔化在地面上，然后用竹片把蜡铲去，并用软布将地面擦亮。金砖墁地在泼墨后也可以不钻生而直接烫蜡。

3. 糙墁地面

糙墁地面所用的砖是未经加工的砖，其操作方法与细墁地面大致相同，但不挂油灰、不揭趟（称为"坐浆墁"）、不刹趟、不墁水活，也不钻生，最后要用白灰将砖缝守严扫净。

4. 石活仿方砖地面

仿方砖的石板多为青白石，以颜色与质感近似方砖者为宜。其作法与细墁地面作法相似，但不刹趟、不墁水活，也不钻生（油）。如果石板本身的平整度较差，影响到接缝的平整时，可用磨头将接缝处磨平。现代施工常用干硬性的水泥砂浆代替传统的灰泥墁石板地面，效果也很好。

重要的宫殿建筑中偶尔采用花石板作法。花石板又叫花斑石，俗称"五音石"。花石板地面的表面可做烫蜡处理。

5. 砖雕甬路

砖雕甬路俗称"石子地"，指甬路两旁的散水铺墁带花饰的方砖，或镶嵌由瓦片组成的图案，空当处镶嵌石子。也可以全部用各色石砾摆成各种图案（图 4-2）。

石子地操作要点如下：

（1）带砖雕的石子地。先设计好图案，然后在每块方砖上分别雕刻，雕刻的手法可用浅浮雕及平雕手法。雕刻完毕后按设计要求将砖墁好，然后在花饰空白的地方抹上油灰（现代改用水泥砂浆），油灰上码放小石砾，最后用生灰粉将表面的油灰揉扫干净（用水泥砂浆的要将表面用清水刷净）。方砖雕刻用于地面应仅限于局部，不适宜大面积使用。

（2）用瓦条的石子地。将甬路墁好并栽好散水牙子砖以后，在散水位置上抹一层掺灰泥，然后在抹平了的泥地上按设计要求画出图案，将若干个瓦条依照图案中的线条磨好。如果个别细部不宜用瓦条磨出（如鸟的头部等），可用砖雕刻后代替。然后用油灰把瓦条粘在图案线条的位置上，用瓦条集成图案。瓦条之间的空当摆满石砾，下面也用油灰粘好，最后用生灰面揉擦干净。

（3）全部用花石子的石子地。与用瓦条的石子地作法大致相同，不同的是用石砾直接摆成图案。图案以外的部分，码放其他颜色的石砾。

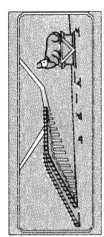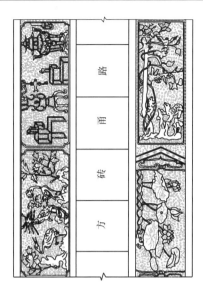

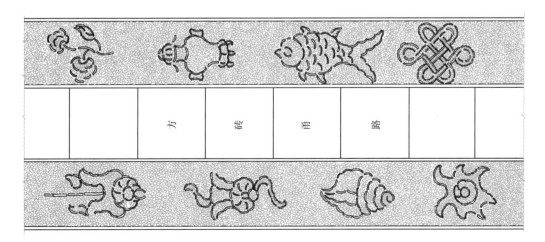

图 4-2 砖雕甬路示例

二、砖墁地的作法规矩

1. 室内地面

（1）方砖十字缝地面通缝方向应与房屋进深方向一致。方砖地面的趟数应为单数，中间一趟砖应安排在室内正中（图4-3）。

（2）一般情况下，墁砖起手应从前檐开始，从中间一趟开始，将"破活"赶到里面和两端。门口正中的一块砖应为"整活"（图4-3）。特殊情况也有将整砖安排在房屋正中间的。

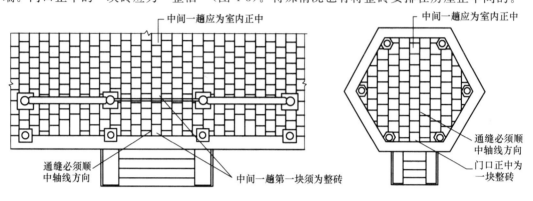

图 4-3　室内及廊子方砖分位

（3）廊子地面的方砖分位规则与室内地面类似，但应单独安排，不应与室内地面通墁（图4-3、图4-14）。

2. 散水

散水的位置如图4-4所示。

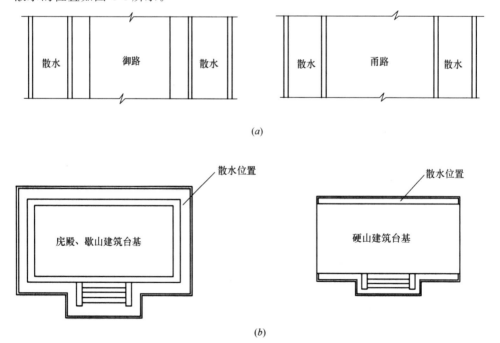

图 4-4　散水位置示意

（a）甬路的散水；（b）建筑物的散水

散水的操作称为"砸散水"。工序包括"栽牙子"、"攒角"和墁砖。

（1）房屋周围的散水，其宽度应根据出檐的远近或建筑的体量决定，从屋檐流下的水应能砸在散水上。

（2）散水要有泛水，即所谓"拿栽头"。里口应与台明的土衬石找平，外口应按室外海墁地面找平。由于土衬石是水平的而室外地面不是水平的，因此散水的里、外两条线不在同一个平面内，即散水两端的栽头大小是不同的。

（3）建筑物散水砖的排列式样如图4-5所示，大式甬路及御路散水砖的排列式样如图4-6、图4-9所示。其中"斜柳叶""陡板斜墁"式样的，八字的收口方向应朝向建筑的正立面，如坐北朝南的建筑，八字的收口方向应朝向北面。

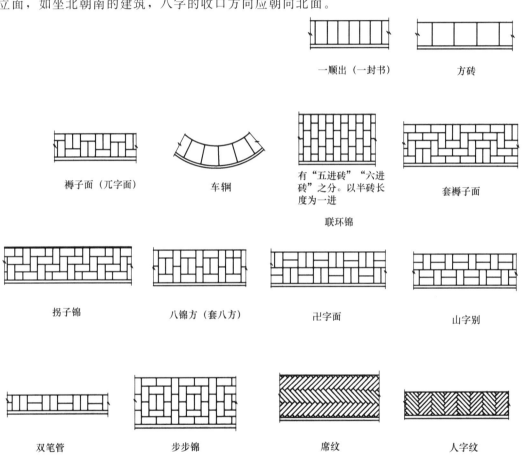

一顺出（一封书）　　　　方砖

褥子面（兀字面）　　　车辋　　　有"五进砖""六进砖"之分。以半砖长度为一进　　　套褥子面

联环锦

拐子锦　　　八锦方（套八方）　　　卍字面　　　山字别

双笔管　　　步步锦　　　席纹　　　人字纹

图4-5　建筑物散水砖的排列式样

（4）散水转角处的排砖方法如图4-7所示。

3. 甬路

甬路的铺墁过程称为"冲甬路"。

甬路分大式与小式作法。小式建筑须用小式甬路，大式建筑一般要用大式甬路，但在园林中，也可用小式甬路，这种手法称为"大式小作"。小式甬路的各种作法如图4-8所示，大式甬路的各种作法如图4-9、图4-14所示。

（1）甬路一般都用方砖铺墁，趟数应为单数，如一趟、三趟、五趟、七趟等。甬路的

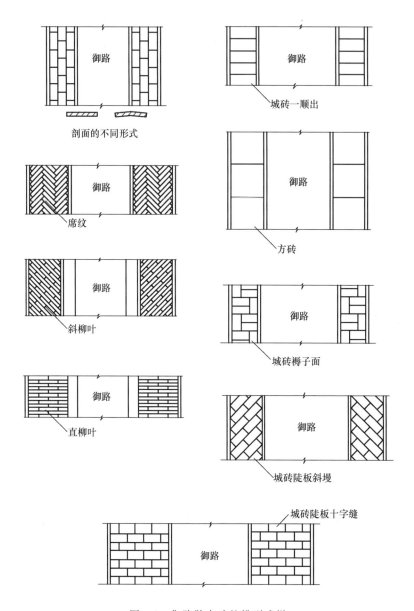

图 4-6　御路散水砖的排列式样

宽窄按其所处位置的重要性决定，最重要的甬路砖的趟数应最多，小式建筑的甬路一般为三趟方砖，少数用五趟方砖。

（2）一般情况下甬路应与海墁地面同高，必要时甬路也可做出泛水，即中间高、两边低，散水应更低。散水外侧应与海墁地面同高。甬路如做泛水，泛水不超过 3 毫米。

（3）大式建筑的甬路，牙子可用石活（图 4-9）。

（4）甬路的交叉和转角部位的排砖方法如图 4-10、图 4-11、图 4-12、图 4-13、图 4-14 所示。大式甬路以十字缝为主，园林中也可"大式小作"，即采用小式作法。小式建筑中的甬路多为"筛子底"和"龟背锦"作法，一般不用十字缝作法。

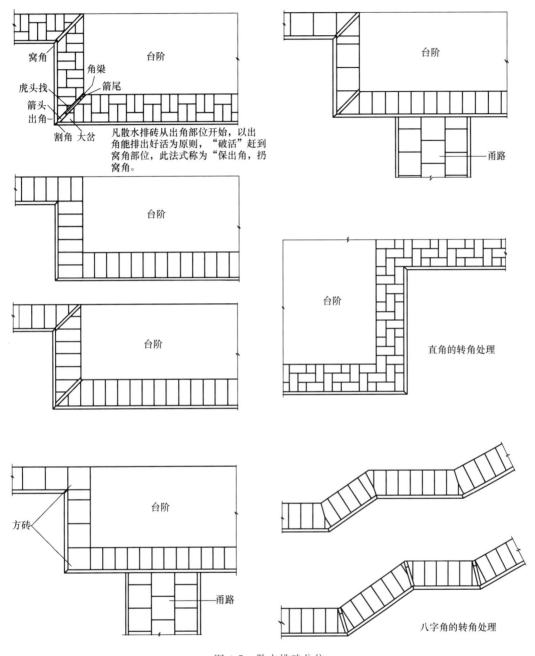

凡散水排砖从出角部位开始，以出角能排出好活为原则，"破活"赶到窝角部位，此法式称为"保出角，扔窝角。

图 4-7 散水排砖分位

（1）甬路一般都用方砖铺墁，趟数应为单数，如一趟、三趟、五趟、七趟等。甬路的宽窄按其所处位置的重要性决定，最重要的甬路砖的趟数应最多，小式建筑的甬路一般为三趟砖，少数用五趟方砖。

（2）一般情况下甬路应与海墁地面同高，必要时甬路也可做出泛水，即中间高、两边低，散水应更低。散水外侧应与海墁地面同高。甬路如做泛水，泛水不超过 3 毫米。

（3）大式建筑的甬路，牙子可用石活（图 4-9）。

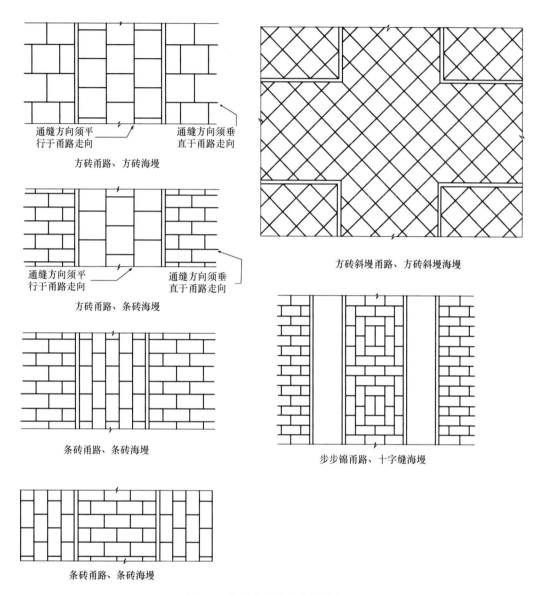

图 4-8　各种小式甬路及海墁地面

（4）甬路的交叉和转角部位的排砖方法如图4-10、图4-11、图4-12、图4-13、图4-14所示。大式甬路以十字缝为主，园林中也可"大式小作"，即采用小式作法。小式建筑中的甬路多为"筛子底"和"龟背锦"作法，一般不用十字缝作法。

4. 海墁

海墁即指将除了甬路和散水以外的地面铺装。四合院中被十字甬路隔开的四块海墁地面又叫做"天井"，因此其铺墁过程又叫做"装天井"。室外墁地的先后顺序为：①先"砸散水"，散水外侧线即牙子砖以院内地坪标高（泛水）为标准。②以散水牙子砖为标准"冲甬路"。③以散水牙子砖和甬路牙子砖为标准"装天井"。

海墁地面应注意如下几点：

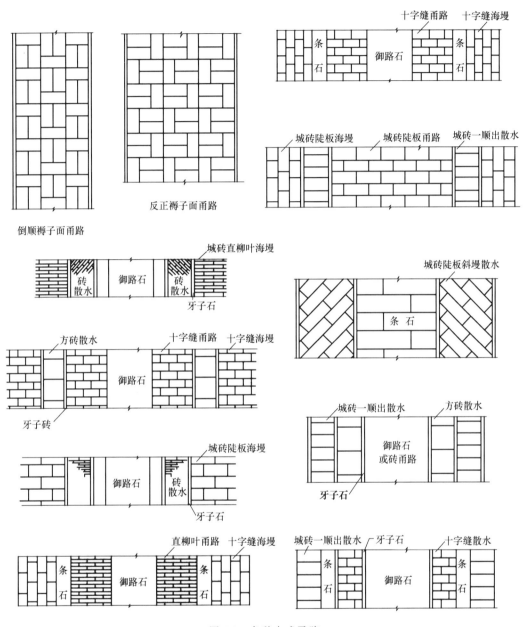

图 4-9 各种大式甬路

（1）海墁应考虑到全院的排水问题。

（2）方砖甬路和海墁的关系有"竖墁甬路横墁地"之说，即甬路砖的通缝一般应与甬路平行（斜墁者除外），而海墁砖的通缝应与甬路互相垂直，尤其是方砖甬路更应如此（图 4-8）。如果甬路是十字甬路，海墁砖的通缝方向应与主要甬路互相垂直，例如南北走向为主甬路，东西走向为次甬路，其应与南北甬路垂直。

（3）排砖应从甬路开始，如有"破活"，应安排到院内最不显眼的地方。

（4）条砖海墁地面转角处的排砖方法如图 4-15 所示。

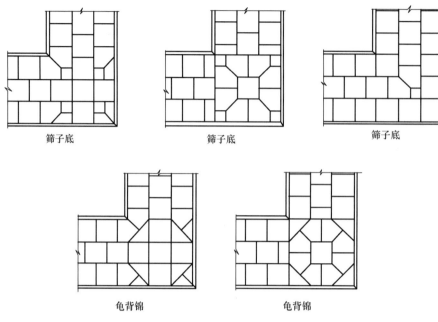

图 4-10　三趟方砖小式甬路或廊子墁地的转角排砖方法

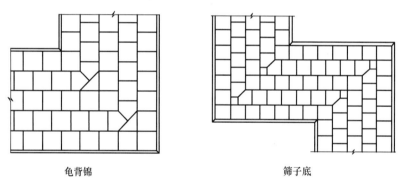

图 4-11　五趟方砖小式甬路的转角排砖方法

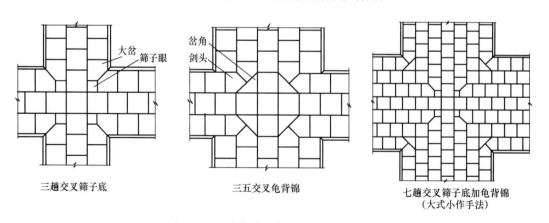

图 4-12　小式方砖甬路十字交叉排砖方法

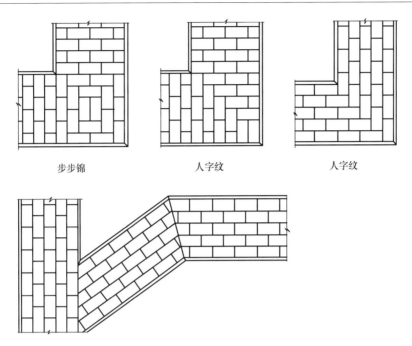

图 4-13 小式条砖甬路的转角排砖方法

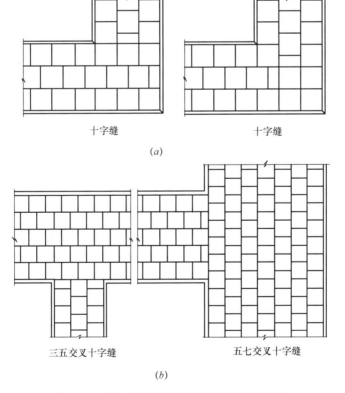

图 4-14 大式方砖甬路及廊子的转角排砖方法
（a）廊子转角排砖方法；（b）甬路转角排砖方法

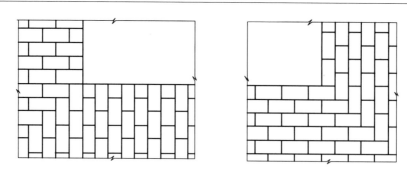

图 4-15　条砖海墁地面转角的排砖方法

三、焦渣地面与夯土地面

（一）焦渣地面

1. 材料要求

焦渣灰可用泼灰与焦渣拌合，也可用生石灰浆与焦渣拌合，但生石灰浆必须经沉淀后过细筛再用，以免生石灰渣混入焦渣灰内。焦渣须经过筛，筛出的细焦渣用于面层。底层用 1∶4 白灰焦渣，面层用 1∶3 白灰焦渣。搅拌均匀后放置 3 天以上才能使用，以防生灰起拱。

2. 操作方法

（1）素土或灰土垫层按设计标高找平后夯实。

（2）将地面浇湿。

（3）铺底层焦渣灰，厚 8～10 厘米。铺平后用木拍子反复拍打，直至将焦渣拍打坚实。高出的局部应拍打平整。

（4）"随打随抹"作法的，不再抹面层，而应在此基础上继续将表面打平，低洼处可做必要的补抹。趁表面浆汁充足时用铁抹子反复揉轧，并顺势将表面轧光。局部糙麻之处可浇一些焦渣浆。在适当的时候再用铁抹子反复赶轧 3～4 次，直至表面达到坚实、光顺、无糙麻现象为止。现代作法有在表面撒 1∶1 水泥细砂后再揉轧出浆，赶光出亮的，效果不错。"随打随抹"作法适用于室外地面。

（5）抹面层作法的，应按下述方法操作：抹一层细焦渣灰，厚度以刚好能把地面找平为宜，一般不超过 1～2 厘米。先用木抹子抹一遍，然后用平尺板刮平，低洼之处用灰补平。

（6）在焦渣灰干至七成时进行赶轧。方法可有两种：

方法 1：用铁抹子在表面揉轧，逗出浆汁，低洼或糙麻之处可抹一层焦渣浆，然后将表面轧出亮光。以后每隔一段时间就用小轧子揉轧一次，直至表面达到坚实、光顺、无糙麻现象为止。

方法 2：在表面撒上 1∶1 水泥细砂（或细焦渣），用木抹子搓平后再用铁抹子揉轧出浆，然后轧出亮光。隔一段时间后再撒一次水泥细砂（或细渣），等表面返出水分后用木抹子搓平，再用铁抹子赶轧出亮。以后每隔一段时间就用小轧子揉轧一次，直至表面达到要求为止。

无论哪种作法，均需进行养护。地面要经常洒水，保持湿润。3 天之内地面不能踩踏，15 天之内不能用硬物硌、磨地面。

（二）夯土地面作法

1. 灰土或三合土地面

（1）按设计要求找平夯实。

（2）白灰、黄土过筛，拌匀。三合土作法的掺入适量粗砂，用量不超过黄土。白灰用量可按总量的 3/10。灰土虚铺厚度为 21 厘米，夯实厚度为 15 厘米。

（3）用双脚在虚土上依次踩纳。

（4）打头夯。每个夯窝之间的距离为 38.4 厘米（三个夯位）。

（5）打二夯。打法同头夯，但位置不同。

（6）打三、四夯。打法同头夯，但位置不同。

（7）剁梗。将夯窝之间挤出的土梗用夯打平。

（8）用平锹将灰土找平。

以上过程重复 1～2 遍。

（9）落水。

（10）当灰土或三合土不再粘鞋时，可再行夯筑。打法同前，可只打一遍。

（11）打硪 2 遍。

（12）用平锹再次将灰土找平。

灰土或三合土地面用于室内时，最后要用铁拍子将表面拍平蹭亮。讲究的作法可在表面钻生桐油。极讲究的作法还可将表面涂黑再钻生桐油，或再在表面划出假砖缝。

南方部分地区用蛎灰（贝壳烧制的石灰），做成的灰土或三合土地面效果更佳。

2. 素土地面

（1）按设计要求找平、夯实。

（2）虚铺素土，厚约 20 厘米。素土应为较纯净的黄土。

（3）用大夯或"雁别翅"筑打两遍，每窝筑打 3～4 夯头。

（4）用平锹找平。

（5）落水。

（6）当土不粘鞋时，用大夯或"雁别翅"夯筑一遍，每窝筑打 3～4 夯头。

（7）打硪 2～3 遍。

（8）再次用平锹找平。

3. 滑秸黄土地面

（1）按设计要求找平、夯实。

（2）虚铺滑秸黄土。厚度 10～20 厘米。黄土应纯净，应过筛，也可适量掺入白灰。滑秸（麦秆或稻草）应适当剪短，黄土与滑秸的体积比为 3∶1。

（3）用脚将土依次踩实。

（4）用石碾碾压 3～4 次。

（5）落水。

（6）用平锹将地面找平。

（7）石碾再碾压 2～3 次。

第五章 屋 面

第一节 通 述

一、中国建筑屋面的总体特征

如前所述，中国建筑有"三段式"之特征。屋顶是三段式中上面的一段，由内构之木架和外形之屋面组成。在清代，屋面称为"头停"。屋顶的式样有硬山、悬山、歇山、庑殿（江南称"四合舍"）、攒尖、平顶（平台屋面）六个基本形式，以及各种变化形式，例如重檐、多角、盝顶等。最典型的中式屋面，给人印象最深的就是那硕大的屋盖。出现于20世纪五六十年代，曾作为批判对象的"大屋顶"一词，其实恰恰道出了中式屋面的突出特征。如将中、西方建筑的屋顶对比，西方建筑的屋顶一望而知是防雨设施，而中国建筑的屋顶更像是建筑的冠冕。这来自它优美多变的造型，华丽飘逸的屋面曲线，淡艳相宜的色彩和生动有趣的脊饰。

上述平顶形式虽然不能算是中式屋面的典型式样，但以数量而言，却是非常普遍的一种，尤其是在一些少雨的地区，往往是一种常见形式。与起脊瓦房相比，平台屋面有着许多不可替代的特点，例如由于屋面所占的高度很少，有着柱高增高但房屋总高却不会很高的特点，因此很适合用做商业店面，等等（详见下文）。由于平顶的造型较为简单，不被现代人看好，因此随着时代的发展，平顶形式日趋见少。应该说，缺少了平顶建筑的古建筑，不是古时房屋的真实风貌。

除了瓦屋面之外，中国历史上还曾创造出其他多种屋面材料作法，例如：茅草屋面、黄土屋面、灰背屋面、焦渣背屋面、石板屋面等等。这些做法虽然都不如瓦屋面的工艺技术先进，但历史却更久远。随着时间的推移，这些工艺技术渐显被淘汰之势，由这些材料作法形成的历史风貌也渐显消失之势。中国建筑的技术史是由多种材料作法以及不同的发展阶段共同形成的，各个时期、各个地区的各种工艺技术都有其历史价值，为此今人应引起注意。的确，以工艺技术而言，在上述各种材料作法中，以瓦屋面取得的成就最高，瓦屋面中又有筒瓦、板瓦、琉璃瓦等多种形式。至迟在周代已出现了筒瓦屋面，那时的筒瓦尺寸较大，且瓦当多为半圆形，秦汉时期大量出现圆形瓦当。宋代以后筒瓦尺寸逐渐变小，明清以后尺寸更小。至迟在五代时期就出现了合瓦（小青瓦）屋面，宋代以后小青瓦屋面更是成为南方广大地区的一种常见作法。北方则仍以筒瓦屋面为主，至元明以后，华北地区的普通民居逐渐改用合瓦屋面，只是在游廊、影壁及小型的砖门楼等处才使用最小号的筒瓦。清代中期，山西地区的工匠创造了世界独一无二的只用底瓦不用盖瓦的干槎瓦技术，后流传到陕西、河北、河南等地区并一直流传至今。在诸多的屋面形式中，以琉璃瓦最能代表中国式屋顶，如果说大屋顶最能代表中国式建筑的话，琉璃屋顶就应该是中国建筑的形象代表。因此梁思成先生断言："琉璃瓦显然代表中国艺术的特征"。琉璃瓦用于屋面至迟始于北魏，后又失传，隋唐重又恢复，但只用在屋檐或屋脊处。宋、辽、金时期进一步发展，出现了琉璃塔，但一般房屋仍习惯用在檐部或脊部。明清两代是琉璃技术大发展的时期，清乾隆时期达到极盛，建造出了琉璃阁、琉璃牌楼这样的大型琉璃建筑。由于工艺技术上的原因，从古至今琉璃瓦的颜色一直都是以黄、绿两色为主。唐宋时期的琉璃瓦以绿色为主，宫殿建筑除用琉璃外还使用一种黑陶瓦，宋《营造法式》称青掍瓦，元代沿袭宋代风格，但将青掍瓦改为黑色琉璃瓦。明代沿袭元代风格，黑色琉璃仍有使用，至清代黑琉璃不再用于重要建筑（有特殊寓意的除外）。明清两代尤其是清代除仍以黄绿两色为主外，在园林建筑中还使用了其他多种颜色。琉璃瓦一直是封建等级的象征，黄琉璃为皇家独有，亲王、郡王可以用绿琉璃，其他任何人是不能使用琉璃的。在普通陶瓦的颜色选择上，虽然灰瓦比红瓦的烧制工艺更复杂，但中国人依然喜欢用灰瓦，如同喜欢用青砖砌墙一样，不像西方人那样喜欢用红瓦红砖。这种审美取向决定了中国建筑的屋面以素雅宁静的灰色调为主。为与琉璃瓦相区别，凡筒瓦、合瓦等灰瓦屋面通称"布瓦"或"黑活"。

与西方建筑相比，中国的瓦面作法更多。中国不但创造了与西方相似的筒瓦屋面，还创造了底瓦垄和盖瓦垄都用板瓦的"合瓦"屋面，尤其是创造了带釉的瓦（琉璃）屋面和只用底瓦垄不用盖瓦垄的"干槎瓦"屋面。无论就瓦屋面的技术手段还是艺术形式而言，中式屋面的水平更高，更具多样性。历代相比，清代达到了最高峰。

瓦面垫层在古建筑中叫做"背"，其施工过程叫做"苫背"。在北方地区，凡做瓦屋面都要先苫背，清中期以后，苫背发展为更加注重防水功能的施工技术。在南方地区，有先苫背再铺瓦的，也有不苫背直接在木椽上铺瓦的。

二、屋面作法通述

（一）屋顶式样的变化

古建屋顶的式样非常丰富，但常见的基本式样只有下列几种：硬山顶、悬山顶、歇山顶、庑殿顶、攒尖顶（如圆形攒尖、四角攒尖、六角攒尖等）以及平顶（平台屋顶）（图5-1）。硬山顶和悬山顶都是两坡顶。硬山的山墙上不露出木檩，即要"封山下檐"（图5-2）。

悬山又叫"挑山"或"厦两头"，其特点是木檩露出山墙外，即所谓"出梢"，悬山屋顶一直延伸到山墙以外（图5-3）。

庑殿是四坡顶，前后坡两侧的坡面叫"撒头"。庑殿顶又叫"四阿顶"，俗称"五脊殿"（图5-4）。

歇山顶俗称"九脊殿"。假如有一个硬山或悬山建筑，取其山尖以上的部分（包括山尖），再向四周伸出屋檐，就是歇山形式。歇山的两侧坡面也叫"撒头"，歇山的山尖部分称为"小红山"（图5-5）。

上述四种屋面的坡面相交都可看成是一条线，而攒尖顶的特点是，无论几个坡面，最后都"攒"到一起，在顶部交汇于一处，成为一个点（图5-6）。

平顶又叫平台房，由于这种屋顶不是用瓦覆盖的，所以俗称"灰平台"，见图5-13（a）。灰平台虽然不"起脊"，但为便于排水，屋面也有些坡度，向一个方向排水的叫"一出水"，向前檐方向"一出水"的俗称"嗄头拍子"。向两个方向排水的叫"两出水"。

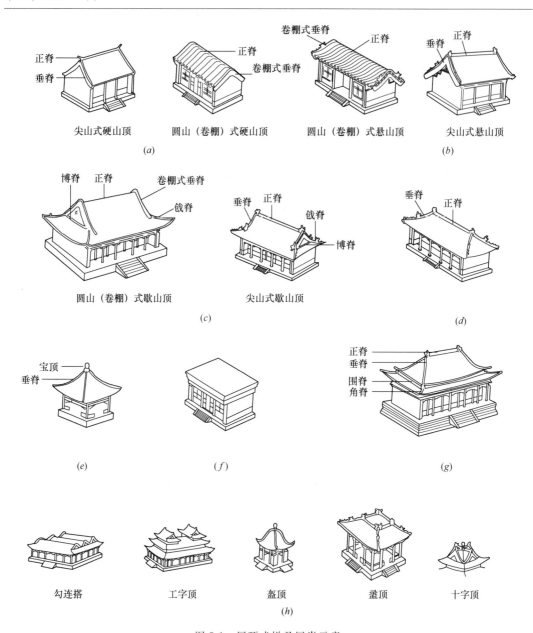

图 5-1　屋顶式样及屋脊示意

（a）硬山顶；（b）悬山顶；（c）歇山顶；（d）庑殿顶；（e）攒尖顶；（f）平顶；（g）重檐；（h）变化形式示例

　　两重或两重以上的屋面称为重檐顶（图 5-7）。根据屋檐的层数可直接叫"两滴水"（两重檐）或"三滴水"（三重檐）。相对重檐屋顶来说，只有一层屋面的叫单檐屋顶。

　　上述这些基本类型的组合或变化，可产生出多种屋顶式样，如两个或三个硬、悬山屋顶前后连在一起，形成"勾连搭"。两个屋顶勾连搭者又叫"一殿一卷"（图 5-8）。把庑殿顶和平顶组合在一起，就形成了"盝顶"。将攒尖（如四角攒尖）屋顶的屋面曲线向上拱起，就变成了"盔顶"。把两个矩形屋顶横穿在一起，就组成了"十字顶"等。除此而外，再加上平面上的各种变化以及重檐形式的介入，就使得古建屋顶的式样变得十分丰富。

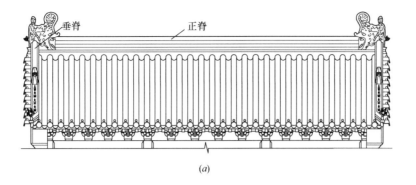

(a)

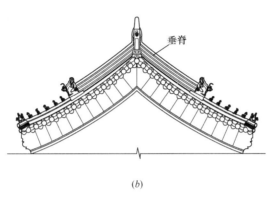

(b)

图 5-2 硬山屋顶（本例为尖山式）

（a）正立面；（b）侧立面

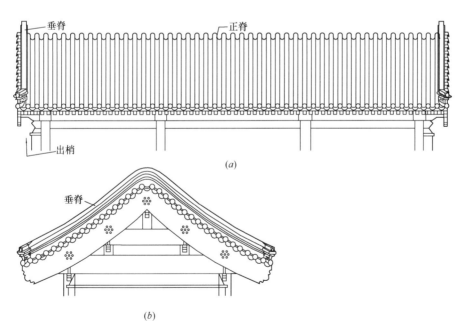

(a)

(b)

图 5-3 悬山屋顶（本例为圆山卷棚式）

（a）正立面；（b）侧立面

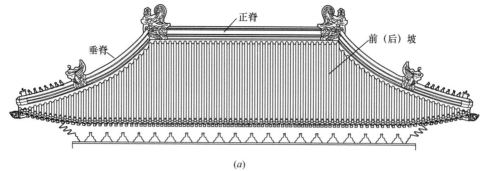

(a)

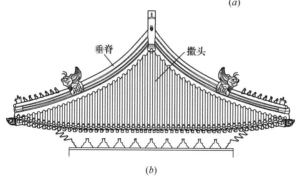

(b)

图 5-4　庑殿屋顶

（a）正立面；（b）侧立面

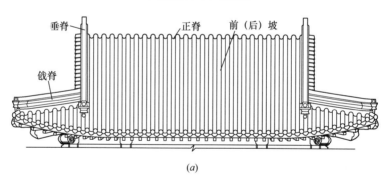

(a)

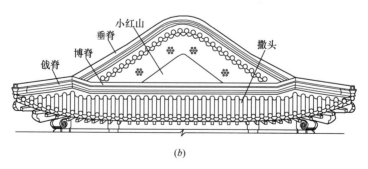

(b)

图 5-5　歇山屋顶（本例为圆山卷棚屋面）

（a）正立面；（b）侧立面

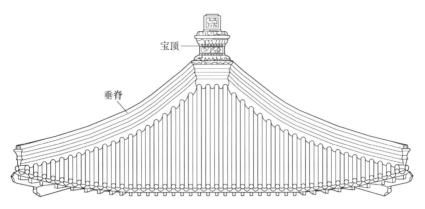

图 5-6 攒尖屋顶（本例为四角攒尖）

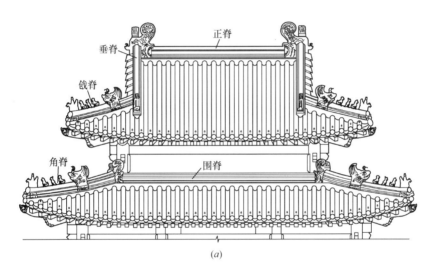

(a)

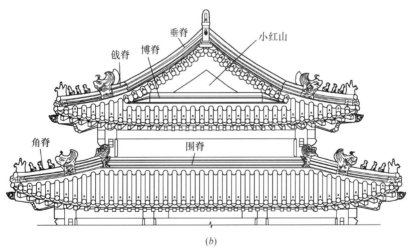

(b)

图 5-7 重檐屋顶（本例为尖山式歇山屋顶）

(a) 正立面；(b) 侧立面

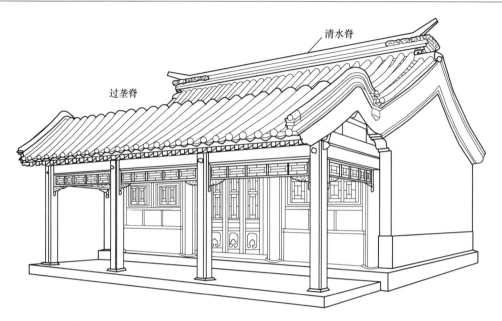

图 5-8 "一殿一卷"式勾连搭屋面

古建行业有"正式建筑"和"杂式建筑"之说。在习惯上，古代匠师把平面投影为长方形，屋顶为硬山、悬山、庑殿或歇山作法的建筑叫"正式建筑"，而把其他形式的都笼统地称为"杂式"建筑。事实上，"正式"与"杂式"很难绝对划分，"正式"含有正规、常见之意，"杂式"则指"正式"之外的、不常见的建筑。建筑群中的主要建筑一般都用"正式"建筑，有特殊需要的则另当别论。园林建筑中"杂式"作法则随处可见。在"正式"建筑中，屋顶形式有一定的等级概念，重檐庑殿为最尊，重檐歇山次之，以后顺序为单檐庑殿、单檐歇山、悬山和硬山。其中悬山也可与硬山视为同一等级。

（二）材料作法的变化

1. 琉璃瓦屋面

琉璃瓦是表面施釉的瓦，其规格大小从二样至九样有八种（参见表 5-1），在古代，琉璃瓦只用于宫殿建筑。如清代就有严格的规定，亲王、世子、郡王只能用绿色琉璃瓦或绿剪边，只有皇宫和庙宇才能用黄色琉璃瓦或黄剪边，离宫别馆和皇家园林建筑可以用黑、蓝、紫、翡翠等颜色及由各色琉璃瓦组成的"琉璃集锦"屋面。

（1）削割瓦作法：削割瓦始于明永乐初年，最初为不施釉的琉璃瓦坯子，颜色介于浅红与黄白之间。清乾隆时期又增加了一种浅灰色的削割瓦，是在坯料烧成后，再入普通砖瓦窑经"窖青"工艺制成的。削割瓦应遵循琉璃规矩，即削割瓦虽无釉面，但从等级和作法角度讲，属琉璃屋面。其规格尺寸、屋脊造型和仙人走兽的用法等，与琉璃完全相同。

（2）琉璃剪边作法：用琉璃瓦做檐头和屋脊，用削割瓦或布瓦做屋面。或者以一种颜色的琉璃做檐头和屋脊，以另一种颜色的琉璃瓦做屋面，如黄心绿剪边或绿心黄剪边。用削割瓦或布瓦做心的剪边屋面多见于城楼或庙宇。以另一种琉璃瓦做心的剪边屋面多见于皇家园林建筑，但也可用于一般的宫殿或寺庙建筑。宋元以前的"剪边"，琉璃只用在屋脊，不用在檐头，不像明清时期的剪边屋面具有鲜明的边框效果。

（3）琉璃聚锦作法：以两色琉璃或多色琉璃瓦拼成图案的屋面作法，常见图案如方乘

（注：菱形图案，"乘"读"胜"）、叠落方乘（双菱形）、囍字等。琉璃聚锦作法见于园林建筑或地方庙宇建筑。

2. 布瓦屋面

颜色呈深灰色的黏土瓦叫做布瓦。当区别于琉璃屋面时，常被称为黑活屋面或墨瓦屋面。布瓦（或黑活）屋面有多种作法，所以常根据不同的作法直呼其名，如筒瓦屋面、合瓦屋面、干槎瓦屋面等，只有在特指不是琉璃屋面时才说"布瓦"或"黑活"屋面。布瓦的规格从特号至十号共五种（表5-12）。从布瓦泥料的糙细程度上分，有普通瓦、细泥瓦和澄浆瓦，其中澄浆瓦的质量最好。时至今日已经没有细泥瓦和澄浆瓦了。

（1）筒瓦屋面

筒瓦屋面是用弧形片状的板瓦做底瓦，半圆形的筒瓦做盖瓦的瓦面作法（图5-9、图5-34）。筒瓦屋面用于宫殿、庙宇、王府等大式建筑，以及牌楼、亭子、游廊等。小式建筑不得使用3号以上的筒瓦。民宅中的影壁、小型门楼、看面墙、廊子、垂花门等虽然也使用筒瓦，但仅限于10号筒瓦。山西、陕西等地的民居则不受此限。

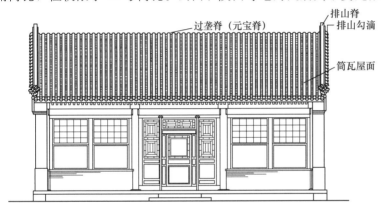

图 5-9　筒瓦屋面

筒瓦屋面的传统作法是，要用灰把底瓦垄与盖瓦垄之间抹严，叫做"夹垄"。还要用灰把每块筒瓦的接缝处用灰勾严，叫做"捉节"，合称"捉节夹垄"。筒瓦表面不再裹抹灰浆。20世纪80年代初出现了"裹垄"作法，即在筒瓦的外表面用灰裹成筒状。裹垄作法最初只是作为一种修缮手段，不用于新瓦屋面。这种作法不如"捉节夹垄"后的瓦垄清秀，但可以弥补由于筒瓦的质量造成瓦垄不顺的缺点。介于两者之间的作法叫"半捉半裹"，这种作法既能弥补某些筒瓦的参差不齐，又能保持"捉节夹垄"作法的风格。

清代中期以前，筒瓦的作法较简单，一是睁眼（盖瓦与底瓦的距离）较小，二是不夹垄，用瓦刀直接将盖瓦泥顺瓦翘切齐。

（2）合瓦屋面

合瓦在北方地区又叫阴阳瓦，在南方地区叫蝴蝶瓦或小青瓦。合瓦屋面的特点是，盖瓦也使用板瓦，底、盖瓦按一反一正即"一阴一阳"排列（图5-10、图5-38）。合瓦屋面主要见于小式建筑及华北等地的民宅，大式建筑不用合瓦。在这些地区，只要看屋面是合瓦还是筒瓦，就知道是民房还是庙宇（或王府）。江南地区除了民宅以外，庙宇也有用蝴蝶瓦（小青瓦屋面的），包括铺灰与不铺灰两种作法。不铺灰者，是将底瓦直接摆在木椽

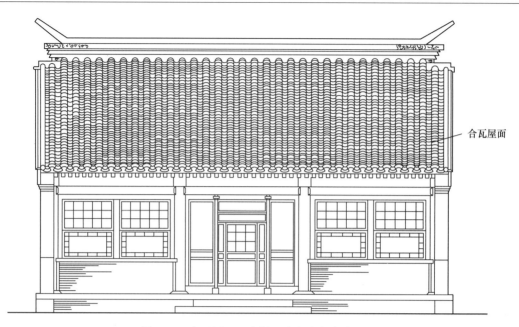

图 5-10　合瓦屋面（本例正脊为清水脊作法）

上，然后再把盖瓦直接摆放在底瓦垄间，其间不放任何灰泥。京城工匠称此作法为南方干槎瓦。

与筒瓦的情况相同，清中期以前合瓦的作法也较简单，也是睁眼较小，且不夹垄（夹腮）。

（3）仰瓦灰梗屋面

这种屋面在风格上类似筒瓦屋面，但不做盖瓦垄，而是在两垄底瓦垄之间用灰堆抹出形似筒瓦垄，宽约 4 厘米的灰梗（图 5-11）。仰瓦灰梗屋面不做复杂的正脊，也不做垂脊。多用于不甚讲究的民宅。

图 5-11　仰瓦灰梗屋面

（4）干槎瓦屋面

干槎瓦屋面的特点是没有盖瓦，瓦垄间也不用灰梗遮挡。瓦垄与瓦垄巧妙地编在一起（图5-12、图5-40）。干槎瓦屋面的正脊和垂脊一般不作复杂的脊件。这种屋面体轻、省料、不易生草，防水性能好。只要木架不变形，泥背不塌陷，极不易漏雨。干槎瓦技术是世界上独一无二的不用盖瓦的屋面技术，最能体现中国古代工匠的聪明才智。这种技术由山西的能工巧匠发明，时间不晚于清乾隆年间。清中期以后由山西流传至河南大部分地区、陕西部分地区、甘肃部分地区、河北部分地区、山东部分地区以及北京周边部分地区（如延庆、昌平、怀柔、平谷等）。

扁担脊

干槎瓦屋面

图5-12　干槎瓦屋面

3. 灰背顶

屋顶表面不用瓦覆盖，以"灰背"直接防雨的屋面就是灰背顶。这种作法多用于平台屋顶，但也可用于起脊屋顶。用于起脊房屋时，一般仅用于局部，如用于勾连搭房屋连接处的"天沟"，用于盝顶，用于"棋盘心"屋面等（图5-13）。起脊房屋全部用灰背顶的，属地方手法。

与瓦顶屋面相比，灰背顶有着不可替代的特点：①可节省屋面造价。由于可以减轻屋面荷载，还可以节省木构架的造价。②瓦屋面的天沟、盝顶等坡面平缓处，无法用瓦面解决防水问题时，采用灰背顶是最常见的替代作法。③平台屋面可以堆放物品。还可以成为上人屋面，具有远眺乃至防御的功能。④当平台房屋与起脊房屋总高度相同时，平台房屋檐口以下的立面高度会更高，因此古时的铺面房常常会选择平台房形式。⑤平台屋面可以使屋面的造型更加丰富（图5-13）。在许多情况下，虽然能采用瓦屋面，但出于造型上的需要，也会选择平屋面。试比较图5-8与图5-13a的不同效果。⑥采用平台屋面往往可以达到调整建筑空间关系的效果，是建筑相互"腾挪躲闪"的方法之一。例如，四合院中的廊子如果距耳房较近，廊子的坡面和檐出将会影响到耳房的日照，严重的甚至会形成两个屋檐相碰的情况。又如，廊子与垂花门或抱厦等较矮的建筑相接时，交接部位往往较难处理。如果采用平台廊子作法，上述问题都能得到较好的解决（图5-13d）。⑦平台屋面是我国北方和西北部分地区较常见的一种屋面作法。这种形式的形成与当地的古代社会文化、经济水平和气候特点息息相关，因此有着很强的地域特征。

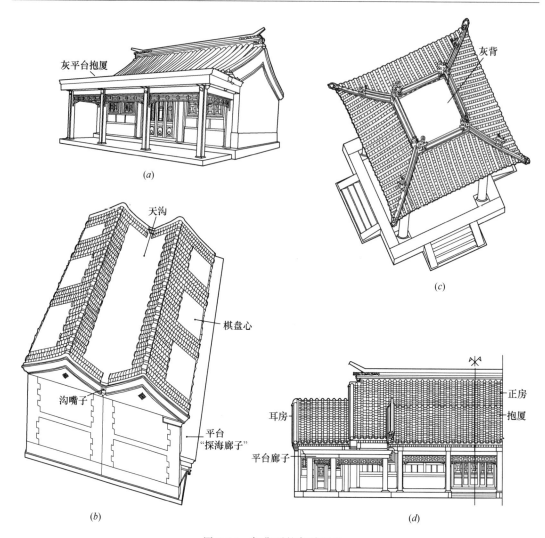

图 5-13　灰背顶的各种用途

（a）用于平屋顶；（b）用于起脊房屋；（c）用于盝顶；（d）灰平台在建筑组合中的作用

附：干土平台屋面

在部分少雨地区，如山西、河北、西北部分地区，有采用干土平台屋面作法的。各地"土"的材料有所不同，主要分为素土（纯净的黄土，也可掺入滑秸）、灰土、三合土（白灰、黄土、细石子）几种作法，也有使用易粉碎的石块，加工成粗、中、细的不同粒径后混合而成，西藏地区即常使用此种作法，当地称之为"阿嘎土"。无论哪种干土屋面，其主要操作方法都是将"土"少量掺水或不掺水拌合均匀后，分层铺在屋面上，再用夯或铁拍一类的工具将土层夯实拍平。

4. 石板瓦屋面

石板瓦屋面俗称"石板房"，其作法是用小块规格的薄石片排列有序地铺在屋面上（图 5-14、图 5-42）。石板瓦作法属地方手法，具有较强的田园风格。

5. 棋盘心屋面

棋盘心屋面可以看成是在合瓦屋面的中间及下半部挖出一块，改做灰背或石板瓦（图

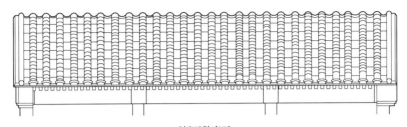

石板瓦做底瓦

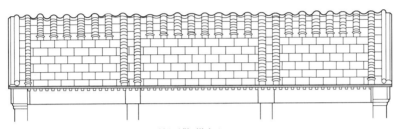

石板瓦做"棋盘心"

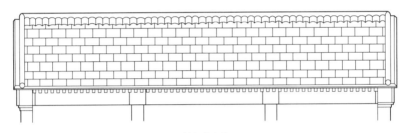

石板瓦屋面

图 5-14 石板瓦屋面

5-15）。上部的合瓦垄叫做"麦穗"。棋盘心屋面的正脊一般都做鞍子脊或合瓦过垄脊，垂脊部位仅做边垄、梢垄和分间垄。棋盘心的特点是：（1）节省瓦料，造价低；（2）采取了小面积苫背的方法，所以灰背不易开裂；（3）屋面较轻，可以减轻木檩的荷重。棋盘心屋面多用于地方建筑及作法简单的小式建筑。一些较讲究的大、小式建筑也常在不露明的坡面采用棋盘心作法。

6. 焦渣背屋面

焦渣背作法多用于平台屋顶，其风格与"灰平台"相似，但苫背的材料改为焦渣灰。这种作法流行于山西、河北、陕西等地。焦渣背屋面体轻、造价低，并具有较高的强度和刚度。因此明、清时期的铺面房，尤其是粮店和煤铺，常采用这种作法，以便晾晒或存放物品。焦渣背作法是古代建筑成功利用废料的范例。焦渣背具有一定的防水性能是因为在操作时，稀灰浆被拍到了上部，从而填充了焦渣内的孔隙。但焦渣如果铺在坡屋面上，水分会很快流失，稀灰浆是难于浮到上部的。因此古时只用于平台屋顶，不用在起脊房屋（坡屋顶）上。20世纪五六十年代曾有人将焦渣背作法用于坡屋面，并用它瓯瓦调脊，事实证明效果不佳。

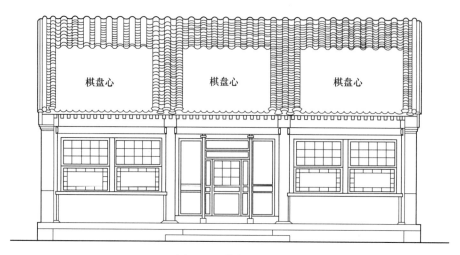

图 5-15 棋盘心屋面

7. 滑秸泥背屋面

这种作法较简单，材料用较纯净的黄土（或掺少量白灰），再掺入麦秆或稻草等。苫好后用铁抹子轧实轧光。屋面做好后，每隔几年补抹一层即可满足使用要求。滑秸泥背屋面是具有悠久历史的屋面作法，随着建筑技术的发展，近年来已不多见。

8. 草顶

草顶又叫茅草房，是用麦秆、稻草或茅草覆盖的屋面，也是具有悠久历史的屋面作法。现仅见于边远地区或临时房屋上。作为一种具有强烈民间风格的屋面形式，对于当今的仿古园林设计，仍可借鉴。

9. 金瓦顶

金瓦顶又称金顶。其突出特点是瓦面具有金灿灿、明晃晃的外观效果。金瓦顶有三种，第一种名为金瓦，实为铜瓦，多见于皇家园林中。铜瓦在初期时确有金瓦的效果，日久颜色会变暗。第二种是铜胎镏金瓦，多见于喇嘛教建筑或皇家园林中。为减少金的用量，瓦面大多不再作筒、板瓦形式，而是改作"鱼鳞瓦"。第三种是在铜瓦的外面包"金页子"，见于喇嘛教建筑。这种作法的造价极其昂贵，因此极少采用。

10. 明瓦作法

用玻璃覆盖屋面的作法叫明瓦作法。宫殿建筑中也有用云母片加工而成的，装饰效果更好。但采光稍逊。为了能使屋顶透明，屋面就不能再做木望板及灰泥背了。明瓦作法多用于花房，也可用于有特殊观赏需要的园林建筑。南方建筑常在瓦面中用1～2块明瓦，以便观察天气变化。

（三）屋面分层作法

清早期时，苫背的材料作法尚较简单。成熟的作法始于清中期，直至清末乃至民国时期才真正完备和定型。文物建筑修缮时应注意这种时代特征，不应随意以晚期的作法取代早期作法。

1. 瓦顶屋面的常见分层作法

瓦面
宽瓦泥
滑秸泥背 1~2 层
木椽，上铺席箔、苇箔、荆芭（荆条编片）、瓦芭（板瓦）、望砖（薄砖）或薄石板

（1）见于民间作法

瓦面
宽瓦泥
灰背 1 层
滑秸泥背 1~2 层
木椽，上铺席箔或苇箔

（2）见于民宅

瓦面
宽瓦泥
青灰背
滑秸泥背 1~2 层
护板灰
木椽，上铺木望板

（3）见于小式建筑

瓦面
宽瓦泥
青灰背
月白灰背
滑秸泥背 2~3 层
护板灰
木椽，上铺木望板

（4）见于大式或小式建筑

瓦面
宽瓦泥（或灰）
青灰背
月白灰背或纯白灰背 3 层以上
麻刀泥背 3 层以上
护板灰
木椽，上铺木望板

（5）见于宫殿建筑

2. 灰背顶的分层作法

青灰背
月白灰背 1~2 层
滑秸泥背 1~2 层
木椽，上铺席箔或苇箔

（1）见于民宅

青灰背
月白灰背 2~3 层
滑秸泥背 2~3 层
木椽，上铺席箔、苇箔或木望板

（2）见于小式或大式建筑

青灰背
焦渣背
滑秸泥背
木椽，上铺席箔、苇箔或木望板

（3）见于民宅或店铺平台房

焦渣背
滑秸泥背
木椽，上铺席箔、苇箔或木望板

（4）见于民宅或店铺平台房

青灰背
多层月白灰背或纯白灰背
锡背
多层麻刀泥背
护板灰
木椽，上铺木望板

（5）见于宫殿建筑

（四）屋脊名词辨析

（1）脊：沿着屋面转折处或屋面与墙面、梁架相交处，用瓦、砖、灰等材料做成的砌筑物。脊兼有防水和装饰两种作用。

（2）正脊：特指屋脊位置时的称谓（图 5-1），指沿着前后坡屋面相交线所做的脊。正脊往往是沿桁檩方向，且在屋面最高处。不同作法的正脊各自有着不同的名称，平时多直呼其名，如过垄脊、清水脊等。

（3）垂脊：特指屋脊位置时的称谓。凡与正脊或宝顶相交的脊都可统称为垂脊（图 5-1）。庑殿 垂脊常称为庑殿脊。歇山及硬山、悬山垂脊常称为排山脊。

（4）戗脊：又叫做金刚戗脊，俗称"岔脊"，是歇山屋面上与垂脊相交的脊（图5-1）。由于戗脊是沿角梁方向的脊，所以有人把庑殿垂脊也叫做戗脊，进而把凡是沿角梁方向的脊，如攒尖建筑的垂脊、重檐建筑的角脊等都说成戗脊。在这其中，又习惯把较短的叫做岔脊，如重檐建筑的角脊就被叫做岔脊。事实上，这样的叫法有些含混，用于黑活屋顶时尚可，但用于琉璃屋顶时就容易出错。例如：庑殿垂脊如被叫做戗脊的话，脊件就应符合戗脊的作法规矩，由于琉璃戗脊的脊件与垂脊的脊件外形相同而规格较小，这样，实际做成的脊高就降低了。因此，垂脊与戗脊宜严格区分，戗脊应作为歇山屋面的专有名称。

（5）博脊：歇山屋顶的小红山与撒头相交处的脊（图5-1）。当某坡屋面与墙面交接时，往往要沿接缝处做脊，此时如果具有明显的正脊特征可叫做正脊，如果特征不突出，一般也都统称为博脊。

（6）围脊：沿着下层檐屋面与木构架（如承椽枋、围脊板等）相交处所做的脊（图5-1）。围脊多能头尾相接呈围合状，故俗称"缠腰脊"。有人把围脊叫做下檐博脊或重檐博脊，甚至干脆叫做博脊。叫它下檐博脊或重檐博脊已嫌含糊，如也叫博脊就会与真正的博脊相混淆。所以围脊既然已有了区别于其他脊的名称，还是明确一些为好。

（7）角脊：重檐屋面，下檐瓦面的坡面转折处，沿角梁方向所做的脊（图5-1）。也有人把角脊叫做下檐戗脊（岔脊）或重檐戗脊（岔脊），甚至干脆叫戗脊或岔脊。这些名称都不如"角脊"清楚、易记。

（8）盝顶正脊（围脊）：盝顶正脊之所以被叫做正脊，是因为它处在屋顶的最高处，但也有人把它叫做围脊，这是因为它呈围合状，又使用合角吻，所以可说是一脊二名，如图5-13（c）所示。由于围脊与正脊外形相似而规格比正脊小，因此如称之为围脊，应使用大一样的围脊脊件，例如五样围脊要改用四样围脊。如称之为正脊，则要使用大一样的合角吻，这样才能保证与垂脊相配套。只要注意了这个问题，无论叫正脊还是围脊都是可以的。

（9）宝顶：俗称"绝脊"，是在攒尖建筑瓦面的最高汇合点所做的脊（图5-1）。

（10）大脊：正脊有多种作法，每种作法都有各自的名称。当正脊两端做吻兽，脊件层次较多，要区别于其他作法简单的正脊时，可特称做大脊（图5-4）。

（11）过垄脊：又叫元宝脊，是筒瓦屋面正脊的一种作法（图5-9、图5-69）。其主要特点有两点：①脊的作法与瓦垄相同，但瓦件都是"罗锅"状，形如元宝，这就是元宝脊名称的来历。②前后坡瓦面的底瓦垄是相通的，这就是过垄脊名称的来历。

过垄脊既可以用在大式屋面上，也可以用在小式屋面上。当垂脊放置垂兽时，即为大式作法。当垂脊为小式作法（不用垂兽）时，过垄脊也随之成为小式作法。

（12）鞍子脊：小式合瓦屋面正脊的常见作法，也是合瓦屋面独有的正脊作法，因形似马鞍形而得名（图5-15、图5-80）。

（13）合瓦过垄脊：小式合瓦屋面正脊之一，实际上是鞍子脊的简易作法。因前后坡的底瓦垄是相通的（鞍子脊不相通），具备了"过垄"的特征，所以叫合瓦过垄脊（图5-81）。

（14）墙帽正脊：来源于琉璃瓦墙帽（图3-57），指一种固定的正脊作法。由于墙帽的坡长较短，正脊不宜太高，脊件需简化，这样就形成了一种独特的正脊形式。由于这种作法是琉璃瓦顶墙帽正脊的固定作法，因此被称做墙帽正脊。当其他部位如牌楼的夹楼正脊，也采用这种作法时，往往仍然习惯称它为墙帽正脊（图5-62）。

（15）清水脊：小式黑活屋面正脊作法之一（图5-10、图5-82），两端有砖雕"草盘子"和翘起的"蝎子尾"。清水脊是北方建筑借鉴南方作法的范例，"清水"一词即源于南方方言，有清洁美观、细致讲究之意。

（16）皮条脊：黑活屋脊的一种（图3-46、图5-75）。与大脊的区别是，比大脊作法简单，与大脊陡板以下（不含陡板）的作法相同。与清水脊的区别是，两端不做"草盘子"和"蝎子尾"。皮条脊两端放吻兽时为大式作法，不放吻兽时为小式作法。皮条脊的叫法在习惯上限于正脊部位，与之脊件相同但用于其他部位时，应直接称为垂脊、戗脊或博脊等。

（17）扁担脊：一种简易的正脊，属民间作法，因形似扁担而得名（图5-12、图5-84）。

（18）排山脊：歇山、硬山或悬山屋面垂脊的专用称谓（图5-9）。排山，顺山尖而上之意。故歇山、硬山或悬山屋面的垂脊有排山脊之称。

（19）排山勾滴：勾滴是勾头瓦和滴水瓦的统称。歇山、硬山或悬山博缝之上的一排勾头、滴水，因排放在山尖上，且其上即是排山脊，因此叫做排山勾滴（图5-9）。

（20）铃铛排山脊：排山脊的一种。勾头、滴水瓦可叫做"铃铛瓦"，故使用排山勾滴的排山脊即为铃铛排山脊（图5-9）。

（21）拔水排山脊：排山脊的一种。排山脊中，将排山勾滴改作拔水砖的就是拔水排山脊。

（22）拔水梢垄：屋面瓦垄中，靠近山墙博缝的一垄盖瓦叫梢垄。梢垄必须是筒瓦垄，即使是合瓦或干槎瓦屋面等，梢垄也必须是筒瓦垄。拔水梢垄的作法特点是：①仅做梢垄，梢垄上不再做垂脊。②博缝上不做排山勾滴而做拔水砖檐（图5-11、图5-87）。

（23）边梢：即边垄与梢垄的统称。自山面博缝处数起，第一垄盖瓦（筒瓦垄）叫梢垄，第二垄盖瓦叫边垄，合称"边梢"。对于合瓦、干槎瓦或合瓦棋盘心屋面的边梢来说，梢垄为筒瓦垄，边垄则须用板瓦做成（图5-11、图5-87）。

（24）罗锅脊：形容垂脊顶部作法的名词。当正脊为过垄脊或鞍子脊时，前后坡排山脊相交处为一圆弧形，为此，脊件也要随之加工成"罗锅"状，罗锅脊的说法即由此而来（图5-3）。

（25）卷棚：形容屋顶外形的名词。正脊为过垄脊或鞍子脊时，屋面顶部呈圆弧状，卷棚即形容其形似曲卷之棚（图5-1）。

（26）卷棚脊：形容排山脊外形的名词。卷棚脊是罗锅脊的同义词，形容排山脊顶部的圆弧曲卷状。所以有人叫它"罗锅卷棚脊"或"卷棚罗锅脊"（图5-1）。

（27）箍头脊：就是罗锅脊或卷棚脊。是因形容的侧重点有所不同而派生出的新词。当正脊做成大脊时，前后坡两条排山脊被正脊吻兽隔开，而当正脊做过垄脊或鞍子脊时，前后坡两条排山脊在屋顶上相连，因而被形象地形容为"箍头"，箍头脊即由此而来。罗锅或卷棚是形容排山脊的顶部为圆弧状，箍头是形容屋面被排山脊箍住了。小式排山脊肯定是箍头脊作法，大式排山脊要看正脊的作法。做大脊的，排山脊肯定不是箍头脊作法（图5-1）。

（28）调脊：又作"挑脊"。指屋脊的安装过程。因脊有不同的名称，因此调脊也有调正脊、调垂脊、调铃铛排山脊等不同的说法。

（29）压肩作法：先做好瓦面以后再调正脊的称为压肩作法。琉璃屋脊多采用压肩作法。

（30）撞肩作法：先调完正脊以后再做瓦面的称为撞肩作法。黑活屋脊多采用撞肩作法。

（31）官式作法：包括大式和小式作法。泛指京城地区定型化、规范化、程式化了的作法。

（32）大式屋面：官式作法的一种类型。用于王府、庙宇衙署、和宫殿建筑，其基本特征是，瓦面用筒瓦，屋脊上有吻兽、小兽等脊饰。琉璃屋脊无论有无吻兽都属于大式作法。

（33）小式屋面：官式作法的一种类型。用于普通建筑，多见于民宅，也见于大式建筑群中的某些次要建筑。小式屋面的基本特征是，瓦面不用筒瓦（不包括 10 号筒瓦），屋脊上没有吻兽、小兽。

（34）大式小作：具有大式屋脊的基本特征，但屋脊的脊件做了必要的简化。

（35）小式大作：具有小式屋脊的基本特征，但脊件作法借鉴了大式屋脊的脊件特点。

第二节　坡屋面苫背与平台屋面苫背

一、苫背的种类与苫背的基层

1. 苫背的种类

古建筑屋面技术发展至清代时，官式建筑中使用得最多的两种作法是铺瓦（瓦顶）和抹灰（灰背）。瓦顶用于坡屋面（起脊屋面），灰背多用于平屋面（平台屋面）但也用于起脊房屋。对于瓦顶来说，瓦下大多也要苫抹几层灰泥，这几层灰泥就叫做苫背。对于灰平台作法来说，苫抹的几层灰泥也叫做苫背。苫背一词既指操作完成后的成品，也指这个操作过程。古建屋面的苫背在功能上等于现代建筑屋面找平层、保温层和防水层的总和。

苫背有多种作法，因此有多种名称，一般按使用的主要材料区分，主要有：泥背、灰背、焦渣背、锡背等。在此基础上还可以按掺合料的情况进一步区分，主要有：滑秸泥背、麻刀泥背、纯白灰背、月白灰背、青灰背、护板灰等。不同作法的苫背，其操作过程有不同的叫法，如苫泥背、苫灰背、苫青灰背等。

2. 苫背的基层

苫背一般从木望板开始。古时普通的民宅往往不用木望板，而是用席箔和苇箔作为基层，檐椽部位用席箔，檐椽以上不露明的部位用苇箔。除了木望板和席箔、苇箔作法外，还可采用荆芭、瓦芭、砖芭和石芭作法。荆芭是以荆条编成的片状物作为灰背的基层，多见于地方建筑。瓦芭、砖芭和石芭的说法由荆芭而来，瓦芭作法是将板瓦铺搭在木椽子上，瓦与瓦的对缝处应勾抹素灰膏。砖芭又叫砖望板或望砖，是宋代建筑的常见作法，明、清时期北方已不多见，但在南方仍很流行。望砖是一种较薄的条形砖，使用时直接铺在椽子上，砖缝之间要勾抹白灰膏。石芭是以薄石板代替木望板铺在椽子上的作法，多见于地方建筑。

凡琉璃大脊或屋面有吻兽者，在苫背前应在扶脊木（或檩）上钉好脊桩、吻桩或兽桩。

二、瓦顶苫背的一般作法

（1）在木望板上抹一层深月白麻刀灰，厚度一般为1～2厘米，这层灰叫护板灰。其作用在于保护望板。抹护板灰的技术要点是：①在抹护板灰之前将木望板表面刷湿，随刷随抹，以利于灰与望板的附着结合。②在抹之前先用不掺麻刀的稀灰勾望板缝，要将灰挤进板缝内，这样才能与望板结合牢固。苫背层不滑坡是瓦面不滑坡的前提，而护板灰与望板结合牢固是苫背层不滑坡的前提。③护板灰应比普通麻刀灰稀软。要用小麻刀灰（短麻刀灰）。④抹时应较用力。不求抹平，但应力求与木板结合得更牢。⑤不轧平轧光，这样更有利于与上层苫背层的结合。⑥要在护板灰稀软时就苫抹下一层苫背层，这样更有利于二者的结合。因此实际操作时大多要每抹一段护板灰，就要跟着抹好下一层苫背层。

如果苫背基层为席箔、苇箔等其他作法，则不用护板灰。

（2）在护板灰上苫2～3层泥背。宫殿建筑多用麻刀泥，小式建筑多用滑秸泥（苫背所用的灰泥配合比及制作方法参见表2-1）。每层泥背厚度不超过5厘米。中腰节附近如泥背太厚，可事先将一些板瓦反扣在护板灰上，这些瓦叫做"垫囊瓦"，垫囊瓦既可以减轻屋面的重量，又可以防止因泥背太厚而造成开裂。

每苫完一层泥背后，要"打拍子"（又叫"拍背"）。拍子又叫"杏儿拍子"，是一种圆形的铁拍子（图5-16）。打拍子（拍背）就是用拍子拍打苫背层。拍泥背的时间应选择在泥背干至七八成时，至少应拍二至三次，不以拍平为目的，应以拍实为目的。拍背的技术原理相当于灰土作法中的打夯，可以有效地增强泥背的密实度，减少开裂，从而提高泥背的抗渗性能和抗冻性能。因此拍背是一道十分关键的工序。

图5-16　杏儿拍子

需要说明的是，旧时的传统习惯是，拍背属较讲究的作法，作法简单的屋面（例如不用木望板的屋面）往往不再拍背。以今天的观点看，既然拍背对提高泥背的质量十分有利，因此无论屋面作法如何简单，拍背工序都应进行。

泥背全部苫完后，要进行"晾背"，即要晾晒屋面，使水分蒸发。如不经过晾背，木望板易糟朽，尤其是在阴雨季节的情况下更容易糟朽，严重时连椽子都会受到影响。晾背的另一好处是，由于泥背表面产生收缩开裂是不可避免的，而这种收缩又会对它上面的苫背层产生影响，因此在泥背收缩完成后再苫下一层灰（泥）背是比较有利的。至于晾晒到什么程度为好则有不同的说法，一种说法是泥背干至八成就要开始苫下一层。另一种说法是要完全晾干才能苫下一层，叫做要"放裂"，一是只有这样泥背才会完全停止收缩，避免对下一层灰（泥）背造成影响，二是裂的口子越大，下一层的灰（泥）就越容易挤进裂口中。这两种说法都有道理，完全晾干的做法无论对望板的保护还是保证泥背不会继续开裂都是有益的。但问题是，泥背的强度成生需要潮湿的环境和一定的时间，完全干透时强度将不再增长，短时间干透的泥背，强度不会达到最高值。在实际操作中应这样掌握：在气温高，晾两三天就能干透的情况下，泥背干至八成以上就应该苫下一层苫背层，如需晾晒一周以上才能晾干时，宜等到完全干后再苫下一层背。

清中期以后，有些重要的宫殿建筑往往不苫泥背，全部做灰背，认为这样做的质量会更好。实际上这是古人的一个误解。掺灰泥硬结后生成硅酸钙，白灰硬结后生成碳酸钙。硅酸钙的强度、抗冻性能及柔性等均比碳酸钙好得多。所以泥背作法是一种值得肯定的苫背材料。当然，如果文物建筑的原作法为灰背，修缮时也不宜改为泥背。

（3）在泥背上苫1～4层大麻刀灰或大麻刀月白灰。每层灰背的厚度不超过3厘米。每层苫完后要反复赶轧坚实后再开始苫下一层。

（4）在月白灰背上开始苫青灰背。青灰背也用大麻刀月白灰，但须反复刷青浆和轧背，赶轧的次数不少于"三浆三轧"。在刷浆轧背之前宜"拍麻刀"，作法见下文（平台屋顶苫背的一般作法）。

苫灰背是技术性很强的工作，不同的操作方法做出的灰背质量大不相同。其操作质量技术要点详见下文"苫灰背的技术关键"。

为加强灰背自身的整体性，并加强与宛瓦灰泥的连接，防止瓦面下滑，青灰背表面应采取以下措施：

①打拐子与粘麻：在大麻刀青灰背干至八成时，要在灰背上"粘麻打拐子"。如果不是重要建筑，可以只打拐子不粘麻。粘麻打拐子的方法是：用梢端呈半圆状的木棍在灰背上打（杵）出许多圆形的浅窝。拐子常为5个一组（称为梅花拐子），下腰节以上每组拐子之间相距5组拐子的宽度，即要"隔5一打"，中腰节以上要"隔3一打"，上腰节以上要"隔1一打"。每组拐子之间要粘麻（图5-17），待宛瓦时把麻翻铺在底瓦泥（灰）上。

②搭麻辫：用于坡面高陡的屋顶。方法如下：每苫完一段大麻刀青灰背，趁灰背较软时将麻匀散地搭在灰背上，然后将麻轧进灰背里。搭麻要从脊上开始，两端最好能搭至瓦面的中腰节附近。

（5）苫完背以后要沿正脊位置抹"扎肩灰"。抹扎肩灰时应拴一道横线，线的两端拴在两坡博缝交点的上棱，以此作为两坡扎肩灰交点的高度标准。前、后坡扎肩灰各宽30～50厘米，上面以线为准，下脚与灰背抹平。抹扎肩灰既有利于防止正脊处的灰背开裂，又能使该处的灰背更平直，有利于下一步的施工。

（6）苫背全部结束后要适当"晾背"，再开始宛瓦。同前述晾泥背的道理相同，晾灰背对防止木望板糟朽是很有好处的。另一方面，虽然苫灰背时采取过防裂措施，但其表面依然有可能开裂，而开裂往往要到完全干时才能发生。如果过早开始宛瓦，则无法发现灰背开裂从而无法修补。所以应等到灰背基本干了，确认没有开裂后才能宛瓦。如发现开裂要用麻刀灰补抹。也可以先用小锤子沿裂缝砸出一道沟来，然后用较硬的麻刀灰填平。修补后要确认没有再次开裂才能开始宛瓦。由于晾灰背既关乎灰背的质量，又关乎木望板的质量，因此不应为了赶工期而缩短晾背的时间。如果天气炎热，灰背晾两三天就能干透时，应适当浇水养护，灰背保持湿润的时间不少于一周。

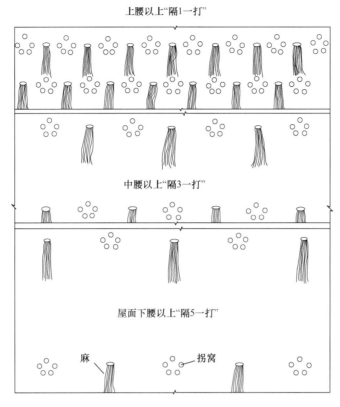

图 5-17　粘麻和打拐子

三、平台屋顶苦背的一般作法

（一）灰泥背作法

（1）在木望板上抹 1～2 厘米厚的护板灰（小麻刀灰）。如果苦背基层为席箔、苇箔等其他作法，则不抹护板灰。

（2）在护板灰上苦 2～3 层泥背。宫殿建筑用麻刀泥，小式建筑用滑秸泥。每层泥背厚度不超过 5 厘米。每苦完一层后，都要拍背。

（3）在泥背上苦 1～4 层大麻刀灰或大麻刀月白灰，每层灰背的厚度不超过 3 厘米。每层苦完后要反复赶轧再开始苦下一层。

（4）苦青灰背。方法如下：用大麻刀月白灰，厚 2～3 厘米。应分段苦抹，每次不要抹得太宽，然后开始"拍麻刀"。拍麻刀作法需要使用"麻刀绒"。麻刀绒的制作方法：先将一堆麻刀择成松散状，然后用一根富有弹性的细棍（如细竹棍）轻轻拍打已择好的麻刀。当麻刀变得更加松散柔软时，用手拈出其中最柔软的部分。这次拈出的麻刀就叫做麻刀绒。将麻刀绒均匀地铺在已经苦好的一段灰背上，然后用铁抹子将麻刀绒拍进灰背里。如发现局部不匀，应及时重新补铺麻刀绒并将麻刀绒拍进灰背中去。拍完麻刀绒以后要用青浆泼洒灰背，但接槎处不泼浆。为了不致把麻刀绒冲走，操作者应一手拿浆桶，一手拿抹子，桶中青浆要经抹子背部的阻挡后再泼到灰背上。泼完青浆后要用铁抹子赶轧灰背，以后每段都是如此进行。全部苦完后要及时再次刷浆赶轧，这一次一定要把麻刀绒全部轧入灰背里，不可露麻。以后要反复地刷浆和赶轧，直至轧干为止。青灰背赶轧有"三浆三轧"之说，强调必须不断地刷浆赶轧。

拍麻刀作法的三个关键是：麻刀绒要铺匀；灰背不能露麻；灰背应赶轧坚实。

应该说明的是，虽然拍麻刀作法在今天是必不可少的一道工序，但它却是在民国年间才发明的技术，在此之前是直接使用大麻刀灰。数量充足的麻刀使得灰料调制起来相当费力，而减少麻刀又会造成灰背开裂，拍麻刀作法的特点是将部分麻刀集中使用在灰背的表层，而这些麻刀又不必在和灰时掺入。可以说，拍麻刀的初衷也许是为了"偷工减料"，但从实际效果看，应该算是技术革新。对于尚保存有早期作法特征的文物建筑屋面而言，从"应保存原工艺"这一原则看，修缮时改为拍麻刀未必恰当。

粮店、煤铺等需要在屋顶堆晒物品的平台房，可适时在灰背的表面撒一层铁粒，然后把铁粒拍进灰背里去。经过这样处理的灰背表面具有较高的硬度，不怕硬物（如铁锹）的碰撞。

（二）焦渣背作法

焦渣背作法始于山西民间，古代仅用于平台房。20世纪50年代末曾用于瓦顶，实践证明效果较差，容易漏雨。

1. 材料要求

焦渣背所用的焦渣应较粗糙，但如果表面不再苫青灰背，应另外准备一些较细的焦渣作为面层材料。焦渣背所用的白灰含量应较多，灰的质量也应较好。可以用泼灰也可以用生石灰浆，但不能用灰膏。用灰膏制成的焦渣灰强度较差，最好能用生石灰浆拌合焦渣，这样制成的焦渣灰质量较好。为防止苫背后由于生石灰起拱而破坏了灰背，应注意以下几点：①焦渣勿与生石灰混杂。②生石灰浆应过筛后再浇入焦渣内。③应放置两三天（俗称"闷一闷"）再使用。

2. 苫底层焦渣

满铺8～12厘米厚的粗焦渣灰，应尽量抹平，随后用铁拍子或木拍子用力拍打焦渣背2～3次，拍背时应注意：应通过拍背把焦渣拍平。局部高出的部分应打下去，明显的低洼处应予补齐垫平。底层焦渣越平，下一步就越好做，质量也越好。

3. 焦渣背面层的三种作法

（1）原浆作法：

当底层焦渣背干至七八成时，再次进行拍背。此次拍背应稍轻并富有弹性，目的是要"逗"出浆汁。如局部较干或由于渣多灰少而"逗"不出浆汁时，可将别处的浆汁刮至此处，必要时也可浇上一些用焦渣灰滤出的浆，然后拍打出浆汁。每拍好一段后，用铁抹子在灰背上继续揉轧，逗出更多的浆汁。然后赶轧光顺，赶轧后的表面应不露焦渣或砂眼。灰背全部揉轧完成后，在适当的时候再赶轧3次以上，直至面层达到坚实、光亮、无糙麻现象为止。

现代施工常在灰背拍出浆汁后，在表面撒上一层1∶1水泥细砂面。待返出水分后将表面轧光。

（2）抹细焦渣作法：

在拍实拍平的底层焦渣上，抹一层细焦渣灰，这层细灰的主要作用是填补焦渣间的低洼处和焦渣块的孔隙，所以应尽量抹得薄一些，否则表面容易开裂，其薄厚程度的掌握以不掩盖焦渣块的最高处为宜。细灰面层干至七八成时，用铁抹子将表面揉轧出浆，并赶轧出亮。在适当的时候再赶轧 3 次以上，直至表面达到坚实、光亮、无糙麻现象为止。

现代施工中常在细灰面层上撒一层 1：1 水泥细砂面，待返出水分后赶光压实。

（3）苫青灰背作法：

在拍实拍平的底层焦渣背上开始苫青灰背。具体作法详见上文"灰泥背作法"的有关内容。

用于粮店、煤铺等平台铺面房的焦渣背，在苫完青灰背以后可在灰背表面撒一层铁粒，然后把铁粒拍进灰背里去。经这样处理后的灰背，不怕铁锹等硬物的碰撞。特别讲究的还可以采用"盐卤铁"作法（详见本节下文有关内容）。

四、宫廷灰背作法中的几种特殊手法

在较重要的宫殿建筑中，灰背作法在上述操作程序的基础上往往还要再使用一些特殊的手法，以便进一步提高灰背的质量。

1. 望板刷油满浆

望板刷油满浆的作法始于明代。油满浆的主要作用是望板防腐。油满浆的调制方法：生石灰加水，充分发开后成热石灰水，先用少量晾凉了的石灰水将面粉稀释搅匀（无疙瘩），再陆续在面粉中兑入热石灰水并用木棒搅成糊状，然后兑入生桐油。生石灰水与生桐油的比例可按 1：1.5（重量比）掌握。将油满浆均匀地涂刷在望板上，板缝处应刷严刷足。

涂刷前也可先刷一遍油浆，油浆用稀释的生石灰水兑入少量生桐油制成。

油满浆作法至清代中期以后已很少使用了。

2. 油灰护板灰

油灰护板灰的作法始于明代，其作用与后来的月白灰护板灰相同，但效果要好得多。油灰的调制方法：在泼灰中掺入生桐油和江米汁子（江米浆），调成较软的灰浆。江米汁子的用量不超过桐油的一半，江米汁子内掺入适量的白矾水。将油灰抹在望板上，厚度不少于 2 毫米。

油灰护板灰作法常与油满浆作法同时使用，如不刷油满浆，应在抹油灰前先刷一遍油浆。

油灰护板灰作法至清代中期以后也已很少使用了。

3. 苫盘踩

苫盘踩作法始于清乾隆年间。其名称借由灰土作法中的"纳虚盘踩"而来。苫盘踩作法一直延续到清光绪年间，自民国以后演变成了纯白灰背作法。但纯白灰背每层苫抹的厚度较厚，所用的灰较软，而且是先抹出来再拍打，而不是直接拍打出来，因此不如苫盘踩的灰层密实。此外，苫盘踩作法大多用在基层，而纯白灰背常夹在多层灰背的中间，以垫囊找坡为主要目的。民国以后，苫盘踩技术开始失传。随着古建筑的不断被修缮，苫盘踩的作法实例已趋于消失。

苫盘踩所用材料要用纯净的好白灰泼制，其标准是不含有未烧透的生石灰，以块状石灰为主，粉化的石灰应很少，尤其要注意的是不能有"慢性灰"。慢性灰是指有些石灰颗粒要经过若干天后才能消解发开，以致造成灰层起拱或局部爆裂。泼灰的成色应掌握在

"有劲而不生"的程度。最好在苫盘踩的前一天泼灰，放置多日的灰不能再用于苫盘踩。泼灰制成后再均匀地掺入少量的清水并将灰拌匀。水的含量以灰能"手攥成团、落地开花"的程度为好。这种含水较少且泼成后一两天就用的灰叫做爆炒灰。爆炒灰内一般不掺麻刀，但可在清水中掺入适量的江米汁子（江米浆）。江米汁子隔一层掺一次即可。苫盘踩大多使用白灰（泼灰），但也可在最上面的一层使用深月白灰。苫盘踩一般自护板灰之上开始，但也有不做护板灰直接在屋面基层上苫盘踩的。应分层苫盘踩，一般苫五层，每层虚铺均厚4厘米，拍实均厚2厘米。将爆炒灰铺好后，穿平底鞋将灰层反复踩踏平实。然后用"杏儿拍子"反复拍打灰背，以使灰层更加密实。反复拍打后宜在表面均匀地泼上少量清水，将灰背洇湿，称为"落水"。讲究的可洒江米汁子，待水或江米汁子完全渗入灰背内，表面不粘杏儿拍子时，再次拍背，以使灰背更密实。

苫盘踩可与三麻布（麻连口袋）结合使用。作法是：在灰层未完全拍实时，在表面刷白灰浆或青浆，趁湿铺上一层三麻布，并将三麻布完全拍入灰层内。

苫盘踩的作法原理类似于灰土技术。其质量技术关键除了材料的质量外，还在于拍打得是否密实。无论何种作法，打拍子都应以不裂为质量标准。

4. 压麻作法

压麻要与苫背同时进行，随苫随压。事先要把麻分成若干把，每苫一段背之前将麻按把分放在泥（灰）背下（图 5-18）。在苫下一段背之前，把麻未被压住的部分翻至泥（灰）背上来，并把麻摊开摆匀，然后把麻轧进泥（灰）背中去，以后每段都要如此进行。压麻作法可以只在脊部、中腰附近和角梁等部位进行。

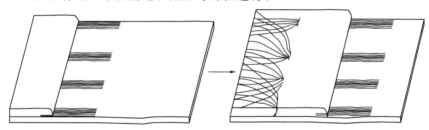

图 5-18 压麻作法

5. 钉麻作法

钉麻作法是瓦面防滑的措施。在苫好的青灰背上均匀地钉入一些钉子，钉子间距可在30厘米左右，然后在钉子之间缠绕麻束，在灰背表面形成麻网，在钉过麻的灰背上宠瓦，可以确保灰背与宠瓦灰泥结合牢固。

6. 锡背作法

锡背作法是将铅锡合金的金属板苫在屋顶上。古时铅锡合金被称为"锡哩"，故成片的锡哩用在屋面时叫做锡背或锡哩背。现代有些人受了其他行业把铅锡合金板叫铅板的影响，把锡背改称为铅背。从事古建行业，还是应该继承本行业传统，沿用原有名称更好。铅锡合金硬度不高、延展性好、不易氧化，因此用于灰背中，防水性能极强，寿命也很长（一般至少可在百年以上）。每块锡背之间要进行焊接，绝不可用钉子连接。屋面大面积苫锡背的，宜苫在护板灰之上。极重要的建筑往往要苫两层锡背，如苫两层锡背，这两层应被泥背或灰背隔开。有时只在天沟部位或脊部、角梁等处苫锡背。如果只施用于瓦顶中的脊部和角梁部位，宜将锡背苫在最后一层大麻刀青灰之上。如果屋顶是坡顶形式，苫完锡背后要进行粘麻，方法如下：先把麻分成若干把，然后用灰将每把麻按行列粘在锡背上（图5-19），每行间距要小于麻的长度。等灰完全干透后再开始苫灰（泥）背或宛瓦。在锡背上苫灰（泥）背的，同压麻作法一样，每苫完一段后要把麻均匀地搭在灰的上面并把麻轧进灰（泥）背里去（图5-19）。粘麻可以防止灰（泥）背下滑，同时也加强了灰（泥）背的整体性。

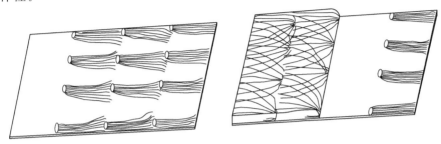

图5-19 锡背上粘麻

7. 油衫纸作法

相传油衫纸原产于古代朝鲜，因此被称为高丽纸，由于油衫纸作法在乾隆年间最为盛行，因此又被称为"乾隆高丽纸"。油衫纸是以桑皮为主要原料，另含少量的竹子和生丝，经特殊工艺处理，由七层或九层复合而成的。七层的称为小油衫，九层的称为大油衫。油衫纸的强度和韧性都很好。

使用了油衫纸的灰背称"纸背"。"纸背"有两种作法，第一种是糊纸作法，第二种是压纸作法。前者既有很好的防水作用又兼有保护望板的作用，后者则以防止灰（泥）背开裂和防滑坡为主。根据建筑的重要程度不同，既可以只采用一种作法，也可以两种方法同时使用。只采用一种作法时，大多采用糊纸作法。

糊纸作法的具体方法是，先在望板上刷一道生桐油，以增强望板的防腐能力，然后用"满"把油衫纸糊在望板上。"满"的制作方法如下：

（1）熬灰油。将炒干了的土籽灰和樟丹粉掺入生桐油中（生桐油、土籽灰、樟丹粉的重量比约为100：7：4），加火熬油，并不断搅拌，油温一般达180℃，油表面呈黑褐色时即可试油是否成熟。将油滴于冷水中，如油入水不散，凝结成珠即为熬成。灰油出锅放凉即可使用。

（2）打净满。生石灰加水（灰、水的重量比不超过1：4），石灰充分发胀后成热石灰水。先用少量晾凉了的石灰水将白面稀释搅匀后，再倒入热石灰水，不断搅拌，至面粉成糊状。在糊状石灰水中加入灰油（糊状石灰水与灰油的重量比为1：1），调匀后即成油满（净满）。

（3）发血料。将热石灰水（制法同上）倒入没有血块和血丝的新鲜猪血中（热石灰水与血的重量比不超过10：1），搅匀后放置2～3小时即成。

（4）在净满中兑入血料（血料用量不超过油满的一半），调匀后即成为糊纸所用的满。

油衫纸可糊1～3层，每层之间"满"的覆盖率应达到100%。糊完最后一层纸以后可在上面再刷一道"浆"。"浆"是由生桐油熬至七成熟晾凉后兑入血料得到的（血料与油之比约为3：1）。根据建筑的重要程度，糊纸作法可作适当简化。例如只用油衫纸条"溜缝"，即在望板之间的接缝处、望板与承椽枋相交处、角梁部位的缝隙处糊纸条。望板全部糊纸作法就不再抹护板灰（包括油灰护板灰）了，但如果只"溜缝"，仍需要要抹护板灰。

"满"糊油衫纸作法与传统纸伞的制作原理类似，因此其防水效果极佳。只经油衫纸溜缝的屋顶，在尚未苫背之前就可以保证不漏雨。经实验，一张 1984 年从景山寿皇殿（乾隆十四年重建）屋顶中拆出的油衫纸，届时虽已历经二百三十余年，盛水实验 8 小时后仍未发现漏水，可见"满"糊油衫纸作法的防水性能之强了。

压纸作法操作起来比较简单。每苫出一段背时，就在背上铺上一层油衫纸，并使纸与背贴实。压纸和压麻的原理相仿，是借助纸纤维的拉力防止灰（泥）的收缩开裂。明代重要的宫殿建筑以压麻作法为主，至清中期，重要的宫殿往往既压麻也要压纸，可谓是纸麻并重。压麻与压纸大多交替使用，但在同一层灰（泥）背中，如果压纸就不再压麻了。

8. 三麻布作法

三麻布俗称"麻连口袋"，是一种织法很稀的麻布，经（纬）线之间的距离约为0.2～0.3 厘米。由于三麻布的拉结力和防腐能力都很强，所以三麻布与灰（泥）结合，无论是整体还是局部都不易出现开裂现象。采用三麻布作法的灰（泥）背称"布背"，其作法有三种：

（1）在苫每层灰（泥）背时，随苫背夹在灰（泥）背之中。

（2）每层灰（泥）背做好后铺在灰（泥）背之上。

（3）铺在顶层灰背上。铺在顶层灰背上时须将麻轧进灰背中，然后反复刷青浆赶轧，直至轧干为止。

上述三种作法可只使用一种，也可使用两种，如只使用一种，多铺在顶层灰背上。

"纸背"和"布背"都是清中期出现的作法。实践证明，这两种作法都是极为成功的传统灰背作法，可惜由于种种原因，至今已很少使用。

9. 盐卤铁作法

盐卤铁作法又叫铁背作法。用于顶层灰背（青灰背）上，且用于无瓦面的屋顶，即平顶或天沟灰背顶。其余各层或瓦顶中的灰背顶层不用铁背作法。盐卤铁作法如下：先调制盐卤铁浆。在 500 克盐卤中兑入 2.5～3.0 千克清水，再加适量的青浆和 1 千克"铁面"。"铁面"应为颗粒状，每粒直径为 0.15～0.2 厘米，事先用水冲洗干净。盐卤铁浆宜盛在陶制容器中。每苫完一段大麻刀灰背后，就泼洒上一层盐卤铁浆，并将铁面轧入灰背中。当灰背全部苫完后，应在灰背上再撒满一层干铁面，然后用"杏儿拍子"（铁拍子）将铁面全部拍入灰背中。通过拍打，可以加强灰背的密实度，所以在拍打时一定要用力，最后反复刷青浆并赶轧出亮直至轧干。

盐卤的主要成分是氯化镁 $MgCl_2$，另含少量的氧化镁 MgO。当盐卤与水混合后，形成碱式氯化镁：

$$MgCl_2 + MgO + H_2O = 2Mg(OH)Cl\downarrow$$

当盐卤溶解在水中后，会逐渐硬结，形成一种白色的坚硬固体。这种固体在现代材料中被称为镁氧水泥。镁氧水泥可用于制造磨石和砂轮，具有很高的硬度。在盐卤铁溶液中兑入青浆可使镁氧水泥呈灰色。当盐卤铁溶液与灰背接触后，灰背的主要原料氢氧化钙 $Ca(OH)_2$ 作为沉淀剂，可加快镁氧水泥的生成。盐卤铁中铁面的作用是作为骨料拍进灰背表层，从而极大地提高了灰背表层的硬度和密实度。氢氧化钙与空气中的二氧化碳 CO_2 生成碳酸钙 $CaCO_3$。铁面在碳酸钙和镁氧水泥中受到保护，难于氧化。至于灰背表层出现的铁锈是由于下列原因造成的：铁面在氯化镁的水解产物盐酸 HCl 的作用下，生成了少量的二氯化铁 $FeCl_2$。并在空气中很快生成了三氯化铁：

$$HCl + Fe \rightarrow FeCl_2 + H_2 \uparrow \xrightarrow{O_2} FeCl_3$$

露在灰背表面的三氯化铁在尘土和苔藓等自然物质的作用下，不久就被固定在屋顶上，从而大大地减慢了自然因素对灰背的风化作用。

采用了盐卤铁作法的灰背称"盐卤铁背"或"铁背"。铁背的硬度高，寿命长，防水性能好，不易出现裂纹，可以说是顶层灰背作法中的佼佼者。但由于种种原因，多年来已极少使用。

以上介绍的九种特殊手法由于各具特色，所以往往要混合使用和反复使用，使用的手法和次数越多，灰背的质量就越高。以北京故宫钦安殿抱厦（已拆除）、奉先殿、乐寿堂、畅音阁等建筑为例。这些建筑的灰背的大致作法是：望板上刷桐油，然后糊油衫纸。油衫纸上苫泥背，内夹三麻布，背上压麻或压油衫纸，泥上铺锡背。锡背之上再苫泥背，内夹三麻布，上压油衫纸或压麻。泥之上苫灰背，内夹三麻布，背上压麻或压纸。灰背上再苫一层锡背。锡背上再苫泥背，内夹三麻布，上压麻或压纸。泥背之上为最后一层灰背，灰背内夹三麻布，如为瓦顶，灰背上压麻或压纸，如为灰背顶，灰背上做盐卤铁灰背。当然，如此大量和反复地进行特殊处理的实例是比较罕见的，一般来说，只要使用 1～3 种，每种使用一次就可以了。例如，景山寿皇殿的灰背中以油衫纸溜缝，并采用了三麻布作法，天坛皇乾殿的灰背中使用的是锡背作法。

五、古建屋面苫背的现行作法

1. 传统灰背的现行作法

传统作法演化至今与清代中、晚期相比，有两个特点：一是有了较大的简化，即没有那时的苫背层数那么多，作法那么复杂，当然防水和保温的效果也没有那么好。二是趋于统一。那时的作法从简单的到复杂的都有，且差异很大，时至今日则相差不大。

现行的传统作法大致如下：在望板上抹一层护板灰，在护板灰上抹 1～2 层滑秸泥背或大麻刀泥背，然后再抹一层大麻刀青灰背。用于平台灰背（包括天沟）的，要"拍麻刀"。瓦顶灰背要在脊上"扎肩"。偶尔使用锡背作法。

对于文物建筑而言，应按照原有的作法进行修缮，即苫背的分层作法、每层的厚度、材料配比、操作工艺、使用的特殊技术等都应与原状相同。

2. 现代建筑中的仿古屋面

仿古屋面的瓦以下（包括苫瓦砂浆）通称垫层。垫层一般不再做灰泥背，往往只抹 2～3 层水泥砂浆。同时可做防水层（现代防水卷材或涂膜材料）。

仿古屋面垫层的技术要点：

（1）如果防水层易被硬物碰破，应在防水层上再抹一层保护层。

（2）为加强防水层与灰层的结合，防止滑坡，应在防水层的表面粘上粗砂或小石砾，不适宜粘砂砾的要钉防滑条。

（3）应采取必要的瓦面防滑措施。可采取以下方法：①与宽瓦砂浆接触的那一层垫层可抹成类似"礓"的形式或抹出防滑梗条；②在垫层上铺设金属网，与预埋的钢筋头焊在一起，或将前后坡金属网相互搭接；③顺屋面横向位置，在垫层表面放几道钢筋，与预埋的钢筋头焊在一起，宽瓦时将部分筒瓦拴在钢筋上；④在底瓦垄之间（不低于瓦翅）顺着瓦垄方向放置钢筋或粗麻绳，钢筋或麻绳应每隔一段打个结，前、后坡的钢筋或麻绳应连接为一体。

（4）采取必要的措施防止垫层出现裂缝，尤其是不做新型防水材料的屋面更应注意这个问题，否则很容易出现漏雨。可采取的措施如：①先铺设金属网再抹垫层。②超过3厘米厚的垫层应分层抹。局部超过者，局部应分层抹。③配比恰当，抹好后反复赶轧，至表面坚实、无裂缝才能进行下一步工序。垫层是否平整、是否光洁与质量关系不大，但一定要保证表面无裂缝，这才是垫层的技术关键。

（5）应采取必要的抗震措施。关键部位（如屋脊）可提前埋设预埋件。

（6）垫层中如铺设有金属网或钢筋带等，应设置避雷引下线。

六、苫灰背的技术关键

古建筑多以木结构为主要结构，屋面任何部位短期内的漏雨都可能造成木材的腐朽，而一经发现漏雨就已经对木材造成了一定程度的损害。所以屋面的防水性能与古建筑的寿命有着非常密切的关系。而屋面（尤其是灰背顶）防水性能的好坏与苫背的质量有着直接的关系。所以苫背的质量往往决定了古建筑的寿命。苫背质量的优劣固然与采用何种做法有关，但也与操作工艺有关。从技术角度来说，在相同的做法条件下，不同的操作方法会对苫背的密实度、能否保证不裂、水流能否通畅等产生不同的影响。只有掌握了正确的操作方法，才能最大限度地提高苫背的防水效果和使用寿命。在各种苫背作法中，以灰背作法最有代表性，下面就灰背操作中的各种因素谈谈如何才能提高灰背的质量。

1. 备料

（1）泼灰

麻刀灰是苫灰背的主要材料，泼灰的质量直接影响着灰背的质量。正确的泼灰方法是：泼灰应分拨（俗称"泡"）进行。每"泡"灰的数量不宜太多，其体积（粉化后）一般不超过 0.4 立方米。每泡灰都要分两次泼：①把清水淋在生石灰块上，水量不宜过大，也不宜对某一处连续泼洒。水量和间隔时间都要与生灰块粉化的速度相符，不可操之过急。为了保证质量，操作时应由两人同时进行，一人淋洒清水，一人用三齿（图5-20）不断地翻倒生石灰块。如果用皮管子接通水源泼灰，水量应控制在很小的程度，并要不停地移动泼洒的位置。严禁将管头插入灰中，大流量地定点冲刷。②待生灰块完全粉化以后，开始第二次泼灰。用三齿将已粉化了的灰扒开，然后泼洒适量的清水。这

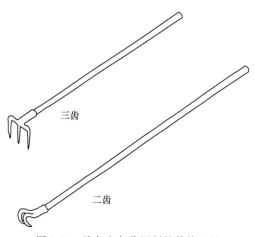

图 5-20 泼灰和灰浆调制的传统工具

三齿

二齿

一次要把灰泼成颜色呈青白色的湿粉状。泼时一定要随翻随泼，对于比较"生"的部分更要保证泼透。经过第二次泼灰以后，还要把灰翻倒到另外一个地方（场地应无生灰），并堆积起来。经过这一"倒"（拌合）一"闷"（催化），生熟不匀的现象就再一次得到了改善。闷至半个小时左右，这一泡灰的泼灰全过程就完成了。

在泼灰过程中，要着重注意四点：①泼洒要均匀，水量要适度。②每泡要分两次泼，一次泼成的灰很难保证质量。③灰的成色应保持在既不"涝"又不"生"之间。灰泼得太生，会造成灰背起拱，泼得太涝，会降低灰背的强度。第二次泼洒后的直观效果以既不呈纯白色的干粉状，又未达到湿漉漉的成色为好。④泼完之后还要重视最后的一"倒"一"闷"。泼成的灰叫"泼灰"，泼灰的化学名称为氢氧化钙 $Ca(OH)_2$。由于氧化钙（生石灰块）变成氢氧化钙的化学反应过程需要一定的时间，所以绝不能急于求成。

以后每一"泡"灰都要严格按上述要求泼。全部泼完后要用网眼不超过 0.5 厘米宽的筛子把灰筛一遍。筛子的网眼宽度应根据不同的季节和泼灰的"生""涝"程度进行选择，潮湿季节和泼涝了的灰，可用网眼稍大（0.5 厘米）的筛子，反之要用较细（如 0.3 厘米）的筛子。筛灰时主要应注意两点：①严防已筛好的泼灰里混入灰渣子，灰渣子中常含有未能及时粉化的生灰块（称"慢性灰"）。如果慢性灰混入了泼灰，日后极易造成生灰起拱。②应再次检查泼灰的质量。如果筛灰时发现粉尘易飞扬、感觉灰呛难忍，说明灰泼得"生"了，应再次泼洒适量清水直至合适程度，也可与"涝"了的部分掺合在一起，使两者都得到改善。

（2）泡青浆

青浆是由青灰加水搅拌调制而成的。在调制和使用过程中应掌握下列要点：浆中的青灰渣子越少越好。青浆的质量以颜色重而不稠的好，青浆的色泽是否浓重是由青灰的质量、青浆中青灰的含量和兑水的次数决定的，稠的青浆不一定色泽浓重。操作中常以浆中是否漂有一层油性物质为标准，漂有油性物的是好的青浆，此原则称为"要酽不要稠"。为了能制取色泽浓重的优质青浆，首先要尽量使用优质青灰，在同一堆青灰中，青灰块的质量比青灰粉好。其次，要保证水中含有足量的青灰。另外还要经常补充新的青浆，因为普通的青灰在兑水 2~3 次以上时，青浆的色泽就较淡了。青浆应过细筛后使用，否则刷浆时会将青灰渣子轧进灰背中，从而导致灰背强度的降低。用于制作泼浆灰或麻刀灰的青浆，可经网眼宽度不超过 0.5 厘米的筛子过滤并经沉淀后使用。用于顶层青灰背刷浆轧亮的，要经网眼宽度不超过 0.2 厘米的筛子过滤并经沉淀后使用。根据不同的使用要求，青浆的成色要有相应的变化。用于制作泼浆灰的青浆可以较稠，同一块灰背刷第一次浆的应较浓，刷第三次以上时，青浆应较稀，以后应越刷越稀。如果青灰背表层沉积了过多的青灰，在赶光轧亮时，黏稠的浆液往往会粘住抹子，以致造成表层局部翻起（俗称"翻白眼"），反而破坏了轧好的表层。

（3）浆灰

把青浆分层泼在泼灰上叫做浆灰。泼灰筛好后要移至不受雨淋且没有生灰和灰渣子的地方堆积起来。如在现场，要将场地清扫干净并搭棚子或用苫布盖严。堆积时要逐层依次进行，每铺至 15~20 厘米时为一层，每层要摊平，然后泼上一层较浓的青浆。如此层层浆灰，直到全部浆完为止。通过浆灰制成的灰叫做泼浆灰。无论是泼浆灰还是泼灰都要存放一段时间才能使用，否则苫背后可能会出现"慢性灰"起拱现象。不同的灰质以及不同的泼（浆）灰方法所要求的陈伏时间不同，一般来说至少要存放半个月以上，有些需要25天以上才能使用。另一方面，从可以使用之日算起，存放的时间则越短质量越好。一般说来，存放时间超过半年以上的泼浆灰或泼灰就不宜再用于苫背了。所以在实际操作中，应根据工程的进度，合理地安排泼灰和浆灰的时间。

（4）择麻刀

首先应对麻刀进行挑选。发霉变质的麻刀不能用于苫背。麻刀应越干净越好。麻刀一定要全部拆散，否则与灰掺合后会结成疙瘩（俗称"麻刀蛋"）。麻刀蛋会造成灰中的灰、麻比例不均，麻刀太多的地方会降低灰背的强度，麻刀太少的部分又容易开裂，从而影响了灰背的质量。为了确保灰背的质量，必须把灰和匀。只有把麻刀择匀，才有可能把麻刀和匀。从操作角度讲，择得越匀越松散，和起来也就越省力。所以在和灰之前，必须先把麻刀择好。

（5）和灰

灰的调制叫"和灰"（和：读"活"）。苫背用的大麻刀灰是以泼灰或泼浆灰加麻刀（100∶5重量比）再加水（或泼浆灰加青浆）调和而成的。和灰时应注意的是：①先加水（或浆）和匀后再放麻刀。②灰不可和得太稀。稀灰虽然和起来省力，却会降低灰背的强度。"懒汉子和稀泥"的作法是有害的。③放麻刀时要均匀分散地放入，不要造成局部过密，未择松的麻刀切不可放入。放入一层麻刀后要及时调匀，以后陆续放入麻刀并不断地搅拌均匀，直至灰麻之比确实达到了100∶5为止。④若为手工和灰，不得以铁锹拌和的方式和灰，最好也不使用三齿搅拉。要使用拉麻刀灰的专用工具二齿（图5-20）进行操作，这样既省力又能保证质量。若为机械和灰，每次投入的麻刀量越少越好。

2. 苫背

首先要注意季节性。如在秋季节操作，至少要在上冻前一个月把背苫好，因为未完全干透的灰背一经冻结就会极大地降低灰背的强度，甚至造成彻底毁坏。夏季施工应避免雨水可能造成的冲刷，一般不宜安排在雨季苫背。如果不得不在雨季苫背时，应在下雨之前用苫布将灰背盖好。

苫背的总厚度不可太薄，至少应在6厘米以上，否则很难具备灰背应有的效能。但无论多厚，都要分层苫成，不能一次完成，否则灰背的密实度无法得到保证。每层厚度既不能太薄也不能太厚，一般掌握在2～3厘米。

苫背时每层要尽量一次苫完，尤其是顶层灰背更要尽量一次苫完，避免"甩槎子"。如果面积较大，实在不能一次苫完时，应注意对接槎部分（"槎子"）进行处理：①必须留斜槎（"软槎子"），不能留直槎（图5-21）；②槎子宽度不小于20厘米；③槎子部分不刷浆；④槎子必须为"毛槎"。以用木抹子刹出的毛槎效果较好，最忌将槎子赶轧光亮；⑤如果在接槎时感觉槎子"老"（干）了，要用水洇湿并用木抹子把槎子搓一遍。

苫背时要特别注意处理好水流问题。一般应掌握下列几点：①流速越快越好，就是说，灰背的高低差越大越好。为增大这种差别，要最大限度地增高灰背最高处的高度和降低最低处的高度。除了可在灰背的厚度上进行调整外，还要靠其他工序或工种在操作时就预先考虑得当，如把砖檐或水沟眼的位置降低至最低点，在可能的情况下尽量把水导向两个以上沟眼，即尽量不做成"一出水"的形式，尽量抬高灰背最高处的木架垫层等。②沟眼要尽量留得大一些，以保证水流通畅。沟眼与附近的灰背之间要尽量做出较大的高低差，以防止日久泥沙植物等堵塞沟眼发生渗漏（图 5-22）。③不但要保证整个灰背的水流通畅，还要注意避免局部积水现象。积水大多是由于把灰抹成了局部凹凸不平所致，所以要用较大的抹子（如木抹子或大铁抹子）抹灰。有条件弹线的要弹线找坡，然后按线苫抹。在抹的过程中要用平尺随时检查。④尽量不把排水的主流水道安排在临近墙体或瓦檐的地方。处理方法如图 5-23 所示。

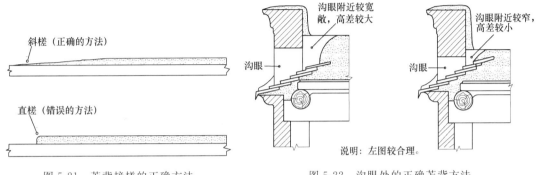

图 5-21　苫背接槎的正确方法　　　　图 5-22　沟眼处的正确苫背方法

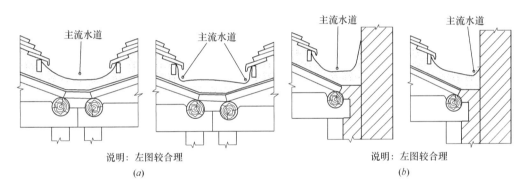

说明：左图较合理　　　　　　　说明：左图较合理
（a）　　　　　　　　　　　　　　（b）

图 5-23　天沟主流水道的设置
（a）勾连搭屋顶的天沟；（b）屋顶与墙交接处的天沟

　　在苫背中，经常会碰到如何处理槎子的问题。槎子处理得是否妥当与灰背是否漏水有极大的关系。灰背槎子的情况比较复杂，即使是同一种情况也可有不同的处理方法，虽无一定之规，但效果却往往相差很大。瓦作中流传的"瓦匠无能，见景生情"，即是指这类需要临场酌定的技术问题。概括说来，应满足下面几个条件：

　　（1）要防止槎子翘起。灰背下面应干净、湿润，必要时应作相应的处理。

　　（2）要防止槎子开裂。灰背与墙体夹角处最易出现裂缝，此处宜用稍硬的灰。也可在夹角处压砌脊件或"胎子砖"（图 5-24）。

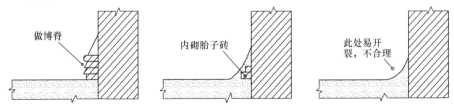

图 5-24　灰背与墙体交接处的处理

（3）槎子尽量要"藏"起来（图 5-25）。当槎子不得不裸露在表面时，收尾要抹得极薄，然后要用水刷子勒刷并用轧子轧实，切不可抹成直槎（图 5-21）。

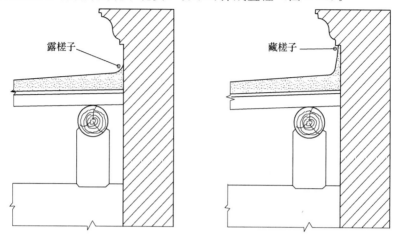

右图较合理

图 5-25 灰背槎子的藏与露

（4）尽量不做戗槎（逆槎），如图 5-26 中两种情况的不同处理。

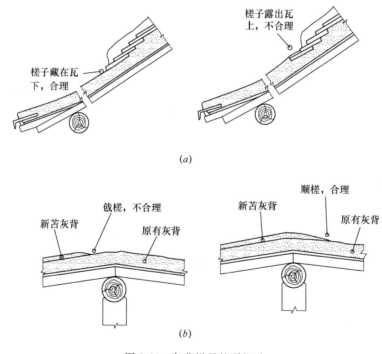

图 5-26 灰背槎子的顺与逆

（a）以棋盘心做法为例；（b）以平台屋顶为例

（5）尽量少留或不留槎子。图 5-27 说明了同一交接情况可以有不同的处理方法。再如，平台屋顶上往往砌有女儿墙，在这种情况下如果能先苫背然后再砌墙，就可以做到灰背与女儿墙的交接处没有槎口。

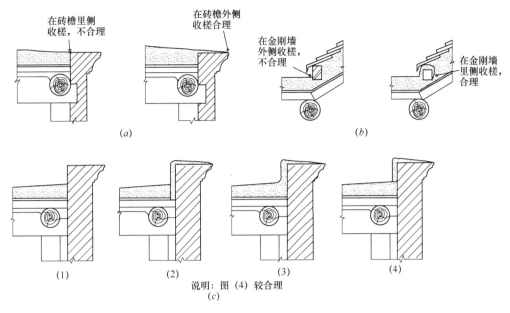

图 5-27　灰背槎子的有与无

（a）灰背与冰盘檐同高时的接槎；（b）天沟金刚墙部位的接槎；（c）灰背低于冰盘檐时的接槎

如果屋面是灰背顶作法，檐头又有椽望连檐时，灰背在连檐以上的部分一定要抹至连檐以外（图 5-28），否则雨水会沿瓦檐的缝隙钻入檐头望板内，致使连檐、望板槽朽。

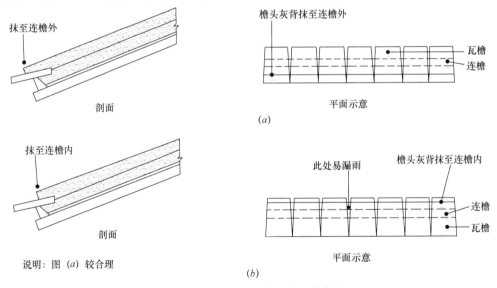

图 5-28　灰背在木连檐处的正确作法

（a）正确的方法；（b）不正确的作法

3. 轧活

用铁制的抹子赶轧灰背使其密实叫做"轧活"。轧活时不能穿硬底鞋（如皮鞋）上房。当灰背较软时，要用较大的抹子轧活，并要将抹子放平，以避免轧成凹凸不平。待灰背稍硬时可改用双爪抹子或轧子（窄小的抹子）赶轧，但也应将抹子放平。随着轧活次数的增加，抹子移动的距离要相应缩短，抹子根部也应逐渐抬起，以减少抹子和灰背的接触面积。同时，操作者的脚跟应稍稍抬起，使身体的重心从脚部移至手与脚之间。采取上述做法不但可以加大轧子对灰背的压力，使灰背更密实，还可以使原来没有得到充分赶轧的低洼处能被充分赶轧。这一点与现代建筑中抹灰的轧活方法有较大区别，应特别加以注意。在现代建筑抹灰中，轧子从始至终都要尽量放平，一次轧出的长度越长越好。就是说，轧子留在灰上的印迹（即"抹子花"）以既宽又长为佳，而在古建苫背抹灰中，最后轧出的抹子花以窄短为宜，宽度可保持在1.5厘米左右，长度可保持在50厘米左右。在轧活中除了要注意抹子花宽度的变化外，还应注意轧活的次数。轧活的次数越多，灰背的密实度越高，所以一定要反复赶轧。每次赶轧之前都要刷浆，浆要一次比一次稀，直至灰背基本干了为止，行内称此原则为"要轧干不能等干"。讲究的轧活方法甚至当灰背基本干了以

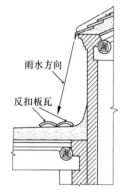

雨水方向

反扣板瓦

图 5-29　檐口下的
灰背保护

后还要再刷清水（或淡浆）轧活，这样除了可以使灰背更加密实外，还利于灰背的养护，从而使灰背的强度得到充分的提高。总之，传统作法在轧活的次数上要讲究一个"多"字。青浆的稀稠度则要随次数的增多由稠变稀，由浓变淡。

苫背全部完成之后最好能进行养护，尤其是在干燥的季节。常用的养护方法是用草帘铺在灰背上，并使草帘经常保持湿润。养护期可为1~3星期。

处于瓦檐滴水之下的平台灰背或天沟等，由于经常受到整个屋面的雨水的直接冲砸，因此这一段灰背的表层容易被水冲坏，应该采取必要的保护措施。简便而有效的方法是沿着雨水冲砸的路线扣放1~3排板瓦（图5-29），这样可使雨水先砸在板瓦上再流到灰背上，从而减缓了雨水的冲击。

第三节　屋　面　宽　瓦

古建屋顶瓦面的铺装过程称为"宽瓦"（宽，读作"袜"）。在瓦作行当中，无论用泥还是用灰宽瓦，当不需要特别区分时往往都被统称为"泥"，例如"宽瓦泥"、"打泥"、"底瓦泥"、"盖瓦泥"等，既可能指泥，也可能指灰。

宽瓦所用的灰浆有如下几种情况：①早期的建筑大多用泥（素泥或掺灰泥）。②清中期以后，重要的宫殿建筑改用麻刀灰宽瓦，一般的宫殿建筑既有用灰的也有用泥的（指掺灰泥，以下同）。③大式建筑以用泥为主，但琉璃瓦也有用灰的。④一般的建筑大多以用泥为主。⑤清中晚期以后，常常采用灰泥混用的作法。主要用于作法讲究的建筑、作法讲究的工序或重要的部位。经常采用的作法是：在底瓦泥上浇上白灰浆；在盖瓦泥上再打上一些灰（称"驼背灰"）；檐头和脊部用灰，其余瓦面仍用泥；用泥宽瓦但底瓦垄之间用灰"扎缝"等。⑥自20世纪90年代以后，出现了以灰代泥宽瓦的趋势。⑦仿古建筑有采用水泥砂浆宽瓦的习惯。

对上述不同的宽瓦材料应作如下认识：①在各种宽瓦材料中，水泥砂浆的强度最高，但用泥宽瓦和用灰宽瓦也能满足使用要求。②掺灰泥物质成分是硅酸钙，其强度和抗进水、抗冻性能优于白灰（碳酸钙），从这一点上讲无需用白灰替代掺灰泥。③用白灰比用泥宽瓦最大的优点是瓦面不容易长草长树。④用水泥砂浆宽瓦最大的优点是适于冬期施工。但却有着

加重屋面荷载，材料贵，因瓦件无法完整拆卸，日后会增加维修成本等缺点。因此在多数情况下选用水泥砂浆宽瓦并不是最优选择。⑤对于文物建筑而言，不应改变原来的材料作法。

宽瓦的操作方法如下文所述。

一、分中、号垄与宽边垄

（一）分中、号垄、排瓦当

分中、号垄、排瓦当简称"分中号垄"，实际上是在做瓦垄的平面定位工作。分中是先确定几个关键的定位线，也就是确定几垄关键瓦垄的位置。排瓦当是沿着屋檐，在几个关键的定位线之间确定其余瓦垄的位置。号垄是将檐头确定了的瓦垄位置平移到屋脊处，因需做好记号，故称号垄。以下就不同的屋面形式分别介绍如下：

1. 硬、悬山屋面

（1）分中。在檐头找出整个房屋的横向中点并做出标记（图 5-30），这个中点就是屋顶中间一趟底瓦的中点。注意，是底瓦不是盖瓦。"底瓦坐中"是明清官式建筑作法中的重要法式，早期虽有盖瓦坐中作法，但后来已极少采用。除了因风水方面的原因有意采用盖瓦坐中（称"子午垄"），或某些聚锦作法的琉璃屋面外，绝大多数情况下都应遵循这个法式。确定了屋面中间一趟

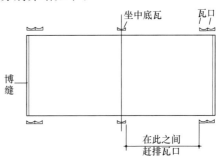

图 5-30 硬、悬山屋面的分中号垄

底瓦中以后，再从两山博缝外皮往里返大约（不到）两个瓦口的宽度，并做出标记。决定了这两个瓦口的位置，也就固定了两垄边垄底瓦的位置（其中一垄只有一块割角滴子，以上为排山勾滴）。上述这种作法适用于铃铛排山作法，如为披水排山作法，应当先定披水砖檐的位置，然后从砖檐里口往里返两个瓦口，这两个瓦口就是两垄边垄底瓦的位置。

（2）排瓦当。排瓦当又称排瓦。"排"又可写作"派"，因此又有派排当和派瓦口之说。排瓦当可细分为三个步骤：定瓦口、排瓦口和钉瓦口。定瓦口即确定瓦口的宽度，方法如下：琉璃瓦应按正当沟长加灰缝定瓦口尺寸；筒瓦屋面的瓦口以走水当（底瓦垄净宽）略大于 1/2 底瓦宽为宜；合瓦屋面的瓦口以走水当为 1/3 底瓦宽为宜。排瓦口是在已确定的中间一趟底瓦和两端瓦口之间赶排瓦当，如果排不出"好活"，应调整某几垄"蛐蛐当"的大小（两垄底瓦之间的距离）。具体做法是，用小锯将相连的瓦口适当截断，即"断瓦口"。钉瓦口是在瓦口位置确定后，将瓦口钉在连檐上。钉瓦口时应注意退雀台，即应比连檐略退进一些。瓦口钉好后，每垄底瓦的位置也就确定了。

（3）号垄。将各垄盖瓦（注意，是盖瓦不是底瓦）的中点平移到屋脊扎肩灰背上，并做出标记。

2. 庑殿屋面

庑殿式屋面分为三个部分：前后坡、撒头和翼角（图 5-31）。

（1）前后坡分中号垄方法：

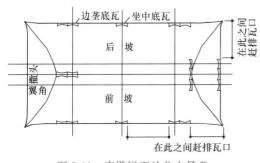

图 5-31 庑殿屋面的分中号垄

①找出正脊的横向中点。

②从两端各往里返两个瓦口并找出第二个瓦口的中点。

③将这三个中点平移到前、后坡檐头并按中点在每坡钉好五个瓦口（图5-31）。

④在确定了的瓦口之间赶排瓦当，并钉好瓦口。

⑤将各垄盖瓦中点号在脊上。

（2）撒头分中号垄方法：

①找出屋面中线（应正对脊中位置），并在撒头灰背上做出标记，这条中线就是撒头中间一趟底瓦的中线。

②以这条中线为中心，放三个瓦口，找出另外两个瓦口的中点，然后将三个中点号在灰背上。

③将这三个中点平移到连檐上，按中点钉好三个瓦口。由于庑殿撒头只有一垄底瓦和两垄盖瓦，所以在分中的同时，就已将瓦当排好并已在脊上号出标记了。以上前后坡和两撒头的12道中线就是庑殿屋面关键瓦垄的定位线。

翼角不分中，在前后坡和撒头钉好的瓦口与连檐合角处之间赶排瓦当。至翼角端头时的最后一个瓦口，其长度应为2/3瓦口长。否则，前后坡与撒头相交处的勾头将罩不住割角滴子的瓦翅。

3. 歇山屋面

（1）歇山前后坡分中号垄：

①在屋脊部位找出屋脊的正中点，此点即为坐中底瓦的中点。

②两端从博缝外皮往里返活，找出两个瓦口的位置和第二块瓦口的中点，这个中点就是边垄底瓦中。

③将上述三个中点号在脊部灰背上。

④将这三个中点平移到檐头连檐上并钉好五个瓦口。

⑤在钉好的瓦口间赶排瓦当（图5-32）。

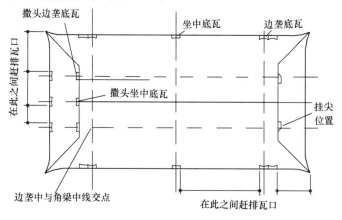

图5-32　歇山屋面的分中号垄

（2）撒头分中号垄方法：

①量出前后坡檐头边垄中点至翼角转角处的距离，按照同样的距离，向撒头量出撒头部位的边垄中。

②撒头正中（应正对脊中位置）即为撒头坐中的底瓦中。

③按照这三个中，钉好三个瓦口。

④在这三个瓦口之间赶排瓦当。

⑤将各垄盖瓦中平移到上端小红山（歇山山尖）下端，并在灰背上号出标记。

翼角部分同庑殿翼角作法。

4. 攒尖屋面

攒尖屋面无论是四方、六方还是八方，每坡均只分一道中，这个中即坐中底瓦的中，然后往两端赶排瓦当，钉瓦口。至翼角端头时的最后一个瓦口，其长度应为2/3瓦口长。

5. 重檐屋面

重檐屋面的下檐分中号垄方法与上层檐相同。上、下檐的中线要垂直对齐。由于下层檐常比上层檐的瓦件规格稍小，如上层檐用五样瓦，下层檐用六样瓦等。排瓦当时应注意上、下檐瓦口尺寸的不同。

6. 其他作法的屋面

上述分中号垄排瓦当的方法适用于一般情况，遇有特殊情况还需灵活掌握，如圆形屋顶，坐中底瓦垄以建筑的中轴线为中线，上下瓦垄数相同而宽度不同。又如，屋顶用不同的琉璃瓦组成菱形图案者，盖瓦垄居中能使图形交角更明显，屋顶正中的中线应作为盖瓦中。

瓦口除上述木瓦口作法外，还可用砖、灰做成瓦口。这种作法用于没有木连檐的情况下，例如封后檐墙、院墙砖檐上、天沟瓦檐下等。用于排山勾滴则用于砖博缝之上。砖、灰瓦口有三种作法，第一种作法叫做堵抹燕窝，是在砖檐或砖博缝等上直接安放勾头、滴子，勾滴做好后，用麻刀灰将滴子的下面堵抹严实，并刷青浆赶轧。堵抹燕窝作法是最常见的作法。第二种作法叫砌抹瓦口，方法是先铺垫一层瓦片或砌一层砖，然后按照预先制成的瓦口模具用灰抹成瓦口的形状，再刷青浆或砖面水并进一步修理成形。砌抹瓦口作法是较讲究的作法，适用于影壁、看面墙、小型砖门楼等。第三种作法叫砖瓦口或硬瓦口，方法是直接用砖料砍磨出瓦口来，并将砖瓦口安放好。硬瓦口是最讲究的作法，适用于特别讲究的影壁、看面墙或小型砖门楼等。

（二）宽边垄

如果说分中号垄是在做瓦垄的平面定位工作，那么宽边垄所做的就是瓦垄的高度定位工作。在大面积宽瓦之前先宽好边垄，是为了以边垄为标准，控制好整个瓦面的高度和囊相（瓦垄的曲线形状）。

在每坡两端边垄位置拴线、铺灰，各宽两趟底瓦、一趟盖瓦。硬、悬山或歇山建筑要同时宽好排山勾滴。披水排山脊作法的，要下好披水檐，做好梢垄。两条边垄应平行，囊（瓦垄的曲线）要一致。确定边垄的囊相时应注意以下问题：

（1）瓦面的囊相会受到苫背囊相的影响，苫背的囊相又是以木基层的曲线为基础自然形成的，不应简单地以苫背的囊作为瓦面囊的基础，必要时应作适当调整，否则可能导致屋面囊相的不好看。

（2）应注意边垄附近的囊与屋面其他部分的，囊是否一致，局部是否存在高低不平等情况。边垄所确定的囊的大小应适合于大部分瓦垄的实际情况。

（3）一般说来，囊稍大一些较好看。但囊越大越容易造成局部低注，局部越低注越容易漏雨。应根据屋面的不同情况决定囊的大小，例如较长的坡面囊不宜太大，琉璃屋面不勾瓦脸的，囊应较小，干槎瓦屋面的囊应很小或没有囊等。

在实际操作中，为方便操作，往往在宽完边垄后即调垂脊，调完垂脊后再宽瓦。

用宽边垄的方式确定了的瓦垄高低和囊相大小，要通过拉线的方式传递给整个屋面。具体方法是：在正式宽瓦前，以两端边垄盖瓦垄为标准，在正脊、中腰和檐头位置拴三道横线，作为整个屋面的高度和囊相的控制措施。脊上的叫"齐头线"，中腰的叫"腰线"或"楞线"，檐头的叫"檐口线"。脊上与檐头的两条线又可统称为上下齐头线，如果坡长屋大，可以拴2～3道腰线。

二、宽瓦

（一）宽琉璃瓦

常见琉璃瓦件如图5-33所示，瓦件规格见表5-1，尺寸规律及选择依据见表5-10。

1. 审瓦

在宽瓦之前应对瓦件逐块检查，这道工序叫"审瓦"。尤其是筒、板瓦更应严格检查。瓦件的挑选以敲之声音清脆，不破不裂为标准，敲之作"啪啦"之声的质量较差，甚至可能有隐残。外观应无明显曲扭、变形，无粘疤、掉釉等缺陷。颜色差异较大的，可用于屋面不明显的部分。审瓦应提前进行，宽瓦过程中应再次随时进行。

2. 冲垄

冲垄是在大面积宽瓦之前先宽几垄瓦，以此作为对整个瓦面的高低及囊相的分区控制。实际上，前文所说的"宽边垄"就是在屋面两边的冲垄。边垄"冲"好以后，按照边垄的高低和囊相，在屋面的中间将三趟底瓦和两趟盖瓦宽（冲）好，如果屋面很宽，宽瓦的人员较多，可以再分段冲垄。冲垄必须以拴好的"齐头线"、"腰线"和"檐口线"为标准，具体方法见下文宽底瓦和宽盖瓦的相关内容。

3. 宽檐头勾滴

勾滴即勾头、滴水的合称。其中勾头又叫勾子，滴水又叫滴子（图5-34）。布瓦勾头可俗称"猫头"，但琉璃勾头只称作"勾头"。

宽檐头勾头和滴水瓦要拴两道线，一道线拴在滴水尖的位置，滴水瓦的高低和出檐均以此为标准。第二道线即冲垄之前拴好的"檐口线"，勾头的高低和出檐均以此为准。滴子瓦的出檐最多不超过本身长度的一半，一般在6～10厘米之间。勾头出檐为瓦头的厚度，就是说，勾头要紧靠着滴子，勾头的高低以檐线为准。瓦头又叫做瓦当，俗称"烧饼盖"（图5-33）。

先用麻刀灰稳好滴子瓦，并将滴子瓦之后的两块檐头底瓦也一并宽好。因古人认为用灰比掺灰泥的效果好，所以即便整个瓦面是用掺灰泥宽瓦，宽檐头勾滴时也要用麻刀灰，这叫做用灰"抱头"。在滴子瓦与滴子瓦之间（此处称"蚰蜒当"，见图5-35），在宽勾头瓦之前，应放一块遮心瓦（可以用碎瓦片代替），其釉面应朝下放置。遮心瓦的作用是遮挡勾头里的盖瓦灰。放好滴子瓦后要"背瓦翅"、"扎缝"（方法见下文），并"勾瓦脸"（方法见下文）。

在滴子瓦蚰蜒当处放（称"坐"）麻刀灰，安（称"扣"）勾头瓦。麻刀灰要充足饱满。前端瓦头、瓦翅与滴子瓦的相交部位（称"老虎嘴儿"），稍不注意灰就会不严实，而灰的不严实会导致雨水渗入造成"尿檐"，因此要特别注意。放好勾头后，要用钉子从勾

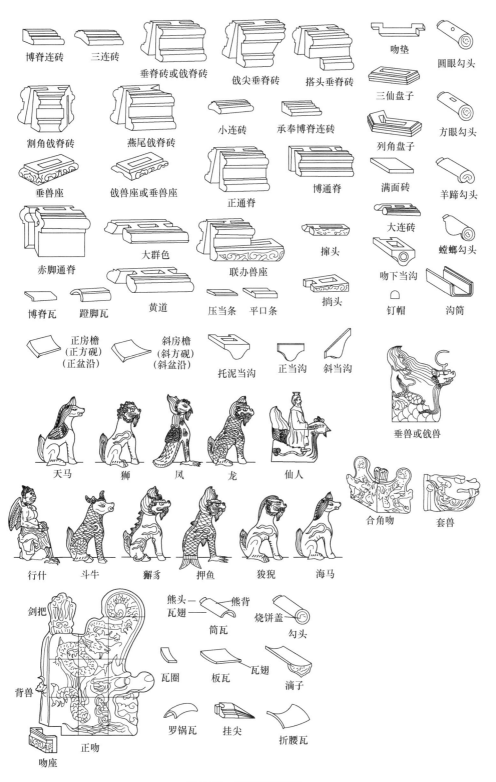

博脊连砖　三连砖　垂脊砖或戗脊砖　戗尖垂脊砖　搭头垂脊砖　吻垫　圆眼勾头

割角戗脊砖　燕尾戗脊砖　小连砖　承奉博脊连砖　三仙盘子　方眼勾头

垂兽座　戗兽座或垂兽座　正通脊　博通脊　列角盘子　羊蹄勾头

赤脚通脊　大群色　联办兽座　掸头　满面砖　大连砖　螳螂勾头

博脊瓦　蹬脚瓦　黄道　压当条　平口条　挡头　吻下当沟　钉帽　沟筒

正房檐（正方砚）（正盆沿）　斜房檐（斜方砚）（斜盆沿）　托泥当沟　正当沟　斜当沟　垂兽或戗兽

天马　狮　凤　龙　仙人　合角吻　套兽

行什　斗牛　獬豸　押鱼　狻猊　海马

剑把　熊头　熊背　瓦翅　烧饼盖　筒瓦　勾头　背兽　瓦圈　板瓦　瓦翅　滴子　正吻　罗锅瓦　挂尖　折腰瓦　吻座

图 5-33　常见琉璃瓦件

253

头上的圆洞上插入灰里，然后在钉子上扣放钉帽（图5-33、图5-43），钉帽内也要用麻刀灰塞严。古时用的钉子较大，目的是要钉进连檐或望板内，以防止瓦面滑坡。但由于钉入的深度所占钉长的比例不大，因此防滑的效果有限。而且由于钉钉子时会产生振动，有可能导致苫背层与木望板的分离。因此后来的做法往往改变为只插入灰中即可，并不真正钉入木构件中。在实际操作中，为防止钉帽损坏，往往最后扣安。

为操作方便，宽檐头勾滴可随着宽每垄瓦进行。

4. 宽底瓦

无论是宽底瓦还是宽盖瓦，都要从屋面的右侧（面向房屋时的右侧）开始宽瓦。原因是大多数人都是右手拿工具，从右向左宽瓦可使手与瓦垄都在右边，因此更顺手。

（1）开线。

"开线"是指拴"瓦刀线"的过程。宽每垄瓦所用的线叫"瓦刀线"，瓦刀线要用粗一些的线，传统方法是用"帘绳"或"三股绳"。先在齐头线和腰线上各拴一根短细铁丝。这根短细铁丝叫做"吊鱼儿"，"吊鱼儿"是瓦刀线的高低标准，其长短要比照齐头线和腰线到边垄底瓦瓦翘（图5-33）的距离确定。按照事先排好的瓦当和脊上已号好的垄的标记，把瓦刀线的上端固定在脊上，具体位置是拴在底瓦垄的左侧。将"吊鱼儿"移至瓦刀线的上方，瓦刀线的高低位置以"吊鱼儿"的下端为标准。正脊为过垄脊作法的，由于过垄脊已经做好，每垄瓦在脊部的位置已经确定，因此直接把瓦刀线压在过垄脊底瓦的瓦翘旁即可。把瓦刀线的下端放在已宽好的滴子瓦的左侧，其高低位置以滴子瓦的瓦翘为标准。为使瓦刀线便于控制调整，可在瓦刀线的下端拴一重物（一般用一块板瓦）吊在房檐下。上下端拴好后，调整瓦刀线的囊相，使之与边垄的囊相一致。将腰线上的"吊鱼儿"移到瓦刀线的上方进行检查，如果瓦刀线能与"吊鱼儿"的底棱相挨就说明囊相一致，否则应进行调整。瓦刀线囊相的整体大小可通过上下移动吊在房檐下的重物来调整，局部的高低可采取在瓦刀线的适当位置绑钉子配重的方法来调整。

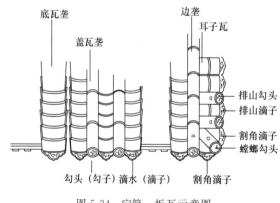

图5-34 宽筒、板瓦示意图

（2）宽瓦。

拴好瓦刀线后，从檐头滴子瓦往上开始宽底瓦（图5-34）。用瓦刀顺着底瓦垄铺灰（泥），术语称为"打泥"。泥（灰）的厚度一般掌握在4厘米左右（檐头可减薄，脊上可加厚）。如用掺灰泥宽瓦，可在打完泥后再泼上白灰浆，此作法为"坐浆宽"。板瓦有大小头之分，即瓦的两端宽窄不同，底瓦摆放时应使瓦的小（窄头）朝下，从下往上依次摆放，搭接成阶梯状（图5-34）。底瓦要求小头在下的原因在于：板瓦的烧制变形会影响瓦的搭接缝隙的严密程度，由于瓦是错位搭接，小头在下就形成了小头找大头的搭接方式，瓦的弧度变形对这种搭接方式的影响要小一些。瓦的搭接密度应能做到"三搭头"，又叫"压六露四"，即每三块瓦中，第一块与第三块能做到首尾搭头，或者说，每块瓦要保证有6/10的长度被上一块瓦压住。"三搭头"或"压六露四"的说法是指大部分瓦而言，檐头和靠近脊的部位则应"稀宽檐头密宽脊",檐头的三块瓦一般只要"压五露五"即可,脊根的三块瓦常可达到"压七露三"(或"四搭头")。底瓦泥(灰)应饱满,瓦要摆正,不得偏歪(俗称"侧[zhāi]偏")。底瓦垄的高低和直顺程度都应以瓦刀线为准。每块底瓦的"瓦翅"上棱(指大头)都要贴近瓦刀线。宽底瓦时还应注意"喝风"与"不合蔓"的问题。"不合蔓"是指瓦的弧度不一致造成合缝不严,"喝风"是泛指合缝不严,既包括瓦的不合蔓,也包括由于摆放不当造成的合缝不严。在操作中应注意避免由于摆放不当而造成的喝风,对于明显不合蔓的瓦,应尽量选换。

面坡较大的屋面,为防止瓦面滑坡,应在屋面的中腰部位使用一排"星星瓦"。坡面特大且高陡的屋面,应在上腰再增加一排"星星瓦"。"星星瓦"比普通的筒、板多了一个孔眼,具体作法是在确定了的位置将普通板瓦换成星星瓦,用钉子钉入孔中,将瓦固定在灰背上,传统作法也有将钉子钉入木望板上的。

(3)背瓦翅。

摆好底瓦以后,要将底瓦两侧的灰(泥)顺瓦翅用瓦刀抹齐,不足之处要用灰(泥)补齐。通过背瓦翅可以使底瓦泥(灰)由不饱满变为饱满,而宽瓦泥(灰)的饱满与否与瓦面是否容易漏雨有直接关系,因此不但要"背瓦翅",而且一定要将泥(灰)"背"足、拍实。

(4)扎缝。

"背"完瓦翅后,要在底瓦垄之间的缝隙("蚰蜒当")处放上大麻刀灰,然后用瓦刀向下反复扎杵,使灰塞严实。因古人认为灰比泥的效果好,因此传统做法是即使用泥宽瓦,扎缝也讲究用大麻刀灰。如不经过扎缝就宽瓦,蚰蜒当内不容易被灰塞满,这就造成了漏雨的隐患。因此不但不能省略扎缝工序,而且还应仔细地将灰扎严扎实,并做到能让灰盖住两边底瓦垄的瓦翅。应该说明的是,扎缝可以用泥代替麻刀灰,但扎缝这道工序不能省略。

(5)勾瓦脸。

底瓦垄宽好后要用素灰勾抹瓦的搭接处,这种做法叫"勾瓦脸"或"打点瓦脸",也可在摆放瓦之前就将灰打在瓦的边棱下,这种手法称为"挂瓦脸"。琉璃瓦传统施工有勾瓦脸与不勾瓦脸两种作法,主张琉璃瓦不勾瓦脸的理由是,这样可以使瓦下的水分得以蒸发,防止望板糟朽。但近年来发现不少屋面因雨水从搭接处回流造成漏雨,尤其是檐头部位更容易产生"尿檐"(泅湿连檐、瓦口和椽子)现象。两者相比还是勾瓦脸的做法更有道理。尤其是下腰节开始往下的部分,更应勾瓦脸。其实只要能保证苫背晾干了再宽瓦,望板就不会因勾瓦脸而受到影响。如果在望板上做了现代防水材料,或是在混凝土板上做的琉璃屋面,由于不存在望板糟朽的问题,勾瓦脸就更加必要了。

勾瓦脸的具体方法是:用刷子蘸水湿润底瓦搭接处,用双爪抹子或小轧子(不要用瓦刀)将较稀的素灰向瓦的搭接缝内抠抹,然后用刷子蘸少量水勒刷(称"打水榰子"),如此反复操作,直至做到瓦头下充满灰但瓦头外没有灰为止。

在宽瓦过程中,应有人随时在房下观察,以便发现存在的质量问题,随时调整。为能表达出存在问题的准确部位,瓦作行内对瓦面的各个部位名称有着统一说法,各部位的传统名称如图 5-35 所示。

每垄底瓦宽完后,要将瓦垄清扫干净。

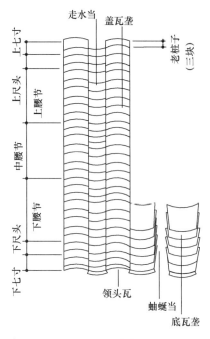

图 5-35 瓦垄各部名称

（以合瓦作法为例）

走水当　盖瓦垄

上七寸

上尺头

上腰节

中腰节

下腰节

下尺头

下七寸

老桩子
（三块）

领头瓦

蚰蜒当

底瓦垄

5. 宽盖瓦

（1）开线。

按齐头线和腰线到边垄盖瓦瓦翅的距离调好"吊鱼儿"的长短。按照事先在脊上号出的垄的标记，把瓦刀线的上端固定在脊上，具体位置是拴在盖瓦垄的右侧，这与底宽瓦垄时要求拴在左侧相反，这样做也是为了便于操作。这一侧称为"细肋"。将齐头线上的"吊鱼儿"移至瓦刀线的上方，并以"吊鱼儿"的下端作为确定瓦刀线的高低标准。正脊为过垄脊作法的，由于过垄脊已经做好，每垄瓦在脊部的位置已经确定，因此直接把瓦刀线压在过垄脊盖瓦的瓦翅旁即可。把瓦刀线的下端放在檐头已安放好的勾头瓦的右侧，其高低位置以勾头的瓦翅为标准。将腰线上的"吊鱼儿"移至瓦刀线的上方，以"吊鱼儿"为标准调整瓦刀线的囊相，使瓦刀线能碰到"吊鱼儿"，即能与边垄的囊相保持一致。

（2）宽瓦。

拴好瓦刀线后，从檐头勾头瓦往上开始宽筒瓦。用瓦刀顺着底瓦蚰蜒当"打泥"，盖瓦泥（灰）应比底瓦泥（灰）稍硬。如用掺灰泥宽盖瓦，讲究的做法可在盖瓦泥上再打上一层月白灰，这层月白灰叫"驮背灰"。随后扣放盖瓦。盖瓦不要紧挨底瓦，应留有适当的距离（称"睁眼"）。睁眼的大小不小于筒瓦高的1/3。宽瓦时从下往上依次安放，熊头朝上，上面的筒瓦压住下面筒瓦的熊头。熊头上要挂熊头灰（又称节子灰），灰要抹足，这样才能保证挤严挤实。不能因为以后要捉缝而不挂熊头灰，这样不但会造成瓦内空虚，还会造成捉缝灰的脱落。盖瓦垄的高低、直顺都要以瓦刀线为准，如遇筒瓦宽度有差异时，要掌握"大瓦跟线，小瓦跟中"的原则，避免出现一侧齐而另一侧不齐的情况。操作中不但要以瓦刀线为标准，还要经常用杠尺检查直顺程度，如发现不直顺，要用杠尺归拢调直，方法是将杠尺靠在瓦垄旁，通过用杠尺推撞的方法使瓦垄归正。

房大坡陡的屋面，底瓦用了"星星瓦"的，在与星星板瓦对应的筒瓦垄处，要用"星星筒瓦"。使用时，要先用大铁钉穿过瓦上的孔洞钉入底瓦泥或苫背中，也有钉在木望板上的，再用琉璃钉帽盖住孔洞，钉帽内要预先装满灰。盖瓦星星瓦一般加在屋面的中腰和上腰部位，与檐头形成三趟钉帽。星星瓦的钉帽应排列整齐。仿古屋面已采取了其他防滑措施的，如不便钉入垫层内的，可不钉入，也可不使用星星板瓦，但应使用星星筒瓦并扣放钉帽，以保持完整的传统外观风格。

房大坡陡的屋面还可采用在瓦内加"脊筋"的方法来防止瓦面滑坡，具体方法是将细麻绳埋在盖瓦泥（灰）中，两坡的麻绳要连在一起，从脊上开始至少要延伸到中腰节。"脊筋"除可加在盖瓦泥（灰）中，还可加在扎缝灰下面。

在宽盖瓦的过程中，应设专人在房下观察，以便随时指出问题随时调整。盖瓦每宽完一垄后，都要及时清扫，并用清水将瓦垄冲干净。

（3）捉节夹垄

①捉节

将瓦垄清扫干净，用小麻刀灰在筒瓦相接的地方勾抹。苫琉璃瓦捉节夹垄所用灰的颜色因琉璃的颜色不同而不同，黄琉璃瓦要用红灰，绿色及其他颜色的琉璃瓦都要用老浆灰。在捉节前应先搂缝，使原有的熊头灰低于筒瓦表面至少5毫米，以免捉缝灰日久脱落。如发现瓦内灰不足，应使灰深入瓦内与熊头灰结合在一起。勾抹后要用小轧子或双爪抹子将灰轧实轧平，边赶轧边"打水槎子"，以清除掉高于筒瓦釉面的灰。

②夹垄

用夹垄灰（掺颜色）把"睁眼"处抹平。夹垄时应分糙细两次夹。操作时要用瓦刀把灰塞严拍实，上口与瓦翅外棱抹平，这道工序也叫背瓦翅。瓦翅要"背严"、"背实"，否则容易开裂、翘边。夹垄时还应注意不要盖住瓦翅，尤其是琉璃瓦，由于有釉面，盖在瓦翅上的灰很容易开裂，而这可能导致夹垄灰的整体开裂，从而导致雨水渗入。夹垄时还应注意下脚要直顺，并应与上口垂直，夹垄灰与底瓦交接处无"蛐蛐窝"（小孔洞）和"嘟噜灰"（又称"野灰"，指多余的灰），夹垄灰要经多次赶轧，直至轧实。在赶轧时还要在瓦翅处"打水槎子"，这对于清除掉盖在瓦翅上的灰和防止灰的翘边是很有好处的。瓦的下脚与底瓦交接处也应边赶轧边"打水槎子"。夹垄后要及时将瓦面清理干净。

6. 清垄、擦瓦

苫瓦全部完成后要将瓦垄内的灰（泥）统一清扫一遍，然后用碎麻、棉丝或旧布等把釉面擦净擦亮。在调完脊之后应再一次对整个屋面进行清扫，并统一将屋面琉璃全部擦净擦亮。清垄、擦瓦时应注意不要踩坏瓦面，如发现有损坏的瓦或掉了灰的瓦应及时更换修理。

7. 翼角苫瓦

翼角苫瓦应从翼角端开始，叫做"攒角"（攒，cuán）。攒角分下面几步：

（1）将套兽内装上灰后套在角梁上，两侧用钉子钉牢，然后在其上立放"遮朽瓦"（图5-36），遮朽瓦的作用是遮挡连檐在转角处的合缝，早期有特制的产品，现多用普通筒瓦在现场改制代替。遮朽瓦背后应装灰堵严并紧挨连檐，遮朽瓦的上口不应超过连檐上口。

如果仔角梁头是做成三岔头形式的，不用套兽。琉璃屋面大多都用套兽。黑活屋面小式作法的，多做三岔头形式。

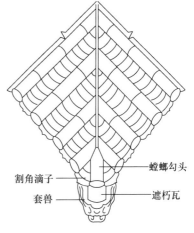

图 5-36 翼角苫瓦

（2）在连檐交角处坐灰，安放两块割角滴子瓦，盖在遮朽瓦上。滴子瓦之上的割角板瓦也应一并安好。

（3）在两块滴子瓦之上放一块遮心瓦，然后坐灰安放螳螂勾头。早期的螳螂勾头为特制的产品，现多用普通的勾头在现场改制代替。

"攒角"完成以后，开始苫翼角瓦。先从螳螂勾头上口正中，至前后坡边垄交点上口，拴一道线。这条线叫"槎子线"，它既是两坡翼苫角瓦相交点的连线，也是翼角苫瓦用的瓦刀线的高低标准。如为庑殿屋面推山作法，垂脊会有"傍囊"，因此庑殿囊角的搓子线也应随之向前（后）坡方向弯曲，叫做"傍囊搓子线"。找傍囊的方法是，用若干个铁钎钉在灰背上别住线绳，使傍囊搓子线与傍囊一致。也可用细铁丝代替，直接找出弧线。搓子线拴好后以其为标准，开线宛翼角瓦。宛瓦方法与前后坡宛瓦大致相同，但由于翼角向上方翘起，所以翼角底、盖瓦都不能水平放置，越靠近角梁就越不平，因此对每个操作环节都要格外注意，否则容易漏雨。瓦垄要宛过斜当沟的位置。

8．撒头宛瓦

同前后坡和翼角宛瓦方法。注意瓦垄应宛过博脊位置。

9．天沟和窝角沟的处理

两座瓦房相挨形成"勾连搭"时，交接处形成"天沟"，因天沟中间宽，两端窄，故俗称"枣核沟"。天沟的一段不宛瓦，为苫背作法。与瓦面交接处要砌1～2层砖作为连檐之用，但不叫连檐而叫金刚墙。天沟处的勾头瓦由于在房下是看不见的，因此可以改用"镜面勾头"即无纹饰的勾头。因天沟与瓦檐挨得很近，因此滴子瓦要改用"正房檐"。"正房檐"又叫"正方砚"或"正盆沿"，其特点是"滴子唇"窄而直（图5-33）。"正房檐"与"正房檐"之间的底部空当（俗称"燕窝"）要用灰堵严，即应堵抹燕窝。

窝角沟指转角房的阴角（窝角）部位（图5-37）。此处的滴子瓦应改作"斜房檐"（又叫"斜方砚"或"斜盆沿"），勾头瓦应改作"羊蹄勾头"，窝角沟部位的底瓦应改作"沟筒"（又叫"水沟"）。

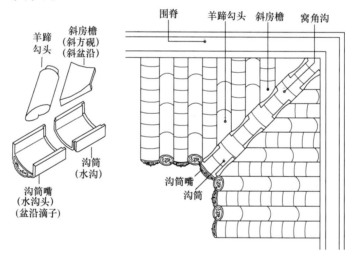

图5-37　窝角沟

10．削割瓦作法

削割瓦的规格与琉璃瓦相同。削割瓦的宛瓦方法与黑活筒瓦中的捉节夹垄作法相同。

11．剪边作法

剪边作法主要分两大类。第一类是用一种颜色的琉璃瓦作心，用另一种颜色的琉璃瓦作檐头和屋脊（自当沟开始），如黄琉璃绿剪边、绿琉璃黄剪边等。两色琉璃作法多用于皇家园林建筑和寺庙建筑。第二类是以削割瓦做心（近代也有用布瓦代替削割瓦的作法），以琉璃瓦做檐头和脊部。这类作法多用于城楼、庙宇等建筑。

剪边作法的檐头部分，根据所使用的瓦件数目，可分为一块勾头、"一勾一筒"（一块勾头一块筒瓦）、"一勾二筒"、"一勾三筒"和"一勾四筒"作法。采用何种作法应根据坡长决定，坡面短的，檐头部分的剪边也应窄一些。其效果以形成边框而不是两色拼接的感觉为好。

12. 聚锦作法

聚锦作法是指用两色琉璃或多色琉璃瓦拼成图案，如方乘（菱形）、叠落方乘（双菱形）等。这种屋面应经事先试摆（"拢活"），通过拢活量出图案的边框尺寸，宽瓦时按量好的尺寸在屋面用线拴成图案的式样，然后按线拼摆。方乘图案的，为能使菱形的交角更明显，应改为筒瓦"坐中"，这与普通屋面必须底瓦"坐中"是不同的，分中号垄排瓦当的时候应予注意。

（二）宽筒瓦屋面

筒瓦屋面是布瓦屋面的一种，它以板瓦作底瓦，筒瓦作盖瓦。筒瓦屋面的宽瓦方法与琉璃瓦基本相同。不同之处是：

（1）在宽瓦之前除应"审瓦"以外，还应"沾瓦"，即用生石灰浆浸沾底瓦的前端（露出的一端），沾浆的部分应超过瓦长的 2/5。

（2）在传统作法中，琉璃瓦有勾瓦脸与不勾瓦脸之分，但筒瓦和合瓦屋面必须要勾瓦脸（方法见宽琉璃瓦）。应先勾好瓦脸后再宽盖瓦，这样可以做到夹垄灰内的瓦下也能有灰。

（3）捉节夹垄用灰及熊头灰要用深月白灰。

（4）黑活筒瓦有三种作法。第一种作法与琉璃瓦相同，即捉节夹垄作法。第二种作法为裹垄作法，方法如下：用裹垄灰分糙、细两次抹，打底要用泼浆灰，罩面要用煮浆灰。先在两肋夹垄，夹垄时应注意下脚不要大，然后在上面抹裹垄灰，最后用浆刷子蘸青浆刷垄并用瓦刀赶轧出亮。垄要直顺，下脚要干净，灰要"轧干"不得"等干"，至少要做到"三浆三轧"。赶光轧亮时不宜用铁撸子，否则会对灰垄质量产生不好的影响。第三种作法是半捉半裹作法，介于第一种作法和第三种作法之间，仅将不齐的地方用灰补齐即可，整齐的部位仍用捉节夹垄作法。应该说明的是：在传统作法中，凡是用新瓦就应采用捉节夹垄作法，用旧瓦且旧瓦规格相差较大时才采用半捉半裹作法。只有在有残破瓦或瓦的数量不足需用条头砖代替时才采用裹垄作法。从 20 世纪 80 年代中后期开始，新瓦裹垄的作法开始流行。应该注意的是，只要大部分瓦是完好的，就不宜采用裹垄作法，尤其是文物建筑，更应尽量保持原有的作法特点。

（5）宽完瓦后，整个屋顶应刷浆绞脖。刷浆是指在瓦面和屋脊部位刷浆，绞脖是指在檐头部位刷浆。瓦面刷深月白浆或青浆，作法讲究的可刷砖面水。屋脊的眉子和当沟部位刷烟子浆（内加适量胶水和青浆），其余部位与瓦面相同。排山勾滴刷烟子浆。为保证滴水底部能刷严，可在宽瓦前沾瓦时就用烟子浆把滴子瓦沾好。披水排山作法的，披水砖的上面和侧面刷烟子浆。裹垄作法的因已在赶轧时刷过青浆，因此瓦面不需要再刷浆。

无论是捉节夹垄还是裹垄作法，都要在檐头刷上比瓦面更深一些的颜色，此作法称为"绞脖"。如果瓦面刷的是深月白浆或砖面水，要用青浆绞脖。如果瓦面刷的是青浆，要用烟子浆绞脖。绞脖的宽度应为一块勾头的长度。刷浆前应先拉一条通线，按线绞脖，确保刷齐。绞脖线范围内的底瓦，包括滴子的侧面和底部也要刷浆。为方便操作和防止弄脏连檐，可在宪瓦前提先将滴子沾一次浆。

附：蜈蚣脊与窝角沟

当正脊采用过垄脊时，屋面的阳角转角处的垂脊位置，一般不再做垂脊，只做一垄斜瓦垄，这种形式的"垂脊"加上两侧屋面上的瓦垄，因平面形状形似蜈蚣故称"蜈蚣脊"。蜈蚣脊大多在宪瓦时与瓦面一起做成。方法如下：顺两坡屋面合缝处宪一垄斜瓦垄（盖瓦垄），这垄筒瓦要使用大一号的筒瓦，并应能压住两坡的底瓦垄。蜈蚣脊的最上端（屋面阴、阳角转折处），应放置一块勾头瓦，勾头正好搭在阴角（窝角沟）最上端的正中位置。两侧屋面上的筒瓦垄与蜈蚣脊相交处要用灰堵严轧实。

屋面的阴角转角处叫做"窝角沟"，布瓦屋面的窝角沟作法如下：顺阴角方向宪一垄斜瓦垄（底瓦垄），这垄底瓦要使用较大的板瓦，并应低于两侧的瓦面。两侧屋面上的底、盖瓦垄都要搭在这垄斜底瓦垄上，领头的底、盖瓦要随阴角的角度打成斜瓦头，然后将斜瓦头用灰堵严、抹齐、轧实。窝角沟的最前端要用滴子瓦。为避免雨水对窝角梁及椽子的破坏，应选用最大的滴子，以至民间有使用琉璃滴子的作法习惯。讲究的作法可用铜板做成加长的滴子形状，并伸出角梁 30 厘米以上，效果更好。

（三）宪合瓦

合瓦又称阴阳瓦。合瓦屋面与筒瓦屋面最大的不同之处是盖瓦也用板瓦。由于合瓦屋面用于小式民居建筑，因此多使用 2 号或 3 号瓦。为加大瓦垄走水当以便于排水，同时又不影响蚰蜒当的宽度，可将底瓦加大一号，例如盖瓦用 2 号瓦底瓦用 1 号瓦。

合瓦屋面的底瓦垄与筒瓦屋面的底瓦垄作法基本相同，不同之处以及盖瓦垄作法如下：

（1）盖瓦的审瓦与底瓦不同的是：对瓦的合蔓程度的要求应更严；对外观损坏程度的要求应更严；对宽窄规格的要求应更严，至少要保证同一条垄的瓦相差不大；对瓦的细小裂纹的控制尤其是对于是否存在隐残的考虑上，可比对底瓦的要求得低一些。

（2）合瓦屋面的盖瓦也应沾浆，但应沾大头（露明部分），即应"底瓦沾小头，盖瓦沾大头"。此外，沾浆也略有区别。合瓦屋面的底瓦应沾稀白灰浆，而盖瓦应沾月白浆。

（3）合瓦屋面的檐头瓦不用滴子和勾头，底瓦和盖瓦的领头瓦都要用"花边瓦"（图 5-38）。底瓦花边瓦与花边瓦之间不放遮心瓦。

（4）合瓦屋面的梢垄，即最外端的一条盖瓦垄，要用筒瓦。不能用板瓦做盖瓦垄（图 5-86、图 5-87）。如无筒瓦，可用条头砖代替，在外面裹垄做出筒瓦垄的形状。

（5）合瓦屋面的盖瓦垄作法：

①拴好瓦刀线，在檐头打盖瓦泥，将花边瓦粘好"瓦头"。瓦头是事先预制的，它的作用是挡住蚰蜒当（图 5-38）。"瓦头"一定要放在底瓦的花边瓦上，即应放在木瓦口的前面，但不宜紧贴着瓦口。不应放在瓦口上，这样会造成许多不好的结果，最主要的是接缝处易渗入雨水造成尿檐。

② 打盖瓦泥，开始宪盖瓦。盖瓦与底瓦相反，要凸面向上，大头朝下。盖瓦要求大头朝下的主要原因是：由于瓦的大小头搭接错位，使得瓦垄的边棱不齐整，小头收进的部分需用灰补齐，大头朝下的搭接方法可使瓦垄的边棱显得更直顺、更尖挺。瓦与瓦的搭接密度也应符合"三搭头"和"稀宪檐头密宪脊"的原则。盖瓦的"睁眼"不超过 6 厘米。瓦垄与脊根处的瓦（"老桩子瓦"）搭接要严实。

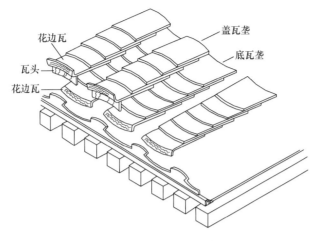

图 5-38 合瓦作法示意

③ 盖瓦宽完后在搭接处要用素灰勾缝（"勾瓦脸"），并用水刷子蘸水勒刷（"打水槎子"）。

④ 夹腮。先用麻刀灰在盖瓦睁眼处糙夹一遍，然后再用夹垄灰细夹一遍。灰要堵严塞实，并用瓦刀拍实。夹腮灰要直顺，下脚应干净利落，无小孔洞（俗称"蛐蛐窝"），无多出的灰（俗称"嘟噜灰"）。下脚要与上口垂直，盖瓦上应尽量少沾灰，与瓦翅相交处要随瓦翅的形状用瓦刀背好，并用刷子蘸水勒刷（"打水槎子"），最后反复刷青浆并用瓦刀轧实轧光。

⑤屋面清垄。将屋面清扫干净，并用清水将瓦垄冲净。

⑥刷浆。合瓦瓦面应刷青浆，檐头瓦也应刷青浆，但不用烟子浆"绞脖"。这与筒瓦屋面需在檐头绞脖的作法是不同的，应注意区分。

（四）宽干槎瓦

与其他瓦屋面作法相比，干槎瓦屋面的主要不同之处

①干槎瓦屋面没有囊或囊很小。②筒瓦屋面或合瓦由底瓦垄和盖瓦垄共同组成，干槎瓦屋面只用"底瓦垄"，不用盖瓦垄。③筒瓦屋面或合瓦屋面的底瓦是小头朝下，而干槎瓦的瓦是大头朝下。④宽干槎瓦之前，也应"审瓦"，但不"沾瓦"，此外还应加一道"套瓦"工序。⑤干槎瓦屋面的"分中、号垄、排瓦当"较简单，也不用在屋面上拴腰线来控制瓦垄的高低。

干槎瓦的操作方法如下：

1. 套瓦

干槎瓦屋面所用的瓦料在规格上要求很严，因为它不像其他作法的底瓦垄之间有蛐蜓当，而是紧密无间，所以如果同一垄中的瓦料规格不一样就无法操作。套瓦方法如下：将瓦清点一遍，找出最有代表性的一种规格或几种规格的瓦件作为样板，将所有的瓦件逐一与样板瓦比对，和样板瓦规格一样的（误差在 2 毫米之内），就是可用的瓦料。可用的瓦料应单独存放，如果样板瓦不是一种，则不同规格的瓦一定要分别集中堆放。如果经挑选，可用的瓦件数量仍然不够，可在被"淘汰"的瓦料中按上述方法重新挑选，但应注意每种规格瓦料的数量最少不能少于一垄瓦的数量。凡规格不一的瓦料，不能在同一垄中使

用。规格相同的应一次集中用，数量最多的，要用在最注目的地方。

2. 干槎瓦屋面苫背的特殊性

干槎瓦技术属于地方建筑技术中的一种瓦面作法，又具有不做盖瓦垄这样的特点，因此有着与其他屋面苫背作法的一些区别：（1）干槎瓦屋面往往不苫灰背，只苫泥背（掺灰泥背）。（2）泥背应适当加厚（宜超过两层，每层不少于 4 厘米）。泥中的滑秸或麻刀等纤维物质也应适当多加。（3）苫背的坡度应适当加大，一般应大于 30°，可以采用在脊上放扎肩瓦和抹扎肩泥的方法（参见清水脊高坡垄作法）。（4）干槎瓦屋面的一个特点是，屋面没有囊或囊很小，因此苫背时要将泥（灰）背抹平整。

3. 分中、拴线、摆老桩子瓦

干槎瓦屋面的"分中"只需找出中间一趟瓦垄的中线。由于边垄的位置无法预先确定，因此干槎瓦屋面不找边垄的中。除了坐中的一垄瓦以外，其余每垄瓦的位置也都无法预先确定，因此干槎瓦屋面不"号垄"，不"排瓦当"。干槎瓦屋面的瓦垄位置是通过摆放出脊部老桩子瓦和宽檐头瓦后确定的。摆老桩子瓦和宽檐头瓦不用统一提前进行，可在宽每垄时放好。干槎瓦屋面的老桩子瓦是指脊部的两块瓦，摆放的具体方法如下：

（1）在脊部的两端各放两块上下搭接的瓦（称"老桩子瓦"）。瓦下要放一块反扣的瓦，用以代替老桩子瓦下的屋面瓦和宽瓦泥所占的厚度，这块瓦叫"枕头瓦"。枕头瓦在瓦面宽至老桩子瓦时撤去。两端的老桩子瓦只是用于拴线而摆放的，并不是边垄的准确位置。以两端的老桩子瓦为标准，在老桩子瓦的位置拴两道横线（齐头线），作为全坡老桩子瓦的高低标准。沿齐头线查看全坡老桩子瓦的瓦下厚度是否合适，如不合适，应调整两端老桩子的高度。

图 5-39 干槎瓦老桩子瓦

（2）找出屋面脊部横向中点，作为中间一垄瓦的中点。从中间往两边摆放。先放中间一垄的老桩子瓦。这两块老桩子瓦都要大头朝下（图 5-39）。

（3）放第二垄的两块瓦，但不用放枕头瓦。先放一块大头朝下的，这块瓦应架在第三垄和第一垄的第一块瓦的瓦翅上。再放一块小头朝下的，这块瓦应盖住第一垄和第三垄的第二块。这一块小头朝下是为了使两垄瓦在脊上高低一致。除此而外，整个屋面的瓦都应大头朝下。干槎瓦要求大头朝下是因为两垄相邻的瓦与瓦之间要编搭在一起，如果小头朝下是无法搭在一起的。

（4）第三垄和第一垄相同，第四垄和第二垄相同（图 5-39）。以后如此循环。

（5）右边和左边对称，作法相同。

（6）第 1、3、5、7……垄的瓦应在同一条横线上。第 2、4、6、8……垄的瓦应在同一条横线上。相邻的两块瓦不在同一条横线上。

4. 宽瓦

（1）开线（拴瓦刀线）。由于干槎瓦的垄与垄之间要相互编搭，瓦刀线会妨碍操作，因此应每宽垄两开一次线，技术熟练的也可每三垄瓦开一次线。干槎瓦的直顺程度要求高，因此宽干槎瓦的瓦刀线不用帘绳或三股绳，一般要用小线。宽瓦要从屋面坐中的一趟瓦开始，瓦刀线的上端以老桩子瓦的瓦翅为标准，下端以檐头瓦的瓦翅为标准。瓦刀线应拉直绷紧，或仅有微小的"囊"。拴好瓦刀线以后，从檐头开始向上宽瓦。打泥，宽中间一趟和左边（或右边）一趟。先宽中间一垄的领头瓦，并应将第二垄和第三垄的领头瓦宽好。设中间一垄为 A 垄，第二垄为 B 垄，第三垄为 C 垄，第四垄为 D 垄……每垄领头瓦为 A_1、B_1、C_1、D_1，以上为 A_2、B_2、C_2、D_2……A_3、B_3……。B_1 应架在 A_1 和 C_1 的瓦翅上（图 5-40）。

（2）从檐头瓦继续向上宽。瓦的摆法如图 5-40 所示。应注意：A_2 和 B_2 不在一条横线上，A_2 应压住 A_1 的 8/10。B_2 宽压住 B_1 的 6/10，A_2 应压住 B_1 的瓦翅。B_2 应压住 A_2 的瓦翅。关于搭接密度的说明：要求 A_2 压在 A_1 的 8/10 处是为了能与相邻的瓦错开以便编搭，从 A_2 往上开始不再压 8/10。干槎瓦如果搭接过密，相邻瓦会被架空从而造成"喝风"现象。因此干槎瓦的搭接密度可能无法做到像合瓦那样，满足三搭头（压六露四）的要求。掌握搭接密度的原则是：不强调上下瓦的压露比例，只以相邻瓦垄的适宜编搭为原则。长度或大小头之比不同的瓦，上下瓦之间的压露关系应随之调整。

（3）宽 A_3 和 B_3。A_3 宜压住 A_2 的 6/10，B_3 宜压住 B_2 的 6/10（以适合于编搭为原则）。A_3 瓦翅搭在 B_2 的瓦翅上，B_3 瓦翅搭在 A_3 的瓦翅上。A_3 和 B_3 仍不在同一条横线上（图 5-41）。

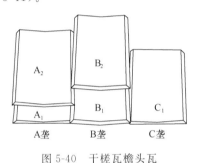

图 5-40 干槎瓦檐头瓦　　　　　　图 5-41 干槎瓦的摆法

（4）往上的宽法如此类推。宽到脊上时，将枕头瓦撒出，用灰铺抹后再将瓦切实插入。

宽瓦时应注意以下几点：①宽干槎瓦与宽合瓦的打泥手法不同，不是用瓦刀打成"鸡窝泥"，而是要用抹子将泥抹得很平。抹好宽瓦泥以后，还要在泥上浇上一层白灰浆。②干槎瓦要大头朝下摆放，这与其他作法的底瓦要求小头朝下不同。③放瓦时瓦要摆正摆平，瓦翅要跟线。瓦与泥的接触面应尽量多一些。④由于板瓦的形状是一头大一头小，所以小头的搭接不必像大头搭接得那样紧密，否则会使瓦偏歪，以致在宽下两垄的时候，小头之间的缝隙就更不严了。⑤防止出现瓦垄歪斜现象。瓦垄歪斜是由于老桩子瓦和檐头瓦的松紧程度不同造成的。要由同一个人宽檐头瓦和老桩子瓦，不同人的不同手法是造成上下松紧程度不同的直接原因。此外，每隔一段要检查一下上下宽度是否出现偏差。⑥防止出现瓦垄弯曲现象。上、下紧中腰松或上、下松中腰紧会造成瓦垄弯曲。应掌握"逢松必紧，逢紧必松"的原则。就是说，在宽瓦的过程中如果感到瓦垄间的缝隙大了，必定是前几垄瓦的缝隙小了，这时如果过分追求瓦垄缝隙的紧密，就会加大瓦垄向内侧弯曲的趋势。如果感到瓦垄间的缝隙紧了，必定是前几垄瓦的缝隙松了。这时应该主缝隙再紧密些，否则会瓦垄更向外弯曲。

（5）头两垄瓦宽好以后，在第四垄的位置开线拴瓦刀线，宽第三、第四垄（图 5-41 中的 C、D 垄）。同时应将 E 垄的领头瓦宽好。D_1 和 B_1 的瓦翅要压住 C_1 的左右瓦翅。

（6）宽 C_2 和 D_2。C_2 和 A_2 应在同一条横线上，即 C_2 也应压住 C_1 的 8/10，C_2 两边瓦翅应架在 B_1 和 D_1 的瓦翅上，同时又被 B_2 和 D_2 的瓦翅压住。B_2 和 D_2 应在同一条横线上。

（7）宽 C_3 和 D_3。C_3 与 A_3，D_3 与 B_3 应在同一条横线上。C_3 的两边瓦翅应压住 B_2 和 D_2 的瓦翅，D_3 和 B_3 的瓦翅压在 C_3 的左右瓦翅上。

（8）往上如此类推。

（9）第 5、6 垄与第 3、4 垄作法相同，以下如此类推。

（10）中线右侧的瓦与左侧对称，作法相同。

宽干槎瓦时应随时注意是否符合以下编搭规则：①相邻的瓦垄的瓦翅要互相交错叠压。比如：B_1 压 A_1，A_2 压 B_1，B_2 压 A_2，A_3 压 B_2……。②同一横直线上相隔的瓦架住相邻的上方瓦，同时又被相邻的下方瓦架住。如：A_2 和 C_2 架 B_2，A_3 和 C_3 架 B_3……C_2 被 B_1 和 D_1 架住，C_3 被 B_2 和 D_2 架住……。③除了领头瓦外，相邻的瓦要相错，相隔的瓦要在一条横直线上。如：A_2 和 B_2 相错，C_2 和 D_2 相错……，A_2、C_2……在同一横直线上，B_2、D_2……在同一条横直线上。

（11）檐头"捏嘴"、"堵燕窝"。将各垄领头瓦瓦翅搭交处洇湿，抹上少许麻刀灰，"捏"住两边的领头瓦，麻刀灰要做成三角形或半圆形，两边下脚搭在瓦翅上。然后用水刷子蘸清水勒刷灰与瓦的接槎处。反复刷青浆、赶轧，直至密实光亮。领头瓦下面的三角形空隙（"燕窝"），要用麻刀灰堵严抹平，并刷青浆赶轧出亮。

附：干槎瓦屋面的正脊与垂脊作法

干槎瓦屋面的正脊和垂脊的做法大多比较简单，常随宽瓦时一起做好。典型的正脊做法是，在正脊的位置拴线铺灰，放置 1～2 趟瓦（称"蒙头瓦"），每趟瓦都要扣放，瓦的方向与正脊方向一致。瓦与瓦之间应平齐对接，不搭槎。如放置两趟蒙头瓦，上、下两趟应错缝，避免出现通缝。在蒙头瓦的外面裹抹一层麻刀灰，然后反复刷青浆并轧光。这种作法的正脊叫扁担脊，又叫"脊帽子"（图 5-12、图 5-84）。

典型的垂脊做法是，在干槎瓦与砖檐相接的部位一垄"梢垄"（筒瓦），也可在梢垄的里侧再加宽一垄"边垄"（板瓦盖瓦垄）。边垄与梢垄合称"边梢"（图 5-12、图 5-84、图 5-87）。

干槎瓦用于寺庙或很讲究的宅院时，正脊与垂脊也可不采用扁担脊和梢垄（或边梢）作法，可采用其他较讲究的作法。

整个瓦面宽完后，要将瓦面清扫干净，然后刷浆。瓦面刷月白浆，檐头刷烟子浆（"绞脖"），扁担脊、梢垄和砖檐（上面和侧面）刷烟子浆。

（五）仰瓦灰梗（参见图 5-11）

1. 宽瓦

作法与合瓦或筒瓦屋面的底瓦作法基本相同，但瓦垄间的缝隙（"蚰蜒当"）应较小。

2. 堆灰梗

先用麻刀灰在瓦垄之间的"蚰蜒当"处扎缝。然后用大麻刀月白灰顺着瓦垄从下至上堆抹出宽约 4 厘米、高约 5 厘米的半圆形灰梗。灰梗应分糙、细两次堆抹。第一次用泼浆灰"堆糙",灰梗应搭盖住瓦翅。堆好后用双爪抹子修整赶轧,使之初步成形。干至六七成时再用煮浆灰仔细地堆抹,堆出的灰梗应直顺,上圆下直。

3.刷浆赶轧

当灰梗表面干至六七成时,开始赶轧。每赶轧一次,都要先刷一遍青浆。赶轧时应将灰梗轧光、轧实、找顺,灰梗下脚应干净利落,无"蛐蛐窝"和"嘟噜灰",表面无露麻、开裂、翘边或虚软不实等现象。

4.屋面刷浆提色

先将整个屋面清扫干净,然后开始刷浆。整个屋面刷月白浆,檐头用烟子浆绞脖,脊部和砖檐(上面和侧面)也应刷烟子浆。

附:屋脊的处理

仰瓦灰梗屋顶的屋脊作法一般都很简单,应在苫瓦和堆抹灰梗时一同做好。正脊可随屋面作法,即前、后坡的瓦面和灰梗在脊上相交。具体作法是:在前、后坡瓦的接缝处用折腰瓦遮挡住接缝(见图5-81)。如无折腰瓦,可用板瓦代替,这块板瓦应反扣横放使用。为与两坡瓦搭接严密,应将这块瓦的四个角删去,叫做打"螃蟹盖"(图5-81)。然后将脊上的灰梗堆成状如筒瓦过垄脊的形状。正脊也可做成扁担脊的形式(详见本章第六节有关内容)。

垂脊位置一般苫一垄梢垄(筒瓦),或再加苫一垄边垄(板瓦盖瓦)。

(六)石板瓦

石板瓦屋面俗称石板房(图5-14),石板用青石片制成,一般规格为35厘米×30厘米×1.2厘米。

1.典型石板瓦的操作方法

典型的石板瓦施工不需要"分中、号垄"。石板的铺设要横着一行一行地进行,这与瓦房苫瓦纵向进行是不同的。具体方法如下:

(1)排当、样活

①竖向排当。目的是要算出屋面纵向能摆多少行石板。量出脊中至连檐(外皮)的距离再加上石板出檐的尺寸,然后除以半块石板的宽度(按"压五露五"算),即得出行数。如不能整除,可调整石板出檐的尺寸或适当增大前、后坡石板交接处的缝隙,必要时还可调整石板的搭接密度。

②横向样活。样活在两端砖檐在之间进行。在檐头处从右侧(面向屋面时)开始试摆一行石板,石板之间的对接缝隙要严。排至左侧时如没能赶上整活,应根据实际尺寸提前将每行石板长出的部分裁掉。讲究的作法,样活可以从屋面正中开始,破活赶至左右两端。

(2)冲趟

按"样活"时排定的石板位置在屋面的两侧"冲趟",即纵向各铺一趟石板。整个屋面的石板都将以此为标准,所以这两趟石板一定要铺直顺、平整。石板房的囊应很小或没有囊。

(3)苫檐头一行石板

苫石板瓦要从右侧(面向屋面时)开始,人站在石板的左侧。以两端冲好的两趟石板为标准,在檐头拴两道线。前口线是石板出檐和前口的高低标准,另一道线拴在后口,作为石板后口的高低标准，然后铺泥（掺灰泥），泥应饱满，按线铺宽石板。石板瓦屋面只有木连檐没有木瓦口，石板直接搭在连檐上。

在第一行每两块石板的接缝处，下面要另加一块较窄的石板，以防止雨水从接缝处流入檐头泥背（图 5-42）。

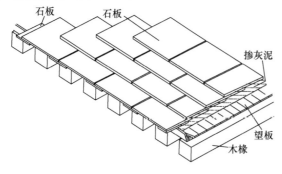

图 5-42 石板瓦的摆法

（4）宽檐头第二行石板

以两端石板为标准拴一道线，这道线拴在第二行石板的后口位置。铺泥、逐块放石板，石板的后口以线为标准，石板的前口直接搭在第一行石板上。第二行石板之间的接缝要与第一行石板之间的接缝相错，形成"十字缝"（图 5-42）。

（5）宽第三行石板

作法与第二行相同，但每块石板的位置与第一行相同，与第二行形成"十字缝"（图 5-42）。

（6）往上每行均如此操作。宽到脊上最后一行时，应抬高石板的上端，下面用泥垫实。石板厚多少就抬高多少。

（7）整个屋面铺完后，宽边垄与梢垄，作法与合瓦或筒瓦的盖瓦垄做法相似（图 5-14，图 5-84）。图 5-84 中的边垄属讲究的作法，一般的石板瓦屋面的边垄作法是："底瓦"不用板瓦，也用石板。

（8）正脊做扁担脊（图 5-14，图 5-84）

2. 石板瓦的其他作法

以上介绍的是典型的石板瓦作法，常见的其他作法有如下几种：

（1）"底瓦"用石板，盖瓦用板瓦或筒瓦（图 5-14）。盖瓦用板瓦具有合瓦屋面的效果，是石板瓦民居中最讲究的屋面作法。盖瓦用筒瓦具有筒瓦屋面的效果，是石板瓦使用地区的寺庙屋面作法。

（2）"底瓦"用石板，盖瓦用板瓦，但盖瓦不是每垄都做完整。完整的盖瓦垄集中在每间的两边。其余的盖瓦垄只在脊部至上腰处做出，也可向下延伸到中腰处。即采用"棋盘心"作法（图 5-14）。这种作法是石板瓦民居中较讲究的屋面作法。

第四节 琉 璃 屋 脊

一、圆山（卷棚）式硬、悬山屋面的屋脊

琉璃圆山（卷棚）式硬、悬山屋面的屋脊如图 5-1（a）、(b)，图 5-3 所示。琉璃圆山屋面的正脊只有一种作法即过垄脊作法（图 5-43，参见图 5-69）。垂脊则不止一种作法，常见的典型作法如图 5-43 所示，垂脊的其他组合变化如图 5-58，及表 5-2、表 5-6 所示。

1. 正脊作法

圆山（卷棚）式硬、悬山琉璃屋面的正脊为过垄脊作法。过垄脊的作法比较简单，

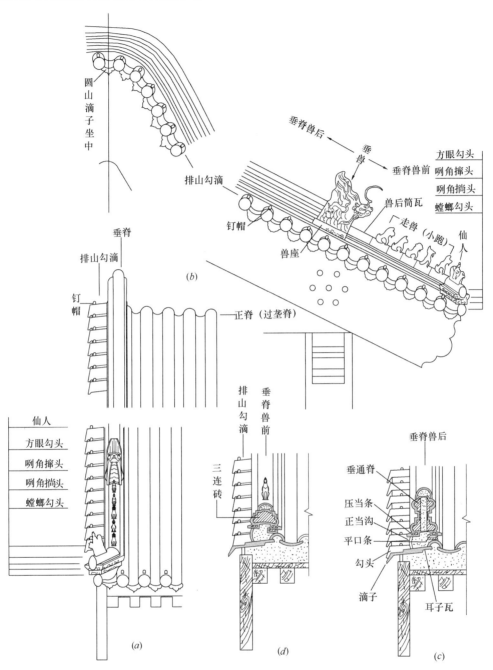

图 5-43　琉璃卷棚式硬、悬山屋面的屋脊（此例为悬山）

（a）正立面；（b）侧立面；（c）垂脊兽后剖面；（d）垂脊兽前剖面

前、后坡只用三或五块"折腰瓦"，一或三块"罗锅瓦"相互连接，其具体作法参见本章第六节"大式黑活屋脊"的相应内容。正脊正中（龙口）位置可放置"合龙什物"，具体作法参见尖山正脊的相关内容。

2. 垂脊作法

硬（悬）山屋面的垂脊俗称"排山脊"。两山如做排山勾滴称为"铃铛排山脊"，如做披水砖则称为"披水排山脊"。圆山卷棚屋面的垂脊因其顶端的形状特点，又被俗称为"箍头脊"或"罗锅卷棚脊"。

（1）宪排山勾滴。在未调垂脊之前应先宪好排山勾滴。

先沿博缝赶排瓦口，排山滴子瓦应为单数，并应注意圆山必须滴子坐中，即博缝木梳背或扇面上口正中为一块滴子瓦的瓦中。排山瓦口不退"雀台"，排好瓦口后将瓦口钉在木博缝板上，如为砖博缝，则不做木瓦口，瓦垄按正当沟尺寸赶排合适后即可在博缝上宪排山勾滴。博缝之上，滴子瓦之间的三角部分（燕窝）要用灰堵严抹平（即"堵抹燕窝"）。

拴线铺灰宪排山滴子瓦，排山滴子出檐应比檐头滴子出檐小，但应使勾头上的钉帽露在垂脊之外，滴子瓦后口再压一块底瓦，这块瓦叫"耳子瓦"。排山勾滴下端与前后坡相交处的滴子瓦应使用"割角滴子瓦"。在两块滴子瓦之间放"遮心瓦"挡住滴子瓦出檐合缝处，然后拴线铺灰宪圆眼勾头瓦，并安放钉帽。排山勾滴与前后坡瓦垄在平面上应互相垂直。在"割角滴子瓦"之间坐灰 宪"螳螂勾头"。螳螂勾头与前后坡瓦垄在平面上的夹角应为45°。

披水排山作法：排山勾滴可改做披水砖檐，此时垂脊称作"披水排山脊"。尖山式的，两坡披水砖相交处之上，应放一块勾头，盖住两砖的合缝处，这块勾头叫做"吃水"。圆山式的，两坡相交处的披水砖要使用"罗锅披水"，以便做成卷棚形式，披水之上就不再放"吃水"了。对于琉璃屋脊而言，披水排山作法多用于较隐蔽的部位（如勾连搭房屋），或不便使用铃铛排山的部位，如院墙与房屋相挨的部位或牌楼的夹楼（图5-62）等处。

（2）调垂脊。大式建筑的垂脊分兽前和兽后两部分，垂脊放在兽前和兽后的分界处。

在垂脊的排山勾滴一侧拴线，安正当沟，叫做"捏当沟"。当沟两端和底棱都要抹麻刀灰，卡在两垄盖瓦之间和底瓦上。当沟外口不应超出垂通脊的外口。当沟应稍向外倾斜。垂脊的里侧位置，在边垄盖瓦上拴线用素灰砌（"下"）一层平口条。平口条应与当沟平。平口条和当沟之间用灰及碎砖填实抹平。

在螳螂勾头之上用麻刀灰砌放"咧角撂头"。咧角撂头应比平口条和当沟略高，前端比螳螂勾头退进少许。在平口条和当沟之上拴线用灰砌一层压当条，压当条应比平口条和当沟宽（压当条的八字里口与当沟外口齐），并与咧角撂头找平。压当条之间用灰砖填平。在咧角撂头之上用灰砌放"咧角撺头"。咧角撺头前端与螳螂勾头前端齐。咧角撺、撂头与前后坡瓦垄的平面夹角也应为45°。

垂脊兽前：

在咧角撺头之后，压当条之上，拴线用灰砌一层"三连砖"。在咧角撺头和三连砖之上，安放仙人（又称"仙人骑鸡"）、走兽。具体作法如下：

咧角撺头之上铺灰安放方眼勾头，在勾头的方孔中穿上铁钎，安放仙人及仙人头。方眼勾头之后铺灰安放带小兽的筒瓦。小兽又叫走兽、小跑或小牲口。小兽（小跑）的名称及先后顺序是：龙、凤、狮子、天马、海马、狻猊、押鱼、獬豸、斗牛、行什（行读作xíng）。工匠称之为：一龙二凤三狮子，四天马五海马，六狻七鱼八獬九吼十猴。琉璃窑称之为：一龙二凤三狮子、四天马五海马、六披头、七鱼八獬、九獬或九牛（獬读作"寨"）、十猴。小兽的数目在一般情况下可这样决定：每柱高二尺放一个，得数须为单数

（不包括仙人或抱头狮子）。除北京紫禁城太和殿可以用满 10 个小兽外，其他建筑最多只能用 9 个。如果数目达不到 9 个时，按先后顺序用在前者，其中天马与海马、狻猊与押鱼的位置可以互换。小兽数量的确定应考虑多方面因素，具体的确定方法可参见表 5-10。小兽之间可无间隔，也可用筒瓦（可用半块）相间隔，但间隔的距离最大不超过一块筒瓦。具体尺寸由垂脊的实际长度及小兽的数量确定。

明代有抱头狮子的作法，即不用仙人而改用狮子（造型与小兽中的狮子相同），至清代，城楼（包括箭楼）还保持着这一作法特征。抱头狮子作法与仙人作法的不同之处：①计算小兽数目时，抱头狮子作法的，抱头狮子计入在内，仙人作法的，仙人不计入在内。②抱头狮子作法的，小兽最多用 7 个（包括抱头狮子）。③抱头狮子作法的，小兽的名称及先后顺序是：狮子、龙、凤、狻猊、天马、海马、押鱼。

在小兽之后安放一块筒瓦，即"兽后筒瓦"。小兽与小兽之间的距离可因小兽的数量和脊的长度而有变化，但小兽与垂兽之间的距离却是固定的，即只能是一块筒瓦的长度。这个定式又称为"兽前一块瓦"（这里的兽指垂兽而非小兽）。

兽前不用仙人小跑的作法：当坡长很短（例如墙帽），放不下垂兽和兽后部分的时候，可以不分兽前与兽后部分，在这种情况下，也就不用仙人和小跑了。还有一种情况是，虽然分得出兽前与兽后，也放得下垂兽与小跑，但为了降低自身的等级，抬高其他建筑的等级，有意采用了不用仙人小跑的作法。不用仙人小跑时，在一般情况下，压当条之上要用平口条代替兽前的三连砖和兽后的脊筒子，前端用三仙盘子，平口条之上扣放扣脊筒瓦，三仙盘子之上放勾头（图 5-58）。但如果是在分得出兽前兽后，有意不用仙人小跑的情况下，脊件一般仍要采用常规作法。

安垂兽：在"兽后筒瓦"之后、压当条之上铺灰安垂兽座，在兽座之上安放垂兽。安装兽角，两个兽角尖应稍向内收拢。垂兽一般应在正心桁（无斗栱的为檐檩）位置上，也可以根据仙人、走兽所占的长度决定。

垂脊兽后：

在垂兽之后、压当条之上拴线用灰砌"垂通脊"（俗称"垂脊筒子"）。兽座有两种，一种是普通兽座，一种是连带半块垂脊筒子的兽座，叫做"联办兽座"（图 5-33）。如使用的是普通兽座，与之相接的脊筒子要用"搭头垂脊筒子"（图 5-33）。在垂脊筒子上拴线铺灰扣放筒瓦，这趟筒瓦叫"盖脊筒瓦"或"扣脊筒瓦"。

两坡相交处的垂脊分件，要用罗锅形状的，如"罗锅压当条"、"罗锅垂脊筒子"等，否则就不能做出"圆山卷棚"的式样来。

最后要用小麻刀灰（掺色）打点勾缝，黄色琉璃用红灰，其他琉璃瓦用老浆灰。最后将脊件表面擦拭干净。

"大式小作"作法：

在兽前用平口条代替三连砖，兽后三连砖（或小连砖）代替脊筒子，用咧角盘子代替咧角头和咧角撺头。"小作"作法常用在坡度较缓即"小举架"的屋顶上，或用在牌楼、影壁、门楼、墙帽等坡面短小的屋顶上（图 5-58、图 5-62）。

（3）披水梢垄作法

在少数情况下，硬、悬山屋面不做垂脊，只做披水砖檐，并在披水与底瓦垄之间做梢垄（一垄筒瓦），叫做披水梢垄。琉璃披水梢垄极少使用，只偶尔见于很不重要，且正脊做过垄脊的屋面上。

附：圆山式硬、悬山琉璃屋面施工流程

苫背 → 分中号垄找规矩（瓦垄平面定位）→ 宽边垄（瓦垄高度定位）→ 调排山脊（垂脊）→

调过垄脊（正脊）→ 瓦面施工（宽瓦）→ 屋面清垄、擦瓦

二、尖山式硬、悬山屋面的屋脊

琉璃尖山式硬、悬山屋面的屋脊如图 5-1（a）、（b），图 5-2 所示。常见的典型作法如图 5-44 所示，脊件的其他组合变化如图 5-55、图 5-58 及表 5-2、表 5-3、表 5-6 所示。

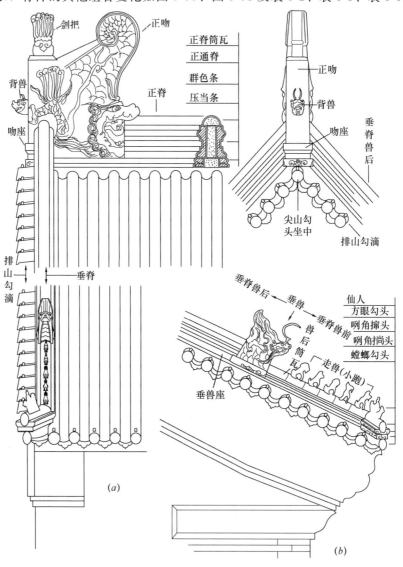

图 5-44　玻璃尖山式硬、悬山屋面的屋脊（此例为硬山）

（a）正立面；（b）侧立面

1. 正脊作法

（1）捏当沟。方法大致同卷棚垂脊捏当沟方法，宽度应按正通脊宽度。正脊的前、后坡两侧都要捏当沟。当沟与垂脊里侧平口条交圈。

（2）下压当条。同卷棚垂脊压当条作法。正脊的压当条应与垂脊里侧压当条交圈。

（3）下群色条。在压当条之上拴线铺灰安放群色条。群色条应与压当条出檐齐。群色条之间要用灰砖填平。四样以上应将群色条改成"大群色"（相连群色条）。八样、九样不用群色条。七样可用也可不用群色条。

上述每层之间都要用麻刀灰抹平、轧实，即层层都要"苫小背"。

（4）安放正吻。正吻应放在群色条之上。无群色条时放在压当条之上。在安放正吻之前应先计算吻座（又叫"吻扣"）的位置。方法如下：找出垂脊当沟外皮位置，吻座里皮应在当沟以里。就是说，两坡的当沟要能卡住吻座，但又不能太往里，否则会遮住兽座的花饰。另外，还要考虑到应能保证正吻上的腿肘露在垂脊之上，叫做"垂不淹肘"。按此原则确定吻座的位置。如发现吻座与排山勾滴的坐中勾头之间距离较大，可在吻座下面加放琉璃吻垫。如果仍不合适，还可以在吻座下面立放半块筒瓦。吻座放好后，即可拼装正吻。正吻外侧以吻锔固定，里面要装灰。还要把背兽套在横插的铁钎上，铁钎应与吻桩十字相交并拴牢。背兽安好后应注意安放背兽角。最后安放剑把。四样以上的正吻还应放铁制的吻索和吻钩。吻索下端连接一块铜制筒瓦。这全套的物件称之为"螭广带"。安装时，螭广带并不拉紧。但下端要用铁钎穿过铜制筒瓦钉入木架内。

（5）砌正通脊。在群色条之上、两端正吻之间，拴线铺灰砌正通脊（又称正脊筒子）。脊筒子事先应经计算再砌置：找出屋顶中点，以此为中放一块脊筒子，这块脊筒子及其所在位置叫"龙口"，从龙口往两边赶排，脊筒子里要用横放的铁钎与脊桩十字相交并拴牢，每块正通脊的铁钎要连接起来。清代中期以前多在通脊中间填装木炭和瓦片，然后浇白灰浆。后来多用麻刀灰和瓦片填充。如为麻刀灰作法，应注意不要装满和灌浆，以防止通脊胀裂。

四样以上琉璃脊，应将正通脊改为"赤脚通脊"，并在下面加一层"黄道"（图5-46）。

院墙或牌楼的夹楼、边楼等的正脊，多改作"墙帽正脊"，即以承奉连砖或三连砖代替正脊筒子（图5-62）。

（6）在正脊筒子（正通脊）之上拴线铺灰，砌放扣脊筒瓦（盖脊筒瓦）。扣脊瓦宜比正通脊的规格大一样。应坐中安放一块扣脊筒瓦，即扣脊筒瓦应从"龙口"向两边赶排。

（7）勾缝、打点，并将瓦件表面擦净擦亮。

为了突出正脊的高大，正脊的瓦件样数在必要时可以比其他脊的瓦件大一样，如垂脊用六样，必要时正脊可以用五样。

城楼或某些府第建筑的正吻常改做"正脊兽"。正脊兽也叫"望兽"，俗称"带兽"，其形象与垂兽相同，但外侧下角有一缺口，以安装兽座，兽座与吻座作法相同（见图5-63）。与正吻的"吞脊"态势不同的是，正脊兽的嘴应朝外放置（图5-45）。如果厂家生产的正脊兽未做出缺口，可采取两种办法解决：一是在相应位置锯出缺口，按常规作法在兽下放置吻座（正脊兽兽座）。二是不再锯出缺口，兽下改用垂兽座，但垂兽座长过垂脊内侧的部分，应予截去，即在垂脊以内的正脊处不应再看见兽座。截去的部分用群色条、

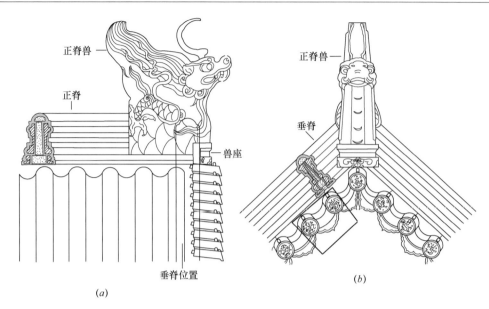

图 5-45　正脊兽

（a）正面；（b）侧面

压当条等与兽座在同一层次的脊件取代。

园林建筑或有特殊寓意的建筑，琉璃屋脊（包括正脊和垂脊、戗脊等）偶用带有花草或祥禽瑞兽图案的脊件，其中以龙的图案最为常见，叫做"闹龙脊"。

附：脊瓦合龙什物

脊瓦合龙什物简称合龙什物，俗称龙口镇物。屋顶正脊的正中央称"龙口"，在施工的最后时刻砌放龙口脊瓦称"合龙"。按照古代的风俗习惯，在重要宫殿或庭院正房的正脊"龙口"中，往往要放置一些吉祥或驱邪的物件，合称"脊瓦合龙什物"。讲究的作法是将合龙什物放在盒中，此盒称"宝匣"。宝匣可用金属（铜、铜镏金、锡等）或硬木做成，也可以用套盒，如金属盒套木盒等，盒上还可以再苫盖一片锡背。盒内的镇物要用绸布包好。放置宝匣的具体位置：正脊如做大脊，应放在龙口处的脊筒子内，如做过垄脊，应放在正中两垄盖瓦垄中的上手位的一块罗锅瓦下。上手位是指正面左侧的一垄，例如坐北朝南的房子，东侧为上手位；坐南朝北的房子，西侧为上手位。在古代，宝匣入位时要举行祭祀仪式，敲锣打鼓放鞭炮，焚香烧表，选童男（未婚的男性年轻工人）放置，并扣好脊瓦。

宝匣内放置什么"什物"作为镇物没有太严格的规定，一般可以包括以下物件：①五金。用金（或铜溜金）、银、铜、铁、锡五种金属各制成一个小元宝。②五谷。如用稻、麦、黍、粟、豆各数粒。③五线（五色线）。用红、黄、蓝、白、黑色丝线各一缕，五色线可换作五色锦缎。④药材。以雄黄和川黄连为主，另配人参、鹿茸、川芎、藏红花、半夏、知母、黄柏等。药材又称药味，故有"宝匣药味"之说。⑤除以上什物外，还可放置香料、珠宝、彩石、铜钱（12 枚或 24 枚）、经卷、画符、八卦、太极图、五行（金木水火土）图符或营建情况记录等。以上什物的种类和贵重程度可根据业主的愿望和经济状况以及建筑的重要程度而定。"宝匣药味"既可只在主要建筑上放置，也可在多个房屋上都放置。多处放置时，非主要房屋上的"宝匣药味"可作简化。

遇有拆修正脊时，首先要拆龙口取宝匣，妥为保存，称为"请龙口"。清代宫殿翻修时，宝匣要请至工部供奉，等正脊修好"合龙"时，要重新举行"迎龙口"的祭祀仪式。

除了琉璃屋脊的龙口要放宝匣以外，大式黑活的正脊龙口也有放置宝匣的传统。民间也有在正脊中央部位放置镇物的习俗，故工匠有"瓦匠不合空龙口"的说法。但民间一般不用宝匣，所放物品也多有简化，但至少要放置由红纸包着的几枚铜钱。

在正脊放置镇物的风俗至少在宋代就已形成，它反映了古人祈望吉祥喜庆、国泰年丰和消灾辟邪的愿望。古建屋面大多经过多次翻修，能依然保存下来的龙口镇物已不多见，在修缮中应特别注意对这些文物的保护。

2. 垂脊作法

（1）排山勾滴。

尖山式与圆山（卷棚）式硬、悬山垂脊的排山勾滴作法大致相同。不同的是，尖山作法时必须为勾头坐中，而圆山作法时必须为滴子坐中（图5-43、图5-44）。

（2）垂脊作法。

尖山式垂脊与圆山式垂脊的作法基本相同。不同的是，圆山式垂脊是前后坡相通的，在脊部作卷棚状，而尖山式垂脊被正吻或正脊兽隔开。垂脊与正吻相交处，要使用一块"戗尖脊筒子"（图5-33）。

当瓦面坡长很短（如院墙），并为披水排山作法时，可以不做兽前，垂脊做到垂兽为止。兽座下放"托泥当沟"，卡在边垄与梢垄之间。

附：尖山式硬、悬山琉璃屋面施工流程

苫背 → 分中号垄找规矩（瓦垄平面定位） → 宽边垄（瓦垄高度定位）→调排山脊（垂脊） →

瓦面施工（宽瓦）→ 调大脊（正脊）→ 屋面清垄、擦瓦

三、庑殿屋面的屋脊

琉璃庑殿屋面的屋脊如图5-1（d）、图5-4所示。庑殿正脊有多种作法，图5-46所示的是四样以上的作法。垂脊常见的典型作法如图5-46所示，垂脊及正脊脊件的其他组合变化见图5-55、图5-57及表5-2、表5-3、表5-5所示。

1. 正脊作法

庑殿正脊操作方法与尖山式硬山正脊操作方法大致相同，但因庑殿无排山勾滴，所以吻座应放在"吻下当沟"（俗称"凤眼当沟"）之上。吻下当沟在两坡斜当沟的交界处并与两坡垂脊斜当沟交圈。

2. 垂脊作法

庑殿垂脊操作方法与硬、悬山垂脊大致相同。不同的是：

（1）明清官式作法的庑殿因木架作推山处理，因此垂脊从平面上看为一弧线，称"旁囊"。挑垂脊时要拴旁囊线，一般方法是用细铁丝随角梁由戗的走向做出弧线，并用铁钎将细铁丝固定住。

（2）庑殿垂脊要用斜当沟。斜当沟两面用（即两侧为一反一正的一对），无平口条。里侧斜当沟与正脊正当沟交圈，外侧斜当沟与吻下当沟交圈。

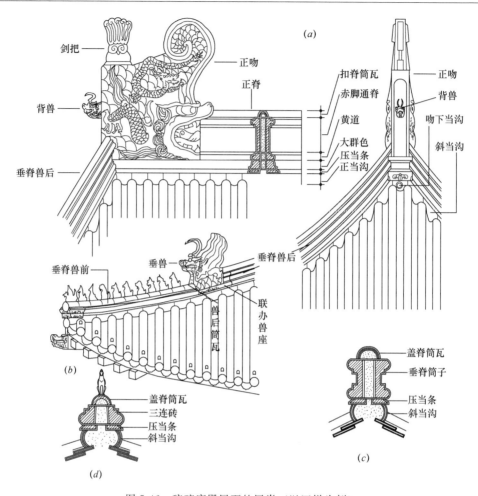

图 5-46　琉璃庑殿屋面的屋脊（以四样为例）

（a）正脊、正吻与垂脊兽后；（b）垂脊；（c）垂脊兽后剖面；（d）垂脊兽前剖面

（3）垂兽位置在角梁上，具体位置根据仙人、小跑所占的长度确定。

（4）咧角撺、搗头改用撺、搗头。撺、搗头及仙人等与垂脊在同一条线上。

（5）庑殿、歇山小兽（又叫"小跑"或"小牲口"）数目以 5 跑为最低数目（门楼、影壁、墙帽等除外），其详细规定详见本章第五节琉璃瓦件的变化规律及选择依据的相关内容。

如是"小作"作法，撺、搗头应改用三仙盘子（图 5-57）。

附：琉璃庑殿屋面施工流程

苫背 → 分中号垄找规矩（瓦垄平面定位） → 宽边垄（瓦垄高度定位） → 瓦面施工（宽瓦） →

调正脊 → 调垂脊 → 屋面清垄、擦瓦

四、歇山屋面的屋脊

琉璃歇山屋面的屋脊如图 5-1（c）、图 5-5 所示。常见的典型作法如图 5-47 所示，脊件的其他组合变化见图 5-55、图 5-56、图 5-59、图 5-60 及表 5-2、表 5-3、表 5-4、表 5-7、表 5-8 所示。

1. 正脊作法

歇山正脊可分为过垄脊和大脊两种作法，圆山卷棚形式的采用过垄脊作法，尖山形式的采用大脊作法（图 5-47）。宫殿、庙宇多为尖山大脊形式，园林建筑常采用圆山过垄脊形式。具体作法详见本节圆山（卷棚）式硬、悬山和尖山式硬、悬山建筑的正脊作法。

2. 垂脊作法

正脊做过垄脊的，垂脊就应做罗锅卷棚脊（箍头脊），其作法参见圆山式硬、悬山建筑的垂脊兽后作法。如正脊做大脊的，垂脊作法与尖山式硬、悬山建筑垂脊作法的兽后作法相同。

歇山垂脊与硬、悬山垂脊作法的不同之处是：

（1）歇山垂脊没有兽前，垂兽的位置应放在挑檐桁（或檐檩）上。歇山垂兽座与硬山垂兽座不同，它三面都有花饰。兽座底下要放压当条和托泥当沟，托泥当沟卡在前（后）坡边垄与翼角边垄之间（图 5-47a）。用托泥当沟是要将两垄之间的填馅灰、砖遮挡住，"不露脏"。压当条比托泥当沟稍出檐，压当条和兽座出檐齐。

（2）歇山排山勾滴以下的一段垂脊因位于在两垄边垄之上，所以外侧不用当沟也用平口条。两侧平口条至端头时与托泥当沟交圈，外侧平口条与戗脊相交处与戗脊斜当沟交圈。

（3）两侧压当条与托泥当沟上面的压当条交圈。

3. 戗脊作法

歇山戗脊又叫岔脊，其作法与庑殿垂脊大致相同，不同的是：

（1）兽后不用垂通脊而用戗通脊，与垂脊相交的戗脊要用割角戗脊（图 5-33）。

（2）戗脊斜当沟与垂脊正当沟交圈，戗脊压当条与垂脊压当条交圈。

戗脊与垂脊交接要严实，防止出现裂缝导致漏雨。

八样瓦屋面的戗脊，兽后一般不用脊筒子，而改用连砖作法，例如兽后用大连砖（又叫承奉连砖），兽前用三连砖，或兽后用三连砖，兽前用小连砖（图 5-59）。九样戗脊由于更加矮小，所以作法更简化，例如兽后用三连砖或小连砖，兽前的压当条以上仅用平口条，平口条以上直接放走兽，撺、捎头改用三仙盘子等（图 5-59）。

4. 博脊作法

在歇山撒头瓦面和"小红山"相交的地方所做的屋脊叫博脊。博脊两端隐入排山勾滴的部分叫做"博脊尖"，俗称"挂尖"。

博脊一般应由下列脊件组成：正当沟、压当条、博脊连砖和博脊瓦（俗称"滚水"）。博脊连砖与三连砖的外观相同，博脊瓦与扣脊筒瓦的外观相似，所以博脊的外观实际上是与垂脊（或戗脊）的兽前部分相同的。博脊有多种作法，例如五样以上的博脊，应将博脊连砖改为承奉博脊连砖等（图 5-60）。琉璃博脊一般应与垂脊、戗脊的规格（样数）相配套，以此作为选择依据（表 5-8）。

调博脊之前应先确定"挂尖"位置。挂尖的纵向位置应能使博脊（包括灰缝）的里口紧挨山花板，以减少漏雨的发生。挂尖的横向位置：其外侧端头（平面上钝角转角处）宜在撒头边垄盖瓦中线上，但首先应能使挂尖隐入排山勾滴之下，因此必要时可以适当调整。

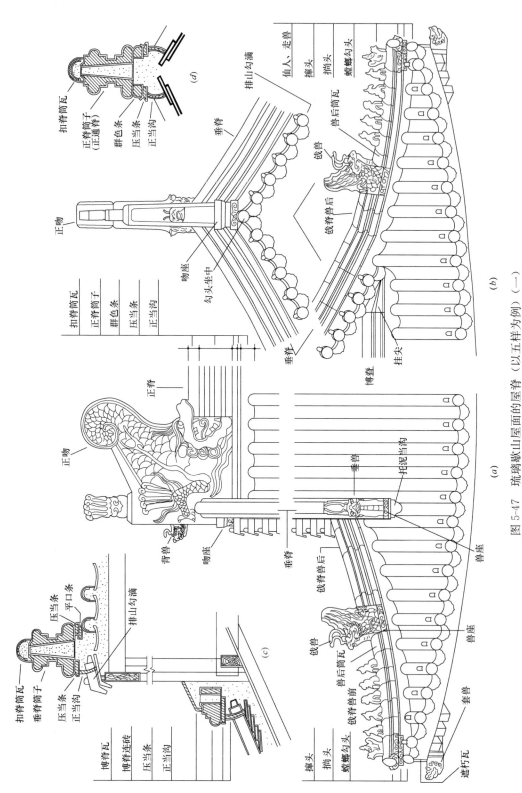

图 5-47 琉璃歇山屋面的屋脊（以五样为例）（一）

(a) 尖山式歇山正立面；(b) 尖山式歇山侧立面；(c) 垂脊和博脊剖面；(d) 尖山式歇山正脊剖面

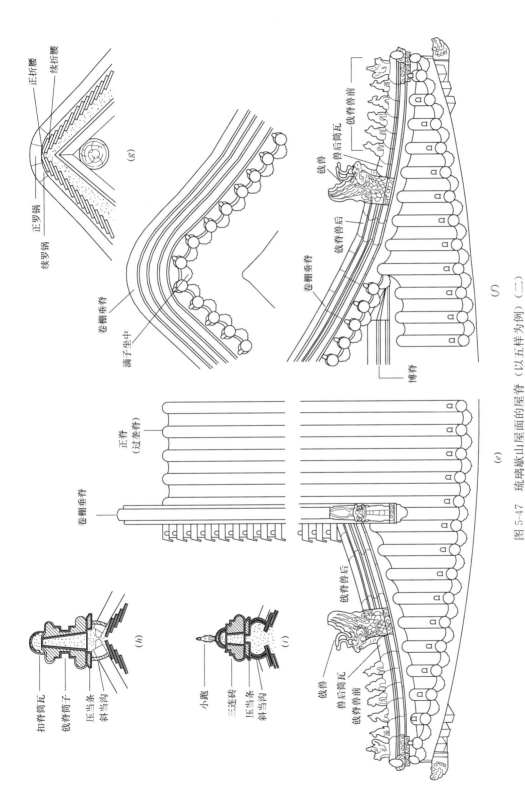

图 5-47 琉璃歇山屋面的屋脊（以五样为例）（二）

(e) 卷棚式歇山正立面；(f) 卷棚式歇山侧立面；(g) 卷棚式歇山正脊剖面；(h) 兽脊筒剖面；(i) 兽脊兽前剖面

277

按照确定好的挂尖位置确定当沟位置。当沟的外皮不超出挂尖外皮，两端当沟的平面角度要与挂尖的角度保持一致。按确定的位置开始捏当沟，然后以两端挂尖为标准，逐层拴线铺灰安放博脊脊件。首先在正对正脊的位置，即博脊的正中位置放置一块博脊连砖（或承奉博脊连砖等），再往两边赶排。脊内要用"衬脊灰"（麻刀灰）堵严塞实，最后铺灰安放博脊瓦。博脊瓦的泛水应同挂尖，博脊瓦内要塞满麻刀灰，与山花板的接缝处要用灰勾严。

附：琉璃歇山屋面施工流程

（1）圆山（卷棚）式歇山屋面

苫背 → 分中号垄找规矩（瓦垄平面定位）→ 调过垄脊（正脊）→ 宽边垄（瓦垄高度定位）→ 调排山脊（垂脊）→ 翼角宽瓦 → 调戗脊（岔脊）→ 瓦面施工（宽瓦）→ 调博脊 → 屋面清垄、擦瓦

（2）尖山式歇山屋面

苫背 → 分中号垄找规矩（瓦垄平面定位）→ 宽边垄（瓦垄高度定位）→ 调排山脊（垂脊）→ 翼角宽瓦 → 调戗脊（岔脊）→ 瓦面施工（宽瓦）→ 调大脊（正脊）→ 调博脊 → 屋面清垄、擦瓦

五、攒尖屋面的屋脊

攒尖屋面只有宝顶和垂脊两种屋脊。圆形攒尖屋面因瓦面不存在坡面接缝问题，无须用垂脊遮挡，因此大多数的圆形攒尖屋面只做宝顶不做垂脊。但也有极少数的圆形攒尖屋面特意做出垂脊，这种风格的圆形屋面多出现在清乾隆时期。

1. 宝顶

琉璃宝顶的常见造型如图 5-48、图 5-52、图 5-53 所示。

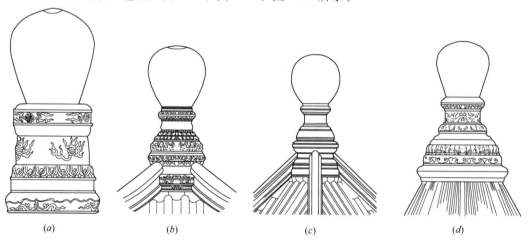

（a）　　　　　　　　（b）　　　　　　　　（c）　　　　　　　　（d）

图 5-48　琉璃宝顶实例

（a）普通亭子宝顶的常见作法；（b）北京故宫交泰殿琉璃宝顶；（c）北京故宫中和殿琉璃宝顶（顶珠为铜质镏金）；
（d）北京天坛祈年殿琉璃宝顶（顶珠为铜质镏金）

琉璃宝顶的造型大多为须弥座上加宝珠的形式，偶尔也可做成其他形式，如宝塔形、炼丹炉形、鼎形等。常见的宝顶形式可分为宝顶座和宝顶珠两部分（图 5-49），无论屋顶平面是什么形状，琉璃宝顶的顶座平面大多为圆形，顶珠也多为圆形，但也可做成四方、

六方或八方形等。小型的顶珠多为琉璃制品，大型的常为铜胎镏金作法。

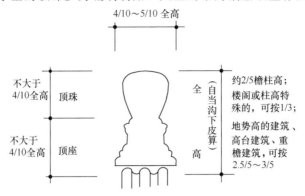

图 5-49　琉璃宝顶的构成及尺度

常见的琉璃宝顶座的组合规律如图 5-50 所示。

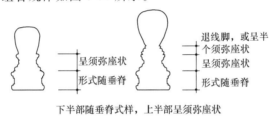

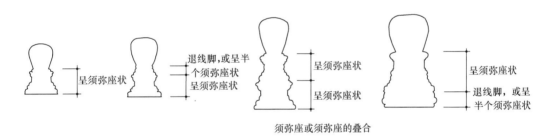

图 5-50　琉璃宝顶座的组合规律

常见琉璃宝顶的基本构件如图 5-51 所示。

琉璃宝顶为预制品，其形状和高度已由琉璃窑厂确定。如需自行设计时，其尺度权衡和组合规律如图 5-49、图 5-50 及表 5-10 所示，式样可参见图 5-48、图 5-51～图 5-53。有文物价值的宝顶，应保持原有形式。

安装宝顶时除应做到灰浆饱满外，还应与雷公柱相互连接，必要时可用铁活拉结。

古时常在重要建筑的宝顶，尤其是塔类建筑的宝顶中放置"宝匣药味"（详见尖山式硬、悬山正脊作法中龙口镇物的内容）。

宝顶除可用于攒尖屋面上，偶尔也用在正脊上（图 5-52）。

2. 垂脊

攒尖屋面的垂脊作法与庑殿垂脊的作法基本相同，但小型攒尖建筑的垂脊，常将脊筒子改做承奉连砖或三连砖（图 5-53）。攒尖屋面垂脊脊件的组合变化规律如图 5-57 及表 5-

2、表 5-5 所示。

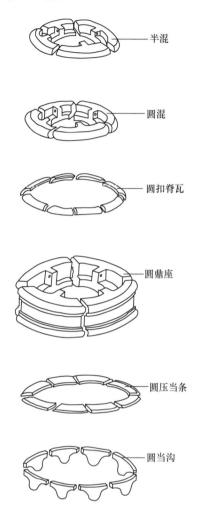
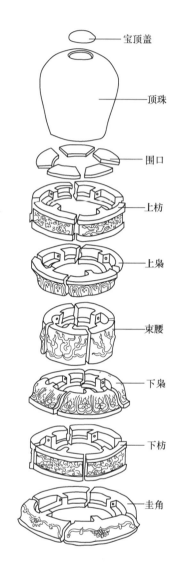

半混

圆混

圆扣脊瓦

圆鼎座

圆压当条

圆当沟

宝顶盖

顶珠

围口

上枋

上枭

束腰

下枭

下枋

圭角

图 5-51　琉璃宝顶分件图

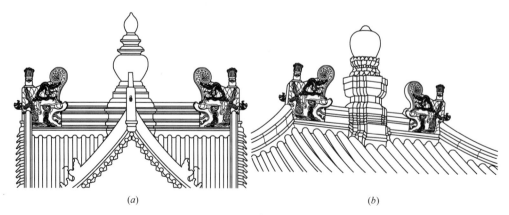

(a)　　　　　　　　　　　　　　　(b)

图 5-52　用于正脊上的宝顶实例

（a）北京故宫角楼琉璃宝顶；（b）北京颐和园四大部洲琉璃宝顶

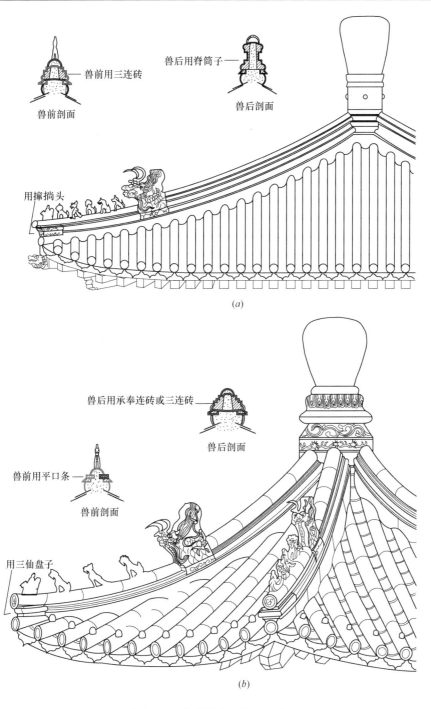

图 5-53 琉璃攒尖建筑的垂脊

（a）兽后用脊筒子的作法；（b）兽后用承奉连砖或三连砖的作法

附：琉璃攒尖屋面施工流程

苫背 → 分中号垄找规矩（瓦垄平面定位） → 宽边垄（瓦垄高度定位） → 瓦面施工（宽瓦） →

安宝顶 → 调垂脊 → 屋面清垄、擦瓦

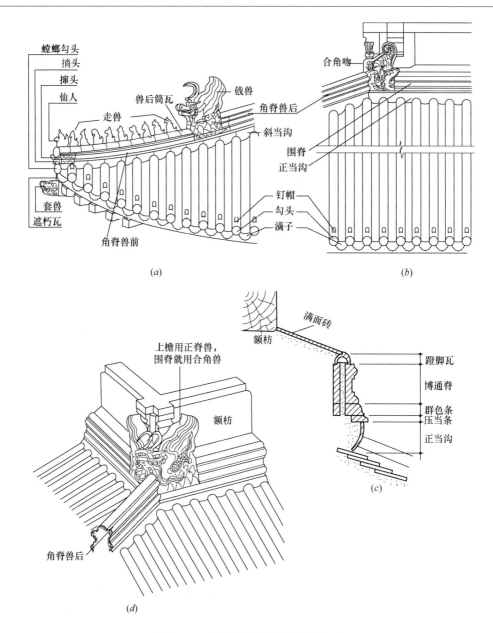

图 5-54 琉璃重檐建筑的围脊与角脊

（a）角脊；（b）围脊与角脊兽后；（c）围脊剖面（此例为常见做法）；（d）合角兽作法

六、重檐屋面的屋脊

琉璃重檐屋面的上层檐的屋脊，与庑殿、歇山或攒尖屋面的屋脊作法完全相同。无论上层檐是哪种屋面形式，下层檐的屋脊作法都是相同的，即都要采用围脊和角脊作法，见图 5-1（g）、图 5-7、图 5-54 所示。

1. 围脊作法

围脊的常见典型作法如图 5-54 所示，围脊脊件的其他组合变化如图 5-61 及表 5-2、表 5-9 所示。围脊作法的选择，不仅与上层檐屋面的屋脊作法有关，还与瓦面与木额枋之间的距离大小有关。应以围脊的上皮不超过木额枋下皮为原则。

围脊位置的确定方法：用合角吻的高度从上额枋的霸王拳往下翻活。翻活时应使合角吻的卷尾不能碰到霸王拳，但又不宜距离太远。从合角吻下口再减去其下脊件的尺寸，就是暂定的围脊当沟下口的外皮位置，然后从暂定的位置往上加上围脊的总高度，检查一下是否合适。检查的标准是：围脊满面砖（简单作法的为博脊瓦）要紧挨木额枋外皮下棱，并应有泛水（泛水高度以为 1/10 围脊宽为宜）。如不合适，可适当调整当沟位置或满面砖的泛水。

在实际操作中，可以用临时制作的方尺和"制子"进行"样活"。使方尺的长边等于围脊高（包括满面砖泛水），短边等于围脊宽，制子长度等于合角吻及其以下脊件的总高。把方尺的短边水平放在额枋下，短边尽端要紧靠额枋下皮外棱，长边下端就是当沟下口外皮的位置。从这点往上用制子比划一下，看看合角吻的位置是否合适，如果合角吻或当沟的位置不合适，应上下进行调整。总之，确定脊的位置时既要考虑到满面砖里口上棱要紧挨木额枋下口外棱，又要考虑到合角吻离霸王拳"不远不近"。

确定了围脊的位置以后，拴线铺灰，逐层砌筑。里口的空隙要用灰塞严。

合角吻安放在围脊四角的压当条之上，如有群色条，应放在群色条之上，然后安放合角剑把。当上层檐的正吻改为正脊兽作法时，合角吻也应改为合角兽（图 5-54）。

2. 角脊作法

角脊的作法与歇山饻脊的作法基本相同。不同的是，与合角吻相交处的饻通脊（饻脊筒子）要用"燕尾脊筒子"（燕尾饻脊砖）（图 5-33）。下檐角脊常见的典型作法如图 5-54 所示，角脊脊件的其他组合变化如图 5-59 及表 5-2～表 5-7 所示。

附：琉璃重檐屋面下檐施工流程

苫背 → 分中号垄找规矩（瓦垄平面定位） → 宽边垄（瓦垄高度定位） → 瓦面施工（宽瓦） →

调围脊 → 调角脊 → 屋面清垄、擦瓦

第五节 琉璃瓦件的变化规律及选择依据

一、琉璃瓦件的尺寸与质量鉴别

1. 琉璃瓦件的尺寸

长期以来琉璃瓦件的尺寸极不统一，产生的原因如下：

（1）各地区历史的沿革不同，不同的产地和厂家，不同的师传，不同的风格，不同的建筑环境，造成了不同的尺寸。

（2）琉璃瓦的尺寸，常来自于厂家，而厂家所指的尺寸，多为"开模"尺寸（制模时的画线尺寸），经手工加工成形后可能已使尺寸改变，入窑烧成后，由于收缩和变形又造成了尺寸的改变，如以成品测量尺寸，必然会存在误差。

（3）琉璃瓦件中有些尺寸本来就是可变的，如吻高，同为七样活，却有好几种尺寸，但测量时往往只量了一种，这显然是不恰当的。

（4）来自于厂家的尺寸常常是服务于制作工艺的，有些尺寸甚至是成形之前为便于画图而定的辅助线尺寸,如小跑量至脑门,套兽长量至眉毛,垂兽高量至眉毛等,基本尺寸线以外的部分全由制作人临时掌握,而这一过程,往往为他人所不知,因此常因与实物有出入而感到不解。

(5) 度量单位不统一。例如,按清代 1 营造寸应折合成公制 3.2 厘米,但有些厂家是按 3.15 厘米(明代尺寸)折算的,如七样筒瓦宽 4 寸,按 1 寸等于 3.2 厘米折算应为 12.8 厘米,但有些厂家生产的七样瓦宽 12.6 厘米,原因就是沿袭的折算长度不同。因此设计者和使用者不应过分拘泥于实物尺寸,重要的是应掌握瓦件的变化规律和相互之间的权衡关系。只要能掌握这些规律,就能正确地进行选择,实现在没有详细尺寸和参照物的情况下自行确定出合适的尺寸来。

常见的琉璃瓦件尺寸见表 5-1。

常见的琉璃瓦件尺寸表（单位：厘米）   表 5-1

名 称		样 数							
		二样	三样	四样	五样	六样	七样	八样	九样
正 吻	高	336	294	256～224	160～122	115～109	102～83	70～58	51～29
	宽	235	206	179～157	112～86	81～76	72～58	49～41	36～20
	厚	54.4	48	33	27.2	25	23	21	18.5
剑 把	长	96	86.4	80	48	29.44	24.96	19.52	16
	宽	41.6	38.4	35.2	20.48	12.8	10.88	8.4	6.72
	厚	11.2	9.6	8.96	8.64	8.32	6.72	5.76	4.8
背兽（见表注）	正方	31.68	29.12	25.6	16.64	11.52	8.32	6.56	6.08
吻 座	长	54.4	48	33	27.2	25	23	21	18.5
	宽	31.68	29.12	25.6	16.64	11.52	8.32	6.72	6.08
	厚	36.16	33.6	29.44	19.84	14.72	11.52	9.28	8.64
赤脚通脊	长	89.6	83.2	76.8	五样以下无				
	宽	54.4	48	33					
	高	60.8	54.4	43					
黄 道	长	89.6	83.2	76.8	五样以下无				
	宽	54.4	48	33					
	厚	19.2	16	16					
大群色（相连群色条）	长	89.6	83.2	76.8	五样以下无				
	宽	54.4	48	33					
	厚	19.2	16	16					
群色条	长	四样以上无			41.6	38.4	35.2	34	31.5
	宽				12	12	10	10	8
	厚				9	8	7.5	8	6
正通脊（正脊筒子）	长	四样以上无			73.6	70.4	67.4	64	60.8
	宽				27.2	25	23	21	18.5
	高				32	28.4	25	20	17

名　　称		样　数							
		二样	三样	四样	五样	六样	七样	八样	九样
垂兽（见表注）	高	68.8	59.2	50.4	44	38.4	32	25.6	19.2
	宽	68.8	59.2	50.4	44	38.4	32	25.6	19.2
	厚	32	30	28.5	27	23.04	21.76	16	12.8
垂兽座	长	64	57.6	51.2	44.8	38.4	32	25.6	22.4
	宽	32	30	28.5	27	23.04	21.76	16	12.8
	高	7.04	6.4	5.76	5.12	4.48	3.84	3.2	2.56
联　座（联办垂兽座）	长	118.4	89.6	86.4	70.4	67.2	41.6	28.8	23.8
	宽	32	30	28.5	27	23.04	21.76	16	12.8
	高	52.8	46.4	36.8	28.6	23	21	17	15
承奉连砖（大连砖）	长	57.6	51.2	44.8	41	39	37	33	31.5
	宽	32	30	28.5	26	25	21.5	20	17.5
	高	17	16	14	13	12	11	9	8
三连砖	长	三样以上无		43.5	41	39	35.2	33.6	31.5
	宽			29	26	23	21.76	20.8	19
	高			10	9	8	7.5	7	6.5
小连砖	长	七样以上无						32	28.8
	宽							18	12.8
	高							6.4	5.76
垂通脊（垂脊筒子）	长	99.2	89.6	83.2	76.8	70.4	64	60.8	54.4
	宽	32	30	28.5	27	23.04	21.76	20	17
	高	52.8	46.4	36.8	28.6	23	21	17	15
戗兽（见表注）	高	59.2	56	44	38.4	32	25.6	19.2	16
	宽	59.2	56	44	38.4	32	25.6	19.2	16
	厚	30	28.5	27	23.04	21.76	20.08	12.8	9.6
戗兽座	长	57.6	51.2	44	38.4	32	25.6	19.2	12.8
	宽	30	28.5	27	23.04	21.76	20.8	12.8	9.6
	高	6.4	5.76	5.12	4.48	3.84	3.2	2.56	1.92
戗通脊（岔脊筒子）	长	89.6	83.2	76.8	70.4	64	60.8	54.4	48
	宽	30	28.5	27	23.04	21.76	20.8	17	9.6
	高	46.4	36.8	28.6	23	21	17	15	13
撺头	长	57.6	51.2	44.8	41	39	36.8	33.6	31.5
	宽	32	30	28.5	26	23	21.76	20.8	19
	高	17	16	14	9	8	7.5	7	6.5
揣头	长	48	41.6	38.4	35.2	32	30.4	30.08	29.78
	宽	30	28	26	23	20	19	18	17
	高	8.96	8.32	7.68	7.36	7.04	6.72	6.4	6.08

续表

名　称		样　数							
		二样	三样	四样	五样	六样	七样	八样	九样
咧角三仙盘子	长	五样以上无				40	36.8	33.6	27.2
	宽					23.04	21.76	20.8	19.84
	高					6.72	6.4	6.08	5.76
三仙盘子	长	五样以上无				40	36.8	33.6	27.2
	宽					23.04	21.76	20.8	19.84
	高					6.72	6.4	6.08	5.76
仙人（见表注）	长	40	36.8	33.6	30.4	27.2	24	20.8	17.6
	宽	6.9	6.4	5.9	5.3	4.8	4.3	3.7	3.2
	高	40	36.8	33.6	30.4	27.2	24	20.8	17.6
走兽（见表注）	宽	22.1	20.16	18.24	16.32	14.4	12.48	10.56	8.64
	厚	11.04	10.08	9.12	8.16	7.2	6.24	5.28	4.32
	高	36.8	33.6	30.4	27.2	24	20.8	17.6	14.4
吻下当沟	长	38.4	36.8	33.6	28.3	26.7	24	22	20.4
	宽	27.2	25.6	21	16.5	15	14.5	13.5	13
	厚	2.56	2.56	2.24	2.24	1.92	1.92	1.6	1.6
托泥当沟	长	38.4	36.8	33.6	28.3	26.7	24	22	20.4
	宽	27.2	25.6	21	16.5	15	14.5	13.5	13
	厚	2.56	2.56	2.24	2.24	1.92	1.92	1.6	1.6
平口条	长	32	30.4	28.8	27.2	25.6	24	22.4	20.8
	宽	9.92	9.28	8.64	8	7.36	6.4	5.44	4.48
	厚	2.24	2.24	1.92	1.92	1.6	1.6	1.28	1.28
压当条	长	32	30.4	28.8	27.2	25.6	24	22.4	20.8
	宽	9.92	9.28	8.64	8	7.36	6.4	5.44	4.48
	厚	2.24	2.24	1.92	1.92	1.6	1.6	1.28	1.28
正当沟	长	38.4	36.8	33.6	28.3	26.7	24	22	20.4
	宽	27.2	25.6	21	16.5	15	14.5	13.5	13
	厚	2.56	2.56	2.24	2.24	1.92	1.92	1.6	1.6
斜当沟	长	54.4	51.2	46	39	37	32	30	28.8
	宽	27.2	25.6	21	16.5	15	14.5	13.5	13
	厚	2.56	2.56	2.24	2.24	1.92	1.92	1.6	1.6
套兽（见表注）	长	30.4	28.8	25.2	23.6	22	17.3	16	12.6
	宽	30.4	28.8	25.2	23.6	22	17.3	16	12.6
	高	30.4	28.8	25.2	23.6	22	17.3	16	12.6
博脊连砖	长	五样以上无				40	36.8	33.6	30.4
	宽					22.4	16.5	13	10
	高					8	7.5	7	6.5
承奉博脊连砖	长	52.8	49.6	46.4	43.2	六样以下无			
	宽	24.32	24	23.68	23.36				
	高	17	16	14	13				

续表

名　称		样　数							
		二样	三样	四样	五样	六样	七样	八样	九样
挂尖	长	52.8	49.6	46.4	43.2	40	36.8	33.6	30.4
	宽	24.32	24	23.68	23.36	22.4	16.5	13	10
	高	29	27	24	22	16.5	15	14	13
博脊瓦	长	52.8	49.6	46.4	43.2	40	36.8	33.6	30.4
	宽	30.4	28.8	27.2	25.6	24	22.4	20.8	19.2
	高	7.5	7	6.5	6	5.5	5	4.5	4
博通脊（围脊筒子）	长	89.6	83.2	76.8	70.4	56	46.4	33.6	32
	宽	32	28.8	27.2	24	21.44	20.8	19.2	17.6
	高	33.6	32	31.36	26.88	24	23.68	17	15
满面砖	长	51.2	48	44.8	41.6	38.4	35.2	32	28.8
	宽	51.2	48	44.8	41.6	38.4	35.2	32	28.8
	厚	6.08	5.76	5.44	5.12	4.8	4.48	4.16	3.84
蹬脚瓦	长	40	36.8	35.2	33.6	30.4	27.2	24	20.8
	宽	20.8	19.2	17.6	16	14.4	12.8	11.2	9.6
	高	10.4	9.6	8.8	8	7.2	6.4	5.6	4.8
勾头	长	43.2	40	36.8	35.2	32	30.4	28.8	27.2
	宽	20.8	19.2	17.6	16	14.4	12.8	11.2	9.6
	高	10.4	9.6	8.8	8	7.2	6.4	5.6	4.8
滴水（滴子）	长	43.2	41.6	40	38.4	35.2	32	30.4	28.8
	宽	35.2	32	30.4	27.2	25.6	22.4	20.8	19.2
	高	17.6	16	14.4	12.8	11.2	9.6	8	6.4
筒瓦	长	40	36.8	35.2	33.6	30.4	28.8	27.2	25.6
	宽	20.8	19.2	17.6	16	14.4	12.8	11.2	9.6
	高	10.4	9.6	8.8	8	7.2	6.4	5.6	4.8
板瓦	长	43.2	40	38.4	36.8	33.6	32	30.4	28.8
	宽	35.2	32	30.4	27.2	25.6[b]	22.4	20.8	19.2
	囊[a]	7.29	6.63	6.3	5.64	5.3	4.64	4.31	3.98
合角吻	高	105.6	96	89.6	76.8	60.8	32	22.4	19.2
	宽	73.6	67.2	64	54.4	41.6	22.4	15.68	13.44
	长	73.6	67.2	64	54.4	41.6	22.4	15.68	13.44
合角剑把	长	30.4	28.3	25.6	22.4	19.2	9.6	6.4	5.44
	宽	6.08	5.76	5.44	5.12	4.8	4.48	4.16	3.84
	厚	2.1	2.0	1.92	1.76	1.6	1.6	1.28	0.96
钉帽	高	8	7.38	7.04	6.08	4.8	4.16	3.84	3.2
	径	8	7.38	7.04	6.08	4.8	4.16	3.84	3.2

a. 囊为板瓦的弧高（不含瓦厚）。

b. 清中期以前，六样板瓦宽为24厘米（囊为4.97），与近代出入较大。文物建筑修缮时注意原物的实际尺寸。

注：1. 垂兽、戗兽高量至眉毛，宽指身宽。

　　2. 仙人高量至鸡的眉毛，走兽高自筒瓦上皮量至眉毛。

　　3. 背兽、套兽长量至眉毛。

　　4. 板瓦宽指大头宽，小头收进1.6厘米（5分）。

2. 琉璃瓦件的质量鉴别

琉璃瓦件的质量可从以下方面检查鉴别：

（1）规格尺寸是否符合要求，尺寸是否一致。筒瓦"熊头"的仔口是否整齐一致，前后口宽度是否一致。勾头、滴水的形状、图案是否一致，滴水垂、勾头盖的斜度是否相同。吻、兽、脊件的造型、花纹是否相同，外观是否完好。

（2）有无变形、缺棱掉角，表面有无粘疤或釉面剥落，脊件线条是否直顺。

（3）有无欠火现象。可通过敲击判断，声音发闷的为欠火瓦件。欠火瓦件易造成冻融破坏，导致坯体酥粉。

（4）有无过火瓦件。可通过敲击判断，声音过于清脆者为过火瓦件。过火瓦件强度很高，吸水率也较小，但因坯体表面光亮质硬，故不利于釉料附着，易造成釉面脱落。

（5）有无裂纹、砂眼甚至孔洞。砂眼、孔洞和较明显的裂纹可通过观察检查发现，细微的裂纹和肉眼看不出的裂纹隐残可通过用铁器敲击的方法进行检查。敲击时发出"啪啦"声的说明有裂纹或隐残。

（6）釉面质量如何。有无缺釉、掉釉、起釉泡、局部釉料未融、串色、釉面中有脏物杂质等现象以及严重程度。对色差的挑选：由于烧制时釉料的融化流淌会造成釉层薄厚不均，以及窑内温差对釉色产生的影响，琉璃瓦会不可避免地存在色差。这也正是传统琉璃的一大特点。因此不必要求釉色完全一致，但色差不宜过大。此外，安装后颜色应能"顺色"，即应将釉色相近的瓦挑出，集中使用。

（7）坯体内是否含有石灰籽粒等杂质。

（8）检查厂家出具的试验报告。瓦件运至现场后，应进行复试。琉璃瓦的抗折强度一般都能满足工程需要，可不再做弯曲破坏荷重试验。可在现场选几块板瓦，反扣在地上，人站在上面瓦不折断就说明瓦的强度可以满足需要。瓦的吸水率和急冷急热有必要进行复试。对于冻融试验来说，如用于南方地区，可不做复试，如用于北方地区，一定要做复试，如用于东北偏北或国外高寒地区时，试验应按工程所在地的最低温度，而不应按国家标准规定的试验温度进行。

二、琉璃屋脊端头部位异型脊件的使用

（1）普通的垂脊筒子的接缝（立缝）是垂直于屋脊方向的，但不垂直于地面。由于正脊是与地面平行的，如果至正脊处还用普通的垂脊筒子，其接缝处必然会形成一个三角形的缺口。因此垂脊与正脊相交处要用"戗尖"类的脊件，即戗尖脊筒子（图5-33）。如果垂脊不用脊筒子而改用连砖时，应随之改为戗尖三连砖、戗尖承奉连砖等。

（2）戗脊至垂脊处时如还用普通的戗脊筒子，其与垂脊的接缝处在平面上会形成一个三角形的缺口。因此戗脊与垂脊相交处要用"割角"类脊件，即割角戗脊筒子（图5-33）。如果戗脊不用脊筒子而改用连砖时，应随之改为割角承奉连、割角三连砖等。

（3）角脊至围脊处时如还用普通的脊件，与围脊的接缝处在平面上会形成两个三角形的缺口。因此角脊与围脊相交处要用"燕尾"（"燕翅"）类脊件，如燕尾戗脊筒子（图5-33）、燕尾承奉连、燕尾三连砖、燕尾扣脊瓦等。

（4）由于兽座比垂兽（或戗兽）长一些，因此垂脊（或戗脊等）至兽座处时无法与兽头交接严密。有两种作法解决，一种是使用联办兽座，这种兽座自带一块脊筒子（图5-

33)。再一种是用普通兽座，但其后使用"搭头"，如搭头垂脊筒子、搭头戗脊筒子（图5-33）、搭头承奉连等。

（5）攒尖建筑的宝顶与垂脊相交处，要用"戗尖燕尾"，如戗尖燕尾垂脊筒子、戗尖燕尾承奉连等。

（6）当脊的长度较短时，上述五种情况可能有两种情况同时在一块脊件上出现，例如，当垂脊兽后只能放下一块脊筒子，而兽座又用的是普通兽座时，这块脊筒子就要用"戗尖垂脊带搭头"。同理，还有"割角戗脊带搭头"、"燕尾大连砖带搭头"等。

（7）硬山、悬山垂脊的端头脊件要用"咧角"形式的，如咧角撺头、咧角捣头（图5-59）、咧角三仙盘子等。

（8）卷棚形式的垂脊，脊的顶端部位要用"罗锅"形式的，如罗锅垂脊筒子、罗锅承奉连、罗锅三连砖、罗锅平口条、罗锅压当条、罗锅扣脊瓦等。

三、琉璃屋脊的组合变化

同一位置的屋脊但样数不同时，脊件常有所变化，例如同为正脊，五样与四样及以上的脊件组成不同。在样数相同的情况下，也会因用途不同而有不同的组合方式。有时即使用途相同，也可以有几种选择。其变化规则见表5-2～表5-9和图5-55～图5-61所示，应用实例如图6-62所示。

琉璃屋脊样数不同时的一般变化规律　　　　　　　　　　表5-2

屋脊	样数								备注
	二样	三样	四样	五样	六样	七样	八样	九样	
正脊			四样以上用黄道、赤脚通脊、大群色		五样以下无黄道，赤脚通脊改为正通脊，大群色改为群色条	群色条可用也可不用	多不用群色条		1. 墙帽正脊应降低，方法有三种：（1）用小1～2样的正脊；（2）不用群色条；（3）用承奉连砖或三连砖。其中第三种方法最常见；2. 可以比垂脊大一样
垂脊			四样以上三连砖改用大连砖		五样以下兽前用三连砖。八样以下可用承奉连砖代替兽后垂脊筒子，或兽后用三连砖，兽前用小连砖				1. 如是门楼、影壁、墙帽可以不用兽前，兽座须用前端带花饰的兽座，兽座下放托泥当沟和压当条；2. 如是"小作"作法。兽后用三连砖或小连砖，兽前用平口条、撺、捣头改用三仙盘子，咧角撺、捣头改用咧角三仙盘子

续表

屋脊	样　数								备　注
	二样	三样	四样	五样	六样	七样	八　样	九　样	
戗脊	七样以上兽后用戗脊砖．兽前用三连砖						兽后可用大连砖，兽前用三连砖。或兽后用三连砖，兽前用小连砖	兽后可用三连砖或小连砖，兽前用平口条，撺、搁头改用三仙盘子	
博脊	四样以上可用通博脊，并可用蹬脚瓦和满面砖代替博脊瓦			五样以上用承奉博脊连砖	六样以下用博脊连砖				
围脊	四样以上用赤脚通博脊、黄道和大群色			六样以下无群色条					如大额枋与承椽枋距离较小，可用承奉博脊连砖或博脊连砖代替通博脊
				五样以下无黄道，赤脚通博脊改为通博脊，大群色改为群色条。也可不用群色条。					
角脊	同戗脊								

琉璃正脊的六种作法对比　　　　　　　　　　　　　　表 5-3

	适用范围	脊件组成对比	
常见作法（图 5-55a）	五—七样	正当沟 压当条 群色条	正通脊 扣脊筒瓦
高度增高的作法（图 5-55b）	二—四样	正当沟 压当条 大群色	黄道 赤脚通脊 扣脊筒瓦
高度降低的作法1（图 5-55c）	七—九样	正当沟 压当条（无）	正通脊 扣脊筒瓦
高度降低的作法2（图 5-55a）	牌楼、影壁、小型门楼	正当沟 压当条（无或小一样）	正通脊小1～2样 扣脊筒瓦
高度降低的作法3（图 5-55d）	牌楼的夹楼、边楼，墙帽	正当沟 压当条（无）	承奉连砖（大连砖）扣脊筒瓦
高度降低的作法4（图 5-55e）		正当沟 压当条（无）	三连砖 扣脊筒瓦

注：表中未包括过垄脊作法

琉璃歇山垂脊的五种作法对比　　　　　　　　　　　　表 5-4

	适用范围	脊件组成对比	
常见作法（图 5-56a）	二～九样	平口条与正当沟□□□压当条	垂通脊 扣脊筒瓦
高度降低的作法1（图 5-56a）	牌楼、影壁、小型门楼	平口条与正当沟□□□压当条	小1～2样的垂通脊 扣脊筒瓦
高度降低的作法2（图 5-56b）	牌楼、影壁、小型门楼及墙帽	平口条与正当沟□□□压当条	承奉连砖（大连砖）扣脊筒瓦
高度降低的作法3（图 5-56c）		平口条与正当沟□□□压当条	三连砖 扣脊筒瓦
高度降低的作法4（图 5-56d）		平口条与正当沟□□□压当条	小连砖 扣脊筒瓦

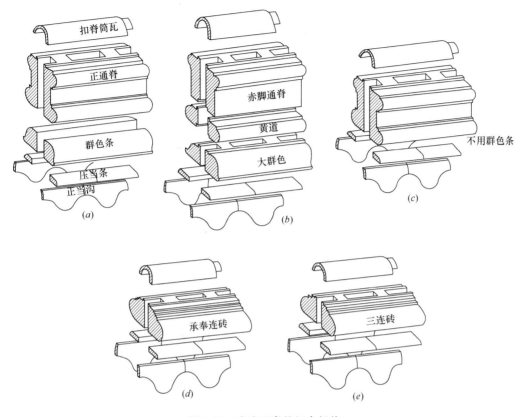

图 5-55　琉璃正脊的组合规律

（a）常见作法；（b）增高的作法；（c）降低的作法；（d）降低的作法；（e）降低的作法

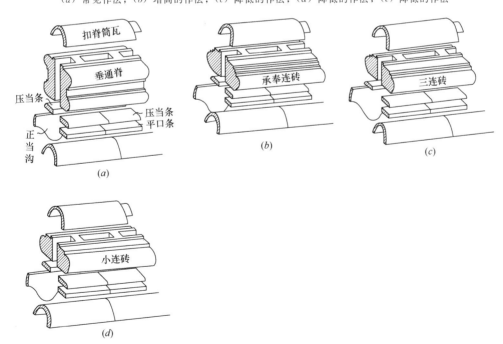

图 5-56　琉璃歇山垂脊的组合规律

（a）常见作法；（b）降低的作法；（c）降低的作法；（d）降低的作法

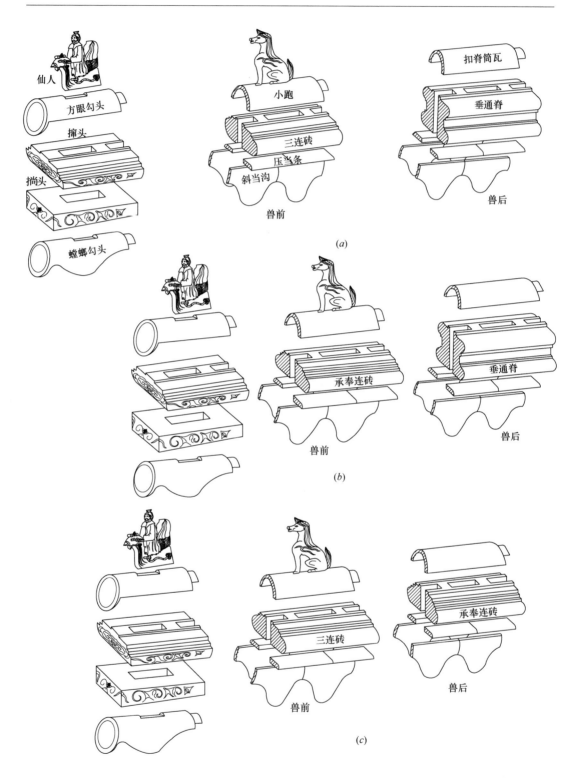

图 5-57　琉璃庑殿、攒尖垂脊的组合规律（一）

（a）常见作法；（b）增高的作法；（c）降低的作法

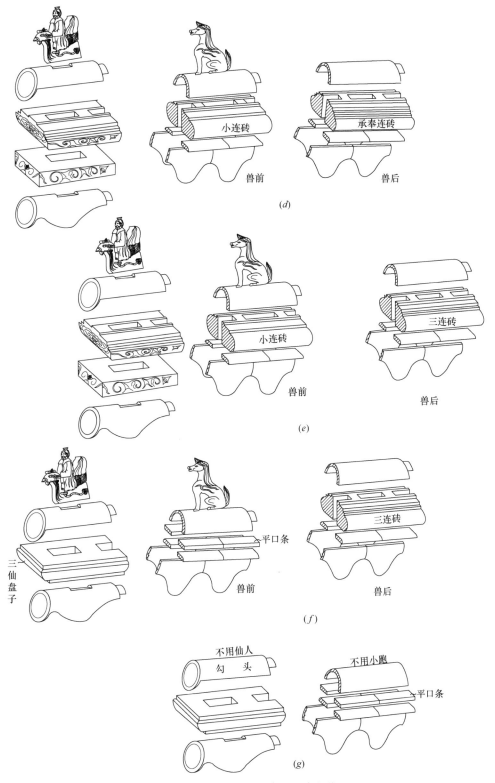

图 5-57 琉璃庑殿、攒尖垂脊的组合规律（二）

(d) 降低的作法；(e) 降低的作法；(f) 降低的作法；(g) 降低的作法

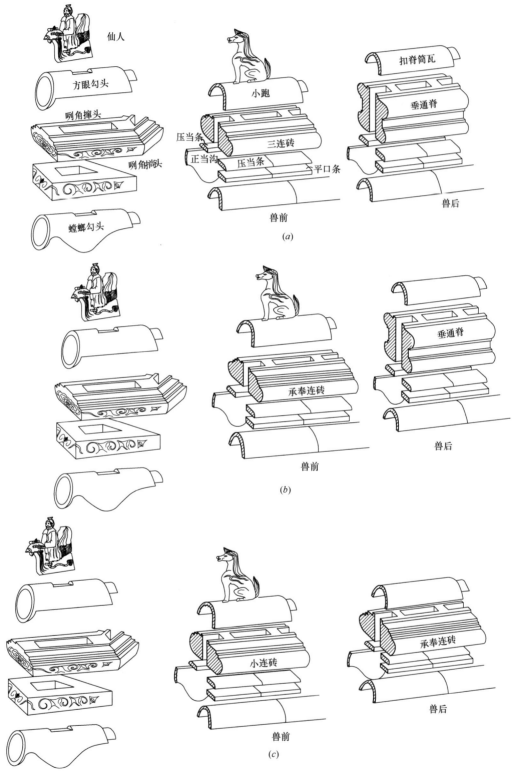

图 5-58　琉璃硬、悬山垂脊的组合规律（一）

（a）常见作法；（b）增高的作法；（c）降低的作法

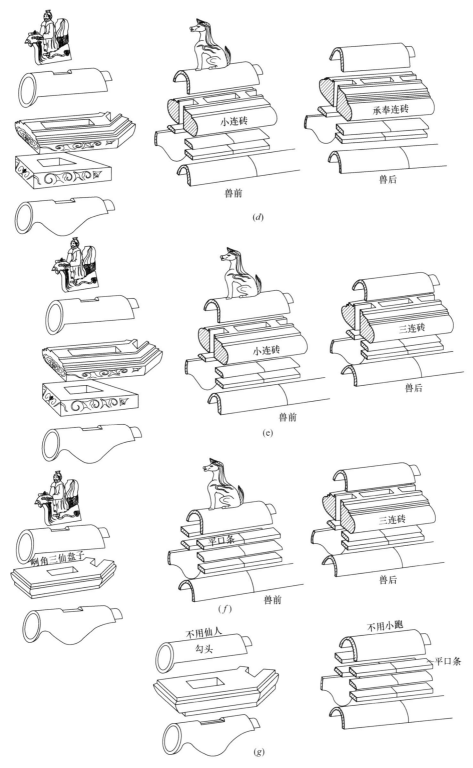

图 5-58 琉璃硬、悬山垂脊的组合规律（二）
（d）降低的作法；（e）降低的作法；（f）降低的作法；（g）降低的作法

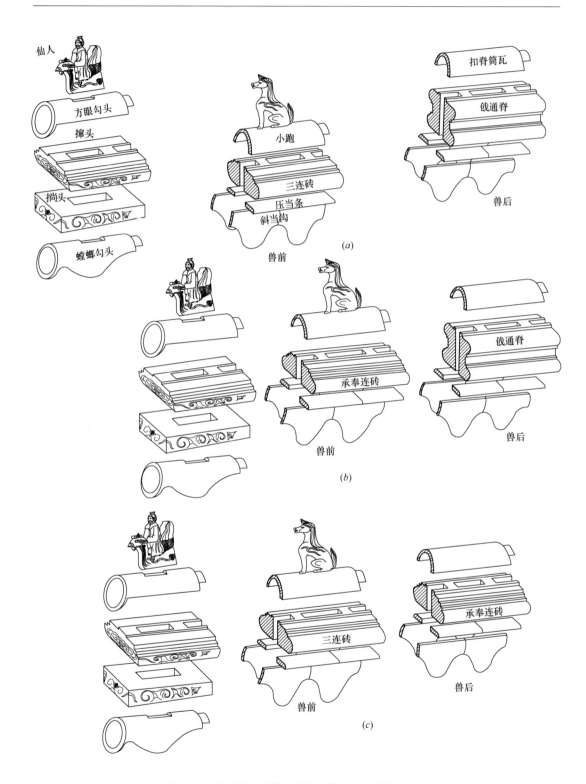

图 5-59　琉璃歇山戗脊、重檐角脊的组合规律（一）

（a）常见作法；（b）增高的作法；（c）降低的作法；

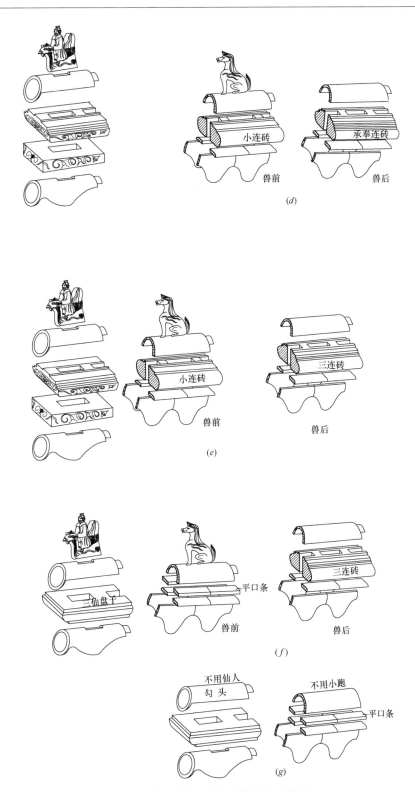

图 5-59　琉璃歇山戗脊、重檐角脊的组合规律（二）
（d）降低的作法；（e）降低的作法；（f）降低的作法；（g）降低的作法

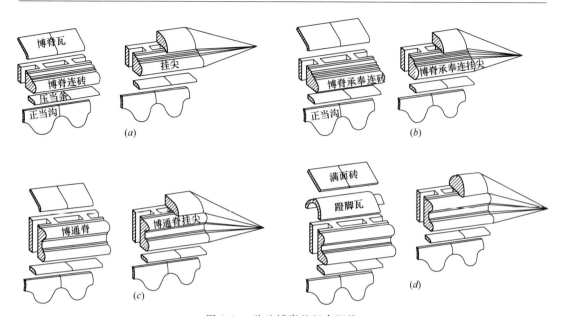

图 5-60　琉璃博脊的组合规律

（a）常见作法；（b）增高的作法；（c）增高的作法；（d）增高的作法

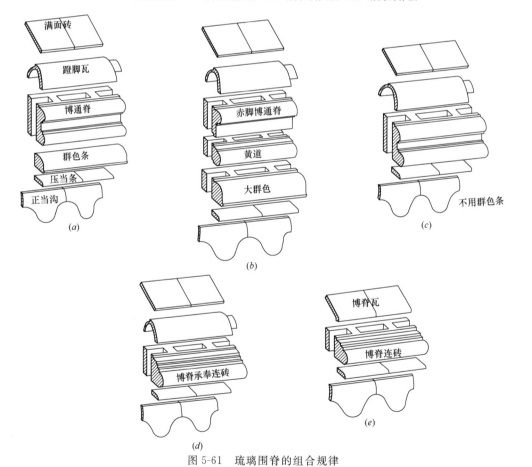

图 5-61　琉璃围脊的组合规律

（a）常见作法；（b）增高的作法；（c）降低的作法；（d）降低的作法；（e）降低的作法

琉璃庑殿、撺尖垂脊的八种作法对比　　表5-5

作法	适用范围	脊件组成对比												
		兽后部分				垂兽	兽前部分					兽前尽端		
		斜当沟	压当条	垂通脊	扣脊瓦		斜当沟	压当条	三连砖	小跑	螳螂勾头	撺掍头	方眼勾头	仙人
常见作法（图5-57a）	五～九样	斜当沟	压当条	垂通脊	扣脊瓦	有	斜当沟	压当条	三连砖	小跑	螳螂勾头	撺掍头	方眼勾头	仙人
高度增高的作法（图5-57b）	二～四样	斜当沟	压当条	垂通脊	扣脊瓦	有	斜当沟	压当条	承奉连砖（大连砖）	小跑	螳螂勾头	撺掍头	方眼勾头	仙人
高度降低的作法1（图5-57c）	牌楼、影壁	斜当沟	压当条	小1～2样的垂通脊	扣脊瓦	用小1～2样的垂兽	斜当沟	压当条	用小1～2样的三连砖	小跑	螳螂勾头	撺掍头	方眼勾头	仙人
高度降低的作法2（图5-57c）	八、九样或牌楼、影壁、墙帽	斜当沟	压当条	承奉连砖（大连砖）	扣脊瓦	有	斜当沟	压当条	三连砖	小跑	螳螂勾头	撺掍头	方眼勾头	仙人
高度降低的作法3（图5-57d）	八、九样或牌楼、影壁、墙帽	斜当沟	压当条	承奉连砖（大连砖）	扣脊瓦	有	斜当沟	压当条	小连砖	小跑	螳螂勾头	撺掍头	方眼勾头	仙人
高度降低的作法4（图5-57e）	八、九样或牌楼、影壁、墙帽	辦当沟	压当条	三连砖	扣脊瓦	有	斜当沟	压当条	小连砖	小跑	螳螂勾头	撺掍头	方眼勾头	仙人
高度降低的作法5（图5-57f）	牌楼、影壁、墙帽	斜当沟	压当条	三连砖	扣脊瓦	有	斜当沟	压当条	平口条	小跑	螳螂勾头	三仙盘子	方眼勾头	仙人
高度降低的作法6（图5-57g）	墙帽或降低等级的需要	无兽前兽后之分				无垂兽	斜当沟	压当条	平口条	无小跑	螳螂勾头	三仙盘子	勾头	无仙人

琉璃硬山、悬山垂脊的八种作法对比

表 5-6

作法分类	适用范围	兽后部分 平口条正当沟	压当条	兽后部分	扣脊瓦	垂兽	兽前部分 平口条正当沟	压当条	兽前部分	小跑	螳螂勾头	兽前尽端	方眼勾头	仙人
常见作法（图5-58a）	五～九样	平口条正当沟	压当条	垂通脊	扣脊瓦	有	平口条正当沟	压当条	三连砖	小跑	螳螂勾头	咧角撺头	方眼勾头	仙人
高度增高的作法（图5-58b）	二～四样	平口条正当沟	压当条	垂通脊	扣脊瓦	有	平口条正当沟	压当条	承奉连砖（大连砖）	小跑	螳螂勾头	咧角撺头	方眼勾头	仙人
高度降低的作法1（图5-58a）	牌楼、影壁	平口条正当沟	压当条	用小1～2样的垂通脊	扣脊瓦	用小1～2样的垂兽	平口条正当沟	压当条	用1～2样的三连砖	小跑	螳螂勾头	咧角撺头	方眼勾头	仙人
高度降低的作法2（图5-58c）	八、九样牌楼、影壁、墙帽	平口条正当沟	压当条	承奉连砖（大连砖）	扣脊瓦	有	平口条正当沟	压当条	三连砖	小跑	螳螂勾头	咧角撺头	方眼勾头	仙人
高度降低的作法3（图5-58d）	八、九样牌楼、影壁、墙帽	平口条正当沟	压当条	承奉连砖（大连砖）	扣脊瓦	有	平口条正当沟	压当条	小连砖	小跑	螳螂勾头	咧角撺头	方眼勾头	仙人
高度降低的作法4（图5-58e）	八、九样牌楼、影壁、墙帽	平口条正当沟	压当条	三连砖	扣脊瓦	有	平口条正当沟	压当条	小连砖	小跑	螳螂勾头	咧角撺头	方眼勾头	仙人
高度降低的作法5（图5-58f）	牌楼、影壁、墙帽	无兽前兽后之分					平口条正当沟	压当条	平口条	小跑	螳螂勾头	咧角三仙盘子	方眼勾头	仙人
高度降低的作法6（图5-58g）	墙帽或降低等级的需要	无兽前兽后之分					平口条正当沟	压当条	平口条	无小跑	螳螂勾头	咧角三仙盘子	勾头	无仙人

表 5-7

琉璃歇山垂脊、重檐角脊的八种作法对比

作法分类	适用范围	兽后部分 斜当沟	兽后部分 压当条	兽后部分	兽后部分 扣脊瓦	饬兽	脊 斜当沟	兽前部分 压当条	兽前部分	兽前部分 小跑	兽前部分 螳螂勾头	兽前尽端 撺、摘头	兽前尽端 方眼勾头	兽前尽端 仙人
常见作法（图5-59a）	五~九样	斜当沟	压当条	饬通脊	扣脊瓦	有	斜当沟	压当条	三连砖	小跑	螳螂勾头	撺、摘头	方眼勾头	仙人
高度增高的作法（图5-59b）	二~四样	斜当沟	压当条	饬通脊	扣脊瓦	有	斜当沟	压当条	承奉连砖（大连砖）	小跑	螳螂勾头	撺、摘头	方眼勾头	仙人
高度降低的作法1（图5-59a）	牌楼、影壁	斜当沟	压当条	用小1~2样的饬通脊	扣脊瓦	用小1~2样的饬兽	斜当沟	压当条	用小1~2样的三连砖	小跑	螳螂勾头	撺、摘头	方眼勾头	仙人
高度降低的作法2（图5-59c）	八、九样或牌楼、影壁、墙帽	斜当沟	压当条	承奉连砖（大连砖）	扣脊瓦	有	斜当沟	压当条	三连砖	小跑	螳螂勾头	撺、摘头	方眼勾头	仙人
高度降低的作法3（图5-59d）	八、九样或牌楼、影壁、墙帽	斜当沟	压当条	承奉连砖（大连砖）	扣脊瓦	有	斜当沟	压当条	小连砖	小跑	螳螂勾头	撺、摘头	方眼勾头	仙人
高度降低的作法4（图5-59e）	八、九样或牌楼、影壁、墙帽	斜当沟	压当条	三连砖	扣脊瓦	有	斜当沟	压当条	小连砖	小跑	螳螂勾头	撺、摘头	方眼勾头	仙人
高度降低的作法5（图5-59f）	牌楼、影壁、墙帽	斜当沟	压当条	三连砖		有	斜当沟	压当条	平口条	小跑	螳螂勾头	三仙盘子	方眼勾头	仙人
高度降低的作法6（图5-59g）	墙帽或降低等级的需要	无兽前兽后之分				无饬兽	斜当沟	压当条	平口条	无小跑	螳螂勾头	三仙盘子	勾头	无仙人

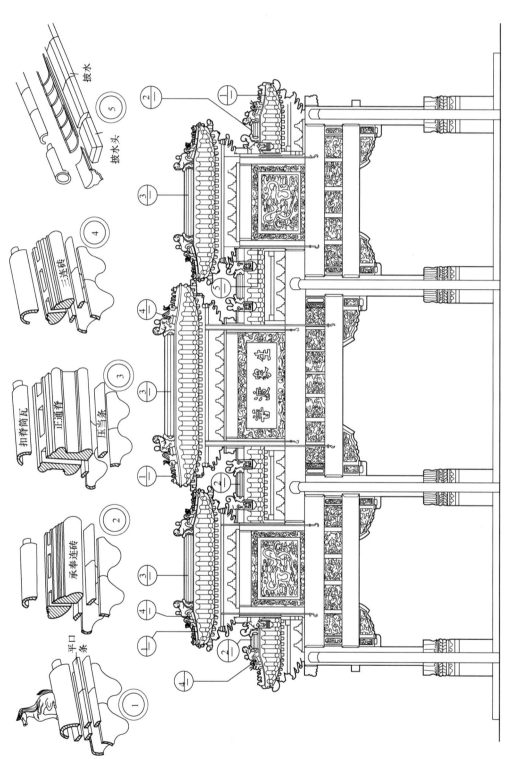

图 5-62　琉璃屋脊组合变化应用实例（以牌楼屋脊常见作法为例）

琉璃博脊的四种作法对比　　表 5-8

作法分类	适用范围	脊件组成对比						
		博　脊				博　脊　两　端		
常见作法 （图 5-60a）	六～九样	正当沟	压当条	博脊连砖	博脊瓦	正当沟	压当条	挂尖
高度增高的作法 1 （图 5-60b）	四、五样	正当沟	压当条	博脊承奉连砖	博脊瓦	正当沟	压当条	博脊承奉连 挂尖
高度增高的作法 2 （图 5-60c）	四 样	正当沟	压当条	通博脊	博脊瓦	正当沟	压当条	博脊筒挂尖 （通博脊挂尖）
高度增高的作法 3 （图 5-60d）	二～四样	正当沟	压当条	通博脊	蹬脚瓦 满面砖	正当沟	压当条	通博脊挂尖

琉璃围脊的五种作法对比　　表 5-9

作法分类	适用范围	脊件组成对比					
常见作法 （图 5-61a）	四～七样	正当沟	压当条	群色条	博通脊	蹬脚瓦	满面砖
高度增高的作法 （图 5-61b）	二～四样	正当沟	压当条	大群色	黄道 赤脚博通脊	蹬脚瓦	满面砖
高度降低的作法 1 （图 5-61c）	五～九样 或需降低高度	正当沟	压当条	（无）	博通脊	蹬脚瓦	满面砖
高度降低的作法 2 （图 5-61d）	七～九样 或需降低高度	正当沟	压当条	（无）	博脊承奉连砖	蹬脚瓦	满面砖
高度降低的作法 3 （图 5-61e）	八～九样 或需降低高度	正当沟	压当条	（无）	博脊连砖	博脊瓦	

四、常用琉璃瓦件的尺寸规律及选择依据

要查找琉璃瓦件的尺寸并不难，但在使用这些数据时常存在下列问题：①尺寸过于固定，一旦不能适用时，由于不知其变化规律，较难确定尺寸。②较难找出瓦件尺寸之间的内在规律，因此很难记忆。③当情况特殊时，较难确定瓦件之间的比例关系。

表 5-10 给出了主要的琉璃瓦件或屋脊的尺寸规律，以及瓦件或屋脊尺度权衡的依据。为能清楚地揭示瓦件之间的比例关系和便于记忆，表中所使用的单位为清代营造尺。1 营造尺＝32 厘米，1 营造寸＝3.2 厘米。

常用琉璃瓦件的尺寸规律及选择依据　　表 5-10

项 目	主要尺寸规律		样数（规格）选择依据
	基本依据	其 他	
筒瓦宽	七样：宽 4 寸	上、下各差 5 分，如六样筒瓦宽 4.5 寸，八样筒瓦宽 3.5 寸，九样筒瓦宽 3 寸	1. 按椽径，选择与之相近尺寸的筒瓦宽，宜大不宜小，如椽径 12 厘米时，可用七样瓦宽（4 寸）。檐口很高的建筑，如城台上的建筑，可加大一样。重檐建筑，其上层檐瓦面可加大一样，如下层檐用七样，上层檐可用六样瓦。 2. 影壁、院墙、砖石结构的门楼：按檐口高。檐口高在 3.2 米以下者用九样瓦，高在 4.2 米以下者用八样瓦；高在 4.2 米以上者用七样瓦； 3. 宇墙、花墙等矮墙：用七～八样瓦； 4. 牌楼：用六～七样瓦
板瓦宽	七样：宽 7 寸	七样以下各差 5 分，即八样板瓦宽 6.5 寸，9 样板瓦宽 6 寸；七样至三样"隔 1 差 5"，即六样宽 8 寸，五样宽 8.5 寸，四样宽 9.5 寸，三样宽 1 尺。二样宽 1.1 尺	

项　目	主要尺寸规律		样数（规格）选择依据
	基本依据	其　他	
正脊高	全高（当沟底至扣脊筒瓦上皮）	方法 1：所有脊件相加求总高（适用于已知脊件尺寸时）。 方法 2：1/5 檐柱高。 方法 3：全高与板瓦宽之比： 四样以上约为 3.5∶1 五～九样约为 2.5∶1 （适用于不知瓦件尺寸时）	1. 一般情况，与瓦样相同，如六样瓦用六样脊。 2. 正房或较重要的建筑，必要时可比瓦样及垂脊大一样，如六样瓦用六样垂脊，必要时可用五样正脊。 3. 重檐建筑宜大一样，如六样瓦宜用五样脊。 　以上不能因垂脊和重檐两个原因同时加大，例如六样瓦的重檐屋面，正脊不能加大到四样 4. 影壁、小型门楼、牌楼，高度应降低。降低的方法有 3 种： 1）用小 1～2 样的脊件．如六样瓦面用七或八样正脊。 2）不用群色条。 3）用承奉连砖或三连砖代替正通脊。 5. 墙帽正脊：大多以承奉连砖或三连砖代替正通脊
	正通脊高（四样以上包括黄道）	方法 1：按正通脊高与板瓦宽之比： 八～九样≈0.9∶1 五～七样≈1.1∶1 四～二样≈2∶1 方法 2：二样：2 尺 5 寸 　　　　三样：2 尺 2 寸 　　　　四样：1 尺 7 寸 　　　　五样：1 尺 　　　　六样：9 寸 　　　　七样：8 寸 　　　　八样：6 寸 5 分 　　　　九样：5 寸 5 分	
正脊厚		九～五样，比筒瓦宽约 3 寸 四～二样，比筒瓦宽约 4 寸	
正吻	高	二样：10 尺 5 寸 三样：9 尺 2 寸 四样：7～8 尺 五样：3 尺 8 寸～5 尺 六样：3 尺 4 寸～3 尺 6 寸 七样：2 尺 6 寸～3 尺 2 寸 八样：1 尺 8 寸～2 尺 2 寸 九样：9 寸～1 尺 6 寸	1. 一般情况：同正脊样数，如六样脊就用六样吻。 2. 重檐建筑可以大一样，如六样正脊可用五样吻。但如果正脊已比瓦面大一样，则一般不再增高，如七样瓦面的上层檐选用了六样正脊，正吻一般也选用六样 3. 同一样的吻，规格大小可有变化。如七样吻高从 2 尺 6 寸至 3 尺 2 寸不等。选择时按下列原则决定：①房高坡大者或重檐建筑，宜选择高的；②影壁、墙帽，牌楼等坡长较短的，宜选择低的；③同一院内瓦样相同者，吻高宜有所区别，正房宜选择高的 4. 用于影壁、墙帽、牌楼、小型门楼时应降低高度，此时，吻高与脊筒子（或三连砖）之比宜为 3～2.5∶1，在此原则之下，几样合适就用几样，如八样脊七样瓦的牌楼，可用九样吻。在同一样的吻中，哪种规格的合适就选择哪种，一般说来，宜小不宜大
	宽	宽∶高＝7∶10	

续表

项　目		主要尺寸规律		样数（规格）选择依据
		基本依据	其　他	
正脊兽	全高	同正吻高		1. 同正吻 2. 正脊兽不常用，一般用于城楼建筑等
	眉高	眉高：全高＝10：15		
	宽	宽：眉高＝1：1		
垂通脊	高	垂通脊：垂兽（眉高）≈6：10		1. 与瓦的样数相同 2. 墙帽、影壁、小型门楼、牌楼，高度应降低。 降低的方法有三种：①用小1～2样的垂通脊；②兽后用承奉连砖或三连砖，兽前用小连砖；③兽后用三连砖，兽前用平口条
	厚	厚：高≈1.2：1		
垂脊全高		正脊做大脊的，斜高不超过正脊高		
垂兽	高（量至眉）	七样：高1尺	上、下各差2寸，如八样兽高8寸，六样兽高1尺2寸，五样兽高1尺4寸等	1. 样数与垂脊样数相同，如七样脊就用七样垂兽 2. 当垂脊因改变作法降低了高度时，应选择与之高度相配的垂兽。二者的关系为，垂通脊或承奉连砖等的高与垂兽（眉高）应保持在6：10左右 3. 垂兽位置 有桁檩者：①硬山、悬山，在正心桁位置（无斗拱者为檐檩位置）；②歇山，在挑檐桁位置（无斗拱者为檐檩位置）；③庑殿、攒尖建筑，在角梁上，具体位置根据仙人、小跑所占长度决定 无桁檩者：一般在坡长的1/3处（从檐头量起）；坡长过短或过长者，按小跑所占长度决定。歇山垂兽位置与戗兽位置大致在一条直线上，戗兽位置可稍靠前
	全高	1.5倍眉高		
	宽	宽：高≈1-1.2：1		
戗脊、角脊		比垂脊小一样，如七样戗脊或角脊与八样垂脊规格、造型完全相同		1. 同垂脊选择依据 2. 如下檐瓦面比上檐小一样，角脊也应小一样
戗兽、角兽		比垂兽小一样，如七样戗兽或角兽与八样垂兽规格、造型完全相同		1. 样数选择及与脊的比例关系同垂兽规定 2. 戗兽位置： 有桁檩者：①戗兽在挑檐桁搭交处，也可沿角梁稍往前移（约一个兽的宽度），②下檐角脊，在角梁上，具体位置根据仙人、小跑所占长度决定 无桁檩者：根据仙人、小跑所占长度决定

项目		主要尺寸规律		样数（规格）选择依据
		基本依据	其　他	
小跑（小兽）	高（量至脑门，行什量至肩）		七样高6寸5分，上、下各差1寸。如六样高7寸5分，8样高6寸5分等	1. 样数与垂脊或戗（角）脊的样数相同 2. 琉璃小跑（小兽）前一般应放仙人（又称仙人骑鸡）。但城楼或有些明代建筑，不用仙人而用狮子（称"抱头狮子"） 3. 小跑（小兽）的用法规定：①小跑数目一般应为单数；②计算小跑数目时，仙人不计入在内，但用抱头狮子的应计入在内；③除北京故宫太和殿用10个小跑以外，最多用9个（不包括仙人），用抱头狮子的最多用7个（包括抱头狮子）；④在一般情况下，每柱高二尺放一个小跑，另视等级和檐出酌定，要单数；⑤同一院内，柱高相似者，可因等级或出檐的差异而有差异，如柱高同为8尺，正房用5个，配房用3个；⑥墙帽、牌楼、影壁、小型门楼等瓦面坡短者，可根据实际长度计算，得数应为单数，但可以用2个；⑦柱高特殊或无柱子的，参照瓦样决定数目：九样用1跑至3跑，八样用3跑，七样用3跑或5跑，六样用5跑，五样用5跑或7跑，四样用7跑或9跑，三样、二样用9跑；⑧小跑的先后顺序是：龙、凤、狮子、天马、海马、狻猊、押鱼（鱼）、獬豸，斗牛（牛）、行什（猴），其中天马与海马，狻猊与押鱼的位置可以互换。数目达不到9个时，按顺序用在前者；⑨抱头狮子作法的，小跑的先后顺序是：抱头狮子、龙、凤、狻猊、天马，海马、押鱼（鱼）。数目达不到7个时，按顺序用在前者；⑩上、下檐屋面的小跑数目一般应相同；⑪小跑（小兽）与垂（戗）兽之间要间隔一块筒瓦（称"兽后筒瓦"）；⑫小跑下面的筒瓦称"坐瓦"，坐瓦与兽瓦之间可拉开空当，但最远不超过1块筒瓦；⑬当坡长过短无法分出兽前兽后时，可以不用小跑。在极少数情况下，为降低建筑等级，兽前也可不用小跑
	全高（量至发尖）		1.1—1.2倍眉高	
	宽		宽：高（脑门高）＝4/10～6/10	
	厚		厚：眉高≈3：10	
仙人	高（指鸡眉高）		七样高4寸，其余各差5分，如八样高3寸5分，五样高5寸	
	鸡尾、仙人肩高		1.5倍鸡眉高	
	鸡身长（不包括鸡头）		七样长5寸，其余各差5分，如八样长4寸5分，五样长6寸	
	全长		鸡身长加4/10鸡眉高	
	厚		3/10～4/10仙人肩高	
套兽	高	二样：9寸5分　六样：7寸 三样：9寸　七样：5寸5分 四样：8寸　八样：5寸 五样：7寸5分　九样：4寸		按角梁宽选择套兽规格，套兽宽应与角梁宽相近，宜大不宜小。如瓦样为七样，角梁宽20厘米。六样（22厘米）与角梁尺寸相近，应选择六样套兽
	长（量至眉）		同　高	
	全长		1.4倍高	
	厚		同　高	

项 目	主要尺寸规律		样数（规格）选择依据
	基本依据	其 他	
博通脊（围脊筒子）高	约同垂通脊高		1. 根据围脊板的高度决定样数：围脊板高约1尺时用七样，每增减4寸，增减一样，如围脊板高约1尺4寸时用六样，围脊板高约6寸时用八样，围脊板高六寸以下用九样 2. 按瓦的样数定，如六样瓦就用六样围脊，高度不合适时，可适当改变作法，例如改用七样围脊、用六样围脊但不用群色条或将通博脊改为博脊连砖等 3. 在已知各种脊件的准确尺寸下，累计各层的总高度，总高度应约等于围脊板高。在此原则之内，几样合适就用几样
博脊连砖高	同三连砖高		
承奉博脊连砖高	同承奉连砖高		
合角吻 高	2.5～3倍博通脊高		1. 围脊用博通脊（围脊筒子）的，合角吻样数随博通脊样数。 2. 用承奉博脊连砖或博脊连砖替代博通脊（围脊筒子）时，合角吻的样数应随之减小，合角吻的"吞口"高度应与承奉博脊连砖或博脊连砖的高度相近。 3. 在已知脊件尺寸的情况下，根据所选定的作法，查出博通脊或博脊连砖等的高度，吻高不宜超过博通或博脊连砖的2.5～3倍，几样的高度合适就用几样
合角吻 宽	宽：高＝7：10		
合角兽 全高	同合角吻高		1. 上檐正脊用正脊兽时，下檐围脊须用合角兽，不能用合角吻。如上檐用正吻时，下檐须用合角吻。 2. 围脊用博通脊（围脊筒子）的，合角兽的样数随博通脊样数。 3. 用承奉博脊连砖或博脊连砖替代博通脊（围脊筒子）时，合角兽的样数应随之减小，两者的比例关系为：承奉博脊连砖（或博脊连砖）加上一块扣脊瓦的高度应占合角兽（眉高）的6/10 4. 在已知脊件尺寸的情况下，根据所选定的作法，查出博通脊或博脊连砖等的高度，合角兽高不宜超过博通或博脊连砖的2.5～3倍，几样合适就用几样
合角兽 眉高	眉高：全高＝10：15		
合角兽 宽	宽：眉高＝1：1		
宝顶 全高（当沟下皮至宝顶上皮）	1. 2/5檐柱高 2. 楼阁或柱高超过9尺的，可按1/3柱高 3. 山上建筑、高台建筑、重檐建筑，可按1/2～3/5檐柱高		
宝顶 顶座高	不大于6/10全高		
宝顶 顶珠高	不小于4/10全高		
宝顶 宽	按高的4～5/10		

五、关键部位尺度的简易确定方法

关键部位尺度的简易确定方法适于下列情况的使用：①只知筒、板瓦宽度，其他尺寸不详；②可不拘泥于原有尺寸时，如仿古建筑；③初步设计时的方案图绘制。

1. 筒垄尺度

筒瓦中至筒瓦中＝2倍筒瓦宽。

2. 正脊尺度

正脊全高（自当沟下皮算起）与板瓦宽之比：

五～九样：2.5：1。

二～四样：3.5：1。

八～九样：0.9：1。

脊筒子高与板瓦宽之比：

五～七样：1.1：1。

二～四样：2：1。

3. 正吻尺度

方法1：吻高等于2倍正脊全高。

方法2：3～4倍正通脊或三连砖高。房高坡大、重檐建筑可为3.5～4倍，普通房屋宜为3倍，影壁、小型门楼、牌楼、院墙约为2.5～3倍。

正吻本身高宽比为10：7。

4. 垂脊高

垂脊斜高与正脊高相同或略低。

5. 垂兽尺度

垂兽全高为2.5倍垂通脊（脊筒子）高。

垂兽眉高：垂通脊高＝10：6

垂兽宽：垂兽全高＝1：1.5（宽指身宽，不包括嘴长）

6. 戗脊、下檐角脊高

按0.9垂脊高。

7. 戗兽尺度

高按0.9垂兽高。

本身高宽比为1.5：1（宽指身宽，不包括嘴长）。

8. 围脊全高

围脊全高等于底瓦上皮至大额枋下皮的距离。

9. 合角吻尺度

合角吻高等于2倍围脊全高。

本身高宽比为10：7。

10. 博脊全高

博脊全高为3倍筒瓦宽。

六、吻兽、小跑的比例关系及细部画法

（1）正吻的各部比例及细部画法，剑把、吻座（吻扣）的细部如图 5-63 所示。合角吻的形象与正吻相同，但没有吻座，吻下也不需留出吻座位置的缺口。

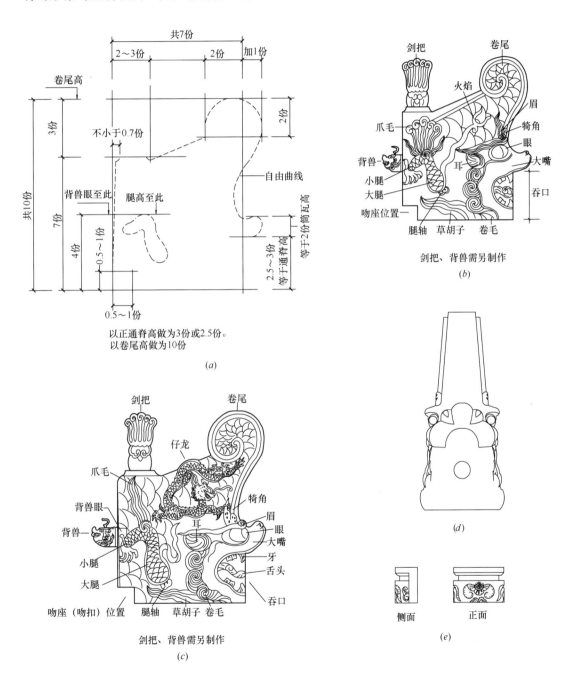

图 5-63　正吻及合角吻的各部比例及细部画法

（a）辅助线画法；（b）七～九样吻的画法；（c）六样以上吻的画法；（d）正吻的正立面；（e）吻座正面及侧面

（2）垂兽、戗兽、角兽的各部比例及细部画法，兽座细部如图5-64所示。

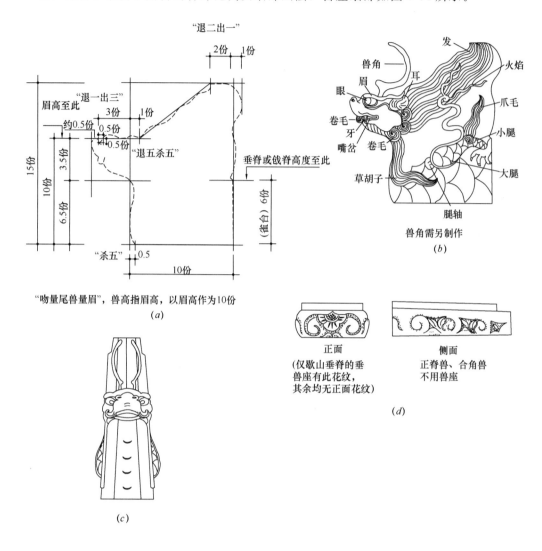

图5-64　垂兽、戗兽、角兽、正脊兽及合角兽的画法

（a）辅助线画法；（b）兽的侧面；（c）兽的正面；（d）兽座正面及侧面

（3）正脊兽与垂兽形象相同。但正脊兽的下角有两种作法，一种是与正吻相同，即放置吻座（仍称"兽座"），此时需留出吻座（兽座）缺口（图5-63、图5-45）。另一种作法是正脊兽下放置兽座，造型其与垂兽座相同，此时正脊兽的下角不再需要留出缺口。

（4）合角兽的形象与垂兽相同。

（5）套兽的各部比例及细部画法如图5-65所示。

（6）背兽的各部比例及细部画法如图5-66所示。

（7）小跑的各部比例及细部画法如图5-67所示。其中龙的形象中，既可为蹄状，也可为龙爪状。清中期及以前多为龙爪状，清晚期及以后多为蹄状。

（8）仙人的各部比例及细部画法，撺、捣头细部如图 5-68 所示。

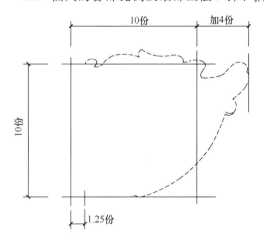

套兽长指至眉长，将此长度作为10份

（a）

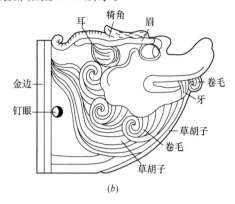

（b）

图 5-65 套兽画法

（a）辅助线画法；（b）细部画法

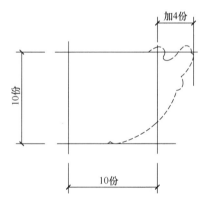

背兽长（量至眉）等于背兽高，背兽高为1/10吻高，以此作为10份

（a）

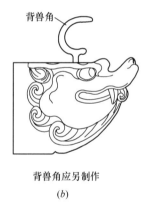

背兽角应另制作

（b）

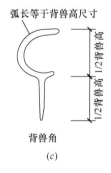

背兽角

（c）

图 5-66 背兽画法

（a）辅助线画法；（b）细部画法；（c）背兽角画法

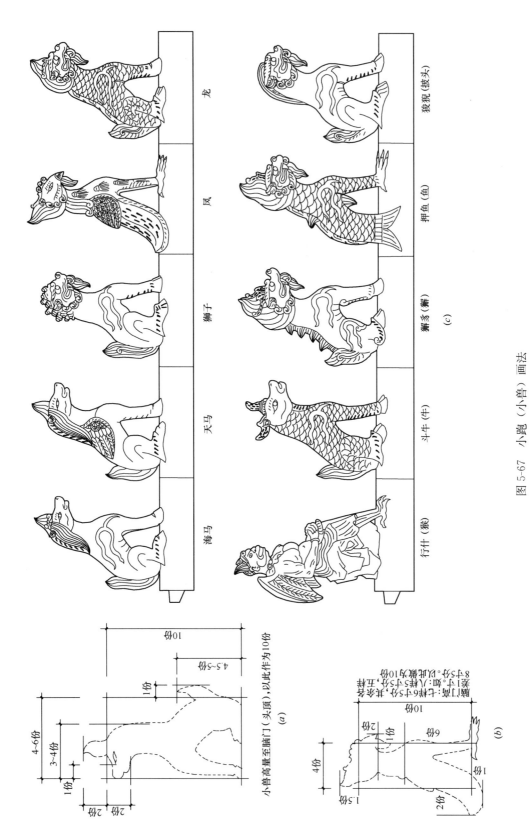

图 5-67　小跑（小兽）画法

(a) 小跑（不包括凤）的辅助线画法（以海马为例）；(b) 凤的辅助线画法；(c) 小跑的细部画法

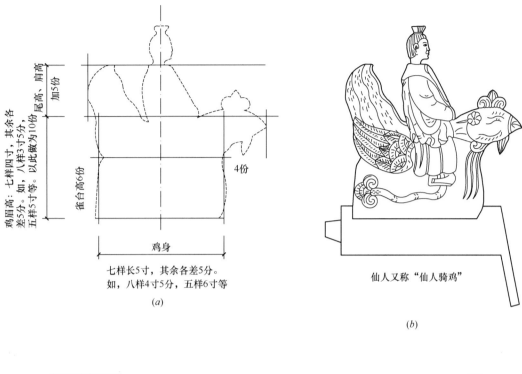

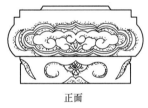

图 5-68　仙人画法及撺、搁头

（a）仙人辅助线画法；（b）仙人细部画法；（c）撺、搁头正面及侧法

七、琉璃屋面重量及瓦件数量的估算

1. 每平方米琉璃屋面筒瓦、板瓦用量的估算

先分别求出横向每米之内的瓦垄数和纵向每米之内筒、板瓦的块数。

宽度 1 米内的瓦垄数（a）＝1 米÷（正当沟长度＋灰缝宽 0.01 米）

每垄瓦长度 1 米内的筒瓦块数（b）＝ 1 米÷筒瓦长

每垄瓦长度 1 米内的板瓦块数（c）＝ 1 米÷0.4 板瓦长

则　　　　　　　　　　每平方米筒瓦数量＝$b×a$

每平方米板瓦数量＝ $c×a$

以上数量为净用量，不包括施工及运输损耗。琉璃筒瓦、板瓦的规格详见表 5-1。

2. 每平方米琉璃瓦面重量的估算

每平方米琉璃瓦面的重量＝瓦的重量＋宽瓦灰浆的重量＋苫背的重量

每平方米瓦的重量＝筒瓦的数量×每块筒瓦的重量＋板瓦的数量×每块板瓦的重量

筒、板瓦的重量可参考表 5-11 给出的重量。

琉 璃 瓦 重 量 表（单位：千克） 表 5-11

名 称	规 格					
	四样	五样	六样	七样	八样	九样
板瓦（机制）	4.0	3.6	2.2	1.8	1.4	1.2
板瓦（手工）	4.6	4.0	3.0	2.6	2.0	1.8
滴水（机制）	4.6	4.0	2.8	2.0	1.6	1.4
滴水（手工）	5.2	4.6	3.3	2.4	1.8	1.6
割角滴水（机制）	2.6	1.4	1.2	1.0	1.0	1.0
割角滴水（手工）	3.7	2.3	2.1	1.4	1.2	1.2
筒瓦	3.0	2.6	2.0	1.7	1.2	1.0
钉帽	0.2	0.2	0.1	0.1	0.1	0.1
满面砖	5.2	5.0				
博脊瓦	15.2	12.4	9.9	7.8	5.6	
勾头	4.0	3.0	2.4	2.0	1.4	1.0
方眼勾头	3.6	2.8	2.3	2.0	1.5	1.3
镜面勾头	2.8	2.6	2.0	1.6	1.4	1.0
斜当沟	2.6	1.2	1.0	0.8	0.7	0.6
螳螂勾头	4.1	3.0	2.2	1.8	1.5	1.2
正当沟	1.5	1.1	1.0	0.8	0.6	0.4
托泥当沟	8.4	7.4	5.8	4.6	4.2	3.6
吻下当沟	11.0	9.0	6.2	5.4	4.0	3.0
元宝当沟	1.2	0.8	0.6			
遮朽瓦	2.0	1.4	1.2	1.0	0.8	0.5
斜房檐	3.0	2.5	2.0	1.8	1.6	1.4
水沟头	7.6					
水沟筒	6.6					
赤脚通脊	101					
黄道	31					
大群色	40					
群色条		4.6	3.6	3.0	3.0	2.6
正脊筒		68	50	31.2	28.4	24
压当条	1.1	0.7	0.6	0.5	0.4	0.4
平口条	1.5	0.7	0.6	0.5	0.4	0.4
垂脊筒	40	32.7	25	20	16.5	13.4
岔脊筒	35	30	21	18	15	11
割角岔脊筒	27	22	19	15	12	9
燕尾垂脊筒	28	23.2	21	17.5	13.5	10

名　　称	规　　格					
	四样	五样	六样	七样	八样	九样
博通脊（围脊筒）	40	30	22.4			
承奉博脊连砖	15	13.4	12	10.5	8.9	6.0
博脊连砖	12.2	10	8.2	6	5.4	4.5
承奉连砖	18	15.6	13	11	9	7.5
三连砖	13.5	10	8.5	7	5.9	3.2
燕尾三连砖	10.2	8.7	7	5.4	3.3	2.8
正通脊（单片）	19	12.8	10	6.4	6	5.5
黄道（单片）	6.5					
大群色（单片）	8.3					
垂脊筒（单片）	16.2	12	8	6.7	6.2	6
岔脊筒（单片）	12	8	6.5	6.2	5.8	5.5
承奉连挂尖	16	14.9	12.6	12	9	8
三连砖挂尖	15.6	14	12.8	9	7.5	6.5
垂兽座	27	15	11.6	5.4	3.8	3.8
垂兽	76	61	25	22	9.4	6.6
垂兽角（每对）	1.6	1.2	0.8	0.6	0.4	0.2
背兽	4	2.8	1	0.8	0.6	0.2
吻座	12	9.2	6	5.2	2.8	2.4
正吻	1384	462	332	119	35	32
剑把	9.2	5.5	4.2	2.4	1.6	0.8
套兽	17.4	11.6	10.2	4.2	3.4	3.0
走兽	6.2	5	3.4	3	2.1	1.2
撺头	12.8	10.2	8	7	6	5
捣头	8.6	6.6	5.6	4.2	2.6	2.0
咧角撺头	15	12.4	10	9	8	6.5
咧角捣头	6.9	5.6	4.8	3.2	2.0	1.8
三仙盘子				5.5	4.5	4.0
披水砖		2.5	1.8	1.7		
披水头		2.4	1.7	1.6		
宝顶座		166	85.2	40		
宝顶珠		145	78.2	44.5		

每平方米宽瓦灰浆的重量＝灰浆用量×灰浆的表观密度（容重）

每平方米宽瓦灰浆用量详见表 5-12。灰浆的表观密度（容重）另见有关规范。

每平方米苫背的重量＝苫背的体积×苫背材料的表观密度（容重）

苫背的体积：实际厚度×面积

如作法不明时，每平方米屋面苫背可按 0.14 立方米估算。

琉璃屋面每平方米宽瓦灰浆用量

表 5-12

瓦　样	灰浆用量（立方米）	瓦　样	灰浆用量（立方米）
二样瓦	0.101	六样瓦	0.089
三样瓦	0.095	七样瓦	0.078
四样瓦	0.09	八样瓦	0.073
五样瓦	0.098	九样瓦	0.071

注：本表数据为压实后的净用量。操作损耗及虚实体积变化系数可按 1.2 考虑，即操作时的灰浆流态体积应乘以 1.2 系数。

3. 每米琉璃屋脊重量的估算

每米屋脊的重量＝每米脊件的重量（各层总和）＋调脊用的灰浆重量

各层每米脊件的重量＝各层每米脊件的用量×每块脊件的重量

$$各层每米脊件的用量＝\frac{1 米}{各层每块脊件的长度}$$

脊件规格详见表 5-1，脊件重量详见表 5-11。

调脊用的灰浆重量＝灰浆用量×表观密度（容重）

调脊用的灰浆用量详见表 5-13，表观密度（容重）应另见有关规范。

每米琉璃屋脊灰浆用量表（单位：立方米）

表 5-13

名　称＼规　格	四　样	五　样	六　样	七　样	八　样	九　样
正脊	0.101	0.090	0.070	0.060	0.047	0.039
墙帽正脊			0.070	0.060	0.047	0.039
正吻（份）	0.454	0.156	0.068	0.033	0.019	0.014
过垄脊		0.087	0.081	0.065	0.057	0.052
垂脊兽前	0.068	0.061	0.049	0.044	0.037	0.030
垂脊兽后	0.074	0.067	0.056	0.048	0.040	0.030
垂兽（份）	0.091	0.083	0.044	0.037	0.030	0.025
戗脊、角脊兽前	0.042	0.037	0.029	0.025	0.021	0.018
戗脊、角脊兽后	0.074	0.066	0.054	0.043	0.034	0.034
戗兽、角兽（份）	0.083	0.044	0.037	0.030	0.025	0.020
博脊	0.074	0.067	0.053	0.044	0.035	0.032
围脊	0.074	0.067	0.053	0.044	0.035	0.032
合角吻（份）	0.074	0.039	0.024	0.015	0.015	0.015

第六节　大式黑活屋脊

一、圆山（卷棚）式硬、悬山屋面的屋脊

大式黑活圆山（卷棚）式硬、悬山屋面的屋脊如图 5-1、图 5-3、图 5-69、图 5-70 所示。

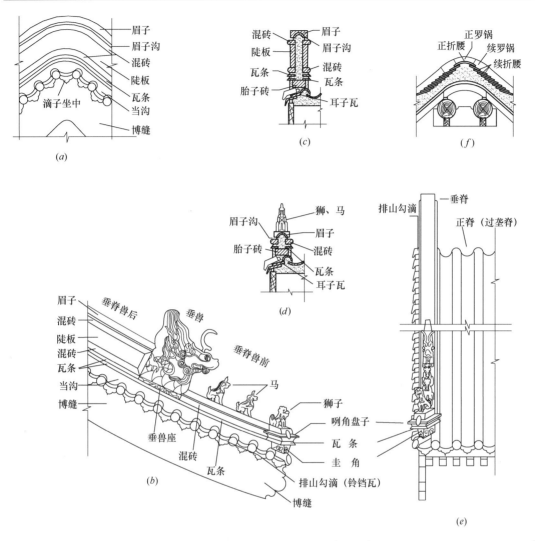

图 5-69 黑活大式卷棚硬、悬山屋面的屋脊（此例为悬山）

（a）箍头脊兽后脊尖部分；（b）箍头脊兽后与兽前；（c）垂脊兽后剖面；（d）重脊兽前剖面；

（e）过垄脊及垂脊正立面；（f）过垄脊剖面

1. 正脊作法

圆山（卷棚）式硬、悬山建筑的正脊为过垄脊作法。其作法如下：

（1）按照扎肩灰上号好的盖瓦中，在每坡各垄底瓦位置各放一块"续折腰瓦"（坡大可放两块），其下续放两块底瓦。这几块瓦叫"老桩子瓦"或"梯子瓦"。"老桩子"是指这几块瓦是每垄瓦的定位瓦，"梯子"是形容搭接方式如阶梯状。"梯子瓦"仅是操作时的称谓，屋面做完以后只称作"老桩子瓦"。最下面的一块梯子瓦下面放一块凸面朝上横放的底瓦，这块底瓦叫"枕头瓦"（宽瓦至此时撤去）。沿前、后坡各拴一道横线，横线沿梯子瓦的中间通过，高度应比博缝上皮高出一底瓦厚。然后按线检查每垄高低是否一致，如不一致，应上下挪动枕头瓦来进行调整。

（2）将横线移至脊中开始"抱头"。底瓦抱头应由两人操作，一人挑线，一人将两坡最上边的瓦（老桩子瓦）拿开，用瓦刀挑麻刀灰放在两坡相交处，接着重新放好老桩子瓦并用力一挤，使两块瓦碰头，并使灰从上边挤出来，即为"抱头"。抱头灰可以加强两坡瓦的整体性，同时也增强了正脊的防水性能。

（3）拴线铺灰，沿脊中线在两坡相交的底瓦上再放一块"正折腰瓦"，以挡住两坡"续折腰"（老桩子瓦）之间的缝隙。

（4）拴线铺灰，沿脊中线在正折腰瓦之间（即筒瓦垄位置）宪"正罗锅"筒瓦。"正罗锅"瓦的下面可接宪一块"续罗锅"瓦（前、后坡各一块）。在实际操作中，"续罗锅"多在宪瓦时再与"正罗锅"相接。如果屋顶坡面不大，用"正罗锅"就可以做成卷棚形式时，也可以不用"续罗锅"作为"正罗锅"与普通筒瓦之间的过渡，而直接与筒瓦垄相接。如不用"续罗锅"筒瓦，也就不用"续折腰"板瓦。

2. 垂脊作法

凡是圆山（卷棚）大式屋面，正脊肯定是过垄脊，因此垂脊必定是箍头脊作法（图5-1、图5-3、图5-69）。垂脊的脊件如图5-70所示。

硬悬山及歇山的垂脊又称"排山脊"，大式作法多做成"铃铛排山脊"。垂脊下面的排山勾滴（俗称"铃铛瓦"）应在调脊前宪好。黑活铃铛瓦的作法与前文所述琉璃作法大致相同，但勾头（黑活又俗称"猫头"）之上无钉帽。

在不便做铃铛排山脊的情况下，大式黑活也可以做披水排山脊，例如牌楼、与其他建筑物相挨的墙帽等。披水排山脊的具体作法详见本章第七节小式黑活屋脊。

圆山卷棚箍头脊的兽后高度确定：按瓦的规格，并结合建筑的体量、重要程度等因素确定。典型的垂脊兽后脊件由当沟、两层瓦条、两层混砖、陡板和眉子（或扣脊筒瓦）组成（图5-69）。在这些脊件中，除陡板外，调整的余地都比较小，因此垂脊的兽后高度，主要是由陡板的高度决定的。陡板的高度权衡：用10号瓦时，陡板高6～8厘米；用3号时，陡板高8～10厘米；用2号瓦时，陡板高10～14厘米；用1号瓦时，陡板高不低于16厘米；用特号瓦时，陡板高不低于20厘米。

垂脊（铃铛排山脊）的作法要点如下：

（1）在边垄割角滴子瓦与排山割角滴子瓦相交的缝隙处放好遮心瓦（用碎瓦片即可），然后铺灰稳放一块"猫头"。由于这块"猫头"与屋面瓦垄的夹角为45°，故称为"斜猫头"或"斜勾头"。斜勾头的尾部应适当删去一些（即打"割角"），以便与边垄的勾头、排山勾头交接严密。

（2）在斜勾头之上铺灰稳好圭角（也叫"规矩"）。圭角的前端应比斜勾头退进若干。退进的尺寸应这样决定：规矩、盘子之上的勾头（上带狮子）应与斜勾头出檐相似，即以上、下两个勾头的外皮在同一条垂直线上为宜。以此为标准向里翻活就可以确定圭角的退进尺寸了。

作法特别简单，圭角也可用普通砖代替，然后用灰抹出圭角的形状。这种方法叫"做软活"。

（3）在圭角砖的后面拴线铺灰砌1～2层砖，叫做砌"胎子砖"。胎子砖的高度应与圭角高相同，宽度应与垂脊的眉子宽度相同。眉子宽度可按筒瓦宽度加2厘米定宽。胎子砖下面的排山勾滴瓦垄空当要用灰砖垫平并与胎子砖抹平。前后坡的胎子砖沿边垄直上，在脊上相交。相交处要用"条头砖"（长度为1/4砖长的砖）做成"罗锅卷棚状"。胎子砖砌好后，里外都抹深月白麻刀灰，叫做"拽（zhuai）当沟"。当沟外要刷青浆并轧光。

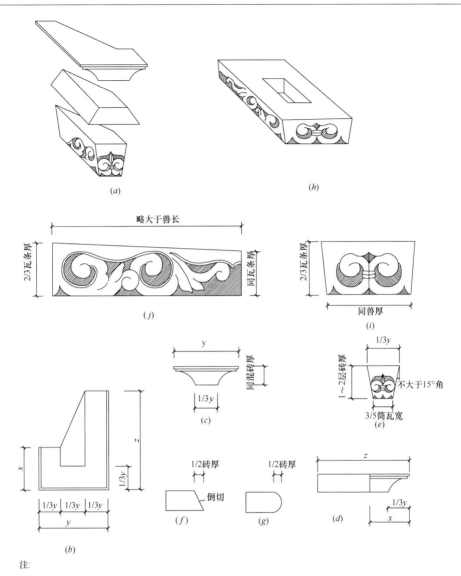

注：
1. 盘子用方砖砍制，一般有3种规格。第一种规格：三边（x、y、z）分别为3寸、5寸、7寸；第二种规格：三边分别为5寸、7寸、9寸；第三种规格：三边分别为7寸、9寸、11寸。应根据建筑的体量进行选择。
2. 圭角用城砖砍制。
3. 兽座用方砖砍制。
4. 圆混砖和瓦条均用亭泥和开条砖砍制。

图 5-70　黑活硬、悬山垂脊的脊件分件图

（a）规矩（圭角）盘子示意；（b）盘子平面与圭角平面；（c）盘子正面；（d）盘子侧面；（e）圭角正面；（f）硬瓦条侧面；（g）混砖侧面；（h）垂兽座示意；（i）垂兽座正面；（j）垂兽座侧面

（4）在圭角和胎子砖之上拴线铺灰，砌一层瓦条，行内术语称为"下瓦条"（软瓦条作法的又叫做"衬瓦条"）。瓦条的出檐尺寸约为瓦条本身厚的一半。这层瓦条从圭角处一直做到脊上，相交处要用短瓦条做成"罗锅卷棚"状。

瓦条有两种作法，即软瓦条和硬瓦条。早期只有一种作法，即后来所称的软瓦条作法。作法是将一块板瓦纵向断开成为两个"瓦条"，用开好的瓦条作为脊件，并用灰砌抹成形（图 5-69）。民国以后，出现了用砖仿制成形的作法（图 5-70），并将这种砖做的瓦

条称为"硬瓦条",而将需衬抹灰才能成形的称为"软瓦条"。两者相比,硬瓦条的特点是外观更加精细。但文物修缮时应注意时代特征,不能将晚期手法用于早期建筑中。

(5) 在圭角位置、瓦条之上铺灰砌盘子砖。

(6) 在盘子后面拴线铺灰,砌一层圆混砖。圆混出檐为其半径尺寸,圆混和盘子同高,并砌到垂兽前为止。圆混砖与瓦条一样,都是里外两面各用一块,中间的空隙要灰砖填平。

(7) 在垂兽位置铺灰,稳砌兽座和垂兽。垂兽放好后安好兽角,两个兽角尖应稍向内收拢。黑活兽角为铁制品,用厚约 5 毫米的铁片制成。

垂兽的高度选择:应与垂脊兽后高度相配套。垂脊兽后高度(自瓦条上皮至眉子上皮)与垂兽高(眉高)之比应为 3：5(与垂兽全高之比为 2：5),或按垂脊兽后眉子不超过垂兽的爪尖高度确定,即应符合"垂不淹爪"之规矩。如垂兽高度不能完全满足要求时,宜选择较小的垂兽。调整的方法一是减少瓦条和眉子的厚度,二是在垂座上适当垫灰(随垂兽的形象抹好)。

垂兽位置的确定详见表 5-15 的有关规定。

(8) 垂脊兽前的狮马作法:

垂兽之前的部分叫做"兽前",兽前部分自规矩盘子和混砖之上,要安放小兽(黑活称"狮马")。具体作法如下:在盘子上铺灰,安放带有狮子的勾头。勾头的出檐尺寸为勾头的"烧饼盖"厚尺寸,即勾头的瓦当应紧挨盘子。带狮勾头的后面要安放几个带马的筒瓦。大式黑活的小兽(小跑)与琉璃小兽(小跑)有所不同,琉璃小兽的作法是:第 1 个放仙人,仙人之后放一串形象各异的小兽。而黑活的作法是:没有仙人,第一个放狮子,俗称"抱头狮子"或"领头狮子"。狮子之后,一律用"马",即无论几个,都要用"马"。由于只放狮子和马,所以不称"仙人、走兽(或小跑)"而称"狮马"。琉璃小跑的数目不包括仙人,而狮、马的数目是包括"抱头狮子"的,这也是黑活与琉璃作法的不同之处,应注意区别。

狮马数目:

①每柱高二尺放一个,要单数(从狮子算起),另视等级和出檐决定。②重檐或无梁殿等不便按柱高计算的,一般应根据兽前的实际长度安排。③墙帽、牌楼、小型门楼等坡长较短的,可用 2 个或 1 个。④同一院中,柱高相近者,可因等级、出檐的不同而有差异。⑤在大多数情况下,无论建筑的体量有多大,狮马最多放 5 个,这一传统规矩称为"以五为率"。在极重要的宫殿建筑中,狮马也可以超过 5 个,但也只用 7 个,不用 9 个。

狮、马下的"坐瓦"(筒瓦)之间,可以无间隔,最大间隔不超过一块筒瓦,也可以间隔不到一块筒瓦(可以用半块瓦)。在此原则下,按屋面坡长的实际大小及狮马的多少确定间隔的大小。无论间隔大小,在狮马之后,垂兽之前,都应安放一整块筒瓦,此规矩叫做"兽前一块瓦",因这块筒瓦又是放在小兽之后的,因此又叫做"兽后筒瓦"。

"马"的形象有两种,一种是海马,另一种是天马(图 5-67),因此就形成了狮马的两种作法。第一种是在狮子之后只用海马不用天马,这种作法是黑活小兽的典型作法。第二种是在狮子之后既用海马又用天马,摆放顺序有按天马、海马、天马、海马的,也有前两个用天马,后两个用海马的。第二种作法是受了琉璃作法的影响,在 20 世纪七、八十年代以后形成的,不是传统的黑活小跑作法。应尽量采用第一种作法,特别是文物建筑,更应注意这个作法区别。

（9）垂脊兽后。

垂兽之后的部分即为"兽后"。在头层瓦条之上拴线铺灰，再砌一层瓦条，作法同头层瓦条。在瓦条之上拴线铺灰，砌圆混砖。出檐同兽前圆混。紧挨垂兽的地方要砌一块立置的圆混砖，与卧放圆混互成直角（两块都打割角），立放的混砖与垂兽之间的空隙应用灰抹平。脊上的瓦条和圆混应比普通规格短，一般应为1/4砖长，以便能形成弧形。脊的弧形要随山尖的山样。瓦条和圆混砖之间的空隙用灰填平。

在圆混之上拴线铺灰，砌陡板砖。陡板亦作"斗板"，用于垂脊时又称为"匣子板"或"通脊板"。陡板的尺寸确定见前文（圆山卷棚箍头脊的兽后高度确定）的相关内容。陡板砖也要两面各用一块，并用细铁丝拴住揪子眼，然后灌浆。脊上的陡板也应窄一些，以能形成卷棚状为宜。在陡板之上拴线铺灰，再砌一层圆混砖，这层圆混砖的出檐及操作方法均同第一层圆混。与垂兽交接处，上、下两层圆混应与立置的混砖"割角"相交，将陡板圈起来。

（10）托眉子或安扣脊筒瓦。

在混砖之上拴线铺灰，安放筒瓦（也可采用砌砖方式），然后在筒瓦两旁及上面抹一层麻刀灰，叫做"托眉子"。眉子下口比上口稍宽，下端不要抹到混砖上。混砖与眉子之间的这段空隙叫"眉子沟"。眉子沟的高度约为1.5厘米。抹眉子沟的具体方法是：将平尺板放在混砖上紧挨筒瓦，抹完眉子后将平尺板撤出，即可形成眉子沟。垂脊兽前也应在小兽的"坐瓦"上托眉子。

大式黑活的垂脊以及大脊、戗脊、博脊、围脊和角脊，对于最后一层脊件的处理有两种方法：一种是托眉子，另一种是只做扣脊筒瓦，筒瓦外不再托眉子。托眉子作法原本是小式屋脊的处理方法，民国以后才逐渐用于大式屋脊。文物建筑修缮时应注意不同年代的不同作法特征。

（11）打点刷浆。

调完脊后应及时打点修理，并应刷浆。眉子、当沟及排山勾滴部分应刷烟子浆，其余部分刷青浆或深月白浆。不托眉子的，扣脊筒瓦不刷烟子浆，刷青浆或深月白浆。

二、尖山式硬、悬山屋面的屋脊

大式黑活尖山式硬、悬山屋面的屋脊如图5-1、图5-2、图5-71所示，正脊的脊件如图5-72所示，垂脊的脊件如图5-70所示。

1. 正脊作法

尖山式硬、悬山建筑的正脊俗称"大脊"。正脊高度的确定参见表5-17。典型的尖山大脊的各层作法如下：

（1）在扎肩灰上每垄底瓦位置放三块板瓦即"老桩子瓦"（参见圆山式硬、悬山建筑），在两坡相交的老桩子瓦接缝处铺灰，扣放瓦圈。瓦圈即板瓦横向断开的弧形瓦片。

（2）在脊上用灰和瓦片取平，然后拴线铺灰砌几层胎子砖（即"当沟墙"）。当沟墙宽度应等于正吻中的陡板宽度，当沟墙上皮至盖瓦垄上皮的高度应等于一块筒瓦的宽度。

（3）在胎子砖的两端，山尖坐中勾头之上，铺灰砌放圭角。圭角外端比坐中勾头退进若干，退进尺寸应从"天盘"处翻活：天盘外皮应与勾头外皮在一条垂直线上（也可以略出），其他逐层按图5-72中所示的样子出或退。圭角里皮应被垂脊挡住。

（4）在圭角以上铺灰砌"面筋条"（又称"宝剑头"）一个，面筋条应与正脊第二层瓦条平。面筋条以上是"天混"，天混以上是"天盘"，这些脊件的里口都应被垂脊挡住。圭角至天盘合称"天地盘"。

（5）在胎子砖上拴线铺灰，砌头层瓦条。

（6）在头层瓦条之上砌二层瓦条。二层瓦条拔檐尺寸与头层瓦条相同。

（7）在二层瓦条之上拴线铺灰，砌一层圆混砖。两层瓦条及混砖的出檐原则与悬山垂脊瓦条和混砖的出檐原则相同，但厚度应比垂脊瓦条和混砖稍厚。瓦条和混砖之间的空隙都要用灰砖填平。

（8）在两端天盘和混砖之上，铺灰安放正吻。正吻外皮应与圭角外皮在一条垂直线上。天盘上皮要用麻刀灰抹成"八字"。

在实际操作中，"天地盘"的高低位置不是固定不变的。当坐中勾头的实际高度低于屋面瓦垄时，"天地盘"应随之降低。当正吻较小需要垫高时，"天地盘"又可适当升高。一般说来，以天盘或天混能与正脊第一层混砖在同一层高度较为恰当。

正脊所有瓦件的总高，不应超过正吻嘴唇，以使正吻成为名副其实的"吞脊兽"，也就是应做到"吻不淹唇"。如果不用正吻而改正脊兽（俗称"带兽"）时，眉子高度不应超过兽爪高度，即应做到"带不淹爪"。在实际操作中，如果正吻的"吞口"（嘴高）小于陡板及一层混砖的高度总和，应将正吻垫高。所垫的部分，垂脊的外侧部分要用天地盘上皮的抹灰"八字"将其挡住。垂脊的内侧部分要用深月白灰与正吻抹平，并在表面划出斜格模仿龙鳞，在最后打点刷浆时应与正吻刷成同色。

（9）在两端正吻之间拴线，铺灰砌陡板。陡板亦作"斗板"，用于正脊时又称作"通天板"。通天板的宽度应与正吻大嘴的宽度相同。两坡通天板要通过拴细铁丝或用木仁等方法连成整体，其间的空当要预先用砖、灰砌实抹严。这个砌体称之为"胆"。通天板与正吻大嘴之间应垂直放置一块圆混砖（称"立镶混砖"），与上、下两层混砖相交。立镶混砖的下端应做成"箭头"，栽入陡板下的混砖内，上端应做成"割角"，与陡板之上的混砖合成直角。

（10）在陡板之上拴线铺灰，砌圆混砖，这层圆混砖与陡板下的圆混砖出檐相同，两坡混砖之间的空当要用砖灰砌抹密实饱满。

（11）在圆混之上拴线铺灰，砌一层筒瓦，然后"托眉子"或只做扣脊筒瓦，不再托眉子（参见前文所述卷棚式屋面的垂脊作法）。民国以前，大式黑活屋脊只有一种作法，即扣脊筒瓦作法。托眉子的作法，是民国以后受了小式屋脊眉子的影响才逐渐形成的。随着古建筑的多次修缮，原来的扣脊筒瓦作法也往往被改变成了托眉子作法。应注意这一大、小式作法的区别，以及不同时期作法的区别。文物建筑应保持原有作法。

（12）拽（zhuāi）当沟。用大麻刀花灰抹胎子砖，然后修成半圆形或荞麦棱（剖面呈三角形）。在实际操作中，由于灰在短期内不易干（术语叫做不"晒"），所以往往要等宽瓦完了以后才能最后打点修理定型。

（13）调脊完了以后要刷浆提色。当沟、眉子刷烟子浆，其余部分刷青浆或深月白浆。如为扣脊筒瓦作法，筒瓦不刷烟子浆，也刷青浆或深月白浆。

正脊的特殊作法：

（1）"三砖五瓦"与"三砖四瓦"作法：三砖五瓦是一种"青砖仿琉璃"的作法，多用于较重要的庙宇、宫殿等建筑。"三砖五瓦"正脊的剖面形式如图 5-73 所示，其中眉子

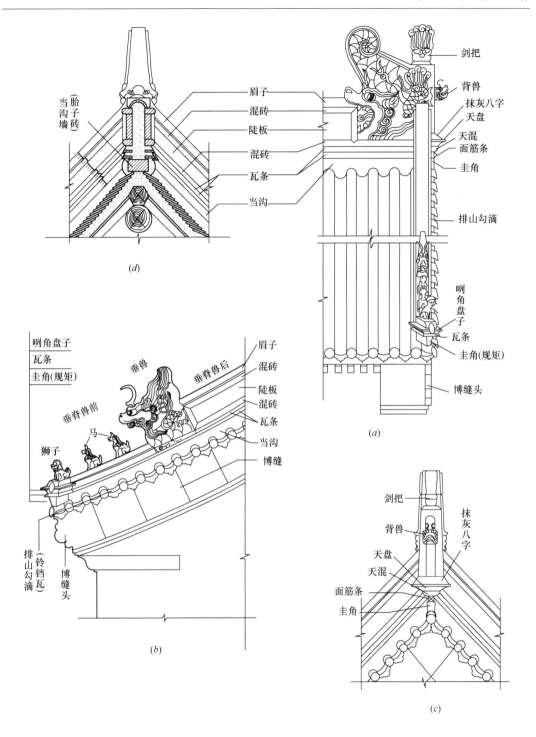

图 5-71 黑活大式尖山式硬、悬山建筑的屋脊（此例为硬山）

（*a*）正脊及垂脊正立面；（*b*）垂脊兽前侧面；（*c*）垂脊兽后侧面；（*d*）正脊剖面

可直接用筒瓦，即采用扣脊筒瓦作法。"三砖四瓦"与"三砖五瓦"的作法区别是：只用扣脊筒瓦，不托眉子，扣脊筒瓦下不做瓦条，即少了一层瓦条。"三砖四瓦"原为清代早期的大式黑活大脊的常见作法。清中期以后，这种作法演变为两种形式，一种简化成后来

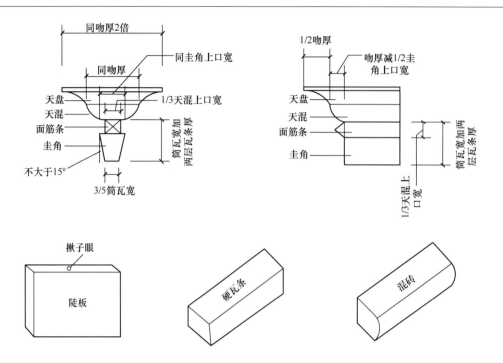

注：1.圭角用城砖砍制。

2.面筋条用大开条或亭泥砖砍制。

3.天混和天盘用方砖砍制，中间应凿方洞，以使兽桩通过。

4.硬瓦条用亭泥或大开条砍制。也可用板瓦对开，即为软瓦条作法。

5.陡板用方砖或亭泥砖砍制。

图 5-72 黑活大脊的脊件分件图

的常见形式。一种则发展成为更复杂的三砖五瓦形式。

（2）花瓦脊作法：俗称"玲珑脊"。其特点是采用花瓦"陡板"，即在陡板部分用筒瓦或板瓦摆成各种漏空图案。这种作法是借鉴南方建筑风格而来的，形式活泼（图 5-74）。花瓦脊的常见图案有银锭、鱼鳞、锁链、轱辘钱等（图 3-59）。

（3）花脊作法：其特点是在陡板（通天板）上凿做花饰，图案多为卷草、宝相花、二龙戏珠、丹凤朝阳等。花脊作法多见于庙宇或王府。

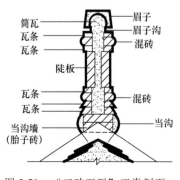

图 5-73 "三砖五瓦"正脊剖面

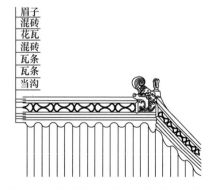

图 5-74 花瓦脊（本例为"银锭"式样）

（4）皮条脊：其特点是在当沟以上做一层或两层瓦条，瓦条之上做一层混砖，混砖之上不再做陡板，直接做眉子（图5-75）。皮条脊实际上是一种小式屋脊，用于大式瓦面可视为"大式小作"手法，多见于大式建筑的院墙。

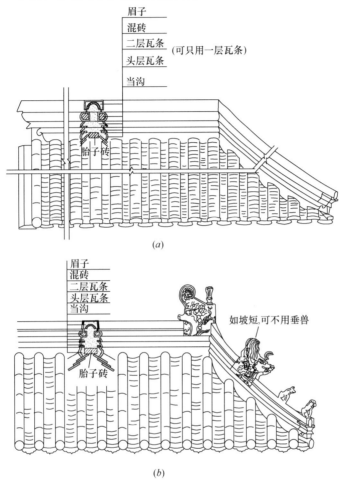

图 5-75　皮条脊

（a）无吻兽作法；（b）有吻兽作法

上述各种特殊作法也同样适用于庑殿或歇山屋面的正脊作法。此外，当正脊采用了特殊作法时，围脊以及垂脊、戗脊和角脊的兽后部分，也应采用特殊脊作法。

附：合龙什物

古时有在正脊正中即"龙口"位置放置"宝匣药味"或其他迎祥驱邪物件的风俗，具体作法详见本章第四节琉璃屋脊 琉璃尖山式硬、悬山正脊作法中的"脊瓦合龙什物"的相关内容。合龙什物的具体位置是放在陡板内。如为过垄脊，应放置在脊上坐中底瓦左侧的罗锅筒瓦下。

2. 垂脊作法

尖山式硬、悬山建筑的垂脊作法与前面介绍的卷棚式垂脊作法基本相同，但脊的上端不需要用罗锅形的瓦件，前后坡的垂脊都与正吻相交。

正脊为尖山大脊作法时的垂脊兽后高度的确定：

应符合"三不淹"原则。"三不淹"是指"垂不淹正"、"垂不淹肘"和"垂不淹爪"这三个规矩。"垂不淹正"是指垂脊兽后高（指斜高）不能超过正脊高，最好能稍低一些。"垂不淹肘"是指垂脊兽后不能挡住正吻的腿肘窝。"垂不淹爪"是指垂脊兽后不能超过垂兽的爪子。在正吻、正脊、垂兽完全配套的情况下，只要符合其中一个规矩，就能同时符合另外两个规矩。但在实际工程中，黑活吻、兽、正脊之间往往不能配套，此时应以"垂不淹正"为优先条件。正吻较小的，随正脊将吻垫高后即可满足要求。垂兽较小的，可在垂座上适当垫灰，并随垂兽的形象抹好，必要时也可稍稍高出垂兽爪。

在垂脊兽后各层脊件中，只有陡板的尺寸调整余地较大，因此确定垂脊高实际上是确定陡板尺寸。根据确定了的垂脊兽后的斜高尺寸可以算出垂脊兽后的实际高度，用这个高度减去瓦条、混砖、眉子等所占的尺寸，就是陡板的实际尺寸。

附：大式黑活硬、悬山屋面施工流程

苫背 → 分中号垄找规矩（瓦垄平面定位）→ 宽边垄（瓦垄高度定位）→ 调排山脊（垂脊）→ 调过垄脊、大脊等正脊 → 瓦面施工（宽瓦）→ 屋面清垄 → 瓦面屋脊刷浆、檐头绞脖

三、庑殿屋面的屋脊

大式黑活庑殿屋面的屋脊如图 5-1、图 5-4、图 5-76 所示。

1. 正脊作法

庑殿建筑的正脊作法与尖山式硬、悬山建筑的正脊作法基本相同。不同的是：（1）圭角之下要放一块勾头，叫做"坐中勾头"。坐中勾头应和两边的垂脊当沟交圈，但不出檐。（2）圭角应与瓦条出檐平，天盘外皮应在坐中勾头外侧。

2. 垂脊作法

庑殿垂脊和尖山式硬、悬山的垂脊作法相似。不同之处是：（1）因明清官式建筑的庑殿多做推山，因此垂脊应有"旁囊"，即在平面上呈侧向弯曲状。（2）圭角、瓦条、盘子等瓦件应与垂脊在向一条直线上，即不用咧角盘子等而要改用直盘子、直圭角等。（3）当沟形状可以和正脊当沟相同，也可以和硬、悬山垂脊当沟形状相同，即既可以呈半圆形或养麦状，也可以抹平。

黑活庑殿（包括歇山、攒尖）屋面的角梁上，可以装套兽，但如果仔角梁头已做成三岔头式样的，则不用套兽，也不用遮朽瓦。

附：大式黑活庑殿屋面施工流程

苫背 → 分中号垄找规矩（瓦垄平面定位）→ 调正脊 → 宽边垄（瓦垄高度定位）→ 调垂脊 → 瓦面施工（宽瓦）→ 屋面清垄 → 瓦面屋脊刷浆、檐头绞脖

四、歇山屋面的屋脊

大式黑活歇山屋面的屋脊如图 5-1、图 5-5、图 5-7、图 5-77 所示。

1. 正脊作法

从实物情况看，大式黑活歇山一般都是做成尖山形式，即正脊一般都是采用大脊形式。歇山大脊与尖山式硬、悬山屋面的大脊作法完全相同（图 5-77）。大式黑活歇山屋面

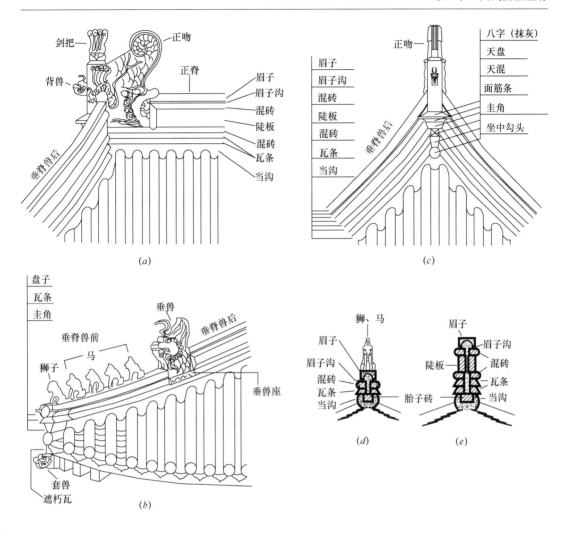

图 5-76　大式黑活庑殿屋面的屋脊

(a) 正脊和垂脊兽后；(b) 垂脊兽后与兽前；(c) 山面；(d) 垂脊兽前剖面；(e) 垂脊兽后剖面

偶尔也有做成卷棚形式的，此时正脊应采用过垄脊作法（图 5-69）。

2. 垂脊作法

歇山垂脊与硬、悬山垂脊兽后作法相同。但歇山垂脊没有"兽前"，兽座及垂兽完全露明。这部分的不同作法是：（1）兽座三面露明，因此正面也应凿做花饰（图 5-70）。（2）兽座下的瓦条应三面交圈，即正面也应放置瓦条。（3）在兽座的瓦条下面要放一块勾头，勾头四周用灰堵严抹平。这块勾头叫做"吃水"。"吃水"应和兽座前端平，瓦条比"吃水"和兽座稍出檐（图 5-77）。

3. 戗脊作法

戗脊作法与硬、悬山垂脊作法相似。但应注意：（1）戗脊兽后应比垂脊略低。一般说来，瓦件规格可以一样，只在盖脊筒瓦的睁眼上适当减少就可以了。（2）圭角、盘子等应与戗脊在同一直线上，即圭角、盘子应为直圭角、直盘子。（3）与垂脊相交的瓦件应打割角。

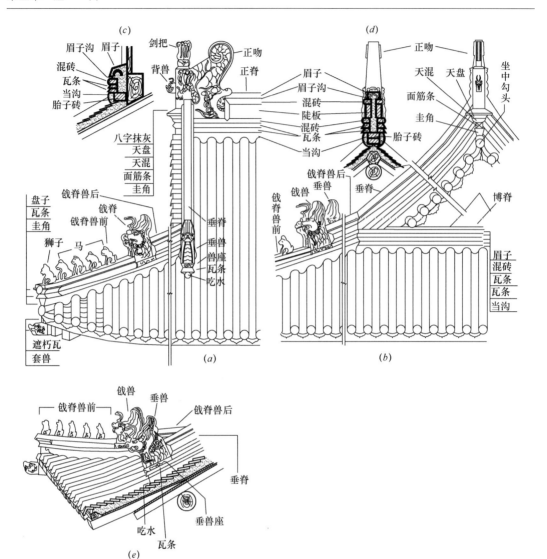

图 5-77 大式黑活歇山屋面的屋脊（本例为尖山式）

(a) 正立面；(b) 山面；(c) 博脊剖面；(d) 正脊剖面；(e) 从内侧面看垂脊和戗脊

4．博脊作法

布瓦歇山博脊有如下几种作法：一种是仿琉璃挂尖作法，博脊两端隐入排山勾滴里。博脊两端的瓦件应仿照挂尖的形式砍制（图 5-88c）。另一种作法是不隐入勾滴里，而与戗脊相交。应尽量使博脊逐层与戗脊兽后逐层交圈，实在不能交圈时，可在博脊两端向斜上方翘起，与戗脊交圈，见图 5-88 (b)、(c)。

博脊的逐层瓦件是：当沟、头层瓦条、二层瓦条、圆混、眉子。每层都应拴线铺灰砌筑，里侧要用灰砖堵严抹平，眉子要抹出泛水，与小红山相交要严实。体量很大的建筑，博脊可增加一层陡板和一层混砖，即采用与正脊相同的作法。

附：大式黑活歇山屋面施工流程

（1）圆山（卷棚）式歇山屋面

苦背 → 分中号垄找规矩（瓦垄平面定位） → 调过垄脊（正脊） → 宽边垄（瓦垄高度定位） →

调排山脊（垂脊） → 调戗脊（岔脊） → 调博脊 → 瓦面施工（宽瓦） → 屋面清垄

→ 瓦面屋脊刷浆、檐头绞脖

（2）尖山式歇山屋面

苦背 → 分中号垄找规矩（瓦垄平面定位） → 宽边垄（瓦垄高度定位） → 调排山脊（垂脊） →

调大脊（正脊） → 调戗脊（岔脊） → 调博脊 → 瓦面施工（宽瓦） → 屋面清垄

→ 瓦面屋脊刷浆、檐头绞脖

五、攒尖屋面的屋脊

大式攒尖黑活屋面的屋脊如图5-78所示。

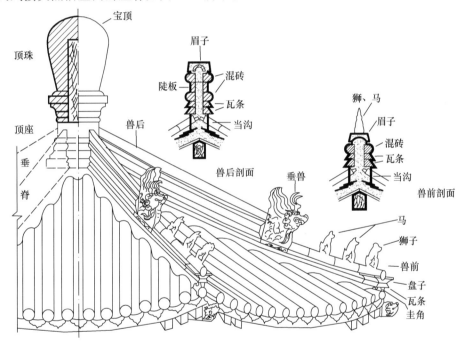

图5-78　大式攒尖黑活屋面的屋脊

1. 宝顶

参见第六节小式黑活攒尖屋面的屋脊的相应内容。

2. 垂脊

大式黑活攒尖屋面的垂脊与庑殿垂脊作法基本相同。垂脊与宝顶的交接处理如图5-78、图5-94所示。垂脊的兽后高度与所用瓦的规格及建筑的体量有关，详见表5-17。

附：大式黑活攒尖屋面施工流程

苦背 → 分中号垄找规矩（瓦垄平面定位） → 调垂脊 → 安宝顶 → 宽边垄（瓦垄高度定位） →

瓦面施工（宽瓦） → 屋面清垄 → 瓦面屋脊刷浆、檐头绞脖

六、重檐屋面的屋脊

重檐屋面的上层檐屋脊的作法与庑殿、攒尖或歇山屋脊的作法完全相同。无论上层檐为何种形式，下层檐的屋脊只有两种，即围脊和角脊（图 5-1、图 5-7、图 5-79）。

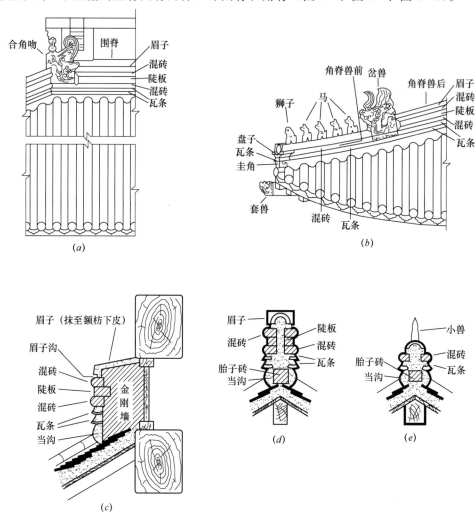

图 5-79　大式重檐黑活屋面的围脊和角脊

(a) 围脊与角脊兽后；(b) 角脊；(c) 围脊剖面；(d) 角脊兽后剖面；(e) 角脊兽前剖面

1. 围脊作法

围脊的作法可以和上檐博脊作法相同，也可以和尖山屋面的正脊作法相同。翻活方法可参照琉璃围脊翻活方法。应注意的是：（1）如与正脊作法相同，应在四角放置合角吻，合角吻在瓦条之上。如与博脊作法相同，可以不用合角吻，如无合角吻，四条围脊应交圈。（2）眉子要抹出泛水并与木额枋下棱外皮相交。（3）陡板应按当沟至大额枋下皮的高度，减去其他瓦件及眉子泛水所占高度确定。（4）上檐屋面如果用的是正脊兽，下檐要将合角吻改为合角兽。

2. 角脊作法

与歇山饯脊或庑殿垂脊作法基本相同。角脊的总高不应超过合角吻的腿肘窝。与合角吻相交的脊件应打"割角"，以保证交接紧密。

附：大式黑活重檐屋面下檐施工流程

苫背 → 分中号垄找规矩（瓦垄平面定位） → 调围脊 → 调角脊 → 宽边垄（瓦垄高度定位） → 瓦面施工（宽瓦）→ 屋面清垄 → 瓦面屋脊刷浆、檐头绞脖

第七节　小式黑活屋脊

一、硬、悬山屋面的各种正脊作法

（一）筒瓦过垄脊

筒瓦过垄脊又叫"元宝脊"。具体作法详见大式黑活屋脊中的圆山（卷棚）式硬、悬山屋面的正脊作法。筒瓦过垄脊既可用于大式屋面，也可用于小式屋面。当垂脊作法为大式作法时，即为大式作法，反之，即为小式作法。

（二）鞍子脊

鞍子脊仅用于合瓦（阴阳瓦）或局部做合瓦的屋面，例如棋盘心屋面或底瓦用石板盖瓦用板瓦的屋面（图5-15、图5-80）。

鞍子脊的操作方法如下：

（1）在抹好的扎肩灰背上"撒枕头瓦，摆梯子瓦"。枕头瓦是一块反扣的底瓦，用以代替瓦灰（泥）的厚度，瓦时撒去。梯子瓦即脊上的底瓦，每垄用三块。梯子瓦的高低位置按拴好的横线控制，不合适时可上下挪动枕头瓦进行调整。横线的位置按两山博缝上皮再往上增加一块板瓦的厚度定高。梯子瓦的纵向位置应按照灰背上号好的盖瓦中确定。摆好梯子瓦以后开始"抱头"（具体方法详见过垄脊作法）。

（2）梯子瓦是"抱头"前摆放时的名称，做好后则称为"底瓦老桩子瓦"。之所以称为"老桩子"，是因为在传统行业中，"老"与"桩"都含有原始标记或基准点的意思。脊上先放的这几块瓦可作为宽瓦和调脊的定位依据，故称"老桩子瓦"。坐麻刀灰，在两坡老桩子瓦相交处扣放"瓦圈"。瓦圈即横向断开的弧形板瓦片。瓦圈既可以加强前、后坡底瓦老桩子瓦的整体性，又可以增强防水性能。

（3）拴线铺灰，在底瓦老桩子瓦之间，宽"盖瓦老桩子瓦"。每垄宽各两块。

（4）在底瓦瓦圈上坐灰，砌一块长度小于板瓦长的条头砖，卡在两边盖瓦中间，这块砖叫做"小当沟条头砖"。其上坐灰，放一块凹面向上的板瓦（小头朝前坡），这块瓦叫做"仰面瓦"。仰面瓦伸进两侧的脊帽子内。

（5）做脊帽子。拴线铺灰，在两坡盖瓦相交处放一块盖瓦（大头朝前坡），这块瓦叫做"脊帽子盖瓦"。脊帽子的四周要用麻刀灰堵严、抹平、轧实。

（6）在"小当沟条头砖"的前后用麻刀灰堵严抹平，叫做抹"小当沟"。

（7）边垄与梢垄之间不做小当沟。两坡底瓦的接缝处可放一块折腰瓦，但习惯上只反扣一块删去四角的普通板瓦，此瓦叫做"螃蟹盖"（参见合瓦过垄脊作法）。

（8）打点整洁，赶轧坚实。刷青浆提色。

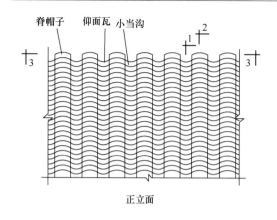

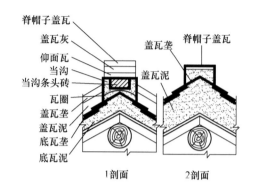

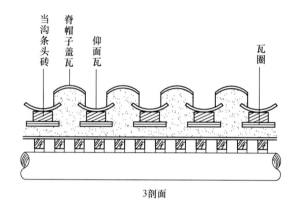

图 5-80　鞍子脊

（三）合瓦过垄脊

合瓦过垄脊作法与鞍子脊作法相似，但底瓦垄内不卡条头砖，也不作仰面瓦。前、后两坡的老桩子底瓦的交接处铺灰放一块折腰瓦（图 5-81）。如果没有折腰瓦，可以用普通的板瓦代替。这块板瓦要横向反扣放置，为能与前、后坡的老桩子底瓦接缝严一些，这块反扣的板瓦要删掉四个角。因板瓦删掉四角后状如螃蟹的盖，故称为"螃蟹盖"。

（四）清水脊

清水脊是小式正脊中作法最复杂的一种，其位置、式样如图 5-8、图 5-10 所示，构造作法如图 5-82 所示。清水脊的瓦件分件如图 5-83 所示。清水脊大多用于合瓦屋面，或用10 号筒瓦做成的小式建筑中的影壁和小型砖门楼上。

清水脊与其他屋脊的关系：①在同一个屋面上，清水脊只能与披水梢垄组合，不能与排山脊（铃铛排山脊或披水排山脊）组合。②勾连搭形式的两个及以上的屋面（如垂花门或铺面房），其中的尖山屋面做清水脊和披水梢垄，其余圆山卷棚屋面的正脊做过垄脊（合瓦可做鞍子脊），垂脊做排山脊（图 5-8）。③在同一个院落中，如果采用了清水脊，就不用铃铛排山脊或披水排山脊（勾连搭屋面除外）。也可以说，如果采用了排山脊，就不能再用清水脊（勾连搭屋面除外）。④在同一个院落中，如果主要房屋（指正房、门楼）采用的是清水脊，等级稍低的房屋（如东、西厢房）既可以采用清水脊，也可以采用鞍子

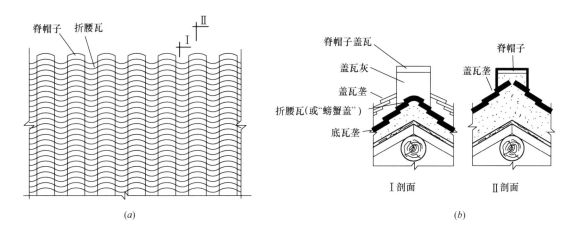

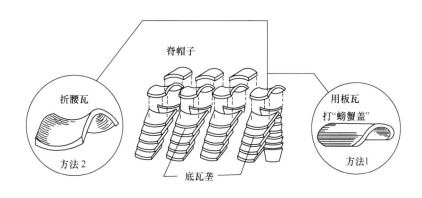

(c)

图 5-81　合瓦过垄脊

（a）正立面；（b）剖面；（c）底瓦垄前后坡交接处的处理

脊或合瓦过垄脊（两山只能用披水梢垄）。等级最低的房屋（如耳房）则一般不采用清水脊，只采用鞍子脊或合瓦过垄脊（两山只能用披水梢垄）。⑤清水脊与排山脊（披水排山脊或铃铛排山脊）在等级上无高低主次之分。

　　清水脊屋面两山部位作法的特殊性：①清水脊屋面的瓦垄分为两部分：高坡垄和低坡垄。低坡垄在两山处，只有两垄盖瓦和两垄底瓦。低坡垄上不做正脊，只做"小脊子"。小脊子不如高坡垄上的正脊高，作法也简单得多。在檐头处，高、低坡垄一般高。在正脊处，高坡垄最低处与低坡垄最高处一般高。瓦面分高低坡的这一特点是清水脊屋面所独有的。②虽然清水脊是小式建筑中最讲究的正脊作法，但清水脊屋面的垂脊部位却只做梢垄，而不做其他任何形式的垂脊。山墙博缝之上只砌披水砖檐，而不做排山勾滴。即清水脊屋面的两山部位只采用最简单的披水梢垄作法。③屋面为清水脊作法的，山墙的山尖式样（山样）必须为尖山。除此之外，其他小式山墙的山尖式样均为圆山。④屋面为清水脊作法的，在山尖前后坡披水砖相交处，必须放一块 10 号勾头（"猫头"），盖住两坡披水砖的接缝。这块勾头叫做"吃水"。这种用吃水的披水作法也是清水脊屋面所独有的。

　　清水脊的操作要点如下（以合瓦屋面为例）：

　　1. 调低坡垄小脊子

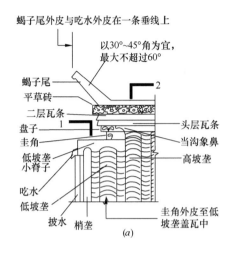

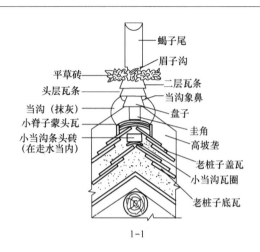

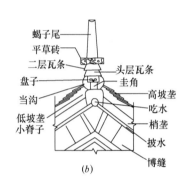

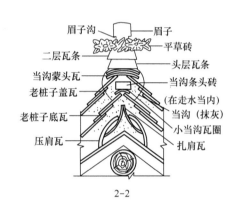

图 5-82　清水脊

(a) 正立面；(b) 侧立面

(1) 将檐头两端分好的两垄底瓦和两垄盖瓦中点平移到脊上并划出标记。

(2) 放枕头瓦，宪两垄底瓦老桩子瓦（每垄三块）并"抱头"。将瓦圈或折腰瓦坐灰放在两坡抱头灰之上。

(3) 放盖瓦泥，宪盖瓦老桩子瓦。宪至梢垄时要用筒瓦。

(4) 在底瓦垄砌条头砖，与盖瓦找平。在盖瓦和条头砖上砌两层板瓦，凹面向下，横放，叫"蒙头瓦"。蒙头瓦的两层要按十字缝砌，不要齐缝（齐缝砌法的防水性能不好），外口砌至梢垄外口。砌好后用麻刀灰将蒙头瓦和条头砖抹好。即抹低坡垄小脊子，待最后再修理刷浆。

2．调高坡垄大脊

(1) 将掺灰泥倒在脊尖上，用两块瓦背靠背地立放在掺灰泥上，下脚分开，这两块瓦叫"扎肩瓦"。扎肩瓦的高度应这样决定：先从低坡垄小脊子背上往上加上盘子和鼻子的高度，这个位置即是头层瓦条的底棱。然后从这里往下翻活。除去当沟蒙头瓦、盖瓦、小当沟（瓦圈及条头砖）和底瓦并包括这些瓦件之间的灰的厚度，就是扎肩瓦的上棱。做扎肩瓦的目的是为使高坡垄高于低坡垄。为使扎肩瓦牢稳，应在其两侧坐灰各安放一块"压肩瓦"，然后在扎肩瓦和压肩瓦两侧再抹一层扎肩泥（或灰），这就是高坡垄宪瓦的起点。

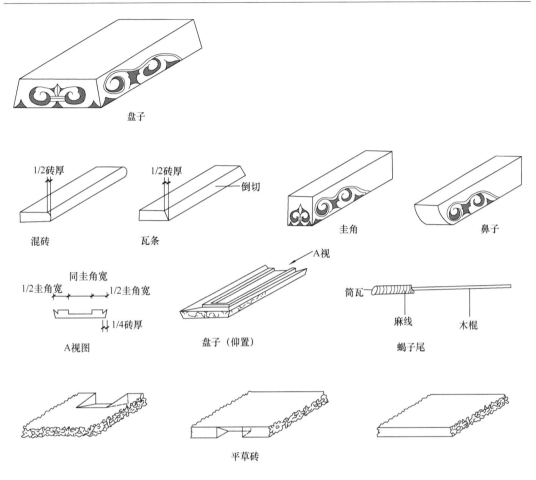

注:
1.圆混砖和瓦条用停泥或开条砖砍制。瓦条也可用板瓦对开制成,即为软瓦条作法。
2.圭角或鼻子用大开条砍制,宽度为盘子宽度的一半。
3.盘子用大开条砍制。
4.蝎子尾其余部分留待安装时与眉子一起完成。
5.草砖用3块方砖(如脊短可用2块),宽度为脊宽的3倍。

图 5-83 清水脊瓦件分件图

(2)将檐头分好的盖瓦中平移到脊上,并划出标记。

(3)沿低坡垄小脊子的脊背中线,靠里侧砌放"鼻子"(或"圭角")及盘子。用"鼻子"的叫"鼻子盘",用圭角的叫"规矩盘"。鼻子(或圭角)的外侧须与低坡垄里侧盖瓦中在一条垂直线上。盘子比鼻子再向外出檐,出檐尺寸为鼻子宽度的1/2。两端的鼻子和盘子要拴通线,按线砌放。

(4)在高坡垄扎肩泥上放枕头瓦和老桩子瓦,并以麻刀灰抱头。再用麻刀灰扣放瓦圈,将两坡老桩子瓦卡住。

(5)打盖瓦泥,在前后坡宽老桩子盖瓦,盖瓦也应"抱头"。在底瓦垄瓦圈上砌放一块条头砖,卡在两垄盖瓦中间。在条头砖和老桩子盖瓦上坐灰砌两层蒙头瓦。两层蒙头瓦应砌十字缝,并与"盘子"找平。蒙头瓦及条头砖的两侧要抹大麻刀灰,待最后修成筒瓦形状或三角形(荞麦棱)并刷浆赶轧。

（6）在盘子和蒙头瓦上拴线，坐灰，下两层"瓦条"。瓦条砖的出檐为本身厚的 1/2。四周统出交圈。"瓦条"可用砖制作成形，也可用板瓦裁开制成，叫"硬瓦条"。但两层中间要垫一层（不出檐）以便抹灰做"软瓦条"。两层瓦条作法相同。

（7）高坡垄大脊的两端瓦条之上，要砌放"草"砖。"草"砖有平草、落落草与挎草之分。"平草"是用 2 块或 3 块方砖相连雕凿的花饰砖。第一块方砖要雕凿三面，即从山墙方向看也要有花饰，这块砖叫"转头"。平草的中心位置要剔凿凹槽，以便安装蝎子尾。平草砖每侧出檐应为脊宽尺寸，转头出檐一般应至梢垄的底瓦垄中。

"落落草"是用 4 块或 6 块方砖落成两层雕凿的花饰砖。落落草出檐同平草。

"挎草"是用 5 块或 7 块方砖在大面上雕凿的花饰砖，其中 4 块或 6 块立置于高坡垄大脊两端的前、后坡位置，1 块（"罩头草"）立置于人脊两端的山墙一侧。安装时用细铁丝或铜丝将前后坡两侧的挎草拴在一起，立置斜挎在瓦条上。挎草每侧上口向外张出，形成上宽下窄之势，但也有垂直放置的。张出作法的，张出的尺寸一般为脊宽的二分之一。将"罩头草"挎在脊的转头处，与两侧挎草对缝连接后固定牢稳。

（8）在两端平草砖之间拴线砌一层圆混砖。圆混砖与平草砖砌平（挎草或落落草上皮高于混砖）。混砖出檐为其半径尺寸。草砖和混砖之间用灰填满抹平。

（9）将"蝎子尾"半成品（图 5-83）插入平草（或落落草）砖上预留的凹槽方孔内。两端蝎子尾应在同一条直线上。蝎子尾勾头外侧应与小脊子外侧的吃水外皮在同一条垂直线上。蝎子尾上扬的角度以 30°～45°之间为宜，最大角度不超过 60°。在实际操作中，往往用一根木棍儿支在蝎子尾的勾头与小脊子之间（做好蝎子尾后撤去）。这根木棍儿的长度应与蝎子尾的长度相同或稍长，以此长度来确定蝎子尾的角度。然后用砖、灰将插孔切实塞严，以压住蝎子尾。

（10）在两端蝎子尾之间拴线，坐灰扣放一层筒瓦（如是挎草或落落草，从草砖里侧开始），并用大麻刀灰抹眉子。同时用筒瓦和大麻刀灰在蝎子尾上做成眉子形式。

（11）打点活。修理低坡垄小脊子和高坡垄当沟。软瓦条作法的应将衬灰八字赶轧成形（实际操作中视灰的软硬情况随时进行）。在当沟两端与盘子相交的地方要用灰抹成"象鼻"（象鼻子）。抹象鼻子从高坡垄外侧盖瓦外棱开始，收至盘子与头层瓦条交接处，象鼻外侧与低坡垄里侧盖瓦里棱对齐。

（12）刷浆。

①眉子、当沟、小脊子刷烟子浆。②混砖、盘子、圭角、草砖等随合瓦瓦面刷青浆。③筒瓦作法的，混砖、盘子、圭角、草砖等应随筒瓦瓦面刷深月白浆或青浆，讲究的可刷砖面水。檐头应"绞脖"，瓦面刷青浆的，用烟子浆绞脖，瓦面刷深月白浆或砖面水的，用青浆绞脖。

（五）皮条脊

皮条脊的构造作法如图 5-75 所示。皮条脊既可以视为大式屋脊，也可以视为小式屋脊。在一般情况下多为小式，但用于 3 号及以上的筒瓦坡面，或脊的两端用吻兽时，则为大式作法。

皮条脊的作法要点：

（1）在脊上瓦垄间砌胎子砖。在胎子砖外推抹麻刀灰，即"拽（zhuāi）当沟"。

（2）在胎子砖上做 1 层或 2 层瓦条。较短的坡面，多用 1 层瓦条。

（3）在瓦条上砌一层混砖。

（4）在混砖上坐灰扣放筒瓦。在筒瓦四周用麻刀灰抹出眉子，即"托眉子"。

（5）皮条脊的端头处理如图5-75所示。

（六）扁担脊

扁担脊是一种简单的正脊作法，多用于干槎瓦屋面、石板瓦屋面，也可用于仰瓦灰梗屋面。其构造作法如图5-84所示。

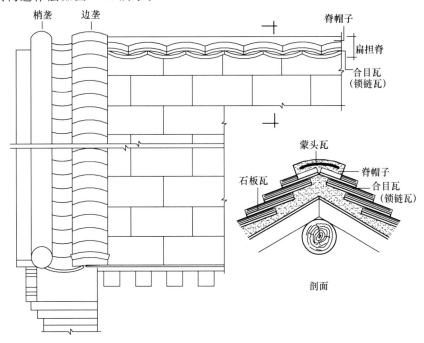

图 5-84　扁担脊

扁担脊的操作要点：

（1）在脊上分中，拉通线，顺正脊方向坐灰摆放底瓦。前、后坡的瓦应碰在一起。先放好脊上的坐中底瓦，再往两山依次摆放。如为干槎瓦或仰瓦灰梗，老桩子瓦即为扁担脊的底瓦。

（2）在底瓦垄之间，坐灰扣放板瓦（图5-84），前端与底瓦对齐。这趟扣放的板瓦与先前放好的底瓦合称"合目瓦"。由于合目瓦是用板瓦一反一正相错放置的，形同锁链图案，所以又叫做"锁链瓦"。锁链瓦的高低与出进控制均应拉通线，以线为标准进行安放。

（3）顺着两坡的合目瓦接缝处拴线、坐灰、扣放一趟板瓦（瓦头朝两山方向）。瓦与瓦之间应平齐对接不搭槎。这趟瓦叫做"蒙头瓦"（图5-84）。蒙头瓦可以做两层，如做两层，上层的一趟蒙头瓦接缝应与下面的一层接缝相错，成十字缝，这样可以增强脊的防水效果。

（4）勾合目瓦瓦脸。用大麻刀月白灰将合目瓦的外侧堵严抹平，并刷清浆轧实轧光。

（5）抹脊帽子。在蒙头瓦的上面和两侧抹大麻刀月白灰，并刷青浆轧实轧光。

（七）小式正脊的合龙什物

古时有在正脊正中即"龙口"位置放置迎祥驱邪物件的风俗（参见琉璃尖山式硬、悬山正脊作法中的脊瓦合龙什物内容）。小式建筑也有在龙口位置放什物的习惯作法，但放置的物件大多较简单。很少采用全套的"宝匣药味"作法，大多只放置用黄纸和红绸布包好的铜钱，也可在此基础上适当增加一些物品，如经书、画符等。放置的具体位置为：筒瓦过垄脊放在脊中折腰瓦左侧（正手位）的罗锅筒瓦下；鞍子脊、合瓦过垄脊放在脊中折腰瓦左侧的脊帽子内；清水脊、皮条脊、扁担脊放在正中位置的脊件内。

二、硬、悬山屋面的垂脊作法

（一）铃铛排山脊

硬、悬山小式黑活铃铛排山脊的构造作法如图 5-85 所示。由于做排山脊的小式屋面，其正脊肯定不做人脊，所以小式排山脊都是箍头脊形式。

铃铛排山脊的用法特点是：①铃铛排山脊多用于筒瓦屋面（10号瓦除外），也可用于作法讲究的合瓦屋面。②当排山脊外有建筑物与其相挨时，例如耳房与正房相挨，院墙墙帽与门楼相挨，或牌楼次楼屋面与明楼高栱柱相挨时，应改用披水排山脊作法，而不应再采用铃铛排山作法。③采用了排山脊作法的，无论是在同一个屋面上还是在同一个院中，都不能再采用清水脊。也就是说，清水脊和排山脊这两种形式，不应同时出现在一个院中（不包括垂花门等勾连搭屋面），尤其是不应出现在同一个屋面上。

排山勾滴（铃铛瓦）作法：

小式铃铛排山脊的排山勾滴作法与大式铃铛排山脊的排山勾滴作法相同。由于小式铃铛排山脊均为罗锅卷棚形式，因此小式铃铛排山脊都应"滴子坐中"。

小式铃铛排山脊的作法特点：

小式铃铛排山脊不分兽前兽后，也没有垂兽和狮、马。当沟之上砌两层瓦条，瓦条之上砌混砖，混砖之上扣筒瓦，托眉子。由于小式铃铛排山脊比大式作法的兽前部分多一层瓦条，因此第一层瓦条应与圭角砌平，而不是放在圭角之上。第二层瓦条才放在圭角之上。而大式铃铛排山脊的兽前部分只做一层瓦条（兽后仍做两层），所以这层瓦条是放在圭角之上的，两者间的不同之处应特别注意。小式排山脊的第一层瓦条内侧比圭角宽出的部分要用灰抹成"象鼻"，以遮挡瓦条与圭角的不交圈，见图 5-85 (e)。

明清官式建筑的构件间的衔接大多都有交待，接口处多能"交圈"，实在不能交圈的，也要巧妙地加以掩饰，工匠称之为"藏金掩秀"。抹"象鼻"的做法就是古代工匠"变掩饰为装饰"的成功一例。

当坡长很短时，为避免由于排山脊的高大而造成比例失调，往往只做一层瓦条。此时这层瓦条应放在圭角之上，因此瓦条前端不再需要抹"象鼻"。

排山脊做好后，要刷浆提色。当沟和眉子要刷烟子浆，瓦条和混砖刷浆应与瓦面刷浆方法相同。

（二）披水排山脊

披水排山脊的构造作法如图 5-86 所示。

披水排山脊不做排山勾滴（铃铛瓦），在博缝之上砌一层披水砖檐。瓦面的梢垄应压住披水檐，但最多不超过砖宽的1/2。

披水排山脊的用法特点是：（1）合瓦屋面多采用披水排山脊，作法讲究的也可采用铃铛排山脊。（2）屋面采用10号筒瓦且屋脊为小式作法时，多采用披水排山脊。（3）当排

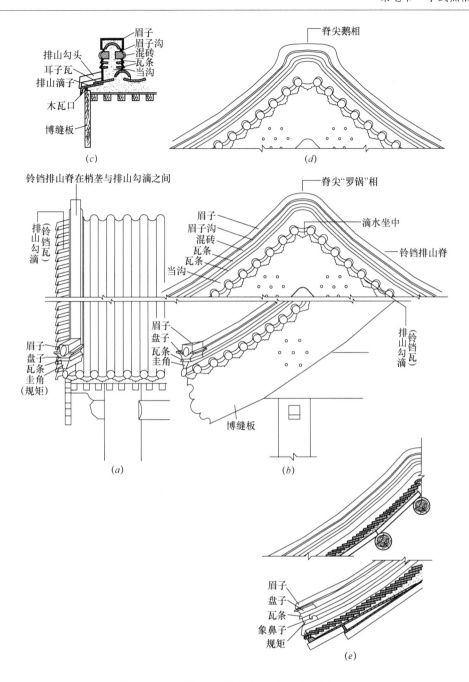

图 5-85 小式黑活铃铛排山脊（以悬山为例）

（a）正立面；（b）侧立面；（c）铃铛排山脊剖面；（d）脊尖鹅相的箍头脊；（e）从内侧看排山脊

山脊外有建筑物与其相挨时，例如耳房与正房相挨，院墙墙帽与门楼相挨，或牌楼次楼屋面与明楼高栱柱相挨时，应采用披水排山作法，不应采用铃铛排山作法。（4）采用了排山脊作法的，无论是在同一个屋面上还是在同一个院中，都不能再采用清水脊。也就是说，清水脊和排山脊这两种形式，不应同时出现在一个院中，尤其是不应出现在同一个屋面上（不包括垂花门等勾连搭屋面）。尤其是不应出现在同一个屋面上。

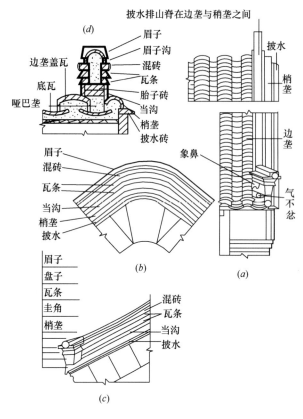

披水排山脊在边垄与稍垄之间

图 5-86 小式黑活披水排山脊（以硬山为例）

（*a*）正立面；（*b*）脊尖部分；（*c*）脊的下端；（*d*）剖面

披水排山脊与铃铛排山脊的作法大致相同。不同之处是：（1）披水排山脊的位置在边垄与稍垄之间，而铃铛排山脊的位置是在稍垄与铃铛瓦之间。（2）披水排山脊下面的底瓦垄要用砖灰堵实垫平。由于这条瓦垄被堵死，故俗称"哑吧垄"。哑吧垄的下端，至圭角的下面处，要用灰与斜放的圭角抹齐。为使这一细部更加美观，避免过于直率简单，传统作法是在堵抹之前要放一块勾头（多为10号勾头）。这块勾头的瓦当（俗称"烧饼盖"或"瓦头"）要与它上面的圭角平行放置，即应斜放在瓦垄里。如放不下时，可将多余的部分打掉，甚至只留瓦头部分。"勾头"的四周要用灰堵严抹平，上面要与圭角抹平。由于这块勾头被斜向挤压在瓦垄之中，因此被称为"气不忿"（图5-86*a*）。

（三）披水稍垄

严格地讲，披水稍垄不能算是垂脊，而是位于垂脊位置但又不做脊的作法。披水稍垄的具体作法是：在博缝砖上"下"披水砖檐，然后在边垄底瓦和披水砖之间宽一垄筒瓦。无论瓦面是何种作法，这垄瓦都宽筒瓦。这垄筒瓦叫做稍垄（图5-87）。

披水稍垄的用法特点是：（1）多用于不太讲究的小式硬山悬山黑活屋面上。（2）正脊为清水脊作法时，披水稍垄是其唯一的配套选择。（3）大式屋面大多不采用披水稍垄作法，只有作法简单的不重要的小房，偶尔才会使用。

附：小式黑活硬、悬山屋面施工流程

（1）筒瓦屋面

苫背 → 分中号垄找规矩（瓦垄平面定位） → 宽边垄（瓦垄高度定位） → 调排山脊（垂脊） → 调过垄脊、清水脊等正脊 → 瓦面施工（宽瓦） → 屋面清垄 → 瓦面屋脊刷浆、檐头绞脖

（2）合瓦屋面

苫背 → 分中号垄找规矩（瓦垄平面定位） → 宽边垄（瓦垄高度定位） → 调披水排山脊或披水稍垄 → 调合瓦过垄脊或鞍子脊或清水脊或皮条脊等正脊 → 瓦面施工（宽瓦） → 屋面清垄 → 瓦面、屋脊刷浆

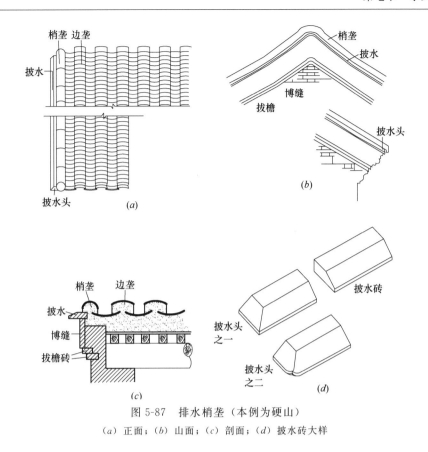

图 5-87　排水梢垄（本例为硬山）

（a）正面；（b）山面；（c）剖面；（d）披水砖大样

三、歇山屋面的屋脊

小式黑活歇山屋面屋脊的构造作法如图 5-88 所示。

1. 正脊

当瓦面用筒瓦时，小式歇山正脊应采用筒瓦过垄脊形式，其作法详见本章第六节大式黑活卷棚悬山屋面的正脊作法。当瓦面用合瓦时，应采用鞍子脊或合瓦过垄脊形式。不过由于在官式作法中，歇山屋面大多使用筒瓦，所以筒瓦过垄脊是小式歇山正脊作法的常见形式。

2. 垂脊

由于小式歇山屋面的正脊不做大脊，所以垂脊的脊尖部分应为罗锅卷棚形式，即小式歇山垂脊肯定是箍头脊作法。歇山小红山博缝之上既可以安铃铛瓦（排山勾滴），也可以是安披水砖，所以有铃铛排山脊和披水排山脊两种作法，但大多做成铃铛排山形式。其作法与前文所述小式硬、悬山建筑的垂脊作法基本相同，只是排山脊的下端作法有所不同：（1）歇山垂脊的规矩盘子的位置一般定在檐檩附近。（2）硬、悬山屋面的排山脊（垂脊）到了端头部分时，也就是规矩盘子这部分应向山墙一侧斜向放置，成为"咧角"状，而歇山屋面的排山脊的端头（规矩盘子）部分仍与瓦垄平行，即规矩（圭角）、盘子均为直方形。圭角之下的瓦垄里应放一块勾头，叫做"吃水"（图 5-88a）。吃水的四周要用灰堵严抹平。放置吃水的目的是为了挡住脊下哑吧垄内的砖灰。如果只用抹灰的方法处理，则显得不太好看。（3）歇山的规矩盘子由于是与瓦垄平行放置的，所以圭角的宽度往往会小于当沟的宽度，同时，第一层瓦条也会比当沟宽出一些。宽出的部分如不做处理则显得生硬（不交圈）。传统作法是在圭角的两侧，自

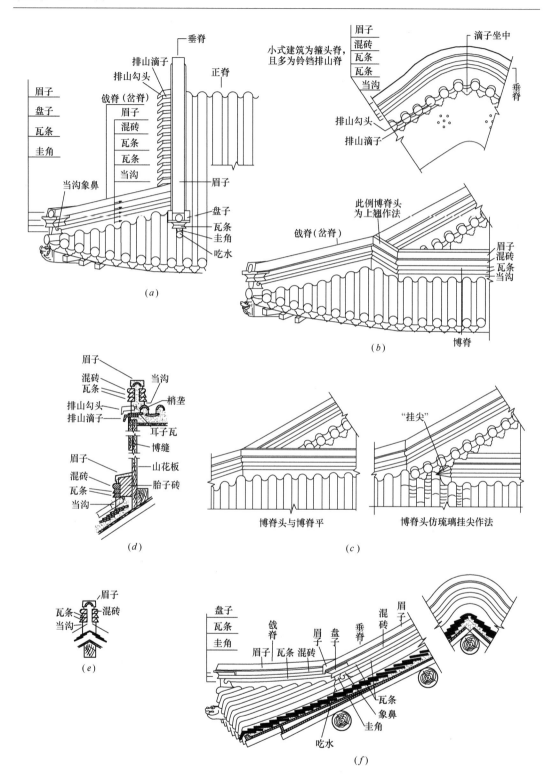

图 5-88 黑活歇山屋脊的小式做法

(a) 垂脊、戗脊、正脊正面；(b) 垂脊、戗脊外侧面及博脊正面；(c) 博脊头的不同处理；

(d) 博脊、垂脊剖面；(e) 戗脊剖面；(f) 垂脊、戗脊内侧面

当沟和瓦条起，用灰向圭角斜上方抹"象鼻"，见图5-88(*f*)。与硬、悬山垂脊不同的是，硬、悬山的垂脊圭角是斜向放置的，这样，当沟就不会宽出。第一层瓦条也只有内侧这一面需要处理。所以硬、悬山的圭角是在一侧抹象鼻，而且只需从瓦条抹起。而歇山垂脊的圭角应在两侧抹象鼻，而且要从当沟开始抹起。

3. 戗脊

戗脊的基本作法与垂脊相同。但应注意：(1) 高度不应超过垂脊。(2) 戗脊的当沟的外形多抹成半圆形或"荞麦棱"。(3) 规矩盘子坐在翼角转角处的斜勾头之上。

4. 博脊

与大式的博脊作法相同。博脊的端头可有三种处理方法，具体作法如图5-88 (*b*)、(*c*) 所示。

附：小式黑活歇山屋面施工流程

苦背 → 分中号垄找规矩（瓦垄平面定位）→ 调过垄脊（正脊）→ 宽边垄（瓦垄高度定位）→ 调排山脊（垂脊）→ 调戗脊（岔脊）→ 调博脊 → 瓦面施工（宽瓦）→ 屋面清垄 → 瓦面屋脊刷浆、檐头绞脖

四、攒尖屋面的屋脊

小式黑活攒尖屋面的屋脊构造作法如图5-89所示。

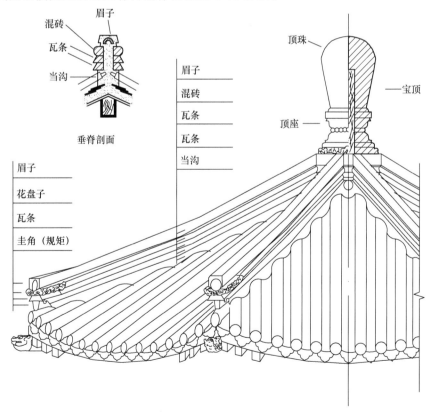

图 5-89 小式攒尖建筑的垂脊和宝顶

1. 宝顶

宝顶的造型大多为宝顶座加顶珠的形式。当宝顶较矮时，往往只做成须弥座形式而不做顶珠。宝顶的组合规律如图 5-90 所示。

不做顶珠，仅做须弥座

顶座不用须弥座，仅为几层线脚

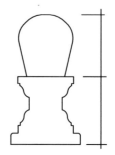
顶座为须弥座式

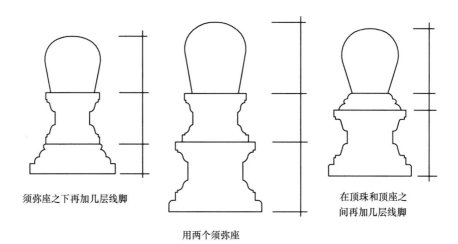

须弥座之下再加几层线脚

用两个须弥座

在顶珠和顶座之间再加几层线脚

图 5-90 黑活宝顶的组合规律

全高按2/5檐柱高；
楼阁或柱高较高的，
可按1/3檐柱高；
山上建筑、高台建筑、
重檐建筑，可按1/2～
3/5檐柱高

4/10~5/10全高

顶珠高
不大于4/10全高

顶座高
不小于6/10全高

至底瓦垄

图 5-91 黑活宝顶的尺度

当建筑的柱高在 9 尺（或 3m）以内时，宝顶总高一般可按 2/5 檐柱高定，如柱子很高，或楼阁建筑等，可按 2/6 檐柱高定高。山上建筑、高台建筑及重檐建筑的宝顶，应适当增加，一般可控制在 1/2～3/5 檐柱高。宝顶的总高、总宽及各部比例如图 5-91 所示。

宝顶的顶座平面形式一般应与屋面平面相同，例如屋面为六边形，顶座的平面应为六边形。顶珠的形式多呈圆形，也可做成四方、六方、八方等形式。宝顶的常见砖件如图 5-92 所示，宝顶的式样如图 5-93

所示。

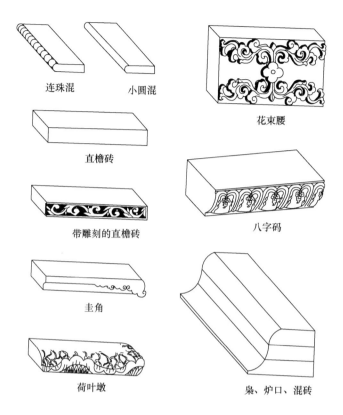

连珠混　　小圆混

花束腰

直檐砖

带雕刻的直檐砖

八字码

圭角

荷叶墩

枭、炉口、混砖

图 5-92　常见的黑活宝顶砖件

宝顶的式样变化有其一定的规律，也可因各人喜好不同而有较大的变化。式样的设计过程如下：首先应决定宝顶的总高度，然后分出顶座和顶珠的大致分界线，再看看顶座能分成多少层砖，这样就可以决定顶座的基本形式了（图 5-90）。在此过程中，可根据环境及设计人的爱好进行调整或做其他变化（图 5-93）。

宝顶与垂脊的结合方式有两种：一种是宝顶坐落在底座上，底座的作法与垂脊作法相同；另一种是宝顶坐落在瓦垄的当沟上（图 5-94）。

宝顶的砖件一般应按样板砍磨，且需准备平面和侧面两个方向上的样板。顶珠可整砖露明，也可采用抹灰作法。砌筑宝顶时应采取相应的措施，以增强宝顶的整体性和防水能力。常采取的措施是用铁活连接和灌足灰浆。

塔或宗教类建筑的宝顶内可放置"宝匣药味"（参见本章第四节琉璃尖山式硬、悬山正脊作法中"脊瓦合龙什物"的相关内容）。

2. 垂脊

攒尖建筑的垂脊与小式饯脊作法相同，其基本瓦件是：当沟之上砌两层瓦条，瓦条之上砌混砖，混砖之上是筒瓦，筒瓦外抹眉子（图 5-89）。垂脊前端的圭角、盘子等应为直盘子、直圭角。

附：小式黑活攒尖屋面施工流程

苦背 → 分中号垄找规矩（瓦垄平面定位）→ 调垂脊 → 安宝顶 → 宽边垄（瓦垄高度定位）→ 瓦面施工（宽瓦）→ 屋面清垄 → 瓦面屋脊刷浆、檐头绞脖

图 5-93　黑活宝顶式样举例

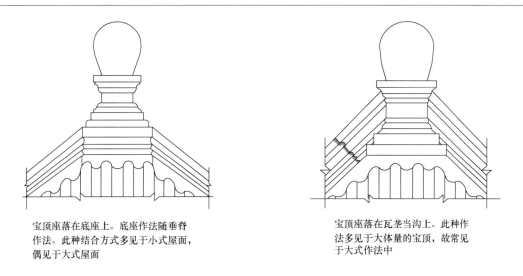

宝顶座落在底座上。底座作法随垂脊
作法。此种结合方式多见于小式屋面，
偶见于大式屋面

宝顶座落在瓦垄当沟上。此种作
法多见于大体量的宝顶，故常见
于大式作法中

图 5-94　黑活宝顶与垂脊的结合方式

五、重檐屋面的屋脊

（一）上檐屋脊

小式黑活重檐屋面的上层檐屋脊作法与前文所述的小式硬、悬山及歇山或攒尖屋面的屋脊作法完全相同。

（二）下檐屋脊

1. 角脊。

角脊的构造作法如图 5-95 所示。操作方法与小式戗脊作法相同。

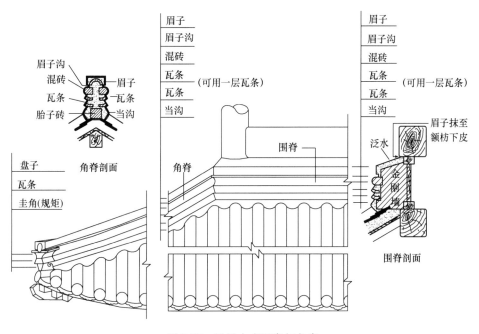

图 5-95　黑活小式围脊与角脊

2. 围脊。

围脊的构造作法如图 5-95 所示。操作方法与博脊中间部位的作法相同。

附：小式黑活重檐筒瓦下层檐屋面施工流程

苫背 → 分中号垄找规矩（瓦垄平面定位） → 调围脊 → 调角脊 → 宽边垄（瓦垄高度定位） →

瓦面施工（宽瓦） → 屋面清垄 → 瓦面屋脊刷浆、檐头绞脖

第八节 黑活瓦件的变化规律及选择依据

一、筒、板瓦的尺寸与质量鉴别

1. 筒、板瓦的尺寸

筒、板瓦的尺寸历代都有变化，总的趋势是越变越小。至清代，瓦的尺寸基本定型。清代以后至今，筒瓦的宽度变化较小，但筒瓦的长度、板瓦的宽度与长度等，则变化较大。从各地生产的瓦件尺寸来看，都存在着一些差异。其中北京地区常见的瓦件尺寸较为接近清代官窑的尺寸，详见表 5-14。以苏杭地区为代表的江南古建筑的瓦件尺寸见表 5-15、表 5-16。

官式建筑布瓦尺寸表（单位：厘米） 表 5-14

名 称		现行常见尺寸		清代官窑尺寸	
		长	宽	长	宽
筒瓦	头号筒瓦（特号或大号筒瓦）	30.5	16		
	1 号筒瓦	21	13	(35.2)	(14.4)
	2 号筒瓦	19	11	(30.4)	(12.16)
	3 号筒瓦	17	9	(24)	(10.24)
	10 号筒瓦	9	7	(14, 4)	(8)
板瓦	头号板瓦（特号或大号板瓦）	22.5	22.5		
	1 号板瓦	20	20	(28.8)	(25.6)
	2 号板瓦	18	18	(25.6)	(22.4)
	3 号板瓦	16	16	(22.4)	(19.2)
	10 号板瓦	11	11	(13.76)	(12.16)

注：勾头（不包括瓦头）比同规格筒瓦长 2cm；滴水（不包括瓦唇）、花边瓦（不包括瓦头）比同规格板瓦长
　　2cm；板瓦宽指大头宽。

江南古建筑筒瓦屋面用瓦尺寸表（单位：厘米） 表 5-15

名 称		常 见 尺 寸	
		长	宽
筒瓦	大号筒瓦	32	21
	一号筒瓦	32	19
	二号筒瓦	30	16
	三号筒瓦	28	14
勾头	四号筒瓦	25	12
	五号筒瓦	22	11

续表

名　称		常见尺寸	
		长	宽
板瓦	大号板瓦	38	33
	一号板瓦	35	30
	二号板瓦	28	27
	三号板瓦	22	19
滴水	四号板瓦	20	18
	五号板瓦	18	16

江南古建筑蝴蝶瓦（小青瓦）屋面用瓦尺寸表（单位：厘米）　　　表5-16

名　称		常见尺寸	
		长	宽
蝴蝶瓦	特大号	24	24
	大号	22	22
花边瓦	中号	20	20
滴水瓦	小号	18	18
斜沟瓦	特大号	32	32
	大号	28	28
	中号	24	24
	小号	22	22

2. 布瓦瓦件的质量鉴别

布瓦瓦件的质量可从以下方面检查鉴别：

（1）规格尺寸是否符合要求，尺寸是否一致。筒瓦"熊头"的仔口是否整齐一致，前后口的宽度是否一致。勾头、滴水、花边瓦的形状、花纹图案是否相同，滴水垂、勾头盖的斜度是否相同。吻、兽、脊件的外观是否完好，造型、花纹是否相同。

（2）强度是否能满足要求。除通过试验检测外，在现场还可通过敲击的声音来判断，有哑声的瓦强度较低。

（3）有无变形或缺棱掉角。

（4）有无串烟变黑。

（5）有无欠火瓦。欠火瓦表面呈红色或暗红色。

（6）有无过火瓦。过火瓦的表面呈青绿色，且多有变形发生。

（7）有无裂纹、砂眼甚至孔洞。砂眼、孔洞和较明显的裂纹可通过观察检查发现，细微的裂纹和肉眼看不出的裂纹隐残，要用铁器敲击的办法进行检查，敲击时发出"啪啦"声的即表明有裂纹或隐残。

（8）密实度如何。可在现场做渗水试验。将瓦的凹面朝上放置，用砂浆堵住瓦的两端，在瓦上倒水，随即观察瓦下渗水情况，渗出速度快、水珠大的瓦密实度较差。

（9）其他检查。如土的含砂量是否过大，是否含有浆石籽粒、是否有石灰籽粒甚至石灰爆裂，瓦坯是否淋过雨，瓦坯是否受过冻或曾含有过冻土块等。

（10）检查厂家出具的试验报告。瓦件运至现场后，施工单位应独立抽取样本进行复试。复试结果应符合相关标准的要求。

二、黑活瓦件的选择依据及尺度关系

黑活瓦件的使用规律，与建筑的关系及尺度的权衡见表5-17所示。

黑活瓦件的选择及尺度关系   表5-17

项目	选 择 依 据 或 尺 度 关 系
筒瓦	1. 选择与椽径相近的筒瓦宽度，宜大不宜小。如椽径6厘米时，可用10号瓦（宽约7厘米），椽径宽10厘米时，可用2号（宽约11厘米）。另视建筑的用途酌定。如用于庙宇可偏大，用于园林可偏小。 2. 影壁、院墙、砖石结构的小型门楼，按檐口高确定。3.2米以下者，用10号瓦（大式可用3号），3.8米以下者，用2或3号瓦；3.8米以上者，用2号瓦。 3. 牌楼：一般用2号或3号瓦。 4. 无椽子的仿古建筑按檐口高度确定。3米以下者可用10号瓦，4米以下者可用3号瓦，5米以下者可用2号，6~8米可用1号，8米以上可用特号瓦
合瓦、干槎瓦	1. 按椽径：椽径6厘米以下时，用3号瓦；椽径6~8厘米时，用3或2号瓦；椽径8~10厘米时，用2号瓦；椽径10厘米以上用1号瓦。 2. 无椽者，按檐口高。2.8米以下用3号瓦，3米以下用2或3号瓦，3.5米以下用2号瓦，3.5米以上用1号瓦
大式正脊全高（从底瓦垄至眉子或扣脊筒瓦）	1. 按檐柱高的1/5~1/6定高。其中，当沟高约同筒瓦宽。瓦条与混砖每层约5~7厘米。眉子高约为7~9厘米（1/2筒瓦宽加2厘米）。其余为陡板高的尺寸，根据砖的实际尺寸进行调整，最后确定。如柱高5米，脊高暂定1米，内除当沟13厘米，瓦条混砖（四层）共28厘米，眉子9厘米，陡板高度为50厘米。用尺四方砖，陡板实际高度调整为40厘米，如必须定为50厘米时，陡板可用两层砖（如方砖上加条砖）。 2. 按檐柱高的2/5~2/7定吻高，然后按正吻的吞口高度决定陡板高度。陡板加一层混砖的总高度应等于吞口高度。如柱高5米，选用高1.5米的正吻，吞口高约50厘米，减去一层混砖的高度，陡板应为43厘米高。其他层次如混砖、瓦条等按实际厚度计算，每层也可按一层砖厚计算。 3. 无柱子的仿古建筑：用10号瓦者，陡板高8~10厘米；用3号瓦者，陡板高10~13厘米；用2号瓦者，陡板高13~18厘米；用1号瓦者，陡板高不低于20厘米；用特号瓦者，陡板高不低于35厘米。其他层次如混砖、瓦条等，均按实际厚度计算，每层也可按一层砖厚计算。 4. 影壁、小型砖结构门楼：按檐口高。3米左右，陡板高8~10厘米；4米左右，陡板高10~13厘米；4米以上，陡板高13~18厘米。混砖、瓦条等按实际厚度计算，每层也可按一层砖厚计算。 5. 牌楼：用3号瓦者，陡板高可为13~18厘米；用2号瓦者，陡板高可为15~20厘米。混砖、瓦条等按实际厚度计算，每层也可按一层砖厚计算

项目	选 择 依 据 或 尺 度 关 系
宝顶	1. 宝顶全高（当沟下皮至宝顶上皮）：按 2/5 檐柱高；柱高超过九尺（或 3m）的，可按 1/3 檐柱高；山上建筑、高台建筑、重檐建筑，可按 1/2～3/5 檐柱高。 2. 宝顶座高：不小于 6/10 全高。 3. 宝顶珠高：不大于 4/10 全高。 4. 宝顶宽：按高的 4～5/10
正吻	1. 按脊高定吻高。先计算出正吻吞口应有的高度，这个高度应等于陡板高加一层混砖高，按吞口与正吻高的比例，得出正吻应有的高度。如陡板高 30 厘米，混砖为 7 厘米，则吞口的理想高度为 37 厘米。吻高应为吞口高的 3 倍以上，因此应选择高 1.11 米以上的正吻。在没有合适的正吻时，应选择稍小一些的正吻，相差的尺寸可通过垫高正吻进行调整。 2. 按柱高定吻高。吻高约为柱高的 2/5～2/7，选用与此范围尺寸相近的正吻。 3. 正吻全高应为吞口高的 3～4 倍，相同的吞口尺寸。正吻高度可有变化。选择时按下列原则决定： ①房高坡大者或重檐建筑宜选择高的。②体量较小的建筑宜选择低的。③同一院内。瓦号相同，吻高宜有所区别，正房宜选择高的。 4. 影壁、牌楼、墙帽上的正吻：①吞口尺寸宜小于陡板和一层混砖的总高。②正吻全高一般不超过吞口高的 3 倍。 5. 墙帽正脊一般不用陡板，正吻（或合角吻）吞口尺寸应等于一层混砖加一层瓦条（或无瓦条）的高度。 6. 黑活正吻的规格种类较少，而脊的高度变化较大，大多不能配套。一般不用大吻配小脊，而应小吻配大脊，相差的部分用砖垫平，表面用灰抹平。 7. 黑活影壁、牌楼上的正脊正吻与琉璃影壁、牌楼上的正脊正吻不同之处是：琉璃影壁、牌楼上的正脊和正吻都应降低高度。但黑活影壁、牌楼上的正脊一般不降低，只降低正吻的高度
正脊兽 （望兽或带兽）	1. 正脊的眉子高不超过正脊兽的"雀台"（或兽爪），即应符合"带不淹爪"的规矩要求。 2. 正脊兽不常用，一般仅限于城楼或少数牌楼及门楼
大式垂脊兽后	1. 正脊为大脊作法时：垂脊斜高应等于或稍小于正脊高，然后找出垂脊的实际高度。例如正脊高为 60 厘米，垂脊斜高也为 60 厘米，垂脊实际高度为 50 厘米。内除当沟 12 厘米，瓦条、混砖共 28 厘米，眉子 9 厘米，则陡板高度为 21 厘米。 2. 正脊为过垄脊作法时：按瓦的规格，另视建筑体量及重要程度确定。除陡板外，所有脊件按实际厚度累加。陡板高：用 10 号瓦时陡板高 6～8 厘米；用 3 号瓦时陡板高 8～10 厘米；用 2 号瓦时陡板高 10～14 厘米；用 1 号瓦时陡板高不低于 16 厘米；用特号瓦时陡板不低于 20 厘米。 3. 如果垂兽较小，垂脊眉子超过了垂兽的兽爪高度，应适当降低，使之符合"垂不淹爪"的原则。必要时也可在兽座上适当垫灰，抬高垂兽
垂兽	1. 垂脊中的两层混砖、陡板、眉子的总高度与垂兽全高（至发尖）之比应为 2：5，与垂兽高（至眉毛）之比为 3：5。 2. 垂脊位置：有桁檩的：①硬山、悬山，在正心桁位置（无斗拱者为檐檩位置）。②歇山，在挑檐桁位置（无斗拱者为檐檩位置）。③庑殿、攒尖建筑，在角梁上，具体位置根据狮、马所占长度决定。无桁檩的：一般可按兽前占 1/3，兽后占 2/3 计算，垂兽在分界处。坡长较短或过长的应按狮、马所占实际长度决定
大式戗脊兽后	不超过垂脊高，可略矮
戗兽（岔兽）	1. 与垂脊相同或稍小。 2. 戗兽位置：①有桁檩的：在挑檐桁搭交处，也可顺角梁方向往前稍移（不超过一个兽的距离）。②无桁檩的：应与垂兽在同一条直线上，或稍靠前

项目	选 择 依 据 或 尺 度 关 系
围脊	以围脊总高不超过额枋下皮为原则，按额枋下皮至底瓦垄的实际高度确定各层高度。主要通过陡板高和眉子的泛水大小进行调整。如距离较短无法满足要求时，瓦条可只用一层，也可不用陡板（如不用陡板，混砖也只用一层）。
合角吻	1. 按陡板和一层混砖的总高定吞口尺寸。然后选择吞口尺寸与此相近的合角吻，宜小不宜大。 2. 吞口尺寸与合角吻高之比约为 1：2.5 或 1：3。 3. 如不用陡板，吞口尺寸应等于一层混砖加一层瓦条（或无瓦条）的高度。 4. 如因木构件高度所限，应选择小规格的合角吻，吞口尺寸不足时可用砖灰垫平。 5. 黑活合角吻的规格种类较少，大多不能配套。可采用垫高合角吻的作法，垫砖的外表面用灰抹平
合角兽	1. 眉子或扣脊筒瓦不超过合角兽的"雀台"（或兽爪） 2. 正脊用正脊兽者，围脊就用合角兽
下檐角脊兽后	做法与围脊相同，但其斜高不应超过围脊，根据斜高确定角脊的实际高度
角兽（下檐岔兽）	1. 两层混砖、陡板和眉子的总高度与岔兽全高之比应为 2：5，与岔兽（量至眉）之比为 3：5 2. 岔兽位置：在角梁上，具体位置根据狮、马所占长度决定
套兽	应选择与角梁宽度（两椽径）相近的宽度，宜大不宜小。如角梁宽 20 厘米，可选用宽稍大于 20 厘米的套兽
狮子、马	1. 第一个用狮子（抱头狮子），从第二个开始，无论几个，都要用马（海马） 2. 狮、马高（量至脑门）约为兽高（量至眉）的 6.5/10 3. 数目决定： ①狮、马应为单数，狮子计入在内（注：这与琉璃不同，琉璃小兽前的仙人不计数） ②一般最多放 5 个，极特殊情况下可放 7 个。 ③每柱高二尺放一个，不便按柱高的，按兽前实际长度分配，要单数，另视等级和出檐决定 ④同一院内，柱高相似者，可因等级、出檐之不同而有差异 ⑤墙帽、牌楼、小型门楼等坡长较短者，可用 2 个或 1 个
博脊及各种小式屋脊	1. 脊高按实际做法逐层累加计算 2. 降低高度的方法：①只用一层瓦条；②适当减少当沟和眉子的高度；③瓦条和混砖可降至 4 厘米

三、黑活屋面重量及瓦件数量的估算

（一）每平方米黑活屋面瓦的用量估算

1. 筒瓦屋面

先分别求出横向每米之内的瓦垄数和纵向每米之内瓦的块数：

$$瓦垄数（a）=\frac{1\text{米}}{\text{板瓦宽}+\text{蚰蜒当宽}（0.02\sim0.04\text{米}）}$$

$$每垄筒瓦块数（b）=\frac{1\text{米}}{\text{筒瓦长}}$$

$$每垄板瓦块数（c）=\frac{1\text{米}}{0.4\text{板瓦长}（\text{如为"压七露三"，按}0.3\text{板瓦长}）}$$

则，每平方米筒瓦数量$=b\times a$

每平方米板瓦数量$=c\times a$

以上数量为净用量，不包括施工及运输损耗（下同）。筒、板瓦的规格详见表 5-14～表 5-16。

2. 合瓦屋面

方法同筒瓦屋面中的板瓦计算方法。求出底瓦数量后，再乘以 2，即为底、盖瓦总数。如果盖瓦比底瓦小一号，盖瓦数量应单独计算。方法与底瓦计算方法相同。

3. 干槎瓦屋面

$$瓦垄数（a）=\frac{1\text{米}}{\text{板瓦宽}-0.01\text{米}}$$

$$每垄瓦的块数（b）=\frac{1\text{米}}{0.4\text{板瓦长}}$$

则，每平方米瓦的数量$=b\times a$

通过上述公式算出的数目均为净用数目，施工及运输损耗应另行考虑。

（二）每平方米黑活瓦面重量的估算

每平方米黑活瓦面的重量＝瓦的重量＋宽瓦灰浆的重量＋苫背的重量

每平方米瓦的重量＝每块底瓦的重量×底瓦的数量＋每块盖瓦的重量×盖瓦的数量

筒、板瓦的重量可参考表 5-18 给出的重量。

布 瓦 重 量 表　　　　　　　　　　　表 5-18

名　称	筒　瓦					板　瓦				
	头号	1 号	2 号	3 号	10 号	头号	1 号	2 号	3 号	10 号
重量（千克）	2.62	1.24	1.00	0.75	0.60	2.27	1.20	0.90	0.80	0.65

名　称	勾　头					滴　子					花边瓦		
	头号	1 号	2 号	3 号	10 号	头号	1 号	2 号	3 号	10 号	1 号	2 号	3 号
重量（千克）	3.49	1.65	1.25	0.95	0.75	3.02	1.07	1.15	0.95	0.80	1.70	1.20	1.05

注：本表瓦件规格为表 5-14 中的现行常见尺寸。

每平方米宽瓦灰浆的重量＝灰浆的表观密度（容重）×灰浆用量

每平方米宽瓦灰浆用量详见表 5-19。灰浆的表观密度（容重）另见有关规范。

每平方米苫背的重量＝苫背材料的表观密度（容重）×苫背的体积

苫背的体积＝实际厚度×面积

如作法不明时，每平方米屋面苫背可按 0.14 立方米估算。

（三）每米屋脊重量的估算

每米屋脊的重量＝每米脊件的重量＋调脊用的灰浆重量

黑活屋面每平方米宽瓦灰泥用量（单位：米³）　　　表 5-19

名　　称		捉节夹垄作法	裹垄作法
筒瓦	头号、1 号瓦	0.077	0.091
	2 号瓦	0.071	0.085
	3 号瓦	0.071	0.084
	10 号瓦	0.071	0.084
合瓦	1 号瓦	0.009	
	2 号瓦	0.093	
	3 号瓦	0.091	
干槎瓦		0.04	

注：1. 本表所列数据为压实后的净用量。操作损耗及虚实体积变化系数可按 1.2 考虑，即操作时的流态体积应乘
　　　以 1.2 系数。

　　2. 本表数据不包括苫背用量，苫背用量应另按实际厚度计算。如作法不明时，每平方米屋面苫背灰泥用量可
　　　按 0.14 立方米（净用数，不含损耗）。

每米脊件的重量＝砖的表观密度（容重）×每米脊件的体积

每米脊件的体积＝脊的高度（至底瓦垄算起）×0.13 米×1 米

砖的表观密度（容重）另见有关规范。

调脊用的灰浆重量＝表观密度（容重）×灰浆用量

调脊用的灰浆用量详见表 5-20，表观密度（容重）另见有关规范。

每米黑活屋脊灰浆用量　　　表 5-20

名　　称		用量（米³）	名　　称			用量（米³）
大脊	高在 50 厘米以下	0.037	鞍子脊		1 号瓦	0.055
	高在 70 厘米以下	0.039			2 号瓦	0.053
	高在 70 厘米以上	0.047			3 号瓦	0.052
皮条脊		0.037	清水脊			0.024
正吻（份）	高在 60 厘米以下	0.022	大式垂脊、戗脊、围脊、角脊	兽前		0.016
	高在 100 厘米以下	0.043		兽后	高在 40 厘米以上	0.030
	高在 100 厘米以上	0.052			高在 40 厘米以下	0.029
过垄脊	1 号瓦	0.064	合角吻（份）		高在 60 厘米以上	0.008
	2 号瓦	0.054			高在 60 厘米以下	0.006
	3 号瓦	0.047	垂兽、戗兽			0.004
	10 号瓦	0.025	小式垂脊、戗脊、博脊、围脊、角脊			0.016
合瓦过垄脊	1 号瓦	0.054	宝顶（份）		高在 150 厘米以内	0.044
	2 号瓦	0.052			高在 250 厘米以内	0.109
	3 号瓦	0.051			高在 250 厘米以外	0.196

四、吻兽、狮马的比例关系及细部画法

黑活吻兽、狮马的比例关系及细部画法参见本章第四节关于琉璃吻兽小跑比例关系及细部画法的相关内容。并应注意：

（1）吻高 1 米以下时应与七～九样吻的画法相同，见图 5-63（b）；高 1 米以上时可与六样以上吻的画法相同，见图 5-63（c）。

（2）黑活不用仙人，只用狮马，第一个用狮子，与琉璃小跑中的狮子形象相同。狮子后面无论再放几个，一律都用马，其细部画法应与琉璃小跑中的海马形象相同。

（3）狮、马高（指脑门高）约为兽高（指眉高）的 6.5/10。

第六章 石 作

第一节 常用石料种类及常用工具

一、石料的种类

[青白石] 青白石质地较硬，质感细腻，不易风化，多用于宫殿建筑和作法讲究的大式建筑，还可用于带雕刻的石活。青白石是一个含义较广的名词。同为青白石，有时颜色和花纹等相差很大，因此又有着各自不同的名称，如：青石、白石、青白、青石白碴、砖碴石、豆瓣绿、艾叶青、桃花洞、罗丝转等多种。如按成色划分则可分为四类：偏青色的，偏白色的，青白之间的、有花纹的。在各种青白石中，颜色越浅、花纹越不明显，价值也就越高。古时对于青白石的选用有如下习惯规律：①用于建筑时，较少使用带有明显花纹的石料；②用于重要的宫殿建筑的重要部位时，较少使用深色的石料，也较少使用带有明显暗花纹理的石料；③青白石中颜色最白的一种，古时被称作"白石"，仅用于少数重要的宫殿建筑或重要建筑的重要部位，近代多将白石误认作汉白玉；④深灰色的青白石（青石）是等级最低的一种，古时较少用于官式建筑的建筑本体；⑤带有明显暗花纹理的青白石，可用于石碑、陈设座、石狮等非建筑构件；⑥在同一个建筑中，石料的颜色应相近；⑦同一块石料上，如果花纹明显且色差较大，不宜选用。

对于古时对青白石的这些用法习惯，如今仍应注意保持，尤其是对于文物建筑而言，更应保持原有的风格特点。

[汉白玉] 汉白玉最早产地为北京房山地区。原作"旱白玉"，例如清代文献《圆明园工程做法》和《圆明园内宫石作现行则例》中都写为"旱白玉"。冠以"旱"字，一是说它似玉又不如玉。类似的说法如硼砂因状如水晶而被称作"旱水晶"，又如业内将墁地用的方砖外观较好的一面称作"水面"，而将不好的一面称作"旱面"等。二是说它与白玉相比，色泽相近但"水头"和光洁度不够，真正的白玉也因此而被称作"水白玉"。古时按成色将汉白玉划分成四类：质量最好的是"水白"，光洁度和润感稍差的是"旱白"，白色偏冷的是"青白"，略带絮状隐花的是"雪花白"（与下述雪花白不是同一种石头）。业内人士又将成色与汉白玉相近但不是汉白玉的白色石料归为"草白玉"，产于房山地区的草白玉又被叫做"房山白"。近年来草白玉或房山白往往也被看成是汉白玉。汉白玉具有洁白晶莹的质感，质地较软，石纹细，适于雕刻，多用于制作重要宫殿建筑中作法讲究的石栏杆。与青白石相比，汉白玉虽然更加漂亮，但其强度及耐风化、耐腐蚀性等均不如青白石。汉白玉与青白石同属大理岩，外观区分与青白石中的白石没有明显的界线，二者的区分标准是，汉白玉应很洁白，不能有杂质或花纹，石质应很细，内部颗粒感应不明显，质感以内含闪光晶体、有润感和透感，即有似玉感觉的为佳。古代由于这类石料产量较多，挑选的标准也比现代要严格，不但要看色泽，还要看质感。现代则大多以色泽为主

要标准，凡是纯白色的大理石都被认定为汉白玉。

[雪花白]　雪花白是河北曲阳及山东掖县（现山东莱州市）等地出产的一种石料。雪花白的特点是色白而略带青色，有晶莹感，内有明显的类似雪花状的隐纹。多用于石栏杆、须弥座等雕刻较多的构件。清代以前，京城一带的官式建筑并不使用这种石料，目前所见的实例都是 20 世纪 80 年代中期以后才出现的。修复文物建筑时应按原有的石料恢复。雪花白与汉白玉有些相似，应注意识别。

[花岗石]　花岗石的种类很多，因产地和质感的不同，有很多名称，如毛石、豆渣石、麻石、金山石、焦山石、粗粒花、芝麻花等。京城一带的官式建筑使用的花岗石为黄褐色，其中用于砌墙的不规则的石料称"虎皮石"。花岗石的质地坚硬，不易风化，特别适合用作桥礅、护岸、地面等。但由于石纹粗糙，不易雕刻，因此不适用于高级石雕制品。在官式建筑中，一般不用作台基石活和墙身石活，如台阶、柱顶、角柱石、挑檐石等。但虎皮石可用在官式园林建筑中。在地方（民间）建筑中，花岗石的使用则很普遍。

[青砂石]　青砂石又叫砂石或小青子，呈浅绿色或青绿色。与同样呈青绿色的青白石相比，无晶莹感，石质稍粗糙。与青白石相比，青砂石质地细软，较易风化。青砂石因产地不同，质量相差较大，较差者表现为磨损或风化后会出现片状层理。青砂石是小式建筑和普通大式建筑中最常用的一种石料，包括民宅、王府、寺庙等，在宫殿建筑中也有使用。近年来由于开采量的下降，逐渐被颜色相近的青白石和一种叫做"石府石"（又叫"西山石府"）的青绿色石料取代。青砂石属于水成岩（沉积岩），石府石属于火成岩，石府石质地细腻坚硬，价格较贵，古时不用于建筑，主要用于制作石磨。应注意二者的区别，尤其是文物建筑修缮，更不要用错石料。近年来有人将青砂石（小青子）简称为"青石"，但这样一来就与青白石中的青石相混淆了。

[红砂石]　红砂石在不同的地区有不同的叫法，如红石、武英石等。红砂石也属于水成岩，颜色呈暗红或暗紫色。石质较粗糙，较易风化。见于河南、河北等部分地区的古建筑中。

[凝灰岩类石料]　颜色品种较多，有青石、灰石、红石、白石、绿石、墨石等多种。凝灰岩类石料质感细腻，不易风化，但不同品种的石质软硬程度差距较大。凝灰岩类石料产地分布较广，因取材方便，故历来广泛用于各地的各类古建筑中。

[花斑石]　花斑石又叫五音石或花石板，呈紫红色或黄褐色，表面带有斑纹。花斑石质地较硬，花纹华丽。多制成仿方砖形式，磨光烫蜡，是少数重要宫殿的铺地材料。

在同一建筑中，常需要根据部位的不同而选择不同的石料。以石桥为例，桥面以下应使用质地坚硬，不怕水浸的花岗石，桥面部分可使用质地坚硬、质感细腻的青白石。石栏杆则可选用洁白晶莹的汉白玉。

二、石料挑选方法

1. 石料的常见缺陷

石料的常见缺陷是：裂缝、隐残（即石料内部有裂缝）、纹理不顺、污点、红白线、石瑕、石铁等。

带有裂缝和隐残的石料一般不可选用。但如果裂缝和隐残不甚明显，也可考虑用在某些不重要的部位。

同木材一样,石料也有纹理。纹理的走向可分为顺柳、剪柳(斜纹理)和横活(横纹理),纹理的走向以顺柳最好,剪柳较易折,横活最易折断。因此剪柳石料和横活石料不宜用作中间悬空的受压构件和悬挑构件,也不宜制作石雕制品。

石瑕是指石料虽无裂缝和隐残,但仔细观察时,可发现石面上有不明显的干裂纹。带有石瑕的石料容易由石瑕处折断,因此一般不易用作重要构件,尤其不可用作悬挑构件。

一般说来,一座建筑的石活难免出现污点和红、白线等外观不佳的缺陷,但应安排到不引人注目的位置。

石铁是指在石面上出现局部发黑(或为黑线),或是局部发白(即白石铁),而石性极硬。带有石铁的石料不但外观不佳,而且不易磨光磨齐。选用带石铁的石料时,应尽量安排在不需磨光的部位,尤其应避开棱角。

2. 石料挑选

开采前,应根据所需石料的要求和每座山的具体情况,了解山上的石料性质及好、坏石料在山上所处的部位。一般说来,坏石料常处在山根或山皮部位。开采时应尽量开成顺柳石料,避免开成剪柳和横活。在挑选石料时,应先将石料清除干净,仔细观察有无上述缺陷,然后可用铁锤仔细敲打,如敲打之声"嗒嗒"作响,即为无裂缝隐残之石。如作"叭啦"之声,则表明石料有隐残。冬季不易挑选石料,因为有时裂纹内会有结冰,这样就可能使有隐残的石料同样发出好石料的声音。冬季挑选石料时,应将石料表面的薄冰扫净,然后细心观察。石料的纹理如不太清楚时,可用磨头将石料的局部磨光。磨光的石料,纹理比较清晰。石纹的走向应符合构件的受力要求。用于阶条、踏跺、压面等的石料,石纹应为水平走向,称为"卧碴"。用于望柱、角柱石等的石料,石纹应为垂直走向,称为"立碴"。

三、石料加工的常用传统工具

石料加工的传统常用工具如图 6-1 所示。

(1)**錾子** 錾子是打荒料和打糙的主要工具。普通的錾子直径可为 0.8~1 厘米,粗錾子直径可为 1~2.5 厘米,尖錾子的直径可为 0.6~0.8 厘米。

(2)**楔子** 楔子主要用于劈开石料。

(3)**扁子** 即扁头錾子,又叫卡扁或扁錾。主要用于石料的齐边或石料表面的扁光。宽度为 1.5~2.6 厘米的为大卡扁,宽度为 1~1.5 厘米的为小卡扁。

(4)**刀子** 刀子用于雕刻花纹。用于雕刻曲线的叫圆头刀子。

(5)**锤子** 可分为普通锤子、花锤、双面锤和两用锤。普通锤子用于打击錾子或扁子等。花锤的锤顶带有网格状尖棱,主要用于敲打不平的石料,使其平整(这一工序称为砸花锤)。双面锤一面是花锤,一面是普通锤。两用锤一面是普通锤,一面可安刃子。因此两用锤既可以当锤子用,也可当斧子用。

(6)**斧子** 用于石料表面的剁斧(占斧)工序的操作。较大的斧子重约 1~1.5 千克。小斧子重约 0.8~1 千克,用于表面要求精细的剁斧。

(7)**剁斧** 形状与锤子相仿,但下端形状介于斧子与锤子之间。专门用于截断石料。

(8)**哈子** 一种特殊的斧子,专门用于花岗石表面的剁斧。它与普通斧子的区别是,斧子的斧刃与斧柄的方向是一致的,而哈子的斧刃与斧柄互为横竖方向。普通斧子上的

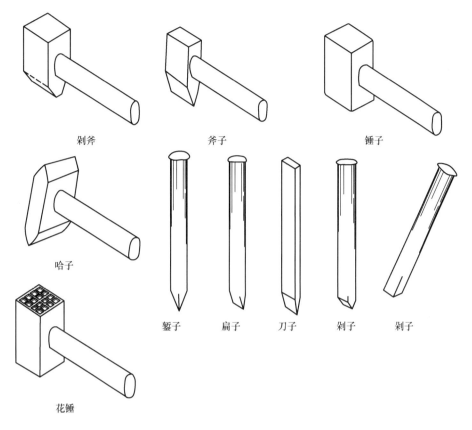

剁斧　　　　　斧子　　　　　锤子

哈子

花锤

錾子　　扁子　　刀子　　剁子　　剁子

图 6-1　石料加工常用的传统工具

"仓眼"（安装斧柄的孔洞）是与斧刃平行的，而哈子上的仓眼应外低里高，安装斧柄后，哈子下端微向外张，这样就可使剁出的石碴向外侧溅，而不致伤人面部。

（9）**剁子**　用于截取石料的錾子。早期的剁子下端为一方柱体，后来也有将下端做成直角三角形的。

（10）**无齿锯**　与木工大锯相同，但无齿。用于薄石板的制作加工。

（11）**磨头**　一般为砂轮、油石等。用于石料磨光。

（12）其他用具 如尺子、弯尺、墨斗、平尺、大锤、画签、线坠等。

第二节　石　料　加　工

一、石料的各面名称

加工时，石料的大面叫"面"，两侧小面叫"肋"，两端的小面叫"头"，不露明的大面叫"底面"或"大底"。加工后，露明部分统称"看面"或"好面"，其中面积大的一面叫"大面"，面积小的叫"小面"。如果石料的"头"不露明，叫做"空头"。如果"头"是露明的，叫做"好头"。一头为好头者，整块石料往往也被称做"好头石"。

石活安装时，各边又有着不同的叫法，如果石活为重叠垒砌，上、下石料之间的接缝叫"卧缝"，左、右石料之间的接缝叫"立缝"，同一个平面上的石料，大面上的"头"与

"头"之间的缝隙叫"头缝"，大面上的长边与石料或砖的接缝叫"并缝"，小面上的接缝叫"立缝"。如果平卧砌筑的石料四周都不露明（如海漫地面），"并缝"和"头缝"又可统称为"围缝"。

二、石料加工的各种手法

（1）**劈**　用大锤和楔子将石料劈开就叫劈。劈大块石块应先用錾子凿出若干楔窝，间距 8～12 厘米，窝深 4～5 厘米。合适的楔窝应能使铁楔插入后"下空，前、后空，左、右紧"，这样才能把石料挤开。在每个楔窝处安好楔子，再用大锤轮番击打，第一次击打时要较轻，以后逐渐加重，直至劈开。上述方法叫做"死楔"法。也可以只用一个楔子（蹦楔），从第一个楔窝开始用力敲打，要将楔子打蹦出来，然后再放到第二个楔窝里，如此循环，直至将石料劈开。死楔法适用于容易断裂和崩裂的石料。蹦楔法的力量大，速度快，适用于坚硬的石料（如花岗石）。如果石料较软（如砂石）或有特殊要求，如劈成三角形或劈成薄石板时，应先在石面上按形状规格要求弹好线，然后沿着墨线将石料表面凿出一道沟，叫做"挖沟"。劈薄石板时，石料的两个侧面也要"挖沟"。然后下楔敲打，或用錾子由一端逐渐向前"礅"，第一遍用力要轻，以后逐渐加重，直至将石料礅开。

（2）**截**　把长形石料截去一段就叫做截。截取石料的方法有两种。传统方法之一是将剁斧对准石料上弹出的墨线放好，然后用大锤猛砸斧顶。沿着墨线逐渐推进，反复进行，直至将石料截断。由于剁斧的刃是平的，石料上又没有挖出沟道，所以不会对石料造成内伤。但这种方法对少数石料往往难以奏效。传统方法之二是先用錾子沿着石料上的墨线打出沟道，然后用剁子和大锤沿着沟道依次用力敲击，直至将石料截断。这种方法效率较高，但有可能会对一些石料造成内伤。

（3）**凿**　用锤子和錾子将多余的部分打掉统称为凿。特指对荒料凿打时可叫"打荒"，特指对底部凿打时可叫"打大底"，用于石料表面加工时，有时可按加工的粗细程度直接叫"打糙"或"见细"。

（4）**打道**　打道是用錾子和锤子在基本凿平、砸平或剁平的石面上依次凿打，将石料打平，并在石料表面留下一道道均匀直顺的錾痕。打道可分为创道、打糙道和打细道。创道又叫"打瓦垄"，是指打很宽的道，主要用于初加工。打细道又叫"刷道"或"穿道"。刷道既可用于找平，也可用于石料表面的美观处理。刷细密的道则纯粹是为了美观，表现的是耍手艺，因此工匠常将刷细道戏称为"耍道"。对于软石料，应轻打，錾子应向上反飘，以免崩裂石面或留下錾影。

（5）**刺点**　刺点是凿的一种手法，操作时錾子应立直。刺点凿法适用于花岗石等坚硬石料，软石料及需磨光的石料均不可刺点，以免留下錾影。

（6）**砸花锤**　在刺点或打糙道的基础上，用花锤在石面上锤打，使石面更加平整。需磨光的石料不宜砸花锤，以免留下"印影"。砸花锤既可作为打道或剁斧前的一道工序，也可作为石面的最后一道工序。

（7）**剁斧**　古时又称作"占斧"。是通过用斧子（硬石料可用哈子）沿石料表面依次剁斩，将石料表面剁平。以剁斧为最后的加工手段的，在石面上留下的剁迹应细密顺直。剁斧分为两遍斧作法与三遍斧作法。两遍斧交活为糙活，三遍斧为细活。第一遍斧主要目的是找平，第三遍斧既可作为最后一遍工序；也可为打细道或磨光做准备，石料表面以剁斧为最后工序的，最后一遍斧应轻细、直顺、匀密。使用哈子代替斧子虽然省力，但不宜用于软石料，也不宜在剁第三遍斧时使用。

（8）**锯**　用锯和"宝砂"（金刚砂）将石料锯开。这种加工方法用于制作薄石板。

（9）**扁光**　用锤子和扁子将石料表面打平剔光就叫扁光。经扁光的石料，表面平整光顺，没有斧迹凿痕。扁光还可作为打细道或剁斧之前的工序。

（10）**錾点**　将尖錾子立直，用锤子敲打，在平面上錾出匀密的坑点来。錾点是对平面的一种处理手法，多用于对雕刻"地子"的处理手法之一。尤其是当"地子"空当较小，无法扁光的时候，更是只能采用錾点的方法。錾点偶尔也用作整块石料的表面处理，这时更多追求的是一种风格效果，例如南方部分地区就有采用在砌墙石块表面做錾点处理的。

（11）**磨光**　用磨头（一般为砂轮、油石或硬石块）沾水将石面磨光。磨时要分几次磨，开始时用粗糙的磨头（如砂轮），最后用细磨头（如油石、细石）。磨光后可做擦酸和打蜡处理。根据石料表面磨光程度的不同，可分为"水光"和"旱光"。"水光"是指光洁度较高，"旱光"是指光洁度要求不太高，即现代所称的"亚光"。

三、石料表面的加工要求

不同的建筑形式或不同的使用部位，对石料表面往往有着不同的加工要求。以那种手法作为最后一道工序，就叫那种作法，如以剁斧作法交活的，叫剁斧作法，但剁斧后磨光的，应称为磨光作法，常见的几种作法如下：

（1）**打道**　打道又叫"刷道"，分打糙道和打细道两种作法。同为打道作法，糙、细两种作法的效果却差异很大。打糙道作法是石料表面各种处理手法中较粗糙的一种，而刷细道作法又是各种手法中非常讲究的作法。糙、细道之分，主要由道的密度来区分。在一寸（3.2cm）长的宽度内，打出三道的叫做"一寸三"，打出五道的叫做"一寸五"，以此类推，则有"一寸七"、"一寸九"和"十一道"等。"一寸三"和"一寸五"作法属于糙道作法，其中"一寸三"为不讲究的作法，"一寸五"为不太讲究的作法，"一寸五"以上属于细道作法，其中"一寸七"为讲究的作法，"一寸九"为很讲究的作法，一寸之内刷出十一道甚至更多的作法则是极其讲究的作法，大多只见于高级的石活制品，如特别讲究的须弥座、陈设座等。无论是糙道还是细道，打出的效果应深浅一致，宽度应相同，道应直顺通畅，不应出现断道。道的方向一般应与条石方向相垂直，有时为了美观，也可打成斜道、"勾尺道"、人字道、菱形道等。应该说明的是，打道作法是传统石活各种表面处理手法中最常见的手法。近年来由于机械加工逐渐代替手工操作的原因，在许多地区打道手法已开始消失，即使是在机械加工的基础上再进行打道处理，仍与传统打道的外观感觉不同。

（2）**砸花锤**　这种处理手法是在经凿打已基本平整的石面上，用花锤进一步将石面砸平。经砸花锤处理的石料大多用于铺墁地面，也常见于地方建筑中。

（3）**剁斧**　剁斧又叫"占斧"，是比较讲究的作法。剁斧应在砸花锤后进行。剁出的斧印应密匀直顺，深浅应基本一致，不应留有錾点、錾影及上遍斧印，刮边宽度应一致。表面用剁斧作法交活（最后一道工序）时，剁斧又可称为剁斧迹。应该说明的是，以剁斧作为石活表面的处理手法是清乾隆以后才出现在官式建筑中的，且其应用的普遍性一直无法与打道作法相提并论。20 世纪 70 年代以后逐渐在官式建筑中普及，后来又影响了一些地方建筑的手法风格。在文物修缮工程中应注意保持原有的手法风格。

（4）**磨光** 磨光作法一般只用于某些极讲究的作法，如须弥座、陈设座等。

（5）**做细** 指应将石料加工至表面平整、规格准确。剁斧、砸花锤、打细道、扁光和磨光都可作为"做细"的手段。做细既可用于露明的表面，也可用于不露明的表面。用于露明面时应做到细致、美观。用于不露明的表面时应做到平整，与其他砌体的接缝应细小。

（6）**做糙** 指石料加工得较粗糙，规格基本准确。打糙道、刺点和一般的凿打都属于做糙的范围。做糙同样既可用于露明面，也可用于不露明的表面。用于露明面时，外观可以疏朗粗犷，但表面应基本平整。用于不露明的表面时，可以很粗糙，但应符合安装要求。

四、石料加工的传统方法

在各种形状的石料中，长方形石料最多，其他形状的石料，如三角形和曲线形石料的加工也往往是在方形石料的加工基础上，再做进一步的加工。下面介绍的是以大面为看面的方形石料的加工方法。

石料加工的基本工序是：确定荒料；打荒；弹扎线，打扎线；打大底；小面弹线、大面装线抄平；砍口、齐边；刺点或打道；扎线，打小面；截头；砸花锤，剁斧；刷细道或磨光。上述工序不是固定不变的，在实际操作中，某些工序常反复进行。石料表面要求不同时，某些工序也可不用。例如表面要求砸花锤的石料，就不必剁斧和刷细道了。

（1）**确定荒料** 根据石料在建筑中所处的位置，确定所需石料的质量和荒料的尺寸，并确定石料的看面。荒料的尺寸应大于加工后的石料尺寸，称为"加荒"。加荒的尺寸因不同的构件而不同，一般不小于 2 厘米。

（2）**打荒** 在石料看面上初步抄平放线（方法参见装线工序），然后用錾子凿去石面上高出的部分，为看面的进一步加工打好基础。不露明的部分荒料尺寸过大时，可用錾子凿掉，但如果不妨碍安装，则不必凿掉多出的部分。

（3）**弹扎线，打扎线** 在看面的规格尺寸以外 1～2 厘米处弹出墨线，即"扎线"。然后把扎线以外的石料打掉，即打扎线。打扎线是为看面进一步加工打好基础。

（4）**打大底** 石活的底面（背面）称为大底。将大底上高出的部分打掉，将大底基本打平，其平整程度以不影响安装为准，或者说，只要不影响安装，大底的许多部分都可以不平整，甚至只作简单加工。

（5）**小面弹线，大面装线抄平** 如图 6-2 所示，先在任意一个小面上、靠近大面的地方弹一道通长的直线。如果小面高低不平，不宜弹线，可先用錾子在小面上打荒找平后再弹线，弹线时应注意，墨线不应超过大面最凹处。

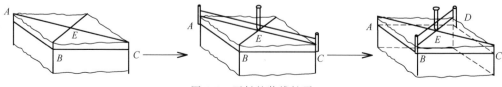

图 6-2 石料的装线抄平

假定弹线的一边为 AB 边，并设石料的其他各边为 BC、CD、DA 边，四角为 A、B、C、D，对角线 AC 和 BD 的交点为 E。沿 BC 边弹出一条直线，直线 AB 与 BC 交于 B 点。再弹出对角线 AC 和 BD，并相交于 E 点。根据几何原理，A、B、C 三点必定在同一平面上，只要能使 D 点也在这个平面上，则石料的大面就能成为一个平面了。按照下述装线方法，即可得到 D 点的位置：找三根小木棍，这三根木棍叫做"装棍儿"。再找一条线（一般用墨斗）。将两根装棍儿的底端分别放在 A 点和 C 点上，上端拴在线上。装棍儿要立直，线要拉紧。把第三根装棍儿直立在 E 点上，上端挨近墨线，使装棍上沾上墨迹。然后把 A、C 两点上的装棍儿移到 B、D 两处（其中 D 点尚未确定），位于 E 点的装棍儿不动，并让移位后的墨线仍然通过于装棍儿上的墨迹标记，此时 D 处装棍儿的下端就是 D 点的准确位置。画出 D 点，并弹出 AD 和 CD 墨线。小面上的 AB、BC、CD、AD 四条墨线就是大面上找平的标准。

在石料加工过程中，往往需要进行几次装线找平。

（6）**砍口、齐边**　沿着小面上的墨线用錾子将墨线以上的多余部分凿去，然后用扁子沿着墨线将石面"扁光"，即"刮边"，金边的最后宽度（成品的实际尺寸）约为 2 厘米。如果刷道或剁斧为最后一道工序的，应在完成后再刮一次金边。如果石料较软（如汉白玉），应分几次加工，以防石料崩裂。

（7）**刺点或打道**　以找平为目的打道又称为"创道"。刺点或打道都是在已经打过荒的基础上，用錾子将石料表面多余的部分打掉，并将石面找平。錾子立着凿打为刺点，顺着石面凿打即为创道。刺点或创道应以刮出的金边为高度标准，如石面较大，可先在中间冲出相互垂直的十字线来，并使十字线与金边保持在同一高度，然后以十字线和金边为标准进行刺点或创道。石料的纹理有逆、顺之分。顺槎叫"呛碴"、"开碴"或"顺碴"。逆槎叫"背碴"或"掏碴"。打背碴进度慢，道子也不易打直，打呛碴效率高，打出的道子也容易直顺，但有些石料打呛碴容易出现坑洼。因此打道时应根据石性，找好呛（背）碴再开始凿打。

如石料表面的最后要求为打糙道者，应先刺点后再行打道。如外观要求打出的道直顺均匀，可按一寸间距在石面上弹出若干条直线，按线打道。

（8）**扎线，打小面**　在大面上按规格尺寸要求弹出墨线，以线为准在小面上加工，加工的方法可与大面相同，也可略简。一般情况下，小面应与大面互相垂直。但要求做出泛水的石活，小面与大面的夹角应大于 $90°$。

（9）**截头**　截头又叫"退头"或"割头"。以打好的小面为准，在大面的两个头上扎线（可用方尺画线），并打出头上的小面。为能保证安装时尺寸合适，石活中的某些构件如阶条石等，常留下一个头不截，待安装时再按实际尺寸截头。

（10）**砸花锤**　经过上述几道工序，石料的形状已经制成，石面经刺点或打糙道，已基本平整，如表面要求砸花锤交活，就可以进行最后一道工序了，如要求剁斧或刷细道，在砸花锤以后，还应继续加工。如石料表面要求磨光者，应免去砸花锤这道工序。

砸花锤时不应用力过猛，举锤高度一般不超过胸部，落锤要富于弹性，锤面下落时应与石面平行。通过砸花锤，应将前面工序留下的痕迹去掉。以砸花锤交活的，石料表面的平面凹凸应在控制在 4 毫米（每米长）以内，不以砸花锤交活的，可控制在 6 毫米以内。

（11）**剁斧**　石料表面最后的加工要求为剁斧者，应在砸花锤后进行。也可不砸花锤，改用扁光手法将石料打平，然后再剁斧。剁斧一般应按"三遍斧"作法。建筑不甚讲究者，也可按"两遍斧"作法。"三遍斧"作法的，常在建筑即将竣工时才剁第三遍，这样可以保证石面的干净。

第一遍斧只剁一次。剁斧时应较用力，举斧高度应与胸齐，斧印应均匀直顺，不得留有花锤印和錾印，加工后平面凹凸每米不超过 4 毫米。在自然的握斧情况下，剁出的斧印方向是斜向的，剁第一遍斧的主要目的是为了找平，对斧迹方向不作要求。

第二遍斧剁两次，第一次要斜剁，第二次要直剁，每次用力均应比第一遍斧稍轻，举斧高度应距石面 20 厘米左右，斧印应均匀直顺，深浅应一致，不得留有第一遍斧印。加工后石面凹凸不超过 3 毫米（每米长）。

第三遍斧剁三次，第一次向右方斜剁，第二次向左方斜剁，第三次直剁，第三遍斧所用斧子应较锋利，用力应较轻，举斧高度距石面约 15 厘米，剁出的斧印应细密、均匀直顺，不得留有二遍斧的斧印。加工后石面凹凸不超过 2 毫米（每米长）。

如果以剁斧交活者（剁斧后不再刷道），为保证斧印美观，可以在最后一次剁斧之前先弹上若干道线，然后顺线用快斧细剁。

（12）**打道（刷道）**　石料的外观要求为打道的，由于道的细密程度不同，所要求的加工基础也不同。要求"一寸三"的，可在砸花锤后进行，要求"一寸五"或更细密的，应安排在剁斧后进行（也可将剁斧改为扁光）。要求"一寸五"，可只剁一遍斧，即只斜向剁一次。要求"一寸七"的，应在两遍斧的基础上进行，但这遍斧的两次都应斜向剁，不应直剁。要求"一寸九"或更细密的，应在三遍斧的基础上进行，但这遍斧的三次也都应斜向剁，不应直剁。在传统作法中，打道的密度以求以"一寸五"居多，根据讲究的程度不同，也可按"一寸三"、"一寸七"等不同要求打道。"一寸九"、"一寸十一"等则比较少见。为了保证质量，可先弹线再刷道。如果石面很宽，较难把握时，可顺着石料的纵向在中间刷两道鼓线（阳线），然后在两旁分别刷道，刷道一般应直刷（与石料的纵向相垂直），但也可以斜刷、左右互斜、刷成人字、菱形等。刷出的道子应直顺、均匀、深浅一致，道深不超过 3 毫米，不应出现乱道、断道等不美观现象。

（13）**磨光**　磨光应在剁完三遍斧的基础上进行。要求磨光的石料，应注意荒料在找平时不宜刺点，创道时应尽量使錾子平凿，也不宜砸花锤。这些都是为了避免在石面上留下錾影和印痕，否则磨光时难于去掉。

磨光时先用粗糙的金刚石沾水磨几遍，磨的时候可在石面撒一些"宝砂"即金刚砂。然后用细石沾水再磨数遍。石面磨光后，要用清水冲净石面。根据需要可在石料表面擦蜡，所用的蜡应为白蜡，且最好为川白蜡，不宜用黄蜡。将蜡熔化后兑入稀料制成软蜡，放凉后用布沾软蜡在石面上反复擦磨，直至蹭亮。

五、石雕介绍

按照古代传统，石作行业分成大石作和花石作，大石作匠人称为大石匠，花石作匠人称为花石匠。石雕制品或石活的局部雕刻即由花石作来完成。

石雕就是在石活的表面上用平雕、浮雕或透雕的手法雕刻出各种花饰图案，通称"剔凿花活"。石雕常见于须弥座、石栏杆、券脸、门鼓石、抱鼓石、柱顶石、夹杆石、御路踏跺等。独立的石雕制品有：石狮子、华表、陵寝中的石像生、石碑、石牌楼、石影壁、陈设座、焚帛炉等。

（一）石雕的类别

一般分为"平活"、"凿活"、"透活"和"圆身"。在雕刻手法中，用凹线表现图案花纹的通称为"阴活"（或"阴的"），而用凸线表现图案花纹的通称"阳活"（或"阳的"）。

平活即平雕，它既包括在平面上做阴纹雕刻，又包括那些"地子"（"地儿"）略低，"活儿"虽略凸起，但"活儿"的表面无凹凸变化的"阳活"。所以平活既包括阴活，也包括阳活。

凿活即浮雕，属于阳活的范畴。它可以进一步分为"揿阳"、"浅活"和"深活"。揿阳是指"地子"（"地儿"）并没有真正"落"下去，而只是沿着"活儿"的边缘微微揿下，使"活儿"具有凸起的视觉效果。"活儿"的表面作适当的凹凸起伏变化。"浅活"即浅浮雕，"深活"即深浮雕。"浅活"与"深活"都是"活儿"高于"地儿"，即花饰凸起的一类凿活。

透活即透雕，是比凿活更真实、立体感更强的具有空透效果的一类。如果透活仅施用于凿活的局部（一般为"深活"的局部），则成为一种手法，这种手法叫做"过真"。例如把龙的犄角或龙须掏挖成空透的，甚至完全真实的样子。但整件作品的类别仍然属于凿活。

"圆身"即立体雕刻，是指作品可以从前后左右几个方向都能得到欣赏。

上述几种类别之间没有严格的界限，在同一件作品中，往往会同时出现。

（二）石雕的一般方法

1. 平活

图案简单的，可直接把花纹画在经过一般加工的石料表面上。图案复杂的，可使用"谱子"（详见下文）。画出纹样后，用錾子和锤子沿着图案线凿出浅沟，这道工序叫做"穿"。如为阴纹雕刻，要用錾子顺着"穿"出的纹样进一步把图案雕刻清楚、美观。如果是阳活类的平活，应把"穿"出的线条以外的部分（即"地子"）落下去，并用扁子把"地子"扁光，或用尖錾子在"地儿"上做錾点处理。最后把"活儿"的边缘修整好。

2. 凿活

（1）**画** 较复杂的图案应先画在较厚的纸上，叫做"起谱子"。然后用针顺着花纹在纸上扎出许多针眼来，叫做"扎谱子"，把纸贴在石面上，用棉花团等物沾红土粉在针眼位置不断地拍打，叫做"拍谱子"。经过拍谱子，花纹的痕迹就留在石面上了，为能使痕迹明显，可预先将石面用水洇湿。拍完谱子后，再用笔将花纹描画清楚，叫做"过谱子"。过完谱子后要用錾子沿线条"穿"一遍，然后就可以进行雕刻了。简单的图案也可在石面上直接画出，无论哪种画法，往往都要分步进行，如果图案表面高低相差较大，低处图案应留待下一步再描画，图案中的细部也应以后再画。将最先描画出的图案以外多余的部分凿去，并用扁子修平扁光，低处图案也是先用笔勾画清楚，再将多余的部分凿去并用扁子修平扁光，然后用錾子和扁子进一步把图案的轮廓雕凿清楚。如果在雕凿过程中已将图案的笔迹凿掉，或是最初的轮廓线已不能满足要求时，应随时补画。

（2）**打糙** 根据"穿"出的图案把形象的雏形雕凿出来。

（3）**见细** 在已经"出糙"了的基础上，用笔将图案的某些局部（如动物的头脸）画出来，并用錾子或扁子雕刻出来。图案的细部（如动物的毛发、鳞甲）也应在这时描画出来并"剔撕"出来。"见细"这道工序还包括将雕刻出来的形象的边缘用扁子扁光修净。

在实际操作中，以上三道工序不可能截然分清，常常是交叉进行。在雕刻过程中，应随画随雕、随雕随画。

3. 透活

透活的操作程序与凿活近似，但"地儿"落得更深，"活儿"的凹凸起伏更大。许多部位要掏空挖透，花草图案要"穿枝过梗"。由于透活的层次较多，因此"画"、"穿"、"凿"等程序应分层进行，反复操作。为了加强透活的真实感，细部的雕刻应更加深入细致。

4. 圆身

圆身的石雕作品由于形象各异，手法和程序难于统一。这里仅以石狮子为例说明圆身作法的操作过程。

（1）**出坯子** 根据设计要求选择石料，包括石料的材质、色泽和规格等。石狮子分为两个部分，下部是须弥座，上部是蹲坐的狮子。官式作法的石狮各部比例为，石须弥座高与狮子高之比约为 5∶14，须弥座的长、宽、高之比约为 12∶7∶5，狮子的长、宽、高之比约为 12∶7∶14。与比例不符的多余部分应劈去。

在传统雕刻中，石狮子等圆雕制品最初往往不经过详细描画，一般只简单确定一下比例关系就开始雕凿，形象全按艺人心中默想的去凿做。细部图案待凿出大致轮廓时才画上去。因此画与凿的关系可说是"基本不画，随凿随画"。

（2）**凿荒** 又叫"出份儿"。根据各部比例关系，在石料上弹划出须弥座和狮子的大致轮廓，然后将线外多余的部分凿去。

（3）**打糙** 画出狮子和须弥座的两侧轮廓线，并画出狮子的腿胯（画骨架），然后沿着侧面轮廓线把外形凿打出来，并凿出腿胯的基本轮廓。凿出侧面轮廓以后，接着画出前、后面的轮廓线，然后按线"分出"（凿出）头脸、眉眼、身腿、肢股、脊骨、牙爪、绣带、铃铛、尾巴等。并凿出须弥座的基本轮廓。之后还要"出凿""崽子"（小狮子），滚凿"绣球，凿做"袱子"（即包袱）。

出坯子、凿荒和打糙时都应先从上部开始，以免凿下的石碴将下部碰伤。

（4）**掏挖空当** 进一步画出前、后腿（包括小狮子和绣球）的线条，并将前、后腿之间及腹部以下的空当掏挖出来，嘴部的空当也要在这时勾画和掏挖出来。

（5）**打细** 在打糙的基础上将细部线条全部勾画出来，如腹背、眉眼、口齿、舌头、毛发、胡子、铃铛、绣带、绣带扣、爪子、小狮子、绣球、尾巴、包袱上的锦纹以及须弥座上的花饰等。然后将这些细部雕凿清楚。不能一次画出雕好的，可分几次进行。

最后用磨头、剁斧、扁子等将需要修理的地方整修干净。

六、石料加工的技术质量要点

（1）传统石活的表面加工采用何种工艺手法是有一定习惯性的，但自 20 世纪七八十年代以后，有些工艺手法被改变了。常见的现象如：石料文物表面原状为扁光的，常被改为磨光作法；又如传统作法的腰线石外侧大多采用的是打道工艺，台阶、台明、地面牙子石等处也常采用打糙道或打细道工艺，而这些却大多被改为了剁斧工艺。应注意保持石料表面原有的传统工艺特点。尤其是在文物建筑或有文物价值的建筑修缮工程中，更应注意保持原作法不变。

（2）剁斧不细密是经常出现的质量通病，克服这一通病的方法是经常修磨斧刃，使斧刃保持锋利，剁斧时不能光图快，也不能跳着行剁，应一斧紧挨着一斧剁。为确保斧迹细密，必要时可以多剁几遍。对于外加工的成品石料，应对加工方提出要求并重点对这道工序进行验收。

（3）在现代施工中，传统的手工加工方式已部分甚至大部分被机械加工方式所取代，常见的方法是先将石料用机械切割成符合安装要求的规格材料，然后再在石料的看面（露明面）采用人工剁斧、打道等方法继续加工，或采用机械加工代替人工打道的方法。机械加工在大幅度地提高了效率的同时也使石料的加工质量出现了一些新的问题。此外，与传统加工方法相比，石料表面的工艺观感效果也产生了变化，尤其是对于文物建筑或有文物价值的建筑来说，如不注意，将很难保持原有的工艺特征。因此在加工时应注意以下几点：

① 用锯床加工代替手工打道作法用在具有民族形式的现代建筑中尚可，用在传统建筑中则并不适合，更不能用在文物建筑或有文物价值的建筑修缮中。

② 采用传统方法加工后，金边是略低于剁斧或打道表面的。现行加工方法常常是将石料锯开后，直接在上面剁斧，四周留出金边，不再用扁子刮金边，因此造成剁斧表面低于金边的现象，且金边很不整齐。因此剁斧完成后一定要刮一次金边，使金边低于石料表面。尤其是在文物建筑或有文物价值的建筑的修缮工程中，更应保持这一传统的工艺特征。

③ 现有的锯成材石料表面常常带有锯痕，继续加工（如剁斧）时应注意将锯痕去掉，不得留有锯痕。如用于仿古建筑，表面不再继续加工，直接使用光面石料时，应尽量将有锯痕的石料裁开用做边角料，或用在非主要位置上。

④ 现行施工中常出现以锯成材光面石料直接作为成品石料的现象，石料表面不再进行剁斧、打道或砸花锤等加工。常被改变作法的部位有踏跺（石台阶）、台明（阶条和陡板）、地面等。应注意避免这一弊病，尤其是文物建筑或有文物价值的建筑，更不应改变原有作法。

⑤ 在现代锯成材石料上剁斧或打道后的效果，与在手工加工后的石料上剁斧或打道后的效果是有所不同的。前者斧迹间或錾沟间为光平面，而后者的斧迹间或錾沟间为麻面，尤其是当斧迹不够细密或打糙道（錾沟间距较大）时，这一现象更为明显。因此在改进加工方法的同时也应尽量保持传统的糙麻效果，尤其是文物建筑或有文物价值的建筑，更应保持原有的工艺特征。对于剁斧和打糙道的石料，可先用花锤将表面砸一遍，或先将石料表面烧毛，使表面变得糙麻后再剁斧或打糙道。剁斧作法的也可采用多剁几遍斧的办法，先左、右斜向将光面基本剁掉，再直向剁1～2遍。对于打细道的石料，可先行剁斧至石料表面斧迹细密后，再开始打道。

⑥ 用锯成材石料加工的构件由于不露明的部分没有多余的尺寸，且表面为平整的光面。因此与传统方法相比，不利于与砌体的附着结合，年久容易造成石活移位走闪。因此

宜增加一些稳固措施，如铁件拉结、做出仔口等。

第三节　石料的搬运、起重及安装

一、石料搬运的传统方法

1. 抬运

用木杠（或铁杠）扛抬是中、小型石料搬运的常见方法。这种方法虽然比较费力，但简单易行，并且可以随时作任何方向上的移动。石活抬运应注意以下问题：每人的抬重能力可按 50 千克估算，每立方米石料的重量可按 2500～2700 千克估算。木杠（或铁杠）的使用方法如图 6-3 所示。

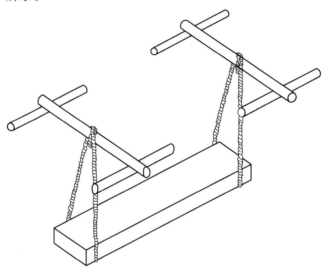

图 6-3　用木杠扛抬石料

扛抬时，石料离地不宜过高，起落时应一致行动，中途如有人感到力不从心时，应及时招呼，不可贸然"扔杠"。落地时不得猛摔，可先用木杠撬住，缓缓落地。扛抬时要有人喊号子，众人听号子统一行动，改变运动方向时，要用专用术语来表达，如"起"、"落"、"来趟"（紧缝）、"去趟"（懈缝）、"进"（贴线）、"出"（离线）等。

2. 摆滚子

摆滚子搬运石料的特点是比较省力，因此适用于较重的石料远距离搬运。滚子又叫滚杠，多为圆木或圆铁管。如为圆木，要用榆木等较硬的木料。摆滚子的方法如下：先用撬棍将石料的一端撬离地面，并把滚杠放在石料下面，然后用撬棍撬动石料，当石料挪动时，趁势把另一根滚子也放在石料下面，如果石料很重，也可以再放几根滚子，如地面较软。还可预先铺上大板，让滚子顺大板滚动。滚子摆好后，就可以推运石料了。在推运过程中要不断地在下面摆滚子，如此循环，石料就可以运走。沉重的石料可用若干根撬棍撬推。也可用粗绳（"大绳"）套住石料，由众人拉动。无论哪种方法，众人的气力都要一起使，而且要一下一下地使劲，所以应按照一个人的喊号进行。这种方法叫做"摆滚子叫号"。为了提高效率，常借助下述两种方法：①用绞磨对石料进行牵引。②长途搬运，可预先做一个榆木的木排，叫做"榆木旱船"，石料放在旱船上，再摆滚子运输。

3. 点撬

全凭撬棍的点撬将石料挪走，既适用于重石料，也适用于在较软的路面上搬运。点撬搬运听起来十分简单，但技术如不纯熟，拿不准内中的"劲儿"，对石料常常是奈何不得。

为防止石料掉碴，宜将撬棍梢端用布包好。撬棍的数量视石料的重量而定，一般至少应十几把，多者可至几十把。撬棍分布在石料的四周，整个组织称为一队。根据撬棍在石料的不同位置和责任的不同，可分成"头撬"、"二撬"、"三撬"和"捎伙"几组。头撬位于队首，其责任是负责将石料的头部撬离地面。二撬和三撬在队中（石料的两侧），其责任是顺着头撬的势头，做往上又即刻转向往前的点撬（点撬吃住劲后做形似摇船桨动作）。"捎伙"在队尾，其责任是趁势将石料向前猛撬。头撬要最先用劲，二撬、三撬随即跟上，捎伙最后用劲，但相隔的时间极短，这几组的力既有先后，又几乎是在同时发出的，要一气呵成，这样才能产生最大的力量。上述这一连串的动作要领的口诀是，"头撬起来，二撬跟上，三撬贴上，死伙捎上"。所有人员要统一行动，默契配合，人人都要服从叫号人的号子，并用号子呼应。叫号人以"窝来"这样的号子招呼所有人员用力，所有人员则一边用力一边呼出"哼来"这样的号子作为呼应，这样一唱一和，一紧一驰，反复点撬，就可将石料运走了。

4. 翻跤

这种搬运方法的特点是，让石料反复翻身打滚而达到向前移动。它适用于较长但不太厚的石料，如阶条石、台阶等的较短距离的移动。翻跤时众人要听从一个人的指挥，同时用力，不得中途贸然松手。如果石料较重，可借助撬棍进行。撬棍分成两组，第一组把石料的一侧撬离地面后，第二组撬棍要向更深处插入，再将石料撬至更高。两组撬棍这样反复几次，就可以使石料立起来了。放倒时也要用两组撬棍，第一组撬棍要紧贴住石料，然后使之微微倾斜。另一组撬棍的下面稍稍离开石料一段距离，但上面要贴住石料，等第一组拿开后，让石料随着撬棍的移动更加倾斜。随后，第一组撬棍的下端放在比第二组离石料更远的地方，上面贴住石料，当第二组撬棍拿开后，让石料随着撬棍的放倒继续倾斜。这样反复几次后就可以把石料放倒了。

二、石料起重的传统方法

1. 扛抬与点撬

扛抬与点撬可以作为搬运石料的手段，也可以作为石料提升的手段。尤其是中小型石料，搬运、提升，以至安装就位往往可由扛抬一次完成。中、小型石料的原位 30 厘米以内的升高，多用点撬的办法完成。操作时应随撬随垫，逐渐升高。

2. 斜面摆滚子

将厚木板的一端搭在高处，另一端放在地上，使木板与地面形成仰角，然后在斜面上用摆滚子的方法将石料移至高处，滚运时要用撬棍在下方别住，以免滚落。

3. 抱杆与绞磨起重

抱杆起重适于较大型的石料起重或将石料提至较高的位置。具体方法是：在地上立一根杉槁，顶部拴四根大绳，向四方扯住，这四根大绳叫做"晃绳"，晃绳的作用应既能扯住抱杆，又能随时做松紧调整，每根晃绳各由一人掌握，服从统一指挥。在抱杆的上部还要拴上一个滑轮，大绳或钢丝绳从滑轮上通过，绳子的一端吊在石料上，一端与绞磨相连，转动绞磨，石料就能被提升起来了（图 6-4）。

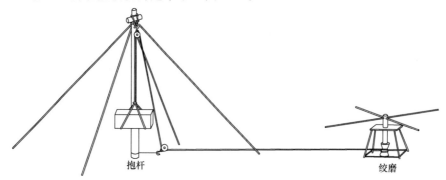

图 6-4　用抱杆与绞磨起重

4.吊秤起重

"秤"的制作方法如下：用杉槁和扎绑绳拴一个"两不搭"或"三不搭"，然后用一根长杉槁（必要时可用几根绑在一起）作秤杆，与"两不搭"或"三不搭"连在一起。秤杆

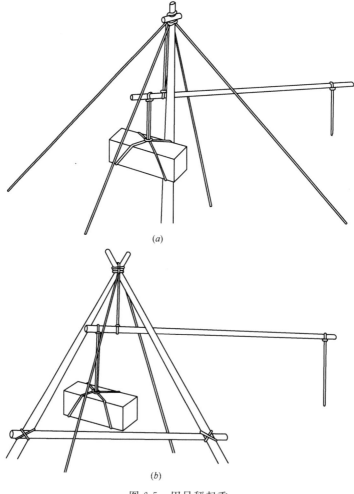

图 6-5　用吊秤起重

（a）抱杆吊秤；（b）两步搭吊秤

也可以与抱杆连在一起使用（图 6-5）。如果一杆秤不能满足要求时，可以同时使用几杆称。如果吊起的高度不能满足要求时，应支搭脚手架，在脚手架上，分不同高度放置数杆秤，连续升吊。

近代常使用"捯链"提升石料，这种方法安全可靠，操作方便，是石料起重的常用方法。

三、石活安装

1. 石活连接方式

（1）自身连接方式：包括做"缭绊"、做榫和榫窝、做"仔口"。仔口亦作"梓口"，凿做仔口又叫"落槽"（图 6-6）。

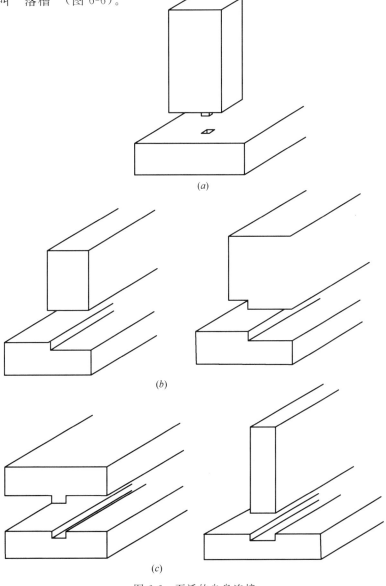

图 6-6　石活的自身连接

（a）榫卯连接；（b）"缭绊"相连；（c）用仔口连接

（2）铁活连接：包括用"拉扯"、用"银锭"（又叫"头钩"）、用"扒锔"（图6-7）。在石活表面按铁活的形状凿出窝来。将铁活放好后，空余部分要用灰浆或白矾水灌严。讲究的作法可灌注盐卤浆（见表6-1）或铁水。

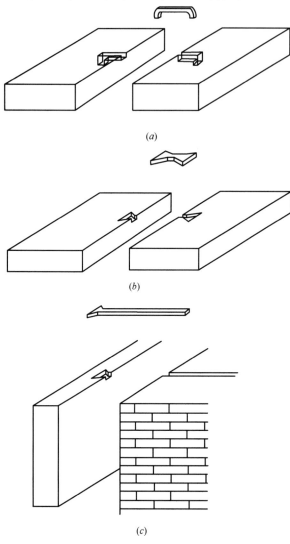

(a)

(b)

(c)

图6-7　石活的铁活连接

（a）用"扒锔"连接；（b）用"银锭"连接；

（c）用"拉扯"连接

2. 稳固措施

为使石活更加稳固，常采用下述措施：

（1）铺灰坐浆。由于石活不便任意拆卸，一旦灰浆厚度不合适时不易调整，因此这种方法只适用于标高要求不严的石活。有条件者，也可先将石活垫好，再从侧面将灰塞入。

（2）使用铁活。如将石活的缝隙用铁搔（俗称"铁撒"）塞实，又如出挑的石活，在下端放置"托铁"。托铁要隐入石活内，外面用灰抹平。石活的上端后口，还可以放置长条的"压铁"，压铁再被墙内砌体压住。这一托一压，就能保证出挑构件的稳固性了。再如，纵向石活之间，使用铁销子，讲究者甚至将从上到下的石活都在中间凿出透孔，然后用铁销子穿透，再用生石灰浆、江米浆或盐卤浆灌严。极讲究者，甚至以在透孔内注入铁水的方式进行连接。

（3）灌浆。先将石活找平、垫稳，然后将石缝用灰勾严。最后灌浆。

稳垫石活叫做"背山"或"打山"，以铁片背山叫"打铁山"，以石片或石碴背山叫"打石山"。大式建筑多以铁片背山，但白色石料须用铅铁背山，以避免铁锈弄脏石面。小式石活多打石山。地面石活由于基层平整度较差，用铁片背山往往满足不了高度要求。因此，也需要用石碴甚至小石块"打石山"。如果用石料背山，其硬度不得低于石料硬度，比如，花岗石不得用青砂石背山，否则会被石料压碎，俗称"嚼了"。

为防止灰浆溢出，需预先在石缝处用灰勾严，叫做"锁口"。锁口一般用麻刀灰，宫殿建筑中石缝极细者可用油灰锁口，近代也有用石膏锁口的。

灌浆所用材料多为桃花浆、生石灰浆或江米浆（见表6-1）。桃花浆作法多用于小式建筑或地方建筑，生石灰浆多用于普通大式石活，江米浆用于重要的宫殿建筑。

石作工程灰浆配合比及制作要点 表 6-1

名　称	主要用途	配合比及制作要点
麻刀灰	小式石活勾缝锁口，石墙砌筑	泼浆灰加水（或青浆）调匀后掺麻刀搅匀，灰：麻刀＝100：（3～4）
桃花浆	小式石活灌浆	白灰浆加好黏土浆，白灰：黏土＝3：7或4：6（体积比）
生石灰浆	石活灌浆	生石灰块加水搅成浆状
杂杂浆	地面石活的铺垫坐浆	白灰浆或桃花浆中掺入碎砖，碎砖量为总量的40%～50%，碎砖长度不超过2～3厘米
掺灰泥	地方建筑石活砌筑	泼灰与黄土拌匀后加水调匀，灰：黄土＝3：7或4：6或5：5等（体积比）
细石掺灰泥	大式石活砌筑	掺灰泥内掺入适量细石末
江米浆	重要建筑的石活灌浆	生石灰浆兑入江米浆和白矾水，灰：江米：白矾＝100：0.3：0.33
油灰	宫殿建筑柱顶等安装灌浆，台基、栏板等勾缝锁口	泼灰加面粉加桐油调匀，白灰：面粉：桐油＝1：1：1
舱缝油灰	防水石活舱缝	油灰加桐油，油灰：桐油＝0.7：1，如需舱麻，麻量为0.13
麻刀油灰	假山叠石勾缝、石活防水勾缝	油灰内掺麻刀，用木棒砸匀，油灰：麻＝100：（3～5）
血料灰	重要的桥梁、驳岸等水工建筑的砌筑	血料稀释后掺入灰浆中，灰：血料＝100：7
盐卤浆	大式石活安装中的铁件固定	盐卤兑水再加铁面，盐卤：水：铁面＝1：（5～6）：2
白矾水	小式石活铁件固定	白矾加水，应较稠
石膏浆	宫殿石活灌浆前的勾缝锁口	生石膏粉加水，加适量桐油，发胀适时后即可使用

现代施工有用水泥砂浆灌浆的，这种作法存在问题较多。首先，砂浆颗粒较粗，流动性差，因此不容易灌严。其次，砂浆在凝固过程中，由于收缩造成空虚使强度降低，不像传统作法中使用的生石灰，这种材料调成的浆，水分蒸发后体积不会减少。另外，水泥砂浆比传统灰浆的价格贵得多，因此，用传统灰浆灌浆是有其优越性的。

3. 石活安装的一般方法（以普通台基石活为例）

在古建筑石活中，以台基上的石活最多，最典型，因此以台基石活为例对石活的安装介绍如下：

（1）一般方法

安装普通台基石应先拴通线，所有石活均应按线找规矩。例如：土衬石外皮线应比台基外皮线往外多加金边尺寸；埋头和好头石外皮线应与台基外皮线重合；陡板应以埋头为准；阶条石应以好头石为准；柱顶石上的十字线应与柱中线重合等。总之，所有石活的安装均应按规矩拉通线，按线安装。

最后安装的一块石料，如阶条中的"落心石"，在制作加工时，有一个头不截，待其他石活安装完毕后，经过度量，确定了准确的尺寸再进行"割头"，最后安装成活。在实际操作中，常用"卡制杆"的方法确定最后一块石活的准确尺寸。方法如下：用两根细木棍或竹竿当作"制杆"，每杆的长度都要小于所度量的长度，但两根相加的长度应大于其长度，将两根制杆并在一起，使两端顶住两边的石料。两根制杆卡出的长度，就是要割头的石料的长度。为了保证石活"并缝"宽度一致，不出现"喇叭缝"，不应使用方尺画线，而应在两边各"卡"一次制杆，按制杆卡出的两点连线"割头"，这样更能符合实际情况。

石活就位前，可适当铺坐灰浆。下面应预先垫好砖块等垫物，以便撤去绳索，再用撬棍撬起石料，拿掉垫在下面的砖块，石活如不跟线，或"头缝"不合适，都要用撬棍点撬到位。

石活放好后，要按线找平、找正、垫稳。如有不平、不正或不稳，均应通过"背山"解决，普通情况下，"打石山"或"打铁山"均可。如石料很重，则必须用生铁片"背山"。打好石山或铁山后，要用熟铁片在后口缝隙处（主要为立缝）背实。

陡板石下如有榫，应对准土衬上的榫窝，安装后可在榫窝处背好铁楔，然后在外面做好标记。灌浆时，此处应适当多灌一些。大式建筑的陡板上常凿出银锭榫窝，安装时在此处放铁"拉扯"（"拉扯"长2尺左右，厚1~2寸）。"拉扯"后面压在金刚墙里。榫窝内注入生石灰浆、江米浆或盐卤浆（表6-1）。

灌浆前应先勾缝。如石料间的缝隙较大，应在接缝处勾抹麻刀灰。如缝子很细，应勾抹油灰或石膏。为防止灌浆时灰浆将石活撑开，陡板石要用斜撑顶好。

灌浆应在"浆口"处进行。"浆口"是在石活某个合适位置的侧面预留的一个缺口，灌浆完成后再把这个位置上的砖或石活安装好。为防止内部闭住气体而造成空虚，大面积灌浆时，可适当再留几个出气口。浆口处还可以装一个漏斗，这样既能增加灌注的压力，又能避免浆汁四溢。

灌浆前宜先灌注适量清水，这样可冲去石面上的浮土，利于灰浆与石料的附着。同时，湿润的内部有利于灰浆的流动，确保灌浆的饱满程度。灌浆至少应分三次灌，第一次应较稀，以后逐渐加稠。每次相隔时间不宜太短，一般应在4小时以后。灌完浆以后应将弄脏了的石面冲刷干净。

安装完成后，局部如有凸起不平，应通过凿打、剁斧、刮边等方法，将石面"洗"平。

（2）柱顶石安装要点

① 柱顶石、阶条石、室内地平、泛水及台基平水之间的关系。

柱顶石有两个高度，一个是鼓镜上皮，一个是柱顶石外棱（"柱顶盘"）。安装柱顶石时，柱顶盘的高度应与室内地平的高度一致，鼓镜上皮应高出室内地平。普通小式建筑（主要指不带廊子的建筑），阶条石大多不带泛水，因此室内地平与阶条石外棱为同一个高度。在这种情况下，台基的平水就是阶条石上皮、室内地面以及柱顶盘的高度，鼓镜上皮则高于平水。但较讲究的建筑，廊子地面和阶条石往往做出泛水，就是说，室内地平与阶条石外棱的标高不一致。在这种情况下，既可以将阶条石外棱定为台基的平水，也可以将室内地平和"柱顶盘"的标高定为台基的平水。当然，无论以什么高度作为台基的平水，柱顶鼓镜的高度仍应高于平水。安装柱顶时，柱顶盘必须保持水平，而廊子地面又有泛水，因此柱顶外棱与砖墁地不是平行重合的，它们之间的高低差，应在墁完砖地以后用剁斧等方法找平。

② 安装要点。

明确了柱顶石、阶条石、室内地平、泛水及台基平水之间的关系，也就明确了柱顶石的准确高度。安装时，柱顶的标高和位置都要以龙门板上的标准为准。具体方法是：按位置拉线（需要掰升的要将升掰出）。安装时顶柱石上的十字墨线与龙门板之间的线重合，并按线找平。小型柱顶（以两人能抬起为限）可直接铺坐灰浆，然后用木夯磕击，跟线后即为合适。铺坐的灰浆不宜太厚，一般不应超过 1 厘米。灰浆应较稠，以干硬性灰浆较好。大型柱顶应先垫稳合适后再灌浆。普通建筑可用桃花浆或生石灰浆，宫殿建筑可用油灰灌浆。为保证灰浆饱满，可用铁丝伸入内部插捣，另一边冒出气泡就说明浆已饱满。灌浆以后可用一些生铁片塞入缝内，以增强灰浆的抗压能力。如为套顶作法，榫眼内要灌油浆。木柱插入的部分应事先用生桐油浸泡（"钻生"）。

传统的讲究作法是在安装时将柱顶有意稍稍抬高一些（例如抬高 5 毫米），安好后重新拉线定位，包括柱中线及平水线（包括泛水线），然后按线重新加工。采用这种作法的柱顶石，大多对柱顶的宽度也应按线重新加工，因此应在加工制作时，就将稍稍加大的高、宽尺寸留出来。

第四节 台 基 石 活

台基的本义包括地下部分和露明部分。地下部分通称"埋深"（"埋身"），露明部分为普通台基作法的，通称为"台明"，须弥座作法的，仍称须弥座。这里所说的台基石活是指土衬石以上（包括土衬石）的石活，既包括普通台基，也包括须弥座式的台基。

一、普通台基上的石活

官式建筑的普通台基由下列石活组成：土衬石（土衬）、陡板石（陡板）、埋头角柱（埋头）、阶条石（阶条）和柱顶石（柱顶）（图 6-8）。

台基的权衡尺度及石活的尺寸见表 6-2、表 6-3。

台基石活的权衡尺度

表 6-2

		大 式	小 式	说 明
台明高	普通台明	1/5 檐柱高	1/5～1/7 檐柱高	1. 地势特殊者或因功能、群体组合等需要者，可酌情增减 2. 月台、配房台明，应比正房矮"一阶"，又叫一"踩"，即应矮一个阶条石的厚度
	须弥座	1/5～1/4 檐柱高（有斗栱的，柱高应算至要头）		
台明总长		通面阔加山出	通面阔加山出	1. 施工放线时应注意加放掰升尺寸 2. 土衬总长应另加金边尺寸（1～2 寸）
台明总宽		通进深加下檐出	通进深加下檐出	

续表

		大　式	小　式	说　明
下檐出（下出）		2/10～3/10 檐柱高	2/10 檐柱高	硬山、悬山以 2/3 上檐出为宜；歇山、庑殿以 3/4 上檐出为宜；如经常做为通道，可等于甚至大于上檐出尺寸
封后檐下出		1/2 檐柱径加 2/3～3/3 檐柱径加金边（约 2 寸）	1/2 檐柱径加 1/2～2/3 檐柱径加金边（约 1 寸）	
山出	硬山	外包金加金边（约 2 寸）	外包金加金边（约 1 寸）	
	悬山	2～2.5 倍山柱径	2～2.5 倍山柱径	
	歇山、庑殿	同下檐出尺寸		

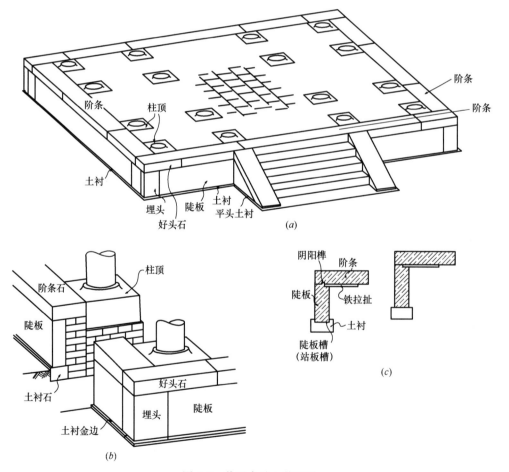

图 6-8　普通台基上的石活

（a）普通台基示意；（b）普通台基石活的组合；（c）土衬石的两种做法

台基石活尺寸 表 6-3

项 目		长	宽	高	厚	其 他
土衬石		通长：台基通长加 2 倍土衬金边宽 每块长：无定	陡板厚加 2 倍金边宽。金边宽：大式宽约 2 寸，小式宽约 1.5 寸		同阶条厚。大式不小于 5 寸，小式不小于 4 寸 土衬露明：1～2 寸，或与室外地坪齐。必要时也可全部露出	如落槽（落仔口），槽深 1/10 本身厚。槽宽稍大于陡板厚
陡板石		通长：台基通长减 2 倍角柱石宽。如无角柱者，等于台基通长 每块长：无定		台明高（土衬上皮至阶条上皮）减阶条厚。土衬落槽者，应加落槽尺寸	1. 1/3 本身高 2. 同阶条厚	与阶条石、角柱石相挨的部位可做榫头，榫长 0.5 寸
埋头角柱（埋头）	如意埋头（混沌埋头）		同阶条石宽，或按墀头角柱减 2 寸算。厢埋头的两侧宽度相同	台明高减阶条厚。土衬落槽者，应再加落槽尺寸	同本身宽	侧面可做榫或榫窝，与陡板连接
	琵琶埋头				1/3～1/2 本身宽，或按阶条石厚	
	厢埋头					
阶条石	阶条总长：同台基通长尺寸		最小不小于 1 尺，最宽不超过下檐出尺寸（从台明外皮至柱顶石中）。以柱顶外皮至台明外皮的尺寸为宜		大式：一般为 5 寸，或按 1/4 本身宽。大体量或重要的建筑可达 7 寸，极重要的建筑可达 9 寸甚至更多。 小式：一般为 4 寸	大面可做泛水。泛水约为 1/100～2/100 台基上如安栏板柱子，阶条石上可落地栿槽
	好头石	尽间面阔加山出 1 份，2/10～3/10 定长				
	落心	等于各间面阔，尽间落心等于柱中至好头石之间的距离				
	两山条石	通长：两山台基通长减 2 份好头石宽 每块长：无定	硬山：1/2 前檐阶条宽，或按小式 4 寸，大式 5 寸。周围廊歇山、庑殿及无山墙的悬山建筑：同前檐阶条宽。山面无廊的歇山、庑殿及有山墙的悬山建筑：可同前檐阶条，但一般不应大于山墙外皮至台明外皮的尺寸			
	后檐阶条石	长短不限，也可同前檐阶条石	一般可按前檐阶条宽，也可小于前檐阶条宽，老檐出形式的，不宜大于后檐墙外皮至台明外皮的尺寸			
月台上滴水石		通长：月台通长减 2 份阶条石宽 每块长：无定	上檐出与下檐出之差乘 1.5，或按阶条石宽		1/3 本身宽或同阶条厚	

项　目	长	宽	高	厚	其　他
柱顶石	大式：2倍柱径，见方 小式：2倍柱径减2寸，见方 鼓镜宽：约1.2倍柱径			大式：1/2本身宽（不包括鼓镜高） 小式：1/3本身宽，但不小于4寸（不包括鼓镜高） 鼓镜高：1/5檐柱径	檐柱顶、金柱顶及山柱顶虽宽度不同，但厚度宜相同
套顶下装板石（底垫石）	同柱顶			1～1/2柱顶厚	

在普通台基中，可不用陡板石，而以砖砌台帮形式做成。较高大的砖砌台帮俗称"泊岸"。砖砌台帮的砌筑类型一般应与山墙下碱的砌筑类型相同，如干摆、糙砌等。

凡用了陡板的就要用埋头。台帮用砖包砌的，一般也要用埋头，但做法很简单的，也可省去不用。做法很简单的建筑，可不用土衬石，而以城砖代之。作法简陋的建筑，甚至连阶条石也改作城砖。

有些重要的宫殿建筑虽为普通台基作法，但普通台基是坐落在须弥座之上的，这种作法的普通台基大多比较矮，一般只露出一层阶条石，或在阶条石之下加一层台阶。在小式建筑地方建筑或模仿地方风格的官式建筑中，陡板部分（有时包括埋头角柱）的作法比较灵活，常见的作法有：虎皮石、方正石或条石砌筑，卵石砌筑及碎拼石板等（详见第三章第一节）。

台基石活的安装方法见本章第三节石活安装的相关内容。

以下分别介绍官式建筑普通台基上的石活。

1. 土衬石

土衬石是台明与"埋身"的分界，既是台基石活的首层，也是台基埋身的最后一层。当土衬全部露出地面时，则为台明的首层。土衬石一般应比室外地面高出1～2寸。应比陡板石宽出约1.5寸（大式为2寸），宽出的部分叫"金边"。土衬石与陡板石接触的部分可以"落槽"，即按照陡板的宽度，在土衬石上凿出一道浅槽，陡板石就立在槽内。

2. 陡板石

陡板石是台基石活的第二层。陡板外皮与阶条外皮在同一条直线上。陡板下端装在土衬槽（即"仔口"）内，上端可做榫，装入阶条石下面的榫窝内。陡板的两端也可做榫，用以相互连接并与埋头角柱连接。

3. 埋头角柱

埋头角柱俗称"埋头"，位于台基四角。埋头与陡板的交接面上应凿做榫或榫窝，以便和陡板连接（图6-9）。

出角埋头：位于阳角转角处的埋头。

入角埋头：位于阴角转角处的埋头。

单埋头：指转角处用一块埋头的。

厢埋头：指转角处用两块埋头的。

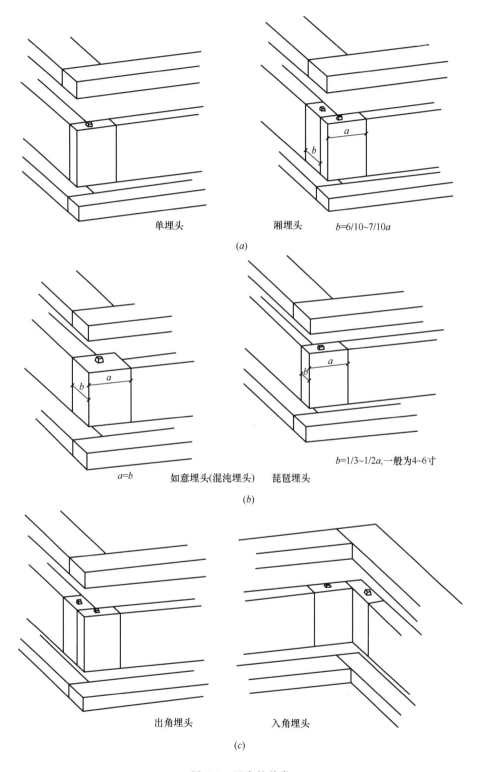

单埋头　　　　　厢埋头　　　$b=6/10\sim7/10a$

(a)

$a=b$　　如意埋头(混沌埋头)　琵琶埋头　　$b=1/3\sim1/2a$，一般为4~6寸

(b)

出角埋头　　　　入角埋头

(c)

图 6-9　埋头的种类

(a) 单埋头与厢埋头；(b) 如意埋头（混纯埋头）与琵琶埋头；(c) 出角埋头与入角埋头

混沌埋头：宽与厚相同的埋头。

如意埋头：混沌埋头的别称。

琵琶埋头：厚度为 1/2～1/3 本发身宽的埋头。

4. 阶条石

阶条石是台基最后一层石活的总称。每块石活由于所处位置不同，又有如下不同的名称：

好头：又叫横头，位于前、后檐两端的阶条石。因其"头"露明须作好面，故称好头。

联办好头：好头与两山条石合并制作而成。是极讲究的一种作法。

坐中落心：又叫长活。位于前、后檐正中间位置的阶条石。

落心：位于长活与好头之间的阶条石。

两山条石：山墙侧的阶条石。

擎檐阶条：重檐建筑平座上的阶条石，楼房建筑二层以上的阶条均可叫擎檐阶条。

阶条石的分部名称如图 6-10（a）所示。

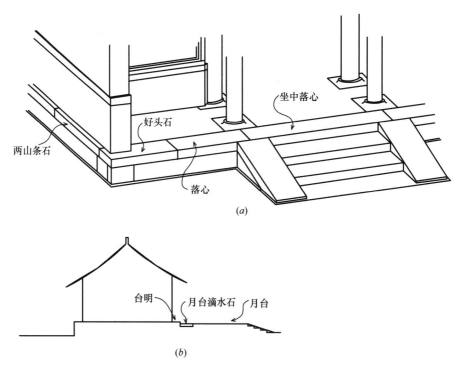

图 6-10　阶条石及月台滴水石
(a) 阶条石的分部名称；(b) 月台滴水石

月台滴水石：月台上与主体建筑台基相挨部分的阶条，由于处在屋檐下，因此称为滴水石，见图 6-10（b）。在一般情况下，前檐阶条石的块数应比房间数多两块，如三间房放五块阶条石，这叫做"三间五安"、"五间七安"、"七间九安"等。次要建筑为材料所限时，可不必拘泥此法。两山条石的块数一般不受限制。后檐阶条的块数要求与建筑的重要程度有关，讲究者应与前檐阶条的作法相同。

由于下檐出的尺寸变化较大，因此阶条石可以与柱顶石相挨，也可以离开柱顶石一段距离。如果下檐出的尺寸较小，阶条石的里皮甚至可以比柱顶石的外皮更加往里。在这种情况下，为保证柱顶石和阶条石的互不妨碍，应将阶条石上多余的部分凿去，叫做"掏卡子"。好头石上的卡子叫做"套卡子"，落心石上的卡子叫做"蝙蝠卡子"。

两山条石和后檐阶条石的宽度与建筑的形制有很大的关系，其宽度的决定如表6-3和图6-11所示。

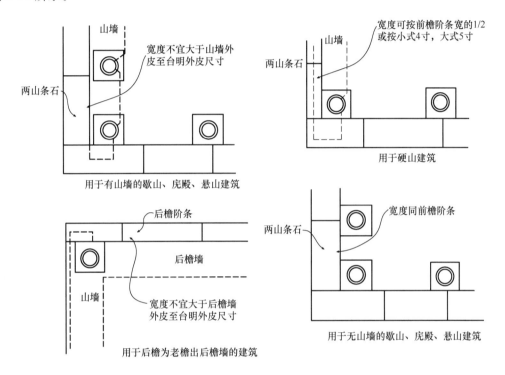

图6-11　两山条石和后檐阶条石的宽度

作法讲究的阶条石可在大面上做出泛水。这个泛水一般应在石料加工时做出。阶条石的下面可凿做榫窝，以便和陡板上的榫头相接。

5. 柱顶石

柱顶石位于柱子下面，用以承托柱子。

（1）鼓镜：柱顶石上高出的部分叫做鼓镜（图6-12），也写作"鼓径"。安装时，鼓镜高出台基。圆柱下的柱顶石，应为圆鼓镜。方柱（梅花柱子）下的柱顶石，应为方鼓镜。凿打出鼓镜这道工序叫"挖鼓脖"。讲究的作法常在墁地完成后再一次挖鼓脖，这是因为柱顶石本身要放平，而廊内地面又有泛水。再次挖鼓脖是为了使柱顶面上棱的四个面能与周边地面找平。

（2）平柱顶：不做鼓镜的柱顶叫平柱顶（图6-12）。平柱顶仅见于做法简陋的小式建筑及地方建筑中。

（3）管脚：在柱顶的中间凿出的榫窝，用以容纳柱子下的管脚榫（图6-13a）。其作用是可以防止柱脚移位。稳定性较差的建筑（如游廊等），应做管脚。稳定性较好的建筑，

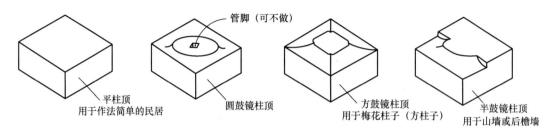

图 6-12 柱顶石的鼓镜

柱顶往往不做管脚。

（4）插扦：插扦与管脚相似，是用以安装柱子下的插扦榫的，见图 6-13（b）。插扦比管脚深，至少应为 1/3 柱顶厚。也比管脚宽，一般应为 1/3 柱径。

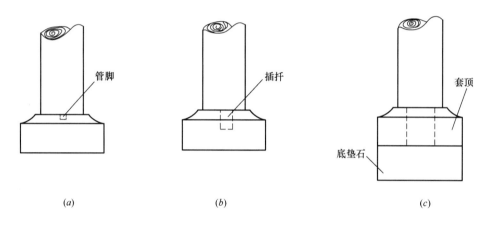

(a) (b) (c)

图 6-13 管脚、插扦、套顶与底垫石

（a）带管脚的柱顶；（b）带插扦眼的柱顶；（c）套顶与底垫石

（5）套顶：中间有一个穿透的孔洞的柱顶叫套顶，见图 6-13（c）。孔洞的大小根据柱子插入部分的粗细确定，既可按柱径凿出，也可比柱径略小。套顶下还可再放置一块石活，叫做"套顶装板石"或"套顶底垫石"（简称"底垫石"），也叫"暗柱顶"或"哑吧柱顶"。柱子从套顶中穿过，立在底垫石上。套顶作法可增加柱子的稳定性，故多用于牌楼、垂花门等处。楼房使用通柱的，楼上的柱顶也应使用套顶作法。为安装方便，必要时可做成两块拼合的形式。

带雕刻的柱顶：重要宫殿或庙宇的柱顶上常凿做花饰。官式作法的柱顶花饰形式多为"巴达马"（莲瓣），地方建筑的柱顶花饰则有多种式样（图 6-14）。

（6）爬山柱顶（图 6-15）：用于爬山廊子。爬山柱顶的上面应做成倾斜面，并应凿做管脚或插扦，必要时可做成套顶。

（7）联办柱顶：两个相挨的柱顶用一整块石料制成，叫做"联办柱顶"，见图 6-16（a）。这种"联办柱顶"多用于连廊柱的下面。少数极讲究的宫殿建筑使用另一种联办柱顶，这种柱顶将柱顶与阶条的好头石用一整块石料联做而成，见图 6-16（b）。

（8）异形柱顶：指用于非 90°转角处的柱顶（图 6-17），也泛指其他不常见的柱顶，如爬山柱顶、联办柱顶等。

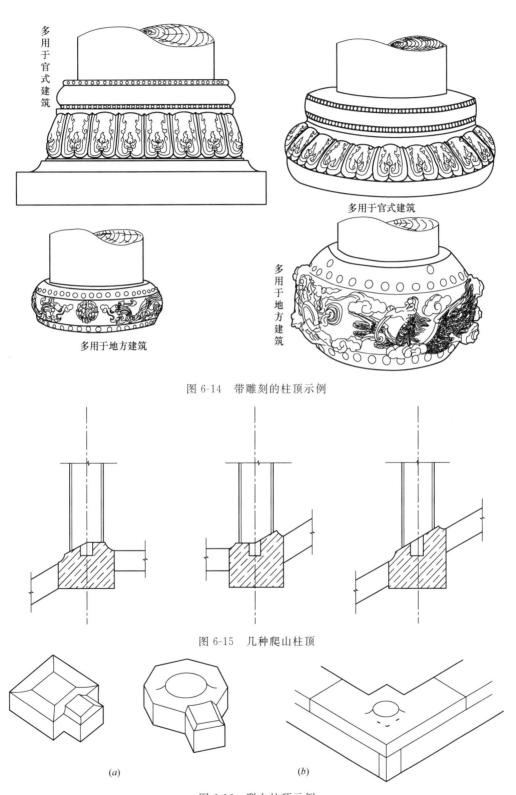

图 6-14　带雕刻的柱顶示例

图 6-15　几种爬山柱顶

(a)　　　　　　　　　　　(b)

图 6-16　联办柱顶示例

(a) 两个柱顶的联办；(b) 柱顶与好头石的联办

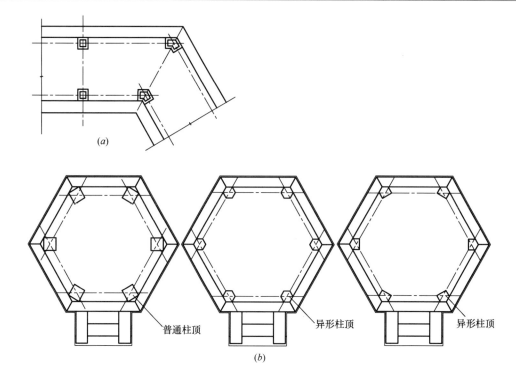

图 6-17 异形柱顶示例

（a）用于八字转角的柱顶；（b）多边形建筑的柱顶不同作法

二、石须弥座式台基

须弥座式的台基多用于宫殿建筑，有时也用于一般大式建筑。除此而外，须弥座还可用于基座类的砌体，如月台、平台、祭坛、佛座乃至陈设座等。重要宫殿建筑的基座，常由普通台基和须弥座复合而成，或做成双层须弥座。极重要的宫殿建筑甚至做成三层须弥座，这种形式的须弥座称"三台"或"三台须弥座"。三台，典出"泰阶"，泰阶，星名，又名三阶，即三台。泰阶共 6 颗星，排列如阶梯状。古人解释为"泰阶者，天之三阶，三阶平则阴阳和，天下平"，故帝王须"位列三台"。

（一）石须弥座的基本构成及各部尺度

石须弥座由下列分件构成（自下而上）：土衬、圭角、下枋、下枭、束腰、上枭和上枋（图 6-18）。如果高度不能满足要求时，可将下枋和上枋做成双层，必要时还可将土衬也做成双层，但应有一层土衬全部露明（图 6-19）。坐落在砌体之上的须弥座，可不用土衬石。

须弥座各层的名称虽然不同，但在制作加工时，却可由同一块石料凿出，即所谓"联办"或"联做"。在实际操作中，一块石头能出几层应根据石料的大小及操作上的便利来决定。

须弥座的转角处，通常有三种作法：第一种是转角不做任何处理，第二种是在转角处使用角柱石（又叫金刚柱子），阳角处的叫"出角角柱"，阴角处的叫"入角角柱"，第三种是在转角处做成"马蹄柱子"，俗称"玛瑙柱子"（图 6-20）。

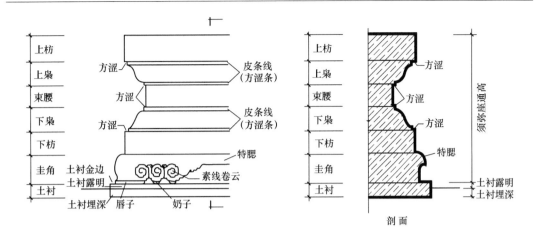

图 6-18 石须弥座的各部名称

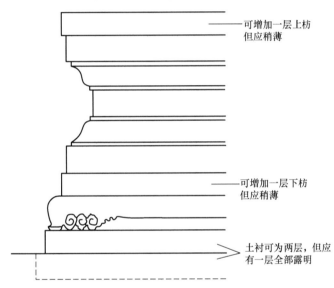

图 6-19 石须弥座层数的增加

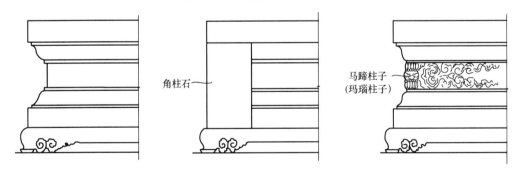

图 6-20 石须弥座转角的不同处理

须弥座的各层高度比例：须弥座全高一般为 1/5～1/4 柱高，特殊情况可酌情增减。在这个总的高度范围内，一般将全高定为 51 份。各层所占份数有一定的规律，其规律如图 6-21 及表 6-4 所示。在须弥座的各层之中，圭角和束腰可再增高，但增高所需的份数应在 51 份之外另行增加。图 6-21 及表 6-4 中所示的须弥座各层的比例为一般规律，可做适当调整。调整时，一般应遵循下述原则：（1）圭角和束腰的高度应基本一致，并应在各层的高度中最厚。（2）上枋应比下枋稍厚。（3）上、下枭的高度应一致，并应在各层高度中最薄。

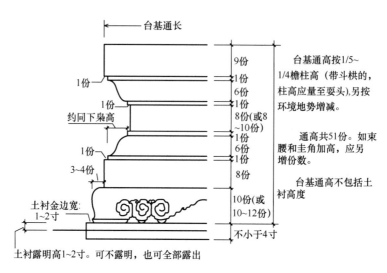

图 6-21　石须弥座的各部尺度

（二）普通须弥座

普通须弥座的特点是：（1）不做双层或"三台"式。（2）只在圭角部位做简单雕刻，其他部位则不做雕刻。（3）须弥座上不安装柜板柱子，更无龙头装饰（图 6-18）。

石须弥座分件尺寸　　　　　　　　　　　表 6-4

项目	长（或出檐原则）	宽	高	说　明
土衬	圭角通长加两份金边宽 土衬金边：1~2 寸	圭角宽加两份金边宽	4~5 寸 露明高：以 1~2 寸为宜。可不露明，也可超过 2 寸，但最高不超过本身高	1. 通高一般定为 51 份，如圭角和束腰需要增高时，应在 51 份之外另行增加 2. 上、下枋可为双层，高度另加，其中靠近上、下枭的一层较高 3. 带栏板柱子的须弥座，上枋表面可凿做地栿槽 4. 上、下枋出檐应一致
圭角	台基通长加 1/4~1/3 圭角高	3~5 倍本身高	10 份，可增高至 12 份（土衬如做落槽，应再加 1 份落槽深）	
下枋	等于台基通长	2~2.5 倍圭角高	8 份	
下枭	台基通长减 1/10 圭角高	1. 同下枋宽 2. 需错缝搭接的，可减少或加宽	8 份（包括 2 份皮条线）	
束腰	下枭通长减下枭高		8 份，可增高至 10 份	
上枭	同下枭		8 份（包括 2 份皮条线）	

续表

项目		长（或出檐原则）	宽	高	说　明
上枋		同下枋	1．不小于1.4倍柱径，不大于须弥座露明高 2．无柱者，不小于3倍本身厚	9份	1．通高一般定为51份，如圭角和束腰需要增高时，应在51份之外另行增加 2．上、下枋可为双层，高度另加，其中靠近上、下枭的一层较高 3．带栏板柱子的须弥座，上枋表面可凿做地栿槽 4．上、下枋出檐应一致
角柱石 （金刚柱子）			宽：约为3/5本身高 厚：1．同本身宽，2.1/3～1/2本身宽	上枋至圭角之间的距离	
龙头	四角大龙头	总长：10/3挑出长 挑出长：约同角柱石宽	等于或大于角柱石斜宽	大龙头高：角柱宽≈2.5∶3。应大于上枋与栏板地栿的总高度	
	正身小龙头	总长：5/2挑出长或按后口与上枋里棱齐计算 挑出长：约为2.5/3大龙头挑出长	小龙头宽：望柱宽＝1∶1	小龙头高：略大于本身宽	

（三）做法讲究的须弥座

做法讲究的须弥座上往往带有雕刻，还常配有栏板望柱（又称栏板柱子），甚至配有龙头装饰。做法讲究的须弥座往往做成双层须弥座或"三台"式。

1．带栏板柱子的须弥座

带栏板柱子的须弥座多用于较重要的宫殿建筑中，其基本式样及权衡尺寸如图6-22所示。栏板柱子的式样变化详见本章第六节相关内容。

2．带龙头的须弥座

带龙头的须弥座即在须弥座的上枋部位，栏板望柱的柱子之下，安放挑出的石雕龙

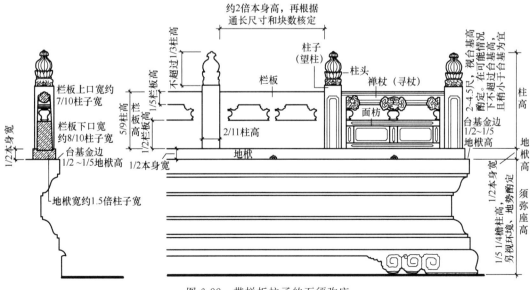

图6-22　带栏板柱子的石须弥座

头。龙头又叫螭首，俗称喷水兽。四角位置的龙头称为大龙头或四角龙头，其他的龙头称为小龙头或正身龙头。须弥座如带龙头，也必须带栏板柱子，转角处必须为角柱（金刚柱子）作法。带龙头的须弥座只用于极重要的宫殿建筑中，其基本组成及权衡尺度如图6-23及表6-4所示。

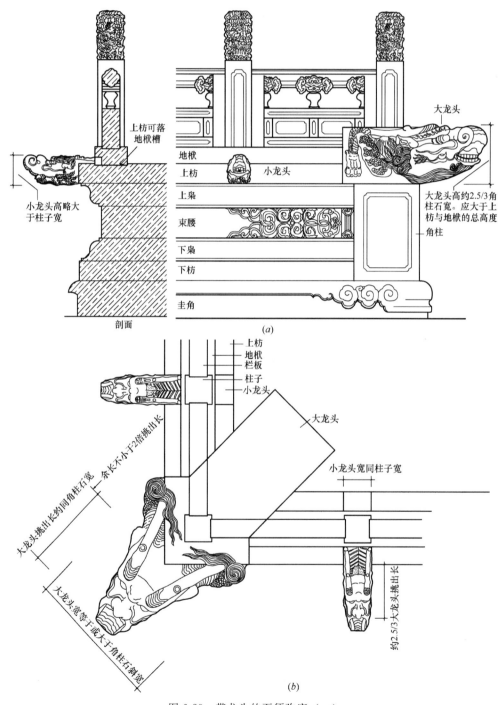

图 6-23　带龙头的石须弥座（一）

（a）正面与剖面；（b）平面；

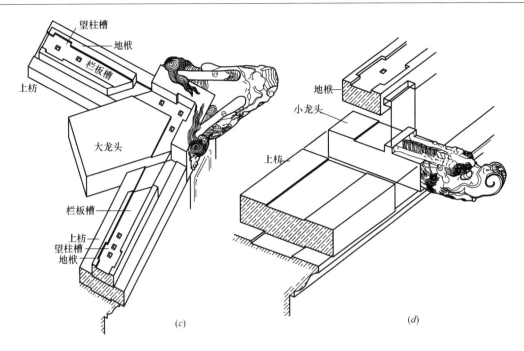

图 6-23　带龙头的石须弥座（二）

（c）大龙头与上枋、地栿的组合；（d）龙头与上枋、地栿的组合

3. 多层须弥座

多层须弥座的层数大多为双层，极重要的宫殿才采用"三台"作法（图 6-24）。多层须弥座作法的，下层须弥座一般应采用带龙头须弥座形式，上层可根据建筑环境灵活掌握。多层须弥座一般应较高大，增高的方法除了加大每层的高度外，还可以增加土衬的露明高度或将上、下枋做成双层。各层须弥座的高度可不相同，但最底层的应最高大。

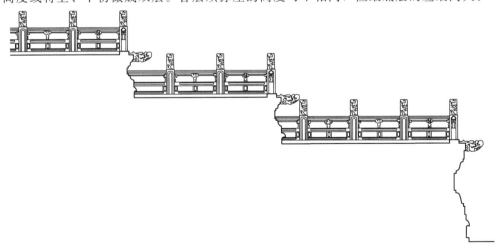

图 6-24　"三台"须弥座示意（剖面）

4. 须弥座雕刻

在须弥座上雕刻花活，按其繁简程度可归纳为三种形式（图 6-25）：（1）仅在束腰部位进行雕刻，这种形式最常见。（2）雕饰的幅度比第一种有所扩展，一般是在束腰和上枋

这两个部位进行，但有时也在束腰和上、下枋三个部位上进行。（3）所有部位均有雕刻。显然，在三种装饰方法中，以第三种最为华贵。

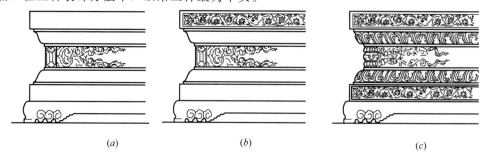

图 6-25　石须弥座雕刻的部位

（a）仅在束腰部位雕刻的须弥座；（b）在束腰和上枋部位雕刻的须弥座；（c）全部做雕刻的须弥座

无论雕刻的程度多么简单，乃至不做雕刻的须弥座，圭角部位都要雕做如意云的纹样（图 6-26）。

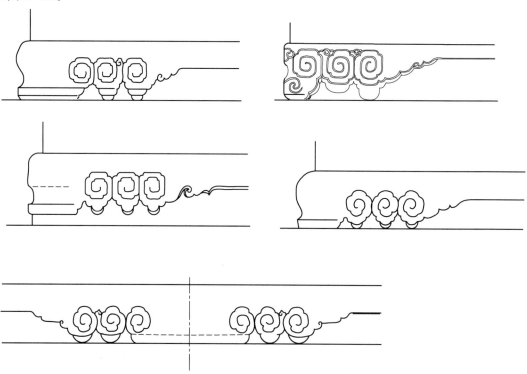

图 6-26　石须弥座圭角上的如意云纹样

束腰部位的雕刻图案以"椀花结带"为主（图 6-27、图 6-28），即以串椀状的花草构图，并以飘带相配。庙宇中的须弥座，还可在束腰部位雕刻"佛八宝"等图案。束腰转角部位的雕刻式样：一般做成"马蹄柱子"（俗称"玛瑙柱子"），或"金刚柱子"（又叫"如意金刚柱子"）。也可以不做特殊雕刻。庙宇中的须弥座，或与佛教有关的石碑等上的须弥座，还可在束腰的转角处雕凿"力士"的形象。

上、下枋的雕刻多为"巴达马"，俗称"八字码"。巴达马是梵文的译音，意为莲花。但在古建筑雕刻图案中，"八字码"与"莲瓣"的形象却有很大区别。莲瓣为尖形花瓣，

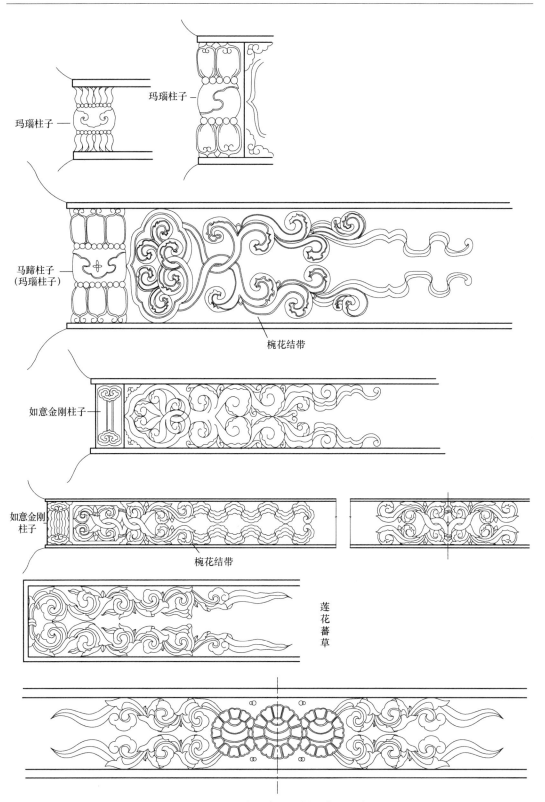

图 6-27 石须弥座束腰雕刻的常见图案

花瓣表面不做其他雕刻，而八字码的花瓣顶端呈内收状，花瓣表面还要雕刻出包皮、云子等纹样。虽然八字码和莲瓣都可以作为须弥座上的装饰，但对于石制的须弥座来说，上、下枭雕刻更多采用的是八字码的式样（图 6-28）。

上、下枋上的雕刻图案以宝相花、番草（卷草）及云龙图案为主（图 6-29）。

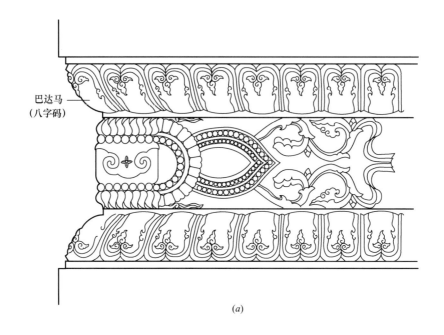

(a)

(b)

图 6-28　石须弥座的上、下枭雕刻

(a) 上、下枭和束腰雕刻；(b) 巴达马的变化

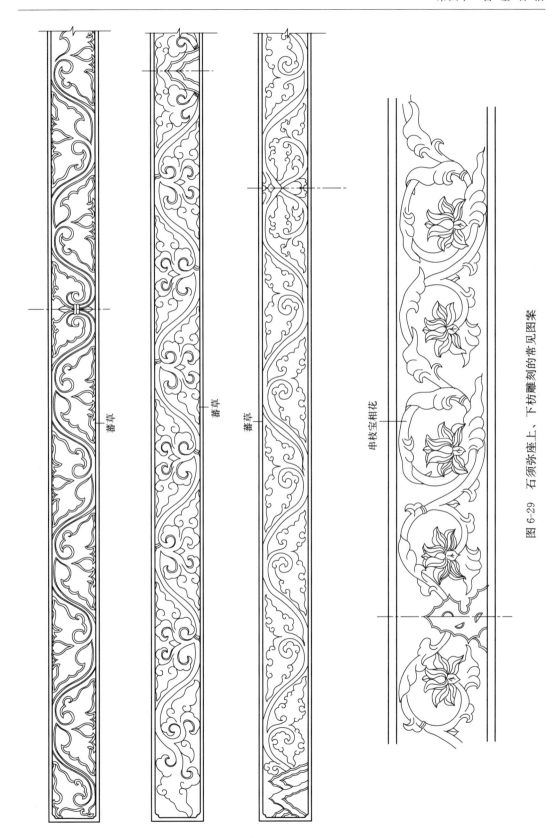

蕃草

蕃草

蕃草

串枝宝相花

图 6-29　石须弥座上、下枋雕刻的常见图案

三、石须弥座的其他用途

石须弥座除了用于台基，还常用于墙体的下碱部位，以及作为基座类砌体或其他用途。石须弥座用于墙体下碱的例子如：宫墙下碱、琉璃花门下碱、琉璃牌楼门下碱等（图6-30）。石须弥座作为基座类砌体的常见情况有：月台，平台、丹陛桥（宫殿之间相连的，与台基高度相近的甬路）、祭坛、佛座、陈设座、狮子座、碑座等。石须弥座作为其他用途的情况，如水池、花坛等（图6-113）。

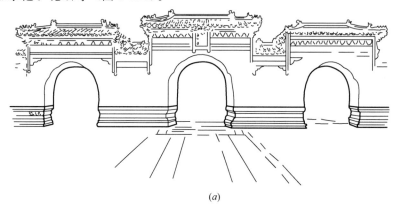

(a)

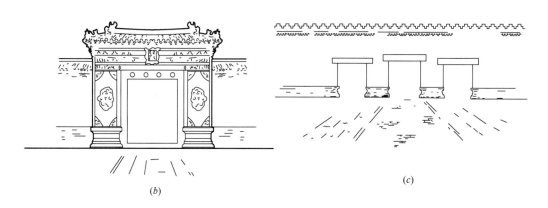

(b)   (c)

图 6-30 　石须弥座用于墙体的例子
（a）用于牌楼门；（b）用于琉璃花门；（c）用于宫墙

第五节 门 石、槛 石

门石、槛石类的石活系指台基上的一些散件石活。包括槛垫石、过门石、分心石、拜石、门枕石、门鼓石和滚墩石。各件的具体尺寸详见表6-5。

1. 槛垫石

位于金柱顶与金柱顶之间，主要用于承托门槛，故槛墙下面也可不用。但讲究者，也可放置。在作法简单的建筑中，即使门槛下往往也不用槛垫石。自20世纪50年代以后，往往不再使用槛垫石了，70年代以后，无槛垫更是成了习惯作法。应注意恢复槛垫石这一传统作法，尤其是文物建筑更应保持原来的作法。

（1）通槛垫：又叫合间通槛垫，即为一整块通长的槛垫石。古建中的槛垫石大多数都是通槛垫（图6-31）。

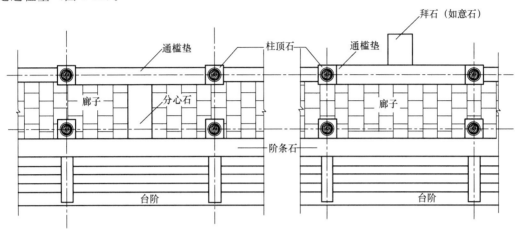

图6-31 通槛垫、分心石与如意石

（2）掏当槛垫：门槛下使用过门石的，垫槛石被过门石断为两截，过门石两侧的槛垫石就叫做掏当槛垫（图6-32）。

（3）带下槛槛垫：带下槛槛垫是将门槛和槛垫"联办"而成，多用于宫门、山门等无梁殿建筑。带下槛槛垫还常与门枕石一并"联办"，叫做"带下槛门枕槛垫"。为制作加工方便，常将带下槛槛垫分成三段，叫做"脱落槛"作法。两端的带下槛和门枕，叫做"脱落槛两头带下槛门枕槛垫"，中间的叫做"脱落中槛带下槛槛垫"（图6-33）。

门石、槛石尺寸 表6-5

项 目		长	宽	厚 或 高
槛垫石	通槛垫	面阔减柱顶宽	一般应按柱顶石宽，最小不小于3倍门槛宽，次间槛垫可比明间槛垫窄	1/2～1/3本身宽或同阶条石厚
	掏当槛垫	面阔减柱顶宽及过门石宽		
	廊门桶槛垫（卡子石）	金柱顶外皮至檐柱顶里皮	柱顶里皮至两山条石里皮	同阶条石厚
过门石	明 间	不小于2.5倍本身宽	不小于1.1柱顶石宽	3/10本身宽或同阶条石厚
	次 间	次间：明间≈3：4		
分心石（輂路石）		阶条石里皮至槛垫石外皮	1/3～2/5本身长或按1.5倍金柱顶宽	3/10本身宽或同阶条石厚
拜石（如意石）		2～3倍本身宽	1/3～1/4面阔	3/10本身厚
门枕石		2倍本身宽，再加门槛高1份	本身高加2寸	7/10门槛高
门鼓石	圆鼓子	2～2.5尺	7～9寸	2.2～2.8尺
	方鼓子（幞头鼓子）	1.6～2尺	5～7寸	1.4～2尺
滚墩石	垂花门滚墩石	比垂花门木架的2步架长度少1尺，或按1.8倍本身高	1.6～2倍柱径	1/3～1/4门口高
	影壁滚墩石	6/10影壁高	6/10本身高	小于1/2本身长

（4）廊门桶槛垫：又作"廊门筒槛垫"，俗称"卡子石"。为了行走上的方便，常在廊墙位置做一个门洞，叫做"廊门桶子"或"闷头廊子"。廊门桶处的槛垫石就叫做廊门桶槛垫，见图 6-34、图 3-31（e）。

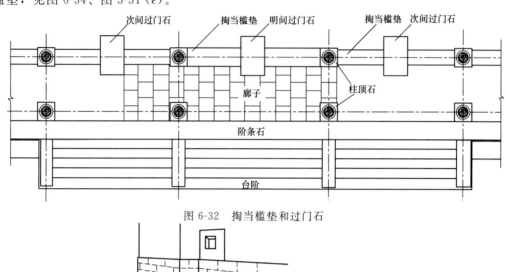

图 6-32 掏当槛垫和过门石

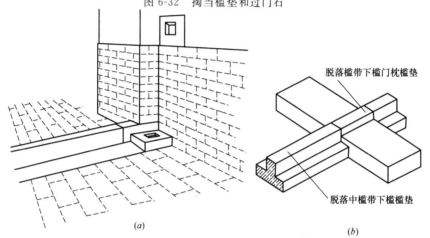

（a）

（b）

图 6-33 槛垫石、石门槛与门枕石的联做

（a）带下槛和门枕石的槛垫石示意；（b）脱落槛做法的联做槛垫

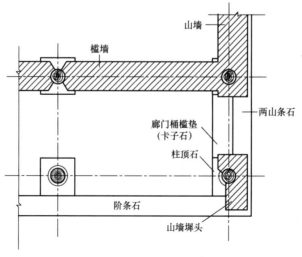

图 6-34 廊门桶槛垫

2. 过门石

在一些重要的宫殿建筑中，常放置过门石，以示高贵（图6-32）。过门石可只在明间设置，也可同时在次间设置，因此有"明间过门石"与"次间过门石"之分。稍间一般不再设置过门石。

3. 分心石（辇路石）

分心石也是礼仪性的，只在极重要的宫殿中使用。分心石和过门石均可看成是御路石在台基上的延续，但如果放置分心石，也就不再放置过门石了（图6-31）。

4. 拜石

拜石也叫如意石。放在槛垫石的里侧（图6-31），是参拜的位置标志，用于庙宇或重要的宫殿。

5. 门枕石

门枕石是安放大门门轴用的（图6-35）。门枕石上对应门轴的位置要凿出"海窝"，海窝内放置一块生铁片，用以承托门轴。铁片四周可浇注白矾水固定，宫殿建筑可用盐卤浆或铁水浇注固定。

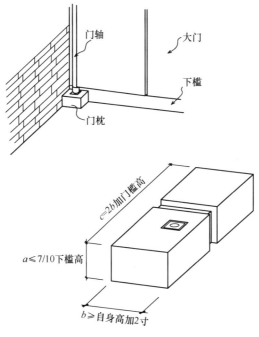

图6-35　门枕石

6. 门鼓石

门鼓石俗称"门鼓子"，其全称叫做"门枕石带抱鼓"，用于府第、宅院的大门或二门，见图6-36（a）。是既有实用性又有装饰性的大门附属构件。门鼓子可分为两大类：一类为圆形，叫"圆鼓子"（图6-36）。另一类是方形的，叫"方鼓子"，又叫"幞头鼓子"（图6-37）。由于圆鼓子作法较难，因此比方鼓子显得讲究一些。门鼓子的两侧、前面和上面均应做雕刻。雕刻的手法从浅浮雕到透雕均可。门鼓子的两侧图案可相同也可不相同。如不相同，靠墙的一侧应较简单。圆鼓子的两侧图案以转角莲最为常见，稍讲究者还可做成其他图案，如麒麟卧松、犀牛望月、蝶入兰山、松竹梅等。圆鼓子的前面（正面）

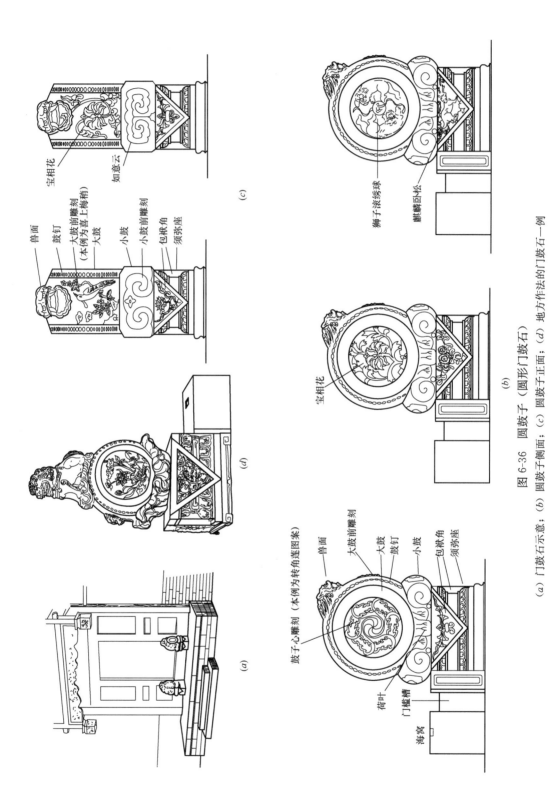

图 6-36 圆鼓子（圆形门鼓石）

(a) 门鼓石示意；(b) 圆鼓子侧面；(c) 圆鼓子正面；(d) 地方作法的门鼓石一例

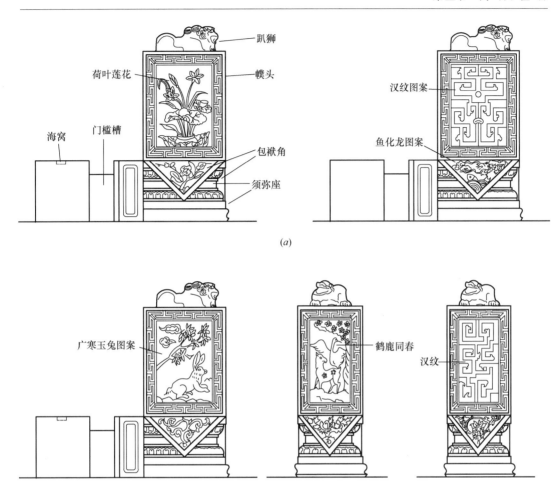

图 6-37　蟆头鼓子（方形门鼓石）
（a）方鼓子侧面；（b）方鼓子正面

雕刻，一般为如意，也可做成宝相花、五世同居（五个狮子）等。圆鼓子的上面一般为兽面形象。方鼓子的两侧和前面多做浮雕图案，上面多做狮子形象。狮子又分为"趴狮"、"蹲狮"和"站狮"。站狮即为常见的狮子形象，趴狮则应做较大的简化，耳朵应下耷，故俗称"狮狗子"。门鼓石的各部名称详见图 6-36、图 6-37。尺寸权衡及各部位的定位画线如图 6-38、表 6-5 所示。

7. 滚墩石

滚墩石用于垂花门、小型石影壁或木影壁，故有"垂花门滚墩石"和"影壁滚墩石"之分。滚墩石是一种富于装饰效果的稳定性构件，为了加强对垂花门或影壁的稳定作用，滚墩石上安装柱子的"海眼"必须凿成透眼，以便使柱子从滚墩石的中间穿过。滚墩石下应安装"套顶"和"底垫石"（图 6-39）。如能保证稳定，也可只安装底垫石，但必须凿出管脚榫或插扦榫眼（作法参见图 6-13）。滚墩石的圆鼓上应开做"壶瓶牙仔口"，以安装"壶瓶牙子"（俗称"站牙"）。垂花门和木制影壁的壶瓶牙子多用木料制成。石影壁的壶瓶牙子多用石料做成。滚墩石的尺寸权衡见图 6-39 及表 5-6。

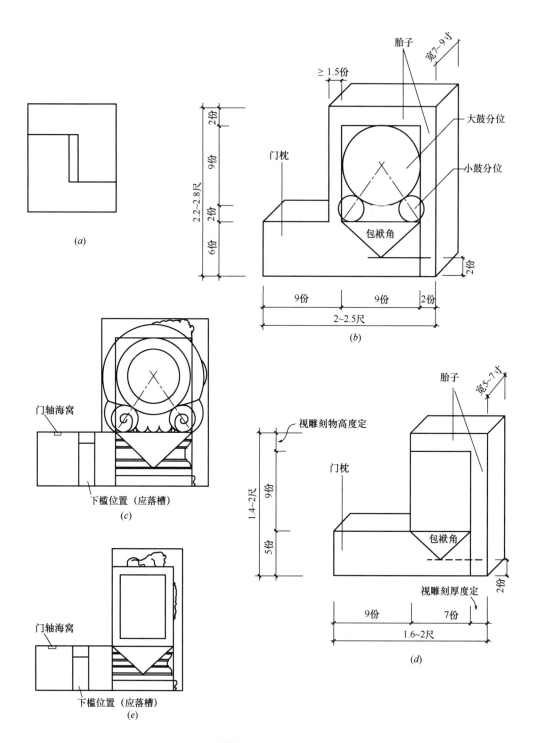

图 6-38　门鼓石的尺寸权衡与定位画线

（a）荒料的下料；（b）圆鼓子的各部比例及分位；（c）圆鼓石的定位画线；

（d）幞子鼓子的各部比例及分位；（e）幞头鼓子的定位画线

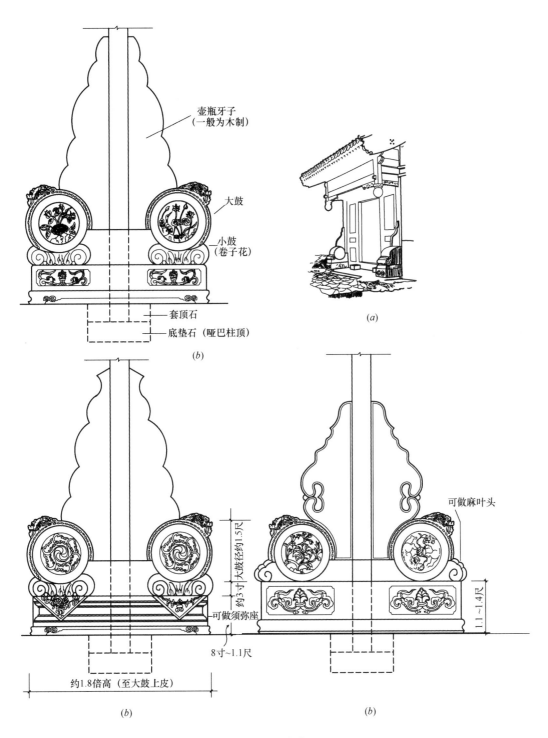

图 6-39 滚墩石
（a）滚墩石示意；（b）滚墩石三例（侧面）

第六节　栏 板 柱 子

栏板柱子又叫"栏板望柱"，即石栏杆，栏杆在宋代称"勾栏"。栏板柱子既有拦护的实用功能，又有使建筑的形体更为丰富的装饰作用。栏板柱子多用于须弥座式的台基上，但有时也用于普通台基之上。栏板柱子还用于石桥及某些需要围护或装饰的地方，如华表周围，花坛、水池四周等。

栏板柱子由地栿、栏板和望柱（柱子）组成（图6-40、图6-41）。台阶上的栏板柱子由地栿、栏板、望柱（柱子）和抱鼓组成（图6-47）。台阶上的栏板柱子因在垂带上，故称为"垂带上栏板柱子"，分别有"垂带上柱子"、"垂带上栏板"和"垂带上地栿"，也称做"斜柱子"、"斜栏板"和"斜地栿"。台基上的栏板柱子与垂带上的栏板柱子相对的叫法是"长身柱子"、"长身栏板"和"长身地栿"。

栏板柱子的各部名称如图6-41所示，比例关系及尺寸如图6-41和表6-6所示。

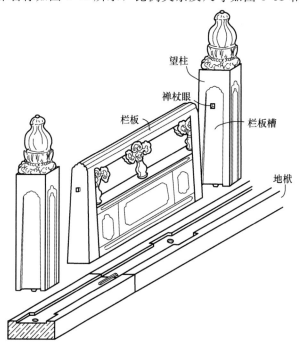

图 6-40　栏板柱子组合示意

1. 地栿

地栿是栏板的首层（图6-40、图6-41）。地栿常被误写作"地伏"或"地袱"，其名称源自木栏杆，在宋式建筑中，梁称为栿，地栿即地梁之意。宋代的木栏杆即有地栿这一构件，石栏杆是模仿木栏杆而来的，名称叫法自然与木构件也有渊源。

地栿的上面须按望柱和栏板的宽度凿出一道浅槽来，即应"落槽"，落出的槽又叫"仔口"。槽内还应凿出栏板和柱子的榫窝。"长身地栿"的底面应凿出"过水沟"（图6-42），以利排掉台基上的雨水。过水沟的位置应在望柱之间。在实际操作中，仔口、榫窝及过水沟可留待安装时再凿打。地栿的位置应比台基阶条石（或须弥座的上枋）退进一些，退进的部分叫"台基金边"或"上枋金边"。金边宽度约为1/2～1/5地栿高。

2. 望柱

望柱俗称柱子（图6-40、图6-41）。柱子可分为柱头和柱身两部分。柱身的形状比较简单，一般只落两层"盘子"，盘子又叫池子（图6-41）。柱头的形式种类较多，常见的官式作法有：莲瓣头、复莲头、石榴头、二十四气头、叠落云子、水纹头、素方头、仙人头、龙凤头、狮子头、麻叶头（马尾头）、八不蹭等（图6-43）。地方风格的柱头更是丰富多变，如各种水果、各种动物、文房四宝、琴棋书画、人物故事等。选择柱头时应注意两点：①在同一个建筑上，地方建筑的柱头可采用多种式样，而官式建筑的柱头一般只采用一种式样。②选择柱头式样时应注意与建筑环境的配合，如重要宫殿大多采用龙凤头。

柱子的底面要凿出榫头，柱子的两个侧面要落栏板槽，槽内要按栏板榫的位置凿出榫窝。

<table>
<tr><td colspan="5" align="center">栏板柱子尺寸　　　　　　　　　　　　　　表 6-6</td></tr>
<tr><td>项　目</td><td>长</td><td>宽</td><td>高</td><td>其他</td></tr>
<tr><td>地　栿
（长身地栿）</td><td>通长：等于台明 通长减 1～1/2.5 地栿高
每块长：无定</td><td>地栿宽：望柱宽≈1.5：1
落槽（仔口）宽：等于望柱宽</td><td>地栿高：地栿宽＝1：2
落槽（仔口）深：不超过 1/10 本身高</td><td>柱子仔口内应凿柱子榫窝（眼），地栿下应凿出水沟</td></tr>
<tr><td>柱　子
（长身柱子）</td><td></td><td>望柱宽（见方）：2/11 望柱高（台明上望柱一般不超过八寸）；
栏板槽宽等于栏板宽，槽深不超过 1/10 本身宽</td><td>全高：2～4.5尺，视台明高酌定，在可能情况下不超过台明高，但台明超过 1.5 米或低于 0.8 米时，可不受台明高的限制
柱头高：等于或小于 1/3 全高
多层须弥座望柱高：① 高度约为最上层须弥座高的 7/8，②各层望柱高可相等</td><td>望柱底面要凿榫头，榫头宽为 3/10 望柱宽，榫头长约等于宽。栏板槽内应凿出榫窝，以安装栏板榫头</td></tr>
<tr><td>栏　板
（长身栏板）</td><td>露明长：约为2倍本身高，根据台基实际长度、台阶宽及望柱情况核定
栏板块数应为单数，即应栏板坐中，不应望柱坐中</td><td>栏板下口厚：8/10 望柱宽；栏板上口厚：6/10～7/10 望柱宽</td><td>栏板高：望柱高≈5：9
面枋高：栏板高≈5：10
禅杖厚：栏板高≈2：10</td><td>每块的制作长度应另加栏板槽深尺寸。栏板两端应做榫，榫头长约为 0.5 寸</td></tr>
<tr><td>垂带上地栿
（斜地栿）</td><td>通长：垂带长加上枋金边（1/2～1/5 地栿高）再减垂带金边（1～2倍上枋金边）
每块长：无定</td><td>同长身地栿</td><td>斜高同长身地栿高</td><td>地栿槽内应凿栏板和柱子的榫窝</td></tr>
</table>

项 目	长	宽	高	其他
垂带上柱子		同长身柱子宽	短边高等于长身望柱高	榫头规格同长身望柱榫头规格。栏板槽内应凿出榫窝，以备安装栏板榫头
垂带上栏板	约同长身栏板长，根据垂带实际长度、抱鼓及望柱情况核算	同长身栏板	斜高同长身栏板高	如只有一块栏板，且长度较短，可只凿出两个净瓶（均为半个）
抱鼓	1/2～1 份栏板长	同栏板	同垂带上栏板	

3. 栏板

栏板在望柱与望柱之间，从侧面看，上窄下宽（图6-41）。

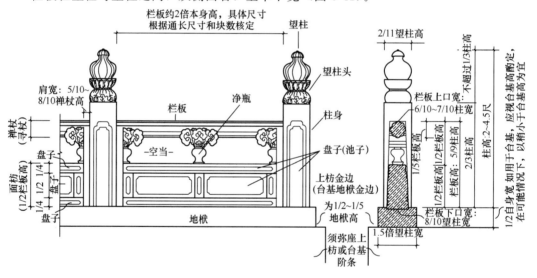

图 6-41 栏板柱子的各部比例及名称

栏板的式样可分为禅杖栏板（图6-41）和罗汉栏板（图6-44、图6-93）两大类。禅杖栏板因扶手形似禅杖而得名，禅杖栏板又被叫做寻杖栏板，又作"桥杖栏板"。寻杖栏板的名称源自木栏杆，而"寻杖"又从"寻丈"变化而来。在宋代，八尺为一寻，木柱之间的栏杆长度大多在八尺至一丈之间，故称寻丈栏杆。寻杖栏板的雕刻式样可分为透瓶栏板和束莲栏板两类（图6-45、图6-46）。

在各种式样的栏板中，以禅杖栏板（寻杖栏板）较常见。禅杖栏板中又以透瓶栏板最常见。透瓶栏板由禅杖（寻杖）、净瓶和面枋组成。禅杖上要起鼓线。净瓶一般为三个，但两端的只凿做一半。垂带上栏板或某些拐角处的栏板，净瓶可为两个，每个都凿成半个的形象。净瓶部分一般作净瓶荷叶或净瓶云子，有时也改做其他图案，如牡丹、宝相花

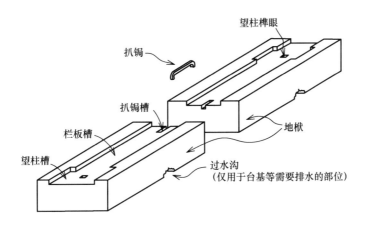

图 6-42　地栿示意

等，但外形轮廓不应改变。面枋上一般只"落盘子"（"做合子"）。极讲究的，也可雕刻图案。在"合子"中雕刻者叫"做合子心"。

罗汉栏板的特点是：①栏板不做禅杖（寻杖）；②板面上可做简单掏空处理，但不做净瓶荷叶或束莲等雕刻；③禅杖栏板必须用望柱，而罗汉栏板则可不用望柱。

栏板的两头和底面要凿出石榫，安装在柱子和地栿上的榫窝内。

4.垂带上栏板柱子

带上栏板柱子的尺寸应以"长身柱子"、"长身栏板"和"长身地栿"的尺寸为基础，根据块数核算出长度，再根据垂带的坡度，确定出准确的规格（图 6-47）。垂带上柱子的顶部与"长身柱子"作法相同，但底部应随垂带地栿做成斜面（图 6-47）。

垂带上地栿的两端叫做"垂头地栿"。上下两端的作法各不相同，上端叫做"台基上垂头地栿"（图 6-48），下端叫做"踏跺上垂头地栿"（图 6-48）。踏跺上垂头地栿应比垂带退进一些，叫"地栿前垂带金边"，其宽度为台基上地栿金边的 1～2 倍（图 6-47）。踏跺上垂头地栿之上的抱鼓退进的部分叫"垂头地栿金边"，其宽度为地栿本身宽度的 1～1.5 倍（图 6-47）。

做法讲究的且材料允许时，垂带地栿可与垂带"联办"制作，甚至可与垂带下的象眼"联办"制作。

抱鼓位于垂带上栏板柱子的下方（图 6-47）。抱鼓的大鼓内一般仅作简单的"云头素线"，但如果栏板的合子心内作雕刻者，抱鼓上也可雕刻相同题材的图案花饰（图 6-49）。

抱鼓的尽端形状多为麻叶头和角背头两种式样。抱鼓石的内侧面和底面要凿做石榫，安装在柱子和地栿的榫窝内。

垂带上栏板柱子的各部比例关系详见图 6-47 和表 6-6。

栏板柱子安装要求：

先在上枋（或阶条）部位确定金边尺寸，并弹出墨线，然后按线稳好地栿。地栿稳好后，在地栿上分出望柱和栏板的位置。立望柱和栏板时，不但要拉通线，还要用线坠将望柱和栏板吊正，下面要用铁片或铅铁片垫稳，构件缝隙处可用白油灰或石膏勾严。

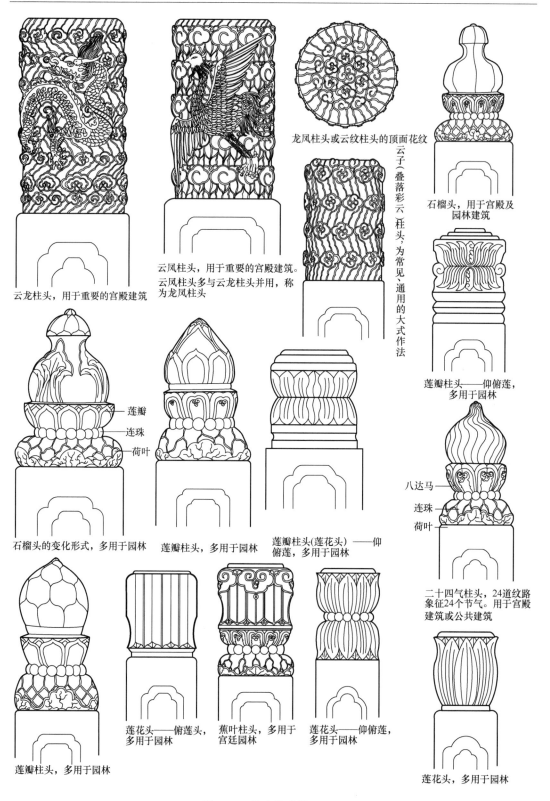

龙凤柱头或云纹柱头的顶面花纹

云子（叠落彩云）柱头，为常见、通用的大式作法

石榴头，用于宫殿及园林建筑

云凤柱头，用于重要的宫殿建筑。云凤柱头多与云龙柱头并用，称为龙凤柱头

云龙柱头，用于重要的宫殿建筑

莲瓣柱头——仰俯莲，多用于园林

莲瓣
连珠
荷叶

八达马
连珠
荷叶

石榴头的变化形式，多用于园林

莲瓣柱头，多用于园林

莲瓣柱头(莲花头)——仰俯莲，多用于园林

二十四气柱头，24道纹路象征24个节气。用于宫殿建筑或公共建筑

莲瓣柱头，多用于园林

莲花头——俯莲头，多用于园林

蕉叶柱头，多用于宫廷园林

莲花头——仰俯莲，多用于园林

莲花头，多用于园林

图 6-43 柱头的式样（一）

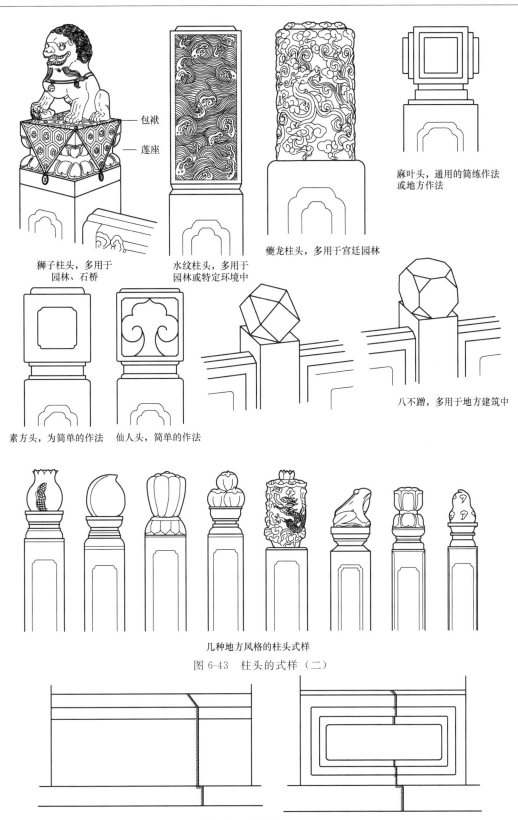

包袱

莲座

狮子柱头，多用于
园林、石桥

水纹柱头，多用于
园林或特定环境中

夔龙柱头，多用于宫廷园林

麻叶头，通用的简练作法
或地方作法

素方头，为简单的作法　仙人头，简单的作法

八不蹭，多用于地方建筑中

几种地方风格的柱头式样

图 6-43　柱头的式样（二）

图 6-44　两种罗汉栏板

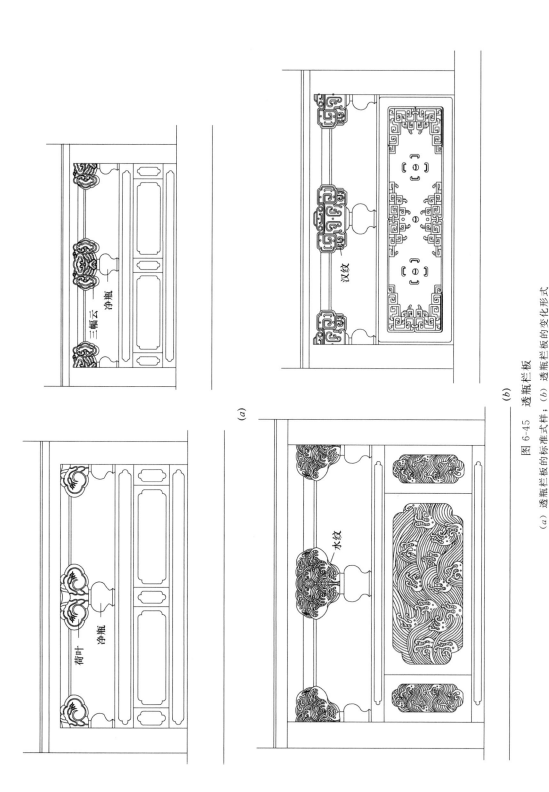

图 6-45 透瓶栏板
(a) 透瓶栏板的标准式样；(b) 透瓶栏板的变化形式

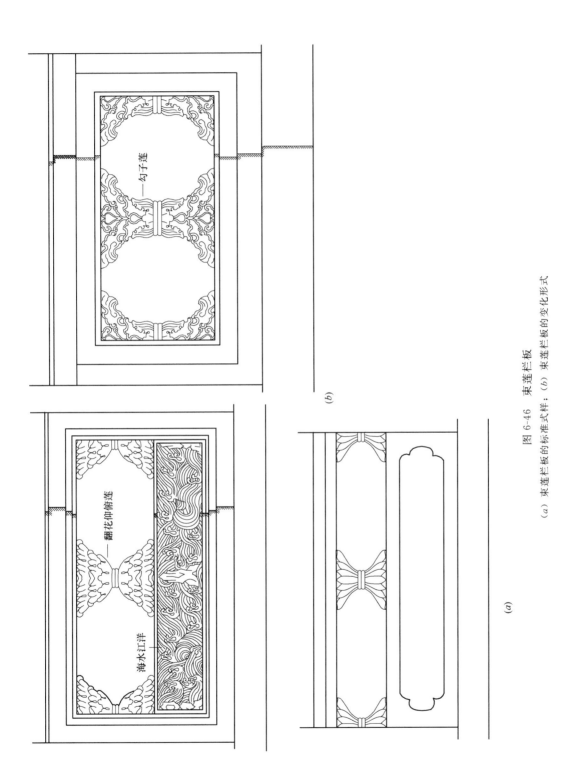

图 6-46 束莲栏板

(a) 束莲栏板的标准式样;(b) 束莲栏板的变化形式

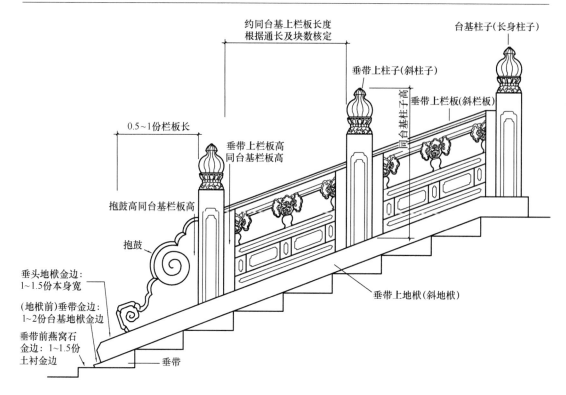

约同台基上栏板长度
根据通长及块数核定

台基柱子(长身柱子)

垂带上柱子(斜柱子)

垂带上栏板(斜栏板)

0.5~1份栏板长

垂带上栏板高
同台基栏板高

抱鼓高同台基栏板高

抱鼓

垂头地栿金边:
1~1.5份本身宽

(地栿前)垂带金边:
1~2份台基地栿金边

垂带前燕窝石
金边:1~1.5份
土衬金边

垂带

垂带上地栿(斜地栿)

图 6-47 垂带上栏板柱子

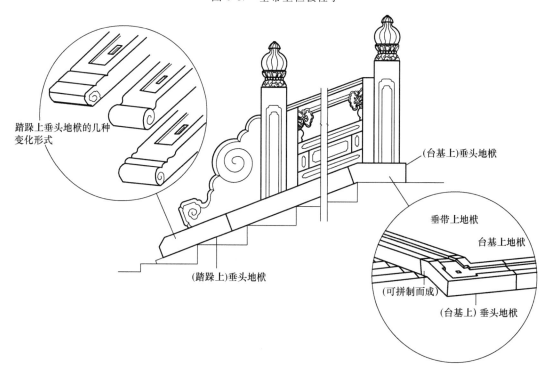

踏跺上垂头地栿的几种
变化形式

(台基上)垂头地栿

(踏跺上)垂头地栿

垂带上地栿

台基上地栿

(可拼制而成)

(台基上)垂头地栿

图 6-48 垂头地栿

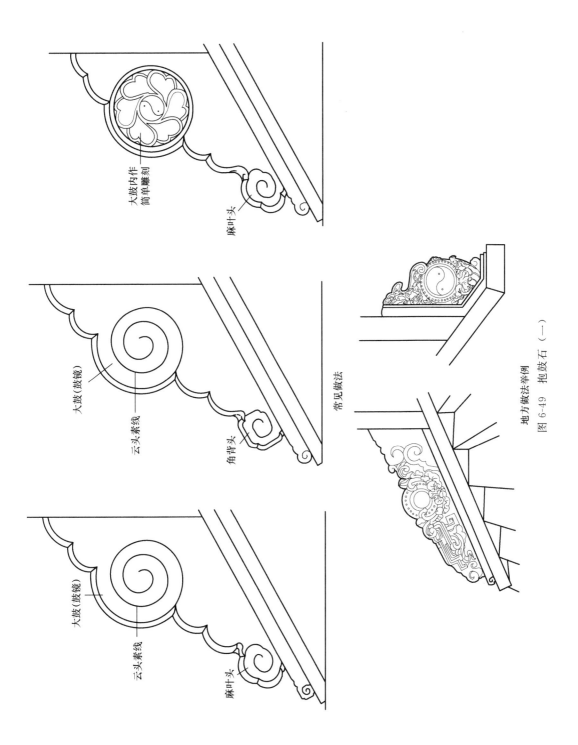

大鼓内作简单雕刻

麻叶头

大鼓（鼓镜）

云头素线

角背头

大鼓（鼓镜）

云头素线

麻叶头

常见做法

地方做法举例

图 6-49 抱鼓石（一）

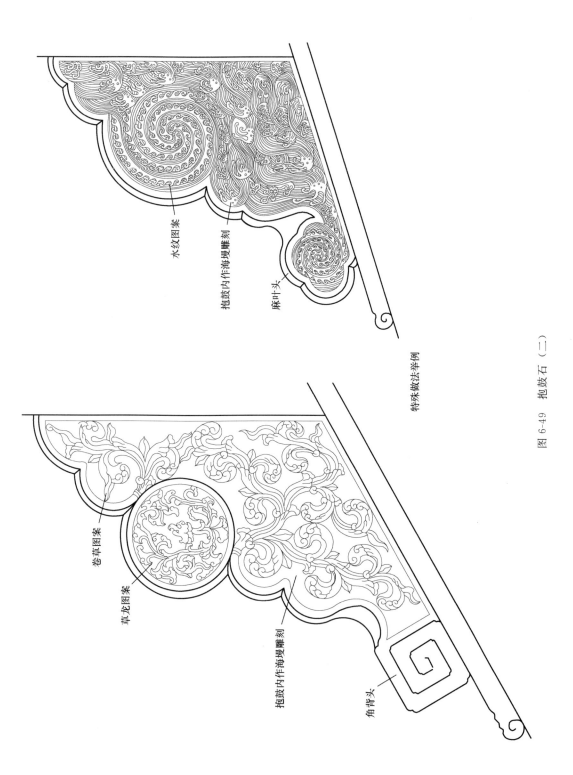

水纹图案

抱鼓内作海墁雕刻

蔴叶头

特殊做法举例

卷草图案

草龙图案

抱鼓内作海墁雕刻

角背头

图 6-49　抱鼓石（二）

第七节 台 阶

在传统营造行业中，台阶被称作"踏跺"，俗称"达度"。按作法则可分成踏跺和礓磜（又作蹉蹉）两大类。旧时台阶又称"阶级"，俗称"阶脚"。在古代，由于台基的高低与封建等级有关，而"阶级"的高低又与台基的高低相联系，以至于阶级一词后来演化成了意指不同社会地位的人群。

一、踏跺

1. 踏跺的种类

（1）垂带踏跺（图6-50）：两侧做"垂带"的踏跺，是常见的踏跺形式。

（2）如意踏跺（图6-51）：不带垂带的踏跺，从三面都可以上人，是一种简便的作法。

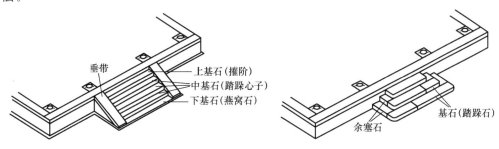

图6-50　垂带踏跺示意　　　　　　　　　　图6-51　如意踏跺示意

（3）御路踏跺（图6-52）：带御路石的踏跺，仅用于宫殿、寺庙建筑。御路踏跺这种形式的出现与早期建筑的两阶制有关。所谓两阶制是宋代以前的殿堂式建筑将台阶分成左右两个，左边的称"阼阶"。阼阶为上，供主人行走，"东道主"一词即由此而来。后来在左右两个台阶中间空出的地方，用石料做成一个形状与垂带相同但宽于垂带的石活，并与两旁的台阶之间留出一段空当。再经过后世的演变，中间石与左右台阶连在了一起，并增加了雕刻。由于这块石料正对着地面的御路，视觉上是御路的延续，因此被称做"御路石"。

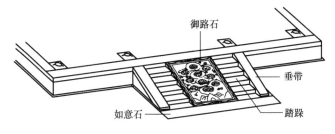

图6-52　御路踏跺示意

（4）单踏跺（图6-53）：房屋间数较多时，踏跺常常不只对应一间。当特指只做一间踏跺时，即称为单踏跺。

（5）连三踏跺（图6-54）：房屋的三间门前都做踏跺，且连起来做的。连三踏跺是垂带踏跺中较讲究的作法。

（6）带垂手的踏跺（图6-55）：三间都做踏跺，但每间应分着做。中间的叫"正面踏跺"，两边的叫"垂手踏跺"。带垂手的踏跺又称"三出陛"，仅用于重要宫殿的御路踏跺中。

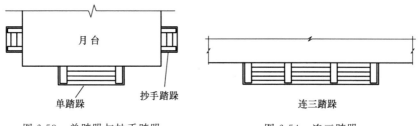

图6-53　单踏跺与抄手踏跺　　　　　　图6-54　连三踏跺

（7）抄手踏跺（图6-53）。指位于台基或月台两个侧面的踏跺。

（8）莲瓣三和莲瓣五："莲瓣三"指做三层台阶（不包括阶条石）的垂带踏跺。"莲瓣五"指做五层台阶的垂带踏跺。

（9）云步踏跺（图6-56）：用未经加工的石料（一般应为叠山用的石料）仿照自然山石码成的踏跺。云步踏跺多用于园林建筑，兼有实用与观赏作用。

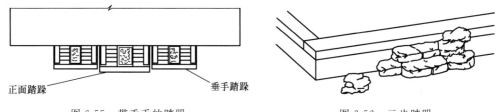

图6-55　带垂手的踏跺　　　　　　　　图6-56　云步踏跺

2. 踏跺组成（图6-57）

（1）燕窝石：又作"砚窝石"，也叫"燕窝头"，是垂带踏跺的第一层。因台阶石活可通称为"基石"（又称"阶石"），因此燕窝石又称为"下基石"。燕窝石与垂带交接处要按垂带形状凿出一个浅窝，叫"垂带窝"或"燕窝"（又作"砚窝"），燕窝石或砚窝石名称即由此而来。

（2）上基石：台阶最上面的一层。由于紧靠阶条石，因此俗称"撺阶"。

（3）中基石：上基石与燕窝石之间的都叫中基石，俗称"踏跺心子"或"达度心子"。

燕窝头、上基石和中基石的大面俗称"站脚"。"站脚"上可做出泛水，做法讲究者，上、中、下基石相交处可做"缱绊"。每层台阶的小面一般不做雕刻，极讲究的做法才偶做雕刻。个别极讲究的作法甚至在"站脚"上也雕刻花纹。

（4）如意石：宫殿建筑的台阶燕窝石前，常再放置一块与燕窝石同长的石活，叫做如意石。如意石应与室外地面高度相同。

（5）平头土衬：平头土衬是台阶的土衬石，位于台基土衬和台阶燕窝石之间。平头土衬的露明高度及金边宽度应与台基土衬相同。

（6）垂带：垂带位于踏跺两侧，垂带与阶条石（或上枋）相交的斜面叫"垂带戗头"，垂带下端与燕窝石相交的斜面叫"垂带巴掌"。垂带戗头和垂带巴掌又可统称为"垂带靴头"或统称为"垂带马蹄"。

垂带与燕窝石的组合形式如图6-58所示。

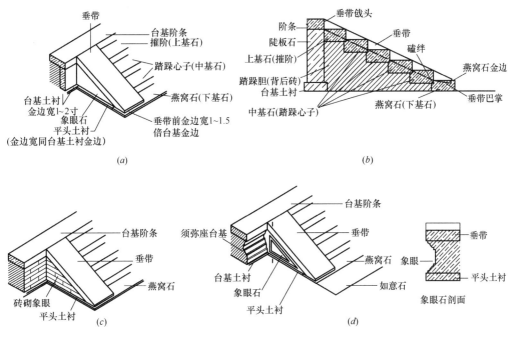

图 6-57 垂带踏跺的组成

（a）踏跺分件名称；（b）踏跺剖面；（c）砖砌象眼；（d）用于须弥座的象眼做法

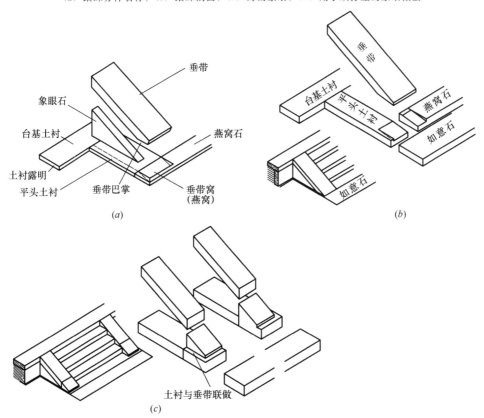

图 6-58 垂带与燕窝石的组合

（a）常见形式；（b）与如意石的组合；（c）垂带与土衬的联做

垂带各件加工的规格形状应通过放大样来决定。先在地上弹出踏跺的高度、进深及阶条（或上枋）的侧立面，然后按图 6-57（b）所示画出垂带的侧面形状，并依此样制做出样板。

（7）象眼：垂带之下的三角形部分叫做象眼。用石料做成的叫象眼石，也简称为象眼。须弥座式的台基，象眼的剖面形状大多应与须弥座的形式类似（见图 6-57d）。象眼与垂带可由一块石料联办而成。

（8）御路石：御路石放在御路踏跺的中间，将踏跺分成两部分（图 6-59）。御路石的表面应做雕刻。雕刻的图案多为龙凤图案，如云龙、海水龙、龙凤呈祥等。寺庙建筑的御路石多雕刻宝相花等图案（图 6-60）。

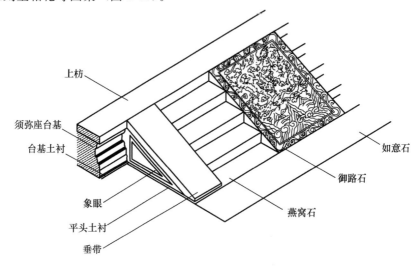

图 6-59　御路踏跺与御路石

御路踏跺各件加工制作的规格形状也应通过放大样的方法得到，具体方法与垂带放样方法类似。

台阶面阔、进深总则　　　　　　　　　　　　　　　　　　　　　　　　　　表 6-7

项　目			面　阔	进深（台明外皮至燕窝石或如意石外皮）
垂带踏跺	单踏跺		门楼踏跺：最宽（含垂带）不超过台基面阔，最窄（不含垂带）不小于两扇门宽 院内踏跺：等于或略小于单间房屋面阔，以两端垂带中到垂带中的尺寸等于房屋面阔为宜	方法 1：进深：台明高≈2.5～2.7：1 方法 2：先确定踏跺宽度和层数，层数乘以踏跺宽度，就是踏跺进深
	连三踏跺		约等于三间房面阔，以两端垂带中到中的尺寸等于三间房的面阔为宜	
	带垂手的踏跺	正面踏跺	门楼踏跺：等于两扇门宽度（不含垂带） 院内踏跺：最宽不超过明间面阔，最小不小于两扇门宽（不含垂带）	
		垂手踏跺	3/4 正面踏跺	可比正面踏跺进深短 1 尺（即可以少一层台阶）
	抄手踏跺		3/4 正面踏跺或更小	宜小于正面踏跺进深

项 目	面 阔	进深（台明外皮至燕窝石或如意石外皮）
如意踏跺	最大（指下层）不超过单间房屋面阔，最小（指上层）不小于2.5尺	同垂带踏跺
御路踏跺	同垂带踏跺	同垂带踏跺
礓磜	同垂带踏跺	不小于台明高的2倍，不大于台明高的9倍

(a)

(b)

图 6-60 御路石雕刻两例

（a）海水龙纹样；（b）宝相花纹样

3. 台阶的尺度及单件尺寸

台阶的面阔及进深见表6-7，台阶的单位尺寸见表6-8。

4. 踏跺层数与每层厚度的确定

踏跺的每一层称为一"跺"，有几层就为几跺。在一般情况下，每一跺的习惯厚度为一"阶"，即大式厚5寸，小式厚4寸。踏跺跺数的确定方法至少有3种，现分述如下：

（1）在一般情况下，踏跺的燕窝石的水平高度是与台基土衬石的高度相同的。可用台明高（台基土衬上皮至阶条石上皮之间的距离）除以阶条石（或须弥座上枋）的厚度，得数即为台阶的层数（包括燕窝石）。如果阶条石（或须弥座）较厚，也可用台明高除以"一阶"（大式5寸，小式4寸），即可得知台阶的层数。当不能整除时，应适当调整厚度（应小于阶条石或须弥座上枋的厚度），直至得出的层数是整数为止。

台阶单件尺寸 表 6-8

项 目	长	宽	厚	其 他
平头土衬	台基土衬外皮至燕窝石里皮	同台基土衬宽，金边同台基土衬金边宽	同台基土衬厚，露明高 同台基土衬露明高	
垂带踏跺与御路踏跺的上基石、中基石	垂带之间的距离（御路踏跺减去御路石宽）	大式：1～1.5尺 小式：0.85～1.3尺 以1～1.1尺为宜	小式约4寸，大式约5寸。如做缘绊，再加缘绊1寸	1. 如做泛水，厚度另加 2. 如为带垂手的踏跺，正面踏跺厚可比垂手踏跺稍薄，以保证正面踏跺的层数比垂手踏跺多一层 3. 燕窝石上的垂带窝深约1寸
燕窝石	踏跺面阔加2份平头土衬的金边宽度	同上基石宽度 垂带前金边宽：1～1.5倍土衬金边	同上基石厚，露明高 同台基土衬露明高	
踏跺前如意石	同燕窝石长	1.5～2倍上基石宽	3～4/10本身宽，或同中基石厚	
垂带	阶条石（或上枋）外皮至燕窝石金边	同阶条石宽 小式：可略大于阶条宽 大式：如果阶条较宽，可小于阶条，一般约为5：7	斜高同阶条石 台基为须弥座者，垂带斜高同上基石露明高	
御路石	阶条（或上枋）外皮至燕窝石外皮	宽：长≈3：7	约3/10本身宽	
如意踏跺	按如意踏跺面阔核算。每层退进2倍踏跺宽	1.1～1.3尺	大式约5寸 小式约4寸	如有泛水，厚度另加
礓磜	同面阔	每路礓磜宽3～4寸，每块石料宽窄不限	同垂带厚	
象眼	台明外皮至垂带巴掌里皮	高：按台明高减阶条厚	按1/3本身宽或同陡板厚	

（2）在台基没有土衬石，或台阶没有平头土衬的情况下，可用台明高除以阶条石厚度或"一阶"，即可找出燕窝石以上台阶的层数，未除尽的余数为燕窝石的露明高度。例如，台明高60厘米，阶条石厚13厘米，60厘米除以13厘米得4，余8厘米，则燕窝石以上

的台阶为 3 层，加燕窝石为 4 层，但燕窝石露出地面高度为 8 厘米。

（3）如意踏跺层数的确定：与第一层的作法有很大关系。当第一层仅部分露出地面时，层数的确定方法为：用台明高除以阶条石厚，即可找出为第一层以上台阶的层数，未除尽的余数为第一层露出地面的高度。如意踏跺第一层的另一种作法是，全部露出地面。在这种情况下，可用台明高度减去阶条石厚，用得数除以阶条石厚（或"一阶"），得数即为台阶的层数。如不能整除时，应调整每层的厚度，直至能够除尽，得出整数为止。

二、礓磜

礓磜又叫"马尾儿"礓磜（尾：读作"乙"，不读作"伟"），其特点是剖面呈锯齿形。礓磜的各部位名称如图 6-61 所示。礓磜台阶既可供人行走，又便于车辆行驶。因此多用于车辆必须进入的入口处，如宫门、府第大门、寺庙大门、过街牌楼等处。

与踏跺相同，礓磜也可分为"单礓磜"、"连三礓磜"、"抄手礓磜"等。礓磜还可以与踏跺混用，如"连三踏跺"中，中间的一间做成礓磜，两边为踏跺。这种台阶既便于使用，造型上又富于变化。

礓磜上一般不用御路石，但必须用垂带。连三礓磜应以垂带相分隔。礓磜前的燕窝石有两种作法，一种是与踏跺前的燕窝石作法相同，即应做出垂带窝。另一种是不做垂带窝，整块石料放在垂带和礓磜的外面，用燕窝石直接顶住垂带和礓磜（图 6-61b）。作法讲究的，在燕窝石的外面还要放置一块如意石（图 6-61b）。

礓磜石所用的每块石料长度不拘，各趟石料宽度可不同，但每路礓磜的宽度应相同。

三、台阶安装要点

（1）根据门口中线或房屋面阔中线等，确定出台阶分位。

（2）根据台阶的高度（但不包括缝绊）及层数，在台基上弹出每层的标高。

（3）根据踏跺的"站脚"宽度（但不包括缝绊），在地面上弹出每层台阶的墨线。墨线应露出台阶外，以免安装时被掩盖。

（4）如有如意石，按线安砌如意石。如意石应与室外地面的标高相同。

（5）如有御路石，安砌御路石。御路石背后应预先砌好背底砖。御路石垫稳后，灌足灰浆。

（6）根据分好的位置，在台阶两旁立水平桩，将燕窝石的水平位置标注在水平桩上，并以此为标准拉一道平线。根据平线和地上弹出的墨线位置稳垫燕窝石。

（7）按照台基土衬和燕窝石的高度，稳垫平头土衬。

（8）在燕窝石、平头土衬和台明之间，砌背底砖（或石），并灌足灰浆。普通建筑可灌桃花浆或生石灰浆，宫殿建筑可灌江米浆。

（9）稳垫中基石、上基石（或礓磜）。稳垫之前，可从阶条石向燕窝石拉一条斜线，用以代替垂带石的上棱。安装时，高度标准以斜线为准，即台阶外棱应与垂带上棱碰齐。低于垂带上棱叫"淹脚"，高出者叫"亮脚"。少量的淹脚尚可，但不允许亮脚。中基石、上基石的出、进标准应以地面上弹出的墨线分位为准。可事先将地面上的台阶位置线引至并标注在垂带斜线上。

（10）每层台阶的背后都要用石或砖背好，并灌足灰浆。灰浆一定要充分灌足，这样

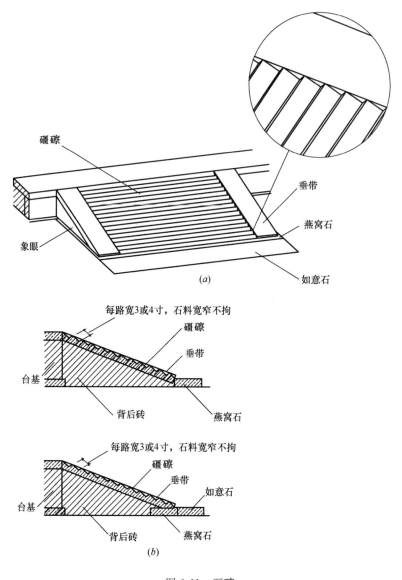

图 6-61 礓礤

（a）礓礤示意；（b）礓礤剖面及端头的不同形式

才能保证台阶的牢固程度，尤其是减少冻融破坏的可能。

（11）安砌象眼石，象眼石背后要灌足灰浆。

（12）安砌垂带。

（13）打点、修理。

第八节 墙 身 石 活

1. 角柱

角柱，古代称角（jué）柱，因此又被俗称为"截柱"。角柱是砌体转角或端头处的竖向放置的石活的统称。由于位置或形状的不同，角柱又有着各自不同的叫法。

（1）硬山用墀头角柱：又称硬山墀头角柱或硬山角柱。用于硬山建筑的山墙墀头（图6-62、图6-65）。

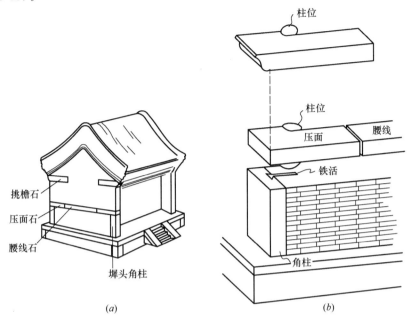

图 6-62　硬山建筑的墙身石活

（*a*）硬山墙石活示意；（*b*）石活分件图

（2）歇山、庑殿用墀头角柱：又称歇山、庑殿墀头角柱或歇山、庑殿角柱。用于歇山、庑殿、攒尖或悬山建筑的山墙墀头（图 6-63、图 6-64）。这些建筑形式的山墙墀头处理方式常常相同，而又以歇山、庑殿墀头最典型，因此统称为歇山、庑殿墀头。这类建筑的山墙有三种作法，一种是与硬山山墙相同，即从柱子外向前（后）方向伸出墀头（图6-63*a*）。第二种是砌至柱子后不再伸出墀头（图 6-63*b*）。第三种是山墙与前（后）檐墙形成转角，将柱子包在里面（图 6-64）。第二种作法是歇山、庑殿建筑的常见作法，其特点

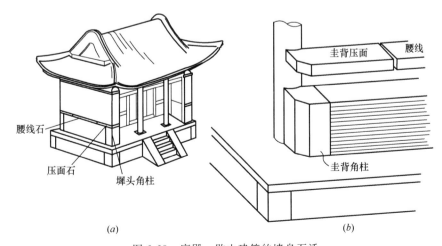

图 6-63　庑殿、歇山建筑的墙身石活

（*a*）庑殿、歇山墙身石活示意；（*b*）石活分件图

是墀头的平面呈"八字"形式，因此角柱也应随之做出八字，这样的歇山、庑殿角柱也可以直接叫做圭背角柱（图 6-63b）。

（3）上身角柱：用于墙体上身的角柱（图 6-64）。多见于无梁殿。

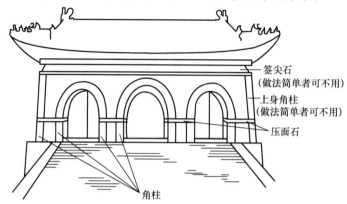

图 6-64　无梁殿建筑的墙身石活

（4）圭背角柱：也作"龟背角柱"。其特点是转角处随墙的转角特点做成"八字"形式（图 6-63b）。

（5）墙身混沌角柱：用于台基以上墙体的，宽与厚相等的角柱（图 6-65）。

（6）墙身厢角柱：用于台基以上墙体的，由两块较薄的石料组成的角柱（图 6-65）。

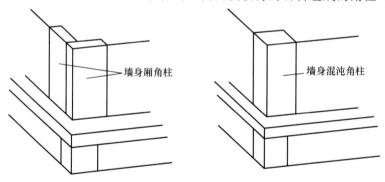

图 6-65　墙身混沌角柱与厢角柱

（7）宇墙角柱：用于女儿墙、护身墙、宇墙等矮小墙体的角柱（图 6-66）。当宇墙角柱与墙帽（一般为兀脊顶）用一整块石料"联做"时，叫做"宇墙角柱带拔檐扣脊瓦"（图 6-66）。

2．压面石

压面石也叫压砖板，简称"压面"，是压在墙身角柱上的石活（图 6-62）。如果角柱为圭背角柱，压面石也应为"圭背压面"（图 6-63b）。

3．腰线石

腰线石由多块条石组成，位于两端压面石之间（图 6-62、图 6-63）。一般情况下，有压面石就应有腰线石，但也可以只用压面石而不用腰线石。在两种情况下可以只用压面不用腰线：一种情况是建筑不十分讲究，做了简化处理。第二种情况是作法十分讲究，但为了突出砖墙的细砌效果。

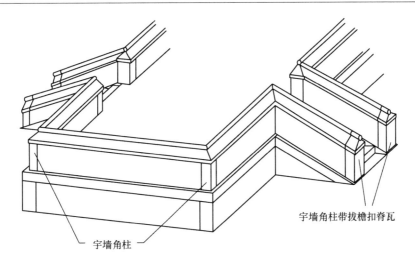

图 6-66 宇墙角柱

4．挑檐石

用于硬山建筑的山墙墀头梢子部位（图 6-62）。

5．签尖石

用石料做成的墙身签尖（图 6-64）。签尖石用于大式建筑。

6．栓眼石、栓架石

栓眼石用于插管门栓（图 6-67）。栓架石放在门道（门楼内）的地上，当门栓不用时就架在栓架石上。

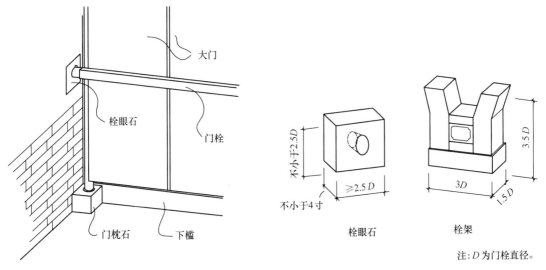

图 6-67 栓眼石与栓架石

墙身石活的尺寸详见表 6-9。

7．石砌体

石砌体是指以石料为主砌成的墙体。

（1）虎皮石墙：多见于泊岸、拦土墙、地方建筑、具有田园风格的官式建筑（但多用于下碱或台基）。

（2）方正石或条石墙：见于泊岸、宫殿院墙下碱、城墙下碱。偶见于宫殿中仿干摆、丝缝作法的下碱。

（3）贴砌石板：见于园林建筑。

（4）石陡板：偶见于下碱、槛墙。

（5）卵石墙：见于地方建筑或仿地方风格的园林建筑。

墙身石活尺寸　　　　　　　　　　　　　　表 6-9

项　目		长	宽	高	厚
角柱石	硬山墀头角柱		同墀头下碱宽	下碱高减压面石厚	同阶条石厚
	歇山、庑殿墀头圭背角柱		同墀头下碱宽		不小于墙体外皮至柱子外皮的距离
	转角混沌角柱		同墀头下碱宽，见方 无墀头者，不小于1.5倍柱径		同本身宽
	转角厢角柱		单面宽：不小于1.5倍柱径 合缝面宽：单面宽加本身厚		同阶条石厚
	上身角柱		同下碱角柱	同上身高度	同下碱角柱
压面石（压砖板）		山墙压面石以墀头外皮或墙外皮至金檩中尺寸为宜，可稍小 其他压面石不小于2倍角柱宽	同角柱宽		同阶条厚
腰线石		通长：在两端压面石之间 每块长：无定	1.5倍本身厚 或按1/2压面石宽		同阶条厚
挑檐石		金檩中至墀头外皮，加梢子头层檐，再加本身出挑尺寸 本身出挑尺寸：1.2～1.5本身厚，或按墀头天井尺寸核算	同墀头上身宽		约4/10本身宽，或按比阶条稍厚算。大式一般可按6寸，小式一般可按5寸
签尖石		通长：墙外皮至墙外皮 每块长：无定	柱中至墙外皮，或柱外皮至墙外皮		同外包金尺寸
栓眼			不小于2.5倍门栓直径，见方		不小于4寸
栓架			3倍门栓直径	3.5倍门栓直径	1.5倍门栓直径

第九节　地　面　石　活

1. 甬路石

甬路石（图 6-68）用于甬路的中线位置，用于街道时又叫"街心石"。甬路石的表面往往自中心线向两侧做出泛水，因形似鱼背，故俗称"鱼脊背"。

2. 御路

御路（图 6-69）又称"中心石"，实际上也是一种甬路石，但由于一般大式建筑的庭院内都用石甬路，因此也就成了宫殿庭院甬路石的专用名词。御路只用于宫殿中的主要甬路，一般位于建筑群的中轴线上。

3. 牙子石

用于甬路石或御路两侧，以及甬路、御路的散水两侧（图 6-68、图 6-69）。

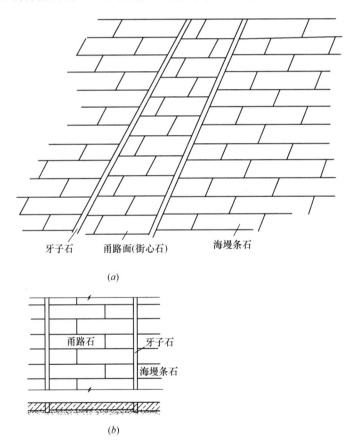

牙子石　　甬路面(街心石)　　海墁条石

(a)

甬路石　　牙子石

海墁条石

(b)

图 6-68　甬路石、牙子石和海墁条石

（a）位置示意；（b）剖面作法

4. 海墁条石

海墁条石是以规格的条石做成的海墁地面（图 6-68）。海墁条石的表面多以砸花锤交活，一般不剁斧，否则不利于防滑。

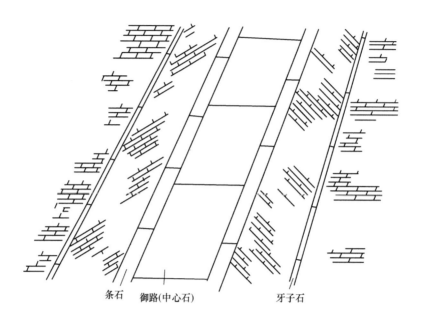

条石　御路(中心石)　　　牙子石

（用于重要的宫殿建筑中的主要道路）

(a)

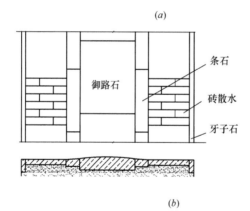

(b)

图 6-69 御路
（a）位置示意；（b）剖面作法

5. 仿方砖地面

仿方砖地面（图 6-70）是将石料做成与方砖规格形状相仿，以石仿砖的一种地面作法。这种作法一般用于重要宫殿的室内或檐廊，偶见于宫廷园林亭榭或露天祭坛上。用于室内多采用青白石或花石板（花斑石），用于露天多采用青白石，表面多为磨光作法。

6. 石板地、毛石地和石子地

石板地又称"冰纹地"，是以各种不规则的小块薄石板铺成的地面，多用于园林中，（图 6-71）。毛石地面是以毛石（花岗石）铺成的地面，多用于民间路面或园林中。宫廷园林的石子地以细密的河卵石铺成，利用多种石色摆成各式图案（图 6-71）。

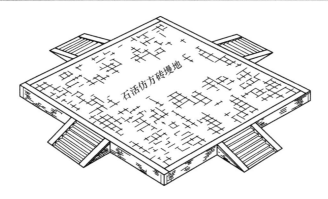

用于重要的宫殿建筑

图 6-70 石活仿方砖地面

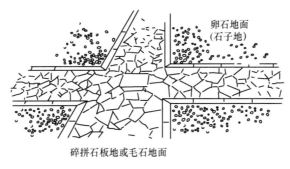

用于园林

图 6-71 石板地、毛石地和石子地

附：地面石活铺墁的技术要点

在铺墁地面之前，应按设计标高将底层找平，并做好垫层，然后按标高拴线，并找好排水方向。小块石料（以一人能抬起为限）的铺墁可采用"坐浆"作法，即先铺好灰浆再放石料，然后用夯或礅锤等将石料礅平、礅实。较大的石料应先用石碴将石料垫平、垫稳。当铺好一片地面以后，在适当的地方用灰堆围成一个"浆口"，在此处开始灌浆。灌浆所用的材料多为生石灰浆或桃花浆等。近代也有用水泥砂浆填塞的。地面铺好后可用干灰粉将石缝灌严，然后将地面打扫干净。

第十节 石 券

一、石券的用途及类型

石券多见于砖石结构，如石桥、无梁殿形式的宫门或庙宇山门等。此外，一些带有木构架的建筑，也常以设置石券为其惯用形制，如碑亭、钟鼓楼、地宫、庙宇的山门等（图6-72）。

石券大多为半圆券形式。明清官式建筑的半圆券（包括砖券）大多实际上是"大半圆"，即要在半圆的基础上略作抬高（增拱）。由于升拱方法的差异或因装饰上的需要，同

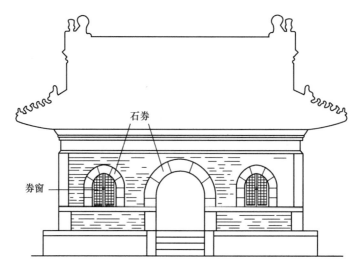

图 6-72 石券的位置示例

为半圆形式可分为锅底券、圆顶券和圈门券三种。锅底券的特点是，两侧的弧线做增拱后在中心顶端交于一点，略呈尖顶状。因旧时的铁锅锅底有一铸铁结，锅倒扣时呈尖圆形，故称。需要说明的是，在砖券中，穿顶在传统营造业中也被称为锅底券（或作锅顶券）。二者的区别是，一个是形容像锅的内部，一个是形容像锅的外立面。圆顶券的特点是，两侧的弧线虽做增拱但在顶端形成圆滑的弧线。圈门券的特点是，券的外立面底部做出"圈门牙子"的装饰性曲线（图 6-73）。

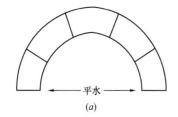
(a)

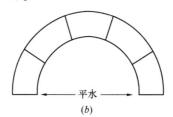
(b)

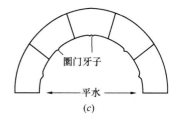
(c)

图 6-73 半圆石券的三种类型
(a) 锅底券；(b) 圆顶券；(c) 圆门券

二、石券常见名词术语

（1）石券：用石料做成的拱形砌体。券读作"炫"，不应读作"劝"或"倦"。

（2）发（fā）券：券的砌筑安装过程。

（3）合龙：安装券的正中间一块石料的过程。

（4）样券：券石制成后的试摆、修理过程。

（5）金门：券口的代称（图 6-74）。也可以泛指整个石券。

（6）圈门窗：上端作圈门券式样的石门窗。也泛指上端为半圆形的石门窗。

（7）券石和券脸石：石券由众多的券石砌成，其中用在外立面的一圈券石叫券脸石，简称券脸（图 6-72、图 6-73）。券体较薄时，直接由券脸组成。较厚的券体，券脸以内既可以采用石券形式，也可以采用砖券形式。券脸石的规格尺寸见图 6-75。

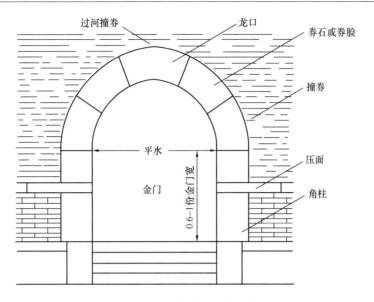

图 6-74 石券的各部位名称

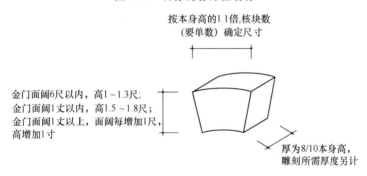

图 6-75 券脸石的规格尺寸

（8）龙口石：简称"龙口"。券脸正中间的一块石料。也叫做"龙门石"。

（9）平水：券体垂直部分与半圆部分的分界（图 6-74）。平水以上为石券，平水以下叫平水墙。

（10）撞券：券脸两侧的石或砖砌体。龙口以上的撞券叫做"过河撞券"（图 6-74）。

三、石券的起拱与权衡尺寸

石券虽为半圆形式，但传统作法是在此基础上再向上适当增高，称为升拱、增拱或起拱。升拱作法是为了调整视差。升拱的高度一般为跨度的 5%～10%，在此范围内，小型石券升升拱应较小，大型石券升拱应较大。锅底券、圆顶券和圜门券的实样画线方法如图 6-76 所示。券石的权衡尺寸见表 6-10 及图 6-75。

四、券脸雕刻

券脸雕刻的常见图案有：云龙、蕃草、宝相花、云子和汉纹图案（图 6-77、图 6-78、图 6-79、图 6-80、图 6-81）。雕刻手法多为"凿活"（浮雕）形式（参见本章第二节石雕介绍的相关内容）。每块接缝处的图案在雕刻时应适应加宽，留待安装后再最后完成，这

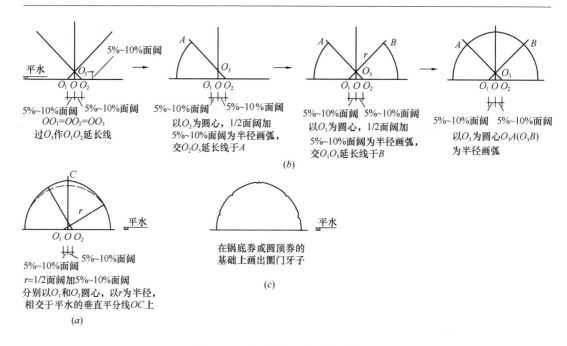

图 6-76 石券的增 (升) 拱画线方法

(a) 锅底券的画法；(b) 圆顶券的画法；(c) 圈门券的画法

样才能确保接槎通顺。

石 券 权 衡 尺 寸 表 6-10

	高	长	厚
平水	0.6～1 份面阔（跨度）		
增拱	5％～10％面阔（小券少增大券多增）		
券脸石	面阔 6 尺以内，高 1～1.3 尺；面阔 1 丈以内，高 1.5～1.8 尺；面阔 1 丈以上，面阔每增 1 尺，高增加 1 寸	1.1 倍本身高，结合块数确定具体尺寸，要单数	8/10 本身高，墙薄者，随墙厚。外露雕刻所需厚度另计
内券石	小于或等于券脸石高	6/10 本身高，结合块数确定具体尺寸，要单数	按宽加倍，再以进深（墙厚）核定尺寸

五、石券制作安装要点

（1）制作。制作前应根据石券的有关规制画出实样，并按实样做出样板（一般用薄木板制成）。样板经拼摆检验证实无误后，以每块样板为准分别对每一块券石进行加工。龙口石可以加工成半成品，就是说，两侧的肋可多留出一部分，等发券合龙时确定了精确的尺寸后再进一步加工完成。券石的露明面应作剁斧、磨光或雕刻等处理。侧面的表面虽然可以不象露明面那样平整，但不得有任何一点高出样板。做雕刻的石券，应先经"样券"，再开始雕凿。每块石料线条接缝处的图案可适当加粗，等安装后再进一步凿打完成。

云龙

图 6-77 券脸雕刻作云龙图案的石券

蕃草

图 6-78　券脸雕刻作蕃草图案的石券

宝相花

图 6-79　券脸雕刻作宝相花图案的石券

图 6-80 券脸雕刻作云子图案的石券

（2）支搭券胎。发券前应先做出券胎，石券的券胎一般有两种。小型券胎由木工预先做好，放在脚手架或用砖临时堆砌的底座上。较大石券的券胎应先搭券胎满堂红脚手架（图 6-82），脚手架的顶面按照券的样板搭出雏形，然后由木工在此基础上进一步钉成券胎。钉好后，在其上拼摆样板进行验核。发现误差应及时进行调整。券胎制成后要按照样板把每块券石的位置点画在券胎上。

（3）样券、发券。小型石券可不进行样券，每块券石经过与样板校核后即可直接发券。作法讲究的大型石券往往要经过样券后才能开始发券。样券时可将石券逐块平摆在地上，下面用石碴垫平，然后用样板验核，发现误差应及时修理。样券也可以立置进行，立置样券的特点是比较费事，但更符合实际情况，因此更准确。发券从平水开始，由两侧向中间对应进行。就位时以券胎上事先画出的位置标记为准，并与样板相比较，发现误差应及时调整，多出样板的部分应打掉。每块券石都应用铁片垫好。石券之间的缝隙处用铁片

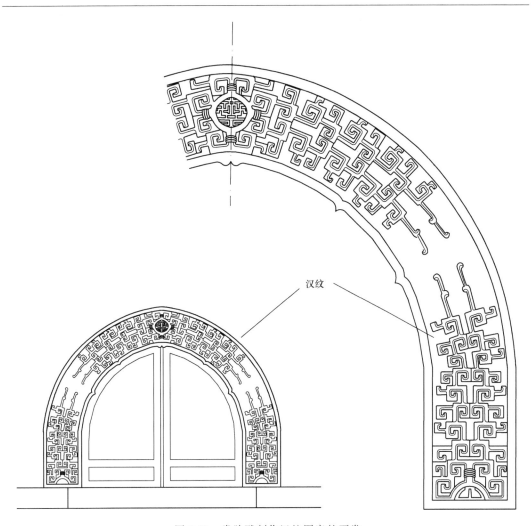

图 6-81　券脸雕刻作汉纹图案的石券

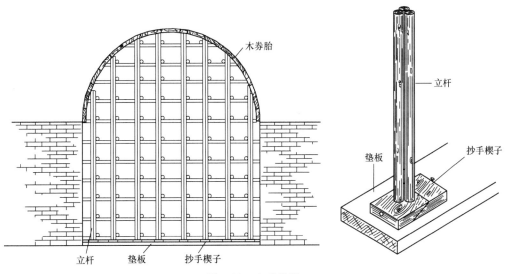

图 6-82　大型券胎

背搔。合龙之前用"制杆"测出龙口的实际尺寸。制杆是两根短木杆，每根长度稍小于龙口的长度。使用时将两根制杆并握在手中，两头顶住两端的券石，即可量出龙口的实际长度。这种方法叫做"卡制子"。按照卡出的长度画出龙口石的准确长度，并进一步加工，完成后即可开始合龙。合龙缝要用铁片背搔。合龙的质量与石券的坚固程度有直接关系，所以合龙缝处可适当多背搔，且一定要将搔背紧。合龙后即可开始灌浆。在灌浆之前可先灌一次清水，以冲掉券内的浮土。然后开始灌生白灰浆，讲究的作法可灌江米浆。操作时既要保证灌得饱满密实，又要注意不要弄脏了石券表面。为此，券脸的接缝处可用油灰勾抹，也可用补石"药"（详见第七章第五节）勾缝。浆口的周围要用灰堆围，以防止浆汁流到券脸上。

（4）打点、整理。券脸或券底接缝的高低差要用錾子凿平。弄脏的地方要重新剁斧或磨光。较大的缝隙要用补石药填补找平。带雕刻的券脸，要对每块石料的接缝处进行"接槎"处理，使图案纹样的衔接自然、通顺。

第十一节 官 式 石 桥

中国传统石桥的种类很多，其中以明、清时期官式作法的石桥最为考究，是传统中国式石桥中的优秀代表。官式石桥可分为券桥与平桥两种形式。券桥的主要特点是，桥身向上拱起，桥洞采用石券作法，栏杆作法讲究。平桥的主要特点是，桥身平直，桥洞为长方形，栏杆式样较简单。本节内容引用了王璧文先生的研究成果。

一、官式石桥的各部名称

官式石桥的各部名称如图 6-83～图 6-95 所示。

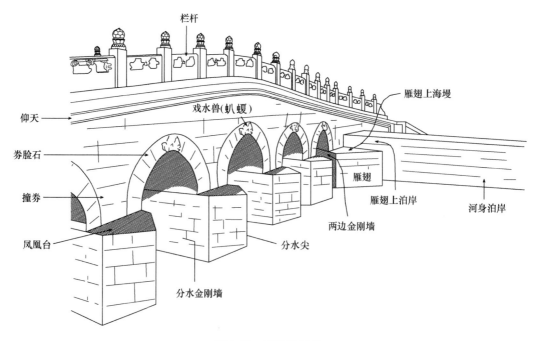

图 6-83 石券桥示意

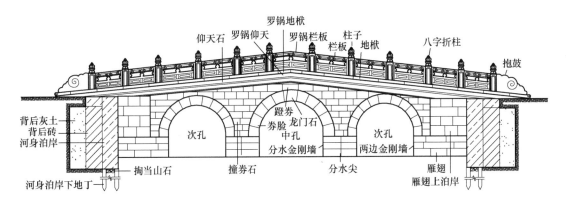

图 6-84 三孔券桥正立面

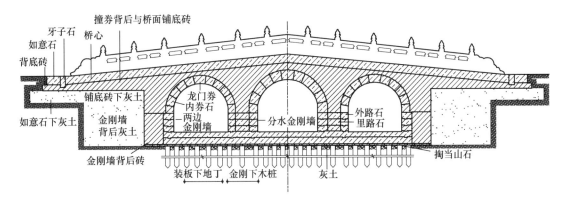

图 6-85 三孔券桥纵剖面

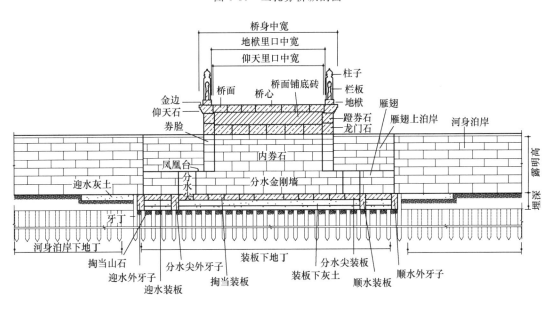

图 6-86 三孔券桥横剖面

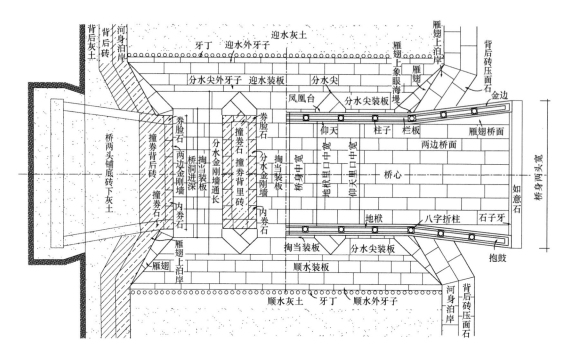

图 6-87　三孔券桥桥面与金刚墙平面

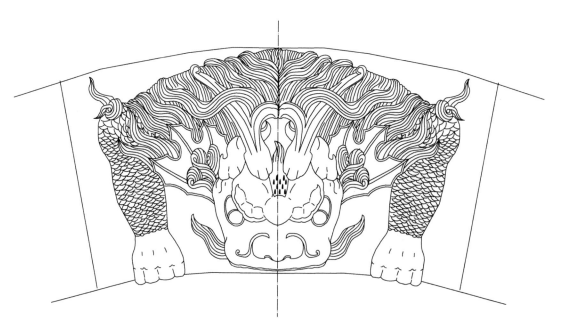

图 6-88　戏水兽（虮蝮）

靠山石

八字折柱

靠山麒麟、靠山狮子、靠山龙等等，本图为靠山狻猊。无论做何形象均可称为靠山兽或蹲兽

礓磜雁翅桥面

(a)

(b)

图 6-89　靠山兽

(a) 靠山兽示意；(b) 靠山狻猊与靠山石

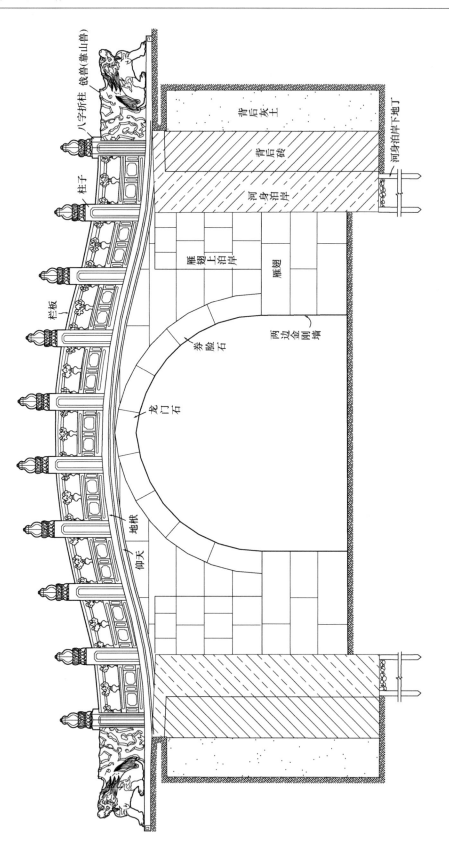

图 6-90　一孔券桥正立面

八字折柱　吸兽(靠山兽)

柱子

栏板

龙门石

券脸石

地栿

仰天

雁翅上泊岸

雁翅

两边金刚墙

背后灰土

背后砖

河身泊岸

河身泊岸下地丁

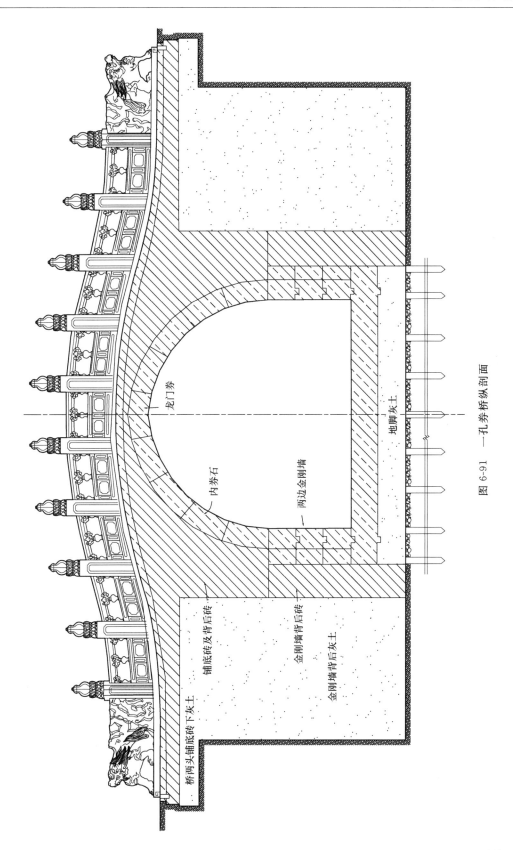

桥两头铺底砖下灰土

铺底砖及背后砖

金刚墙背后砖

金刚墙背后灰土

龙门券

内券石

两边金刚墙

地脚灰土

图6-91 一孔券桥纵剖面

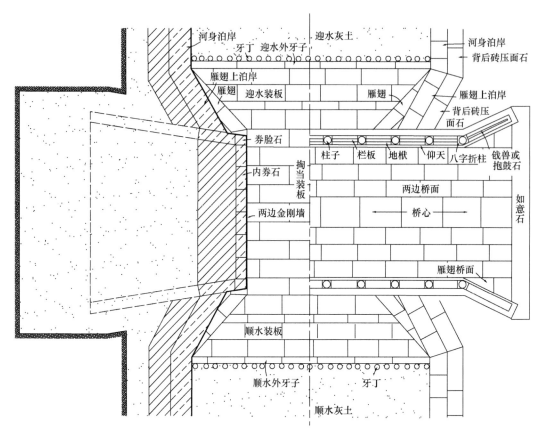

图 6-92 一孔券桥桥面与金刚墙平面

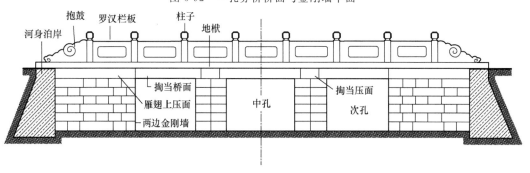

图 6-93 三孔平桥正立面

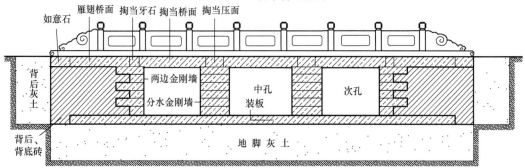

图 6-94 三孔平桥纵剖面

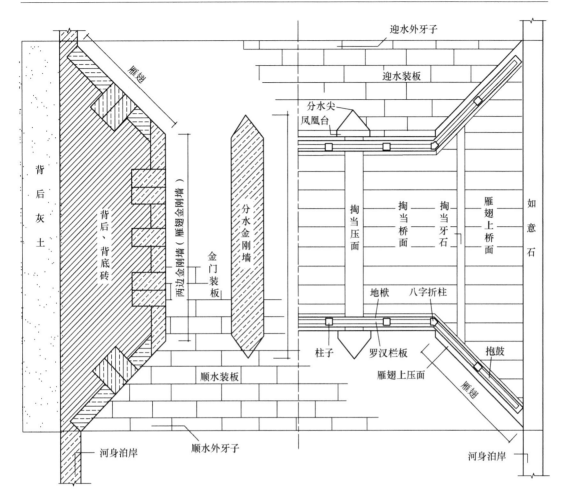

图 6-95 三孔平桥桥面与金刚墙平面

官式石桥的各部位名称及释义如下:

(1) 金门 桥下通水的孔道。又叫"桥洞"、"桥孔"、"桥虹"、"桥空"、"桥瓮"(平桥的桥洞不叫桥瓮)。

(2) 中孔、次孔及梢孔 有三个以上桥洞的,正中间的桥洞叫"中孔",中孔两边的桥洞叫"次孔",其余顺次叫做"再次孔"、"三次孔"、"四次孔"、"五次孔"、"六次孔"、"七次孔"。无论有多少孔,两端的都应叫做"梢孔"。

(3) 金刚墙 券脚(或平桥桥面)下的承重墙。又叫"平水墙"或"桥墩"。梢孔内侧的叫"分水金刚墙",梢孔外侧的叫"两边金刚墙"。

(4) 泊岸 河岸两边垒砌的石墙。紧挨河岸垒砌的叫"河身泊岸",在"雁翅"上垒砌的叫"雁翅上泊岸"。平桥泊岸只有河身泊岸,无雁翅泊岸。

(5) 雁翅 两边金刚墙与河身泊岸之间垒砌的三角形墩墙。又叫"象眼墙"或"坝台"。由于两边金刚墙与雁翅是连在一起的,因此可统称为"雁翅"、"桥帮"或"两边雁翅金刚墙"。

(6) 凤凰台 分水金刚墙两端,比桥身宽出的小台部分。

(7) 闸板掏口 券桥如安装水闸,凤凰台两端需留缺口,这个缺口即为"闸板掏口"。

（8）分水尖 分水金刚墙两端，凤凰台外端的三角形部分。其角尖称为"找头"或"好头"。迎水的一面，叫"迎水尖找头"；顺水面的，叫"顺水尖找头"。湖泊静水中的石桥金刚墙可不做分水尖。

（9）金刚墙石料 用于垒砌金刚墙的石料统称。用于垒砌分水金刚墙的石料，叫"分水金刚墙石料"，用于两端的叫"两边金刚墙并雁翅石料"，一面露明的叫"外路石"、"面石"或"压面石"。外路石背后的石料称为"里路石"或"里石"。按其排列方式，又分为"顺石"和"丁石"。与金刚墙平行顺砌者叫"顺石"，横砌者叫"丁石"。雁翅上铺墁的石料叫"雁翅上象眼海墁石料"。

（10）装板 河底铺墁的海墁石。又叫"地平石"、"底石"或"海墁板子"。由于装板所处的位置不同，又有多种名称。金门附近的叫"金门装板"，券内的叫"掏当装板"，金刚墙分水尖之间的叫"分水装板"。用于桥身迎水一面的两雁翅间的装板叫"迎水装板"，又叫"上迎水"；用于桥身出水一面的两雁翅间的装板叫"顺水装板"，又叫"下分水"或"下跌水"。

（11）装板牙子 装板外端用来拦束装板的窄石，因其立放，因此叫做牙子。装板牙子随装板名称的不同而不同，如"金门装板外牙子"（又名"分水尖外牙子"）、"迎水外牙子"及"顺水外牙子"等。

（12）券石 又叫"瓮石"。垒砌券洞的石料。用于券洞迎面的叫"券脸石"或"券头石"，正中间的一块叫"龙门石"或"龙口石"。龙门石上凿做兽面的叫"兽面石"或"戏水兽面"。兽面形象多为古代传说中龙生九子之一的蚣蝮，俗称"吸水兽"、"戏水兽"或"喷水兽"（图6-88）。用于券洞内的券石叫"内券石"，正中的一路叫"龙门券"。

（13）锅底券 又叫"桃券"。顶部微呈尖状的半圆形券。

（14）撞券石 金刚墙以上，仰天石以下的石料。位于券洞上端正中者，叫做"蹬券"。中孔蹬券又叫"过河蹬券"。位于券洞两边者，叫做"撞券"。雁翅上泊岸上皮（也有在下皮的），金门之间，常做成通长的一层，叫"通撞券"。

（15）仰天石 用于券桥桥面两边缘的石料。仰天石的外侧应凿成枭混（即枭儿或叫冰盘檐）形式。仰天石正中间的一块及两头的两块按形状特点之不同分别叫做"罗锅仰天"和"扒头仰天"，简称"罗锅"和"扒头"。

（16）桥面 又叫"桥板石"或"路板石"。桥上仰天石里皮至里皮之间的海墁石。桥面分"桥心"、"两边桥面"及"雁翅桥面"三种，桥面正中一路叫"桥心"，桥心两边均为"两边桥面"。位于八字折柱以外，左右斜张的三角部分的，叫"雁翅桥面"。

（17）牙子石 在桥面的两头，桥面与如意石之间，用于拦束桥面的窄石。又叫"锁口牙子"。牙子石偶有不用者。

（18）如意石 石桥平面上最外端入口处的石料。桥的两头各用一块。

（19）栏杆 又称"栏板望柱"或"栏板柱子"。位于桥上两边，起拦护作用。栏杆由栏板、柱子、地栿及抱鼓组成（参见本章第六节）。

正中的地栿叫"罗锅地栿"，简称"罗锅"。两头的叫"扒头地栿"，简称"扒头"。

位于雁翅桥面里端拐角处的柱子叫"八字折柱"，其余的都叫"正柱"或简称柱子。

正中间的一块栏板叫"罗锅栏板"，简称"罗锅"。平桥所用栏板多为"罗汉栏板"形式，罗汉栏板可以不用柱子。

抱鼓又叫"戗鼓"。讲究的作法可将抱鼓改做成"靠山兽"（或"蹲兽"），形象可为麒麟、坐龙、狮子或狻猊等（图6-89），分别叫做"靠山麒麟"、"靠山狮子"等。

（20）背后砖与铺底砖 凡石桥内部垒砌的砖均可统称为"背后砖"或"铺底砖"。在背后者称为"背后砖"，在下面者称为"铺底砖"或"背底砖"。根据所在不同的部位，又有不同的名称，如"两边金刚墙并雁翅背后砖"、"泊岸背后砖"、"撞券背后至桥面铺底砖"、"如意石背底砖"、"象眼两边撞券下背底砖"及"仰天石背后砖"等。

（21）平桥桥面 在平桥金刚墙上所铺的石板的统称，简称"桥面"。又叫"盖面石"或"过梁"。搭于分水金刚墙及两边金刚墙上的，叫"掏当桥面"，搭于两边金刚墙及雁翅上的，叫"雁翅桥面"或"海墁石"。

（22）压面 横向铺在平桥金刚墙上部的平石。由于是卡在桥面之间，因此又叫"掏当石"。压面分"掏当压面"和"雁翅上压面"两种，位于分水金刚墙上的横石叫"掏当压面"，位于雁翅上，沿外缘的横石叫"雁翅上压面"。两种压面均可省去不用。

（23）掏当牙石 平桥上介于掏当桥面和雁翅桥面之间的立置窄石。

（24）罗汉栏板 罗汉栏板的特点是栏板上没有禅杖、净瓶荷叶等作法，也可不用柱子。平桥栏板多用罗汉栏板。

（25）灰土 又叫"三合土"。根据作法的不同，分大夯灰土和小夯灰土。又因用途不同而名称不同，用于基础的，称"地脚灰土"。用于回填的，叫"背后灰土"或"填厢灰土"。石桥用灰土根据其位置的不同，又有不同的名称。如"装板下灰土"、"迎水灰土"、"顺水灰土"、"两边金刚墙并雁翅背后灰土"、"桥两头铺底砖下灰土"及"如意石下灰土"等。

（26）打桩 桩又叫"地丁"（"地杠"），也可将木径大且长者称为桩，将径小而短者称为地丁。桩或地丁用于灰土之下。桩用于金刚墙位置，地丁多用于装板及河身泊岸位置。立于顺水外牙子及河身泊岸外侧者，叫做"牙丁"、"护牙丁"或"排桩"。按照位置的不同，打桩作法有"金刚墙下桩"、"装板下地丁"、"牙子石外下牙丁"及"河身泊岸下地丁、牙丁"四种。

（27）掏当山石 地丁（或桩）应外露5寸。在地丁或桩之间应装满卵石（称为"河光碎石"）或碎石，并灌以灰浆使其坚实。满装的碎石叫"掏当山石"，俗称"丁当石"。

二、官式石桥的尺度比例

（一）通例

1. 券桥通例

（1）桥洞、金刚墙及雁翅宽的分配：

石券桥的桥洞宽、金刚墙宽及雁翅宽定法见表6-11。

石券桥桥洞、金刚墙及雁翅宽定法 表6-11

		一孔桥	中孔：河宽≈1：3	说　　明
桥洞宽	中孔	三孔桥	中孔：河宽≈1：5.4	按河口的实际宽度及使用功能（如船只宽度或视觉效果等）核定梢孔宽须大于分水金刚墙宽
		五孔桥	中孔：河宽≈1：8	
		七孔桥	中孔：河宽≈1：10.5	
		九孔桥	中孔：河宽≈1：13	

桥洞宽	中孔	十一孔桥	中孔：河宽≈1：15.5	说 明
		十三孔桥	中孔：河宽≈1：18.7	按河口的实际宽度及使用功能（如船只宽度或视觉效果等）核定梢孔宽须大于分水金刚墙宽
		十五孔桥	中孔：河宽≈1：21	
		十七孔桥	中孔：河宽≈1：23	
	次孔至捎孔		依次递减约2尺	
	分水金刚墙宽		1/2中孔宽或略小	
	两边金刚墙宽		1/2分水金刚墙宽	
	雁翅宽（直宽）		1.5倍分水金刚墙宽	

（2）桥长、桥宽及桥高：

石券桥的桥长、桥宽及桥高定法见表6-12。

石券桥桥长、桥宽及桥高定法 表6-12

桥长	桥身实长	根据桥身直长和桥面的举架求出		
	一孔桥桥身直长	2倍河宽		
	三孔以上桥身直长	河宽减2份雁翅直宽，再乘2。如地段所限，可酌减		
桥身中宽	通宽	地栿里口中宽加2份地栿加2份金边宽。核走道宽窄酌定		
	地栿里口中宽	桥长4丈以内	桥长4～9丈	桥长9丈以上
		1/4桥长	长4丈得宽1丈。自4丈以上，每长1丈递加2尺	长9丈得宽2丈。自9丈以上，每长1丈递加5寸
	金边宽	4寸		每丈递加4寸
	仰天里口中宽	桥身中宽减2份仰天宽		
桥身两头宽	桥面通宽	仰天里口中宽加2份雁翅桥面宽加2份仰天石斜宽		
	雁翅桥面宽	最小尺寸：$\dfrac{\text{八字柱中至桥端牙子石外皮}}{8}$	八字柱中定法：以八字柱中至梢孔两边金刚墙里皮的距离等于1份"两边金刚墙"宽为宜。即"两边金刚墙"与雁翅相交处最好能和八字柱中相对应，但也可大于"两边金刚墙"宽	
桥高（装板上皮至罗锅仰天石上皮）		中孔桥洞中高加举架高		
举架高（罗锅仰天石与如意石上皮之间的高差）		三孔桥以下或桥长10丈以内：6%桥身直长 五孔桥以上或桥长10丈以外：3%桥身直长	1. 如意石上皮与河岸地面平 2. 如不能满足桥洞高的实际需要，应予增高	
桥洞中高		金刚墙露明高加券洞中高		
金刚墙露明高		6/10本身宽，再按水深酌定		
券洞中高		1/2石券跨度加增拱高度。增拱高度按5%～10%跨度，小券少增大券多增，如有需要可超过10%		

2. 平桥通例

石平桥的桥洞、金刚墙、雁翅宽及桥长、桥宽、桥高定法等见表6-13。

石平桥尺度通例 表 6-13

桥 洞 宽		可参照石券桥的分配方法，但应按河的实际宽度、使用功能及石材的实际长度等核定，一般采用增加雁翅宽的方法进行调整
金刚墙宽		
雁翅宽（直宽）		
桥 长		等于河的宽度
桥 宽	桥身中宽	约2/5桥长，按走道宽窄酌定
	桥身两头宽	桥身中宽加2份凤凰台长加2份雁翅直长
桥高（装板上皮至掏当桥面上皮）		两岸地面至河底之间的垂直距离

（二）石桥分部尺寸

1. 券桥分部尺寸

石券桥的各分部尺寸见表6-14～表6-22。

石券桥金刚墙尺寸 表 6-14

		长	宽	高	
				露明高	埋深
分水金刚墙	通长	桥洞进深加2份凤凰台长加2份分水尖长	按河口宽定，详见券桥通例	6/10宽，再按河深浅酌定	灰土若干步加装板厚。如有垫底石应另加
	凤凰台	2/10分水金刚墙宽。如有闸板掏口，长度应酌加	同分水金刚墙宽	同分水金刚墙露明高	
	分水尖	1/2分水金刚墙宽			
两边金刚墙	通长	桥洞进深加2份凤凰台长	1/2分水金刚墙宽		
	凤凰台	同分水金刚墙凤凰台长	同上		
雁翅	直长	斜长	直宽		
	等于直宽	直宽乘以1.414	1.5分水金刚墙宽		
金刚墙石料	宽			厚	
	按金刚墙宽均分路数，每块以2尺为率核定，缮绊宽3～5寸			按1/2本身宽。缮绊：另加1寸	

石券桥泊岸尺寸 表 6-15

	长	宽	高	
			露明高	埋深
河身泊岸	不定	2尺或4尺大料石1进或2进	桥身两头高减1/100～3/100 如意石至泊岸里皮	同金刚墙埋深
雁翅上泊岸	$\sqrt{(雁翅直长+1凤凰台)^2+(雁翅直宽-八字柱中至梢孔里皮)^2}$		桥身两头高减金刚墙露明高减1/100～3/100 如意石至八字柱中	

石券桥装板尺寸 表 6-16

			长	宽	厚	路 数
金门装板	掏当装板	券内每路长	按桥洞面阔定	石料宽2尺	大桥按1尺 小桥按7寸	按分水金刚墙并凤凰台长,以宽2尺核定路数,须为单数
		通长	按桥洞孔数凑长			
	分水尖装板	每孔每路长	金门面阔加2份本身宽			按分水尖长,以宽2尺定分
		通长	按桥洞孔数凑长			
迎水装板 顺水装板			第一路通长按金门装板外牙子外口加2份本身宽,第二路按第一路通长加2份本身宽,以此类推			按雁翅直长除去金门装板外牙子及分水尖装板分位,以宽2尺定分

石券桥装板牙子尺寸 表 6-17

	长	厚（高）	宽
金门装板外牙子（分水尖外牙子）	通长按金门装板末路长加2份本身厚	装板厚加灰土2步	同装板厚
迎水外牙子 顺水外牙子	通长按河口宽度定		

石券桥券石尺寸 表 6-18

	高			长	厚
券脸石	中孔金门面阔1丈1尺以下	中孔金门面阔1丈1尺以上		按11/10高,以长核路数(要单数),再以路数确定长度	7/10～9/10本身高,龙门石做吸水兽者,外加1/3厚
	1.6尺	每加1尺递高九分			
内券石	中孔金门面阔1丈～1丈3尺	中孔面阔1丈以下	中孔面阔1丈3尺以上	宽:按6/10高,再与路数均匀尺寸	长:按宽加倍,再以进深均匀尺寸
	1.5尺	每减1尺递减1寸	每加1尺递高1寸		
	内券石高、厚及路数等也可与券脸石相同				

石券桥撞券石、仰天石尺寸 表 6-19

	长	高（厚）	宽
撞券石	每块长:不定	7/10券脸石高	4/3本身高
仰天石	通长 $= 2\sqrt{A^2 + (1/4A)^2} + [B + (C' - C)]$ 罗锅仰天石长=3倍平身仰天石厚	平身仰天厚:8/10券脸石高 罗锅仰天:1.5平身厚	4/3本身厚

注:A=八字柱中至牙子石外皮,B=八字柱中至柱中,C=桥身直长,C'=桥面实长。

石券桥桥面尺寸 表 6-20

		长	宽		厚		路数
桥心		$C'-2$ 份牙子石宽 （看面厚）	地袱里口宽		宽 3 尺以上	宽 3 尺以下	按每路宽 2 尺 均匀确定，要 双数
			1 丈 8 尺以内	1 丈 8 尺以外	3/10 宽	4/10 宽	
			1/5F	1/6F	1/2 宽		
两边 桥面			通宽＝仰天里口宽-桥心宽每边宽 ＝1/2 通宽 按每路宽 2 尺核路数，要双数， 再以路数均分宽				
雁翅 桥面		$\dfrac{C'-(G+2\text{牙子石厚})}{2}$	$\dfrac{A-(B+B')}{2}$ 每路宽 2 尺				

注：A＝牙子石通长，B＝桥心宽，B'＝两边桥面通宽，C'＝桥面实长，G＝八字柱中至柱中长，F＝地袱里口宽。

石券桥桥面牙子石、如意石尺寸 表 6-21

	长	高（宽）		厚
牙子石	通长：桥心宽加 2 份两边桥面宽加 2 份雁翅桥面宽	地袱里口宽		看面厚：1/2 本身高
		3 丈以上	3 丈以下	
		高 2.5 尺	高 1.5 尺	
如意石	通长：桥身两头宽	宽 2 尺		厚：1/2 本身宽

石券桥栏杆尺寸 表 6-22

		宽				高		榫长
柱子	正柱 （见方）	（地袱里口桥面中宽在）				通高＝5.5 倍正柱宽		榫长
		1 丈 5 尺以内	2 丈 5 尺以内	2 丈 9 尺以内	3 丈以上	柱头高	柱头下皮至 栏板上皮高	2～3 寸
		7 寸	8 寸	9 寸	1 尺	2 份正柱宽	1/5 栏板高	
	八字折柱	宽＝1.5～2 份正柱见方　厚＝1.25 份正柱见方				同正柱高		
地袱		长		高		宽		落柱子榫槽深 随柱子榫长 落栏板槽深 随栏板榫长
		通长：仰天石通长减 2 份金边 罗锅地袱长：5 份本身厚		1/2 宽		2 栏板厚		
栏板		罗锅栏板长：12/10 柱通高 平身栏板长：12/10 柱通高核块数， 按块数均长度 罗锅栏板应"坐中"放置 （无柱子的罗汉栏板，尺寸见表6-23）		（正柱宽在）		厚		榫长 1～1.5 寸
				1 尺	1 尺以下	6/25 高		
				2.6 尺	递减 5%			
抱鼓		同平身栏板长		里端高同栏板		同栏板		榫长 1～1.5 寸

2. 平桥分部尺寸

平桥的各分部尺寸见表 6-23。

石平桥分部尺寸　　　　　　　　　　　　　　　　　表 6-23

		长	宽	高	
分水金刚墙	通长	通长＝桥洞进深＋2 份凤凰台长＋2 份分水尖长，或按桥座形势酌定	1/2 桥洞宽或略小	按河深浅酌定	
	凤凰台	1～2 尺			
	分水尖	1/2 分水金刚墙宽			
两边金刚墙	通长	桥洞进深＋2 份凤凰台长	1/2 分水金刚墙宽		
	凤凰台	1～2 尺	同两边金刚墙宽		
雁翅	直长	等于直宽	1.5 份分水金刚墙宽		
	斜长	直长×1.414			
泊岸（河身泊岸）		无定	2 尺或 4 尺料石 1 进或 2 进	露明高	按桥身高
				埋深	同分水金刚墙埋深
掏当压面		每道通长按桥洞进深定	分水金刚宽－2 份桥面掏口宽	厚：同掏当桥面厚	
雁翅上压面		每道通长同雁翅斜长	2 尺或 2.5 尺		
掏当牙石		掏当桥面里口通宽＋2 份本身宽	1 尺		
装板及装板牙子			可参考券桥装板及装板牙子定法，也可略作减少		
掏当桥面		金门面阔＋2 份桥面掏口宽	通宽按桥身中宽定。石料宽 2 尺		
雁翅桥面	顺墁	长＝雁翅直宽－（1 掏当牙石厚＋1 桥面掏口宽）	外口通宽＝桥身两头宽－2（1.414×压面石宽）里口通宽＝外口通宽－[2 份本身长＋2（1.414×压面石宽）]	厚：6/10～6/10 宽	
	横墁	第一路里口长＝两边金刚墙长－2（4/10 外路石宽）第一路外口长＝里口长＋2 份本身宽其余同理递加	每路宽 2 尺，路数不定		
如意石		通长按桥身两头宽度定	2.5 尺	厚：同掏当桥面	
拦杆	地栿	桥长－2 份雁翅直长＋2 份雁翅斜长	2 栏板厚	1/2 本身宽	
	罗汉栏板 有柱		可参考券桥栏杆尺寸，也可略作减少		
	罗汉栏板 无柱	正中一块长：约 2 倍本身高　其余每块长：按正中一块各递减 0.8～1 尺。也可与正中一块相同	正中一块高：不低于 2 尺　其余每块高：按正中一块高各递减 3 寸或 2 寸。也可与正中一块相同	厚：6/25 正中一块高	
	抱鼓	按最外侧一块栏板长约减 1 尺	高：按最外侧一块栏板高减 2～3 寸	厚：同栏板厚	

注：地栿长可酌减。

三、石桥用料标准

石桥所用石料的种类要求及制作要求见表6-24。

石桥用料及制作要求　　　　　　　　　　　　　　　表6-24

石　料　种　类			凿打要求	连接方式
金刚墙	外路石	埋深	露明	五面做细，后口做糙	上面：落缱绊槽子（最上面一块落撞券槽） 下面：凿打缱绊（最下面一层除外）
	里路石	豆渣石（花岗岩）	青白石或豆渣石		
				六面做糙	头缝做锯齿阴阳榫
雁翅上象眼海墁石	青白石或豆渣石			五面做细，底面做糙，上面剁斧或扁光	
泊岸	豆渣石			五面做细，里口做糙	同金刚墙落缱绊及槽子做法
装板	石渣石			上面做细，五面做糙	头缝做锯齿阴阳榫。用铁银锭连接
装板牙子					
券石	券脸石	多用青白石		五面做细（剁斧），下面打"瓦垄"（很宽的道），迎面扁光	
	内券石	豆渣石		五面做细，下面打瓦垄	头缝做锯齿阴阳榫
撞券石	多用青白石			五面做细（迎面剁斧），背面做糙	
桥面	青白石或豆渣石			五面做细（上面剁斧或扁光），底面做糙	
牙子石	青白石或豆渣石				
如意石				上面、一肋、两头做细（上面剁斧或扁光），底面并一肋做糙	
平桥压面石				六面做细（上面剁斧或扁光）	下面：落缱绊 上面：落地栿槽
平桥桥面				五面做细（上面剁斧或扁光），下面做糙	两头落缱绊槽，两边的两路上面落地栿槽
掏当牙石					
栏杆	汉白玉或青白石			六面做细（五面剁斧）	做榫、落槽，地栿用铁银锭连接

第十二节　牌　楼　石　活

牌楼的结构形式虽然有木牌楼、砖牌楼（包括琉璃牌楼）和石牌楼等几种，但砖牌楼和石牌楼的外观多是仿照木牌楼的形式，因此木牌楼上的石活最有代表性。这里介绍的牌楼石活系指官式作法的木牌楼上的石活（图6-96），主要包括月台上的石活、夹杆石及有关的石活。

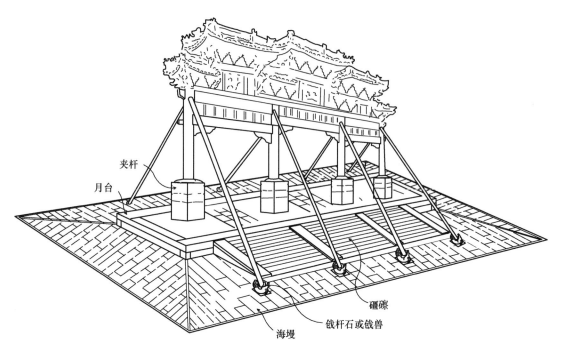

图 6-96 木牌楼石活示意

一、月台

月台是牌楼的台基。牌楼月台石活主要包括阶条石、阶条里口的海墁条石、嗑口、月台外海墁城砖周边的牙子石、礓磋石活等（图 6-97）。

月台尺度的权衡见表 6-25 所列。

牌楼月台尺度总则 表 6-25

	进 深	面 阔	高
月台	6.5 或 7 份柱径	各柱通面阔，加月台进深尺寸	露明高：1/40 中柱高，但不小于 5 寸； 埋深：不小于 1.4 倍露明高
海墁	通进深（包括月台所占尺寸）：3 份月台进深尺寸。也可略作减少	通面阔（包括月台所占尺寸）：月台面阔加 2 份月台进深尺寸 月台每侧海墁宽应相同	泛水高不小于 5％
礓磋	每侧礓磋进深为 5 份月台露明高	柱子通面阔加 1 份垂带宽	
灰土	灰土步数：用砖礓磋墩者按 1/2 管脚顶（底垫石）宽，用装板石者按 1/3 管脚顶宽。每宽 1 寸，得灰土 1 步		

月台各件石活的尺寸比例如图 6-97 和表 6-26 所示。

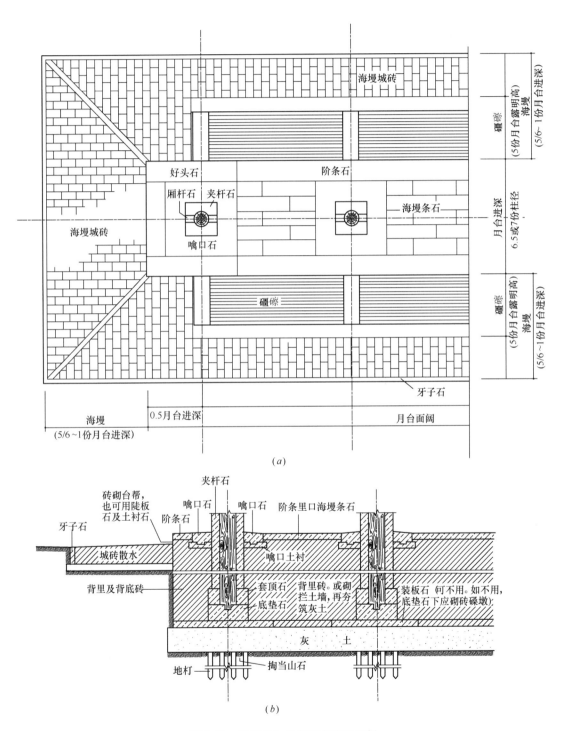

图 6-97 牌楼月台的各部名称及比例

(a) 平面图；(b) 剖面图

牌 楼 石 活 尺 寸

表 6-26

	宽	长、高、厚
夹杆石	见方，等于或略大于 2 份柱径	露明高：2 份或略小于 2 份夹杆石宽，一般为 5～6 尺 埋深：不小于 8/10 露明高，以等于或大于露明高为宜 每块厚：1/2 本身宽，但太厚不易制作时，可另加厢杆石花饰所占高度：3/10～6/10 露明高，以 5/10 露明高为宜
套顶石	见方，1.25 份夹杆石宽	厚：1/2 本身宽
底垫石（管脚顶）	同套顶石	同套顶石
装板石	见方，2 份套顶石宽，再按路数核定	厚：1/2 套顶石厚
噙口	10/6 夹杆石宽，或按 4 份柱径加 4 寸，见方（分两块）	厚：1/4 本身宽
阶条石	不小于 3 份本身厚，以月台外皮至噙口的尺寸为宜	厚：1/4 柱径，但不小于 4 寸 每块长：通面阔减二块好头石长，分之，明间一块长度须同明间面阔，余均分
好头石	同阶条石	长：月台外皮至噙口里端 厚：同阶条石
月台外海墁牙子石	同海墁城砖宽	高：按城砖"一平一立"（砖厚加砖宽）尺寸
阶条里口海墁条石	不大于阶条宽，路数要单数，均分核定	厚：同阶条石
礓磜垂带	按柱径或略小于柱径。也可同阶条石宽	厚：斜高同阶条石厚

二、夹杆石及其他石活

1. 夹杆石

夹杆石的作用在于可以使牌楼的根基更加稳固，还能保护木柱，避免被直接碰撞。在立面效果上又能使上下更加均衡，避免了头重脚轻之感。

夹杆石是"夹杆"和"厢杆"的通称。当柱子较粗壮时，为节省石料，常在两块"夹杆"之间再用两块石料，这两块石料叫做"厢杆"，其作法与夹杆相同（图 6-98）。夹杆石随柱子埋入地下，在地下承托柱子和夹杆石的是套顶石和底垫石（管脚顶），底垫石之下还可放装板石。夹杆石的构造作法如图 6-98 所示，其各部比例尺寸如图 6-98 及表 6-26 所示。夹杆石的露明部分常雕刻图案，其纹样如图 6-99、图 6-100 所示。

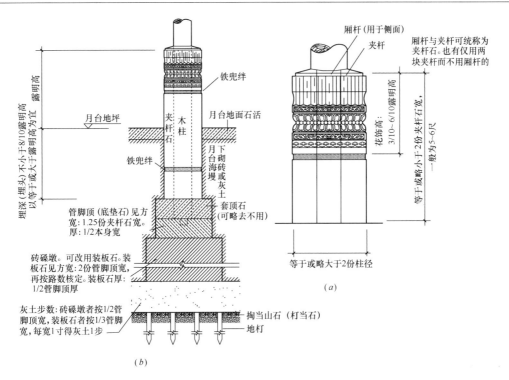

图 6-98　夹杆石作法

（a）夹杆石露明部分的作法；（b）夹杆石埋深部分的作法

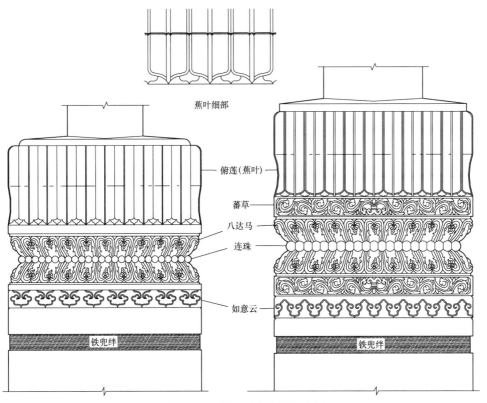

图 6-99　常见的两种夹杆石雕刻

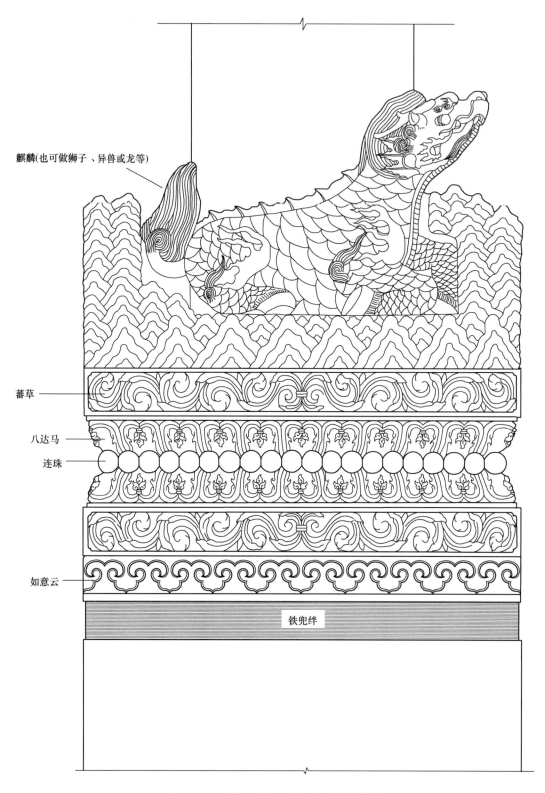

麒麟(也可做狮子、异兽或龙等)

蕃草

八达马

连珠

如意云

铁兜绊

图 6-100 "寿（兽）与天齐"夹杆石雕刻

图 6-101　戗兽

附：夹杆石的其他形式及用途

（1）最早的夹杆石是用于固定木杆的，也因此才会被称为夹"杆"石。夹杆石用于牌楼以后，仍然会用来作为固定木杆的构件，例如用于固定旗杆、幡杆等。

（2）宋元以前的夹杆石比较简单。其作法是，在牌楼木柱（或其他需要加固的木杆）的两侧各立一块条石。条石宽一般不小于木杆的 1.5 倍，露明高一般不小于 2.5 尺，表面一般为素面（无雕刻），上端的两个角做抹角处理。夹杆石的下部埋入地下，上部打孔。视柱杆的粗细情况孔可打在柱杆的两旁，也可对正柱杆的中心。如在中间打孔，柱杆的对应位置也应打孔。安装时用铁栓穿入孔中，夹紧木杆，并紧固好两头。

到了清代以后，这种夹杆石在一般的牌楼中，尤其是在高大的牌楼中已很少使用了。但一些店铺柱前的牌楼，为了少占用柱间的空间，仍然会使用这种夹杆石。在一些地方建筑中，也还能见到着这种早期风格的夹杆石。

（3）有些牌楼不用夹杆石而用抱鼓石。使用抱鼓石的有三种情况：第一种情况是因为柱间要设门，用夹杆石则无法安装。第二种情况是为了少占用柱间的空间。第三种情况是为了造型上的需要。夹杆石改用抱鼓石的作法多见于牌楼门、棂星门、不太高的牌楼或某些地方风格的牌楼中。

牌楼抱鼓石的样式与滚墩石（图 6-39）大致相同。两者的主要不同之处是：①滚墩石比柱子宽出较多，抱鼓石的宽度则小于柱径。②滚墩石的内外是连成一体的，且中间设孔，柱子从孔中穿过。而抱鼓石是内外各用一块，各自靠在柱子旁。③滚墩石对大鼓（圆鼓）的处理类似门鼓石，大鼓上多作兽面、鼓钉，两侧多做雕刻。而抱鼓石对圆鼓的处理更像栏板柱子抱鼓石，圆鼓上无兽面、鼓钉，两侧很少做雕刻。④滚墩石上的壶瓶牙子大多用木料另行制作，且高度较高，宽度小于圆鼓。而抱鼓石上的壶瓶牙子要用同一块石料一并做成，且高度较低，宽度则与圆鼓相同。

2. 戗石和戗兽

为加强木牌楼的稳定性，在每根木柱的前后位置常斜向放置两根木杆，撑顶着木柱的上端，叫做"戗杆"。戗杆的下端应被一块石活托顶着，这块石活叫做"戗石"。讲究者可将戗石做成异兽形象，称为"戗兽"（图 6-101）。

第十三节　杂　样　石　作

（1）**石门窗**　一种石制门窗，多不能开启，仅作为装饰。因多用于窗，且多为券洞形式，故又称为"券窗"（图 6-102a）。窗格纹样多以菱花和球纹为主（图 6-102b）。石门窗多见于佛教寺院中的山门殿、天王殿等砖石结构的建筑。

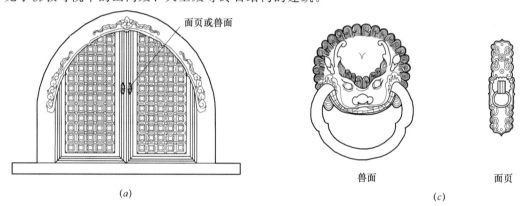

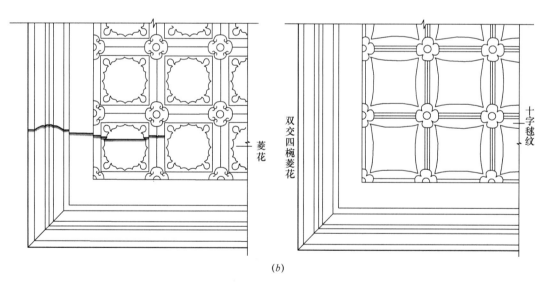

图 6-102　石券窗

（a）券窗正面；（b）券窗细部两例；（c）兽面和面页

（2）**挑头沟嘴**　墙上排水的孔洞叫做"沟嘴子"或"沟眼"。沟嘴子多位于院墙的下部，但有时也用在其他部位。如四合院的排水沟眼往往做在门楼的台明下部。又如，当平台房顶无法正常排水时，往往要通过管沟从山墙墀头上排水。此时，墀头上身部位也应做沟嘴子。当沟嘴子用石料制成，并伸挑出墙外时，叫做"挑头沟嘴"，俗称"水簸箕"（图

6-103）。挑头沟嘴的作用在于避免雨水侵蚀墙面。故多用于高处，如城墙上的女儿墙，高台上的四周围护墙等。挑头沟嘴做成龙头式样的，称为"龙头沟嘴"，俗称"喷水兽"。

（3）**水簸箕滴水石** 是承接"挑头沟嘴"排出冲下的雨水，用以保护地面的石构件。位于挑头沟嘴下方的散水位置（图6-103）。因挑头沟嘴又叫"水簸箕"，故称水簸箕滴水石。

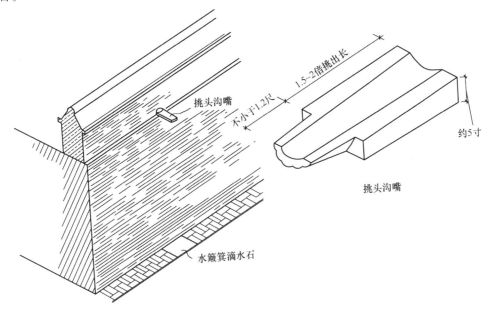

图 6-103 挑头沟嘴

（4）**沟门** 位于沟眼的外端，与墙外皮平（图6-104）。沟门既不影响沟眼的排水，又能使该部位变得美观，还可以防止猫狗等动物的进入。

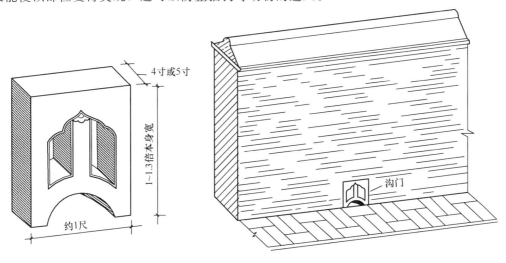

图 6-104 沟门

（5）**沟漏** 位于排水暗沟的地面入水口处，与地面平，是装饰性的排水构件(图6-105)。

459

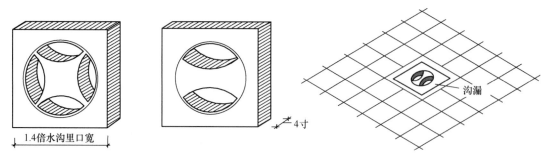

图 6-105　沟漏

（6）**沟筒、沟盖**　又叫"龙须沟"，是宫殿的排水系统（图6-106）。小型的沟筒可用一块石料凿成，大型的沟筒可由沟底和沟帮分别做成。

（7）**拴马石、拴马桩**　位于铺面房前或讲究的宅院门口，用于拴马（图6-107）。

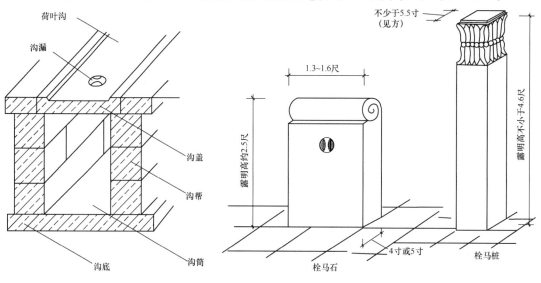

图 6-106　沟筒与沟盖　　　　　　　　图 6-107　拴马石与拴马桩

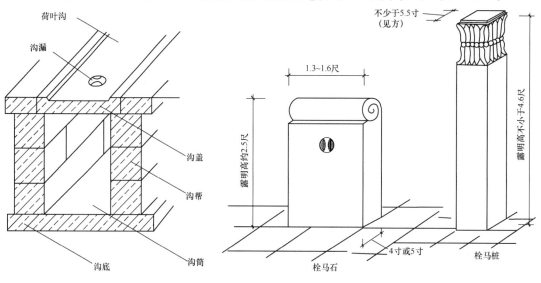

图 6-108　上马石

（8）**上马石**　位于讲究的宅院大门两侧。人站在上面便于蹬鞍上马。上马石还是显示宅院主人身份的标志。小型的上马石侧面呈长方形。稍大的，侧面呈 L 形（图6-108）。

（9）**下马石**　一般为小型石影壁形式。用于宫门、皇陵、国子监等建筑群的前方，是礼制仪规的警示标志（图6-109）。

（10）**泰山石**　又叫"石敢当"。一般位于街口房屋拐角处，

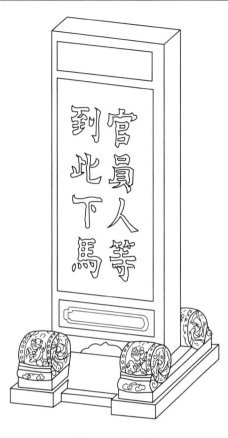

图 6-109　下马石

也可放在临街的后檐墙外，有时还位于桥头或其他易被车辆撞到的构筑物前。这种风俗由来已久，唐代已经盛行。泰山石上常刻有"泰山石敢当"。"敢当"意为"所当无敌"。古人认为此石可以镇邪。泰山石的形状可做适当加工，也可为一块未经加工的石料（图 6-110）。

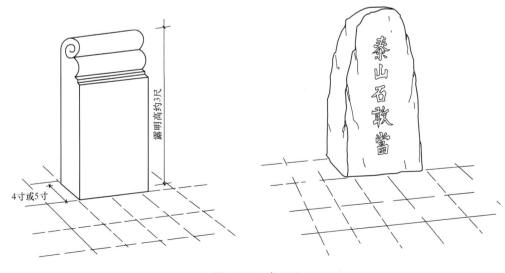

图 6-110　泰山石

461

（11）**井口石** 位于井口上方，讲究者多做成鼎状（图6-111）。用于围护井口，防止孩童跌入井中。

（12）**旗杆座** 用于插放旗杆。见于宫殿建筑庭院中（图6-112）。

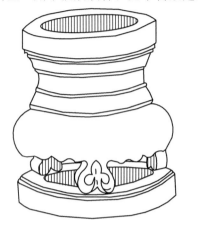

图 6-111　井口石　　　　　　　　图 6-112　旗杆座

（13）**花坛、树坛** 是花丛、树丛的围座，多用于宫廷园林中（图6-113）。

（14）**兀脊石** 位于宇墙、女儿墙、护身墙等矮小墙体的墙帽部位。是兀脊墙帽的石制品（图6-114）。兀脊石仅用于大式建筑中。

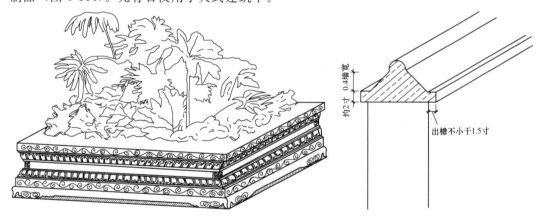

图 6-113　花坛、树坛　　　　　　　　图 6-114　兀脊石

（15）**石五供** "五供"是供奉祭祀用具，一般指鼎、香炉（2个）和蜡扦（2个）。石五供即五供的石制品（图6-115）。石五供多用于陵寝或寺庙中。

（16）**石碑** 石碑的式样很多，但大多数的石碑都可分成碑身和碑座两部分。宫殿中的石碑碑座下还可有"水盘"。水盘与地面平，上面雕刻"海水江洋"，水中有各种水怪。四角分别雕刻鱼、虾、鳖、蟹。石碑的碑身上端一般为三种形式：①平头，无任何装饰，叫做头品碑或笏头碑。②雕刻蟠龙，叫做龙蝠碑（龙趺碑）。③做冰盘檐，冰盘檐以上作屋顶式样（图6-116）。碑座也有三种常见形式：①方形或长方形圭角碑座。②须弥座形式。③赑屃形式。赑屃，龟身龙头形象，传说中的龙生九子之一（图6-116）。龟为鳖类，故民间有"王八驮石碑"的谑称。

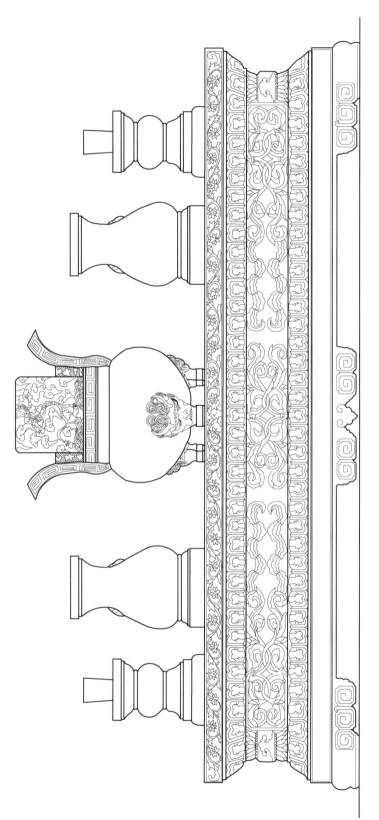

图 6-115 石五供

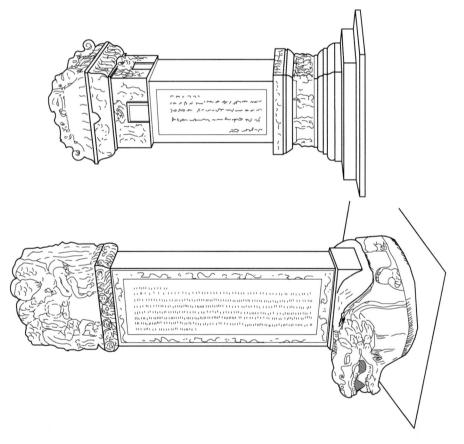

图 6-116　石碑示例

（17）**华表**　多设在皇宫前，也可设在城垣、桥梁或陵墓的前面，是入口处的标志性构筑物。设在陵墓前的又叫"墓表"。皇宫前的华表顶部雕刻"坐龙"形象，俗称"朝天吼"。面向南者俗称"望君出"，面向北者俗称"望君归"。相传古代用以表示君王纳谏之意。民间则用于路口表示方向。至明清两代，华表成了宫殿建筑专有的装饰性的建筑小品（图 6-117）。

图 6-117　华表

（18）**石象生**　即石人石兽（图 6-118）。陵墓前置石象生之制至迟在秦汉就已形成，但具体放什么，历代各有其制。据文献记载和实物显示，大致有如下规律：秦汉时期的帝陵前有麒麟、辟邪、象、马等。人臣墓前有羊、虎、骆驼、狮子、马、鸟、石人（从吏和卫卒）等。唐代诸陵有文臣、蕃酋及狮子、马、牛、玄鸟等。宋代陵墓列象、貘、马（左右分立侍卒）、羊、虎、狮子、玄鸟、文臣、武臣等。明孝陵置狮、獬豸、骆驼、象、麒麟、马，共 6 种，每种分坐像 2 个，立像 2 个，计 24 躯。又置文臣、武臣立像各 4 个，总计 32 躯。至永乐长陵，增加了勋臣立像 4 个，这样，总共达 36 躯。至此，已成定制。

图 6-118 石象生示例

以后一直延续，清代各陵皆袭此制，很少变动。历代的石象生虽有所变化，但几乎都有再加放石柱的习惯。宋代以来，除明孝陵外，石柱都放在石象生的前面，作为开始的标志。

（19）**石灯座** 皇宫中专用的路灯座（图 6-119）。

（20）**陈设座** 置于庭院，用来摆放盆景，奇石或其他陈设（图 6-120）。

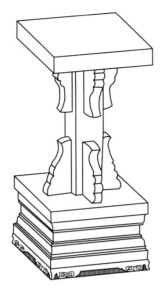

图 6-119 石灯座

 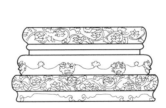 

图 6-120 几种陈设座

（21）**石绣墩** 置于庭院。多用来供人休憩小坐，偶尔也用来摆放陈设、花盆等（图6-121）。

图 6-121 石绣墩

第七章 瓦 石 作 修 缮

第一节 修缮原则及修缮方案的制定

一、修缮原则

1. 安全为主的原则

古建筑都有百年以上的历史，即使是石活构件也不可能完整如初，必定有不同程度的风化或走闪，如果以完全恢复原状为原则，不但会花费大量的人力物力，还可能降低了建筑的文物价值。因此，普查定案时应以建筑是否安全作为修缮的原则之一。这里所说的安全包括两个方面。一是对人是否安全。比如，石栏杆经多年使用后，虽然没有倒塌，表面也比较完好，但如果推、靠或振动时，就可能倒塌伤人。二是主体结构是否安全。与主体结构关系较大的构件出现问题时应予以重视。如石券发生裂缝、过梁断裂等就应立即采取措施，与主体结构安全关系较小的构件出现问题可少修或不修。如踏跺石、阶条石的风化、少量位移、断裂，陡板石的少量位移。有些构件即使与主体结构有关，也应权衡利弊，不要轻易下手。例如，两山条石有些倾斜，如果要想把它重新放平，必须拆下来重新归位，这样山墙底部就有一部分悬空了，反而会对主体结构造成影响。总之，制定修缮方案时应以安全为主，不应轻易以构件表面的新旧程度为修缮的主要依据。

2. 不破坏文物价值的原则

文物建筑的构件本身就有文件价值。将原有构件任意改换新件，虽然会很新，但可能使很有价值的文物变成了假古董。只要能保证安全，不影响使用，残旧的建筑或许更有观赏价值。古建筑的修缮应遵循"不改变文物原状"的原则，能粘补加固的尽量粘补加固；能小修的不大修；尽量使用原有构件；以养护为主。

3. 风格统一的原则

经修缮的部位应尽量与原有的风格一致。以石活修缮为例，添配的石料应与原有石料的材质相同，规格相同，色泽相仿。补配的纹样图案应按照原有风格和手法，保持历史风貌。

4. 排除造成损坏的根源和隐患

在修缮的同时如不排除损坏的根源和隐患，实际只能是"治表未治本"。因此在普查定案时，应仔细观察，认真分析，找出根源。在修缮的同时，排除隐患。如果构件损坏不大或无安全问题，甚至可以只排除隐患而不对构件做什么处理。常见的隐患有：地下水（包括管道漏水）对基础和墙体的破坏；潮气对砌体的侵蚀；雨水渗入造成的破坏；树根对砌体的损坏；潮湿和漏雨对柱根、柁头糟朽的影响；屋面渗漏对木构架的破坏；墙的顶部漏雨可能造成的墙体倒塌等。

5. 应以预防性的修缮为主

仅以屋顶修缮为例。屋顶是保护房屋内部构件的主要部分，只要屋顶不漏雨，木架就极不容易糟朽。所以修缮应以预防为主，经常对屋顶进行保养和维修，把积患和隐患消灭在萌芽状态之中。

6. 尽量利用旧料

利用旧料可以节省大量资金，还能保留原有建筑的时代特征。在修缮时，人们或许对于旧石料舍不得轻易丢掉。而对于旧砖瓦往往重视不够。其实旧砖瓦是可以利用的，尤其是对于文物建筑的修缮，更应尽量使用原有的材料。

二、修缮方案的制定

1. 制定修缮方案时应注意事项

（1）分析造成损坏的原因。修缮措施要有明确的针对性，否则会得不偿失。例如，由于木架倾斜造成的墙体歪闪，且歪闪程度不大时，就不一定非拆砌不可。

（2）根据建筑的重要程度、位置，结合造价等因素决定方法。如同样是下碱严重风化，处于山墙部位时，可剔凿挖补，处于院墙时，可用局部抹灰的方法。

（3）文物建筑应尽量维持原状，不得不拆砌时，也应尽量不扩大工程量。能小修的不大修，以防漏雨为主，以保养为主，尽量保留原有砖件与瓦件。

（4）应以经常性的养护措施为主，凡能用养护、维修手段解决的，尽量不采用大修手段。

2. 普查记录和修缮方案的一般格式

先写明房屋栋号、部位，损坏的情况和程度，然后提出具体的修缮方法。举例如下：西院，北房，台明部分残破、位移，槛墙局部酥碱，东山墙山尖歪闪 8 厘米；干摆下碱严重酥碱；上身灰皮空鼓、脱落；修缮措施：台明阶条石部分归安，部分添配更换；陡板石勾抹打点；槛墙打点抹灰；东山墙拆砌山尖；下碱剔凿挖补并全部打点刷浆；上身铲抹（混合砂浆打底，红灰罩面）。

第二节　墙　体　修　缮

一、墙体的检查鉴定

墙体损坏现象一般包括：歪闪（倾斜）、空鼓、酥碱或残缺、鼓胀、裂缝、下沉、灰皮空鼓或脱落等。

根据损坏的程度可以将维修项目分为：支顶加固、拆安归位、零星添配、砖墙花饰修补、剔凿挖补、墩接柱子、抹灰修缮、墙面墁干活、打点刷浆、局部整修、择砌、局部拆砌、拆砌（指整墙全部拆砌）等。由于各地用料情况的不同，加之多种因素的干扰，所以造成墙体损坏的原因相当复杂。有时虽然看上去损坏的程度不大，但实际上潜在着极大的危险性。有时表面上损坏得较重，但经一般维修后，在相当的时期内不会发生质的变化。一般说来，造成墙体损坏有如下四个因素：

（1）木架倾斜造成。如是这种因素造成和墙体倾斜或裂缝一般可以不拆砌。因为在一定范围里，只要木架不再继续倾斜，墙体就不会倒塌，对于这种情况一般只采取临时支顶的方法就可以避免木架继续倾斜。

（2）自然因素造成。如雨水侵蚀、风化作用等。在这种情况下，只要排除了漏雨，或将因风化造成严重缺损的局部整修一下，大多可以解决问题。如果损坏的程度很大，则应考虑局部拆砌或全部拆砌。

（3）用料简陋或作法粗糙造成。这种情况往往表现为外观不佳，墙面不平或不垂直，但并不空鼓也无裂缝。如属此种情况，只要能保证墙顶不漏雨，墙砖外有抹灰层保护，不会直接受到雨水的冲刷，一般不会倒塌。

（4）基础受到破坏。如果木架没倾斜，整个墙体也较完整，但墙体却出现了裂缝或倾斜，这种情况大多是因为基础下沉造成的。这样的墙体可考虑拆除重砌，并应对基础采取相应的加固措施。如果基础和墙体都已稳定，也可暂时不作处理。墙体的裂缝和倾斜常与下述因素有关：基础受到地下水、雨水或地下水管漏水影响而软化；树根对基础的破坏；原有灰土步数太少或太浅。如属上述情况，在修缮的同时必须设法排除，以免基础继续受到破坏。

检查鉴定时应特别关注基础是否有下沉现象，墙顶是否存在漏雨。经检查如有发现应立即采取措施。因为墙体在这两种情况下有可能在一定时期内发生倒塌。

一般而言，超过下述情况之一的应考虑拆砌。未超过的可考虑维修加固：

（1）碎砖墙。歪闪程度等于或大于8厘米，结合墙体空鼓情况综合考虑；墙身局部空鼓面积等于或大于2平方米，且凸出等于或大于5厘米；墙体空鼓形成两层皮；墙体歪闪等于或大于4厘米并有裂缝；下碱潮碱等于或大于1/3墙厚；裂缝宽度等于或大于3厘米，并结合损坏原因综合考虑。

（2）整砖墙。歪闪程度等于或大于墙厚的1/6或高度的1/10，砖券下垂等于跨度的1/10或裂缝宽度大于0.5厘米。其他同碎砖墙。

对于裂缝对墙体影响程度的判定，除了要考虑是否与地基下沉有关以及裂缝的严重程度以外，还要考虑裂缝是否继续变化，继续变化的危险性较大。一时不能确定的，可在裂缝处抹一层麻刀灰，观察麻刀灰是否随墙体裂缝的扩大而开裂。

实践证明，只要地基不下沉，墙顶不渗水，酥碱不特别严重，墙体无论多旧，倒塌的可能性很小，不必要采用全墙拆砌的方法。

在检查墙体时，应检查每一根柱子的柱根是否糟朽。可用铁钎对柱根扎探，以判断是否糟朽。对于不露明的"土柱子"（暗柱子）更应注意检查，尤其是老旧的房屋或较潮湿的墙体，必须掏开砖墙进行检查。

二、墙体的修缮措施

（1）支顶加固。多用于以下情况：墙体整体情况较好，但歪闪严重；局部问题虽很严重，但支顶可简单有效地解决；有较高的文物价值，不便拆砌；资金不足；作为临时的抢险措施。支顶的常用传统方法如：①利用毗邻的墙体，用木料在两墙间作横向支撑。撑杆接触墙壁的部位应垫木板。②紧挨着墙用砖砌砖垛，俗称砌"卧牛"。"卧牛"要从下往上逐渐向墙的方向收进，砌成后从侧面看成为三角形。③券体开裂或过木下垂时，可用木料或砌砖垛的方式作竖向支顶。

（2）剔凿挖补。整段墙体完好，仅局部酥碱时可以采取这种办法。先用錾子将需修复的地方凿掉。凿去的面积应是单个整砖的整倍数。然后按原砖的规格重新砍制，砍磨后照原样用原做法重新补砌好，里面要用砖灰填实。

（3）拆安归位。拆安归位包括拆安和直接归安。当砖件脱离了原有位置，需进行复位时，可采取这种修缮方法。如砖透风归安、博缝头拆安等。复位前应将里面的灰渣清理干净，用水洇湿，然后重新坐灰安放，必要时应做灌浆处理。

（4）零星添配。局部砖件破损或缺损时，可重新用新料制做后补换。如冰盘檐的少量砖檐损坏严重或博缝头已失落等，都可进行零星添配。

（5）打点刷浆。这种方法一般适用于细作墙面，如干摆、丝缝等。打点之前应将墙面刷净洇湿。打点时只需将砖的缺棱掉角部分补平即可，灰不得高出墙面。最后用砖面水将整个墙面刷一遍。应注意不要使用青浆，更不应使用烟子浆涂刷墙面。

（6）旧墙面墁干活。当墙面比较完整，但比较脏，或经剔凿挖补后的墙面可用这种方法。用磨头将墙面全部磨一遍，最后用清水冲刷墙面或刷一遍砖面水。

（7）局部整修。整个墙体较好，但墙体的上部某处残缺。常见的整修项目如整修博缝、整修墀头梢子、整修墙帽等。

（8）择（zhai）砌。局部酥碱、空鼓、鼓胀或损坏的部位在墙体的中下部，而整个墙体比较完好时，可以采取这种办法。择砌必须边拆边砌，不可等全部拆完后再砌，一次择砌的长度不应超过 50～60 厘米。若只择砌外（里）皮时，长度不要超过 1 米。

（9）局部拆砌。如果酥碱、空鼓或鼓胀的范围大，经局部拆砌又可以排除危险的，可以采取这种办法。这种方法只适用于墙体的上部，或者说，经局部拆除后，上面不能再有砌体存在。如果损坏的部位是在下部，即为择砌。先将需拆砌的局部拆除，如有砖槎，应留坡槎。用水将旧槎洇湿，然后按原样重新砌好。常见的项目如拆砌山尖、拆砌砖檐、拆砌墙帽等。

（10）拆砌。经检查鉴定为危险墙体，或外观损坏十分严重时，应予拆除重砌。常见的项目如拆砌山墙、拆砌后檐、拆砌槛墙等。

（11）墩接柱子。中国古建筑以木结构为承重体系，所以当柱根糟朽时必须及时维修。除了木柱墩接以外，还可以采用砖（或石）墩接的方法。砖墩接的优点是操作简便且墩接后不易糟朽，缺点是外观不佳。因此砖墩接的方法多用于山墙或后檐等部位的柱子，或作为抢险性的临时措施。如采用预制混凝土仿木柱墩接的方法则能避免上述不足。墩接前先将待修部分附近的砖墙掏开，以便操作。在正式操作前必须将梁架支顶好。用锯将木柱糟朽的部分截掉，清理干净后，用砖在木柱下砌成一个砖墩，外皮比内墙外皮稍退进一些，上面与木柱接齐。砌砖墩所用的砂浆强度应较高，砂浆应饱满，厚度不超过 1 厘米。每层砖要经敲砸加压，与木柱接触的一层必须背实塞严。砖墩的外侧要用灰抹平，与墙找齐。

（12）墙体抹灰修缮：

①局部抹灰。整砖墙面部分损坏，又不想采用剔凿挖补或局部拆砌等换砖的方法时，可采用局部抹灰的方法。先用大麻刀灰打底，然后用麻刀灰抹面（可以掺些水泥），趁灰未干时在上面洒上砖面或刷青浆，并用轧子赶轧出光。如需做假砖缝，可用平尺和竹片做成假缝子。

②找补抹灰。对于灰皮局部空鼓、脱落，但仍想保留大部分的抹灰墙面时，可采用找补抹灰的方法。找补抹灰前先将空鼓松动的灰皮砍掉，边缘应尽量砍齐。对基底进行清理，并将基底和周边用水充分洇湿。抹打底灰时，接槎处应塞严。罩面时，接槎处应平

顺，且不得开裂、起翘。补抹出的形状应尽量为矩形或正方形。

③铲抹。即对全部或大部分的抹灰层铲除后重新抹灰。对于灰皮大部分空鼓、脱落的抹灰墙面多采用这种方法。基层灰应铲除干净并扫净浮土，墙面要用水充分洇湿。砖缝凹进较多者，应先用灰进行"串缝"处理。

④重新罩面。重新罩面即在原有的抹灰墙面上再抹一层灰。在旧灰皮上抹灰主要应注意以下四点：第一是容易空鼓，因此在抹灰之前，要在旧墙面上剁出许多小坑，这样可以加强新旧层的结合，不致空鼓。第二是新抹的灰层干得很快，极不容易抹好，工匠形容为"灰上抹灰，驷马难追"。解决的办法是旧灰皮一定要用水充分洇湿。洇湿的程度以抹灰时不会造成干裂为准，必须反复泼水，直到闷透为止。第三是被油烟污染的灰皮容易透底反色。墙面上有油污的，要先用稀浆反复涂刷或用稀灰揉擦。被烟熏黄了的墙面，若抹白灰，可先用月白浆涂刷一遍，以避免泛黄。第四是在旧灰上抹灰，容易出现的现象是干湿不均。抹灰时，要在干得快的地方随手先刷上一遍水，轧活时，干得快的地方应先轧光。

⑤串缝。一般用于糙砖墙或碎砖墙。当灰缝风化脱落并凹进砖内时，可用串缝的方法进行修缮。也可用作抹灰前的砖缝处理。用小鸭嘴（图2-1）将掺灰泥或灰"喂"入缝内，然后反复轧平实。

⑥勾抹打点。用于灰缝及砖的棱角的修补，如墙面砖或砖檐的打点等。

⑦刷浆。刷浆是旧墙见新的一种传统措施。根据墙面的不同，可分别刷月白浆、青浆、红土浆等。今天看来，刷浆见新的方法最适用的还是抹灰的墙面，不适合于整砖墙面。此外，旧墙见新不应采用涂刷现代涂料的方式。

（13）砖雕、灰塑修补或添配。

对于部分残损的砖雕（硬花活）和灰塑（软花活）可按照原有的图案修补，残损严重的，可添配更新。修补添配完成后可照原砖色做旧。

三、墙体拆除注意事项

（1）在拆除之前应先检查柱根。看柱根有无糟朽，如有糟朽应将柱子墩接好，不应先拆除后墩接。然后检查木架榫卯是否牢固，特别应注意检查榫头是否糟朽。如有糟朽，要及时支顶加固。除木架特别牢固外，一般要将木架支顶好。尤其是在木架倾斜的情况下更应支顶牢固。拆除前应先切断电源，并对木装修和室内外文物等加以保护。拆除时应从上往下拆，不要挖根推倒。凡是整砖整瓦一定要一块一块地细心拆卸，避免毁坏。拆卸后应按类分别存放。拆除时应尽量不扩大拆除范围。发现问题应及时调整修缮方案。

（2）择砌前应将墙体支顶好。择砌过程中如发现有松动的砖件，必须立刻背实。

第三节 砖墁地的修缮

砖墁地的修缮方法比较简单，一般分为剔凿挖补、局部揭墁、揭墁（全部揭墁）和钻生养护。

（1）剔凿挖补适用于地面较好，只需零星添配的细墁地面。先将需添配的部分用錾子剔凿干净，然后按相应的规格用新砖重新砍制，再按原样墁好。

（2）局部揭墁适用于局部坑洼不平或损坏的地面。之前要按砖趟编号。拆揭时要注意不要碰坏楞角。对于缺失或损坏严重的，要按旧砖尺寸重新砍制。能用的砖要将砖底和砖肋上的灰泥铲净，如发现砖下垫层下沉必须夯实。

（3）揭墁时必须重新打泥、揭趟和坐浆。新墁的砖要用蹾锤以四周旧砖为准找好平正并使缝子的松紧程度与原地面相同。如为新砖细墁，最后还应钻生。

当地面大部分已损坏严重，又无文物价值时，可采用揭墁（全部揭墁）的方法。作法与新墁地面相同。墁地前应将基层重新找平夯实，并应注意柱顶石的标高是否一致，如有变化，应适当调整地面标高。

（4）如果地面较好，不需要作较大的整修时，或地面具有文物价值，不宜揭墁时，可用钻生桐油的方法进行养护。

砖雕甬路的整修：先用宣纸（传统是用高丽纸）和墨将原有图案摹拓出来。把需修复的地方挖去，然后根据挖去部分的大小，仿照摹拓下来的形象用瓦条、砖或石砾重新做好（参见第四章第二节相关内容）。如果局部磨损得比较严重，应按摹拓出的形象的轮廓将细部重新勾画清楚，然后制作。如果花饰已残缺，则应根据周围的图案进行复原，修配完整。

第四节　屋　面　修　缮

一、修缮措施

1. 除草清垄

由于瓦垄较易存土，泥背中又有大量黄土，布瓦的吸水性又很强，所以在瓦垄中及出现裂缝的地方很容易滋生、杂草甚至小树。这些植物对屋面的损害很大，或造成屋面漏雨，或造成瓦件离析。实践证明，凡是年久失修最后倒塌的房屋，必定有杂草丛生的历史。凡是最后造成大患而不得不进行屋面挑顶的建筑，也必定先从杂草丛生开始。所以杂草丛生是屋面"大病"的决定性的"诱发症"。有些漏雨的房屋，未经勾抹，而只是疏通了堵塞的瓦垄或是将杂草拔掉，就解决了漏雨问题。这就说明了拔草清垄工作和房屋漏雨的关系。

除草清垄应注意以下几个问题：

（1）拔草时应"斩草除根"，即应连根拔掉。如果只拔草而不除草，非但不能达到预期的效果，反而会使杂草生长得更快。

（2）要用小铲将苔藓和瓦垄中的积土、树叶等一概铲除掉，并用水冲净。有条件的最好用皮管子接上水源进行冲垄。这样不但可以除掉滋生杂草的土壤，消灭因瓦垄堵塞而造成的漏雨现象，而且还能将草籽冲走，减少来年再生的可能。

（3）要注意季节性。由于杂草和树木种籽的传播季节性很强，所以这项工作的时间应安排在种子成熟之前。这样，由于同时消灭了杂草后代，所以比在种子传播以后除草的长远效果好得多。

（4）在拔草拔树的过程中，如造成或发现瓦件掀揭、松动、裂缝等现象时，应及时整修。

2. 查补雨漏

雨漏可以分为两种情况，因此查补的方法也可以分为两种，即零星查补与大查补。一种是整个屋顶比较好，漏雨的部位也很明确，且漏雨的部位不多。这样就只需进行零星的查补。零星查补的关键在于"查"。只要查得准确，即使操作简单一些也能解决问题。反之，如果判断得不正确甚至无的放矢，"补"得再细致，也不能解决问题。查补雨漏的另一种情况是，大部分瓦垄不太好，或漏雨的部位较多，或经多次零星查补后仍不见效。这就需要大面积的查补，即大查补。

"查"的方法如下（以瓦屋面为例）：先在室内查看漏雨的位置，记住它的纵向位置。站在室外，将室内漏雨的纵向位置用目光垂直移到屋顶，确定并记住它所在的瓦垄位置，这样就将查补的范围缩小到几条垄甚至一条垄上了。然后根据漏雨部分的横向位置再次缩小查补范围。如果漏雨部分是在门窗附近，那么就在瓦垄的中腰或下腰部分查找。如果室内痕迹是在靠近中间位置，就在正脊及其附近查找。如果室内痕迹是在上述两部分之间，则应在瓦垄的上腰和正脊以下的区域内查找（瓦垄各部名称见图5-35）。总之，因为雨水不是沿着垂直方向渗漏的，所以将室内漏雨部分移至屋面的时候也必须向斜上方移动。

当再次缩小了查找范围以后，就可以进行零星查补了。先在屋面上找到被确定的漏雨部位，然后在这个范围里细心观察。造成漏雨的情况一般有如下几种：①盖瓦破碎，瓦垄出现裂缝，宽瓦泥（甚至泥背）裸露。②有植物存在，雨水得以沿植物根须下渗。③局部低洼或堵塞，因而形成局部存水。④底瓦有裂纹、裂缝或质量不好。应特别注意对底瓦的观察，因为底瓦的毛病最不容易看出。即便有裂纹，也因极细或被土和苔藓覆盖而不易发现。有时底瓦表面并无裂纹，但因质量不好或局部低洼也会造成渗漏。查明漏雨原因后，用麻刀灰勾抹待修处。勾抹之前要先除草清垄，将瓦上的附着物和已松动的灰铲掉冲净，并用水洇湿，勾抹后要用短毛刷子"打水槎子"即蘸水勒刷灰的边沿，并用瓦刀赶轧。最后用麻刷子蘸青浆刷抹，并用瓦刀轧实赶光。上房查补（包括大查补）时应特别注意放轻脚步，不应穿皮鞋上房，以免因踩坏屋面而造成"越修越漏"。

大查补的项目可以分为合瓦夹腮、筒瓦捉节或捉节夹垄、筒瓦裹垄、装垄、青灰背查补五类，以下分别介绍：

（1）合瓦夹腮

先将盖瓦垄两腮睁眼上的苔藓、土或已松动的旧灰铲除干净并用水冲净洇湿，破碎的瓦件应及时更换，然后用麻刀灰将裂缝处及坑洼处塞严找平，再沿盖瓦垄的两腮用瓦刀抹一层夹垄灰。瓦翅处要随瓦的形状用瓦刀背好。两腮要直顺，下脚不要大。新旧灰槎子搭接要严实。最后打水槎子并刷浆轧光。屋面全部进行夹腮的叫做满夹腮（方法参见合瓦屋顶宽瓦方法）。

（2）筒瓦捉节和捉节夹垄

在因筒瓦脱节而造成漏雨的情况下可以采用这种修缮方法。先将脱节的部分清理干净并用水冲净洇湿，破碎的瓦件要及时更换，然后用小麻刀灰浆塞严勾平。筒瓦捉节是指要将盖瓦的接缝处全部勾抹一遍。如果所有的筒瓦都需要捉节时，称为"满捉节"。如果筒瓦两肋处的夹垄灰因开裂或脱落等原因造成漏雨的，应同时进行夹垄，即捉节夹垄。将损坏处清理干净并用水洇湿，然后用麻刀灰重新夹垄，反复赶轧、并打水槎子、刷浆成活（具体作法参见筒瓦屋面宽瓦方法）。

如为琉璃屋面，灰中应加适量颜色。如为布瓦屋面，最后应刷深月白浆或青浆。

（3）筒瓦裹垄

布筒瓦大部分已损坏时可以采取这种作法（具体作法参见筒宛瓦屋面瓦方法）。新旧灰槎子处要搭接严实并应打水槎子，未裹垄之前应将表面处理干净。如果屋面全部裹垄时叫做"满裹垄"。

（4）装垄

当底瓦已无法查补或局部严重坑洼存水时，可以采取装垄的方法，即在底瓦垄中装上麻刀灰，将瓦垄完全覆盖住。这种修缮方法的最大特点是，可以在不拆动底瓦的情况下解决瓦垄的漏雨问题。方法如下：先将底瓦上的植物和积土清理干净，并用水冲净洇湿，然后用灰在底瓦待修部位反复揉擦（俗称"守一守"），以使灰与瓦结合得更加牢固。"守"完之后用瓦刀将待修部的上部底瓦撬起一块，从其底下开始装垄抹灰。如果不撬起一块底瓦，灰的上部因有逆槎而可能钻水形成漏雨。装垄后应夹垄（或夹腮）以挡住两边的灰槎子，筒瓦最好同时进行裹垄。最后刷浆轧光。装垄时应注意不要造成水流不畅而形成上部坑洼，必要时装垄可从正脊底下开始，即采取"满装垄"做法。如果是过垄脊，两坡装垄灰应交圈。

（5）青灰背查补

造成青灰背屋面漏雨的原因主要有三个：裂缝、空鼓酥裂、局部低洼存水。查补应主要针对存在这些现象的部位进行。查补之前应先将空鼓酥裂的部分剔除干净，用水洇湿。较大的裂缝需剔缝，将灰缝的边沿剔成向内收进的八字形。在抹灰之前要用灰把待抹的部位"守"一"守"，随后抹好大麻刀月白灰。在赶轧时要用短毛刷子蘸水勒刷新旧灰接槎处，即"打水槎子"，趁水未干时将槎子轧平。最后刷青浆并赶轧出亮。对于低洼存水的局部要先用灰补平，然后再抹一层灰。裂缝较大处，最好能先将缝内塞上灰，然后再抹灰。如无法塞灰，应分两次苫抹，以防止开裂。

3. 抽换底瓦和更换盖瓦

底瓦破碎或质量不好，可以进行抽换。抽换底瓦的方法是先将上部底瓦和两边的盖瓦撬松，取出坏瓦，并将底瓦泥铲掉，然后铺灰用好瓦按原样宛好。被撬松的盖瓦要进行夹腮（或夹垄）。

如果盖瓦破碎或质量不好时，可以采取更换盖瓦的方法。先将坏瓦拿掉并铲掉盖瓦泥，用水洇湿接槎，铺灰将新宛瓦重新好。接槎处要勾抹严实。

4. 局部挖补

如果局部损坏严重，瓦面凹陷或经多次查补雨漏无效时，可以采取这种作法。先将瓦面处理干净，然后将需挖补部分的底盖瓦全部拆卸下来，并清除底、盖瓦泥（灰）。如泥（灰）背酥碱脱落，应铲除干净。如发现望板或椽子糟朽，也应予以更换。用水将槎子处洇透后按原有作法重新苫背。待灰泥背干后开始宛瓦（宛瓦前仍要洇透旧槎）。新旧槎子处要用灰塞严接牢，新、旧瓦搭接要严实。新旧瓦垄要上下直顺，囊要与整个屋面囊一致。

5. 揭宛檐头

如檐头损坏严重时应采取揭宛檐头的作法。先将勾头、滴子（或花边瓦）拆下，再将檐头需揭宛的底、盖瓦全部拆下，存好备用。连檐、瓦口一般都应重新更换，如有糟朽的椽子、飞头和望板时也应更换。揭宛檐头的操作方法参见"上述局部挖补"，并要注意滴子、勾头（或花边瓦）的高低与出檐要一致，为此可在檐头拴一道横线，如为布瓦屋面，最后应在新旧槎子处的上部弹线，按线在檐头刷浆。如为筒瓦屋面，刷浆后还要用烟子浆在檐头"绞脖"。

6. 整修檐头

如果檐头损坏不十分严重，可采取整修的作法。整修檐头一般只需揭宽损坏的盖瓦和归整檐头勾滴。必要时也可揭宽部分底瓦，但苫背垫层一般不再重做。檐头全部整修完毕后，黑活瓦面应在檐头刷浆（筒瓦屋面还应绞脖）。

无论是整修檐头还是揭宽檐头，均应注意：①新、旧瓦搭接处应清理干净，搭接严密，新瓦坡度适宜，不得出现"倒喝水"现象。②新瓦插入旧瓦的部分不少于瓦长的5/10。③凡新做苫背的，新旧灰背接槎处一定要在瓦的新、旧接槎处的上方。就是说，铲除旧灰背时，铲到瓦的接槎处时，应继续向里掏空一部分。

7. 齐檐

齐檐是指将出檐不齐的勾头、滴子或花边瓦重新归拢整齐。损坏的勾滴应添配完整。

8. 瓦件脊件零星添配、归安、粘补

需修缮的屋面上，常有一些瓦件、脊件缺损或散落，如圭角、盘子、兽座，甚至小跑、吻兽等。散落的应重新坐灰归安，缺损的可重新添配。但具有文物价值的脊件应尽量用原件粘补。

9. 脊的修复

如果屋脊毁坏得不严重，可用灰勾抹严实。缺损、散落的局部应进行归安、添配。具有文物价值的脊件应尽量进行粘补。实在不能粘补时，应及时用灰将损坏处抹严待换。脊件毁坏得比较严重时，可进行局部挑修或全部重新挑修。

对于部分残损的砖雕脊件和灰塑，可按照原有的图案修补。残损严重的，可添配更新。

10. 揭宽盖瓦

当盖瓦损坏得比较严重，但底瓦比较完整时，可以只揭宽盖瓦。这种作法比较经济，但由于操作不便，且在一般情况下，底瓦、灰泥背等均有不同程度的破坏，故这种作法不常使用。

11. 局部挑顶

局部挑顶是指房屋的半坡或更小范围损坏严重，需部分挑修时采用的方法。局部挑顶应注意与整个屋面的作法一致，接槎部分应处理得当，不应出现"倒喝水"现象。

12. 挑顶

当屋顶瓦面破坏比较严重，琉璃瓦釉严重剥落、漏雨现象严重，局部塌陷、木架损坏也较严重，其他方法均不能彻底解决时，可采用挑顶作法，即将瓦面全部拆除后重新宽瓦、调脊。如果灰、泥背尚好，可考虑保留灰泥背。

除挑顶外，无论使用哪种修缮手段，都应在修缮的同时，随手进行拔草清垄工作。凡是屋脊的附近都要检查一下是否有毁坏的现象，特别要注意对悬山、硬山垂脊附近的检查。因为垂脊是处在山墙之上，这个部位的漏雨不容易在室内顶棚上反映出来，但实际上对山墙和木架的破坏作用却是很大的，因此必须排除漏雨的可能。

在维修养护工作中，对于房屋附近可能对屋面造成破坏的情况也应注意观察，并采取相应的措施。经常遇到的情况是树枝对瓦面的破坏。如发现这类情况，应及时修剪树枝

（但不要轻易伐树）。

二、瓦件的拆除

瓦件拆除应注意以下事项：

（1）在拆卸之前应先切断电源。

（2）做好内外檐装修及顶棚的保护。

（3）做好室内外文物的保护工作。

（4）必要时应对地面或墙面进行成品保护。

（5）做好油漆彩画的防护，包括防损伤、防污染、防晒和防雨。

（6）如果木架倾斜，应设置迎戗杆，将木架支顶牢固。

（7）为防止操作者从屋面上坠落，应在坡上纵向放置脚手板，并在板上钉好踏步条。操作时将脚手板随工作进程移动。

（8）拆卸瓦件时应先拆揭勾头、滴水（或花边瓦），并送到指定地点妥为保存，然后再拆揭瓦面和垂脊、戗脊等，最后拆除大脊。

（9）在拆卸中应注意保护瓦件不受损失。可以使用的瓦料应将灰、土铲掉扫净。应按脊件、盖瓦、底瓦和勾头滴水等分类存放。

（10）要对瓦件进行清理统计，统计的范围包括脊的分件、盖瓦、底瓦及勾滴必须补换的数目、名称。琉璃瓦要查明样数，布瓦应查明号数，以便补充定货。

（11）瓦件拆卸完成后应将原有的苫背垫层全部铲掉。一般情况下，望板也应换新。

（12）揭开屋盖后，应检查木梁、檩及角梁等的安全状况，如有无断裂、角梁后尾有无糟朽，与墙体交接处是否存在漏雨等。如需更换木结构、大木归安及打牮拨正等项工作，都应充分利用在这一段时间进行。

（13）梁架露天后应考虑采取必要的防雨措施，对于有文物价值的木构件，必须采取防雨措施。

第五节　石　活　修　缮

1. 打点勾缝

打点勾缝多用于台明石活。当台明石活的灰缝酥碱脱落或其他原因造成灰缝空虚时，缝内的水分冻胀后可使石活产生位移。打点勾缝是防止石活移位的有效措施。如果石活移位不严重，可直接进行勾缝。如果石活移位较严重，打点勾缝可在归安和灌浆加固后进行。打点勾缝前应将松动的灰皮铲净，并将浮土扫净，必要时可用水洇湿。勾缝时应将灰缝塞实塞严，不可造成内部空虚。灰缝一般应与石活勾平，最后要打水槎子并应扫净。小式建筑多以大麻刀月白灰勾抹，叫做“水灰勾抹”。宫殿建筑的石活多用“油灰勾抹”作法。

2. 石活归安或拆安

当石活构件发生位移或歪闪时可进行归安修缮。石活能原地直接归安就位的可直接归位，如归安阶条、归安陡板等；不能直接归位的可先拆下来，把后口清除干净后再归位，叫做拆安，如拆安踏跺、拆安角柱等。石活归位后，有条件的应进行灌浆处理，并打点勾缝。

3. 添配

石活构件残破严重或缺损时，可进行添配。添配还可以和改制、归安等修缮方法共同进行。比如，当阶条石的棱角不太完整，同时存在位移现象时，就可以将阶条全部拆下来重新夹肋截头，表面剁斧见新，然后重新归安。阶条石经重新截头后，长度变小，累积空出的一段就应重新添配。添配的石活应注意与原有石活的材质、规格、作法等保持一致。

对于部分残损的石雕构件可按照原有的图案修补，残损严重的，可添配更新。修补添配完成后可照原石色做旧。

4. 重新剁斧、刷道或磨光

大多用于阶条、踏跺等表面易磨损的石活。表面处理的手法应与原有石活的作法相同。如原有石活为刷道作法，就仍应采用刷道作法。表面重新加工不仅可以作为使石活见新的方法，但主要还是作为石活表面找平的方法，因此表面比较平整的石活一般不必要重新加工。尤其是对于有文物价值的构件而言，更应慎用重新加工手段。

5. 表面见新

这类作法适用于表面较平整或带有雕刻花饰，但要求干净的石活。

（1）刷洗见新：以清水和钢刷子对石活表面刷洗。这种方法既适用于雕刻面也适用于素面。

（2）挠洗见新：以铁挠子将表面挠净，并扫净或用水冲净。这种方法适用于雕刻面，如带雕刻的券脸等。

（3）刷浆见新：用生石灰水涂刷石活表面，可使石料表面变白。但这种方法只能作为一种临时措施，且不适于雕刻面的见新。

（4）花活剔凿：石雕花纹风化模糊不清时，可重新落墨、剔凿、出细、恢复原样。对于有文物价值的石雕，重新剔凿的方法应慎用。

6. 改制

石活改制包括对原有构件的改制和对旧料的改制加工，既可以作为整修措施，也可以作为利用旧料进行添配的方法。文物建筑上的原有构件不应轻易改制加工。

（1）截头：当石活的头缝磨损较多，或所利用的旧料规格较长时均可进行截头处理。

（2）夹肋：当石活的两肋磨损较多，或所利用的旧料规格较宽时均可进行夹肋处理。经夹肋和截头的石料，表面可同时采用剁斧或打道等手法见新。

（3）打大底：打大底即"去薄厚"。当所利用的旧石料较厚时，可按所修房屋上的构件规格"去薄厚"，由于一般应在底面进行，因此叫做"打大底"。如石料表面不太完好，可在打大底之前先在表面剁斧或刷道等。

（4）劈缝：当被利用的旧料规格、形状与设计要求相差较大时，往往需要将石料劈开，然后再进一步加工。劈缝的具体方法参见第六章第二节。

7. 修补、补配

当石活出现缺损或风化严重时可进行修补、补配。这种方法既适用于文物价值较高的石活，同时也是普通石活的简易修缮方法。修补与补配的方法有两类：一类是剔凿挖补，一类是补抹。

（1）剔凿挖补：将缺损或风化的部分用錾子剔凿成易于补配的形状，然后按照补配的部位选好荒料。后口形状要与剔出的缺口形状吻合，露明的表面要按原样凿出糙样。安装牢固后再进一步"出细"。新旧槎接缝处要清洗干净，然后粘结牢固。面积较大的可在隐蔽处荫入扒锔等铁活。缝隙处可用石粉拌合胶粘剂堵严，最后打点修理。

（2）补抹：将缺损的部位清理干净，然后堆抹上具有粘结力并具有石料质感的材料，干硬后再用錾子按原样加工成型。传统的"补配药"的配方是：每平方寸用白蜡一钱五分、黄蜡五分、芸香五分、木炭一两五钱、石面（石粉）二两八钱八分。石面（石粉）应选用与原有石料材质相同的材料。上述几种材料拌合后，经加温熔化后即可使用。

8. 粘接

传统粘接材料：

（1）"焊药"配方：每平方寸用白蜡或黄蜡二分四厘，芸香一分二厘，木炭四两；又法：每平方寸用白蜡或黄蜡二分四厘、松香一分二厘、白矾一分二厘。将上述任意一种配方的材料拌合均匀后，加热熔化即可使用。

（2）漆片粘接：将石料的粘接面清理干净，然后将粘接面烤热，趁热把漆片撒在上面，待漆片溶化后即能粘接。

使用上述两种方法粘接后，用石粉拌合防水性能较好的胶粘剂将接缝处堵严，并用錾子修平。这样既能使粘接部位少留痕迹，又可以保护内部的胶粘剂不受雨水侵蚀。传统粘接方法只适用于小面积的粘接，较大的石料还应同时使用铁活加固或使用现代粘接材料。

9. 照色做旧

经补配、添配的新石料与原有石活往往存在新旧差别，故可采取照原有旧色做旧的办法。例如，将高锰酸钾溶液涂在新补配的石料上，待其颜色与原有石料的颜色协调后，用清水将现面的浮色冲净。进而可用黄泥浆涂抹一遍，最后将浮土扫净。

10. 灌注加固

当砌体开裂、局部构件松动时，可以采用灌浆的方法进行加固。传统灌浆所用材料多为桃花浆或生石灰浆，必要时可添加其他材料。

11. 支顶加固

支顶加固一般作为临时性的应急措施，适用于石砌体的倾斜、石券的开裂等。支顶加固既可以使用木料也可以采用砌砖垛的方法。

12. 铁活加固

常使用的加固方法有：①在隐蔽位置凿锔眼，下扒锔，然后灌浆固定。②在隐蔽的位置凿银锭槽，下铁银锭，然后灌浆固定。③在合适的位置钻孔，穿入铁芯，然后灌浆固定。

第六节　现代技术保护介绍

一、现代技术保护的概念

从 20 世纪 40 年代起，中国第一代文物保护工作者开始尝试用现代的工程技术手段维修古建筑。五六十年代起，为了区别于传统的维修保护方法，出现了"化学保护"这个概念。由于当时采用的现代维修方法基本上是化学方法，因此以"化学保护"区别于传统的维修方法。21世纪初，出现了"科技保护"这个概念。科技保护既包括化学方法，也包括物理方法和机械方法等，因此在提法上比化学保护更全面。"现代技术保护"的概念是本书作者于2012年提出的。现代技术保护与化学保护、科技保护这三个提法都是为了区别于传统的保护维修方法，但现代技术保护在含义上与传统方法的对照性更强，现代技术保护的提法更全面、更准确，它包括了化学方法、物理方法、机械方法、现代工程方法、高新科技方法、生物方法等一切现代技术手段，也更有前瞻性。

以上三个提法各有侧重，在不同的情况下选择不同的提法，想要表达的意思会更明确，因此前两个提法仍然还有实际意义。

二、砖石结构现代技术保护的方法

现代技术保护的方法按各自的维修目的可归纳为以下几类：清洗、修补、粘接、结构加固、表面防护、构件复制、移位保护等。

目前已采用的现代技术保护方法举例如下：

1. 表面清洁

（1）水洗：例如采用高压水、低压喷雾水、高温水汽等刷洗方法。水、汽压力的大小和水汽的温度，应根据砖石的坚硬程度，以及被清洗物的特点决定。

（2）机械方法：例如喷射粒子（石英砂、石粉、玻璃微珠、塑料粒子等），可采用干洗、水洗或混合式清洗的方法。也可使用工具剔除污垢，如使用电动刷、手术刀、振荡刻刀等。文物价值较高的构件应慎用高压喷射的方法。

（3）化学方法：例如采用酸碱制剂等清洗污渍。去除污渍后，要进行化学中和或用清水将砖石表面清洗干净。目前使用最多的是中性的洗涤剂。也可采用离子交换树脂对砖石表面的污垢进行清洗。离子交换树脂技术的原理是通过与砖石表面附着物的阴阳离子的交换，达到改变附着物化学特性的目的。离子交换对有害物质还有吸附作用。文物价值较高的构件应慎用酸碱水洗的方法。

（4）物理方法：例如采用冷热交替法、超声波技术、激光技术等剔除污垢。

（5）脱盐处理：一般采用湿纸巾吸附砖石表面的盐类物质。

（6）除菌处理：一般采用刷洗、化学方法或物理方法除菌。

2. 表面做旧

一般通过颜色做旧和残损做旧两种方法达到做旧的目的。老旧的砖石表面的颜色特点是，比新料色深或者泛黄，局部往往有黑色污渍、黄褐色铁锈、苔藓或灰褐色的钙化斑等。仿砖石旧色可采用的方法如：涂刷黄泥浆，涂刷铁锈水，涂刷高锰酸钾溶液，涂刷灰、黄、绿色颜料水，涂刷老房土水，涂刷兑入少量黑烟子浆和褐色颜料的青浆（不调匀）。在潮湿的夏季可用米汤加苔藓培养出苔藓。可用黑烟子水泥浆做出黑色污渍，用灰褐色水泥浆做出灰褐色钙化斑等。还可以用烟熏火燎的方法使砖石表面变"脏"变"旧"。对于砖件，还可采用硫酸钾与泥土拌合后涂在砖的表面，埋入土中数月的办法。或采用将龙须菜煮成黏汁，涂刷在砖件表面，然后撒土，反复几次。使砖石表面变残损可采用的方法如：用錾子剔出裂缝、砂眼，做出缺棱掉角、表面缺损和磨损的边棱。用盐酸等腐蚀性溶液侵蚀，或用火烧砖石表面。相同的方法对于不同的材质效果会有不同，应根据不同的情况选择最恰当的方法。

3. 表面防护

砖石（或抹灰）表面可喷刷化工制剂，以达到防风化、防水（防潮）、防污、防酸碱、防碳化、防霉和防老化等目的。不同的制剂有各自不同的特点，例如有机硅树脂更适于用作防水防潮，丙烯酸树脂更适于用作耐光抗老化，复合硅丙树脂更具耐候性，复合氟硅树脂耐高温、耐化学品和防污的作用更大，等等。因此应根据防护的主要目的进行选择。

对于石料上的裂纹，可采用滴入胶水的方法进行封护，以防止水汽渗入，减少冻融破坏。

砖墁地的表面可通过涂刷高分子材料的方法提高地面的耐磨性。

4. 修补

采用现代技术对砖石构件剔凿挖补和补抹。例如可用水泥等拌合石粉石碴，或用环氧树脂拌合石粉石碴作为石料的挖补材料。又如可用水泥等拌合砖面作为砖件的挖补材料。应注意对原有砖石材料质感色泽的模仿。例如，汉白玉的补抹材料要使用白水泥。又如，制作石碴和石粉的原料宜与原有石料为同一种石材。

5. 粘接

采用现代技术对砖石构件进行粘接。小的砖石构件可使用素水泥或建筑胶，较大的构件可使用高分子化工材料，高分子化工材料的种类很多，技术发展也很快，目前以使用环氧树脂粘接较普遍。

6. 结构加固

（1）灌注加固。例如用水泥砂浆或素水泥浆灌浆。如需加强灰浆的粘结力，可在浆中加入水溶性的高分子材料。缝隙内部容量不大而强度要求较高者（如券体开裂），可直接使用高强度的化工材料，如环氧树脂等。为保证灌注饱满，可采用高压注入的方法。地基除可采用压力灌浆方法加固外，还可采用压力灌浆方法防潮。

（2）支顶加固。例如采用型钢对砌体支顶。

（3）铁活加固。例如采用铁箍、螺栓、钢筋拉接等方法。

（4）粘接加固。例如采用环氧树脂粘接。

（5）钢筋混凝土加固。例如加设承台梁、加设混凝土梁板柱墙、采用预应力技术等。

（6）用锚桩或锚索加固。

（7）用化学制剂消除植物对瓦面、墙面、地面的破坏。

（8）采用贴钢加固技术。

（9）采用纤维布加固技术。纤维布有碳纤维、玻璃纤维及玄武岩纤维等几种，目前普遍使用的是碳纤维加固技术。实际工程中可根据不同的情况选择最恰当的材料。

（10）采用地基基础托换技术。

（11）采用纠倾技术（迫降法或抬升法）。

（12）砌体加钢筋网片层加固。

（13）采用整体结构替换技术。等等。

7. 构件复制

用现代技术手段复制形状复杂、或有文物价值的砖石构件。主要有以下几种方式：

（1）以原有材料为主，采用脱模的方法制作。例如用翻模材料和旧砖制成模具，然后用砖灰加适量水泥及氧化铁黑，装入模具中制成"旧砖"。又如，用石粉石碴加树脂，脱软模制成石雕构件等。

（2）用新材料仿制。例如用树脂材料，或用玻璃纤维强化水泥（GRC）材料仿制石雕栏板、抱鼓石等。再如，用白水泥、石英粉和矿物质颜料仿制大理石等。

（3）采用数码照相和数控机床技术。一是可用于制作造型复杂尤其是带有雕刻纹饰的构件，例如复制砖雕戗檐、砖雕透风，复制兽头、小跑等脊饰，复制石雕柱头、栏板等。二是可用于仿制旧构件，例如仿制风化了的旧砖或风化了的旧石活等。

8. 移位保护

（1）顶升。顶升的基本方法是在建筑的底部加设钢筋混凝土圈梁和底梁，从圈梁下面将建筑与基础切割开，在底梁和圈梁之间架设多个千斤顶，将圈梁连同建筑逐渐顶起。顶升前应对建筑进行必要的加固。圈梁的位置宜尽量靠下，以建筑抬升后不露出圈梁为宜，否则顶升完成后应凿掉圈梁并恢复原有的外立面。

（2）平移。平移的基本方法是将建筑切割并适当顶升后，在底部铺设滑轨将建筑移走。

9. 传统技术的革新做法

一是对传统材料进行改良。例如：在白灰中添加水泥（俗称"混蛋灰"）；在灰泥中添加防冻剂；用土壤固化材料（粉状或液体固化剂）加固地基土；用新型防裂材料（例如玻璃纤维复合材料的网格布）替代苫背中的滑秸麻刀；在苫背灰中掺入抗裂外加剂或新型纤维材料（玻璃纤维或合成纤维）；在灰浆中掺入憎水剂；等等。二是拓展传统材料的用途。例如用生漆对风化的石活进行加固等。

10. 电子设备、生物技术、仿生技术等新技术的应用

自20世纪末开始，电子设备逐渐应用于古建筑的保护工作中，例如：用计算机监测建筑的倾斜或沉降；用现代设备对地基基础或砌体的探伤；用数控机床将新砖或新石料做出风化斑驳的旧墙效果，或用数控机床仿做砖雕、石雕构件；温（湿）度监测仪器的使用；激光扫描测绘技术；高光谱成像技术；等等。近些年来，生物技术、仿生技术在其他领域已取得一些探索性的成果，例如：利用生物酶固化土壤；利用微生物防腐；利用仿生学防止鸟类的破坏；等等。对于其中成熟的技术可考虑应用于古建筑的保护。

主要名词术语与索引

1. 瓦石 文前（1，3，4，6），468

古建筑瓦石作的简称。瓦石作是古建筑行业中瓦作与石作的合称。"作"指行业、工程或专业。瓦作的工作内容包括古建筑砌砖、抹灰、屋面安装和地面铺装。石作的工作内容包括古建筑各部位石活（石构件）的制作与安装。瓦石作在通常意义上还包括土作。土作的工作内容包括古建筑的地基基础、地面及土墙的夯土与灰土的处理。

2. 官式作法 文前（4，6），199，232，273，341，366，382，403，436，451

符合或近似于古代朝廷颁行的建筑规范所规定的建筑形制和工程做法。"官式"一词既含有官方的意思，又含有行业公认的、标准化、定型化的意思。

3. 官式建筑 文前6，2，19，30，43，53，56，59，63，64，75，82，84，88，90，98，103，105，146，153，191，192，193，195，232，249，326，338，348，356，357，361，375，378，403，423，427

按官式作法修建成的建筑式样。不同时期的官式建筑，形式风格不同。历史上以汉、唐、宋和明清等时期的官式建筑风格最典型。

4. 清官式建筑 文前6，2，82，153，195，249，326，338，427

明清官式建筑定型在最后阶段的建筑式样。由于明清两代的官式建筑风格相近，因此往往又被统称为明清官式建筑。明清官式建筑是指明清两代以都城北京为中心，主要流行在华北地区的一种建筑形式。既指符合或接近朝廷颁行的建筑规范的建筑式样和风格，也包括那些未见于官方规定但一直为京城地区匠师奉为规矩的习惯做法。既包括宫殿、坛庙、寺观、王府、皇家园林这样一些主要由朝廷主持的工程，也包括在其流行区域修建的与其风格相近的民居和店铺。

5. 大式建筑 1，4，5，9，15，53，57，61，62，77，78，90，98，103，110，114，116，129，131，133，138，140，141，143，144，175，181，185，191，192，200，202，207，208，209，223，229，248，268，325，356，357，372，374，384，423，425，462

明清官式建筑的作法类型之一，与"大式建筑"对应的是"小式建筑"。瓦、木、油、石等诸专业对于大、小式作法都有着各自的标准，但在确定作法时并不一定统一，例如大木采用的是小式作法，而屋面采用的却是大式作法等等。综合而言，一座建筑具备了以下两个以上特征就可以称其为大式建筑：每间大木构架用檩在七根檩以上（不包括廊子），使用斗栱，屋面用琉璃瓦或3号以上规格的筒瓦，屋脊用吻兽，使用须弥座台基，彩画为旋子彩画或和玺彩画，柱子刷朱红油漆，使用菱花槅扇。大式建筑中规制较高者往往又被叫做殿式建筑。宫殿、坛庙、王府、衙署等建筑大多采用大式建筑式样，但在一些公共建筑、皇家园林中的部分建筑以及某些大式建筑群中的的少数建筑也有采用小式建筑式样的。

6. 小式建筑 1，4，5，9，15，28，53，61，62，77，78，92，98，102，103，110，114，

127，133，140～144，146，150，175，181，185，192，200，202，207～210，223，227，229，233，235，332，333，338，357，372，374，378，381，477

明清官式建筑的作法类型之一，与"大式建筑"相对应。小式建筑与大式建筑的明显区别是：小式建筑不用斗栱，不用琉璃砖瓦，屋脊无吻兽、瓦面用合瓦不用筒瓦（但影壁、游廊及小型砖门楼可使用最小号的筒瓦），不用须弥座，不用和玺彩画和旋子彩画，柱子不刷朱红油漆，不用菱花槅扇等等。大、小式建筑的使用范围不同。普通民宅只能采用小式建筑式样，不能采用大式建筑式样。

7. 江南古建筑　43，45，59，60，199，348，349

南方地区地域辽阔，各地建筑风格其实不尽相同，有些甚至相差较大。但因苏州地区在古代素为江南繁盛之地，建筑技艺总体水平长期处于领先地位，苏式建筑经姚承祖及张至刚先生总结整理并编入《营造法原》一书后，其影响超过了其他地区的建筑，因此现代人多将《营造法原》所载的建筑式样奉为南方建筑之范本，苏式建筑遂成为南方建筑之典范。因此现在人们所说的"江南古建筑"，通常是指以苏州地区古建筑为典型式样的古建筑。

8. 台基　1，2，15～19，22，26～34，57，63，95，96，98，110，141，175，357，373～381，384，386，394，397，402，403，405，413，414，416，418，419，422，423，452

古建筑的基座，也包括与其相连的栏杆和台阶。台基造型的基本类型有两类，一类是最常见的直方形的普通台基，另一类是须弥座形式。普通台基是大、小式建筑台基的通用形式，须弥座形式的台基是少数宫殿、坛庙建筑的台基形式。

9. 台明　2，19，20，22，24，25，26，28，30，32，62，64，72，76，77，98，110，113，133，168，174，202，207，367，375，377，378，403，416～419，458，469，477

古建筑台基中，露出地坪的部分。在通常情况下，台明是指普通台基而非指须弥座台基而言。

10. 埋身　2，19，22，373，375，378～380

也叫埋头。古建筑台基中，地面以下的部分。

11. 须弥座　1，2，15～19，24，26，48，57，64，76～78，92，95，170，172，175，181，185，278，344，357，361，362，364，366，375，378，384～392，394，402，403，415，416，418，462

一是指须弥座式样的房屋台基，二是指须弥座式样的砌体（如月台、佛座）。须弥：山名，佛教认为世界由九山八海组成，须弥山为中心之山，须弥座即为须弥山上佛的莲花座。后来这种造型（或其变化形式）也被用做建筑物、建筑装饰物或陈设的基座。作为建筑台基的须弥座，其造型有两类，一类具有明显的莲花外轮廓特征，一类则与莲花相去甚远。后一类须弥座的造型是由古罗马经古希腊、古印度传至中国的。早期的须弥座造型较为简洁，中间部分所占比例较大，至明清时期，线脚变得更加丰富，中间部分的比例缩小，但江南地区的一些须弥座仍保持着唐宋遗风。

12. 灰土　2，4～15，30，31，32，40，69，168，172，173，199，200，202，214，215，226，233，237，238，445，447，448，452，470，483

黄土与白灰按一定比例拌合后的夯实物。

13. 磉墩　19～22，95，452

柱顶石下的独立基础砌体。

14. 拦土 19～22，62，63，95，98，133，423

礤墩之间的墙体。

15. 上檐出 22，24，26，123，376，377

外檐柱子中线至木椽檐口的尺寸。

16. 下檐出 22，24，26，98，110，113，375，376，377，381

又叫下出。硬、悬山及平台等建筑的外檐柱子中线至前（后）檐台明外皮的尺寸。庑殿、歇山、攒尖等建筑，是指至四周台明外皮的尺寸，故又称周围檐下出。

17. 山出 22，24～27，30，31，375，376

房屋山墙一侧的柱子中线至山面台明外皮的尺寸。

18. 里包金 22，24，25，27，31，96

柱子中线至墙里皮的尺寸。

19. 外包金 22，24～27，31，96，97，138，376，424

柱子中线至墙外皮的尺寸。

20. 金边 22，24，25，27，28，72，170，174，175，363，367，373，375～378，386，403，405，414，418，446，449

从砖石砌体收进的一寸或二寸窄边。如硬山山墙自台明外皮收进的作法，台明自土衬外皮收进的作法，台阶垂带自燕窝石外皮收进的作法，等等。

21. 柱门 22，25，97，102，127，132，135

房屋墙体砌至柱子时，有露出柱子和挡住柱子两种作法。如露出柱子，墙体之间断开的空当叫做柱门。

22. 小台阶 22，25，96，110，113

山墙墀头自台明前（后）檐外皮退进的部分。

23. 升 27，30，59，102，103，111，112，140，171

墙面倾斜之意。向建筑的轴线方向倾斜叫做"正升"，向远离轴线的方向倾斜叫做"倒升"。

24. 平水 27～31，96，174，374，375，429，430，434，443

一是指古建筑施工中应确定的台明标高或庭院标高。二是指半圆券体的垂直部分与半圆部分的分界点。

25. 收分 26，30，59，140，171，172

古建筑墙体下宽上窄，逐渐收进的做法。

26. 灰浆 2，3，11，22，35～41，47，56，62，65，67，69，71，72，74，75，85，110，160，166，172，173，193，194，195，196，197，202，203，214，223，227，236，237，238，242，248，254，259，260，263，271，279，313，315，316，346，353，354，372～375，419，420，427，436，445，474，479，481，482

古建筑施工所用的灰与浆的合称。古建灰、浆的种类很多，有"九浆十八灰"之说。常见者如泼灰、泼浆灰、老浆灰、麻刀灰、月白灰、青灰、白灰浆、桃花浆、月白浆、青浆、烟子浆，等等。

27. 砖料 11，18，26，27，35，42，43，45～48，50，52，61，62，66，67，76，79，85，

90～92，163，200，202，251

古建筑用砖因规格、工艺、产地的不同的有许多名称，即使同一产品也有不同叫法，用于不同部位或被加工成不同的形状时，又有不同的名称。砖料是对上述各类砖的统称。

28．砍砖　47，48，50，64，65，165，200，203

即砖加工。用切、磨等加工方法，使砖满足规格、形状和外观要求的过程。

29．花活　38，43，49，53，56，91，112，134，141，153，155，364，389，472，478

对古建筑砖雕、石雕、木雕及灰塑装饰的通称。用砖料做的称"硬花活"或"凿活"，用灰做的称"软花活"或"软活"。用泥料烧制的称"搪烧"或"烧活"。

30．下碱、上身　24～26，43，57，58，60～64，68，70，76，77，80，82～87，92～98，102～105，110～116，123，124，126，127，129，131～133，135，138，140，141，172，173，175，181～183，185，192，193，378，394，422～424，458，469，470

古建墙体在同一面墙上，上下部分的砌筑方法大多不同。下面的部分称下碱，下碱多用整砖，且稍宽一些。下碱以上的部分称上身。

31．花碱　24，25，65，68，77，84，85，87，96，97，102，110，111，113，127，138，140

墙体上身比下碱稍退进的部分。

32．干摆墙　35，47，50，52，61，64，65，72，77，104

砖料表面经精细加工且侧面成楔形，摆砌时砖下不垫灰，内侧垫平、灌浆，表面不露灰缝的墙面做法。

33．丝缝墙　35，38，40，46，49，61，66，67，72，75

砖料表面经精细加工且侧面成楔形，外侧用老浆灰砌筑，内侧灌浆，砖缝细窄，灰缝呈灰黑色的墙面做法。

34．淌白墙　35，36，38，61，62，66，67，74

砖料经表面简单磨平或再将砖的长度截成相同尺寸，外侧用月白灰砌筑，内侧灌浆，砖缝稍窄，灰缝色深且与砖平的墙面做法。

35．糙砖墙　18，36，44，62，67，76，78，81，97，182，472

砖料不经砍磨加工，用月白灰（亦有用白灰）砌筑的墙面做法。

36．虎皮石　19，62，63，69，70，72～74，76，84～86，171，172，174，357，378，423

一是指黄褐色的花岗岩毛石砌块。二是指虎皮石墙面做法。

37．三顺一丁　18，59，78～81，102，103，134，171

墙面砖缝排列形式之一种，其排砖特点是每三块顺砖间隔一块丁砖。其他排砖方法还有十字缝、一顺一丁、落落丁等多种形式。

38．五出五进　79，84～87，102，103，138，141

墙面组砌方法之一。其特点是，在墙转角处的内侧以五层为一组，每组间作长短变化。其他组砌方法还有落膛、圈三套五、海棠池、花墙子、什样锦等多种形式。

39．廊心墙　48，57，58，60，64，75～77，81，82，88，90，94，96，97，103，126～133，135，146，174，182，192

古建墙体因位置不同各有名称，如廊心墙、山墙、槛墙、扇面墙、囚门子等等。廊心墙是指山墙内侧金柱与檐柱之间的墙体，也可引申为其他廊柱间的墙体向内的一侧，例如游廊墙体的内侧部分。

40. 老檐出 60，94，135，136，138，149，153，377

后（前）檐墙的类型之一。其特点是木椽露出墙外。

41. 封后檐 22，24，25，60，94，104，105，110，135，137～140，146，149，150，153，161，162，251，376

后（前）檐墙的类型之一。其特点是木椽被封在墙里。

42. 五花山 95，97，98，125，126，132，149，160

悬山山墙的外立面形式之一，其特点是露出木梁架，且墙的上端呈品字形阶梯状。古建墙体因平、立面造型特点的不同有诸多名称，如花墙子、看面墙、叠落墙、云墙、罗圈墙，等等。

43. 宇墙 95，143，144，153，169～171，303，422，423，462

指用于界定区域的矮墙。古建墙体因功能的不同有诸多名称，如泊岸、女墙、影墙、金刚墙、余塞墙，等等。

44. 山尖 57，64，71，77，84，87，97，102～107，112，123，124，126，138，174，217，231，251，321，333，469，471

硬山建筑的山墙上部（上身以上）呈三角形的部分。

45. 签尖 97，98，102，126，136，138，149，160，173，423，424

老檐出作法的后（前）檐墙外立面，或悬山、庑殿、歇山、攒尖建筑的山墙外立面，自墙面上身以上向檩枋（额枋）收进的部分。

46. 象眼 58，61，75，80，81，88，96，98，102，103，115，126，131～133，405，415，416，418，420，443～445，451

建筑上的三角形（或类似三角形）部位的通称。例如山墙内立面梁架与木椽之间的三角形部分，台阶侧立面的三角形部分等都叫做象眼。

47. 墀头 22，24～27，52，57，58，62，74，76～78，92，96～98，102～107，110～116，120，121，123，126，127，140，377，421～424，458，471

山墙两端伸出檐柱以外，且伸出后（前）檐墙或槛墙以外的部分。各类墀头中以硬山建筑墀头的作法最复杂，与之相关的名词术语也最多，例如，三破中、梢子、戗檐、天井、砖挑檐、腮帮、单整双破，等等。

48. 拔檐 97，102～106，109，112，124～126，138，139，149，150，160，173，322，422

博缝 44，48，57，60，64，71，92，96，97，102～110，112～114，116，124～126，138，139，149，160，174，183，185，231，234，249～251，268，317，331，333，338，340，341，471

硬山山墙沿山尖所砌的 1～2 层砖檐叫做拔檐。在拔檐之上所砌的砖叫做博缝。

49. 透风 57，77，102，103，135，137，138，185，471，482

为防止木屋架糟朽而设置的用做空气流通的墙面砖。透风用在山尖部位时又叫山坠。

50. 方砖心 77，82，88，89，97，127～130，132，133，181，182，185

贴砌方砖的墙心作法。多用于廊心墙、影壁、看面墙和槛墙等处。方砖心的细部还包括大叉和虎头找（蝴蝶叉）。方砖心外多用线枋子等围砌。

51. 墙帽 36，57，90，140，141，144～146，153，160，167，170，174，230，231，269，

271，274，289，290，304～306，316，318，320，338，339，351，352，422，462，471

院墙的顶端部分。有多种作法形式，如宝盒顶、眉子顶、花瓦顶、鹰不落、瓦顶等。

52. 冰盘檐　60，61，64，76，80，123，138，141，146，150～153，157，161，162，175，183，185，247，444，462，471

古建砖檐之一种。因剖面形状像古代盛冰的盘子而得名。除冰盘檐外，还有一层檐、菱角檐、鸡嗉檐、抽屉檐、披水檐等多种形式。

53. 砖券　48，162～166，192，193，427，428，470

墙体洞口的上部采用砌砖的方式做成者。形状不同的砖券有不同的名称，如半圆券、木梳背券、车棚券、圆光券等。同一种形状的券有不同的摆砌方式，也有诸多的名称，如两券两伏、镐楔、张口、雀台等。

54. 垛口　57，95，167，169，171

又称垛墙、垛口墙、躲口等。城墙上的墙体之一，指上端轮廓作连续凹凸变化的墙体。与城墙有关的名词较多，常见者如，城台、瓮城、箭楼、谯楼、闸楼、马面、雉堞等。

55. 座山影壁　175

影壁在江南古建筑中称照壁。影壁是附属于院落大门的建筑小品，位于大门的两侧或正对大门的地方，与大门共同形成开敞的入口空间。座山影壁位于院内，是建在与大门相对的山墙上的影壁。其他形式的影壁还有一字影壁、八字影壁、撇山影壁、雁翅影壁等。

56. 马蹄磉　57，181，185

影壁上的砖件之一，也用于看面墙上。固定与马蹄磉搭配使用的砖件还有柱子、箍头枋子、线枋子、耳子、三岔头等。

57. 靠骨灰　193，196

底层和面层都用灰的墙面抹灰做法。古时墙面抹灰的常见做法是，贴墙的一层（底层）用泥，称"泥底灰"。靠骨灰是指贴（靠）墙的一层也用灰的做法。

58. 青灰墙面　40，75，192，194，197

古建墙面有多种颜色的抹灰作法。青灰墙面是指抹月白灰后再刷青浆，表面呈深灰色的墙面作法。其他还有月白灰、红灰、黄灰等墙面作法。

59. 墁地　29，36，39，41，43，44，46，47，48，51，52，172，173，199，200，202～204，206～212，214，356，361，375，381，425，427，472，473，481

既指用砖或石材所做的地面，也指砖（石）地面的铺装过程。

60. 细墁地面　28，37，38，41，66，200，202，203，204，472

使用加工精细的砖料所作的地面铺装。

61. 糙墁地面　28，202，204

使用未经加工的砖料所作的地面铺装。

62. 甬路　58，199，200，202，204，206～213，394，425，473

院中的道路。庭院墁地由甬路、散水和海墁组成。

63. 御路　199，202，211，364，397，413，414，416～419，425，426

一是指宫殿建筑前用大块石料铺墁的甬路。二是指位于宫殿建筑台阶中间的一块带雕刻的石料。

64. 牙子　163，166，204，207～211，367，399，425，428，444～446，448～452，454，457

地面散水的边界，用立置的条砖或条石做出。

65. 硬山　23，24，58，60，79，94，96～98，102，105，110，111，115，124～127，132，133，173，174，183，184，216～219，222，229，231，270，273，275，289，305，323，340，341，351，376，377，421，423，424，476

屋顶造型式样之一种。屋顶有多种造型式样，其中两个坡面，且山墙上不露出木檩的作法称做硬山。其他式样还有悬山、庑殿、歇山、攒尖、平顶、勾连搭，等等。

66. 布瓦　37，39～41，217，222，223，252，258～260，328，348，349，353，473～475，477

传统灰色黏土瓦，因传统制瓦工艺使瓦上留有布纹而得名。当区别于琉璃屋面时常被称作"黑活"。古建屋面有多种瓦面或作法形式，因而有多种名词，例如筒瓦、合瓦、干槎瓦、仰瓦灰梗、琉璃瓦、削割瓦、剪边，等等。

67. 脊　36，37，48，52，57，58，79，102～107，109，110，123，127，129，140，141，143～146，149，160，170，174，185，188，216～218，222，224～227，229～234，238，239，241，242，245，248～252，254～260，262～310，314～343，345～354，366，422，425，462

即屋脊。沿屋面转折处或屋面与墙面、梁架相交处，用瓦、砖、灰等材料做成的砌筑物。古建筑的屋脊兼有防水和装饰两种作用。不同位置的脊有不同的名称，例如，正脊、宝顶、垂脊、戗脊（岔脊）、博脊、围脊和角脊等。每个位置上的屋脊又有不同的做法，因而又有不同的名称，例如，过垄脊、鞍子脊、清水脊、铃铛排山脊、披水排山脊、罗锅脊、箍头脊、卷棚，等等。

68. 边梢　231，264，340

边垄与梢垄的合称。屋面瓦垄自山面博缝处起，第一垄瓦称梢垄，第二垄瓦称边垄。

69. 调脊　36，37，188，227，232，316，318，322，331，353，354，476

也称挑脊。屋面施工中对屋脊构件的安装。

70. 苫背　35～37，47，106，138，217，227，228，232～236，238，240～246，248，251，254～256，258，262，270，273，274，278，281，283，313，315，326，329，331，340，343，345，348，353，354，475～477，482

屋面基层上苫抹灰、泥层的作法。也指操作过程。苫背有防水、保温和找平三种作用。苫背有多种材料作法形式，分别有各自的名称，例如，滑秸泥背、麻刀灰背、纯白灰背、月白灰背、青灰背、护板灰、焦渣背、锡背，等等。

71. 宽瓦　36，38，46，188，227，229，234，238，239，241，242，248，249，252，254～265，270，273，274，278，283，315～318，322，326，329，331，334，340，345，346，353，474～476

屋面施工中对瓦面的安装。

72. 分中号垄　249～251，259，270，273，274，278，281，283，326，329，331，340，343，345，348

又称分中号垄排瓦当。宽瓦的前期工序，对瓦垄进行的平面定位工作。

73. 老桩子瓦　260，262，263，317，318，321，331，334，335，337

瓦垄最上端的1～3块瓦。"老"：原来的、最初的。"桩子"：标准、定位标记。传统的操作习惯是，在正式宽瓦之前要将瓦垄最上端的1～3块瓦先放好，以便用做宽每垄瓦时的拴线依据，故称"老桩子"。

74. 瓦件　56～58，230，249，251～253，259，261，271，274，283，284，288，303，304，313，322，325～328，330，332，334，335，345，348～353，469，473，474，476，477

组成瓦面和屋脊的砖瓦件的通称。包括琉璃瓦件和黑活瓦件。琉璃瓦件指组成琉璃瓦面和琉璃屋脊的各种琉璃砖瓦件，例如勾头、滴水、三连砖、压当条、撺头、群色条、通脊、当沟，等等。广义的琉璃瓦件还包括组成琉璃牌楼、琉璃影壁及其他各种琉璃砌体的琉璃砖件。

黑活瓦件通常只包括组成布瓦瓦面的各种瓦件，如板瓦、筒瓦、花边瓦等。广义的黑活瓦件也可以包括组成屋脊的砖瓦件（称脊件或脊料），例如，瓦条、混砖、陡板、兽座、规矩（圭角）盘子、天地盘，等。

75. 檐头勾滴　252，254，476

檐头：瓦檐的端头部分。勾滴：勾头瓦与滴水瓦的合称。筒瓦（包括琉璃）屋面的檐头一般用勾头瓦和滴水瓦做出，故称檐头勾滴。

76. 排山勾滴　104，231，249，251，259，267，268，271，273，275，318，321，328，333，338，341

硬山、悬山或歇山屋面，沿山墙上端用勾头和滴水做出瓦檐的。

77. 吻兽　145，185，188，230～233，271，283，309，325，336，355，476

吻与兽的合称。吻又称螭吻，是用于正脊和围脊两端作吞脊状的龙形饰件。用于正脊的叫正吻，用于围脊的叫合角吻。兽又称兽头，是用于垂脊、戗脊、角脊处的龙形饰件，分别称垂兽、戗兽和角兽。少数情况下可将吻改作兽，用于正脊的叫正脊兽，用于围脊的叫合角兽。

78. 小跑　144，268，269，274，284，305，306，309，310，320，355，476，482

又叫小兽、走兽、小牲口。是用于琉璃或大式黑活屋面的垂兽、戗兽、角兽前面的祥禽瑞兽类饰件。分别有不同的名称和造型，例如琉璃有仙人、龙、凤、狮子、狻猊、獬豸等。因用于琉璃屋面时应先放置仙人（特殊情况除外），且仙人并不计入小跑总数内，因此用于琉璃时又称仙人小跑或仙人走兽。

79. 狮马　320，355

大式黑活屋面的小跑做法。狮马：狮与马的合称。与琉璃小跑做法不同的是，不用仙人、龙、凤等，第一个固定用狮子，自第二个开始，都用马，故称狮马。

80. 兽前、兽后（琉璃、黑活）　267～269，273～275，281，282，289，290，305～307，316～318，320，321，323，325～330，338，351，352，354

琉璃或大式黑活的垂脊、戗脊和角脊，垂（戗）兽前面的一段与后面的一段做法各不相同。故有兽前与兽后之分。

81. 花边瓦　260，348，349，353，475，476，477

用于合瓦屋面檐口的领头瓦。与普通板瓦相比，前端多了一个唇边。

82. 剁斧　22，63，69，358，360～364，366，367，374，375，425，430，436，451，478

用斧子把石料表面剁平并显露出直顺匀密的斧迹的加工方法。

83. 刷道　360～364，478

也叫打道。用锤子和尖錾子把石料表面打平并显露出直顺均匀的錾道的加工方法。

84. 砸花锤　69，358，360～364，367，425

锤底带有网格状尖棱的锤子称为花锤，用花锤把石料表面砸平整的加工方法。

85. 扁光　358，361～363，365，366，451

用锤子和扁錾子将石料表面打平剔光的加工方法。

86. 土衬石　171，172，175，207，373，375～378，384，414，418

台基石活之一，台基石活的首层。"土"：埋进的。"衬"：垫衬。普通台基石活还包括陡板石、埋头角柱、阶条石和柱顶石。其中埋头角柱、阶条石和柱顶石又各自有多种作法名称，例如埋头角柱有如意埋头、厢埋头等，阶条石有好头石、两山条石等，柱顶石有平柱顶、套顶、爬山柱顶等。

87. 束腰　57，175，384～387，389～392

石须弥座台基的组成部分之一。指须弥座腰部向内收束的部分。石须弥座的组成部分还包括土衬、圭角、下枋、下枭、上枭和上枋等。

88. 门石、槛石　394～397

台基上的散件石活或与门、槛相关的石活的统称。一般包括槛垫石、门枕石、门鼓石、滚墩石等。

89. 栏板柱子　15，16，57，58，377，386～388，402～405，410，444，457

又称栏板望柱。即石栏杆或用砖做成的仿石栏杆式样。由栏板、柱子（望柱）、地栿和抱鼓组成。这些构件因位置或做法不同时会有不同的名称，如栏板有长身栏板、垂带上栏板、罗汉栏板等，地栿有垂带上地栿、垂头地栿、龙头上地栿等。同一个构件上的不同部位也有不同的名称，如柱子分柱头和柱身，栏板分面枋、净瓶和禅杖等。

90. 踏跺　58，358，365，367，405，413～419，468，477，478

又称阶脚或阶级。剖面呈阶梯状的台阶。式样、做法或位置不同的踏跺有多个名称，例如垂带踏跺、如意踏跺、御路踏跺、连三踏跺、带垂手的踏跺、抄手踏跺等。同一种踏跺多由数个不同的构件组成，例如垂带踏跺由燕窝石、踏跺心子、摧阶、垂带、平头土衬、象眼等组成。

91. 礓磜　242，413，417～420，452，454

又称马尾礓磜。台阶的特殊形式，表面呈锯齿形的坡道。较宽较长的礓磜多叫做马道。

92. 角柱　16，19，30，92，102，110，175，185，357，358，375，377，378，384，387，388，420～424，477

墙身上的石活之一。因位于墙的边角且竖向放置而得名。用于不同位置或做法不同时有不同的名称，例如，硬山用墀头角柱、圭背角柱、混沌角柱、厢角柱、宇墙角柱、上身角柱等。除角柱外，墙身上的常见石活还有压面石、腰线石、挑檐石、签尖石、栓眼石等。

93. 发券　163，165，166，170，428，430，434

券的砌筑安装过程。"券"：原指用砖、石做成的拱形砌体。清代晚期以后出现的平券做法应视为字义上的引申。

94. 券脸石　428～430，444，448，451

砌筑石券的石料称券石，最外端的一圈露明的券石称券脸石。

95. 分水金刚墙　436，443，446～448，450

官式石桥桥墩的一种。在平面上将两端做成三角形的桥墩。

96. 龙门石　429，437，444，448

又称龙口石。官式石桥的部位名称之一。位于石桥正中间的一块券脸石。

97. 兽面石　444

表面雕刻兽面的龙门石。

98. 戏水兽　438，444

又称吸水兽、喷水兽或叭蝂。特指兽面石上的兽面。

99. 仰天石　436，444～446，448，449

又称仰天。官式石桥的部位名称之一。指石券桥桥面两边缘，剖面呈S形的石活。官式石桥因各部位的形状、功能、位置的不同产生了许多名称，例如金门、雁翅泊岸、凤凰台、装板、撞券石、掏当山石，等等。

100. 月台　19，24，90，95，375，377，380，384，394，414，451～454

一是指殿宇台基前面的露台。二是指牌楼的台基。

101. 夹杆石　364，451，454～457

夹在牌楼柱子下部的立置石活。

102. 噙口　452，454

牌楼台基（月台）上，围在夹杆石四周的石活。

103. 戗杆石　457，458

又称戗石。位于牌楼戗杆下端用于顶住戗杆的石活。

104. 杂样石作　458

又称杂样石活。是对庭院石活、小品类石活、装饰或实用类的散件石活以及非常规做法的石活的统称。常见的杂样石活如，石门窗、拴马石、沟漏、沟门、上马石、泰山石、树坛、旗杆座、石碑、华表、陈设座，等等。

参 考 文 献

1.（清）工部．工程做法则例

2. 圆明园内工石作现行则例

3.（清）工部．钦定续增则例

4. 圆明园工程做法

5. 大清会典事例

6.（清）工部算房．做法清册

7. 梁思成著．清式营造则例．北京：中国建筑工业出版社，1980

8. 营造算例．营造学社汇刊

9. 刘敦桢著．牌楼算例．营造学社汇刊

10. 王璧文．清官式石桥做法．营造学社汇刊

11.（宋）李诫编修．营造法式

12. 姚承祖原著，张至刚增编，刘敦桢校阅．营造法原．北京：中国建筑工业出版社，1989